저자직강 동영상 강의
이패스 코리아
www.epasskorea.com

이패스코리아

산업위생
관리기사

필기편　저자 **이혜영**

- 저자 직강 인터넷 강의
- 학습관련 1:1 질의응답
- 어려운 공식은 쉽게, 이론은 핵심만!
- 최신 기출문제 및 상세한 해설
- 계산문제, 별도 파트로 완벽 정복

epasskorea

사회적으로 근로자의 산업환경에 대한 관심도가 증가하면서 실내환경에서 발생되는 화학적, 물리적, 생물학적, 그 외 유해요인에 관한 측정과 시료 분석, 평가, 그리고 그에 따르는 대책을 제시할 전문가를 배출할 목적으로 만들어진 자격증입니다.

특히 2018년 9월 1일부로 산업안전보건법 시행령이 변경되어 기존 50명 미만 소규모 사업장에는 안전·보건관리자 선임이 필수가 아니었으나, 이제는 20명 이상 소규모 사업장에도 안전보건관리 담당자가 필수가 되었습니다.

따라서 산업안전보건법상 '보건관리자'로 선임되기 위해 반드시 필요한 자격증 중 하나입니다.

과목도 많고 계산문제도 많아 처음 도전하기에는 어렵게 느껴질 수 있지만, 60점 이상을 맞으면 취득할 수 있기 때문에 중요한 내용을 중심으로 효율적으로 학습한다면 누구나 충분히 합격할 수 있습니다.

이 책은 다음과 같이 구성하였습니다.

어려운 공식을 쉽고 재미있게 반복하여 자연스럽게 암기할 수 있도록 구성하였습니다.

최근 3년간의 기출문제를 수록하고, 상세한 해설을 통해 이해도를 높였습니다.

필수 이론만을 정리하여 방대한 학습량을 줄이고, 핵심요점을 간결하게 담아 최단기 학습이 가능하도록 하였습니다.

아울러 실제 현장에서 요구되는 직무역량과 시험 사이의 간극을 줄이기 위해, 이해 기반의 학습이 이루어지도록 구성에 많은 고민을 담았습니다.

수험생들이 흔히 어려워하는 계산 문제와 법규 영역도 단계별 접근법을 적용해 학습 부담을 줄였습니다.

또한 초시생도 길을 잃지 않도록 학습 순서를 제시하고, 각 단원별 중요도와 학습 전략을 함께 안내하여 스스로 학습 계획을 세우는 데 도움을 주고자 했습니다.

이 책을 통해 단순한 시험 준비를 넘어, 산업위생 분야 전문가로 성장하기 위한 기초를 다질 수 있기를 바랍니다.

목표는 100점이 아니라 '합격'입니다.

산업위생관리기사 시험
어려운 공식
방대한 양
지루한 내용

이 책의 Concept
어려운 공식 ⇨ 쉬운 암기법
목표는 100점이 아닌 '합격'으로
방대한 양이 아닌 우선순위로

미래의 우리나라 산업위생관리 전문가로 함께 걸어나갈 많은 수험생 여러분을 생각하며, 이 책이 여러분의 '첫걸음'을 도와주는 든든한 지침서가 되길 바랍니다.

저자 이혜영

1차 필기 3개년 출제 경향분석

필기의 출제경향을 분석해보면 전반적인 이론적 지식과 계산능력을 중요하게 다루고 있어서 골고루 문제를 풀어야 하겠습니다. 기본 이론을 학습하고 계산문제는 빠짐없이 풀이 연습을 병행해야 합니다.

특히 계산문제가 많기 때문에 공식을 암기하지 않는다면 고득점뿐만 아니라 과락의 위험도 있으며 실기에서 중요하게 다루는 산업위생학개론, 물리적 유해인자 관리 및 작업환경 관리대책 과목은 필기와 실기를 동시에 공부한다면 더욱 효과적으로 공부할 수 있겠습니다.

파트	과목	항목	2023	2024	2025	계	비율(%)
PART 1	산업위생학개론	산업위생	28	20	27	75	8
		인간과 작업환경	19	8	12	39	5
		실내환경	4	8	6	18	2
		관련법규	4	14	6	24	3
		산업재해	9	6	9	24	3
PART 2	작업위생 측정 및 평가	측정 및 분석	32	39	30	101	11
		평가 및 통계	23	9	21	53	6
		작업환경측정 및 정도관리등에 관한 고시	8	9	9	26	3
PART 3	작업환경 관리대책	산업환기	17	12	12	41	5
		전체환기	8	8	3	19	2
		국소배기	26	23	30	81	9
		작업공정관리	5	7	6	18	2
		개인보호구	2	10	9	21	2
PART 4	물리적 유해인자 관리	온열조건	3	1 8	9	30	3
		이상기압	6	15	15	36	4
		소음 · 진동	27	21	21	69	8
		방사선	18	4	13	35	4
		조명	6	2	2	10	1
PART 5	산업독성학	입자상물질	12	6	12	30	3
		유해화학물질	27	24	21	72	8
		중금속	12	6	12	30	3
		인체구조 및 대사	9	24	15	48	5

좀 더 자세한 내용 및 수험정보 등은 당사 홈페이지(www.epasskorea.com) 참조

강의를 통해 빠른 이론 1회독

☑ 수험에 최적화된 강의를 통해 핵심이론 익숙해지기

복습을 통해 수강한 이론 2회독

☑ 빈출 이론들을 간단하게 암기하며 복습(완벽하게 X)

☑ 세부 이론들은 기출문제 오답을 통해 암기

기출문제 풀기

초반 문제풀이는 오답 투성이가 당연!

☑ 꾸준한 오답(이론 암기) + 문제풀이 반복

CBT 문제은행 방식의 필기시험 완벽 대비!

1. 응시현황

연도	필기			실기		
	응시	합격	합격률(%)	응시	합격	합격률(%)
2024	12,197	5,925	48.6%	8,354	3,926	47%
2023	10,554	5,084	48.2%	5,598	3,274	58.5%
2022	7,027	3,343	47.6%	4,613	2,630	57%
2021	5,474	2,825	51.6%	3,316	1,967	59.3%
2020	4,203	2,088	49.7%	2,964	1,801	60.8%
2019	4,084	2,088	51.1%	3,327	1,692	50.9%
2018	3,706	1,766	47.7%	3,114	1,029	33%
2017	3,910	1,916	49%	3,216	1,419	44.1%

2. 시험 수수료

필기	실기
19,400원	22,600원

3. 취득 방법

① 시 행 처 : 한국산업인력공단
② 관련학과 : 대학 및 전문대학의 보건관리학, 보건위생학 관련학과
③ 시험과목
　• 필기 : 1. 산업위생학개론　2. 작업위생측정 및 평가　3. 작업환경관리대책
　　　　　　4. 물리적유해인자관리 5. 산업독성학
　• 실기 : 작업환경관리 실무
④ 검정방법
　• 필기 : 객관식 4지 택일형 과목당 20문항(과목당 30분)
　• 실기 : 필답형(3시간, 100점)
⑤ 합격기준
　• 필기 : 100점을 만점으로 하여 과목당 40점 이상, 전과목 평균 60점 이상
　• 실기 : 100점을 만점으로 하여 60점 이상

필기시험

직무 분야	안전관리	중직무 분야	안전관리	자격종목	산업위생관리기사	적용 기간	2026.1.1. ~ 2029.12.31.

○ 직무내용 : 작업장 및 실내 환경의 쾌적한 환경 조성과 근로자의 건강 보호와 증진을 위하여 작업장 및 실내 환경 내에서 발생되는 화학적, 물리적, 생물학적, 그리고 기타 유해요인에 관한 환경 측정, 시료분석 및 평가(작업 환경 및 실내 환경)를 통하여 유해 요인의 노출 정도를 분석 및 평가하고, 그에 따른 대책을 제시하며, 산업 환기 점검, 보호구 관리, 공정별 유해 인자 파악 및 유해 물질 관리 등을 실시하며, 보건 교육 훈련, 근로자의 보건 관리 업무를 통하여 환경 시설에 대한 보건 진단 및 개인에 대한 건강 진단 관리, 건강증진, 개인위생 관리 업무를 수행하는 직무이다.

검정방법	객관식	문제수	100	시험시간	2시간 30분

필기과목명	문제수	주요항목	세부항목	세세항목
산업위생학개론	20	1. 산업위생	1. 정의 및 목적	1. 산업위생의 정의 2. 산업위생의 목적 3. 산업위생의 범위
			2. 역사	1. 외국의 산업위생 역사 2. 한국의 산업위생 역사
			3. 산업위생윤리강령	1. 윤리강령의 목적 2. 책임과 의무
		2. 인간과 작업환경	1. 인간공학	1. 들기작업 2. 단순 및 반복작업 3. VDT 증후군 4. 노동 생리 5. 근골격계 질환 6. 작업부하 평가방법 7. 작업 환경의 개선
			2. 산업피로	1. 피로의 정의 및 종류 2. 피로의 원인 및 증상 3. 에너지 소비량 4. 작업강도 5. 작업시간과 휴식 6. 교대 작업 7. 산업피로의 예방과 대책

필기과목명	문제수	주요항목	세부항목	세세항목
산업위생학개론	20	2. 인간과 작업환경	3. 산업심리	1. 산업심리의 정의 2. 산업심리의 영역 3. 직무 스트레스 원인 4. 직무 스트레스 평가 5. 직무 스트레스 관리 6. 조직과 집단 7. 직업과 적성
			4. 직업성 질환	1. 직업성 질환의 정의와 분류 2. 직업성 질환의 원인 3. 직업성 질환의 진단과 인정방법 4. 직업성 질환의 예방대책
		3. 실내 환경	1. 실내오염의 원인	1. 물리적 요인 2. 화학적 요인 3. 생물학적 요인
			2. 실내오염의 건강장해	1. 빌딩 증후군 2. 복합 화학물질 민감 증후군 3. 실내오염 관련 질환
			3. 실내오염 평가 및 관리	1. 유해인자 조사 및 평가 2. 실내오염 관리기준 3. 관리적 대책
		4. 관련 법규	1. 산업안전보건법	1. 법에 관한 사항 2. 시행령에 관한 사항 3. 시행규칙에 관한 사항 4. 산업보건기준에 관한 사항
			2. 산업위생 관련 고시에 관한 사항	1. 노출기준 고시 2. 작업환경측정 및 지정측정 기관 평가 등에 관한 고시 3. 물질안전보건자료(MSDS)에 관한 고시 4. 기타 관련 고시
		5. 산업재해	1. 산업재해 발생원인 및 분석	1. 산업재해의 개념 2. 산업재해의 분류 3. 산업재해의 원인 4. 산업재해의 분석 5. 산업재해의 통계
			2. 산업재해 대책	1. 산업재해의 보상 2. 산업재해의 대책

필기과목명	문제수	주요항목	세부항목	세세항목
작업위생측정 및 평가	20	1. 측정 및 분석	1. 시료채취 계획	1. 측정의 정의 2. 작업환경 측정의 목적 3. 작업환경 측정의 종류 4. 작업환경 측정의 흐름도 5. 작업환경 측정 순서와 방법 6. 준비작업 7. 유사 노출군의 결정 8. 유사 노출군의 설정방법 9. 단위작업장소의 측정설계
			2. 시료분석 기술	1. 보정의 원리 및 종류 2. 정도 관리 3. 측정치의 오차 4. 화학 및 기기 분석법의 종류 5. 유해물질 분석절차 6. 포집시료의 처리방법 7. 기기분석의 감도와 검출한계 8. 표준액 제조검량선, 탈착효율 작성
		2. 유해 인자 측정	1. 물리적유해 인자 측정	1. 노출기준의 종류 및 적용 2. 화학적 유해인자의 측정원리 3. 입자상 물질의 측정 4. 가스 및 증기상 물질의 측정
			2. 화학적 유해 인자 측정	1. 피로의 정의 및 종류 2. 피로의 원인 및 증상 3. 에너지 소비량 4. 작업강도 5. 작업시간과 휴식 6. 교대 작업 7. 산업피로의 예방과 대책
			3. 생물학적 유해 인자 측정	1. 생물학적 유해 인자의 종류 2. 생물학적 유해 인자의 측정원리 3. 생물학적 유해 인자의 분석 및 평가
		3. 평가 및 통계	1. 통계학 기본 지식	1. 통계의 필요성 2. 용어의 이해 3. 자료의 분포 4. 평균 및 표준편차의 계산

필기과목명	문제수	주요항목	세부항목	세세항목
작업위생측정 및 평가	20	3. 평가 및 통계	2. 측정자료 평가 및 해석	1. 자료 분포의 이해 2. 측정 결과에 대한 평가 3. 노출기준의 보정 4. 작업환경 유해위험성 평가
작업환경 관리대책	20	1. 산업 환기	1. 환기 원리	1. 산업 환기의 의미와 목적 2. 환기의 기본 원리 3. 유체흐름의 기본개념 4. 유체의 역학적 원리 5. 공기의 성질과 오염물질 6. 공기압력 7. 압력손실 8. 흡기와 배기
			2. 전체 환기	1. 전체 환기의 개념 2. 전체 환기의 종류 3. 건강보호를 위한 전체 환기 4. 화재 및 폭발방지를 위한 전체 환기 5. 혼합물질 발생시의 전체 환기 6. 온열관리와 환기
			3. 국소 환기	1. 국소배기 시설의 개요 2. 국소배기 시설의 구성 3. 국소배기 시설의 역할 4. 후드 5. 닥트 6. 송풍기 7. 공기정화장치 8. 배기구
			4. 환기시스템 설계	1. 설계 개요 및 과정 2. 단순 국소배기시설의 설계 3. 다중 국소배기시설의 설계 4. 특수 국소배기시설의 설계 5. 필요 환기량의 설계 및 계산 6. 공기공급 시스템
			5. 성능검사 및 유지관리	1. 점검의 목적과 형태 2. 점검 사항과 방법 3. 검사 장비 4. 필요 환기량 측정 5. 압력 측정 6. 자체점검

필기과목명	문제수	주요항목	세부항목	세세항목
작업환경 관리대책	20	2. 작업 공정 관리	1. 작업공정관리	1. 분진 공정 관리 2. 유해물질 취급 공정 관리 3. 기타 공정 관리
		3. 개인보호구	1. 호흡용 보호구	1. 개념의 이해 2. 호흡기의 구조와 호흡 3. 호흡용 보호구의 종류 4. 호흡용 보호구의 선정방법 5. 호흡용 보호구의 검정규격
			2. 기타 보호구	1. 눈 보호구 2. 피부 보호구 3. 기타 보호구
물리적유해 인자관리	20	1. 온열조건	1. 고온	1. 온열요소와 지적온도 2. 고열 장해와 생체 영향 3. 고열 측정 및 평가 4. 고열에 대한 대책
			2. 저온	1. 한랭의 생체 영향 2. 한랭에 대한 대책
		2. 이상기압	1. 이상기압	1. 이상기압의 정의 2. 고압환경에서의 생체 영향 3. 감압환경에서의 생체 영향 4. 기압의 측정 5. 이상기압에 대한 대책
			2. 산소결핍	1. 산소결핍의 개념 2. 산소결핍의 노출기준 3. 산소결핍의 인체장해 4. 산소결핍 위험 작업장의 작업 환경 측정 및 관리 대책
		3. 소음진동	1. 소음	1. 소음의 정의와 단위 2. 소음의 물리적 특성 3. 소음의 생체 작용 4. 소음에 대한 노출기준 5. 소음의 측정 및 평가 6. 청력보호구 7. 소음 관리 및 예방 대책

필기과목명	문제수	주요항목	세부항목	세세항목
물리적유해 인자관리	20	3. 소음진동	2. 진동	1. 진동의 정의 및 구분 2. 진동의 물리적 성질 3. 진동의 생체 작용 4. 진동의 평가 및 노출기준 5. 방진보호구
		4. 방사선	1. 전리방사선	1. 전리방사선의 개요 2. 전리방사선의 종류 3. 전리방사선의 물리적 특성 4. 전리방사선의 생물학적 작용 5. 관리대책
			2. 비전리방사선	1. 비전리방사선의 개요 2. 비전리방사선의 종류 3. 비전리방사선의 물리적 특성 4. 비전리방사선의 생물학적작용 5. 관리대책
			3. 조명	1. 조명의 필요성 2. 빛과 밝기의 단위 3. 채광 및 조명방법 4. 적정조명수준 5. 조명의 생물학적 작용 6. 조명의 측정방법 및 평가
산업독성학	20	1. 입자상 물질	1. 종류, 발생, 성질	1. 입자상 물질의 정의 2. 입자상 물질의 종류 3. 입자상 물질의 모양 및 크기 4. 입자상 물질별 특성
			2. 인체 영향	1. 인체 내 축적 및 제거 2. 입자상 물질의 노출기준 3. 입자상 물질에 의한 건강 장해 4. 진폐증 5. 석면에 의한 건강장해 6. 인체 방어기전
		2. 유해 화학 물질	1. 종류, 발생, 성질	1. 유해물질의 정의 2. 유해물질의 종류 및 발생원 3. 유해물질의 물리적 특성 4. 유해물질의 화학적 특성

필기과목명	문제수	주요항목	세부항목	세세항목
산업독성학	20	2. 유해 화학 물질	2. 인체 영향	1. 인체 내 축적 및 제거 2. 유해화학물질에 의한 건강장해 3. 감작물질과 질환 4. 유해화학물질의 노출기준 5. 독성물질의 생체 작용 6. 표적장기 독성 7. 인체의 방어기전
		3. 중금속	1. 종류, 발생, 성질	1. 중금속의 종류 2. 중금속의 발생원 3. 중금속의 성상 4. 중금속별 특성
			2. 인체 영향	1. 인체 내 축적 및 제거 2. 중금속에 의한 건강 장해 3. 중금속의 노출기준 4. 중금속의 표적장기 5. 인체의 방어기전
		4. 인체 구조 및 대사	1. 인체구조	1. 인체의 구성 2. 근골격계 해부학적 구조 3. 순환계 및 호흡계 4. 청각기관의 구조
			2. 유해물질 대사 및 축적	1. 생체 내 이동경로 2. 화학반응의 용량-반응 3. 생체막 투과 4. 흡수경로 5. 분포작용 6. 대사기전
			3. 유해물질 방어기전	1. 유해물질의 해독작용 2. 유해물질의 배출
			4. 생물학적 모니터링	1. 정의와 목적 2. 검사 방법의 분류 3. 체내 노출량 4. 노출과 모니터링의 비교 5. 생물학적 지표 6. 생체 시료 채취 및 분석방법 7. 생물학적 모니터링의 평가기준

차례

PART 01 산업위생학 개론

Chapter 01 산업위생

Chapter 02 인간과 작업환경

Chapter 03 실내환경

Chapter 04 관련 법규

Chapter 05 산업재해

차례

산 업 위 생 관 리 기 사 필 기

PART 03 작업환경 관리대책

Chapter 01 산업환기

Chapter 02 전체환기

Chapter 03 국소배기

Chapter 04 작업공정 관리

차례

산 업 위 생 관 리 기 사 필 기

차례

PART
1

산업위생학 개론

Chapter 01 산업위생

01절 정의 및 목적

01 산업위생의 정의

(1) **산업위생이란**: 근로자의 건강과 쾌적한 작업환경을 위해 공학적으로 연구하는 학문으로 가장 기본적인 과제는 작업능력의 신장 및 저하에 따른 작업조건의 연구이다.

(2) **미국산업위생학회**(AIHA ; American Industrial Hygiene Association, 1994)에서 정한 산업위생의 정의(산업위생활동의 기본 4요소 : 예측, 측정, 평가, 관리)

근로자나 일반대중에게 초래하는 작업환경 요인과 스트레스를 예측, (인지), 측정, 평가하고 관리하는 과학과 기술이다.

1) 예측은 산업위생활동에서 근로자들의 건강장애 및 영향을 예측하는 첫 단계.

2) 인지는 건강에 장해를 줄 수 있는 물리적·화학적·생물학적·인간공학적 유해인자 목록을 작성, 작업내용을 검토, 대책과 관련된 조치들을 조사하여 잠재되어있어 있는 문제점을 찾아내는 것이다.

3) 측정은 작업환경에서 유해정도를 정성적 또는 정량적으로 계측하는 것이고 평가란 유해인자에 대한 양, 농도가 근로자들의 건강에 어떤 영향을 미칠 것인지를 기준값과 비교하는 단계로서 넓은 의미에서는 측정까지도 포함된다.

4) 평가에 포함되는 사항
   ① 시료의 채취와 분석
   ② 예비조사의 목적과 범위 결정
   ③ 노출 정도를 노출기준, 통계적 근거로 비교 및 판정

5) 관리는 크게 공학적·행정적 관리와 개인보호구로 구분되며 유해인자로부터 근로자를 보호하는 모든 수단을 말한다.

(3) **산업보건이란?**

1) 기관: 세계보건기구(WHO)와 국제노동기구(ILO) 공동위원회

2) 정의
   ① 근로자들의 육체, 정신, 사회적 건강을 고도로 유지·증진시키는 것
   ② 작업조건으로 인한 질병 예방 및 건강에 유해한 취업을 방지하는 것
   ③ 근로자를 생리적, 심리적으로 적합한 작업환경(직무)에 배치, 일하게 하는 것
   ④ 작업이 인간에게, 또 일하는 사람이 그 직무에 적합하도록 마련하는 것.

3) 목표 : 질병의 예방

4) 일반적 3가지 기본 목표(산업보건사업의 권장조건)

　　① 노동 조건에서 일어날 건강장애로부터 근로자를 보호

　　② 근로자의 정신, 육체적으로 적응가능한 곳에 특히 채용 시 적정한 배치

　　③ 근로자의 정신, 육체를 안녕 상태로 유지

5) 사업장의 산업보건관리 업무 구분

　　① 작업관리

　　② 건강관리

　　③ 환경관리

6) 국제노동기구(ILO) 협약에 제시된 산업보건관리 업무

　　① 직장에서의 건강 유해요인에 대한 위험성의 확인과 평가

　　② 작업환경 개선과 새로운 설비에 대한 건강상 계획의 참여

　　③ 산업보건 교육·훈련과 정보에 관한 협력

7) 국제노동기구 (ILO)

　　1919년 창립, 근로자의 권익과 안전보건을 위한 국제기구로 우리나라는 1982년부터 참관인으로 총회에 참석, 1991년에 정식으로 가입, 활동은 국제노동의 기준을 설정한다.

(4) 산업의학이란?

Luffingham(1967)은 산업의학을 모든 근로자가 건강에 저해됨 없이 정당하게 활용할 수 있도록 하는 것을 목적으로 하는 의학의 실천활동 이라고 함.

02 ▶ 산업위생의 목적

작업환경, 근로조건을 인간공학적으로 개선하여 생산성향상과 근로자들의 육체와 정신, 사회적 건강을 유지, 증진하고 산업재해를 예방, 직업성질환 유소견자의 작업을 전환한다.

> **산업위생의 필요성**
> 근로자의 권익을 보호하고자 하는 시대적인 사회구조, 노동생산성 향상을 위하여 근로자 보호가 필요, 산업현장에서 취급하는 근로자 수의 급격한 증가로 인함이다.

03 ▶ 산업위생의 범위

(1) 산업위생의 범위

① 노동생리학에 기초를 두며 심리학, 공학, 이학, 통계학, 사회학, 경제학, 법학 등과 협력한다.
② 작업장 내부의 작업환경 관리, 산업사회 질병을 예방한다.

(2) 산업위생 관리 업무

① 유해 작업환경에 대한 공학적 조치
② 작업조건에 대한 인간공학적인 평가
③ 작업환경에 대한 정확한 분석기법의 개발

(3) 분야 및 학문

① 산업위생학 : 근로자의 건강과 쾌적한 작업환경 조성을 공학적으로 연구
② 산업의학 : 근로자에게 생기는 사고나 질병예방, 치료, 유지하는 학문
③ 인간공학 : 인간과 직업, 기계, 환경, 근로의 관계를 과학적으로 연구
④ 산업간호학 : 근로자의 질병 예방 및 건강 증진을 위해 교육, 연구

(4) 산업위생 관리 과제

① 작업 근로자의 작업자세와 육체적 부담의 인간공학적 평가
② 화학물질의 유해성평가 및 사용대책 수립
③ 고령 및 여성 근로자의 작업조건과 정신적 조건의 평가

02절 역사

01 ▶ 외국의 산업위생 역사

(1) Hippocrates(B.C. 4세기, 그리스)

① 광산에서의 납중독 보고(최초로 기록된 직업병 : 납중독)
② 직업과 질병의 상관관계 제시
③ 현대의학의 아버지

(2) Pliny the Elder(A.D. 1세기, 로마)

① 아연, 황의 유해성 주장
② 동물의 방광막을 이용 방진마스크로 사용하도록 권장

(3) Galen(AD. 2세기, 그리스)

① 구리 광산의 산증기의 유해성 제시(해결책은 밝혀내지 못함)

(4) Ulrich Ellenbog(1473년)

① 직업병과 위생, 납, 수은 중독증상, 예방조치 정리에 관한 교육용 팸플릿 발간

(5) Philippus Paracelsus(1493~ 1541년, 스위스 의사, 연금술사)

① 폐질환의 원인 수은, 황, 염이라고 주장
② 모든 화학물질은 독물이며, 적절한 양(dose)을 기준으로 독물이 되거나 치료약이 될 수 있다.(독성학의 아버지로 불림)

(6) Georgius Agricola(1494~ 1555년, 독일 의사)

① 저서 「광물에 대하여(De Re Metallica)」에서 광부들의 사고와 질병, 예방 방법, 비소독성 등을 포함한 광업의 유해성 언급
② 먼지에 의한 규폐증을 기록하고, 광부들의 호흡기 질환을 기술, 환기와 마스크 착용권장

(7) Benardino Ramazzini(1633~1714년, 이탈리아 의사)

① 산업보건의 시조, 산업의학의 아버지로 불림
② 1700년에 저서 「직업인의 질병(De Morbis Artificum Diatriba)」에서 최초로 직업병 언급
③ 직업병의 원인을 크게 두 가지로 구분(유해물질과 불완전한 작업이나 과격한 동작)
④ 20세기 이전에 인간공학 분야에 관하여 원인과 대책 언급

(8) Sir George Baker(18세기)

사이다 공장에서 납에 의한 복통 발표

(9) Percivall Pott(18세기)

① 영국의 외과의사로 직업성 암을 최초로 보고하였으며, 어린이 굴뚝청소부에게 많이 발생하는 음낭암(scrotal cancer) 발견
② 암의 원인물질을 검댕 속 여러 종류의 다환방향족 탄화수소(PAH)라고 규명
③ 「굴뚝청소부법」을 제정하도록 함(1788년)

(10) Alice Hamilton(20세기)

① 현대적 의미, 최초 산업위생 전문가(최초 산업의학자)
② 유해물질(납, 수은, 이황화탄소) 노출과 질병의 관계 규명
③ 1910년 납공장에 대한 조사를 시작으로, 40년간 각종 직업병 발견 및 작업환경 개선에 힘을 기울임
④ 미국의 「산업재해보상법」을 제정하는 데 크게 기여

(11) 공장법(1833년)

1) 산업보건에 관한 최초의 법률로서 실제로 효과를 거둔 최초의 법
2) 19세기 영국 산업보건의 발전 계기

Part 1

3) 주요 내용
① 감독관을 임명하여 공장 감독
② 직업 연령을 13세 이상으로 제한
③ 18세 미만 야간작업 금지
④ 주간 작업시간 48시간으로 제한
⑤ 근로자 교육을 의무화

(12) 공장법(1864년)

1) 산업위생에 관한 최초의 법률
2) 오늘날 전체환기 및 희석환기의 시초

02 한국의 산업위생역사

(1) 1926년 「공장보건위생법」 제정

(2) 1953년

① 「근로기준법」 제정·공포(우리나라 산업위생에 관한 최초의 법령)
② 근로기준법의 주요 내용
안전과 위생에 관한 조항 규정 및 산업재해를 방지하기 위하여 사업주로 하여금 의무 강요
③ 「근로기준법」 시행령(1962년) 제정(위험 방지에 관한 규정)

(3) 1962년

① 가톨릭의대 산업의학연구소 설립(최초로 작업환경측정 실시)
② 「근로기준법」 시행령 제정

(4) 1963년

① 대한산업보건협회 창립 및 「산업재해보상보험법」 제정
② 노정국에서 노동청으로 승격
③ 전국 사업장 작업환경 조사 및 건강진단 실시

(5) 1977년

① 근로복지공사 설립 및 부속병원 개설
② 국립노동과학연구소 설립

(6) 1981년

① 「산업안전보건법」제정, 공포
「근로기준법」으로 산업위생의 내용을 규제하기는 미흡하여 독립적으로 제정
② 산업안전보건법의 목적
가. 근로자의 안전과 보건을 유지·증진

나. 산업재해 예방

다. 쾌적한 작업환경 조성

③ 산업안전보건법의 주요 내용

가. 안전보건관리 책임자 고용

나. 작업환경 측정의 의무화

다. 특수건강진단과 임시건강진단의 도입

라. 안전보건교육의 확립

④ 노동청에서 고용노동부로 승격

⑤ 산업안전보건법 시행 : 1982년 7월 1일

(7) 1986년

유해물질의 허용농도 제정/산업위생 관련 자격제도 도입

(8) 1987년

한국산업안전공단 및 한국산업안전교육원 설립

(9) 1988년

① '문송면' 군의 수은중독 사망

② 온도계, 형광등 제조회사에서 발생

(10) 1990년

한국산업 위생학회 창립

(11) 1991년

① 원진레이온(주)에서 이황화탄소(CS_2) 중독 발생

② 1991년에 중독을 발견하고, 1998년에 집단적으로 발생, 즉 집단 직업병 유발

③ 사건개요

가. 이황화탄소는 인조견, 셀로판 등에 이용되고 실험실에서 추출용 등의 시약으로 쓰임

나. 펄프를 이황화탄소와 적용시켜 비스코스 레이온을 만드는 공정에서 발생

다. 중고기계를 가동하여 많은 오염물질 누출이 주원인 이었으며, 사용했던 기기나 장비는 직업병 발생이 사회문제가 되자 중국으로 수출

라. 급성 고농도 노출 시 사망할 수 있고 1000ppm 에서는 환상을 보는 정신 이상을 유발

마. 만성중독으로는 뇌경색증, 다발성 신경염, 협심증, 신부전증 등을 유발

바. 장기간에 걸쳐 고농도로 폭로되면 기질적 뇌손상, 말초신경염, 신경행동학적 이상, 시각·청각 장애발생

사. 작업환경 측정과 근로자 건강진단을 소홀히 하여 실패한 대표적인 예

(12) 1992년 산업보건연구원 개원 : 작업환경 측정기관에 대한 정도관리 규정 제정

03절 산업위생 윤리강령

01 윤리강령의 목적

산업위생전문가(industrial hygienist)는 사업장 내에 존재하는 물리, 화학, 생물학, 인간공학 및 사회·심리 유해요인의 정성적 유무를 판단할 학문적 배경과 경험과 이를 정량적으로 예측할 수 있는 능력이 있어야 하며 기업주와 근로자 사이에서 엄격한 중립을 지켜야 한다.

02 책임과 의무

(1) **산업위생분야 종사자들의 윤리강령**(미국산업위생학술원, AAIH) : 윤리적 행위의 기준

　1) 산업위생전문가로서의 책임

　　① 성실성과 학문적 실력 면에서 최고수준을 유지한다.(전문적 능력 배양 및 성실한 자세로 행동)

　　② 과학적 방법의 적용과 자료의 해석에서 경험을 통한 전문가의 객관성을 유지(공인된 과학적 방법 적용과 해석)

　　③ 전문분야로서의 산업위생을 학문적으로 발전시킨다.

　　④ 근로자, 사회 및 전문 직종의 이익을 위해 과학적 지식을 공개하고 발표한다.

　　⑤ 산업위생활동을 통해 얻은 개인 및 기업체의 기밀은 누설하지 않는다.(정보는 비밀 유지).

　　⑥ 전문적 판단이 타협에 의하여 좌우될 수 있거나 이해관계가 있는 상황에는 개입하지 않는다.

　2) 근로자에 대한 책임

　　① 근로자의 건강보호가 산업위생 전문가의 일차적 책임임을 인지한다.

　　② 근로자와 기타 여러 사람의 건강과 안녕이 산업위생 전문가의 판단에 좌우된다는 것을 인지한다.

　　③ 위험요인의 측정, 평가 및 관리에 있어서 외부 영향력에 굴하지 않고 중립적 태도를 취한다.

　　④ 건강의 유해요인에 대한 정보와 필요한 예방조치에 대해 근로자와 상담 한다.

　3) 기업주와 고객에 대한 책임

　　① 결과 및 결론을 뒷받침할 수 있도록 정확한 기록을 유지하고, 산업위생 사업의 전문가답게 전문부서들을 운영 관리한다.

　　② 기업주와 고객보다는 근로자의 건강보호에 궁극적 책임을 두고 행동한다.

　　③ 쾌적한 작업환경을 조성하기 위하여 산업위생 이론을 적용하고 책임감 있게 행동 한다.

　　④ 신뢰를 바탕으로 정직하게 권하고 충고, 결과와 개선점 및 권고 사항을 정확히 보고한다.

　4) 일반 대중에 대한 책임

　　① 일반 대중에 관한 사항은 학술지에 정직하게 사실 그대로 발표한다.

　　② 정확하고도 확인된 지식을 근거로 전문적인 견해를 발표한다.

04절 산업위생 단체와 관련 학술지

01 한국산업위생학회

① 1990년에 창립되어 국내 작업환경 측정기관의 분석능력 향상에 기여함.

02 미국산업위생학회(AIHA)

① AIHA ; American Industrial Hygiene Association, 1939년 창립, 산업위생분야에서 우수한 학술지로 인정받음.

03 미국정부산업위생전문가협의회(ACGIH)

① ACGIH American Conference of Governmental Industrial Hygienists
② 1938년에 창립
③ 매년 화학물질과 물리적 인자에 대한 노출기준(TLV) 및 생물학적 노출지수(BEI)를 발간하여 노출 기준 제정에 있어서 국제적으로 선구적인 역할을 담당하고 있는 기관
④ 「산업환기(Industrial Ventilation)」를 2년마다 개정하여 발간
⑤ 허용기준(TLVs) 제정에 있어서 국제적으로 선구적인 역할

04 영국산업위생학회(BOHS ; British Occupational Hygiene Society)

05절 산업보건 허용기준('노출기준')

01 미국정부산업 위생전문가협의회(ACGIH)

(1) **허용기준(TLVs, ThresholdLimit Values)** : 세계적으로 가장 널리 이용 (권고사항)

(2) **생물학적 노출지수(BEIs; Biological Exposure Indices)**

　　가. 근로자가 특정한 유해물질에 노출되었을 때 체액이나 조직 또는 호기 중에 나타나는 반응을 평가함으로써 근로자의 노출 정도를 권고하는 기준
　　나. 근로자가 유해물질에 어느 정도 노출되었는지를 파악하는 지표

02 미국산업안전보건청(OSHA:Occupational Safery and Health Administration) (미국 직업 안전위생관리국)

① PEL(Permissible Exposure Limits) 기준 사용 (법적기준)
② PEL 설정 시 건강상의 영향과 함께 사업장에 적용할 수 있는 기술 가능성도 고려한 것
③ 우리나라 고용노동부 성격과 유사함

03 미국국립산업안전보건연구원 (NIOSH)

① NIOSH ; National Institute for Occupational Safety and Health
② REL(Recommended Exposure Limits) 기준 사용(권고사항)
③ REL은 오직 건강상의 영향을 예방하는 것을 목적으로 함

04 미국산업위생학회(AIHA)

① AIHA: American Industrial Hygiene Association
② WEEL 사용
③ 1939년에 창립된 학회(미국산업위생학회지 발간)

05 독일

① MAK(Maximal Arbeitsplatz Konzentration) 기준 사용
② 작업장내 화학물질의 최대농도를 나타내며, MAK 값은 1일 8시간 시간가중 평균치 (TWA)로 건강한 성인에게 적용

06절 허용기준('노출기준')

01 정의

(1) 일반적 정의

근로자가 유해인자에 노출되는 경우 거의 모든 근로자에게 건강상 나쁜 영향을 미치지 아니하는 수준

(2) ACGIH(미국정부산업위생전문가협의회) 정의

거의 모든 근로자가 건강상 장애를 입지 않고 매일 반복하여 노출될 수 있다고 생각되는 공기 중 유해인자의 농도 또는 강도

02 ACGIH에서 권고하는 허용농도(TLV)적용상 주의사항

① 대기오염 평가 및 지표에 사용할 수 없다.
② 24시간 노출 또는 정상작업시간을 초과한 노출에 대한 독성 평가에는 적용할 수 없다.
③ 기존 질병이나 신체적 조건을 판단하기 위한 척도로 사용할 수 없다.
④ 작업조건이 다른 나라에서 ACGIH-TLV를 그대로 적용 할 수 없다.
⑤ 안전농도와 위험농도를 정확히 구분하는 경계선이 아니다.
⑥ 독성의 강도를 비교할 수 있는 지표는 아니다.
⑦ 반드시 산업보건(위생)전문가에 의하여 설명·적용되어야 한다.
⑧ 피부로 흡수되는 양은 고려하지 않은 기준이다.
⑨ 산업장의 유해조건을 평가하기 위한 지침이며, 건강장애를 예방하기 위한 지침이다.

03 종류

① 시간가중 평균농도(TWA : Time Weighted Average)

가. 1일 8시간, 주 40시간 동안의 평균농도로서, 거의 모든 근로자가 평상 작업에서 반복하여 노출되더라도 건강장애를 일으키지 않는 공기 중 유해물질의 농도

나. 시간가중 평균농도 산출은 1일 8시간 작업을 기준으로 하여 각 유해인자의 측정치에 발생시간을 곱하여 8시간으로 나눈 값

$$TWA = \frac{C_1 T_1 + \cdots + C_n T_n}{8}$$

C : 유해인자의 측정농도(ppm 또는 mg/㎥)

T : 유해인자의 발생시간(시간)

② 단시간 노출농도(STEL; Short Term Exposure Limits)

가. 근로자가 1회 15분간 유해인자에 노출되는 경우의 기준(허용농도)

나. 이 기준 이하에서는 노출간격이 1시간 이상인 경우 1일 작업시간 동안 4회까지 노출이 허용될 수 있음. 또한 고농도에서 급성중독을 초래하는 물질에 적용

다. 작업장의 TWA가 기준치 이상이고 STEL 이하라면 1일 4회를 넘어서는 안 되며 이 범위농도에서 반복 노출 시에는 1시간 간격이 필요

③ 최고노출기준(C, Ceiling = 최고허용농도)

가. 근로자가 작업시간 동안 잠시라도 노출되어서는 안 되는 기준(농도)

나. 노출기준 앞에 'C'를 붙여 표시

다. 어떤 시점에서 수치를 넘어서는 안 된다는 상한치를 뜻하는 것으로 항상 표시된 농도이하를 유지해야 한다는 의미이며, 자극성 가스나 독작용이 빠른 물질에 적용

④ 시간가중 평균노출기준(TLV-TWA: ACGIH)

가. 하루 8시간, 주 40시간 동안에 노출되는 평균농도

나. 작업장의 노출기준을 평가할 때 시간가중 평균농도를 기본으로 함.

다. 이 농도에서는 오래 작업하여도 건강장애를 일으키지 않는 관리지표로 사용

라. 안전과 위험의 한계로 해석해서는 안 됨.

마. 오랜 시간 동안의 만성적인 노출을 평가하기 위한 기준으로 사용

바. ACGIH에서의 노출상한선과 노출시간 권고사상

TLV-TWA의 3배 : 30분 이하

TLV-TWA의 5배 : 잠시라도 노출 금지

⑤ 단시간 노출기준(TLV-STEL: ACGIH)

가. 근로자가 자극, 만성 또는 불가역적 조직장애, 사고유발, 응급 시 대처능력의 저하 및 작업능률 저하 등을 초래할 정도의 마취를 일으키지 않고 단시간(15분) 노출될 수 있는 기준

나. 시간가중 평균농도에 대한 보완적인 기준

다. 만성중독이나 고농도에서 급성중독을 초래하는 유해물질에 적용

라. 독성 작용이 빨라 근로자에게 치명적인 영향을 예방하기 위한 기준

⑥ **천장값 노출기준(TLV-C: ACGIH)**

가. 어떤 시점에서도 넘어서는 안 되는 상한치

나. 표시된 이하를 유지할 것.

다. 노출기준에 초과되어 노출 시 즉각적으로 비가역적인 반응을 나타냄

라. 자극성 가스나 독작용이 빠른물질 및 TLV-STEL이 설정되지 않는 물질에 적용

마. 측정은 실제로 순간농도 측정이 불가능하며 따라서 약 15분간 측정함.

⑦ **장기간 평균노출기준(LTA)**

발암물질이나 유리규산 등의 농도 평가시 건강상의 영향을 고려할 때의 노출기준

⑧ **SKIN 또는 피부(ACGIH)**

가. 유해화학물질의 노출기준 또는 허용기준에 '피부' 또는 'SKIN'이라는 표시가 있을 경우 그 물질은 피부(경피)로 흡수되어 전체 노출량(전신 영향)에 기여할 수 있다는 의미

나. 피부자극, 피부질환 및 감각 등과는 관련이 없음

다. 피부의 상처는 흡수에 큰 영향을 미치며 SKIN 표시가 있는 경우는 생물학적 지표가 되는 물질도 공기 중 노출농도 측정과 병행하여 측정

⑨ **단시간 상한값(EL)**

TLV-TWA가 설정되어 있는 유해물질 중에 독성 자료가 부족하여 TLV-STEL이 설정 되어 있지 않은 물질에 적용할 수 있음

04 노출기준(허용농도) 적용에 미치는 영향인자

① 근로시간

② 작업강도

③ 온열조건

④ 이상기압

05 노출기준에 피부(SKIN) 표시를 하여야 하는 물질

① 손이나 팔에 의한 흡수가 몸 전체 흡수에 지대한 영향을 주는 물질

② 반복하여 피부에 도포했을 때 전신작용을 일으키는 물질

③ 급성 동물실험 결과 피부 흡수에 의한 치사량(LD50)이 비교적 낮은 물질(동물을 이용한 급성중독실험

결과 피부 흡수에 의한 LD50이 비교적 낮은 물질)

④ 옥탄올-물 분배계수가 높아 피부 흡수가 용이한 물질

⑤ 다른 노출경로에 비하여 피부 흡수가 전신작용에 중요한 역할을 하는 물질

06 우리나라 노출기준

① 노출기준은 1일 작업시간 동안의 시간가중 평균노출기준, 단시간 노출기준, 최고노출 기준으로 표시한다.

② 각 유해인자에 대한 노출기준은 해당 유해인자가 단독으로 존재하는 경우의 노출기준을 말하며, 2종 또는 그 이상의 유해인자가 혼재하는 경우에는 각 유해인자의 상가작용 또는 상승작용으로 유해성이 증가할 수 있으므로 사용상 주의를 요한다.

③ 노출기준은 1일 8시간 작업을 기준으로 하여 제정된 것이므로 이를 이용할 때에는 근로시간, 작업강도, 온열조건, 이상기압 등 노출기준에 영향을 끼칠 수 있는 제반요인에 대해 고려하여야 한다.

④ 유해인자(유해요인)에 대한 감수성은 개인에 따라 차이가 있으며 노출기준 이하의 작업환경에서도 직업 상 질병이 발생하는 경우가 있으므로 노출기준 이하의 작업환경이라는 이유만으로 직업성 질병의 이환을 부정하는 근거 또는 반증 자료로 사용할 수 없다.

⑤ 대기오염의 평가 또는 관리상의 지표로 사용할 수 없다.

07 주요 화학물질의 노출기준(TWA)

① 오존(O_3) : 0.08ppm

② 암모니아(NH_3): 25ppm

③ 일산화탄소(CO): 30ppm

④ 이산화탄소(CO_2): 5,000ppm

⑤ 기타 분진의 산화규소 결정체 : 10mg/㎥(함유율 1% 이하)

07절   혼합물의 허용기준

01   노출지수(EI: Exposure Index)

① 2가지 이상의 독성이 유사한 유해화학물질이 공기 중에 공존할 때 대부분의 물질은 유해성의 상가작용을 나타내기 때문에 유해성 평가는 다음 식에 의하여 계산된 노출지수에 의하여 결정한다.

$$노출지수(\text{EI}) = \frac{C_1}{\text{TLV}_1} + \frac{C_2}{\text{TLV}_2} + \cdots\cdots + \frac{C_n}{\text{TLV}_n}$$

여기서, Cn: 각 혼합물질의 공기 중 농도, TLVn : 각 혼합물질의 노출기준

② 노출지수가 1을 초과하면 노출기준을 초과한다고 평가한다.

③ 다만, 혼합된 물질의 유해성이 상승작용 또는 상가작용이 없을 때는 각 물질에 대하여 개별적으로 노출기준 초과 여부를 결정한다(독립작용).

02   액체 혼합물의 구성 성분을 알 때 혼합물의 허용농도(노출기준)

$$혼합물의 노출기준\,(mg/m^3) = \cfrac{1}{\dfrac{f_a}{TLV_a} + \dfrac{f_b}{TLV_b} + \cdots\cdots + \dfrac{f_n}{TLV_n}}$$

여기서 f_a, f_b $\cdots$, f_n : 액체 혼합물에서의 각 성분 무게(중량) 구성비(%)

TLV$_a$, TLV$_b$ $\cdots$, TLV$_n$: 해당 물질의 TLV(노출기준, mg/m³)

03   비정상 작업시간에 대한 허용농도 보정

① OSHA의 보정방법

가. 노출기준 보정계수를 구하여 노출기준에 곱하여 계산한다.

나. 급성중독을 일으키는 물질(대표적인 물질: 일산화탄소)

$$보정된 노출기준 = 8시간 노출기준 \times \left(\frac{8시간}{노출시간/일}\right)$$

다. 만성중독을 일으키는 물질(대표적인 물질: 중금속)

$$보정된 노출기준 = 8시간 노출기준 \times \left(\frac{40시간}{노출시간/주}\right)$$

라. 노출기준(허용농도)에 보정을 생략할 수 있는 경우
       ㉠ 천장값(C: Ceiling)으로 되어 있는 노출기준
       ㉡ 가벼운 자극(만성중독을 야기하지 않는 정도)을 유발하는 물질에 대한 노출기준
       ㉢ 기술적으로 타당성이 없는 노출기준

② Brief와 Scala의 보정방법

노출기준 보정계수(RF)를 구하여 노출기준에 곱하여 계산한다.

보정된 노출기준 = RF × 노출기준(허용농도)

이때, 노출기준 보정계수(RF)

$$\text{RF} = \left(\frac{8}{H}\right) \times \frac{24-H}{16} \left[\text{일주일} : \text{RF} = \left(\frac{40}{H}\right) \times \frac{168-H}{128}\right]$$

H : 비정상적인 작업시간(노출시간/일, 노출시간/주)
16 : 휴식시간 의미 (128 : 일주일 휴식시간 의미)

08절 공기 중 혼합물질의 화학적 상호작용

01 상가작용(additive effect)

① 작업환경 중의 유해인자가 2종 이상 혼재하는 경우에 있어서 혼재하는 유해인자가 인체의 같은 부위에 작용함으로써 그 유해성이 가중되는 것

② 화학물질 및 물리적 인자의 노출기준에 있어 2종 이상의 화학물질이 공기 중에 혼재하는 경우에는 유해성이 인체의 서로 다른 조직에 영향을 미치는 근거가 없는 한 유해물질들 간의 상호작용
예 2 + 3 = 5

02 상승작용(synergism effect)

① 각각 단일물질에 노출되었을 때 독성보다 훨씬 독성이 커짐을 말한다.
예 사염화탄소와 에탄올, 흡연자가 석면에 노출시, 2+ 5 = 20

03 잠재작용(가승, potentiation effect)

① 인체의 어떤 기관이나 계통에 영향을 나타내지 않는 물질이 다른 독성 물질과 복합적으로 노출 시 그 독성이 커지는 것을 말한다. **예** 3 + 0 = 10

04 길항작용(상쇄, antagonism effect)

① 두 가지 화합물이 함께 있을 때 서로의 작용을 방해하는 것을 말한다.
예 2 + 3 = 1

② 종류

　가. 화학적 길항작용: 두 화학물질이 반응하여 저독성의 물질을 형성함.

　나. 기능적 길항작용: 동일한 생리적 기능에 길항작용을 나타내는 경우

　다. 배분적(분배적) 길항작용 : 물질의 흡수, 대사 등에 영향을 미쳐 표적기관 내 축적기관의 농도가 저하되는 경우

　라. 수용적 길항작용: 두 화학물질이 같은 수용체에 결합하여 독성이 저하되는 것.

05 독립작용

독성이 서로 다른 물질이 혼합되어 있을 경우 각각 반응양상이 달라 각 물질에 대하여 독립적으로 노출기준을 적용한다.

예 질산과 카드뮴, 납과 황산, SO_2와 HCN

09절　ACGIH에서 유해물질의 TLV 설정·개정 시 이용하는 자료

01 화학구조상 유사성

① TLV를 설정하는 가장 기초적인 단계

② 기타 자료(동물실험, 인체실험, 산업장 역학조사)가 부족할 때 이용

③ 유사한 화학구조라도 독성의 구조가 다른 경우가 많다.(한계점)

02 동물실험 자료

① 인체실험, 산업장 역학조사 자료가 부족할 때 적용

② 동물실험 자료를 적용하여 노출기준을 정할 때 안전계수를 충분히 고려해야 함

③ 동물실험은 단기간에 이루어지지 않아 저농도에 노출 시에는 적용이 어렵고, 적용시 전혀 다른 결과가 나오는 경우도 있음

03 인체실험 자료

① 인체실험이므로 제한적으로 실시해야 하며 자발적인 참여자를 대상으로 할 것.

② 실험에 참여하는 자는 서명으로 동의하고 영구적 신체장애를 일으킬 가능성은 없을 것

04 산업장 역학조사 자료

① 근로자를 대상으로 하며 가장 신뢰성을 가진다.

② 허용농도 설정에 있어서 가장 중요한 자료

10절 노출기준과 Hatch의 양-반응관계 곡선

01 개요

① 노출량(dose)은 노출된 유해인자의 양을 의미한다.

② 반응(response)은 노출된 유해인자의 양에 따라 대상자가 나타내는 생리적, 독성적, 의학적 변화를 의미한다.

③ 독성 물질의 거동학으로부터 양 – 반응관계 곡선이 유도된다.

④ 양 – 반응관계 곡선은 항상성 유지단계, 보상단계, 고장단계로 구분된다.

⑤ 곡선의 기울기가 완만하나 보상단계를 넘어서면 곡선의 기울기가 급해지는데, 이것은 인체의 기능장애가 급격히 진행되어 고장장애를 일으킴.

02 기관장애 3단계

① **항상성(homeostasis) 유지단계 : 유해인자 노출에 적응할 수 있는 단계**

인체의 항상성 유지기전의 특성에는 보상성, 자가조절성, 되먹이기전이 있다.

② **보상(compensation) 유지단계**

인체가 가지고 있는 방어기전에 의해서 유해인자를 제거하여 정상기능을 유지하며 질병을 일으키기 전이다.

③ **고장(breakdown) 장애단계**

질병이 시작되며 기관이 파괴된다. 보상이 불가능한 비가역적 단계

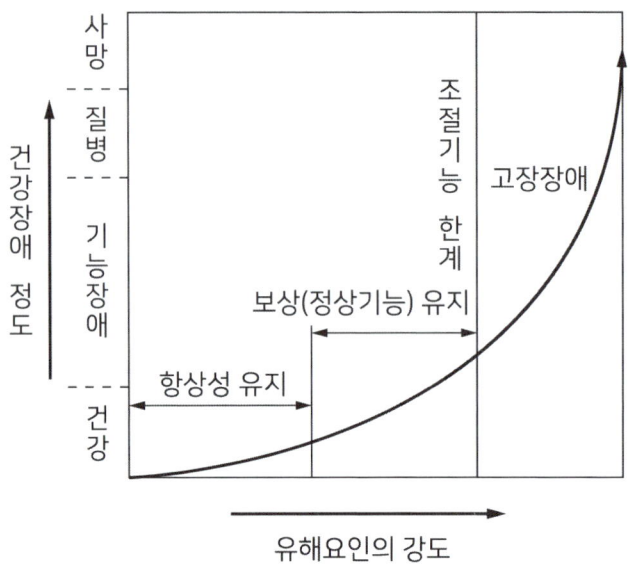

유해요인의 강도

03 Haber 법칙

환경 속에서 중독을 일으키는 유해물질의 공기 중 농도(C)와 폭로시간(T)의 곱은 일정(K) 하다는 법칙이다.

$$C \times T = K$$

04 체내흡수량(안전흡수량, 안전폭로량, SHD)

체내흡수량(SHD)= 인간에게 안전하다고 여겨지는 양

$$SHD(mg) = C \times T \times V \times R$$

SHD : 체내흡수량(안전계수와 체중을 고려)
C : 공기 중 유해물질 농도(mg/㎥)
T : 노출시간(hr)
V : 호흡률(폐환기율) (㎥/hr)
R : 체내잔류율(보통 1.0)
　동물실험을 통하여 산출한 독물량의 한계치(NOEL:No Observed Effect Level 무관찰 작용량)를 사람에게
　적용하기 위하여 인간의 안전폭로량(SHD)을 계산할 때 체중을 기준으로 외삽(extrapolation) 한다.

Chapter 02

인간과 작업환경

01절 인간공학

01 인간공학

(1) 정의

1) 인간공학은 일을 하는 사람의 능력에 업무의 요구도나 사업장의 상태와 조건을 맞추는 과학, 즉 인간과 기계의 조화 있는 상관관계를 만드는 것이다.(NIOSH)
2) 일을 인간에게 적합하게 하는 과학이다.(OSHA)
3) 인간과 기계의 관계를 합리화시키는 것이다.(W.E. Woodson)

(2) 고려할 사항 : 인간의 습성, 민족·기술·집단에 대한 적응능력, 신체의 크기와 작업환경, 운동력, 감각과 지각등.

(3) 인간공학의 중요성

종전의 기계는 개선되어야 할 문제점이 많고 생산 경쟁이 격심해짐에 따라 생산성을 증대시키고 자동화 생산속에서 기계와 인간의 문제가 연구되어야 한다.

(4) 인간공학 활용

1) 1단계 : 준비
인간공학에서 인간과 기계 관계 구성인자의 특성이 무엇인지를 알아야 하는 단계 인간과 기계가 각기 맡은 일과 인간과 기계 관계가 어떠한 상태에서 조작될 것인지 명확히 알아야 하는 단계
2) 2단계 : 선택
각 작업을 수행하는 데 필요한 직종간의 연결성, 공정 설계에 있어서의 기능적 특성, 경제적 효율, 제한점을 고려하여 세부 설계를 해야 하는 활용단계
3) 3단계 : 검토
공장의 기계 설계 시 인간공학적으로 인간과 기계 관계의 비합리적인 면을 수정·보완 하는 단계

(5) 인간공학적 측면 진동공구의 무게 : 10kg을 초과하지 않는 것이 좋다.

(6) 노이로제

어떤 원인으로 인해 과잉 주의집중을 일으키는 상태로 신경증이라고도 하며 기계화 또는 자동화로 인한 인간성 상실이 원인인 심인성 정신장애.

Part 1

(7) 인간공학이 활용되는 대상

작업공간, 작업방법, 작업조직

(8) 인간공학에 적용되는 인체 측정방법

1) 정적 치수(static dimension)= 구조적 인체 치수
  ① 구조적 인체 치수의 종류로는 팔길이, 앉은키, 눈높이 등이 있음
  ② 정적 자세에서 움직이지 않는 측정을 인체 계측기로 측정한 것
  ③ 골격 치수(팔꿈치와 손목 사이와 같은 관절 중심거리)와 외곽 치수(머리둘레, 허리둘레 등)로 구성
  ④ 표(table)의 형태로 제시하며, 동적치수에 비하여 상대적으로 데이터가 많음
2) 동적 치수(dynamic dimension)= 기능적 치수
  ① 육체적인 활동을 하는 상황에서 측정한 치수
  ② 정적인 데이터로부터 기능적 인체 치수로 환산하는 일반적인 원칙은 없음
  ③ 다양한 움직임을 표로 제시하기 어려우며 정적치수에 비해 데이터가 적다.

(9) 인체 계측자료를 표현하는 방법

퍼센타일(percentile %)로 표현, 전체를 100으로 봤을 때 작은 쪽에서 몇 번째인가를 나타내는 것.

(10) 인간 실수의 정의와 특징

1) 인간실수란 시스템으로부터 요구된 작업 결과(performance)로 부터의 차이(deviation)를 말함.
2) 인간 실수는 우발적으로 재발하고 기계의 고장은 저절로 복구되지 않는다.
3) 인간은 학습에 의해 성능을 지속적으로 향상 시킬 수 있다.
4) 인간은 스트레스가 중간 정도일 때 최고의 성능을 낸다.

(11) 동작경제의 3원칙

인간의 능력을 낭비 없이 발휘하면서 편하게 일을 할수록 동작경제의 원칙에 따라 작업방법을 개선한다.
1) 신체의 사용에 관한 원칙(use of the human body)
2) 작업장의 배치에 관한 원칙(arrangement of the workplace)
3) 공구 및 설비의 설계에 관한 원칙(design of tools and equipment)

(12) 인간과 기계 시스템 설계 시 고려해야 할 사항.

1) 대상물을 파악하고 필요한 조건들을 명확히 표현한다.
2) 수행의 연속성을 조사한다.
3) 동작경제의 원칙이 만족되도록 고려하여야 한다.
4) 시스템의 환경조건이 인간에게 적합하며 한계치를 벗어나지 않았는지 확인한다.
5) 단독기계의 배치는 인간의 심리와 기능을 고려하여 배치한다.
6) 인간과 기계가 공존하는 시스템에서는 효율적인 배치가 가장 중요하다.
7) 기계조작방법을 인간이 습득하려면 어떤 훈련방법이 필요한지 시스템을 활용하면서 인간에게 어느 정도 필요한지를 명확히 해두어야 한다.

8) 시스템 설계의 완료를 위해 조작의 안전성, 능률성, 보존의 용의성, 제작의 경제성 측면에서 재검토되어야 한다.

9) 완성된 시스템에 대해 최종적으로 불량의 여부에 대한 결정을 수행하여야 한다.

(13) 산업정신건강

1) 사업장에서 볼 수 있는 심인성 정신장애로는 성격이상, 노이로제, 히스테리 등이 있다.

2) 직장에서 건강관리상 중요시되는 정신장애는 조현병, 조울병, 알코올중독 등이 있다.

3) 조현병이나 조울병은 과거에 내인성이라고 하였으나 최근에는 심인(정신과 심리적인 원인)도 관련한다는 것이 밝혀졌다.

4) 정신건강은 정신장애가 없는 것뿐만 아니라 만족스러운 인간관계와 그것을 유지해 나갈 수 있는 능력을 포함한다.

02 들기작업

(1) 직업성 요통

중량물 취급, 작업자세, 전신진동, 기타 허리에 과도한 부담을 주는 작업이나 장기간 반복하여 무리한 동작을 할 때 급성 혹은 만성적인 요통을 말한다.

(2) L_5/S_1 디스크(disc)

① 인체의 구조는 경추가 7개, 흉추가 12개, 요추가 5개이고 그 아래에 천골로서 골반의 후벽을 이룬다. 디스크 중 앉을 때, 서 있을 때, 물체를 들 때, 뛸 때 발생하는 압력을 가장 많이 지탱하는 디스크는 L_5와 S_1 사이이다.

② 물체와 몸의 거리가 멀수록 L_5/S_1 디스크는 지렛대의 역할을 하면서 더 많은 부담을 갖는다.

(3) 요통발생 주요요인

① 작업습관과 올바르지 못한 작업 방법 및 자세, 개인적인 생활태도
② 작업빈도, 물체의 위치와 무게 및 크기
③ 근로자의 육체적 조건
④ 요통 및 기타 장애의 경력

(4) 요통을 유발할 수 있는 작업자세 : 과도하게 허리를 숙이는 자세, 측면으로 20도 이상 기울어지는 자세

(5) 산업안전보건기준에 관한 규칙상 중량물의 표시

사업주는 5kg 이상의 중량물을 들어 올리는 작업에 근로자를 종사하도록 하는 때에는 다음의 조치를 하여야 한다.

① 주로 취급하는 물품에 대하여 근로자가 쉽게 알 수 있도록 물품의 중량과 무게중심에 대하여 작업장 주변에 안내표시를 할 것

② 취급하기 곤란한 물품에 대하여 손잡이를 붙이거나 갈고리, 진공빨판 등 적절한 보조도구를 이용할 것.

(6) 중량물 취급에 대한 기준(NIOSH) 적용범위

① 박스(box)인 경우는 손잡이가 있어야 하고 신발이 미끄럽지 않아야 한다.

② 작업장 내의 온도가 적절해야 한다.

③ 물체의 폭이 75cm 이하로서 두 손을 적당히 벌리고 작업할 수 있는 공간이 있어야 한다.

④ 보통 속도로 두 손으로 들어 올리는 작업을 기준으로 한다.

⑤ 물체를 들어 올리는 데 자연스러워야 한다.

(7) 중량물 취급에 대한 기준에 영향을 미치는 요인

① 물체 무게

② 물체 위치(물체와 사람과의 거리 의미)

③ 물체 높이(바닥으로부터 물체가 처음 놓여 있는 장소의 높이)

④ 물체를 들어 올리는 거리

⑤ 작업횟수(빈도)

⑥ 작업시간

(8) NIOSH에서 제안한 중량물 취급작업의 권고치 중 감시기준(AL)

① 설정 배경(설정기준)

　가. 역학조사 결과 : AL을 초과하면 소수 근로자들에게 장애 위험도 증가하나, 대부분 작업이 가능

　나. 생물역학적 연구 결과

　　　L_5/S_1 디스크에 가하는 압력이 3,400N 미만인 경우 대부분의 근로자가 견딤

　다. 노동생리학적 연구 결과

　　　요구되는 에너지 대사량 3.5kcal/min

　라. 정신물리학적 연구 결과

　　　남자 99%, 여자 75% 이상에서 AL 수준의 작업 가능

② 감시기준(AL) 관계식

$$AL(kg) = 40(15/H)(1 - 0.004 |V-75|)(0.7 + 7.5/D)(1 - F/F_{MAX})$$

여기서,

H : 대상물체의 수평거리(발목 중간점에서 대상 물체의 질량중심까지)

V : 대상물체의 수직거리(대상 물체를 들어 올리기 전 바닥으로부터 수직거리)

D : 대상물체의 이동거리(최초의 높이에서이동한 수직이동거리)

F : 중량물 취급작업의 분당 빈도

F_{MAX} : 인양대상 물체의 취급 최빈수

(9) NIOSH에서 제안한 중량물 취급작업의 권고치 중 최대허용기준(MPL)

① 설정 배경(설정기준)

　가. 역학조사 결과: MPL을 초과하는 작업에서는 대부분의 근로자에게 근육, 골격장애 나타남

　나. 인간공학적 연구 결과: L_5/S_1 디스크에 6,400N 압력부하시 대부분의 근로자가 견딜 수 없음.

다. 노동생리학적 연구 결과: 요구되는 에너지 대사량 5.0kcal/min 초과

라. 정신물리학적 연구 결과: 남성 25%, 여성 1% 미만에서만 MPL 수준의 작업 가능

② 최대허용기준(MPL) 관계식

MPL(최대허용기준) =AL(감시기준) × 3

(10) 개정 NIOSH 중량물 취급작업의 권고기준(RWL)

① 중량물을 취급하는 동작을 분석하는 대표적인 인간공학 평가도구인 NLE(NIOSH Lifting Equation)를 이용하여 평가할 때 단일 작업시 RWL(추천 중량한계)를 구한다.

② 권고중량물 한계기준이라고도 한다.

③ 권고기준(RWL) 관계식

RWL (kg) = Lc×HM×VM×DM×AM×FM×CM

여기서,

Lc : 중량상수(부하상수)(23kg : 최적 작업상태 권장 최대무게, 즉 모든 조건이 가장 좋지 않을 경우 허용되는 최대중량의 의미)

HM : 수평계수
(몸의 수직선상의 중심에서 물체를 잡는 손의 중앙까지의 수평 거리(H)를 측정하여 25/H로 구함) ; 수평위치값의 기준 25cm

VM : 수직계수
(바닥에서 손까지의 수직거리(V)를 측정하여 1−(0.003|V−75|) 로 구함) ; 수직위치값의 기준 75cm

DM : 물체 이동거리계수(최초의 위치에서 최종 운반위치까지의 수직 이동거리를 의미) = 0.82 + (4.5/D)

AM : 비대칭각도계수(물건을 들어 올릴 때 허리의 비틀림 각도(A)를 측정하여 1−0.0032A에 대입)

FM : 작업빈도계수

CM : 물체를 잡는데 따른 계수(커플링계수)

(11) NIOSH 중량물 취급지수(들기지수, LI)

① 특정 작업에 의한 스트레스를 비교·평가 시 사용한다.

② 중량물 취급지수LI) 관계식

$$LI = \left(\frac{물체무게\,(KG)}{RWL(KG)} \right)$$

(12) NIOSH의 중량물 취급작업의 분류와 대책

① MPL(최대허용한계) 초과인 경우:(MPL초과시 대부분의 근로자에게 및 근골격계 장애 유발) 반드시 공학적 개념을 도입하여 설계

② RWL(AL)과 MPL 사이인 경우

가. 원인분석, 행정적 및 경영학적 개선을 하여 작업조건을 AL 이하로 내려야 함.

나. 적합한 근로자 선정 및 적정 배치, 훈련, 작업방법 개선 등 행정적인 조치가 필요함.

③ RWL(AL) 이하인 경우 : 적합한 작업조건
(대부분의 정상 근로자들에게 적절한 작업조건으로 현 수준을 유지)

(13) 중량물 취급작업 권고치(L)에 영향 정도

작업빈도 〉 수평거리 〉 수직거리 〉 이동거리

(14) 앉아서 하는 운전 작업 시 주의사항

① 방석과 수건을 말아서 허리에 받쳐 최대한 척추의 자연곡선 유지
② 운전대를 잡고 있을 때에는 상체를 앞으로 심하게 기울이지 않는다.
③ 상체를 반듯이 편 상태에서 허리를 약간 뒤로 젖힌 자세가 좋다.
④ 차 등을 타고 내릴 때 몸을 회전해서는 안 된다.

(15) 수공구를 이용한 작업개선 원리

① 손바닥 전체에 골고루 스트레스를 분포시키는 손잡이를 가진 수공구를 선택한다.
② 가능하면 손가락으로 잡는 pinch grip보다는 손바닥으로 감싸 안아 잡는 power grip을 이용한다.
③ 공구 손잡이의 홈은 손바닥의 일부분에 많은 스트레스를 야기하므로 손잡이 표면에 홈이 파진 수공구를 피한다.

(16) 중량물 들기작업의 동작순서

① 중량물에 몸의 중심을 가능한 가깝게 한다.
② 발을 어깨 너비 정도로 벌리고, 몸은 정확하게 균형을 유지한다.
③ 무릎을 굽힌다.
④ 가능하면 중량물을 양손으로 잡는다.
⑤ 목과 등이 거의 일직선이 되도록 한다.
⑥ 등을 반듯이 유지하면서 무릎의 힘으로 일어난다.

(17) 작업 평면 설계(인간공학적 방법에 의한 작업장 설계)

① 수평 작업영역
　가. 정상작업역(표준영역)
　　㉠ 상박부를 자연스런 위치에서 몸통부에 접하고 있을 때에 전박부가 수평면 위에서 쉽게 도착할 수 있는 운동범위
　　㉡ 위팔(상완)을 자연스럽게 수직으로 늘어뜨린 채 아래팔(전완)만으로 편안하게 뻗어 파악할 수 있는 영역
　　㉢ 움직이지 않고 전박과 손으로 조작할 수 있는 범위
　　㉣ 앉은 자세에서 위팔은 몸에 붙이고, 아래팔만 곧게 뻗어 닿는 범위(약 34~45cm의 범위)
　나. 최대작업역(최대영역)
　　㉠ 팔 전체가 수평상에 도달할 수 있는 작업영역
　　㉡ 어깨로부터 팔을 뻗어 도달할 수 있는 최대영역
　　㉢ 아래팔(전완)과 위팔(상완)을 곧게 펴 파악할 수 있는 영역
　　㉣ 움직이지 않고 상지를 뻗어서 닿는 범위
　　㉤ 약 55~65cm의 범위

② 앉아서 하는 작업
    가. 작업면의 높이를 개인의 신체치수에 맞춘다.
    나. 작업 높이는 팔꿈치 높이와 같아야 한다.
    다. 작업면 하부 여유공간은 대퇴부가 자유롭게 움직일 수 있어야 한다.
    라. 미세 및 정밀 작업용 작업면은 팔꿈치보다 각각 15cm, 5cm 높아야 한다.
③ 서서 하는 작업
    가. 선 작업자의 작업대 높이는 앉은 작업자의 경우와 같이 팔꿈치의 높이와 실행 중인 작업 종류에
        관련이 있다.
    나. 경작업과 중 작업 시 권장작업대의 높이는 팔꿈치 높이보다 낮게 작업대를 설치한다.
    다. 정밀 작업시에는 팔꿈치 높이보다 약간 높게(5~10cm) 설치된 작업대가 권장된다.
④ 앞으로 구부리고 수행하는 작업공정
    가. 작업점의 높이는 팔꿈치보다 낮게 한다.
    나. 바닥의 얼룩을 닦을 때는 허리를 구부리지 말고 다리를 구부려서 작업한다.
    다. 상체를 구부리고 작업을 하다가 일어설 때는 무릎을 굴절시켰다가 다리 힘으로 일어난다.
    라. 신체의 중심이 물체의 중심보다 앞쪽에 있도록 한다.

03 단순 및 반복 작업

오랜 시간 동안 반복되거나 지속되는 동작 또는 작업자세로 수행되는 모든 작업 요소이며, 이러한 작업들은
근골격계 질환과 관련된 작업형태

(1) 관리대상 작업(근골격계 부담작업)
    ① 하루에 4시간 이상 집중적으로 자료입력 등을 위해 키보드 또는 마우스를 조작하는 작업
    ② 하루에 총2시간 이상 목, 어깨, 팔꿈치, 손목 또는 손을 사용하여 같은 동작을 반복하는 작업
    ③ 하루에 총 2시간 이상 지지되지 않은 상태에서 4.5kg 이상의 물건을 한 손으로 들거나 동일한 힘으로

쥐는 작업

④ 하루에 10회 이상 25kg 이상의 물체를 드는 작업

⑤ 하루에 25회 이상 10kg 이상의 물체를 무릎아래에서 들거나, 어깨 위에서 들거나, 팔을 뻗은 상태에서 드는 작업

⑥ 하루에 총 2시간 이상, 분당 2회 이상 4.5kg 이상의 물체를 드는 작업

⑦ 하루에 총 2시간 이상, 시간당10회 이상 손 또는 무릎을 사용하여 반복적으로 충격을 가하는 작업

⑧ 하루에 총 2시간 이상 머리 위에 손이 있거나, 팔꿈치가 어깨 위에 있거나, 팔꿈치를 몸통으로부터 들거나, 팔꿈치를 몸통 뒤쪽에 위치하도록 하는 상태에서 이루어지는 작업

04 VDT 증후군

VDT 증후군이란 VDT를 오랜 기간 취급하는 작업자에게 발생하는 근골격계 질환, 안정피로 등의 안 장애, 정전기 등에 의한 피부발진, 정신적 스트레스, 전자기파와 관련된 건강장애 등을 모두 합하여 부르는 용어

(1) 피해종류

1) 근골격계 이상: 목, 어깨, 팔꿈치, 손목 및 손가락 등에 나타나는 통증과 저림, 쑤심 등

2) 피부증상: 날씨가 건조할 때 화면에서 발생되는 정전기에 의해 민감한 피부반응이 나타남.

3) 눈의 피로(안장애): 눈의 피로나 통증

4) 정신적 스트레스(정신신경계 장애): 정서적 불편감

(초조, 근심, 착란, 긴장, 무기력감)과 생리적반응(혈압상승, 소화불량, 심박수 증가, 아드레날린 분비 촉진, 두통)이 있다.

5) 전자파 장애: 컴퓨터 화면으로부터 발생되는 전자기파(EMF)에 의한 장애를 말함.

(2) 바람직한 VDT 작업자세(CRT 취급 관련 작업기준)

① CRT 및 키보드 조건

가. CRT 방출 전리방사선은 자연방사선량 이하로 검출되어야 함

나. 비전리 방사선은 차폐되어야 함

다. 키보드의 경사는 5~15℃, 두께는 30mm가 적당함.

② 설치거리: 화면과 눈의 거리는 40cm이상 유지

③ 휘도: 너무 높게 되면 눈부심과 잔상효과 생김.

④ 대조비: 높게 되면 번쩍거리는 현상 생김.

⑤ 화면의 배경색

문자는 어둡고 배경색은 밝게 하면 눈의 피로현상이 감소되며 휘도를 문자의 3배 이상으로 조절하는 것이 적당하다.

⑥ 채광: 자연적 채광이 바람직, 화면에 반사광선이 비치지 않게 함

⑦ 조도: 주변환경 조도는 화면의 바탕 색상이 검은색일 경우 300~500 Lux가 적당함

⑧ 소음: 작업시간당 약 55dB 이하

⑨ 조도비율: CRT 화면 : 키보드 : 주변 = 1 : 3 : 10

⑩ 팔꿈치의 높이: 의자 높이를 조절하여 키보드의 높이와 일치하는 자세

⑪ 팔의 각도

위쪽 팔과 아래쪽 팔이 이루는 각도(내각)는 90° 이상이 적당하고 위팔은 자연스럽게 늘어뜨리고 아래팔은 손등과 일직선을 유지하여 손목이 꺾이지 않도록 할 것.

⑫ 문서 홀더(서류받침대)와 화면은 눈높이가 동일한 것이 좋음

화면상의 문자와 배경과의 휘도비를 낮출 것

⑬ 디스플레이의 화면 상단이 눈높이보다 약간 낮은 상태(약 10° 이하)가 되도록 할 것

⑭ 작업 중 시야에 들어오는 화면, 키보드, 서류 등의 주요 표면 밝기는 차이를 작게 할 것

⑮ 정전기 방지는 접지를 이용하거나 알코올 등으로 화면을 세척할 것

⑯ 화면을 향한 눈의 높이는 화면보다 약간 높은 것이 좋고 작업자의 시선은 수평선상으로 부터 아래로 5 ~ 10°(10 ~ 15°) 이내일 것.

⑰ 작업자의 발바닥 전면이 바닥면에 닿는 자세를 취하고 무릎의 내각은 90° 전후일 것.

⑱ 작업자의 손목을 지지해 줄 수 있도록 작업대 끝 면과 키보드의 사이는 15cm 이상을 확보할 것.

⑲ 키보드를 조작하여 자료를 입력할 때 양 손목을 바깥으로 꺾은 자세가 오래 지속되지 않도록 주의할 것.

05 노동 생리

작업생리학은 여러 가지 활동에 필요한 에너지 소비량과 그에 따른 인체의 작업능력 한계를 연구하는 학문

노동에 필요한 에너지원은 근육에 저장된 화학에너지(혐기성 대사)와 대사과정(구연산 회로, 호기성 대사)을 거쳐 생성되는 에너지로 구분된다.

혐기성과 호기성 대사에 모두 에너지원으로 작용하는 것은 포도당(glucose)이며, 혐기성 대사의 에너지원은 글리코겐이다.

(1) 노동에 필요한 에너지원

① 혐기성 대사(anaerobic metabolism):근육에 저장된 화학적 에너지, 산소 없이 에너지 발생가능

혐기성 대사 순서(시간대별):

ATP(아데노신 삼인산) → CP(크레아틴인산) → Glycogen 글리코겐 or Glucose(포도당)

② 호기성 대사(aerobic metabolism):대사과정(구연산 회로)을 거쳐 생성된 에너지를 의미함

호기성 대사 순서(시간대별):

포도당, 단백질, 지방+산소 → 에너지원

(2) 작업 시 소비열량에 따른 작업강도 분류(ACGIH, 우리나라 고용노동부에서 적용)

① 경작업 : 200kcal/hr까지 작업

② 중등도작업 : 200~ 350kcal/hr까지 작업

③ 중작업(심한 작업) : 350~500kcal/hr 까지 작업

(3) 작업에 따른 영양관리

① 근육작업자의 에너지 공급은 당질을 위주로 한다.

② 고온작업자에게는 식수와 식염을 우선 공급한다.

③ 중작업자에게는 단백질을 공급한다.

④ 저온작업자에게는 지방질을 공급한다.

(4) 심한 작업이나 운동 시 호흡조절에 영향을 주는 요인

① 산소

② 이산화탄소

③ 수소이온

> **참고** **비타민 결핍증**
>
> 비타민A: 야맹증
> 비타민B1: 각기병, 신경염
> (근육운동시 보급할것.)
> 비타민 B2: 구강염
> 비타민D: 구루병
> 비타민K: 혈액응고지연
> 비타민E: 생식기능
> 비타민F: 피부병
> 비타민C:괴혈병

06 근골격계 질환

반복적인 동작, 부적절한 작업자세, 무리한 힘의 사용(물건을 잡는 손의 힘), 날카로운 면 과의 신체접촉, 진동 및 온도(저온) 등의 요인에 의하여 발생하는 건강장애로서 목, 어깨, 허리, 상·하지의 신경근육 및 그 주변 신체조직 등에 나타나는 질환

(1) 근골격계 질환 관련 용어

① 누적외상성질환(CTDs:Cumulative Trauma Disorders)

② 근골격계질환(MSDs:Musculo Skeletal Disorders)

③ 반복성긴장장애(RSI:Repetitive Strain Injuries)

④ 경견완증후군(고용노동부, 1994, 업무상 재해 인정기준)

(2) 직업성 경견완증후군 발생과 연관이 있는 작업

전화교환작업/ 금전등록기의 계산작업/ 키펀치작업

(3) 근골격계 질환의 종류

① 근육통증후군: 목이나 어깨를 과다 사용하거나 굽히는 자세(목이나 어깨 부위 근육의 통증 및 움직임 둔화)

② 요통(건초염): 중량물 인양 및 옮기는 자세(추간판 탈출로 인한 신경 압박 및 허리 부위에 염좌가 발생하여 통증 및 감각마비)

③ 수근관증후군: 반복적이고 지속적인 손목 압박 및 굽힘 자세(손가락의 저림 및 통증, 감각저하)

④ 내·외상과염: 과다한 손목 및 손가락의 동작(팔꿈치 내·외측의 통증)

⑤ 수완진동증후군: 진동공구 사용 (손가락의 혈관수축, 감각마비, 하얗게 변함)

(4) 근골격계 질환을 줄이기 위한 작업관리방법

① 수공구의 무게는 가능한 줄이고 손잡이는 접촉면적을 크게 한다.

② 손목, 팔꿈치, 허리가 뒤틀리지 않도록 한다. 즉, 부자연스러운 자세를 피한다.

③ 작업시간을 조절하고, 과도한 힘을 주지 않는다.

④ 동일한 자세로 장시간 하는 작업을 피하고 작업대사량을 줄인다.

⑤ 근골격계 질환을 예방하기 위한 작업환경 개선의 방법으로 인체 측정치를 이용한 작업 환경 설계 시 가장 먼저 고려하여야 할 사항은 조절가능 여부이다.

(5) 근골격계 질환 예방관리 프로그램(산업안전보건기준에 관한 규칙)

① 근골격계 부담작업으로 인한 건강장애 예방관리를 위한 프로그램의 일종으로서 근골격계 부담작업에 대한 유해요인 조사, 작업환경 개선, 의학적관리, 교육, 훈련, 평가에 관한 사항 등이 포함된 근골격계 질환 예방관리를 위한 종합적인 계획이다.

② 근골격계 질환 예방관리 프로그램을 수립, 시행하는 경우

　가. 근골격계 질환으로 업무상 질병으로 인정받은 근로자가 연간 10명 이상 발생한 사업장 또는 5명 이상 발생한 사업장, 그 사업장 근로자 수의 10% 이상인 경우

　나. 근골격계 질환 예방과 관련하여 노사 간 이견이 지속되는 사업장으로서 고용노동부 장관이 필요하다고 인정하여 명령한 경우

(6) 유해요인 조사

① 사업주는 근로자가 근골격계 부담작업을 하는 경우에 3년마다 유해요인 조사를 해야 한다. (신설 사업장의 경우 신설일로부터 1년 이내에 최초의 유해요인 조사)

② 유해요인 조사 포함사항

　가. 설비, 작업공정, 작업량, 작업속도 등 작업장 상황
　　(작업시간, 작업자세, 작업방법 등 작업조건)

　나. 작업과 관련된 근골격계 질환 징후 및 증상 유무 등

07 근·골격계 질환 위험요인 평가도구(작업부하 평가방법)

① OWAS : 핀란드의 철강회사에서 근육을 발휘하기에 부적절한 작업자세를 구별할 목적으로 개발한 평가 기법이며, 작업자세에 의한 작업부하에 초점, 현장 작업장 에서 특별한 기구 없이 관찰에 의해서만 작업자세를 평가한다.

② JSI:주로 상지 말단의 직업관련성 근골격계 유해요인을 평가하기 위한 도구로 각각의 작업을 세분하여 평가 하며 작업을 정량적으로 평가함과 동시에 질적인 평가도 함께 고려

　가. JSI 평가결과의 점수가 7점 이상은 위험한 작업이므로 즉시 작업개선이 필요한 작업으로 관리기준을 제시하게 된다.

나. 이 평가방법은 손목의 특이적인 위험성만을 평가하고 있어 제한적인 작업에 대해서 만 평가가 가능하고, 손, 손목 부위에서 중요한 진동에 대한 위험요인이 배제된 단점이 있다.

다. 평가과정은 지속적인 힘에 대해 5등급으로 나누어 평가하고, 힘을 필요로 하는 작업의 비율, 손목의 부적절한 작업자세, 반복성, 작업속도, 작업시간 등 총 6가지 요소를 평가한 후 각각의 점수를 곱하여 최종 점수를 산출.

③ RULA : 어깨, 팔목, 손목, 목등 상지의 분석에 초점을 두고 있기 때문에 하체보다는 상체의 작업부하가 많이 부과되는 작업의 자세에 대한 근육부하를 평가

④ REBA : 신체 전체의 자세를 평가하며 RULA가 상지에 국한되어 평가하는 단점을 보완한 평가 도구로, RULA보다 하지의 분석을 좀 더 자세히 평가할 수 있다.

가. 의료 관련 직종이나 다른 산업에서 예측이 힘든 다양한 자세들이 발생하는 경우를 대비하여 만들어진다.

⑤ NLE : 들기작업에 대한 RWL을 쉽게 산출 작업의 위험성을 예측하여 인간공학적인 작업방법의 개선을 통해 작업자의 직업성 요통을 사전에 예방하는 것이 목적이며 정밀한 작업평가, 작업설계에 이용되는 평가도구이다.

예 OWAS

신체부위	작업자세 형태						
허리	(1) 똑바로 섬	(2) 20도 이상 구부림		(3) 20도 이상 비틈		(4) 20도 이상 비틀어 구부림	
팔	(1) 양팔 어깨 아래		(2) 한팔 어깨 위		(3) 양팔 어깨 위		
다리	(1) 앉음	(2) 양발 똑바로	(3) 한발 똑바로	(4) 양 무릎 굽힘	(5) 한 무릎 굽힘	(6) 무릎 바닥	(7) 걸음
무게	(1) 10kg 미만		(2) 10~20kg		(3) 20kg 초과		

08 근골격계 질환을 예방하기 위한 작업환경의 개선

① 작업대의 높이는 작업정면을 보면서 팔꿈치 각도가 90° 를 이루는 자세로 작업할 수 있도록 조절하고 근로자와 작업면의 각도 등을 적절히 조절할 수 있도록 한다.

② 근골격계 질환을 예방하기 위한 작업환경 개선의 방법은 인체측정치를 이용한 작업환경의 설계가 이루어질 때 가장 먼저 고려해야 하는 사항은 '조절가능 여부'이다.

③ 작업영역은 정상작업영역 이내에서 이루어지도록 하고 부득이한 경우에 한해 최대작업 영역에서 수행하되 그 작업이 최소화되도록 한다.

④ 반복의 정도가 심한 경우에는 공정을 자동화하거나 다수의 근로자들이 교대하도록 하여 한 근로자의 반복 작업시간을 가능한 한 줄이도록 한다.

09 근골격계 장애(Work-MSDs)가 직업병으로 중요한 이유는

① 다양한 작업장과 다양한 직무활동에서 발생한다.

② 생산성을 저하시키며 제품과 서비스의 질을 저하시킨다.

③ 모든 산업 분야에서 예방 가능한 질환이다.

④ 허리가 포함되었을 때 비용이 가장 많이 소요되는 직업성 질환이다.

02절 산업피로

01 피로의 정의

(1) 피로(산업피로) 특징

① 피로는 주관적 느낌이며 질병이 아닌 가역적인 생체변화이다.

② 피로가 오래되면 얼굴부종, 허탈감 등의 증세가 오며 생리학적 기능 변동으로 인하여 생긴다.

③ 피로는 정신적 기능과 신체적 기능의 저하가 통합된 생체반응이다.

④ 육체적, 정신적, 신경적인 노동부하에 반응으로 보통 함께 나타나 구별하기 어렵고, 정신적 피로나 육체적 피로가 각각 단독으로 생기는 일은 거의 없다.

⑤ 피로 측정 및 판정에 있어 가장 중요한 객관적인 자료는 생체기능의 변화이다.

⑥ 피로현상은 개인차가 심하므로 작업에 대한 개체의 반응을 객관적 수치로 나타내기 어렵고 자각증상은 피로의 정도와 반드시 일치하지는 않는다.

⑦ 피로는 자각적인 피로감과 더불어 점차 기능 저하가 일어나고 생산성저하와 질병의 원인이 된다.

⑧ 산업피로는 건강장애에 대한 경고반응이다.

피로 조사를 통해 피로도를 판가름하는 데 그치지 않고 작업방법과 교대제 등을 과학적으로 검토할 필요가 있다.

⑨ 노동수명 (turn over ratio) 으로도 피로를 판정할 수 있다.

작업시간이 등차급수적(1씩증가되는 수열)으로 늘어나면 피로 회복에 요하는 시간은 등비급수적(비율이 일정하게)으로 증가 한다.

⑩ 정신 피로는 주로 중추신경계의 피로, 근육 피로는 주로 말초신경계의 피로를 의미한다.

⑪ 국소 피로와 전신 피로는 피로를 나타내는 신체의 부위가 어느 정도인지에 따라 상대적으로 구분된다.

(2) 피로의 영향인자

① 피로에 가장 큰 영향을 미치는 요소는 작업강도이다.

② 작업강도에 영향을 미치는 중요한 요인

가. 작업의 정밀도 나. 작업자세 다. 대인접촉 빈도

라. 에너지 소비량, 작업강도, 작업속도, 작업시간, 조작방법 등

(3) 산업피로의 구분

작업부하/개인적 적응조건/ 휴식/ 노동시간

(4) 피로의 발생요인

① 내적 요인(개인적응조건)

적응능력/ 숙련 정도/ 신체적 조건/ 영양

② 외적 요인

가. 작업환경(환기, 소음·진동, 온열조건)

나. 작업부하(작업자세, 작업강도, 조작방법)

다. 작업관리, 1일 노동시간, 야간근무

라. 생활조건

(5) 피로 발생기전

크레아틴, 젖산, 초성포도당, 시스테인, 시스틴, 암모니아, 잔여질소인 피로물질이 증가하며 근육 내 글리코겐 양이 감소한다.

물질대산에 의한 젖산등이 축적되고 신체조절기능이 저하되어 체내의 항상성이 상실한다.

(6) 피로단계

1단계: 하룻밤을 자고 나면 완전 회복됨.

2단계(과로): 피로가 축적되어 다음날까지도 피로가 지속, 단기간 휴식시 회복가능

3단계(곤비): 과로축적, 단시간에 회복 불가, 병적상태가 됨.

(7) 산업피로 기능검사

① 연속측정법

② 생리심리학적 검사법

역치측정/. 근력검사/ 행위검사

③ 생화학적 검사법

혈액검사/. 뇨 단백검사

④ 생리적 방법

　가. 연속반응시간

　나. 호흡순환기능

　다. 대뇌피질활동

(8) 피로의 주관적 측정을 위해 사용하는 방법

CMI (Cornell Medical Index)로 피로의 자각증상을 측정

(9) 피로 측정 분류법과 측정대상 항목

① 자율신경검사 : 호흡기 중의 산소 농도

② 운동기능검사 : 시각, 청각, 촉각

③ 순환기능검사 : 심박수, 혈압, 혈류량

④ 심적기능검사 : GSR(피부 전기전도도), 연속반응시간

(10) 피로의 판정을 위한 평가(검사)항목

혈액/ 감각기능(근전도, 심박수, 민첩성 등)/ 작업성적

(11) 지적속도

작업자의 체격과 숙련도, 작업환경에 따라 피로를 가장 적게 하고 생산량을 최고로 올릴 수 있는 경제적인 작업속도를 말한다.

(12) 풀리커 테스트(점멸–융합 테스트)

① 플리커 테스트의 용도는 피로도 측정이다.

② 산업피로 판정을 위한 생리학적 검사법으로서 인지역치를 검사 한다.

(13) 전신피로

1) 특징

　가. 작업대사량이 증가하면 산소소비량도 비례하여 계속 증가하나 작업대사량이 일정 한계를 넘으면 산소소비량은 증가하지 않는다.

　나. 작업강도가 높을수록 혈중 포도당 농도는 급속히 저하, 이에 따라 피로감이 빨리 온다.

　다. 훈련받은자와 그렇지 않은 자의 근육 내 글리코겐 농도는 차이를 보인다.

　라. 작업강도가 증가하면 근육 내 글리코겐 양이 비례적으로 감소되어 근육피로가 발생한다.

　마. 작업부하 수준이 최대산소소비량 수준보다 높아지게 되면 젖산의 제거속도가 생성 속도에 못 미치게 된다.

　바. 작업이 끝난 후에도 맥박과 호흡수가 작업개시 수준으로 즉시 돌아오지 않고 서서히 감소한다.

2) 전신피로의 원인(전신피로의 생리학적 현상)

   가. 혈중포도당 농도 저하

   나. 산소공급 부족

   다. 혈중 젖산 농도 증가

   라. 근육내 글리코겐 양 감소

   마. 작업강도 증가

3) 산소부채(oxygen debt)

   가. 산소부채는 운동이 격렬하게 진행될 때 산소섭취량이 수요량에 미치지 못하여 일어 나는 산소부족 현상으로, 산소부채량은 원래대로 보상되어야 하므로 운동이 끝난 뒤에도 일정 시간 산소를 소비한다.

   나. 산소부채는 작업시작시 발생하고 작업이 끝난후에도 보상현상이 발생하여 젖산제거를 위해서 더 많은 산소가 필요하다.

   다. 작업강도에 따라 필요한 산소요구량과 산소공급량의 차이에 의하여 산소부채현상이 발생한다.

   라. 작업 시 소비되는 산소소비량은 초기에 서서히 증가하다가 작업강도에 따라 일정 한 양에 도달하고, 작업이 종료된 후 서서히 감소되어 일정 시간 동안 산소를 소비 한다.

4) 전신피로 정도 평가

   가. 전신피로의 정도를 평가하려면 작업종료 후 심박수를 측정하여 이용한다.

   나. 심한 전신피로상태

   HR1이 110을 초과하고 HR3와 HR2의 차이가 10 미만인 경우 여기서,

   HR1 : 작업종료 후 30~ 60초 사이의 평균맥박수

   HR2 : 작업종료 후 60~ 90초 사이의 평균맥박수

   HR3 : 작업종료 후 150~ 180초 사이의 평균맥박수(회복기 심박수 의미)

– 작업시간 및 종료시간 산소소비량–

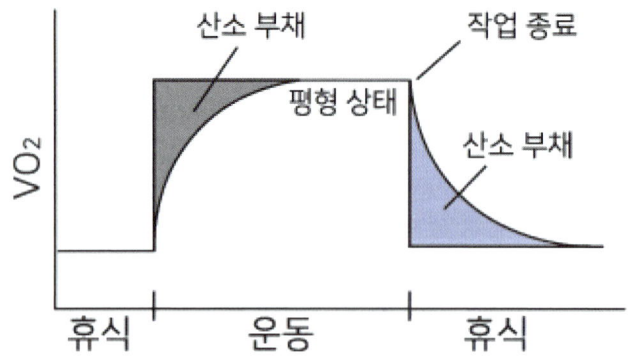

(14) 국소피로

단순반복 작업에 의해 목, 어깨, 손목, 발목 등의 작은 근육에 국한하여 피로가 생기는 것으로 대사산물의 근육 내 축적과 근육 내 에너지 고갈이 국소피로를 유발함.

혈당이 낮아지고 탄산량이 증가(산혈증), 소변양이 줄고 단백뇨증 유발, 평가로는 근전도(EMG)검사를 실시한다.

> ※ **EMG의 특징**
> ① 저주파(0~40Hz) 영역에서 힘(전압)의 증가
> ② 고주파(40~200Hz) 영역에서 힘(전압)의 감소
> ③ 평균주파수 영역에서 힘(전압)의 감소
> ④ 총 전압의 증가

02 피로의 증상

(1) 피로의 증상

① 호흡이 얕고 빨라진다(혈액 중 이산화탄소량이 증가하여 호흡중추를 자극하기 때문).
② 지각기능이 둔해지고 반사기능이 낮아진다.
③ 체온조절기능이 저하되고 판단력이 흐려진다.
④ 소변의 양이 줄고 진한 갈색으로 변하며, 심한 경우 단백뇨가 나타나고 소변 내의 단백질 또는 교질 물질의 배설량(농도)이 증가한다.
⑤ 체온은 처음에는 높아지나 피로 정도가 심해지면 오히려 낮아진다.
⑥ 혈압은 초기에는 높아지나, 피로가 진행되면 오히려 낮아진다.
⑦ 혈액내 혈당치가 낮아지고 젖산과 탄산량이 증가하여 산혈증이 됨.
⑧ 맥박 및 호흡이 빨라지며 에너지 소모량이 증가된다.
⑨ 체온상승과 호흡중추의 흥분이 온다(체온 상승이 호흡중추를 자극하여 에너지 소모량을 증가시킴).
⑩ 권태감과 졸음이 오고 주의력이 산만해지며 식은땀이 나고 입이 자주 마른다.

(2) 에너지 소비량 = D 산소소비량

① 근로자의 휴식 중 산소소비량 : 0.25L/min
② 근로자의 운동 중 산소소비량 : 5L/min

(3) 산소소비량을 작업대사량으로 환산, 산소소비량1L약 5kcal(에너지량)

(4) 육체적 작업능력(PWC)

① 젊은남성이 일반적으로 평균 16kcal/min(여성은 평균 12kcal/min) 정도의 작업을 피로를 느끼지 않고 하루에 4분간 계속할 수 있는 작업강도이다.
② 하루 8시간(480분) 작업시에는 PWC의 1/3에 해당된다.
즉, 남성은 5.3kcal/min, 여성은 4kcal/min에 해당한다.

③ PWC를 결정할 수 있는 기능은 개인의 심폐기능이며 결정요인은 대사정도, 호흡기계, 순환기계 활동 등이다.

03 작업강도 및 작업시간과 휴식

(1) 피로예방 허용작업시간(작업강도에 따른 허용작업시간)

$\log T_{end} = 3.720 - 0.1949E$

여기서,

E : 작업대사량(kcal/min)

T_{end} : 허용작업시간(min)

(2) 피로예방 휴식시간비

$$Trest(\%) = \frac{E_{max} - E_{task}}{E_{rest} - E_{task}} \times 100 : \text{Hertig 식}$$

Trest(%) : 피로예방을 위한 적정 휴식시간비(즉, 60분을 기준하여 산정)

E_{max} : 1일 8시간 작업에 적합한 작업대사량(PWC의 1/3)

E_{rest} : 휴식 중 소모대사량

E_{task} : 해당 작업의 작업대사량

(3) 작업종류별 작업시간 및 휴식시간의 배분

1) 사무작업 : 오전 4시간 중에 2회, 오후 1~4시 사이에 1회, 평균 10~20분 휴식

2) 정신집중작업: 30분간 작업에 5분간 휴식이 가장 효과적

3) 신경운동성의 경속도작업: 40분간 작업에 20분간 휴식

4) 중근작업

1회 계속작업을 1시간하고, 20~30분씩 오전에 3회 오후에 2회정도 휴식

(4) 작업강도 및 적정 작업시간

작업시간은 작업강도에 의해 결정되며 작업시간은 강도와 대수적으로 반비례한다. 작업강도가 10%미만시 국소피로는 발생하지 않으며 1kP는 질량 1kg을 중력의 크기로 당기는 힘을 의미한다.(1kP는 2.2pound의 중력)

1) 작업강도(%MS) 계산 $\frac{RF}{MS} \times 100$

RF : 작업시 요구되는 힘

MS : 근로자가 가지고 있는 최대 힘

2) 적정 작업시간(sec)계산

$sec = 671120 \times \%MS^{-2.222}$

여기서

%MS : 작업강도(근로자의 근력이 좌우함)

(5) 일반적 작업강도(근로강도)

1) 일반적 사항:

① 작업할 때 소비되는 열량을 나타내기 위하여 성별, 연령별 및 체격의 크기를 고려한 작업대사율 이라는 지수를 사용한다.(RMR)

② 작업대사량은 정신작업에는 적용이 불가하다.

2) 작업강도를 분류하는 척도

① 총에너지소비량

② 심장박동률

3) 작업대사율(에너지대사율, RMR ; Relative Metabolic Rate)

① 작업대사량을 소요시간에 대한 가중평균으로 나타낸다.

② 작업강도의 단위로써 산소호흡량을 측정하여 에너지의 소모량을 결정하는 방식으로, RMR이 클수록 작업강도가 높음을 의미한다.

$$RMR = \frac{\text{작업 대사량}}{\text{기초 대사량}} = \frac{\text{작업시 소요열량} - \text{안정시 소요열량}}{\text{기초대사량}}$$

$$\frac{\text{작업시 산소소비량} - \text{안정시 산소소비량}}{\text{기초대사량}}$$

* 기초대사량 : 인체가 안정 시 생체기능 유지에 필요한 최소의 열량을 의미, 기초대사량의 2배 까지를 노동강도 중 경노동으로 구분, 노동시 대사량은 단시간의 동작이면 기초 대사량의 10배까지 될 수 있음. 일반적으로 성인은 1500~1800kcal/day

* 작업시 소비된 에너지대사량은 휴식 후 부터 작업종료 시까지의 에너지 대사량을 나타낸다.

4) 작업강도에 영향을 주는 요소

에너지소비량/ 작업속도/ 작업자세/ 작업범위/ 작업의 위험성

5) 작업강도가 커지는 경우

정밀작업일 때/ 작업 종류가 많을 때 / 열량 소비량이 많을 때

작업속도가 빠를 때 / 작업이 복잡할 때 / 판단을 요할 때

작업인원이 감소할 때/ 위험부담을 느낄 때/ 대인접촉이나 제약조건이 빈번할 때

6) 계속적인 한계시간(CMT)

logCMT = 3.724-3.25logRMR

7) 실노동률(실동률) (%)= 85-(5 × RMR): 사이토 - 오시마 식

* RMR에 의한 작업강도 분류

RMR	작업 강도	실노동률(%)	1일소비열량	총작업 소비열량	비고
0~1	경작업	80이상	남) 2.200이하 여) 1920이하	남) 920이하 여) 720이하	사무작업
1~2	중등 작업	80~76	남) 2,200~2,550 여) 1,920~2,200	남) 920~1,250 여) 720~1,020	지적작업, 6시간이상 쉬지않고 하는 작업
2~4	강작업	76~67	남) 2,550~3,050 여) 2,220~2,600	남) 1,250~1,750 여) 1020~1,420	전형적인지속작업(계속작업한계는 RMR 4) RMR 4이상이면 휴식 필요
4~7	중작업	67~50	남) 3,050~3,500 여) 2,600~2,920	남) 1,750~2,170 여) 1,420~1,780	휴식이 필요한 작업(계속작업한계는 RMR 7) RMR 7이상 : 수시 휴식 필요
7이상	격심작업	50이하	남) 3,500 이상 여) 2,920 이상	남) 2,170 이상 여) 1,780 이상	근육작업에 해당

04 교대작업

교대근무는 일반적으로 생산량 확대와 기계 운영의 효율성 등을 높이기 위한 경제적 측면이 강조, 작업자에 대한 별다른 고려 없이 도입되어 여러 가지 부작용이 있다.

젊은 층의 교대근무자에게 있어서는 체중의 감소가 뚜렷하고 회복은 빠른 반면, 중년층 에서는 체중의 변화가 적고 회복은 늦으며 교대제를 하는 경우 대사증후군의 발생률이 높다.

(1) **주의사항** : 휴식과 수면에 중점을 두고 근무 일수, 작업시간, 교대순서, 휴일 수 등을 정해야 한다.

(2) **야간근무자의 인체 부담**

① 야간근무 시 가면시간은 적어도 1시간 반 이상은 주어야 수면효과가 있다(주간수면은 효율이 좋지 않음).
② 야근은 오래 계속하더라도 완전히 습관화되지 않는다.
③ 야간작업 시 체온상승은 주간작업 시보다 낮다.
④ 교감신경과 부교감신경을 합쳐 자율신경이라 하며 자율신경계의 조절기능이 주간의 교감 신경, 야간의 부교감신경의 신경강화로 주간수면은 야간수면에 비해 효과가 떨어진다.

(3) **교대근무제 관리원칙**

① 각 반의 근무시간은 8시간씩 교대로 하고, 야근은 가능한 짧게 한다.
② 2교대인 경우 최소 3조의 정원을 3교대인 경우 4조를 편성한다.
③ 근로자의 체중이 3kg 이상 감소하면 정밀검사를 실시한다.
④ 평균 주 작업시간은 40시간을 기준으로 '갑반→을반→병반으로 순환하게 한다.
⑤ 근무시간의 간격은 15~ 16시간 이상으로 하고 야근 주기는 4~5일로 한다.
⑥ 신체 적응을 위하여 야간근무의 연속일수는 2~3일로 하며, 야간근무를 3일이상 연속으로 하는

경우에는 피로 축적현상이 나타나게 되므로 연속하여 3일을 넘기지 않도록 한다.

⑧ 야근 후 다음 반으로 가는 간격은 최저 48시간 이상의 휴식시간을 갖도록 하여야 한다.

⑨ 야근 시 가면은 반드시 필요하며 보통 2~4시간(1시간 30분 이상:)이 적합하다.

⑩ Flex-time 제도:
작업장의 기계화, 생산의 조직화, 기업의 경제성을 고려하여 모든 근로자가 근무를 하지 않으면 안되는 중추시간(core time)을 설정하고 지정된 주간 근무시간 내에서 자유 출퇴근을 인정하는 제도, 즉 작업상 전 근로자가 일하는 core time을 제외하고 주당 40시간 내 외의 근로조건하에서 자유롭게 출퇴근하는 제도이다.

05 산업피로의 예방

① 불필요한 동작을 피하고, 에너지 소모를 적게, 동적인 작업을 늘리고 정적인 작업을 줄인다.

② 장시간 한 번 휴식하는 것보다 단시간씩 여러 번 나누어 휴식하는 것이 피로회복에 도움이 된다(정신 신경작업에 있어서는 몸을 가볍게 움직이는 휴식이 좋음).

③ 작업에 주로 사용하는 팔은 심장 높이에 두도록 하며 작업물체와 눈과의 거리는 명시거리로 30cm 정도를 유지하도록 한다.

④ 원활한 혈액의 순환을 위해 작업에 사용하는 신체부위를 심장 높이보다 위에 두도록 한다.

⑤ 피로회복 대책으로는 작업 후 목욕, 마사지를 하여 혈액순환을 원활하게 하며, 커피, 홍차, 엽차를 마시며, 특히 비타민 B1섭취는 피로회복에 좋다.

03절 산업심리

01 산업심리의 정의

산업 및 조직에서 발생하는 인간문제를 효율적으로 해결하려는 학문

근로자의 행동을 세부적으로 나누고 직무를 정밀하게 측정하여 생산효율성을 높일 수 있다고 보았던 것.

(1) 영역

산업심리학 : 산업현장에 종사하는 종업원의 행동을 이해하고, 여기서 밝혀진 원리를 실제 문제 해결에 적용함에 있어 과학적인 방법을 사용한다.

조직심리학 : 우리 삶의 일부이자 요람인 조직과 관련된 네 가지 요소인 조직, 사람, 일, 조직환경을 과학적으로 연구한다.(인사관리학, 인간공학, 사회심리학 등 직접적 여러학문이 관련이 있다.)

02 직무 스트레스의 원인

맡겨진 업무로 인해 정신적·심리적 압박을 받아서 재해의 원인이 되는 것을 말하며 이러한 스트레스를 미리 예방하는 것이 바람직하다.

(1) 특징

① 체내의 호르몬계를 중심으로 한 특유의 반응이 일어나는 것을 적응증상군이라 하며 이러한 상태를 스트레스라고 한다.

② 외부의 스트레서에 의해 신체에 항상성 파괴에 의해 나타난다.

③ 스트레스를 지속적으로 받게 되면 인체는 자기조절능력을 상실하여 스트레스로부터 벗어나지 못하고 심신장애 또는 다른 정신적 장애가 나타날 수 있다.

④ 인간은 스트레스 상태가 되면 부신피질에서 코티솔(cortisol)이라는 호르몬이 과잉분비 되어 뇌의 활동 등을 저하하게 된다.

⑤ 스트레스가 아주 없거나 너무 많을 때에는 역기능 스트레스로 작용한다.

⑥ 환경의 요구가 개인의 능력 한계를 벗어날 때 발생하는 개인과 환경과의 불균형 상태이다.

⑦ 위협적인 환경에 대한 개인의 반응이다.

(2) 내적 자극요인

① 자존심의 손상과 공격방어심리

② 출세욕의 좌절감과 자만심의 상충

③ 지나친 과거의 집착과 허탈

④ 업무상의 죄책감

⑤ 지나친 경쟁심과 재물에 대한 욕심

⑥ 남에게 의지하려는 심리

⑦ 가족 간의 대화 단절, 의견의 불일치

(3) 외적 자극요인

① 경제적인 어려움
② 대인관계 갈등
③ 죽음, 질병
④ 상대적인 박탈감

(4) NIOSH에서 제시한 직무 스트레스 모형에서 직무 스트레스 요인

① 작업요인
작업부하, 작업속도, 교대근무
② 환경요인(물리적 환경)
소음·진동, 고온·한랭, 환기·불량, 부적절한 조명
③ 조직요인
관리유형, 역할요구, 역할 모호성 및 갈등, 경력 및 직무 안전성

03 직무 스트레스 평가

(1) 직무 스트레스 증상

① 직무 긴장(vocational strain)
저조한 직무성, 직무 불만족, 회피행동(결근, 조퇴, 지각)
② 정신적(심리적) 증상
불안, 우울, 짜증, 탈진
③ 대인관계 문제
부부 문제, 가정 문제, 조직 내 구성인원 문제
④ 신체적 증상
근골격계 질환 증상, 심혈관계 질환 증상
위장관계 질환 증상, 호흡기계 질환 증상

(2) 직무 스트레스 평가

직장 내에서 발생할 수 있는 스트레스 요인을 측정하고 관리하는 과정. 주로 설문지, 인터뷰, 또는 관찰 등을 통해 직무 스트레스와 관련된 다양한 요인들을 파악한다.

1) 직무 스트레스 평가의 목적
① 직무 스트레스 요인 파악
직장 환경, 업무, 관계, 조직 문화 등 다양한 요인들이 직무 스트레스를 유발할 수 있다. 이를 정확하게 파악하여 스트레스 원인을 제거하거나 완화할 수 있다.
② 근로자 건강 증진
스트레스는 신체적, 정신적 건강에 부정적인 영향을 미칠 수 있다. 직무 스트레스 평가를 통해 건강 위험을 조기 진단하고 예방 관리할 수 있다.

③ 조직 생산성 향상

스트레스는 업무 효율성을 저하시키고, 근로자들의 불만과 불평을 야기할 수 있다. 스트레스를 관리하면 업무 생산성과 만족도를 향상시킬 수 있다.

04 직무 스트레스 관리

스트레스 요인은 서로 복합적으로 작용하여 완전해소가 불가능하기 때문에 가능하면 작업 현장에서 각 스트레스 요인들이 부정적 영향을 미치지 않게 예방하는 것이 중요하다.

(1) 관리기법

1) 개인

① 자신의 한계와 문제점을 인식하여 해결방안을 도출한다.

② 신체검사를 통하여 스트레스성 질환을 평가한다.

③ 명상과 같은 긴장이완 훈련을 통하여 생리적 휴식상태를 경험한다.

④ 규칙적인 운동으로 스트레스를 줄이고, 직무 외적인 취미, 휴식 등에 참여하여 대처능 력을 함양한다.

2) 집단

① 개인의 능력을 고려한 작업근로환경 조성

② 작업계획 수립 시 적극적 참여 유도

③ 사회적 지위 및 일 재량권 부여

④ 근로자 수준별 작업 스케줄 운영(직무 재설계 및 직무의 순환)

⑤ 적절한 작업과 휴식시간, 우호적 직장분위기 조성

⑥ 조직구조와 기능의 변화와 사회적 지원 시스템을 가동시킨다.

05 조직과 집단

① **공식 집단**

목적을 달성하기 위해 조직에 의해 의도적으로 형성된 집단, 집단 가입 동기는 지명 또는 선발에 의함, 구조적으로 안정적임

통제는 투표 또는 공식적 지명으로 이루어짐

과업은 정확한 범위가 정해져 있으며 규범 설정 시 능률을 기본적으로 함.

집단의 유지기간은 미리 정해 놓음

② **비공식 집단**

구성원들 간의 공동 관심사 또는 인간관계에 의해 자연발생적으로 형성된 집단으로 집단 가입 동기는 자의적 또는 자연적으로 이루어진다.

구조적으로 안정적이지 못하며 가변적이며 통제는 자연적이다.

과업은 다양하게 변화하며 집단의 유지기간은 구성원 간의 의도에 달려 있으며 규범 설정 시 감정의 논리를 기본적으로 한다.

06 직업과 적성

특정 분야의 업무에 종사할 때에 그 영역에서 효과적으로 수행할 수 있는 가능성을 인간의 적성이라 하며 그 적성을 가지고 있는가의 여부를 사전에 검사하여 최적의 업무에 배치, 즉 근로자의 생리적·심리적 특성에 적합한 작업에 배치하는 것을 적성배치라고 말한다.

(1) 적성배치 결정인자

① 체력검사
② 감각능력검사
③ 동작능력검사
④ 작업능력검사
⑤ 일반지능검사
⑥ 성격검사
⑦ 생활환경검사

04절 직업성 질환

01 직업성 질환의 정의

어떤 직업에 종사함으로써 발생하는 업무상 질병으로 1차적으로 발생하는 질환으로 개개인의 맡은 직무로 인하여 가스, 분진, 소음, 진동 등의 유해성 인자가 몸에 침투, 축적되어 단·장시간에 걸쳐 질병으로 나타나기 때문에 직업과의 인과관계를 명확하게 하기가 어렵다.

예 직업관련성 근골격계 질환과 직업관련성 뇌·심혈관질환, 진폐증, 악성중피종, 소음성 난청 등이 있다.

02 직업성 질환의 분류 및 특성

(1) 재해성 질환

가. 시간적으로 명확하게 재해에 의하여 발병한 질환을 말한다.
나. 부상(재해성 외상)과 질환(재해성 중독)으로 구분 한다.
다. 재해성 질병의 인정 시 재해의 성질과 강도, 신체 부위, 발생 할 때까지의 시간적 관계 등을 종합적으로 판단한다.

(2) 직업병

가. 직업병은 일반적으로 젊은 연령층에서 발병률이 높다.
나. 작업의 종류가 같더라도 작업방법에 따라서 해당 직장에서 발생하는 질병의 종류와 발생빈도는 달라질 수 있다.
다. 작업장의 환경은 직업병의 발생과 증세의 악화를 조장하는 원인이 될 수 있다.
라. 작업강도와 작업시간 모두 직업병 발생의 중요한 요인이다.

마. 사업장에서 건강 영향이나 직업병 발생에 관여하는 것은 작업요인이 큰 연관성을 가지고 있으며, 작업요인으로는 적성배치 외에도 작업시간이나 교대제 등의 작업조건도 배려해야 한다.

바. 재해에 의하지 않고 업무에 수반되어 노출되는 유해물질의 작용으로, 급성 또는 만성으로 발생하는 것을 말한다.

사. 저농도로 장시간에 걸쳐 반복 노출로 생긴 질병을 말한다.

아. 업무와 관련성이 인정되거나 4일 이상의 요양을 필요로 하는 경우 보상의 대상이 된다.

자. 작업내용과 그 작업에 종사한 기간 또는 유해 작업의 정도를 종합적으로 판단한다.

(3) 직업성 질환의 특성

① 열악한 작업환경 및 유해인자에 장기간 노출된 후에 발생한다.

② 임상적 또는 병리적 소견이 일반 질병과 구별하기가 어렵다.

③ 질병 유발물질에는 인체에 대한 영향이 확인되지 않은 물질로 판정이 어렵다.

④ 많은 직업성 요인이 비직업성 요인에 상승작용을 일으킨다.

⑤ 임상의사가 관심이 적어 이를 간과한다면 판정이 어렵고 보상과 관련성이 있다.

(4) 직업병 및 직업성 질환의 요인

① 직업병은 일반적으로 단일 요인에 의해, 직업관련성 질환은 다수의 원인요인에 의해서 발생한다.

② 직업관련성 질환은 작업에 의하여 악화되거나 작업과 관련하여 높은 발병률을 보이는 질병이다.

③ 직업관련성 질환은 작업환경과 업무수행상의 요인들이 다른 위험요인과 함께 질병발생 의 복합적 원인 중 한 요인으로서 기여한다.

④ 직업관련성 질환은 다양한 원인에 의해 발생할 수 있는 질병으로 개인적인 소인에 직접 적 요인이 부가되어 발생하는 질병을 말한다.

03 직업병 질환의 원인 및 예방대책

(1) 직업병의 원인물질

① 물리적 요인: 한랭, 조명, 소음, 진동, 유해광선(전리·비전리 방사선), 온도(온열), 이상기압 등

② 화학적 요인: 분진, 오존, 화학물질, 금속증기 등

③ 생물학적 요인: 리케차, 쥐, 각종 바이러스, 진균 등

④ 인간공학적 요인: 작업방법, 작업자세, 작업시간, 중량물 취급 등

(2) 직업병의 발생요인

1) 직접적 원인

　① 환경요인(물리적·화학적)

　　가. 진동현상

　　나. 대기조건 변화

　　다. 화학물질의 취급 또는 발생

　② 작업요인

　　가. 격렬한 근육운동

나. 높은 속도의 작업

다. 부자연스러운 자세

라. 단순반복작업

마. 정신작업

2) 간접적 원인

① 환경요인

가. 고온환경

나. 한랭환경

② 작업요인

가. 작업강도

나. 작업시간

(3) 예방대책

1) 직업병

① 개인보호구 지급

② 작업환경의 정리정돈

③ 기업주와 모든 근로자에 대한 안전보건 교육실시

④ 유해요인을 적절하게 관리

⑤ 유해요인에 노출되고 있는 모든 근로자를 보호하고 유해요인이 발생되지 않도록 함

⑥ 근로자들이 업무를 수행하는 데 불편함이나 스트레스가 없도록 함

2) 직업성 질환

① 1차 예방

가. 원인 인자의 제거

나. 새로운, 잘 알려진 유해인자의 통제, 노출관리를 통해 할 수 있다.

② 2차 예방

가. 근로자가 진료를 받기 전 단계인 초기에 질병을 발견하는 것이다.

나. 질병의 선별검사, 감시, 주기적 의학적 검사, 법적인 의학적 검사를 통해 할 수 있다.

③ 3차 예방

노출을 막고 치료와 재활 과정을 막는다.

* 발생원에 대한 대책으로 대치, 공정의 재설계, 격리 또는 밀폐가 있다.

(4) 우리나라 직업병

① 경기도 화성시 모 디지털 회사에서 근무하는 외국인(태국)근로자 8명에게서 노말핵산의 과다노출에 따른 다발성 말초신경염이 발견되었다(2004년 외국인 근로자들의 하지 마비사건 발생으로 인하여 크게 사회문제가 되었음).

② 모 전자부품 업체에서 비소에 노출되어 생리 중단과 재생불량성 빈혈이라는 건강상 장해가 일어나 사회문제가 되었다.

③ 1994년까지는 직업병 유소견자 현황에 진폐증이 차지하는 비율이 66~ 80% 정도로 가 장 높다.

여기에 소음성 난청을 합치면 대략 90%가 넘어 직업병 유소견자의 대부분은 진폐와 소음성 난청이
었다.

④ 1988년 15살의 '문송면' 군은 온도계 제조회사에 입사 3개월 만에 수은에 중독되어 사망에 이르렀다.

(5) 직업병 및 직업성 질환의 작업공정 및 유해인자

1) 작업공정에 따른 발생 가능 직업성 질환
   ① 용광로 작업 : 고온장애(열경련 등)
   ② 제강, 요업 : 열사병
   ③ 갱내 착암작업 : 산소 결핍
   ④ 채석, 채광 : 규폐증
   ⑤ 도금작업:비중격천공
   ⑥ 샌드블라스팅:호흡기 질환
   ⑦ 축전지 제조 : 납중독
   ⑧ 피혁 제조, 축산, 제분 : 탄저병, 파상풍
   ⑨ 시계공, 정밀기계공 : 근시, 안구진탕증

2) 유해인자별 발생 직업병
   ① 수은 : 무뇨증
   ② 망간 : 신장염
   ③ 크롬 : 폐암
   ④ 석면 : 악성중피종
   ⑤ 이상기압 : 폐수종
   ⑥ 고열 : 열사병
   ⑦ 한랭 : 동상
   ⑧ 방사선 : 피부염, 백혈병
   ⑨ 소음 : 소음성 난청
   ⑩ 진동 : 레이노(Raynaud) 현상
   ⑪ 조명 부족 : 근시, 안구진탕증

3) 직업성 천식 발생작업
   ① 밀가루 취급 근로자
   ② 폴리비닐 필름으로 고기를 싸거나 포장하는 정육업자
   ③ 폴리우레탄 생산공정에서 첨가제로 사용되는 TDI(Toluene Di Isocyanate)를 취급 하는 근로자
   ④ 목분진에 과도하게 노출되는 근로자

4) 화학적 원인에 의한 대표적 직업성 질환
   ① 치아산식증
   ② 시신경장애
   ③ 수전증

04 건강진단

근로자의 질병을 조기발견, 예방하고 건강을 유지

근로자가 일에 부적합한 인적 특성을 지니고 있는지 여부 확인, 일이 근로자 자신과 직장동료의 건강에 불리한 영향을 미치고 있는지의 여부를 발견하기 위해서

(1) 종류

1) 일반건강진단 : 상시근로자의 건강관리를 위하여 주기적으로 실시하는 검진
   ① 목적 : 조기진단
   ② 실시 시기 : 사무직 근로자는 2년에 1회 이상, 기타 근로자는 1년에 1회 이상 실시

2) 특수건강진단 : 유해업무를 보유한 사업장이 해당 업무에 종사하고 있는 근로자의 건강관리를 위하여 실시하는 검진
   ① 목적 : 직업병 조기발견 및 업무기인성을 역학적으로 추적하여 질병 발생을 예방
   ② 실시 시기 : 유해인자의 유해성에 따라 6개월, 1년 또는 2년의 주기마다 정기적으로 실시
   ③ 실시대상 : 상시근로자 1명 이상 사업장으로 다음의 특수건강진단 대상 유해인자에 노출되는 업무에 종사하는 근로자
   - 화학적 인자(유기화합물 109종, 금속류 20종, 산 및 알카리류 8종, 가스상태물질 14종, 허가대상 물질 12종)
   - 분진 7종(곡물 분진, 광물성 분진, 면 분진, 목재 분진, 용접흄, 유리섬유, 석면 분진)
   - 물리적 인자 8종(소음작업, 강렬한 소음작업 및 충격소음작업 발생소음, 진동, 방사선, 고기압, 저기압, 유해광선(자외선, 적외선, 마이크로파, 라디오파)
   - 야간작업 2종(6개월간 밤 12시부터 오전 5시까지의 시간을 포함하여 계속되는 8시간 작업을 월평균 4회 이상 수행하는 경우, 6개월간 오후 10시부터 다음날 오전 6시 사이의 시간 중 작업을 월평균 60시간 이상 수행하는 경우)
   근로자 건강진단 실시 결과 직업병 유소견자로 판정받은 후 작업전환을 하거나 작업장소를 변경하고, 직업병 유소견 판정의 원인이 된 유해인자에 대한 건강진단이 필요하다는 의사의 소견이 있는 경우에도 특수건강진단을 실시한다.
   - 우리나라에서 최근 특수건강진단을 통해 가장 많이 발생되고 있는 직업병 유소견자는 소음성 난청 유소견자, 처음으로 학계에 보고된 직업병은 진폐증이다.

(2) 배치 전 건강진단

특수건강진단 대상 업무에 배치 전 업무적합성 평가를 위하여 사업주가 실시하는 건강진단

(3) 수시건강진단

특수건강진단 대상 업무로 해당 유해인자에 의한 건강장애를 의심하게 하는 증상이나 의학적 소견이 있는 근로자에 대하여 실시하는 건강진단

(4) 임시건강진단

특수건강진단 대상 유해인자 또는 그 밖의 유해인자에 의한 중독 여부, 질병에 걸렸는지 여부, 질병의 발생원인 등을 확인하기 위하여 실시하는 검진

(5) 건강진단결과의 판정결과

구분		내용
A		건강관리상 사후관리가 필요 없는 근로자(건강한 근로자)
C	C1	직업성 질병으로 진전될 우려가 있어 추적검사 등 관찰이 필요한 근로자(직업병 요 관찰자)
	C2	일반질병으로 진전될 우려가 있어 추적관찰이 필요한 근로자 (일반질병 요 관찰자)
D	D1	직업성 질병의 소견을 보여 사후관리가 필요한 근로자(일반질병 요 관찰자)
	D2	일반질병으로 진전될 우려가 있어 추적관찰이 필요한 근로자(일반질병 요 관찰자)
R		건강진단 1차 검사결과 건강수준의 평가가 곤란 하거나 질병이 의심되는 근로자(제2차 건강진단 대상자)

"U"는 2차 건강진단 대상임을 통보하고 30일을 경과하여 해당 검사가 이루어지지 않아 건강관리 구분을 판정할 수 없는 근로자

(6) 특수건강진단 건강관리구분 판정(야간작업)

건강관리구분	건강관리구분 내용
A	건강관리상 사후관리가 필요 없는 근로자(건강한 근로자)
CN	질병으로 진전될 우려가 있어 야간작업 시 추적관찰이 필요한 근로자(질병 요관찰자)
DN	질병의 소견을 보여 야간작업 시 사후관리가 필요한 근로자(질병 유소견자)
R	건강진단 1차 검사결과 건강수준의 평가가 곤란하거나 질병이 의심되는 근로자 (제2차 건강진단 대상자)

(7) 특수건강진단의 시기 및 주기

구분	대상 유해인자	시기	주기
1	N-N-디메틸아세트아미드, 디메틸포름아미드	1개월 이내	6개월
2	벤젠	2개월 이내	6개월
3	1, 1, 2, 2_ 테트라클로로에탄, 아크릴로니트릴, 사염화탄소, 염화비닐	3개월 이내	6개월
4	석면, 면 분진	12개월 이내	12개월
5	광물성 분진, 목재 분진, 소음 및 충격소음	12개월 이내	24개월
6	1~5까지의 대상 유해인자를 제외한 6 특수건강진단 대상 유해인자의 모든 대상 유해인자	6개월 이내	12개월

(8) 업무수행 적합 여부 판정

구분	업무수행 적합 여부 내용
가	건강관리상 현재의 조건하에서 작업이 가능한 경우
나	일정한 조건(환경개선, 보호구 착용, 건강진단 주기의 단축 등)하에서 현재의 작업이 가능한 경우
다	건강장애가 우려되어 한시적으로 현재의 작업을 할 수 없는 경우(건강상 또는 근로조건상의 문제가 해결된 후 작업복귀 가능)
라	건강장애의 악화 또는 영구적인 장애의 발생이 우려되어 현재의 작업을 해서는 안 되는 경우

(9) 신체적 결함과 부적합한 작업

① 심계항진 : 격심 작업, 고도 작업
② 편평족 : 서서 하는 작업
③ 고혈압 : 이상기온·이상기압에서의 작업
④ 경견완증후군 : 타이핑 작업
⑤ 간기능 장애 : 화학공업(유기용제 취급 작업)
⑥ 빈혈증 : 유기용제 취급 작업
⑦ 당뇨병 : 외상 입기 쉬운 작업

(10) 법령상 건강진단기관이 건강진단을 실시하였을 때에 그 결과를 고용노동부장관이 정하는 건강진단 개인표에 기록하고, 건강진단 실시로부터 30일 이내에 근로자에게 송부하여야 한다.

(11) 건강진단기관으로부터 송부받은 건강진단결과표, 근로자가 제출한 근로자 건강진단결 과를 증명하는 서류 또 는 전산입력자료의 보존기간은 5년이며, 발암성 확인물질을 취급하는 근로자에 대한 건강진단 결과서류 또는 전산입력자료의 보존기간은 30년이며, 그 밖의 건강진단에 관한 서류는 3년간 보존하여야 한다.

> ※ 산업안전보건법상 보관서류와 그 보존기간
> ① 발암성 확인물질을 취급하는 근로자에 대한 건강진단결과의 서류 : 30년
> ② 작업환경측정결과를 기록한 서류 : 5년간
> ③ 보건관리업무 수탁에 관한 서류 : 3년간
> ④ 건강진단결과를 증명하는 서류 : 5년간

Chapter 03 실내환경

01절 실내오염의 원인

실내공기 오염의 주요 원인은 이동경로, 오염원, 공조시스템, 호흡, 흡연, 연소기기 등이다.

01 생물학적 요인:

각종 바이러스, 세균, 진균, 벌레, 애완동물의 털, 곰팡이 등

02 물리적 요인:

소음·진동, 전리방사선, 비전리방사선, 온열(고열), 빛(조명), 한랭, 습도, 이상기압 등

03 화학적 요인:

악취, 일산화탄소, 이산화탄소, 질소산화물, 흡연, 분진, 석면, 포름알데히드, 유리섬유, 오존 등(오존의 발생원 : 복사기, 전기집진기형, 공기정화기, 전기기구)

02절 실내오염의 건강장애

01 빌딩증후군(SBS ; Sick Building Syndrome)

빌딩 내 거주자가 밀폐된 공간에서 유해한 환경에 노출되었을 때 눈, 피부, 상기도의 자극, 피부발작, 두통, 피로감 등과 같이 단기간 내에 진행되는 급성적인 증상이다.

(1) 원인
① 인간공학적 부적합한 자세 및 동작
② 저농도에서 다수 오염물질의 복합적인 영향
③ 스트레스 요인(과난방, 낮은 조명, 소음, 흡연등)
④ 단열건축자재(라돈, 포름알데히드, 석면)의 사용 증가

(2) 증상(영향)
① 현기증, 두통, 메스꺼움, 졸음, 무기력, 불쾌감, 눈 및 인후의 자극, 집중력 감소, 피로, 피부발작 등 증상이 다양하게 나타난다.

② 작업능률 저하, 정신적 피로를 야기 시킨다.

(3) 대책

① 창문을 통한 잦은(2~3시간 간격) 실내환기
② 오염발생원 제거와 실내에 공기정화식물 배치
③ 공기청정기사용

(4) 특징

① 특정 부분의 거주자들에게 나타날 수도 있고, 건물 전체에 만연되어 나타날수도 있다.
② 개인적 요인에 더해서 면역이 약한 사람들에게서 많이 나타나는 경향이 있다.
③ 인공적인 공기환기조절이 안 되는 상태에서 흡연등에 의해 오염이 가중되어 생리기능에 부적합하게 작용하여 생기는 환경유인성 신체 증후군이다.

02 복합화학물질 민감 증후군 (MCS; Multiple Chemical Sensitivity) = 화학물질 과민증

오염물질이 많은 건물에서 살다가 몸에 화학물질이 축적된 사람들이 다른 곳에서 그와 유사한 물질에 노출만 되어도 심각한 반응을 나타내는 경우이다.

(1) 증상

① 자율신경 장애 : 땀분비 이상, 손발의 냉증, 쉽게 피로함.
② 소화기 장애 : 설사, 변비, 오심
③ 신경 장애 : 불안, 불면, 우울증
④ 안과적 장애 : 결막의 자극적 증상
⑤ 말초신경 장애 : 목의 통증, 갈증
⑥ 면역 장애 : 피부염, 천식, 자가면역질환

(2) 대책

① 창문을 통한 잦은(2~3시간 간격) 실내 환기
② 특수 공기청정기 사용, 실내 온도·습도 조절
③ 체내 축적 화학물질을 체외로 배출시켜 총량을 줄임
④ 신체 면역기능 향상

03 새집증후군(SHS ; Sick House Syndrome)

집이나 건축물 신축 시 사용하는 건축자재나 벽지 등에서 나오는 유해물질로 인해 거주자 들이 느끼는 건강상 문제 및 불쾌감을 말한다.

(1) 원인

마감재나 건축자재에서 배출되는 휘발성 유기화합물(VOCs) 중 포름알데히드(HCHO) 와 벤젠, 톨루엔, 클로로포름, 아세톤, 스티렌 등이다.

(2) 헌집증후군

겨울철에 난방과 가습기를 틀어 고온다습해진 집안에 곰팡이가 번식해 호흡기 및 피부 질환 등을 일으키는 증세를 이르는 용어이다.

> **참고**
>
> 레지오넬라균은 주로 여름과 초가을에 흔히 발생되고 강제기류, 난방장치, 가습장치, 저수조온수장치 등 공기를 순환시키는 장치들과 냉각탑 등에 기생하며, 실내외로 확산 되어 호흡기 질환을 유발시키는 세균이다.

03절 실내오염관련 인자 및 물질

01 실내오염관련 인자

(1) 산소결핍

① 공기 중 산소 농도가 정상적인 상태보다 부족한 상태(산소 농도 < 18%)
② 10% 이하시 의식상실, 경련, 혈압강하, 맥박수 감소를 초래되어 질식으로 인한 사망

(2) 고온

(3) 알레르기(알렌르겐은 알레르기 반응을 일으키는 물질로, 가스상 물질이 아닌 꽃가루, 동물의 털, 생선, 꽃 등)

(4) 일산화탄소

혈중 헤모글로빈과 결합하여 (CO - Hb)의 결합체를 형성하여 중독증상을 일으켜 중추신경계의 기능을 저하시킨다.

(5) 흡연

담배 중에 입자상 물질인 벤조피렌, 니코틴, 페놀, 가스상 물질인 질소산화물, 암모니아, 피리딘, 일산화탄소 등의 유해물질이 함유되어 있다.

(6) 석면

건축물의 단열재, 절연재, 흡음재로서 실내 천장과 벽에 이용, 악성중피종, 폐암, 피부질환 등의 주원인으로 작용한다.

(7) 포름알데히드= 메틸알데히드

합판, 칩보드, 가구, 단열재 등으로 사용

자극적인 냄새가 나고 무색의 수용성 가스로 일반주택 및 공공건물에 많이 사용하는 건축자재와 섬유옷 감이 그 발생원이다.

(8) 라돈

자연방사성 가스로, 공기보다 9배 정도 무거워 지표에 가깝게 존재한다.

무색·무취·무미한 가스로, 인간의 감각으로 감지할 수 없다. 라듐의 α 붕괴에서 발생하며, 호흡하기 쉬운 방사성 물질이다. 지하공간에서 더 높은 농도를 보이며 석고실드(석고보드), 콘크리트, 시멘트나 벽돌, 건축자재 등에서 발생하여 폐암 등을 발생시킨다.

(9) 오존

특이한 냄새가 나며, 기체는 엷은 청색, 액체·고체는 각각 흑청색, 암자색으로 실내 복사기, 전기기구, 공기정화기(전기집진기 형태)에서 주로 발생하는 실내공기 오염 물질이다.

(10) 휘발성 유기화합물(VOCs)

증기압이 높아 대기 중으로 쉽게 증발하며 대기중에서 광화학스모그를 유발하기 쉽다.

오존 생성에 관여하여 결과적으로 지구온난화에 간접적으로 기여 발암성을 가진다.

(11) 미생물성 물질

곰팡이, 박테리아, 바이러스, 꽃가루 등이며 가습기, 냉온방장치, 애완동물 등에서 발생

02 유해인자 조사 및 평가

(1) 이산화탄소

① 환기의 지표물질 및 실내오염의 주요 지표로 사용

② 실내 CO_2발생은 대부분 거주자의 호흡에 의함. 즉, CO_2의 증가는 산소의 부족을 초래 하기 때문에 주요 실내오염물질로 적용됨.

③ 측정방법으로는 직독식 또는 검지관 kit로 측정

④ 쾌적한 사무실 공기를 유지하기 위해 CO_2는 1,000ppm 이하로 관리하여야 함

(2) 분진

① 펌프로 필터에 포집하여 포집한 필터의 무게를 측정하거나 현미경으로 분석

② 직접측정방법으로는 광빔에 의하여 생긴 산란광을 광전자 증배관에서 계수하는 방법

(3) 미생물성 물질

① 펌프로 채취 후에 배양하여 분석

② 일반적으로 배양기구는 침전판(settling plate)을 사용

(4) 휘발성 유기화합물(VOC)

① 총VOC는 흡착튜브 또는 직독식 기기로 측정

② 개개 VOCs는 튜브로 포집하여 가스 크로마토그래피로 분석

(5) 오염물질의 이동

① 화학적 연기의 흐름양상으로 HVAC system, 오염물질이 이동, 압력 차이에 관한 정보를 얻을 수 있음.

(6) 온도와 상대습도

① 실내가 안정된 상태에 있을 때 측정
② 측정방법으로는 온도계, 건습구온도계, 전자온도계로 측정

03 실내오염 관리기준

제2조(오염물질 관리기준)	
오염물질	관리기준
미세먼지(PM 10)	100μg/㎥ 이하
초미세먼지(PM 2.5)	50μg/㎥ 이하
이산화탄소 (CO_2)	1,000ppm 이하
일산화탄소 (CO)	10ppm 이하
이산화질소 (NO_2)	0.1ppm 이하
포름알데히드 (HCHO)	100μg/㎥ 이하
총휘발성 유기화합물(TVOC)	500μg/㎥ 이하
라돈 (radon)	148Bq/㎥ 이하
총부유세균	800CFU/㎥ 이하
곰팡이	500CFU/㎥ 이하

* 관리기준은 8시간 시간가중 평균농도 기준이다.
* 라돈은 지상 1층을 포함한 지하에 위치한 사무실에만 적용한다.

제3조(사무실의 환기기준)

① 공기정화시설을 갖춘 사무실에서 근로자 1인당 필요한 최소 외기량은 0.57㎥/min
② 환기횟수는 시간당 4회 이상

제4조(사무실 공기관리상태 평가방법)

① 근로자가 호소하는 증상(호흡기, 눈·피부 자극 등)에 대한 조사
② 공기정화설비의 환기량이 적정한지 여부 조사
③ 외부의 오염물질 유입경로 조사
④ 사무실 내 오염원 조사 등

제5조(사무실 공기질의 측정 등)

① 미세먼지 (PM 10) 연 1회 이상, 업무시간 6시간 이상 연속 측정
② 초미세먼지(PM 2.5) 연 1회 이상, 업무시간 6시간 이상 연속 측정
③ 이산화탄소 (CO_2) 연 1회 이상, 업무시작 후 2시간 전후 및 종료 전 2시간 전후, 각각 10분간 측정

④ 일산화탄소 (CO) 연 1회 이상, 업무시작 후 1시간 전후 및 종료 전 1시간 전후, 각각 10분간 측정

⑤ 이산화질소 (NO₂) 연 1회 이상, 업무시작 후 1시간~종료 1시간 전, 1시간 측정

⑥ 포름알데히드(HCHO) 연 1회 이상 및 신축 (대수선 포함)건물 입주 전, 업무시작 후 1시간~종료 1시간 전, 30분간 2회 측정

⑦ 총 휘발성 유기화합물 (TVOC), 연 1회 이상 및 신축 (대수선 포함)건물 입주 전, 업무시작 후 1시간 ~ 종료 1시간 전, 30분간 2회 측정

⑧ 라돈 (radon) 연 1회 이상, 3일 이상 ~ 3개월 이내 연속 측정

⑨ 총부유세균 연1회 이상, 업무시작 후 1시간 ~ 종료 1시간 전, 최고 실내온도에서 1회 측정

⑩ 곰팡이 연 1회 이상, 업무시작 후 1시간 ~ 종료 1시간 전, 최고 실내온도에서 1회 측정

제6조(시료 채취 및 분석 방법)

오염물질	시료채취방법	분석방법
미세먼지 (PM 10)	PM 10 샘플러 (sampler)를 장착한 고용량 시료채취기에 의한 채취	중량분석(천칭의 해독도 : 10μg 이상)
초미세먼지 (PM 2.5)	PM 2.5 샘플러(sampler)를 장착 한 고용량 시료채취기에 의한 채취	중량분석(천칭의 해독도 : 10μg 이상)
이산화탄소 (CO₂)	비분산적외선검출기에 의한 채취	검출기의 연속 측정에 의한 직독식 분석
일산화탄소 (CO)	비분산적외선검출기 또는 전기화 학검출기에 의한 채취	검출기의 연속 측정에 의한 직독식 분석
이산화질소 (NO₂)	고체흡착관에 의한 시료채취	분광광도계로 분석
포름알데히드 (HCHO)	2,4-DNPH(2,4-Dinitrophenyl hydrazine) 가 코팅된 실리카겔관 (silicagel tube) 이 장착된 시료채 취기에 의한 채취	2, 4-DNPH- 포름알데히드 유도체를 HPLC UVD (High Performance Liquid Chromato graphy—U Itraviolet Detector) 또는 GC-NPD(Gas Chromato graphy— Nitrogen Phosphorous Detector) 로 분석
총 휘발성 유기화합물 (TVOC)	고체흡착관 또는 캐니스터 (canister) 로 채취	고체흡착열 탈착법 또는 고체흡착용매 추출법을 이용한 GC로 분석 캐니스터를 이용한 GC 분석
라돈	라돈연속검출기(자동형), 알파트랙(수동형), 충전막전리함(수동형) 측정 등	3일이상 3개월이내 연속측정후 방사능감지를 통한 분석
총부유세균	충돌법을 이용한 부유세균채취기(bioair sampler)로 채취	채취·배양된 균주를 새어 공기체적당 균주수로 산출
곰팡이	충돌법을 이용한 부유진균채취기(bioair sampler)로 채취	채취·배양된 균주를 새어 공기체적당 균주 수로 산출

Part 1

제7조(시료 채취 및 측정 지점)

① 공기의 측정시료는 사무실 내에서 공기질이 가장 나쁠 것으로 예상되는 두 곳(다만, 사무실 면적이 500m²를 초과하는 경우에는 500m²당 1곳씩 추가) 이상에서 채취한다.

② 측정은 사무실 바닥면으로부터 0.9 ~ 1.5m 높이에서 한다.

제8조(측정결과의 평가)

① 사무실 공기질의 측정결과는 측정치 전체에 대한 평균값을 오염물질별 관리기준과 비교하여 평가한다.

② 이산화탄소는 각 지점에서 측정한 측정치 중 최고값을 기준으로 비교·평가한다.

제9조(건축자재의 오염물질 방출기준)

오염물질 방출농도(mg/㎥×h)

	접착제	일반자재
포름알데히드	4 미만	1.25 미만
휘발성 유기화합물	10미만	4미만

일반자재란 벽지, 도장재, 바닥재, 목재 및 그 밖에 건축물 내부에 사용되는 건축자재를 말한다.

04 실내오염 관리적 대책

(1) **HVAC 관리** : HVAC(실내공기질 공조설비)는 계절별로 교환 점검

(2) **환기횟수 실내공기 환기량 증대** : 환기는 가장 중요한 관리방법이다.

(3) **실내온도 및 습도 유지**

최적온도 : 여름 24 ~ 27℃, 봄·가을 19 ~ 23℃, 겨울 18 ~ 21℃

최적습도 : 여름 60%, 봄·가을 50%, 겨울 40%

(4) **베이크아웃 (bake out) 환기법에 의한 VOC나 포름알데히드의 저감 효과**

실내공기의 온도를 높여 건축자재 등에서 방출되는 유해오염물질의 방출량을 일시적으로 증가시킨 후 환기를 하여 실내오염물질을 제거하는 방법, 새로운 건물이나 새로 지은 집에 입주하기 전 창문을 모두 닫고 실내를 30℃ 이상으로 5~6시간 유지시킨 후 1시간 정도 환기를 한다.

(5) **친환경적인 건축자재 사용 및 공기청정기 설치**

〈실내공기질 관리법〉

1. 유지기준항목 : 미세먼지(PM10), 이산화탄소, 폼알데하이드, 총부유세균, 일산화탄소, 미세먼지(PM25)

2. 권고기준 항목 : 이산화질소, 라돈, 총휘발성 유기화합물, 곰팡이

관련 법규

01절 산업안전보건법, 시행령, 시행규칙에 관한 사항

01 개요

(1) 용어의 정의

1) 중대재해
   ① 사망자가 1명 이상 발생한 재해
   ② 3개월이상의 요양을 요하는 부상자가 동시에 2명이상 발생한 재해
   ③ 부상자 또는 직업성 질병자가 동시에 10명 이상 발생한 재해
2) 근로자 : 직업의 종류와 관계없이 임금을 목적으로 사업이나 사업장에 근로를 제공하는사람
3) 사업주 : 근로자를 사용하여 사업을 하는 자
4) 근로자대표 : 근로자의 과반수로 조직된 노동조합이 있는 경우에는 그 노동조합을, 근로자의 과반수로 조직된 노동조합이 없는 경우에는 근로자의 과반수를 대표하는 자
5) 작업환경측정 : 작업환경 실태를 파악하기 위하여 해당 근로자 또는 작업장에 대하여 사업주가 유해인자에 대한 측정계획을 수립한 후 시료를 채취하고 분석·평가하는 것
6) 안전보건진단 : 산업재해를 예방하기 위하여 잠재적 위험성을 발견하고 그 개선대책을 수립할 목적으로 조사·평가하는 것

(2) 사업주 · 근로자의 의무

1) 사업주의 의무(법 제5조)
   ① 법과 법에 따른 명령으로 정하는 산업재해 예방을 위한 기준
   ② 근로자의 신체적 피로와 정신적 스트레스 등을 줄일 수 있는 쾌적한 작업환경의 조성 및 근로조건 개선
   ③ 해당 사업장의 안전 및 보건에 관한 정보를 근로자에게 제공
2) 근로자의 의무(법 제6조)
   근로자는 법과 법에 의한 명령으로 정하는 산업재해 예방을 위한 기준을 지켜야 하며, 사업주 또는 근로감독관, 공단 등 관계인이 실시하는 산업재해 예방에 관한 조치에 따라야 한다.

(3) 산업재해 예방시설의 설치 및 운영(법 제11조)

① 산업안전 및 보건에 관한 지도시설, 연구시설 및 교육시설
② 안전보건진단 및 작업환경측정을 위한 시설
③ 노무를 제공하는 사람의 건강을 유지, 증진하기 위한 시설
④ 그 밖에 고용노동부령으로 정하는 산업재해 예방을 위한 시설

(4) 안전보건관리책임자 : 총괄 관리할 안전보건관리책임자 업무(생략)

(5) 사업주 및 근로자의 작업중지(법 제51조, 제52조)(생략)

(6) 보건관리자의 업무(시행령 제22조)

① 작성된 물질안전보건자료의 게시 또는 비치에 관한 보좌 및 지도조언

② 해당 사업장 보건교육계획의 수립 및 보건교육 실시에 관한 보좌 및 지도 및 조언

③ 위험성평가에 관한 보좌 및 지도 및 조언

④ 건강진단 결과 발견된 질병자의 요양지도 및 관리

⑤ 의료행위에 따르는 의약품의 투여

⑥ 작업장 내에서 사용되는 전체환기장치 및 국소배기장치 등에 관한 설비의 점검과 작업방법의 공학적 개선에 관한 보좌 및 지도·조언

⑦ 사업장 순회점검, 지도 및 조치 건의

⑧ 산업재해 발생의 원인 조사·분석 및 재발 방지를 위한 기술적 보좌 및 지도·조언

⑨ 산업재해에 관한 통계의 유지·관리·분석을 위한 보좌 및 지도·조언부상질병의 악화를 방지하기 위한 처치

⑩ 산업안전보건위원회 또는 노사협의체에서 심의·의결한 업무와 안전보건관리규정 및 취업규칙에서 정한 업무

⑪ 산업보건의의 직무

⑫ 안전인증대상 기계 등과 자율안전 확인대상 기계 등 중 보건과 관련된 보호구 구입 시 적격품 선정에 관한 보좌 및 지도 및 조언

⑬ 해당 사업장의 근로자를 보호하기 위한 다음의 조치에 해당하는 의료행위

⑭ 자주 발생하는 가벼운 부상 또는 응급처치가 필요한 사람에 대한 처치

⑮ 법 또는 법에 따른 명령으로 정한 보건에 관한 사항의 이행에 관한 보좌 및 지도 조언

⑯ 업무 수행 내용의 기록·유지

⑰ 그 밖에 보건과 관련된 작업관리 및 작업환경관리에 관한 사항으로서 고용노동부 장관이 정하는 사항

*보건관리자를 두어야 하는 주요 사업의 종류 상시근로자 수 및 보건관리자의 수

사업의 종류	사업장의 상시근로자 수	보건관리자의 수
1. 광업(광업 지원 서비스업은 제외) 2. 섬유제품 염색, 정리 및 마무리 가공업 3. 모피제품 제조업 4. 그외 기타 의복 액세서리 제조업(모피액세서리에 한정) 5. 모피 및 가죽 제조업(원피가공 및 가죽 제조업은 제외) 6. 신발 및 신발부분품 제조업	상시근로자 50명 이상 500명 미만	1명이상
7. 코크스, 연탄 및 석유정제품 제조업 8. 화학물질 및 화학제품 제조업(의약품 제외) 9. 의료용 물질 및 의약품 제조업 10. 고무 및 플라스틱제품 제조업 11. 비금속 광물제품 제조업 12. 1차 금속 제조업 13. 금속가공제품 제조업(기계 및 가구 제외) 14. 기타 기계 및 장비 제조업 15. 전자부품, 컴퓨터, 영상, 음향 및 통신장비 제조업 16. 전기장비 제조업	상시근로자 500명 이상 2천명 미만	2명이상
17. 자동차 및 트레일러 제조업 18. 기타 운송장비 제조업 19. 가구 제조업 20. 해체, 선별 및 원료 재생업 21. 자동차 종합 수리업, 자동차 전문 수리업	상시근로자 2천명 이상	2명이상

(7) 보건관리자의 자격(시행령 제21조)

① 「의료법」에 따른 의사

② 「의료법」에 따른 간호사

③ 산업보건지도사

④ 「국가기술자격법」에 따른 산업위생 관리산업기사 또는 대기환경산업기사 이상의 자격을 취득한 사람

⑤ 「국가기술자격법」에 따른 인간공학기사 이상의 자격을 취득한 사람

⑥ 「고등교육법」에 따른 전문대학 이상의 학교에서 산업보건 또는 산업위생 분야의 학위를 취득한 사람

(8) 산업보건지도사의 직무(법 제142조)

① 작업환경의 평가 및 개선 지도

② 작업환경 개선과 관련된 계획서 및 보고서의 작성

③ 근로자 건강진단에 따른 사후관리 지도

④ 직업성 질병 진단(의사인 산업보건지도사만 해당) 및 예방 지도

⑤ 산업보건에 관한 조사 연구

⑥ 그 밖에 산업보건에 관한 사항으로서 대통령령으로 정하는 사항

(9) 물질안전보건자료(MSDS)의 작성 및 제출(법 제110조)

① 화학물질 또는 이를 함유한 혼합물로서 분류기준에 해당하는 것을 제조하거나 수입하려는 자는 다음 각 호의 사항을 적은 자료를 고용노동부령으로 정하는 바에 따라 작성하여 고용 노동부장관에게 제출하여야 한다. 이 경우 고용노동부장관은 고용노동부령으로 물질안전 보건자료의 기재사항이나 작성방법을 정할 때 「화학물질관리법」및 「화학물질의 등록 및 평가 등에 관한 법률」과 관련된 사항에 대하여는 환경부장관과 협의하여야 한다.

  가. 제품명

  나. 물질안전보건자료 대상 물질을 구성하는 화학물질 중 분류기준에 해당하는 화학물질의 명칭 및 함유량

  다. 안전, 보건상의 취급 주의사항

  라. 건강 및 환경에 대한 유해성, 물리적 위험성

  마. 물리, 화학적 특성 등 고용노동부령으로 정하는 사항

② 물질안전보건자료 대상 물질을 제조하거나 수입하려는 자는 물질안전보건자료 대상 물 질을 구성하는 화학물질 중 법에서 정한 분류기준에 해당하지 아니하는 화학물질의 명 칭 및 함유량을 고용노동부장관에게 별도로 제출하여야 한다. 다만, 다음 각 호의 어느 하나에 해당하는 경우는 그러하지 아니하다.

  가. 제①항에 따라 제출된 물질안전보건자료에 이 항 각 호 외의 부분 본문에 따른 화학 물질의 명칭 및 함유량이 전부 포함된 경우

  나. 물질안전보건자료 대상 물질을 수입하려는 자가 물질안전보건자료 대상 물질을 국 외에서 제조하여 우리나라로 수출하려는 자(국외제조자)로부터 물질안전보건자료에 적힌 화학물질 외에는 법에서 정한 분류기준에 해당하는 화학물질이 없음을 확인하 는 내용의 서류를 받아 제출한 경우

③ 물질안전보건자료 대상 물질을 제조하거나 수입한 자는 제①항 각 호에 따른 사항 중 고용노동부령으로 정하는 사항이 변경된 경우 그 변경 사항을 반영한 물질안전보건자료 를 고용노동부장관에게 제출하여야 한다.

(10) 산업보건의의 선임 및 직무(시행령 제29조, 제31조)

산업보건의를 두어야 할 사업의 종류와 사업장은 법상 보건관리자를 두어야 하는 사업으로서 상시근로 자 수가 50명 이상인 사업장으로 한다.

① 건강진단 결과의 검토 및 그 결과에 따른 작업 배치, 작업 전환 또는 근로시간의 단축 등 근로자의 건강보호 조치

② 근로자의 건강장애의 원인 조사와 재발방지를 위한 의학적 조치

③ 그 밖에 근로자의 건강 유지 및 증진을 위하여 필요한 의학적 조치에 관하여 고용노동 부장관이 정하는 사항

(11) 물질안전보건자료의 작성, 제출 제외대상 화학물질(시행령 제86조)

① 건강기능식품

② 농약

③ 마약 및 향정신성 의약품

④ 비료

⑤ 사료

⑥ 원료물질

⑦ 안전확인대상 생활화학제품 및 살생물제품 중 일반소비자의 생활용으로 제공되는 제품

⑧ 식품 및 식품첨가물

⑨ 의약품 및 의약외품

⑩ 방사성 물질

⑪ 위생용품

⑫ 의료기기(첨단 바이오의 약품)

⑬ 화약류

⑭ 폐기물

⑮ 화장품

⑯ 화학물질 또는 혼합물로서 일반 소비자의 생활용으로 제공되는 것

⑰ 고용노동부장관이 정하여 고시하는 연구·개발용 화학물질 또는 화학제품

⑱ 그 밖에 고용노동부장관이 독성·폭발성 등으로 인한 위해의 정도가 적다고 인정하여 고시하는 화학물질

(12) 물질안전보건자료에 관한 교육내용(물질안전보건자료 교육 실시에 관한 지침)

① 대상 화학물질의 명칭(또는 제품명)

② 물리적 위험성 및 건강 유해성

③ 취급상의 주의사항

④ 적절한 보호구

⑤ 응급조치요령 및 사고 시 대처방법

⑥ 물질안전보건자료 및 경고표지를 이해하는 방법

안전보건표지

금지표지	101 출입금지	102 보행금지	103 차량통행금지	104 사용금지	105 탑승금지	106 금연
	107 화기금지	108 물체이동금지	경고표지	201 인화성물질 경고	202 산화성물질 경고	203 폭발성물질 경고	204 급성독성물질 경고
	205 부식성물질 경고	206 방사성물질 경고	207 고압전기 경고	208 매달린 물체 경고	209 낙하물 경고	210 고온 경고	210-1 저온 경고
	211 몸균형 상실 경고	212 레이저광선 경고	213 발암성·변이원성·생식독성·전신독성·호흡기과민성 물질 경고	214 위험장소 경고	지시표지	301 보안경 착용	302 방독마스크 착용
	303 방진마스크 착용	304 보안면 착용	305 안전모 착용	306 귀마개 착용	307 안전화 착용	308 안전장갑 착용	309 안전복 착용
안내표지	401 녹십자표지	402 응급구호표지	402-1 들것	402-2 세안장치	403 비상구	403-1, 2 좌측(우측)비상구

5. 안전·보건 표지의 색체, 용도 및 사용례

색채	색도기준	용도	사용례	색채	색도기준	용도	사용례
빨강	7.5R 4/14	금지	정지신호, 소화설비 및 그 장소, 유해행위 금지	녹색	2.5G 4/10	안내	비상구 및 피난소, 사람 또는 차의 통행표지
노랑	5Y 8.5/12	경고	위험, 주의표지 또는 기계 방호물	흰색	N9.5	–	파란색 또는 녹색에 대한 보조색
파랑	2.5PB 4/10	지시	특정행위의 지시 및 사실의 고지	검정색	N0.5	–	문자 및 빨간색 또는 노란색에 대한 보조색

(13) 물질안전보건자료에 관한 교육의 시기·내용·방법 등

① 사업주는 다음 각 호의 어느 하나에 해당하는 경우에는 작업장에서 취급하는 대상 화학 물질의 물질안전보건자료에서 내용을 근로자에게 교육하여야 한다. 이 경우 교육받은 근로자에 대해서는 해당 교육시간만큼 안전·보건교육을 실시한 것으로 본다.

　　가. 대상 화학물질을 제조·사용·운반 또는 저장하는 작업에 근로자를 배치하게 된 경우

　　나. 새로운 대상 화학물질이 도입된 경우

　　다. 유해성·위험성 정보가 변경된 경우

② 사업주는 제①항에 따른 교육을 하는 경우에 유해성·위험성이 유사한 대상 화학물질을 그룹별로 분류하여 교육할 수 있다.

③ 사업주는 제①항에 따른 교육을 실시하였을 때에는 교육 시간 및 내용 등을 기록하여 보존하여야 한다.

(14) 작업공정별 관리요령에 포함되어야 할 게시사항(시행규칙 제168조)

① 제품명

② 건강 및 환경에 대한 유해성, 물리적 위험성

③ 안전 및 보건상의 취급 주의사항

④ 적절한 보호구

⑤ 응급조치요령 및 사고 시 대처방법

(15) 제조 등이 금지되는 유해물질(시행령 제87조)

① β-나프틸아민과 그 염

② 4- 니트로디페닐과 그 염

③ 백연을 포함한 페인트(포함된 중량의 비율이 2% 이하인 것은 제외)

④ 벤젠을 포함하는 고무풀(포함된 중량의 비율이 5% 이하인 것은 제외)

⑤ 석면

⑥ 폴리클로리네이티드 터페닐

⑦ 황린(黃燐) 성냥

⑧ ①, ②, ⑤ 또는 ⑥에 해당하는 물질을 포함한 화합물(포함된 중량의 비율이 1% 이하인 것은 제외)

⑨ 「화학물질관리 법」에 따른 금지물질

⑩ 그 밖에 보건상 해로운 물질로서 산업재해보상보험 및 예방심의위원회의 심의를 거쳐 고용노동부장관이 정하는 유해물질

(16) 신규 화학물질의 유해성·위험성 조사에서 제외되는 화학물질(시행령 제85조)

① 원소

② 천연으로 산출된 화학물질

③ 건강기능식품

④ 군수품

⑤ 농약 및 원제

⑥ 마약류

⑦ 비료

⑧ 사료

⑨ 살생물물질 및 살생물제품

⑩ 식품 및 식품첨가물

⑪ 의약품 및 의약외품

⑫ 방사성 물질

⑬ 위생용품

⑭ 의료기기

⑮ 화학류

⑯ 화장품과 화장품에 사용되는 원료

⑰ 고용노동부장관이 명칭, 유해성·위험성, 근로자의 건강장해 예방을 위한 조치사항 및 연간 제조량·수입량을 공표한 물질로서 공표된 연간 제조량·수입량 이하로 제조하거나 수입한 물질

⑱ 고용노동부장관이 환경부장관과 협의하여 고시하는 화학물질 목록에 기록되어 있는 물질

> * 신규화학물질의 안전보건자료 작성 시 인용자료
> 1. 관련 전문학회지에 게재된 유해성·위험성 조사자료
> 2. OECD 회원국의 정부기관 및 국제연합기구에서 인정하는 유해성·위험성 조사자료
> 3. 국내외에서 발간되는 저작권법상의 문헌에 등재되어 있는 유해성, 위험성 조사자료
> 4. 유해성, 위험성 시험 전문연구기관에서 실시한 유해성·위험성 조사자료

(17) 산업안전보건위원회(법 제24조)

① 사업주는 사업장의 산업안전·보건에 관한 중요사항을 심의·의결하기 위하여 근로자 위원과 사용자 위원이 같은 수로 구성되는 산업안전보건위원회를 구성·운영하여야 한다.

② 구성

　가. 근로자 위원

　　㉠ 근로자대표

　　㉡ 명예산업 안전감독관이 위촉되어 있는 사업장의 경우 근로자대표가 지명하는 1명 이상의 명예산업안전감독관

　　㉢ 근로자대표가 지명하는 9명 이내의 해당 사업장의 근로자

　나. 사용자 위원

　　㉠ 해당 사업의 대표자

　　㉡ 안전관리자 1명

　　㉢ 보건관리자 1명

　　㉣ 산업보건의

　　㉤ 해당 사업의 대표자가 지명하는 9명 이내의 해당 사업장 부서의 장

(18) 위험성평가 실시내용 및 결과의 기록 · 보존(시행규칙 제37조)

① 위험성평가 대상의 유해 · 위험 요인
② 위험성 결정 내용
③ 결정에 따른 조치 내용
④ 그 밖에 고용노동부장관이 정하는 사항, 사업주는 이 자료를 3년간 보관해야 한다.

(19) 작업환경 측정 주기 및 횟수(시행규칙 제190조)

① 사업주는 작업장 또는 작업공정이 신규로 가동되거나 변경되는 등으로 작업환경 측정 대상 작업장이 된 경우에는 그 날부터 30일 이내에 작업환경 측정을 실시하고, 그 후 반기에 1회 이상 정기적으로 작업환경을 측정하여야 한다. 다만, 작업환경 측정결과가 다음 각 호의 어느 하나에 해당하는 작업장 또는 작업공정은 해당 유해인자에 대하여 그 측정일부터 3개월에 1회 이상 작업환경을 측정해야 한다.
    가. 화학적 인자(고용노동부장관이 정하여 고시하는 물질만 해당)의 측정치가 노출기준을 초과하는 경우
    나. 화학적 인자(고용노동부장관이 정하여 고시하는 물질은 제외)의 측정치가 노출기준을 2배 이상 초과하는 경우
② 제①항에도 불구하고 사업주는 최근 1년간 작업공정에서 공정 설비의 변경, 작업방법의 변경, 설비의 이전, 사용화학물질의 변경등으로 작업환경 측정결과에 영향을 주는 변화가 없는 경우로서, 1년에 1회 이상 작업환경 측정을 할 수 있는 경우
    가. 작업공정 내 소음의 작업환경 측정결과가 최근 2회 연속 85dB 미만인 경우
    나. 작업공정 내 소음 외의 다른 모든 인자의 작업환경 측정결과가 최근 2회 연속 노출 기준 미만인 경우

(20) 역학조사(법 제141조)

① 고용노동부장관은 직업성 질환의 진단 및 예방, 발생 원인의 규명을 위하여 필요하다고 인정할 때에는 근로자의 질환과 작업장의 유해요인의 상관관계에 관한 역학조사를 할 수 있다. 이 경우 사업주 또는 근로자대표, 그 밖에 고용노동부령으로 정하는 사람이 요구할 때 고용노동부령으로 정하는 바에 따라 역학조사에 참석하게 할 수 있다.
② 사업주 및 근로자는 고용노동부장관이 역학조사를 실시하는 경우 적극 협조하여야 하며, 정당한 사유 없이 역학조사를 거부·방해하거나 기피해서는 아니 된다.
③ 누구든지 역학조사 참석이 허용된 사람의 역학조사 참석을 거부하거나 방해해서는 아니 된다.
④ 역학조사에 참석하는 사람은 역학조사 참석과정에서 알게 된 비밀을 누설하거나 도용해서는 아니 된다.
⑤ 고용노동부장관은 역학조사를 위하여 필요하면 근로자의 건강진단 결과 ,「국민건강보험법」에 따른 요양급여기록 및 건강검진 결과,「고용보험법」에 따른 고용정보 ,「암관리 법」에 따른 질병정보 및 사망원인 정보 등을 관련 기관에 요청할 수 있다. 이 경우 자료의 제출을 요청받은 기관은 특별한 사유가 없으면 이에 따라야 한다.

Part 1

⑥ 역학조사의 방법·대상·절차, 그 밖에 필요한 사항은 고용노동부령으로 정한다.

(21) 역학조사대상(시행규칙 제222조)

① 작업환경 측정 또는 건강진단의 실시결과만으로 직업성 질환에 걸렸는지 여부의 판단 이 곤란한 근로자의 질병에 대하여 사업주·근로자대표·보건관리자(보건관리대행기 관을 포함)또는 건강진단기관의 의사가 역학조사를 요청하는 경우

② 근로복지공단이 고용노동부장관이 정하는 바에 따라 업무상 질병 여부의 결정을 위하여 역학조사를 요청하는 경우

③ 공단이 직업성 질환의 예방을 위하여 필요하다고 판단하여 역학조사평가위원회의 심의를 거친 경우

④ 그 밖에 직업성 질환에 걸렸는지 여부로 사회적 물의를 일으킨 질병에 대하여 작업장 내 유해요인과의 연관성 규명이 필요한 경우 등으로서 지방노동관서의 장이 요청하는 경우

(22) 기관석면 조사대상(시행령 제89조)

① 건축물의 연면적 합계가 50㎡ 이상이면서 그 건축물의 철거·해체하려는 부분의 면적 합계가 50㎡ 이상인 경우

② 주택의 연면적 합계가 200㎡ 이상이면서 그 주택의 철거·해체하려는 부분의 면적 합계가 200㎡ 이상인 경우

③ 설비의 철거· 해체하려는 부분에 다음 어느 하나에 해당하는 자재를 사용한 면적의 합 이 15㎡ 이상 또는 그 부피의 합이 1㎥ 이상인 경우

　가. 단열재

　나. 보온재

　다. 분무재

　라. 내화피복재

　마. 개스킷(누설방지재)

　바. 패킹재(틈막이재)

　사. 실링재(액상메움재)

④ 파이프 길이의 합이 80m 이상이면서 그 파이프의 철거·해체하려는 부분의 보온재로 사용된 길이의 합이 80m 이상인 경우

(23) 석면 해체 · 제거업자를 통한 석면 해체 · 제거대상(시행령 제94조)

① 철거· 해체하려는 벽체 재료, 바닥재, 천장재 및 지붕재 등의 자재에 석면이 중량비율 1퍼센트가 넘게 포함되어 있고 그 자재의 면적의 합이 50㎡ 이상인 경우

② 석면이 중량비율 1퍼센트가 넘게 포함된 분무재 또는 내화피복재를 사용한 경우

③ 석면이 중량비율 1퍼센트가 넘게 포함된 단열재, 보온재, 개스킷, 패킹재, 실링재의 면적의 합이 15㎡ 이상 또는 그 부피의 합이 1㎥ 이상인 경우

④ 파이프에 시용된 보온재에서 석면이 중량비율 1퍼센트가 넘게 포함되어 있고, 그 보온 재 길이의 합이 80m 이상인 경우

(24) 질병자의 근로금지(시행규칙 제220조)

① 전염될 우려가 있는 질병에 걸린 사람. 다만, 전염을 예방하기 위한 조치를 한 경우에는 그러하지 아니하다.
② 조현병, 마비성 치매에 걸린 사람
③ 심장, 신장, 폐 등의 질환이 있는 사람으로서 근로에 의하여 병세가 악화될 우려가 있는 사람
④ 제1~3항까지의 규정에 준하는 질병으로서 고용노동부 장관이 정하는 질병에 걸린 사람

(25) 질병자 등의 근로 제한(시행규칙 제221조)

① 사업주는 건강진단 결과 유기화합물·금속류 등의 유해물질에 중독된 사람, 해당 유해 물질에 중독될 우려가 있다고 의사가 인정하는 사람, 진폐의 소견이 있는 사람 또는 방사선에 피폭된 사람을 해당 유해물질 또는 방사선을 취급하거나 해당 유해물질의 분진·증기 또는 가스가 발산되는 업무 또는 해당 업무로 인하여 근로자의 건강을 악화시킬 우려가 있는 업무에 종사하도록 해서는 안 된다.
② 사업주는 다음의 어느 하나에 해당하는 질병이 있는 근로자를 고기압 업무에 종사 하도록 해서는 안 된다.
  가. 감압증이나 그 밖에 고기압에 의한 장해 또는 그 후유증
  나. 결핵, 급성상기도감염, 진폐, 폐기종, 그 밖의 호흡기계의 질병
  다. 빈혈증, 심장판막증, 관상동맥경화증, 고혈압증, 그 밖의 혈액 또는 순환기계의 질병
  라. 정신신경증, 알코올중독, 신경통, 그 밖의 정신신경계의 질병
  마. 메니에르씨병, 중이염, 그 밖의 이관(耳管)협착을 수반하는 귀 질환
  바. 관절염, 류마티스, 그 밖의 운동기계의 질병
  사. 천식, 비만증, 바세도우씨병, 그 밖에 알레르기성·내분비계·물질대사 또는 영양 장해 등과 관련된 질병

(26) 근로자 안전보건교육시간(시행규칙 제26조)

교육과정	교육대상		교육시간
정기교육	사무직 종사 근로자		매분기 3시간 이상
	사무직 종사 근로자 외의 근로자	판매업무에 직접 종사하는 근로자	매분기 3시간 이상
		판매업무에 직접 종사하는 근로자 외의 근로자	매분기 6시간 이상
	관리감독자의 지위에 있는 사람		연간 16시간 이상
채용시 교육	일용근로자		1시간 이상
	일용근로자를 제외한 근로자		8시간 이상
작업내용 변경시교육	일용근로자		1시간이상
	일용근로자를 제외한 근로자		2시간 이상
특별교육	별표 5 제1호 라목 각 호의 어느 하나에 해당하는 작업에 종사하는 일용근로자		2시간이상

	타워크레인 선호작업에 종사하는 일용근로자	8시간 이상
	별표5 제1호 라목 각 호의 어느 하나에 해당하는 작업에 종사하는 일용근로자를 제외한 근로자	16시간 이상(최초 작업에 종사하기 전 4시간 이상 실시하고 12시간은 3개월 이내에서 분할하여 실시 가능) 단기간 작업 또는 간헐적 작업인 경우에는 2시간 이상
건설업 기초 안전보건교육	건설일용근로자	4시간

참고

1. 휴게시설 설치대상(시행령 제96조의 2)

① 상시근로자(관계수급인의 근로자 포함) 20명 이상을 사용하는 사업장(건설업은 해당 공사의 총공사금액이 20억원 이상인 사업장)

② 한국표준직업분류상 7개 직종(전화 상담원, 돌봄 서비스 종사원, 텔레마케터, 배달원, 청소원 및 환경미화원, 아파트 경비원, 건물 경비원)의 상시근로자가 2명 이상인 사업장으로서 상시근로자 10명 이상 20명 미만을 사용하는 사업장(건설업은 제외)

2. 휴게시설 설치관리 기준(시행규칙 별표 21의 2)

① 크기

- 휴게시설의 최소 바닥면적은 6㎡로 한다. 다만, 둘 이상의 사업장의 근로자가 공동으로 같은 휴게시설(공동휴게시설)을 사용하게 하는 경우 공동휴게시설의 바닥면적은 6㎡에 사업장의 개수를 곱한 면적 이상으로 한다.
- 휴게시설의 바닥에서 천장까지의 높이는 2.1m 이상으로 한다.

② 위치

근로자가 이용하기 편리하고 가까운 곳에 있어야 한다. 이 경우 공동휴게시설은 각 사업장에서 휴게시설까지의 왕복 이동에 걸리는 시간이 휴식시간의 20%를 넘지 않는 곳에 있어야 한다.

③ 온도 : 적정한 온도(18~28℃)를 유지할 수 있는 냉난방기능이 갖춰져 있어야 한다.

④ 습도 : 적정한 습도(50~55%)를 유지할 수 있는 습도 조절기능이 갖춰져 있어야 한다.

⑤ 조명 : 적정한 밝기(100~200lux)를 유지할 수 있는 조명 조절기능이 갖춰져 있어야 한다

02절 산업안전보건기준에 관한 규칙

01 개요

(1) 용어

① 관리대상 유해물질

근로자에게 상당한 건강장해를 일으킬 우려가 있어 건강장해를 예방하기 위한 보건상의 조치가 필요한 원재료가스 증기, 분진, 흄, 미스트로서 유기화합물, 금속류, 산 알칼리류, 가스상태 물질류를

말한다.

② 유기화합물

상온·상압에서 휘발성이 있는 액체로서 다른 물질을 녹이는 성질이 있는 유기용제를 포함한 탄화수소계 화합물을 말한다.

③ 금속류

고체가 되었을 때 금속광택이 나고 전기나 열을 잘 전달하며, 전성과 연성을 가진 물질을 말한다.

④ 산·알칼리류

수용액 중에서 해리하여 수소이온을 생성하고 염기와 중화하여 염을 만드는 물질과 산을 중화하는 수산화화합물로서 물에 녹는 물질을 말한다.

⑤ 가스상태 물질류

상온·상압에서 사용하거나 발생하는 가스상태의 물질을 말한다.

⑥ 특별관리 물질의 정의

발암성 물질, 생식세포 변이원성 물질, 생식독성 물질 등 근로자에게 중대한 건강장애를 일으킬 우려가 있는 물질을 말한다.

ⓐ 벤젠	ⓑ 1,3- 부타디엔
ⓒ 1 - 브로모프로판	ⓓ 2 - 브로모프로판
ⓔ 사염화탄소	ⓕ 에피클로로히드린
ⓖ 트리클로로에틸렌	ⓗ 페놀
ⓘ 포름알데히드	ⓙ 납 및 그 무기화합물
ⓚ 니켈 및 그 화합물	ⓛ 안티몬 및 그 화합물
ⓜ 카드뮴 및 그 화합물	ⓝ 6가크롬 및 그 화합물
ⓞ 산화에틸렌 외 20종	ⓟ pH 2.0 이하 황산

⑦ 유기화합물 취급 특별장소

가. 선박의 내부

나. 차량의 내부

다. 탱크의 내부(반응기 등 화학설비 포함)

라. 터널이나 갱의 내부

마. 맨홀의 내부

바. 피트의 내부

사. 통풍이 충분하지 않은 수로의 내부

아. 덕트의 내부

자. 수관(水管)의 내부

차. 그 밖에 통풍이 충분하지 않은 장소

⑧ 임시작업

일시적으로 하는 작업 중 월24시간 미만인 작업을 말한다. 다만, 월 10시간 이상 24시간 미만인 작업이 매월 행하여지는 작업은 제외한다.

⑨ 단시간작업

관리대상 유해물질을 취급하는 시간이 1일 1시간 미만인 작업을 말한다. 다만, 1일 1시간 미만인 작업이 매일 수행되는 경우는 제외한다.

(2) 유기화합물의 설비 특례(제428조)

사업주는 전체환기장치가 설치된 유기화합물의 설비특례에 따라 다음 사항을 모두 갖춘 경우 밀폐설비 또는 국소배기장치를 설치하지 않을 수 있다.

① 유기화합물의 노출기준이 100ppm 이상인 경우
② 유기화합물의 발생량이 대체로 균일한 경우
③ 동일 작업장에 다수의 오염원이 분산되어 있는 경우
④ 오염원이 이동성이 있는 경우

허가대상 유해물질(베릴륨 및 석면은 제외) 국소배기장치의 제어풍속(제454조)	
물질의 상태	제어풍속(m/sec)
가스상태	0.5
입자상태	1.0

(3) 허가대상 유해물질을 제조 · 사용 시 작업장의 게시사항(제459조)

① 허가대상 유해물질의 명칭
② 인체에 미치는 영향
③ 취급상의 주의사항
④ 착용하여야 할 보호구
⑤ 응급처치와 긴급방재 요령

(4) 허가대상 유해물질을 제조 · 사용 시 근로자에게 알려야 할 유해성 주지사항(제460조)

① 물리적 · 화학적 특성
② 발암성 등 인체에 미치는 영향과 증상
③ 취급상의 주의사항
④ 착용하여야 할 보호구와 착용방법
⑤ 위급상황 시의 대처방법과 응급조치요령
⑥ 그 밖에 근로자의 건강장애 예방에 관한 사항

(5) 소음 및 진동에 의한 건강장애의 예방(제512조)

① 소음작업
   1일 8시간 작업을 기준으로 85dB 이상의 소음이 발생하는 작업을 말한다.
② 강렬한 소음작업
   가. 90dB 이상의 소음이 1일 8시간 이상 발생되는 작업
   나. 95dB 이상의 소음이 1일 4시간 이상 발생되는 작업
   다. 100dB 이상의 소음이 1일 2시간 이상 발생되는 작업

라. 105dB 이상의 소음이 1일 1시간 이상 발생되는 작업

마. 110dB 이상의 소음이 1일 30분 이상 발생되는 작업

바. 115dB 이상의 소음이 1일 15분 이상 발생되는 작업

③ 충격소음작업

소음이 1초 이상의 간격으로 발생하는 작업으로서 다음의 1에 해당하는 작업을 말한다.

가. 120dB을 초과하는 소음이 1일 1만회 이상 발생되는 작업

나. 130dB을 초과하는 소음이 1일 1천회 이상 발생되는 작업

다. 140dB을 초과하는 소음이 1일 1백회 이상 발생되는 작업

④ 진동작업 기계·기구

가. 착암기

나. 동력을 이용한 해머

다. 체인톱

라. 엔진커터

마. 동력을 이용한 연삭기

바. 임팩트 렌치

사. 그 밖에 진동으로 인하여 건강장애를 유발할 수 있는 기계·기구

⑤ 청력보존프로그램

소음노출평가, 노출기준 초과에 따른 공학적 대책, 청력보호구의 지급 및 착용, 소음의 유해성과 예방에 관한 교육, 정기적 청력검사, 기록, 관리 등이 포함된 소음성 난청을 예방·관리하기 위한 종합적인 계획을 말한다.

(6) 소음작업, 강렬한 소음작업, 충격소음작업 시 근로자에게 주지사항(제514조)

① 해당 작업장소의 소음수준

② 인체에 미치는 영향과 증상

③ 보호구의 선정과 착용방법

④ 그 밖에 소음으로 인한 건강장애 방지에 필요한 사항

(7) 소음성 난청 등의 건강장해가 발생, 발생우려 시 조치사항(제515조)

① 해당 작업장의 소음성 난청 발생원인 조사

② 청력손실을 감소시키고 청력손실의 재발을 방지하기 위한 대책 마련

③ 대책의 이행 여부 확인

④ 작업전환 등 의사의 소견에 따른 조치

(8) 국소배기장치 사용 전 점검 등(제612조)

① 국소배기장치

가. 덕트 및 배풍기의 분진상태

나. 덕트 접속부가 헐거워졌는지 여부

다. 흡기 및 배기 능력

라. 그 밖에 국소배기장치의 성능을 유지하기 위하여 필요한 사항

② 공기정화장치

가. 공기정화장치 내부의 분진상태

나. 여과 제진장치에 있어서는 여과재의 파손 유무

다. 공기정화장치의 분진처리 능력

라. 그 밖에 공기정화장치의 성능 유지를 위하여 필요한 사항

(9) 상시 분진작업에 관련된 업무를 하는 경우 유해성 주지사항(제614조)

① 분진의 유해성과 노출경로

② 분진의 발산방지와 작업장의 환기방법

③ 작업장 및 개인 위생관리

④ 호흡용 보호구의 사용방법

⑤ 분진에 관련된 질병 예방방법

(10) 밀폐공간작업으로 인한 건강장애의 예방(제618조)

① 밀폐공간

산소결핍, 유해가스로 인한 질식·화재 . 폭발 등의 위험이 있는 장소를 말한다.

② 유해가스

이산화탄소, 일산화탄소, 황화수소 등의 기체로서 인체에 유해한 영향을 미치는 물질을 ^ 한다.

③ 적정공기

가. 산소 농도의 범위가 18% 이상 23.5% 미만인 수준의 공기

나. 이산화탄소 농도가 1.5% 미만인 수준의 공기

다. 황화수소 농도가 10ppm 미만인 수준의 공기

라. 일산화탄소 농도가 30ppm 미만인 수준의 공기

④ 산소결핍

공기 중의 산소 농도가 18% 미만인 상태를 말한다.

⑤ 산소결핍증

산소가 결핍된 공기를 들이마심으로써 생기는 증상을 말한다.

(11) 밀폐공간 작업 프로그램 수립·시행 시 포함사항(제619조)

① 사업장 내 밀폐공간의 위치파악 및 관리방안

② 밀폐공간내 질식, 중독 등을 일으킬 수 있는 유해·위험 요인의 파악 및 관리방안

③ 밀폐공간 작업 시 사전 확인이 필요한 사항에 대한 확인절차

④ 안전보건 교육 및 훈련

⑤ 그 밖에 밀폐공간 작업 근로자의 건강장애 예방에 관한 사항

(12) 밀폐공간 작업 시작 전 확인사항(제619조)생략

(13) 산소 및 유해가스 농도 측정(제619조의 2)생략

(14) 밀폐공간 내 작업 시 조치사항(제620~626조)

환기/ 출입금지 / 감시인 배치/ 대피용 기구의 비치/ 안전대, 구명밧줄, 공기호흡기 및 송기마스크 착용, 인원점검

(15) 이상기압에 의한 건강장애의 예방에 관한 용어(제522조)

사업주는 잠함 또는 잠수작업 등 높은 기압에서 작업에 종사하는 근로자에 대하여 1일 6시간, 주 34시간을 초과하여 근로자에게 작업하게 하여서는 안 된다.

① 고압작업: 고기압(1kg/㎠이상)에서 잠함공법 또는 그 외의 압기공법으로 행하는 작업을 말한다.

② 잠수작업

　가. 표면공급식(잠수사가 육상이나 선박 등에서 유연한 호스를 통해 공기를 공급받아 수중 작업을 하는 방식)

　나. 스쿠버: 호흡용 기체통 휴대

③ 기압조절실: 고압작업을 하는 근로자 또는 잠수작업을 하는 근로자가 가압 또는 감압을 받는 장소를 말한다.

④ 압력: 게이지압력을 말한다.

⑤ 비상 기체 등: 주된 기체 공급장치가 고장난 경우 잠수작업자가 안전한 지역으로 대피하기 위하여 필요한 양의 호흡용 기체를 저장하고 있는 압력용기와 부속장치를 말한다.

(16) 가압의 속도(제532조)

사업주는 기압조절실에서 고압작업자 또는 잠수작업자에게 가압을 하는 경우 1분에 제곱 센티미터당 0.8킬로그램 이하의 속도로 하여야 한다.

(17) 감압 시 기압조절실에서 조치사항(제535조)

① 기압조절실 바닥면의 조도를 20럭스 이상이 되도록 할 것

② 기압조절실 내의 온도가 섭씨10도 이하가 되는 경우에 고압작업자 또는 잠수작업자에 게 모포 등 적절한 보온용구를 지급하여 사용하도록 할 것

③ 감압에 필요한 시간이 1시간을 초과하는 경우에 고압작업자 또는 잠수작업자에게 의자 또는 그 밖의 휴식용구를 지급하여 사용하도록 할 것

(18) 온·습도에 의한 건강장애의 예방에 관한 용어(제558조)

① 고열 : 열에 의하여 근로자에게 열경련·열탈진 또는 열사병 등의 건강장애를 유발할 수 있는 더운 온도(기온은 37℃ 이하로 유지해야 함)

② 한랭 : 냉각원에 의하여 근로자에게 동상 등의 건강장애를 유발할 수 있는 차가운 온도

③ 다습 : 습기로 인하여 근로자에게 피부질환 등의 건강장애를 유발할 수 있는 습한 상태

(19) 감염병 예방 조치사항(제594조)

① 감염병 예방을 위한 계획의 수립
② 보호구 지급, 예방접종 등 감염병 예방을 위한 조치
③ 감염병 발생 시 원인조사와 대책 수립
④ 감염병 발생 근로자에 대한 적절한 처치

(20) 병원체에 노출될 수 있는 작업 시 유해성 주지사항(제595조)

① 감염병의 종류와 원인
② 전파 및 감염경로
③ 감염병의 증상과 잠복기
④ 감염되기 쉬운 작업의 종류와 예방방법
⑤ 노출 시 보고 등 노출과 감염 후 조치

(21) 근골격계 부담작업으로 인한 건강장애의 예방에 관한 용어(제656조)

① 근골격계 부담작업
작업량, 작업속도, 작업강도 및 작업장 구조 등에 따라 고용노동부장관이 정하여 고시하는 작업을 말한다.
② 근골격계 질환
반복적인 동작, 부적절한 작업자세, 무리한 힘의 사용, 날카로운 면과의 신체접촉, 진동 및 온도 등의 요인에 의하여 발생하는 건강장애로서 목, 어깨, 허리, 상·하지의 신경· 근육 및 그 주변 신체조직 등에 나타나는 질환을 말한다.
③ 근골격계 질환 예방관리프로그램
유해요인 조사, 작업환경 개선, 의학적 관리, 교육·훈련, 평가에 관한 사항 등이 포함 된 근골격계 질환을 예방, 관리하기 위한 종합적인 계획을 말한다.

(22) 근골격계 부담작업에 근로자를 종사하도록 하는 경우의 유해요인 조사사항(제657조)

3년마다 유해요인 조사를 실시한다(단, 신설사업장은 신설일로부터 1년 이내).
① 설비·작업공정·작업량·작업속도 등 작업장 상황
② 작업시간·작업자세·작업방법 등 작업조건
③ 작업과 관련된 근골격계 질환 징후 및 증상 유무 등

(23) 근골격계 부담작업의 근로자에게 유해성 주지사항(제661조)

① 근골격계 부담작업의 유해요인
② 근골격계 질환의 징후 및 증상
③ 근골격계 질환 발생 시 대처요령
④ 올바른 작업자세 및 작업도구, 작업시설의 올바른 사용방법
⑤ 그 밖에 근골격계 질환 예방에 필요한 사항

(24) 직무 스트레스에 의한 건강장애 예방조치(제669조)

① 작업환경·작업내용·근로시간 등 직무 스트레스 요인에 대하여 평가하고 근로시간 단축, 장·단기 순환 작업 등 개선대책을 마련하여 시행할 것

② 작업량·작업일정 등 작업계획수립 시 당해 근로자의 의견을 반영할 것

③ 작업과 휴식을 적정하게 배분하는 등 근로시간과 관련된 근로조건을 개선할 것

④ 근로시간 이외의 근로자 활동에 대한 복지차원의 지원에 최선을 다할 것

⑤ 건강진단결과·상담자료 등을 참고하여 적정하게 근로자를 배치하고 직무 스트레스 요인, 건강문제 발생가능성 및 대비책 등에 대하여 당해 근로자에게 충분히 설명할 것

⑥ 뇌혈관 및 심장질환 발병위험도를 평가하여 금연, 고혈압관리 등 건강증진프로그램을 시행할 것

03절 화학물질 및 물리적 인자의 노출기준(고용노동부 고시)

01 개요

(1) 용어의 정의

① "노출기준"이라 함은 근로자가 유해인자에 노출되는 경우 노출기준 이하 수준에서는 거의 모든 근로자에게 건강상 나쁜 영향을 미치지 아니하는 기준을 말하며, 1일 작업시간 동안의 시간가중 평균노출기준(TWA ; Time Weighted Average), 단시간 노출기준(STEL ; Short Term Exposure Limit) 또는 최고노출기준(C ; Ceiling)으로 표시한다.

② "시간가중 평균노출기준(TWA)"이라 함은 1일 8시간 작업을 기준으로 하여 유해인자의 측정치에 발생시간을 곱하여 8시간으로 나눈 값을 말한다.

③ "단시간 노출기준(STEL)"이란 15분간의 시간가중 평균노출값으로서 노출농도가 시간 가중 평균노출기준(TWA)을 초과하고 단시간 노출기준(STEL)이하인 경우에는 1회 노출 지속시간이 15분 미만이어야 하고, 이러한 상태가 1일 4회 이하로 발생하여야 하며, 각 노출의 간격은 60분 이상이어야 한다.

④ "최고노출기준(C)" 이라 함은 근로자가 1일 작업시간 동안 잠시라도 노출되어서는 아니 되는 기준을 말하며, 노출기준 앞에 'C'를 붙여 표시한다.

(2) 제3조(노출기준 사용상의 유의사항)

① 각 유해인자의 노출기준은 해당 유해인자가 단독으로 존재하는 경우의 노출기준을 말하며, 2종 또는 그 이상의 유해 인자가 혼재하는 경우에는 각 유해 인자의 상가작용 으로 유해성이 증가할 수 있으므로 제6조의 규정에 의하여 산출하는 노출기준을 사용 하여야 한다.

② 노출기준은 1일 8시간 작업을 기준으로 하여 제정된 것이므로 이를 이용할 때에는 근로 시간, 작업의 강도, 온열조건, 이상기압 등이 노출기준 적용에 영향을 미칠 수 있으므로 이와 같은 제반요인에 대한 특별한 고려를 하여야 한다.

③ 유해인자에 대한 감수성은 개인에 따라 차이가 있으며 노출기준 이하의 작업환경에서 도 직업성

질병에 이환되는 경우가 있으므로 노출기준을 직업병 진단에 사용하거나 노출기준 이하의 작업환경이라는 이유만으로 직업성 질병의 이환을 부정하는 근거 또는 반증자료로 사용하여서는 아니 된다.

④ 노출기준은 대기오염의 평가 또는 관리상의 지표로 사용하여서는 아니 된다.

(3) 제4조(적용범위)

① 노출기준은 작업장의 유해인자에 대한 작업환경 개선기준과 작업환경 측정결과의 평가 기준으로 사용할 수 있다.

② 이 고시에 유해인자의 노출기준이 규정되지 아니하였다는 이유로 법, 영, 규칙 및 보건 규칙의 적용이 배제되지 아니하며, 이와 같은 유해인자의 노출기준은 미국산업위생전 문가회의(ACGIH)에서 매년 채택하는 노출기준(TLVs)을 준용한다.

(4) 제6조(혼합물)

① 화학물질이 2종 이상 혼재하는 경우 혼재하는 물질 간에 유해성이 인체의 서로 다른 부 위에 작용한다는 증거가 없는 한 유해작용은 가중되므로 노출기준은 다음 식에 의하여 산출하는 수치가 1을 초과하지 아니하는 것으로 한다.

$$\frac{C_1 + C_2 \cdots\cdots C_n}{T_1 + T_2 \cdots\cdots T_n}$$

C : 화학물질 각각의 측정치   T : 화학물질 각각의 노출기준

② 제①항의 경우와는 달리 혼재하는 물질 간에 유해성이 인체의 서로 다른 부위에 유해작용을 하는 경우에는 유해성이 각각 작용하므로 혼재하는 물질 중 어느 한 가지라도 노출기준을 넘는 경우 노출기준을 초과하는 것으로 한다.

(5) 제11조(표시단위)

① 가스 및 증기의 노출기준 표시단위는 ppm을 사용한다.

② 분진 및 미스트 등 에어로졸의 노출기준 표시단위는 mg/m^3를 사용한다.

다만, 석면 및 내화성 세라믹섬유의 노출기준 표시단위는 세제곱센티미터당 개수(개/cm^3)를 사용한다.

③ 고온의 노출기준 표시단위는 습구흑구온도지수(이하 'WBGT'라 한다)를 사용하며 다음 식에 의하여 산출한다.

가. 옥외(태양광선이 내리쬐는 장소)

WBGT(℃) = 0.7 × 자연습구온도 + 0.2 × 흑구온도 + 0.1 × 건구온도

나. 옥내 또는 옥외(태양광선이 내리쬐지 않는 장소)

WBGT(℃) = 0.7 × 자연습구온도 + 0.3 × 흑구온도

> **참고**   **우리나라 화학물질의 노출기준 주의사항**
>
> 1. SKIN 표시물질은 점막과 눈 그리고 경피로 흡수되어 전신영향을 일으킬 수 있는 물질을 말함(피부자극성을 뜻하는 것이 아님)
> 2. 발암성 정보물질의 표기는 「화학물질의 분류, 표시 및 물질안전보건자료에 관한 기준」에 따라 다음과 같이 표기함
>   · 1A : 사람에게 충분한 발암성 증거가 있는 물질
>   · 1B : 실험동물에서 발암성 증거가 충분히 있거나 실험동물과 사람 모두에게 제한된 발암성 증거가 있는 물질
>   · 2 : 사람이나 동물에서 제한된 증거가 있지만, 구분 1로 분류하기에는 증거가 충분하지 않은 물질
> 3. 화학물질이 IARC(국제 암연구소) 등의 발암성 등급과 NTP(미국 독성프로그램)의 R등급을 모두 갖는 경우에는 NTP의 R등급은 고려하지 아니함
> 4. 혼합용매추출은 에틸에테르, 톨루엔, 메탄올을 부피비 1 : 1 : 1로 혼합한 용매나 이외 동등 이상의 용매로 추출한 물질을 말함
> 5. 노출기준이 설정되지 않은 물질의 경우 이에 대한 노출이 가능한 한 낮은 수준이 되도록 관리하여야 함
> 6. 라돈의 작업장 노출기준 : 600Bq/㎥ 미만

04절 화학물질의 분류·표시 및 물질안전보건자료에 관한 기준

01 개요

(1) 용어의 정의

① "화학물질"이란 원소 및 원소 간의 화학반응에 의하여 생성된 물질을 말한다.

② "혼합물"이란 두 가지 이상의 화학물질로 구성된 물질 또는 용액을 말한다.

③ "제조자"란 직접 사용 또는 양도제공을 목적으로 화학물질 또는 혼합물을 생산·가공 또는 혼합하는 것, 직접기획(성능, 기능, 원재료 구성 설계 등)하여 다른 생산업체에 위탁해 자기 명의로 생산하게 하는 것을 말한다.

④ "수입"이란 직접 사용 또는 양도·제공을 목적으로 외국에서 국내로 화학물질 또는 혼합물을 들여오는 것을 말한다.

⑤ "용기"란 고체, 액체 또는 기체의 화학물질 또는 혼합물을 직접 담은 합성강제, 플라스틱, 저장탱크, 유리, 비닐포대, 종이포대 등을 말한다. 다만, 레미콘, 컨테이너는 용기로 보지 아니 한다.

⑥ "포장"이란 용기를 싸거나 꾸리는 것을 말한다.

⑦ "반제품용기"란 같은 사업장 내에서 상시적이지 않은 경우로서 공정 간 이동을 위하여 화학물질 또는 혼합물을 담은 용기를 말한다.

(2) 제5조(경고표지의 부착)

① 물질안전보건자료대상물질을 양도·제공하는 자는 해당 물질안전보건자료대상물질의 용기 및 포장에 한글로 작성한 경고표지(같은 경고표지 내에 한글과 외국어가 함께 기재된 경우를 포함한다)를 부착하거나 인쇄하는 등 유해·위험 정보가 명확히 나타나도록 하여야 한다.

다만, 실험실에서 실험·연구 목적으로 사용하는 시약으로서 외국어로 작성된 경고표 지가 부착되어 있거나 수출하기 위하여 저장 또는 운반 중에 있는 완제품은 한글로 작 성한 경고표지를 부착하지 아니할 수 있다.

② 국제연합(UN)의「위험물 운송에 관한 권고」에서 정하는 유해성·위험성 물질을 포장에 표시하는 경우에는 「위험물 운송에 관한 권고」에 따라 표시할 수 있다.

③ 포장하지 않는 드럼 등의 용기에 국제연합(UN)의 「위험물 운송에 관한 권고」에 따라 표시를 한 경우에는 경고표지에 해당 그림문자를 표시하지 아니할 수 있다.

④ 용기 및 포장에 경고표지를 부착하거나 경고표지의 내용을 인쇄하는 방법으로 표시하 는 것이 곤란한 경우에는 경고표지를 인쇄한 꼬리표를 달 수 있다.

⑤ 물질안전보건자료대상물질을 사용·운반 또는 저장하고자 하는 사업주는 경고표지의 유무를 확인하여야 하며, 경고표지가 없는 경우에는 경고표지를 부착하여야 한다.

⑥ 사업주는 물질안전보건자료대상물질의 양도·제공자세게 경고표지의 부칙을 요청할 수 있다.

(3) 제6조(경고표지의 작성방법)생략

(4) 제8조(경고표지의 색상 및 위치)

① 경고표지 전체의 바탕은 흰색으로, 글씨와 테두리는 검정색으로 하여야 한다.

② 비닐포대 등 바탕색을 흰색으로 하기 어려운 경우에는 그 포장 또는 용기의 표면을 바탕색으로 사용할 수 있다. 다만, 바탕색이 검정색에 가까운 용기 또는 포장인 경우에는 글씨와 테두리를 바탕색과 대비색상으로 표시하여야 한다.

③ 그림문자는 유해성·위험성을 나타내는 그림과 테두리로 구성하며, 유해성·위험성을 나타내는 그림은 검은색으로 하고, 그림문자의 테두리는 빨간색으로 하는 것을 원칙으로 하되 바탕색과 테두리의 구분이 어려운 경우 바탕색의 대비색상으로 할 수 있으며, 그림 문자의 바탕은 흰색으로 한다.

다만, 1L 미만의 소량 용기 또는 포장으로서 경고표지를 용기 또는 포장에 직접 인쇄하고자 하는 경우에는 그 용기 또는 포장 표면의 색상이 두 가지 이하로 착색되어 있는 경우에 한하여 용기 또는 포장에 주로 사용된 색상(검정색 계통은 제외한다)을 그림문자의 바탕색으로 할 수 있다.

④ 경고표지는 취급근로자가 사용 중에도 쉽게 볼 수 있는 위치에 견고하게 부착하여야 한다.

(5) 제10조(작성항목)

1) 물질안전보건자료 작성 시 포함되어야 할 항목 및 그 순서

① 화학제품과 회사에 관한 정보

② 유해성·위험성

③ 구성 성분의 명칭 및 함유량

④ 응급조치요령

⑤ 폭발·화재 시 대처방법

⑥ 누출사고 시 대처방법

⑦ 취급 및 저장 방법

⑧ 노출방지 및 개인보호구

⑨ 물리화학적 특성

⑩ 안정성 및 반응성

⑪ 독성에 관한 정보

⑫ 환경에 미치는 영향

⑬ 폐기 시 주의사항

⑭ 운송에 필요한 정보

⑮ 법적 규제 현황

⑯ 그 밖의 참고사항

(6) 제11조(작성원칙)

① 물질안전보건자료는 한글로 작성하는 것을 원칙으로 하되 화학물질명, 외국기관명 등 의 고유명사
는 영어로 표기할 수 있다.

② 실험실에서 실험·연구 목적으로 사용하는 시약으로서 물질안전보건자료가 외국어로 작성된 경우에
는 한국어로 번역하지 아니할 수 있다.

③ 실험결과를 반영하고자 하는 경우에는 해당 국가의 우수실험실기준(GLP) 및 국제공인 시험기관인정
(KOLAS)에 따라 수행한 시험결과를 우선적으로 고려하여야 한다.

④ 외국어로 되어 있는 물질안전보건자료를 번역하는 경우에는 자료의 신뢰성이 확보될 수 있도록 최초
작성 기관명 및 시기를 함께 기재하여야 하며, 다른 형태의 관련 자료 를 활용하여 물질안전보건자료
를 작성하는 경우에는 참고문헌의 출처를 기재하여야 한다.

⑤ 물질안전보건자료 작성에 필요한 용어, 작성에 필요한 기술지침은 한국산업안전보건공단이 정할 수
있다.

⑥ 물질안전보건자료의 작성단위는「계량에 관한 법률」이 정하는 바에 의한다.

⑦ 각 작성항목은 빠짐없이 작성하여야 한다. 다만, 부득이 어느 항목에 대해 관련 정보를 얻을 수
없는 경우에는 작성란에 "자료 없음"이라고 기재하고, 적용이 불가능하거나 대 상이 되지 않는 경우에
는 작성란에 "해당 없음"이라고 기재한다.

⑧ 구성 성분의 함유량을 기재하는 경우에는 함유량의 ±5퍼센트포인트(%P) 내에서 범위(하 한값 ~
상한값)로 함유량을 대신하여 표시할 수 있다.

⑨ 물질안전보건자료를 작성할 때에는 취급근로자의 건강보호 목적에 맞도록 성실하게 작성하여야 한다.

(7) 제12조(혼합물의 유해성·위험성 결정)

① 물질안전보건자료를 작성할 때에는 혼합물의 유해성·위험성을 다음과 같이 결정한다.

　가. 혼합물에 대한 유해·위험성의 결정을 위한 세부 판단기준은 별도로 정한다.

　나. 혼합물에 대한 물리적 위험성 여부가 혼합물 전체로서 시험되지 않는 경우에는 혼합물을 구성하
　　고 있는 단일화학물질에 관한 자료를 통해 혼합물의 물리적 잠재유해성을 평가할 수 있다.

② 혼합물로 된 제품들이 다음의 요건을 충족하는 경우에는 각각의 제품을 대표하여 하나의 물질안전보
   건자료를 작성할 수 있다.
   가. 혼합물로 된 제품의 구성 성분이 같을 것
   나. 각 구성 성분의 함유량 변화가 10퍼센트포인트(%P)이하일 것
   다. 유사한 유해성을 가질 것

(8) 제16조(대체자료 기재 제외물질)

영업비밀과 관련되어 화학물질의 명칭 및 함유량을 물질안전보건자료에 적지 아니하려는 자는 고용노동
부령으로 정하는 바에 따라 고용노동부장관에게 신청하여 승인을 받아 해당 화학물질의 명칭 및 함유량
을 대체할 수 있는 명칭 및 함유량(대체자료)으로 적을 수 있다. 다만, 근로자에게 중대한 건강장해를
초래할 우려가 있는 화학물질로서「산업재해보상보 험법」에 따른 산업재해보상보험 및 예방심의위원회
의 심의를 거쳐 고용노동부장관이 고시 하는 것은 그러하지 아니하다.
① 제조 등 금지물질
② 허가대상물질
③ 관리대상 유해물질
④ 작업환경측정대상 유해인자
⑤ 특수건강진단대상 유해인자
⑥「화학물질의 등록 및 평가 등에 관한 법률」에서 정하는 화학물질

> **참고**   **유해인자 분류기준 중 급성독성물질(산업안전보건법)**
>
> 급성독성물질은 입 또는 피부를 통하여 1회 투여 또는 24시간 이내에 여러 차례로 나누어 투여하거나
> 호흡기를 통하여 4시간 동안 흡입하는 경우 유해한 영향을 일으키는 물질을 말한다.

산업재해

01절 산업재해 발생원인 및 분석

01 개요

(1) 산업재해의 정의

① 산업안전보건법

노무를 제공하는 사람이 업무에 관계되는 건설물, 설비, 원재료, 가스, 증기, 분진 등에 의하거나 작업 또는 그 밖의 업무로 인하여 사망 또는 부상하거나 질병에 걸리는 것을 말한다.

② 재해

일반적으로 사고의 결과로 일어난 인명이나 재산상의 손실을 가져올 수 있는 계획되지 않거나 예상하지 못한 사건을 의미한다.

③ 국제노동기구(ILO) : 산업재해는 업무로 인한 외향성 상해 또는 질병을 말한다.

(2) 중대재해

① 산업안전보건법상 정의는 산업재해 중 사망 등 재해의 정도가 심하거나 다수의 재해자가 발생한 경우로서 고용노동부령이 정하는 재해를 말한다.

② 산업재해 발생의 급박한 위험이 있을 때 또는 중대재해가 발생하였을 때에는 사업주는 작업을 중지시키고 근로자를 작업장소로부터 대피시켜야 하며 급박한 위험에 대한 합리적인 근거가 있을 경우에 작업을 중지하고 대피한 근로자에게 해고 등의 불리한 처우를 해서는 안 된다.

(3) 발생부위 : 손 〉 발 〉 눈

(4) ILO의 상해 분류

① 사망

안전사고로 죽거나 혹은 사고 시 입은 부상의 결과 일정 기간 내에 생명을 잃는 것

② 영구 전노동 불능 상해

부상의 결과로 근로의 기능을 완전 영구적으로 잃는 상해(신체장애등급 1~3급)

③ 영구 일부 노동 불능 상해

부상의 결과로 신체의 일부가 영구적으로 노동기능을 상실한 상해(신체장애등급 4~14 급)

④ 일시 전노동 불능 상해

의사의 진단에 따라 일정 기간 정규노동에 종사할 수 없는 상해 정도(완치 후 노동력 회복)

⑤ 일시 일부 노동 불능 상해

의사의 진단으로 일정 기간 정규노동에 종사할 수 없으나, 휴무상태가 아닌 일시 가벼운 노동에

종사할 수 있는 상해 정도

⑥ 응급조치 상해: 응급처치 또는 자가치료(1일미만)를 받고 정상작업에 임할 수 있는 정도

⑦ 무상해 사고

(5) 재해의 분류

① 주요사고 혹은 주요재해(major accidents): 사망하지는 않았지만 입원할 정도의 상해

② 경미사고 혹은 경미재해(minor accidents)

　가. 통원치료할 정도의 상해/재산상의 큰 피해가 없으면서 동시에 경상자만 발생

　나. 재산상의 큰 피해를 입히는 중대한 사고가 아니면서 동시에 중상자가 발생하지 않고 경상자만 발생한 사고

③ 유사사고 혹은 유사재해(near accidents): 상해 없이 재산피해만 발생하는 경우

④ 가사고 혹은 가재해(pseudo accidents): 재산상의 피해는 없고 시간손실만 일어난 경우

02절　산업재해의 원인

하인리히의 재해발생이론, 도미노이론에서 재해 예방을 위한 가장 효과적인 대책은 불안전한 상태 및 행동 제거이다.

01　직접 원인(1차 원인)

(1) 불안전한 상태(물적 요인): Property cause

① 물 자체의 결함

② 안전보호장치 결함

③ 복장, 보호구의 결함

④ 물의 배치 및 작업장소 결함(불량)

⑤ 작업환경의 결함(불량)

⑥ 생산공장의 결함

⑦ 경계표시, 설비의 결함

(2) 불안전한 행위(인적 요인)

① 위험장소 접근

② 안전장치 기능제거(안전장치를 고장나게 함)

③ 기계·기구의 잘못 사용(기계설비의 결함)

④ 운전 중인 기계장치의 손실

⑤ 불안전한 속도 조작

⑥ 주변 환경에 대한 부주의(위험물 취급 부주의)

⑦ 불안전한 상태의 방치

⑧ 불안전한 자세

⑨ 안전확인 경고의 미비(감독 및 연락 불충분)

⑩ 복장, 보호구의 잘못 사용(보호구를 착용하지 않고 작업)

02 간접원인(2차 원인, 기초 원인, 관리적 원인)

(1) 기술적 요인

① 건물 기계장치 설계 불량

② 구조재료의 부적합

③ 생산공정의 부적당

④ 점검·정비·보존 불량

(2) 교육적 원인

(3) 작업관리상 원인

(4) 신체적(생리적) 원인

(5) 정신적 원인

> **참고** **Gordon의 재해 및 상해 발생에 관여하는 3가지 요인**
>
> 1. 환경요인
> 2. 기계요인
> 3. 개체요인

(6) 산업재해 발생 3대 요인

① 관리 결함 : 작업환경조건에 기인(환경적 요인)

② 생리적 결함 : 작업자의 심신 이상에 기인(인적 요인)

③ 작업방법 결함 : 작업방법의 결함(산업장의 환경 요인)

(7) 인적 원인 3가지

생리적, 심리적, 관리적

(8) 산업재해의 기본 원인(4M)

① Man(사람) : 본인 이외의 사람으로 인간관계, 의사소통의 불량을 의미한다.

② Machine(기계, 설비) : 기계, 설비 자체의 결함을 의미한다(위험방호장치 결함).

③ Media(작업환경, 작업방법)

인간과 기계의 매개체를 말하며 작업자세, 작업동작의 결함, 작업장소의 부적절, 작업 환경조건의 불량을 의미한다.

④ Management(법규 준수, 관리) : 안전교육과 훈련의 부족, 부하에 대한 지도·감독의 부족을 의미
한다.

(9) 산업안전 심리의 5대 요소

동기(motive), 기질(temper), 감성(feeling), 습성(habit), 습관(custom)

03절 산업재해의 분석

01 개요

(1) 하인리히(Heinrich) 재해발생비율

1 : 29 : 300으로 중상 또는 사망 1회, 경상해 29회, 무상해 300회의 비율로 재해가 발생한다는 것을
의미한다.

① 1　→ 중상 또는 사망(중대사고, 주요재해)

② 29 → 경상해(경미한 사고, 경미재해)

③ 300→ 무상해사고(near accident), 즉 사고가 일어나더라도 손실을 전혀 수반하지 않은 재해(유
사재해)

(2) 버드(Bird) 재해발생비율

1 : 10 : 30 : 600의 비율로 재해가 발생한다는 것을 의미한다.

① 1　→ 중상 또는 폐질(사망, 질병에 이르거나 또는 시간의 손실 또는 치료가 필요하게 되었던 상해)

② 10 → 경상(응급치료만으로 끝난 상해, 물적·인적 상해)

③ 30 → 무상해사고(물적 손실 발생, 즉 재산손해사고 건수 의미)

④ 600→ 무상해, 무사고, 무손실고장(위험순간)

(3) 재해원인 분석방법

① 파레토도

　사고의 유형, 기인물 등 분류항목을 큰 순서대로 도표화하여 항목 간의 경중을 비교하는 통계적
원인 분석방법

② 특성요인도

　특정 결과와 원인이라고 생각되는 항목을 계통적으로 나타낸 도표, 즉 재해원인 간의 상호 인과관계
를 화살표로 결부시키는 분석

③ 크로스 분석

　2개 항목 이상의 발생빈도를 분석

④ 관리도

　시간경과에 따른 재해발생 건수, 불안전행동률 등의 변화추이를 분석

04절 산업재해의 통계

01 개요

과거 일정 기간 발생한 산업재해에 대해 그 재해 구성요소를 조사하여 올바른 통계기법 으로 분석하고 재해의 공통적 발생요인을 수량적으로 통일성 있게 해명하기 위하여 필요함.

(1) 유의점

① 재해통계는 정량적으로 표시하여야 한다.
② 재해통계는 항목 내용들의 재해요소가 정확히 파악될 수 있도록 방지대책을 수립하여야 한다.

(2) 지표 사용 시 주의점

① 연근로시간수는 실적에 따라 산출하여야 하고 추정은 금물이다.
② 재해지수는 재해에 대한 원인 분석에 대치될 수 없다.
③ 집계된 재해의 범주를 명시해야 한다.
④ 재해지수는 연간 또는 월간으로 산출할 수 있으나 사업장 규모가 작고 재해발생 수가 적을 때에는 의미가 거의 없다.

(3) 산업재해 평가지표

① 연천인율
  가. 정의:재직근로자 1,000명당 1년간 발생한 재해자 수
  나. 계산식

$$연천인율 = \frac{연간 재해자 수}{연평균 근로자 수} \times 1000$$

  다. 특징
    ㉠ 재해자 수는 사망자, 부상자, 직업병의 환자 수를 합한 것이다.
    ㉡ 산업재해의 발생상황을 총괄적으로 파악하는 데 적합하다.
    ㉢ 재해의 강도가 고려되지 않는다(사망이나 경상을 동일하게 적용).
    ㉣ 근로자 수, 근로일수의 변동이 많은 사업장은 적합하지 않다.
    ㉤ 산출이 용이하며 알기 쉬운 장점이 있다.
    ㉥ 각 사업장 간의 재해상황을 비교하는 자료로 활용 가능하다.
    ㉦ 근무시간이 같은 동종의 업체끼리만 비교가 가능하다.
    ㉧ 연천인율이 가장 높은 업종은 광업이다.

② 도수율(빈도율)
  가. 정의
    재해의 발생빈도를 나타내는 것으로 연 근로시간 합계 100만 시간당의 재해발생 건수
  나. 계산식

$$\frac{일정기간 중 재해발생 건수(재해자 수)}{일정기간 중 연 근로시간 수} \times 1,000,000$$

다. 특징

  ㉠ 현재 재해발생의 빈도를 표시하는 표준척도로 사용한다.

  ㉡ 연 근로시간수의 정확한 산출이 곤란할 때는 1일 8시간, 1개월 25일, 연300일을 시간으로 환산한 연 2,400시간으로 한다.

  ㉢ 재해발생 건수 또는 재해자 수는 동일 개념으로 사용한다.

  ㉣ 재해의 강도가 고려되지 않는다(사망이나 경상을 동일하게 적용).

  ㉤ 재해발생 건수의 산정은 응급처치 이상의 사고를 모두 포함한다.

  ㉥ 일평생 근로시간은 100,000시간으로 한다.

라. 환산도수율(F) 100,000시간 중 1명당 재해 건수

$$F = \frac{도수율}{10}$$

마. 도수율과 연천인율 관계

$$도수율 = \frac{연천인율}{2.4} \ , \ 연천인율 = 도수율 \times 2.4$$

③ 강도율(SR)

  연 근로시간 1,000시간당 재해에 의해서 잃어버린 근로손실일수

가. 계산식

$$강도율 = \frac{일정기간 중 근로손실일수}{일정기간 중 연근로시간수} \times 1,000$$

나. 특징

  ㉠ 재해의 경중(정도), 즉 강도를 나타내는 척도이다.

  ㉡ 재해자의 수나 발생빈도에 관계없이 재해의 내용(상해 정도)을 측정하는 척도이다.

  ㉢ 사망 및 1, 2, 3급(신체장애등급)의 근로손실일수는 7500일이며, 근거는 재해로 인한 사망자의 평균연령을 30세로 보고 노동이 가능한 연령을 55세로 보며 1년 동안의 노동일수를 300일로 본 것이다.

  ㉣ 근로손실일수 산정기준(입원, 휴업, 휴직, 요양 경우)

$$총 휴업 일수 \times \frac{300}{365}$$

다. 환산강도율(S):100,000시간 중 1명당 근로손실일수

  환산강도율 = 강도율 ×100

④ 종합재해지수(FSI)= 인적사고 발생의 빈도 및 강도를 종합한 지표

　가. 계산식

　　종합재해지수 $= \sqrt{도수율 \times 강도율}$

　나. 특징

　　㉠ 도수 강도치를 의미한다.

　　㉡ 어느 기업의 위험도를 비교하는 수단과 안전에 대한 관심을 높이는 데 사용한다.

⑤ 사고사망만인율

　가. 정의

　　임금근로자 10,000명당 발생하는 사망자 수의 비율이며, 건설업체의 산업재해 발생률 산정기
　　준에 의거 산정한 재해율을 말한다.

　　사고사망만인율 $= \dfrac{사고사망자 수}{상시근로자 수} \times 100,000$

　나. 특징

　　㉠ 사고사망자 수는 사망 1명당 부상재해자의 10배로 환산하여 적용한다.

　　㉡ 공동이행방식으로 공사를 수행하는 경우 당해 현장에서 발생한 재해자 수는 공동수급업체의
　　　출자비율에 따라 재해자 수를 분배한다.

　　㉢ 소수점 셋째 자리에서 반올림한다.

　　㉣ 공공 공사 입찰 시 건설업체에 대한 사고사망만인율 실적을 파악하여 반영함으로 써 건설업
　　　체의 자율적인 재해예방활동을 촉진하기 위함이다.

05절　산업재해의 보상

01　개요

(1) 하인리히(Heinrich)의 산업재해 손실평가

　총 재해코스트 = 직접비 + 간접비(직접비와 간접비의 비 = 1:4) = 직접비×5

　　직접비 : 법령으로 정한 피해자에게 지급되는 산재보상비

　　　(종류: 휴업보상비, 장애보상비, 요양보상비, 유족보상비, 장의비, 상병보상연금, 유족특별보상비, 장애
　　　특별보상비)

　　간접비 : 재산손실 및 생산중단으로 기업이 입은 손실

　　　(종류 : 인적 손실, 물적 손실, 생산손실, 특수손실, 기타 손실)

(2) 시몬즈(Simonds)의 산업재해 손실평가

　총 재해코스트 = 보험코스트 + 비보험 코스트

　　보험코스트 : 산재보험료

　　비보험코스트 : (휴업상해 건수×A)+(통원상해 건수×B) + (응급조치 건수×C) + (무상해사고 건수×D)

　　　　A, B, C, D는 장애 정도별에 의한 비보험코스트의 평균

> **참고** **산업재해에 따른 보상에 있어 보험급여 종류**
>
> 요양급여,유족급여, 직업재활급여, 상병보상연금, 장애급여, 휴업급여, 장의비, 간병급여

06절 산업재해 이론

01 개요

(1) 하인리히의 도미노이론 : 사고 연쇄반응

사회적 환경 및 유전적 요소(선천적 결함) → 개인적인 결함(인간의 결함) → 불안전한 행동 및 상태(인적 원인과 물적 원인) → 사고 → 재해

(2) 버드의 수정 도미노이론

통제의 부족(관리) : 제어 부족 → 기본 원인(기원) → 직접 원인(징후) : 불안정한 행동 및 상태 → 사고(접촉) → 상해(손실)

07절 산업재해의 대책

01 개요

(1) 산업재해 예방(방지) 4원칙

① 예방가능의 원칙: 재해는 원칙적으로 모두 방지(예방)가 가능하다.
② 손실우연의 원칙: 재해와 손실 발생은 우연적이므로 발생 방지가 이루어져야한다.
③ 원인계기의 원칙:
　재해 발생에는 반드시 원인이 있으며 사고와 원인의 관계는 필연적이다.
④ 대책선정의 원칙
　재해 예방을 위한 가능한 안전대책은 반드시 존재한다.

(2) 하인리히의 사고 예방(방지) 대책의 기본 원리 5단계

① 제1단계 : 안전관리조직 구성(조직)
　가. 경영층의 참여
　나. 안전관리자의 임명
　다. 안전의 라인 및 참모 구성
　라. 안전활동 방침 및 계획 수립

② 제2단계 : 사실의 발견

　　가. 사고 및 활동 기록의 검토

　　나. 사전조사

　　다. 안전회의 및 토의

　　라. 작업공정분석 및 안전진단(점검)

③ 제3단계 : 분석 평가

　　가. 사고 보고 및 현장조사 분석

　　나. 인적·물적 환경조건 분석

　　다. 안전수칙 및 작업표준 분석

④ 제4단계 : 시정방법의 선정(대책의 선정)

　　가. 인사조정 및 감독체제의 강화

　　나. 기술교육 및 훈련 개선

　　다. 안전행정의 개선 및 안전운동 전개

⑤ 제5단계 : 시정책의 적용(대책 실시)

　　가. 3E의 적용[3E : 교육(Education), 기술(Engineering), 규제(Enfocement)]

　　나. 기술적인 대책 우선 적용

　　다. 대책 실시에 따른 재평가

(3) 일반재해 발생 시 조치 순서

재해 발생 → 긴급처리 → 재해조사 → 원인분석 → 대책수립 → 평가

(4) 재해 발생 시 긴급처리 내용

기계 정지 → 피해자의 응급조치 → 관계자에게 통보 → 2차 재해 방지 → 현장 보존

참고

현재 우리나라에서 발생되고 있는 업무상 질병자 수 중 가장 많은 발생 건수를 차지하고 있는 질환은 뇌·심혈관 질환이다.

우리나라에서 가장 많이 발생하는 산업재해 형태는 협착(감김, 끼임)이다.

연간 재해자 수가 가장 많은 산업업종은 제조업이다.

탄광의 경우 재해 건수가 가장 많이 발생되는 위험조건은 위험 방지의 미비이다.

건설업의 경우 재해 건수 비율이 가장 높은 위험조건은 위험한 작업 방법 및 공정이다.

산업별 사망재해 분포기준으로 사망 만인율 및 천인율이 가장 높은 산업은 광업이다.

건설재해로 인한 사망자 수는 추락의 형태가 가장 많이 차지한다.

PART 2

작업위생 측정 및 평가

01절 농도 및 표준상태

01 개요

(1) 농도

용매 중에 섞여 있는 용질의 양을 농도라고 한다.

(2) 표준상태

① 산업위생 분야(작업환경 측정): 25℃, 1기압이며, 이때 물질 1mol의 부피는 24.45L

② 산업환기 분야 : 21℃, 1기압이며, 이때 물질 1mol의 부피는 24.1L

③ 일반대기 분야 : 0℃, 1기압이며, 이때 물질 1mol의 부피는 22.4L

(3) 질량농도(mg/㎥)와 용량농도의 환산(0도씨, 1기압)

① ppm → mg/㎥

$$\frac{ppm(mL/m^3) \times 분자량(mg)}{22.4mL}$$

② mg/㎥ → ppm

$$ppm(mL/m^3) = \frac{mg/m^3 \times 22.4mL}{분자량(mg)}$$

용량농도(ppm)와 퍼센트(%) 관계, 1% = 10,000ppm

02절 보일-샤를의 법칙

01 개요

(1) 보일의 법칙

일정한 온도에서 기체 부피는 그 압력에 반비례한다. 즉, 압력이 2배 증가하면 부피는 처음의 1/2배로 감소한다.

(2) 샤를의 법칙

일정한 압력에서 기체를 가열하면 온도가 1℃ 증가함에 따라 부피는 0℃ 부피의 1/273만큼 증가한다. 즉 일정한 압력조건에서 부피와 온도는 비례한다.

(3) 보일 샤를의 법칙

온도와 압력이 동시에 변하면 일정량의 기체 부피는 압력에 반비례하고, 절대온도에 비례한다.

$$\frac{PV}{T} = K(일정상수)$$

기체의 양이 일정할 때, 온도 T_1, 압력 P_1 에서 부피 V_1 인 기체를 온도 T_2, 압력 P_2로 변화시켰을 때 부피가 V_2로 변했다면 다음 관계식이 성립한다.

$$\frac{P_1 V_1}{T_1} = \frac{P_2 V_2}{T_2}$$

$$V_2 = V_1 \times \frac{T_2}{T_1} \times \frac{P_1}{P_2}$$

$$P_2 = P_1 \times \frac{V_1}{V_2} \times \frac{T_2}{T_1}$$

P_1, T_1, V_1 : 처음 압력, 온도, 부피
P_2, T_2, V_2 : 나중 압력, 온도, 부피

참고

1. 게이-뤼삭(Gay-Lussac) 기체반응의 법칙
   화학반응에서 그 반응물 및 생성물이 모두 기체일때는 등온, 등압하에서 측정한 이들 기체의 부피 사이에는 간단한 정수비 관계가 성립한다는 법칙(일정한 부피에서 압력과 온도는 비례한다는 표준가스 법칙)
2. 라울(Raoult)의 법칙
   여러 성분이 있는 용액에서 증기가 나올 때 증기의 각 성분의 부분압은 용액의 분압과 평형을 이룬다는 법칙

03절 작업환경측정

01 개요

작업환경의 실태를 파악하기 위하여 해당 근로자 또는 작업장에 대하여 사업주가 측정계획을 수립한 후 시료를 채취하고 분석·평가하는 것.

(1) 작업환경측정 대상 유해인자 종류

① 유기화합물 : 글루타르알데히드 등(114종)
② 금속류 : 구리, 납, 니켈 등(24종)
③ 산 및 알칼리류 : 과산화수소, 불화수소 등(17종)
④ 가스상태 물질류 : 불소, 브롬, 염소 등(15종)
⑤ 허가대상 유해물질 : 베릴륨, 비소, 염화비닐 등(12종)
⑥ 금속가공유
⑦ 물리적 인자 : 소음(80dB 이상), 고열(열경련, 열탈진, 열사병 등)
⑧ 분진 : 광물성, 곡물, 면, 목재, 석면, 용접흄, 유리섬유 등

(2) 작업환경측정 목적

① 유해물질에 대한 근로자의 허용기준 초과 여부를 결정한다.
② 환기시설을 가동하기 전과 후의 공기 중 유해물질 농도를 측정하여 환기시설의 성능을 평가한다.
③ 역학조사 시 근로자의 노출량을 파악하여 노출량과 반응과의 관계를 평가한다.
④ 근로자의 노출이 법적 기준인 허용농도를 초과하는지의 여부를 판단한다.
⑤ 최소의 오차범위 내에서 최소의 시료수를 가지고 최대의 근로자를 보호한다.

(3) 미국산업위생학회(AIHA) 작업환경측정 목적

① 근로자 노출에 대한 기초자료 확보를 위한 측정(유사노출그룹별로 유해물질의 농도범위 분포를 평가하기 위한 것)
② 진단을 위한 측정(작업장에서 근로자에게 가장 큰 위험을 초래하는 작업과 그 원인이 무엇인지를 알아내기 위한 것)
③ 법적인 노출기준 초과 여부를 판단하기 위한 측정(유해물질의 노출정도가 법에서 정한 노출기준과 비교하여 적절한지를 판단하기 위한 것)

(4) 작업환경 측정의 종류

작업환경측정은 시료채취 위치 및 측정대상에 따라 개인시료 및 지역시료로 분류한다.
1) 개인시료(personal sampling)
① 작업환경측정을 실시할 경우 시료채취의 한 방법으로서 개인시료채취기를 이용하여 가스·증기, 흄, 미스트 등을 근로자 호흡위치(호흡기를 중심으로 반경 30cm인 반구)에서 채취하는 것을 말한다.
② 개인시료 채취방법은 분석화학의 발달로 미량분석이 가능하게 됨에 따라 시료채취기기의 소형화

도 쉽게 이루어질 수 있다.

③ 작업환경측정은 개인시료 채취를 원칙으로 하고 있으며 개인시료 채취가 곤란한 경우에 한하여 지역시료를 채취할 수 있다(개인시료 위주, 지역시료 보조).

④ 대상이 근로자일 경우 노출되는 유해인자의 양이나 강도를 간접적으로 측정하는 방법이다.

⑤ 개인시료의 활용은 노출기준 평가 시 이용된다.

2) 지역시료(area sampling)

① 작업환경측정을 실시할 때 시료채취의 한 방법으로서 시료채취기를 이용하여 가스·증기, 분진, 흄, 미스트 등 유해인자를 근로자의 정상 작업위치 또는 작업행동범위에서 호흡기 높이에 고정하여 채취하는 것, 즉 단위작업장소에 시료채취기를 설치하여 시료를 채취하는 방법이다.

② 근로자에게 노출되는 유해인자의 배경농도와 시간별 변화 등을 평가하며 개인시료 채취가 곤란한 경우 등 보조적으로 시용한다.

③ 지역시료채취기는 개인시료채취를 대신할 수 없으며, 근로자의 노출정도를 평가할 수 없다.

④ 지역시료채취 적용 경우

(오염원이 확실하지 않은 경우/환기시설의 성능을 평가하는 경우/개인시료채취가 곤란한 경우/ 특정 공정의 계절별 농도변화 및 공정의 주기별 농도변화를 확인하는 경우)

3) 작업환경측정순서

① 예비조사

② 측정전략 수립

③ 측정기구의 보정

④ (단위작업장소 결정)작업환경에서 측정

⑤ 측정 후 측정기구의 보정

⑥ 시료의 운반

⑦ 시료 분석

⑧ 노출 평가

⑨ 노출기준미만시 현재의 작업상태 유지

⑩ 노출기준초과시 시설, 설비 등에 대한 개선대책수립 및 시행 적정보호구 지급

Part 2

04절 작업환경측정의 예비조사

01 개요

(1) 예비조사의 측정계획서 작성 시 포함해야 할 사항

① 원재료의 투입과정부터 최종 제품 생산공정까지의 주요 공정 도식
② 해당 공정별 작업내용, 측정대상 공정 및 공정별 화학물질 사용실태
③ 측정대상 유해인자, 유해인자 발생주기, 종사근로자 현황
④ 유해인자별 측정방법 및 측정소요기간 등 필요한 사항

> **참고** 예비조사내용(조사항목)
>
> 1. 근로자의 작업특성(작업 업무별 근로자 수, 작업내용 설명, 업무분석 등 파악)
> 2. 작업장과 공정특성(공정도면과 공정보고서 활용)
> 3. 유해인자의 특성(유해인자의 목록 작성, 월별 사용량, 사용시기, 물질별 유해성 자료)

(2) 예비조사의 목적

① 유사노출그룹(동일노출그룹)의 설정
    가. 어떤 동일한 유해인자에 대하여 통계적으로 비슷한 수준(농도, 강도)에 노출되는 근로자 그룹이라는 의미이며 유해인자의 특성이 동일하다는 것은 노출되는 유해인자가 동일하고 농도가 일정한 변이 내에서 통계적으로 유사하다.
    나. 모든 근로자를 유사한 노출그룹별로 구분하고 그룹별로 대표적인 근로자를 선택하여 측정하면 측정하지 않은 근로자의 노출농도까지도 추정할 수 있다.
② 정확한 시료채취 전략 수립
    가. 발생되는 유해인자의 특성을 조사한다.
    나. 작업장과 공정의 특성 및 근로자들의 작업특성을 파악한다.
    다. 측정대상, 측정시간, 측정매체 등을 계획한다.

(3) 유사노출그룹(SEG) 설정 목적

① 시료채취 수를 경제적으로 할 수 있다.
② 모든 작업의 근로자에 대한 노출농도를 평가할 수 있다.
③ 역학조사 수행 시 해당 근로자가 속한 동일노출그룹의 노출농도를 근거로 노출 원인 및 농도를 추정할 수 있다.
④ 작업장에서 모니터링하고 관리해야 할 우선적인 그룹을 결정하기 위함이다.

(4) 설정방법

① 동일노출군을 가장 세분하여 분류하는 기준은 업무내용(유해인자)이다.
② 하부로 내려갈수록 유사한 노출특성을 갖게 된다.

작업조직 ⇨ 각 공정 구분 → 공정 내 작업별 범주로 구분 → 동일 유해인자에 노출되는 그룹 → 업무(유해인자: HEG 설정)

(5) 주의사항

많은 현장경험이 필요하며 산업위생전문가가 특정 사업장의 환경을 관리하고자 하는 경우 여러 번의 시행착오를 거쳐야만 비로소 만족할만한 유사노출군을 결정하여 관리가 가능해진다.

05절 시료채취

01 개요

(1) 목적

유해물질에 대한 근로자의 허용기준 초과 여부 결정 및 노출원 파악·평가 및 대책 수립과 과거 노출농도의 타당성을 조사하기 위함.

(2) 시간

① 급성 독성 물질 : 단시간(15분) 측정
② 만성 독성 물질 : 장시간(8시간) 측정

(3) 시료채취 시간에 따른 구분(장시간 포집방법)

① 전 작업시간 동안의 단일 시료채취(full-period single sample)
　가. 일정 기간별 농도 변화를 알 수 없다.
　나. 유기용제의 경우 파과, 금속이나 먼지 등은 과부하로 인하여 시료 손실을 야기할 수 있다.
② 전 작업시간 동안의 연속 시료채취(full-period consecutive sample) 작업장에서 시료채취 시 가장 좋은 방법이다(오차가 가장 낮은 방법).
　가. 여러 개의 시료를 나누어서 채취한 경우 위험을 방지할 수 있다.
　나. 여러개의 측정 결과로 작업시간 동안 노출농도의 변화와 영향을 알수있다.
　다. 오염물질의 농도가 시간에 따라 변할때, 공기 중 오염물질의 농도가 낮을 때, 시간가중 평균치를 구하고자 할 때 연속 시료채취방법을 사용한다.
③ 부분 작업시간 동안의 연속 시료채취(partial-period consecutive sample)
　측정되지 않은 시간에 대한 농도를 알 수 없다.

(4) 단시간 시료포집방법(순간 시료채취방법)

작업시간 중 무작위적으로 선택한 시간에서 여러 번 단시간(15분) 동안 측정하는 방법을 말한다.
① 활용도
　가. 밀폐공간과 같은 위험지역을 출입하기전 위험성 여부를 확인하고 출입여부를 결정한다.
　나. 장시간 시료포집을 정확하게 하기 위한 예비조사로 활용한다.

다. 공장이나 저장용기의 누출 여부를 조사하는 데 활용한다.

라. 근로자의 노출정도를 평가하기 위한 사전조사 목적으로 활용한다.

마. 측정방법의 제한으로 인하여 전 작업시간 동안 연속해서 채취할 수 없을 때 활용한다.

② 주의점

근로자가 일한 모든 시간을 측정하지 않았기 때문에 TWA 등 8시간 허용기준과 비교할 수 없다.

③ 채취기구(가스나 증기상 물질을 직접 포집하는 기구)

가. 진공 플라스크(진공포집병): 재질은 유리, 폴리프로필렌, 스테인리스 스틸이 사용된다. 크기는 200 ~ 1,000mL 정도이다.

나. 액체 치환병: 액체로는 물이 가장 많이 사용된다.

　　분석대상 가스는 액체에 불용성이며 반응성이 없어야 한다.

다. 주사기(주사통): 가격이 저렴하고 사용하기 편리한 장점이 있다.

라. 시료채취백(포집백 ; 포집포대)

　　가볍고 가격이 저렴하다. 깨질 염려가 없다.

　　개인시료 포집 및 연속시료채취가 가능하다.

　　시료채취 후 장시간 보관이 불가능하다.

　　테들러백(tedlar bag)은 악취 및 가스 포집을 위한 포집백이다.

(5) 공시료(blank sample)

① 공시료는 공기 중의 유해물질, 분진 등을 측정시 시료를 채취하지 않고 측정오차를 보정하기 위하여 사용하는 시료, 즉 채취하고자 하는 공기에 노출되지 않은 시료를 말한다.

② 모든 시료에는 공시료를 분석하고 이를 농도 산정에 고려하여 측정오차를 보정하기 위한 목적이 있으며, 공시료 수는 각 시료 세트당 10개(NIOSH)이다.

③ 현장시료와 동일한 방법으로 취급, 운반, 분석되어야 한다.

④ 활성탄관으로 유기용제시료를 채취할 때 공시료의 처리는 현장에서 관 끝을 깨고 그 끝을 폴리에틸렌 마개로 막아 현장시료와 동일한 방법으로 운반·보관한다.

(6) 공기채취기구(pump)의 채취유량

① 채취유량은 LPM(L/min)으로 나타내며, 비누거품이 지나간 용량(mL, L)에 소요되는 시간(sec or min)을 나누어준 값을 pump의 채취유량이라 한다.

$$\frac{비누거품이\ 통과한\ 용량(L)}{비누거품이\ 통과한\ 시간(min)}$$

② 저유량 pump

가. 유량: 0.001 ~ 0.2L/min 범위

나. 용도 : 주로 흡착관을 이용한 가스나 증기 채취

③ 고유량 pump

가. 유량: 0.5 ~ 5L/min 범위

나. 용도: 주로 여과지를 이용한 입자상 물질 채취

06절 측정기구의 보정

01 개요

측정기구의 보정이란 어떤 특정 조건에서의 표준값과 측정기구값 사이의 상관관계를 설정하는 것이다.
시료채취과정에서 가장 큰 오차는 시료채취유량이다.
따라서 펌프의 유량은 시료채취 매체가 연결된 상태에서 사용 전과 후에 보정기구로 보정하여야 한다.

(1) **목적** : 측정과 분석 과정 중의 오차를 제거 또는 최소화하는 것.

(2) **표준기구(보정기구)**

① 표준기구 : 공기(시료)채취시의 공기유량을 보정하는 기구를 의미한다.

② 1차 표준기구(표준장비) : 1차 유량보정장치

물리적 크기에 의해서 공간의 부피를 직접 측정할 수 있는 기구를 말하며, 기구 자체가 정확한 값(±
1% 이내)을 제시한다(비누거품미터 측정시간의 정확도는 ±1% 이내).

가. 비누거품미터

㉠ 비교적 단순하고 경제적이며 정확성이 있기 때문에 작업환경측정에서 가장 널리 이용되는
유량보정기구이다.

㉡ 뷰렛 → 필터 → 펌프를 호스로 연결한다.

㉢ 측정시간의 정확도는 ±1% 이내이며 눈금 도달시간 측정시 초시계의 측정한계 범위는 0.1sec
까지 측정한다(단, 고유량에서는 가스가 거품을 통과할 수 있으므로 정확성이 떨어짐).

㉣ 뷰렛의 일정 부피를 비누거품이 상승하는 데 걸리는 시간을 측정 후 시간으로 나누어 유량으
로 표시하며, 단위는 L/mm이다.

㉤ 측정장비 및 유량보정계수는 Tygon tube로 연결한다.

㉥ 보정을 시작하기 전에 충분히 충전된 펌프를 5분간 작동한다.

㉦ 표준뷰렛 내부면을 세척제 용액으로 씻어서 비누거품이 쉽게 상승하도록 한다.

나. 폐활량계 : 실린더 형태의 종(bell)으로서 개구부는 아래로 향하고 있으며 액체에 담겨 있다.
용량의 계산은 이동거리와 단면적을 곱하여 한다.

다. 가스치환병 : 주로 실험실에서 사용한다.

라. 피토튜브

㉠ 기류를 측정하는 1차 표준으로서 보정이 필요 없다.

㉡ 피토튜브의 정확성에는 한계가 있으며 기류가 12.7m/sec 이상일 때는 U자 튜브를 이용하고
그 이하에서는 기울어진 튜브(inclined)를 이용한다(정밀측정에서는 경사마노미터 사용).

〈공기채취기구의 보정에 사용되는 1차 표준기구의 종류〉

표준기구	사용범위	정확도
비누거품미터	lm L/분 ~ 30L/분	±1% 이내
폐활량계	100 ~ 600L	±1% 이내
가스치환병	10 ~ 500mL/분	±0.05 ~ 0.25%
유리피스톤 미터	10 ~ 200mL/분	±2% 이내
흑연피스톤 미터	lm L/분 ~ 50L/분	±1 ~ 2%
피토 튜브	15mL/분 이하	±1% 이내

참고 **피토튜브를 이용한 보정방법**

1. 공기흐름과 직접 마주치는 튜브 → 총(전체) 압력 측정
2. 외곽튜브 → 정압 측정
3. 총압력 − 정압 = 동압(속도압)
4. 유속 = $4.043\sqrt{동압}$

(3) 2차 표준기구(표준장비) : 2차 유량보정장치

2차 표준기구는 공간의 부피를 직접 알 수 없으며, 유량과 비례관계가 있는 유속, 압력을 측정하여 유량으로 환산하는 방식, 즉 1차 표준기구로 다시 보정하여야 하며 정확도는 ±5% 이내이다.

1차 표준기구를 기준으로 보정하여 사용할 수 있는 기구를 의미하며, 온도와 압력에 영향을 받는다.

가. 로터미터

　㉠ 유량 측정시 가장 흔히 사용하는 2차 표준기구이다.

　㉡ 밑쪽으로 갈수록 점점 가늘어지는 수직관과 그 안에서 자유롭게 상하로 움직이는 float(부자)로 구성되어 있다.

　㉢ 관은 유리나 투명 플라스틱으로 되어 있으며 눈금이 새겨져 있다.

　㉣ 원리는 유체가 위쪽으로 흐름에 따라 float도 위로 올라가며 float와 관벽 사이의 접촉면에서 발생되는 압력강하가 float를 충분히 지지해 줄 때까지 올라간 float(부자)로의 눈금을 읽는다.

　㉤ 최대유량과 최소유량의 비율이 10 : 1 범위이고 ±5% 이내의 정확성을 가진 보정선이 제공된다.

나. 습식 테스트미터 : 주로 실험실에서 사용한다.

다. 건식 가스미터 : 주로 현장에서 사용한다.

〈공기채취기구의 보정에 사용되는 2차 표준기구의 종류〉

표준기구	사용범위	정확도
로터미터(rotameter	lmL/분 이하	±1 ~ 25%
습식 테스트미터	0.5 ~ 230L/분	±0.5% 이내
건식 가스미터	10 ~ 150L/분	±1% 이내
오리피스미터	–	±0.5% 이내
열선식풍속계(열선기류계)	0.05 ~ 40.6 m/ 초	±0.1 ~ 0.2%

> **참고** **특이성과 선택성**
>
> 1. **특이성**
>   다른 물질의 존재에 관계없이 분석하고자 하는 대상 물질을 정확하게 분석할 수 있는 능력으로, 정확도와 정밀도를 가진 다른 독립적인 방법과 비교하는 것이 특이성을 결정하는 일반적인 수단이다.
> 2. **선택성**
>   혼합물 중에 어느 한 물질을 정성적 또는 정량적으로 분석할 수 있는 능력으로 방해물질의 방해정도에 영향을 받지 않고 정확도와 정밀도를 가지는 것을 의미한다.

07절 가스상 물질에 대한 채취방법

01 개요

(1) 가스와 증기

1) 가스: 상온(25℃), 상압(760mmHg)하에서 기체형태로 존재한다.
   공간을 완전하게 다 채울 수 있는 물질이다. 공기의 구성 성분에는 질소, 산소, 아르곤, 이산화탄소, 헬륨, 수소 등이 있다

2) 증기: 상온· 상압에서 액체 또는 고체인 물질이 기체화된 물질이다.
   임계온도가 25℃ 이상인 액체· 고체 물질이 증기압에 따라 휘발 또는 승화하여 기체상태로 변한 것을 의미하며 농도가 높으면 응축하는 성질이 있다.

(2) 채취방법의 구분

1) 연속 시료채취(continuous sampling)
   유해물질이 포함된 공기를 흡착관이나 흡수액에 통과시켜 공기로부터 유해물질을 분리하는 방법이다.
   ① 활용
   　가. 오염물질의 농도가 시간에 따라 변할 때
   　나. 공기 중 오염물질의 농도가 낮을 때
   　다. 시간가중 평균치로 구하고자 할 때

② 종류

　가. 능동식 시료채취방법

　　• 시료채취　pump를 이용, 강제적으로 시료공기를 통과시키는 방법

　　• 흡착관 시료채취유량은 0.2L/min 이하

　　• 흡수액 시료채취유량은 1.0L/min 이하

　　• 시료채취는 일반적으로 흡착제, 흡수액, 시료채취 플라스틱백 등을 사용

　나. 수동식 시료채취방법

　　• 가스상 물질의 확산원리를 이용하는 방법

　　• 시료채취는 일반적으로 수동식 시료채취기 (pump 없음) 사용

2) 순간 시료채취(grab sampling)

작업시간이 단시간이어서 시료의 포집이 불가능할 때는 순간 시료를 포집·분석하고 이것을 8시간으로 나누어 평가하는 방법으로 적당한 용기에 시료를 직접 포집하며 근로자의 건강진단시 채취하는 혈액과 소변은 대표적인 순간채취시료이다.

① 활용

　가. 미지 가스상 물질의 동정을 알려고 할 때

　나. 간헐적 공정에서의 순간 농도 변화를 알고자 할 때

　다. 오염발생원 확인을 요할 때

　라. 직접 포집해야 되는 메탄, 일산화탄소, 산소 측정에 사용

② 장점

　가. 농도의 즉시 인지가 가능하므로 긴급상황 시 개인보호구 착용이 용이함

　나. 누출원의 결정 및 밀폐장소의 입장 전 확인하는 데 유리함.

　다. 채취시간이 짧고 피크농도를 알고자 할 경우 유용

　라. 포집효율이 거의 100%임.

③ 단점

　가. 장시간 동안의 농도 변화를 알 수 없음(TWA를 결정시 부적합)

　나. 대기 중 농도가 낮은 경우 정확한 측정이 불가능함.

　다. 시료손실이 많고 농도가 시간마다 변할 때는 사용이 불가능함.

④ 순간 시료채취 방법을 적용할 수 없는 경우

　가. 오염물질의 농도가 시간에 따라 변할 때

　나. 공기 중 오염물질의 농도가 낮을 때

　다. 시간가중 평균치를 구하고자 할 때

⑤ 일반적으로 사용하는 순간 시료채취기

　진공 플라스크/ 검지관

　직독식 기기/ 시료채취백(플라스틱 bag)

　스테인리스 스틸 캐니스터(수동형 캐니스터)

> **참고**　**시료채취백 사용시 주의점**
>
> - 백의 재질은 채취하고자 하는 오염물질에 대한 투과성이 낮아야 한다.
> - 정확성과 정밀성이 높지 않은 방법이다.
> - 시료채취 전에 백의 내부를 불활성 가스 또는 순수공기로 몇 번 치환하여 내부 오염물질을 제거한다.
> - 백의 재질과 오염물질 간에 반응성이 없어야 한다.
> - 분석할 때까지 오염물질이 안정하여야 한다.

08절　검출한계와 정량한계

01 검출한계

(1) **정의** : 분석기기마다 바탕선량(background)과 구별하여 분석될 수 있는 가장 적은 분석 물질의 양이다.

(2) **특징** : 검출한계는 바탕신호의 통계적 요동 크기에 대한 분석신호의 크기의 비에 따라 달라지며 최근 분석신호가 바탕신호 표준편차의 3배일때 검출의 신뢰수준은 95% 정도로 인정되고 있다.

(3) **계산방법**

① 시각에 의한 방법으로 신호/잡음비(S/N비)를 구하여 S/N의 비가 3을 초과하는 농도로 평가한다.
② 회귀직선을 이용하는 방법으로 검량선에서 구한 방정식의 표준오차를 기울기로 나누어 3배한 값으로 구한다.

02 정량한계

(1) **정의** : 분석결과가 어느 주어진 분석절차에 따라 합리적인 신뢰성을 가지고 정량 분석할 수 있는 가장 작은 양이나 농도

(2) **특징** : 정량한계를 기준으로 최소한으로 채취해야 하는 양이 결정되며 개념이 아닌 일종의 약속이다.

(3) **관계**

정량한계 = 표준편차 × 10
정량한계 = 검출한계 × 3(또는 3.3)

09절 Dynamic method

01 개요

가스상 물질의 분석 및 평가를 위해 알고 있는 공기 중 농도를 만드는 방법, 즉 희석공기와 오염물질을 연속적으로 흘려주어 연속적으로 일정한 농도를 유지하면서 만드는 방법

(1) 특징

농도 변화를 줄 수 있고 온도·습도 조절이 가능하며 제조가 어렵고, 비용도 많이 든다. 지속적인 모니터링이 필요하며 매우 일정한 농도를 유지하기가 곤란하다. 가스, 증기, 에어로졸 실험도 가능하다.

10절 가스상 물질의 시료채취

01 흡착제

(1) 흡착 : 어느 물질의 농도가 증가하는 현상으로 기상, 용액들의 균일상으로 부터 기체 혹은 용질 분자가 고체 표면과 액상의 계면에 머물게 되는 현상이며, 공기 중 가스와 증기를 포집하기 위해 가장 널리 사용되는 것은 고체흡착관이다

(2) 종류

① 물리적 흡착

가. 흡착제와 흡착분자간의vander Waals형의 약한 인력에 의해서 생김.

나. 가역적 현상이므로 재생이나 오염가스 회수에 용이하다.

다. 일반적으로 작업환경측정에서 사용된다.

라. 흡착량은 온도가 높을수록, pH가 높을수록, 분자량이 작을수록 감소된다.

마. 흡착물질은 임계온도 이상에서는 흡착되지 않는다.

바. 기체 분자량이 클수록 잘 흡착된다.

② 화학적 흡착

가. 흡착제와 흡착된 물질 사이에 화학결합이 생성되는 경우로서 새로운 종류의 표면 화합물이 형성된다.

나. 비가역적 현상이므로 재생되지 않는다.

다. 온도의 영향은 비교적 적다.

라. 흡착과정 중 발열량이 많다.

(3) 파과

파과란 공기 중 오염물이 시료채취 매체에 포함되지 않고 빠져나가는 현상

흡착관의 앞층에 포화된 후 뒤층에 흡착되기 시작하여 결국 흡착관을 빠져나가고 파과가 일어나면 유해

물질 농도를 과소평가할 우려가 있다.

연속채취가 가능하며, 정확도 및 정밀도가 우수한 흡착관을 이용하여 채취 시 파과를 주의하여야 한다.

극성 흡착제를 시용할 경우 습도가 높을수록 파과가 일어나기 쉽다.

(4) 흡착관

작업환경측정 시 많이 이용하는 흡착관은 앞층이 100mg, 뒤층이 50mg으로 되어 있는데 오염물질에 따라 다른 크기의 흡착제를 사용하기도 한다.

표준형은 길이 7cm, 내경 4mm, 외경 6mm의 유리관에 20/40mesh의 활성탄이 우레탄폼으로 나뉜 앞층과 뒤층으로 구분되어 있다.

앞·뒤 층의 구분 이유는 파과를 감지하기 위함이다.

일반적으로 앞층의 1/10 이상이 뒤층으로 넘어가면 파과가 일어났다고 하고 측정 결과로 사용할 수 없다.

(5) 흡착제 이용 시료채취 시 영향인자

① 온도: 온도가 낮을수록 흡착에 좋다

② 습도: 극성 흡착제를 사용할 때 수증기가 흡착되기 때문에 파과가 일어나기 쉬우며 비교적 높은 습도는 활성탄의 흡착용량을 저하시킨다.

③ 시료채취속도(시료채취량)

시료채취속도가 크고 코팅된 흡착제일수록 파과가 일어나기 쉽다.

④ 유해물질 농도(포집된 오염물질의 농도)

농도가 높으면 파과용량(흡착제에 흡착된 오염물질량)이 증가하나 파과공기량은 감소한다.

⑤ 혼합물

혼합기체의 경우 각 기체의 흡착량은 단독성분이 있을 때보다 적어진다(혼합물 중 흡착제와 강한 결합을 하는 물질에 의하여 치환반응이 일어나기 때문).

⑥ 흡착제의 크기(흡착제의 비표면적)

입자 크기가 작을수록 표면적 및 채취효율이 증가하지만 압력강하가 심하다(활성탄은 다른 흡착제에 비하여 큰 비표면적을 갖음.)

⑦ 흡착관의 크기(튜브의 내경)

흡착제의 양이 많아지면 전체 흡착제의 표면적이 증가하여 채취용량이 증가하므로 파과가 쉽게 발생되지 않는다.

⑧ 유해물질의 휘발성 및 다른 가스와의 흡착 경쟁력

⑨ 포집을 마친 후부터 분석까지의 시간

(6) 흡착관의 종류

① 활성탄관(charcoal tube)

가. 공기 중 가스상 물질의 고체 포집법으로 이용되는 활성탄관은 유리관 안에 활성탄 100mg과 50mg을 두 개 층으로 충전하여 양 끝을 봉인한 것으로 유기용제 포집에 가장 많이 사용한다.

나. 활성탄관을 사용하여 채취하기 용이한 시료

- 비극성류의 유기용제
- 각종 방향족 유기용제(방향족 탄화수소류)
- 할로겐화 지방족 유기용제(할로겐화 탄화수소류)
- 에스테르류, 알코올류, 에테르류, 케톤류

다. 탈착용매로는 이황화탄소(CS_2)가 주로 사용되며, G.C로 미량 분석이 가능하다 (비극성 물질의 탈착용매는 이황화탄소).

라. 흡착과정

1단계 : 오염물질 중 활성탄에 흡착할 수 있는 흡착질 분자들이 흡착제 외부 표면으로 이동(느린 반응)

2단계 : 흡착제의 중간공극을 통한 확산에 의해 내부의 미세공극쪽으로 이동(느린반응)

3단계 : 확산된 흡착질이 미세공극에 채워짐으로써 시료채취 완료(빠른 반응)

마. 유기용제 증기, 수은 증기와 같이 상대적으로 무거운 증기는 잘 흡착한다. 표면의 산화력으로 인해 반응성이 큰 멜갑탄, 알데히드 포집에는 부적합하다.

바. 케톤의 경우 활성탄 표면에서 물을 포함하는 반응에 의하여 파과되어 탈착률과 안정성에 부적절하다.

사. 메탄, 일산화탄소 등은 흡착되지 않는다.

아. 휘발성이 큰 저분자량의 탄화수소화합물의 채취효율이 떨어진다.

자. 끓는점이 낮은 저비점 화합물인 암모니아, 에틸렌, 염화수소, 포름알데히드 증기는 흡착속도가 높지 않아 비효과적이다.

차. 탈착된 용출액은 가스 크로마토그래피 분석법으로 정량한다.

카. 작업장 공기 중 벤젠 증기를 활성탄관 흡착제로 채취할 때 작업장 공기 중에 다량의 페놀이 존재하면 벤젠 증기를 효율적으로 채취할 수 없게 되는 이유는 벤젠과 흡착제와의 결합자리를 페놀이 우선적으로 차지하기 때문이다.

타. 활성탄관으로 공시료의 처리는 현장에서 관 끝을 깨고 그 끝을 폴리에틸렌 마개로 막아 현장시료와 동일한 방법으로 운반, 보관한다.

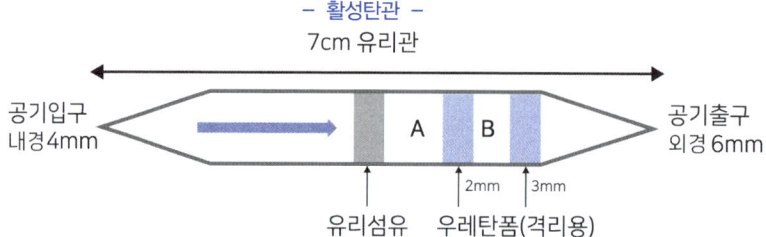

– 활성탄관 –

② 실리카겔관(silica gel tube)

가. 실리카겔은 극성 물질을 강하게 흡착하므로 작업장에 여러 종류의 극성 물질이 공존할 때는 극성이 강한 물질이 약한 물질을 치환하게 된다.

나. 실리카겔은 규산나트륨과 황산과의 반응에서 유도된 무정형의 물질이다.

다. 실리카 및 알루미나 흡착제는 탄소의 불포화결합을 가진 분자를 선택적으로 흡수한다(표면에서 물과 같은 극성 분자를 선택적으로 흡착).

라. 극성을 띠고 흡수성이 강하므로 습도가 높을수록 파과되기 쉽고 파과용량이 감소한다.

마. 실리카겔관을 사용하여 채취하기 용이한 시료

극성류의 유기용제, 산(무기산: 불산, 염산), 방향족 아민류, 지방족 아민류

아미노에탄올, 아마이드류, 니트로벤젠류, 페놀류, 메탄올

바. 장점

㉠ 매우 유독한 이황화탄소를 탈착용매로 사용하지 않는다.

㉡ 활성탄으로 채취가 어려운 아닐린, 오르토–톨루이딘 등의 아민류나 몇몇 무기물질의 채취가 가능하다.

㉢ 추출용액(탈착용매)가 화학분석이나 기기분석에 방해물질로 작용하는 경우는 많지 않다.

㉣ 극성이 강하여 극성 물질을 채취한 경우 물, 메탄올 등 다양한 용매로 쉽게 탈착한다.

사. 단점

㉠ 습도가 높은 작업장에서는 다른 오염물질의 파과용량이 작아져 파과를 일으키기 쉽다

㉡ 친수성이기 때문에 우선적으로 물분자와 결합을 이루어 습도의 증가에 따른 흡착용량의 감소를 초래한다.

아. 실리카겔의 친화력

물〉알코올류 〉알데하이드류〉케톤류〉에스테르류〉방향족 탄화수소류 〉올레핀류 〉파라핀류

③ 다공성 중합체(porous polymer)

대부분 스티렌, 에틸비닐벤젠, 디비닐벤젠 중 하나와 극성을 띤 비닐화합물과의 공중 중합체이다.

활성탄에 비해 비표면적, 흡착용량, 반응성은 작지만 특수한 물질 채취에 유용하다.

가. 장점

아주 적은 양도 흡착제로부터 효율적으로 탈착이 가능하며 고온에서 매우 열안정성이 뛰어나기 때문에 열탈착이 가능하다. 저농도에도 측정이 가능하다.

나. 단점

시료가 산화, 가수, 결합 반응이 일어날 수 있으며 아민류 및 글리콜류는 비가역적 흡착이 발생한다.

반응성이 강한 기체(무기산, 이산화황)가 존재시 시료가 화학적으로 변한다.

비휘발성 물질(이산화탄소 등)에 의하여 치환반응이 일어난다.

다. 종류

㉠ Tenax관(Tenax GC): 휘발성 유기화합물(VOC) 의 측정 시 많이 사용하며 다공성 중합체 중에서 가장 일반적으로 사용하며 375℃까지 고열에 안정하여 열탈착이 가능하다. 저농도의 오염물질 채취에 적합하다.

㉡ 냉각 트랩(cold trap)

일반채취방법으로 채취가 어려울 경우 냉각응축방법을 이용하며 개인시료채취보다는 일반대기(실내오염) 측정 시 사용한다.

㉢ 분자체 탄소(Molecular seive)

거대공극 및 무산소 열분해로 만들어지는 구형의 다공성 구조로 되어 있다.

휘발성이 큰 비극성 유기화합물의 채취에 흑연체를 많이 사용한다.

Part 2

02 흡수제(액체 포집법)

(1) 흡수액

흡수액은 가스상 물질 등을 용해 및 화학반응 등에 이용하여 흡수 채취하는 용액 이다. 고체흡수관으로 채취가 불가능한 물질의 경우 임핀저나 버블러에 흡수액을 첨가하여 채취한다.

(2) 흡수효율(채취효율)을 높이기 위한 방법

가. 포집액의 온도를 낮추어 오염물질의 휘발성을 제한한다.
나. 두 개 이상의 임핀저나 버블러를 연속적(직렬)으로 연결하여 사용하는 것이 좋다.
다. 시료채취속도(채취물질이 흡수액을 통과하는 속도)를 낮춘다.
라. 기포의 체류시간을 길게 한다.
마. 기포와 액체의 접촉면적을 크게한다(가는 구멍이 많은 fritted 버블러사용).
바. 액체의 교반을 강하게 한다.
사. 흡수액의 양을 늘려준다.

(3) 채취기구

① 미젯 임핀저(midget impinger)
가스상 물질을 채취할 때 사용하는 액체를 담는 유리로 된 채취기구로 가스상 물질인 가스, 산, 증기, 미스트 등을 액체 용액에 충돌·반응·흡수시켜 채취한다. 흡수액은 10~20mL(표준형 25mL) 정도로 하고, 채취유량은 1L/min이 추천되고 있다.
② 입자상 물질을 임핀저로 포집할 경우의 주의사항
규정대로 흡인을 지키지 않으면 포집률은 저하된다.
임핀저 등은 바닥면에 대하여 수직으로 장치하고 경사되지 않게 한다.
임핀저 등의 저면과 노즐면을 평행하고 그 간격을 5mm로 유지한다.
입도분포가 미세한 입자는 일반적으로 포집효율이 낮으므로 포집정밀도에 주의한다.

03 수동식 시료채취기(passive sampler)=확산포집기

수동채취기는 공기채취펌프가 필요하지 않고 공기층을 통한 확산 또는 투과되는 현상을 이용하여 수동적으로 농도구배에 따라 가스나 증기를 포집하는 장치, 확산포집 방법이라고도 한다.

(1) 표현방법 : 채취용량(SQ) 이라는 표현대신 채취속도(SR, 유량)라는 표현을 사용한다.

(2) 적용원리 : Fick의 제1법칙(확산)

$$W = D\left(\frac{A}{L}\right)(C_i - C_0)$$

또는

$$\frac{M}{At} = D\frac{C_i - C_o}{L}$$

W : 물질의 이동속도(ng/sec)

D : 확산계수(㎠/sec)

A : 포집기에서 오염물질이 포집되는 면적(확산경로의 면적)(㎠)

L : 확산경로의 길이 (cm)

Ci−Co : 공기 중 포집대상 물질의 농도와 포집매질에 함유한 포집대상 물질의 농도(ng/㎤)

M : 물질의 질량(ng)

t : 포집기의 표면이 공기에 노출된 시간(채취시간)(sec)

(3) 결핍(starvation)현상

최소기류가 없어 오염물질이 제거되면 농도가 없어지거나 감소하는 현상이다.

수동식 시료채취기의 표면에서 나타나는 결핍현상을 제거하는 데 필요한 가장 중요한 요소는 최소한의 기류 유지(0.05~0.1m/sec)이다.

(4) 장점

가. 시료채취(취급) 방법이 간편하고 시료채취 전후에 펌프 유량을 보정하지 않아도 된다.

나. 시료채취 개인용 펌프가 필요 없어 채취기구의 제한 없이 다수의 근로자에게 착용이 용이하다.

(5) 단점

가. 저농도 측정 시에는 장시간에 걸쳐 시료채취를 해야 한다. 따라서 대상오염물질이 일정한 확산계수로 확산되도록 하여야 한다.

나. 채취 오염물질 양이 적어 재현성이 좋지 않고 가격이 비싸다.

다. 높은 습도 같은 특정 조건에서 일부 물질의 포집효율이 감소한다.

라. 실험실에서 분석하여야 한다.

04 탈착

탈착은 경계면에 흡착된 어느 물질이 떨어져나가 표면 농도가 감쇠하는 현상으로, 기체 분자의 운동에너지와 흡착된 상태에서 안정화된 에너지의 차이에 따라 흡착과 탈착의 변화방향이 결정된다.

(1) 효율

탈착효율은 분석 결과에 보정하여야 하며, 일반적으로 탈착률이 일정하지 않으므로 시험시마다 탈착률을 측정해야 한다.

탈착효율은 채취에 사용하지 않은 동일한 흡착관에 첨가된 양과 분석량의 비로 표현되며, 탈착효율 시험을 위한 첨가량은 작업장 예상 농도 일정 범위(0.5 ~ 2배)에서 결정된다.

$$\frac{분석량 \times 100}{주입량}$$

> **참고** **탈착효율 시험의 목적**
>
> 탈착효율의 보정, 시약의 오염 보정, 흡착관의 오염 보정

Part 2

(2) 탈착방법

1) 용매탈착

① 비극성 물질의 탈착용매는 이황화탄소(CS_2)를 사용하고 극성 물질에는 이황화탄소와 다른 용매를 혼합하여 사용한다.

② 활성탄에 흡착된 증기(유기용제—방향족 탄화수소)를 탈착시키는 데 일반적으로 사용되는 용매는 이황화탄소이다.

③ 용매로 사용되는 이황화탄소의 단점

독성 및 인화성이 크다/ 심혈관계와 신경계에 독성이 심하다 /환기에 신경쓸 것.

④ 용매로 사용되는 이황화탄소의 장점

탈착효율이 좋고 가스 크로마토그래피의 불꽃이온화검출기에서 반응성이 낮아 피크의 크기가 적게 나오므로 분석 시 유리하다.

2) 열탈착

흡착관에 열을 가하여 탈착하는 방법으로 탈착이 자동으로 수행되며 탈착된 분석물질이 가스 크로마토그래피로 직접 주입되도록 되어 있다.

분자체 탄소, 다공 중합체에서 주로 사용하며 용매탈착보다 간편하나 활성탄을 이용하여 시료를 채취한 경우 열탈착에 필요한 300℃ 이상에서는 많은 분석물질이 분해되어 사용이 제한된다.

열탈착은 한 번에 모든 시료가 주입된다.

05 농도 계산

① 흡착관을 이용하여 채취하는 경우

$$C(\mathrm{mg/m^3}) = \frac{(W_f + W_b) - (B_f + B_b)}{V \times DE}$$

C : 농도(mg/㎥)
W_f : 앞층 분석시료량
W_b : 뒤층 분석시료량
B_f : 공시료 앞층 분석시료량
B_b : 공시료 뒤층 분석시료량
V : 공기채취량 : pump 평균유량(L/min) x 시료채취시간(min)
DE : 탈착효율

② 흡수액을 이용하여 채취하는 경우

$$\frac{W-B}{V \times DE}$$

C : 농도(mg/㎥)

W : 분석된 시료량

B : 공시료 분석시료량

V : 공기채취량 : pump 평균유량(L/min) x 시료채취시간(min)

DE : 탈착효율

11절 검지관 측정법

01 개요

(1) 개념

검지관은 작업환경 중 오염된 공기를 통과시켜 오염물질과 반응관 내 검지제의 화학적 작용으로 검지제가 변색되는 것을 이용하여 오염물질의 농도를 측정하는 직독식 측정 방법이다.

직독식 기구에는 가스검지관, 입자상 물질측정기, 가스모니터, 휴대용 가스 크로마토 그래피, 적외선 분광광도계 등이 있다.

측정 가능한 물질은 톨루엔, 메탄올, 일산화탄소, 벤젠, 1, 2-디클로로에틸렌 등이다.

(2) 방법

검지관은 내경 2~ 4mm의 가늘고 긴 유리관 속에 측정대상 물질에 대응하는 검지제를 넣어 양단을 밀봉한 것으로 측정할 때에는 양단을 개방한 후 한쪽은 측정하고자 하는 위치에 한쪽은 흡인펌프에 끼워 사용한다.

(3) 종류

① Gastec 검지관

② 북천식 검지관

③ 드래거 검지관

④ MSA 검지관

(4) 작업환경측정, 단위작업장소에서 검지관을 사용할 수 있는 경우

① 예비조사 목적인 경우

② 검지관방식 외에 다른 측정방법이 없는 경우

③ 사업장 자체측정기관이 작업환경측정을 하는 때에 있어서 발생하는 가스상 물질이 단일물질인 경우

(5) 장점 : 사용간편, 측정방법이 복잡할 때도 빠르게 측정가능하며 현장에서 결과를 알수 있다.

(6) 단점

　① 단시간 측정만 가능하다.

　② 민감도가 낮아 비교적 고농도에만 적용이 가능하다.

　③ 특이도가 낮아 다른 방해물질의 영향을 받기 쉽고 오차가 크다.

　④ 한 검지관으로 단일물질만 측정 가능하여 각 오염물질에 맞는 검지관을 선정함에 따른 불편함이 있다.

　⑤ 색변화에 따라 주관적으로 읽을 수 있어 판독자에 따라 변이가 심하며, 색변화가 시간에 따라 변하므로 제조자가 정한 시간에 읽어야 한다.

(7) 검지관에 공기 흡인하는 수동식 펌프

　피스톤식/주름식/구형

> **참고** 　**직독식기구**
>
> 1. 측정과 작동이 간편하여 인력과 분석비를 절감할 수 있다.
> 2. 현장에서 실제 작업시간이나 어떤 순간에서 유해인자의 수준과 변화를 쉽게 알 수 있다.
> 3. 현장에서 즉각적인 자료가 요구될 때 민감성과 특이성이 있는 경우 매우 유용하다.

12절　입자상 물질의 시료채취

01　종류

(1) **에어로졸** : 유기물의 불완전연소 시 발생한 액체와 고체의 미세한 입자가 공기 중에 부유되어 있는 혼합체로 연무체 또는 연무질이라고 한다.

(2) **먼지** : 입자의 크기가 비교적 큰 고체 입자로 석탄, 재, 시멘트와 같이 물질의 운송 처리과정에서 방출되며, 톱밥, 모래흙과 같이 기계의 작동 및 연마, 절삭, 분쇄에 의하여 방출, 입자의 크기는 $1 \sim 100\,\mu m$ 정도이다.

일반적으로 호흡성 먼지란 종말모세기관지나 폐포 영역의 가스교환이 이루어지는 영역까지 도달하는 미세먼지를 말한다.

(3) **미스트** : 상온에서 액체인 물질이 교반, 발포, 스프레이 작업시 액체의 입자가 공기 중에서 발생, 비산하여 부유·확산되어 있는 액체 미립자를 말한다.

(4) **섬유상(fiber) 입자** : 길이가 $5\,\mu m$ 이상이고 길이 대 너비의 비가 3:1 이상인 가늘고 긴 먼지로 석면섬유, 식물섬유, 유리섬유, 암면 등이 있다.

예를 들어 석면은 폐포에 침입하여 섬유화 유발, 호흡기능 저하 및 폐질환을 발생시키는데 이 현상을 석면폐증이라고 한다.

(5) **흄** : 상온에서 고체 물질(금속)이 용해되어 액상 물질로 되고 이것이 가스상 물질로 기화된 후 다시 응축

된 고체 미립자이다.

보통 크기가 0.1(1)㎛ 이하이므로 호흡성 분진의 형태로 체내에 흡입되어 유해성도 커진다.

육안으로 확인이 가능하며, 작업장에서 흔히 경험할 수 있는 대표적 작업은 용접 작업이다.

생성기전은 금속의 증기화, 증기물의 산화, 산화물의 응축인 3단계를 거친다.

(6) **안개** : 증기가 응축되어 생성되는 액체 입자이며, 크기는 1~ 10 정도이다. 습도가 100% 정도이며 수평 가시거리는 1km 미만이다.

(7) **분진** : 입자의 크기에 따라 폐까지 도달되어 진폐증을 일으킬 수 있는 분진을 호흡성 분진이라 하며, 크기는 0.5~ 5.0㎛ 정도이다.

(8) **연기(smoke)** : 유해물질이 불완전 연소하여 만들어진 에어로졸의 혼합체로 크기는 0.01~1.0/㎛ 정도이다.

(9) **스모그** : smoke와 fog가 결합된 상태이며, 광화학 생성물과 수증기가 결합하여 에어로졸로 변한다.

(10) **검댕** : 탄소 함유물질의 불완전연소로 형성된 입자상 오염물질로서 탄소입자의 응집체로 검댕의 대표적 물질은 다환방향족 탄화수소(PAH)는 발암물질이다.

02 입자상 물질의 크기 결정방법

(1) **가상 직경**

① 공기역학적 직경(aero-dynamic diameter)

대상 먼지와 침강속도가 같고 단위밀도가 1g/cm³이며, 구형인 먼지의 직경으로 환산된 직경이다.
입자의 크기를 입자의 역학적 특성, 즉 침강속도 또는 종단속도에 의하여 측정되는 입자의 크기를 말한다.

② 질량 중위 직경(mass median diameter)

입자 크기별로 농도를 측정하여 50%의 누적분포에 해당하는 입자 크기를 말한다. 직경분립충돌기를 이용하여 측정함.

③ 기하학적(물리적) 직경

입자 직경의 크기는 페렛직경, 등면적 직경, 마틴 직경의 순으로 작아진다.

가. 마틴 직경(Martin diameter): 먼지의 면적을 2등분하는 선의 길이로 선의 방향은 항상 일정하여야 하며 과소평가할 수 있는 단점이 있다.

입자의 2차원 투영상을 구하여 그 투영면적을 2등분한 선분 중 어떤 기준선과 평행인 것의 길이(입자의 무게중심을 통과하는 외부 경계면에 접하는 이론적인 길이)를 직경으로 사용하는 방법이다.

나. 페렛 직경(Feret diameter): 먼지의 한쪽 끝 가장자리와 다른 쪽 가장자리 사이의 거리이다. 과대평가될 가능성이 있는 입자상 물질의 직경이다.

다. 등면적 직경(projected area diameter)

먼지의 면적과 동일한 면적을 가진 원의 직경으로 가장 정확한 직경이다.

측정은 현미경 접안경에 porton reticle을 삽입하여 측정한다.

$$D = \sqrt{2^n}$$

D : 입자 직경(㎛)

n : porton reticle에서 원의 번호

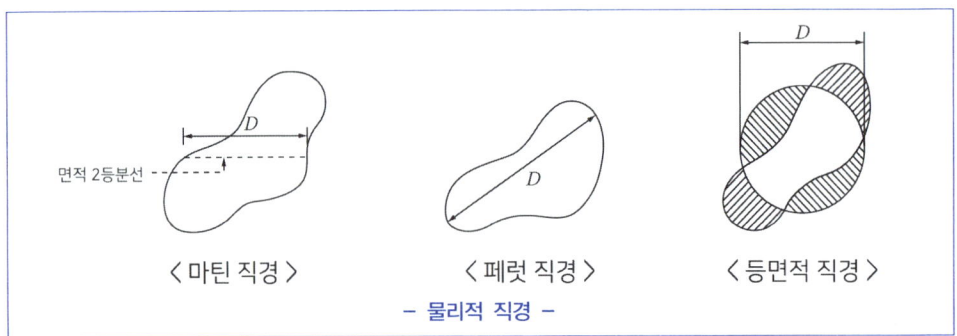

〈 마틴 직경 〉 　〈 페럿 직경 〉 　〈 등면적 직경 〉

– 물리적 직경 –

03 침강속도

① **스토크스(Stokes)법칙에 의한 침강속도**

$$V(\mathrm{cm/sec}) = \frac{g \cdot d^2(\rho_1 - \rho)}{18\mu}$$

V : 침강속도(cm/sec)

g : 중력가속도(980cm/sec²), d : 입자 직경(cm)

ρ_1 : 입자 밀도(g/cm³), ρ : 공기 밀도(0.0012g/cm³)

μ : 공기 점성계수(20℃: 1.81x10⁻⁴g/cm · sec, 25℃: 1.85 X 10⁻⁴g/cm · sec)

② **Lippman 식에 의한 침강속도**

입자 크기가 1 ~ 50㎛인 경우 적용한다.

$$V(cm/sec) = 0.003 \times \rho \times d^2$$

V : 침강속도(cm/sec)

p : 입자 밀도(비중)(g/cm³)

d : 입자 직경(㎛)

04 ACGIH 입자 크기별 기준(TLV)

① **흡입성 입자상 물질**

호흡기 상기도 어느 부위(비강, 인후두, 기관등 호흡기의 기도부위)에 침착하더라도 독성을 유발하는 분진으로 입경범위는 0~100㎛(평균입경 100㎛)이다.

가. 침전분진은 재채기, 침, 코 등의 벌크(bulk) 세척기전으로 제거됨.

나. 비암이나 비중격천공을 일으키는 입자상 물질이 여기에 속함

다. 채취기구는 IOM sampler

② **흉곽성 입자상 물질**

기도나 하기도에 침착하여 독성을 나타내는 물질로 평균입경은 $10\mu\text{m}$ 채취기구는 PM10이다.

③ **호흡성 입자상 물질** : 가스교환 부위, 즉 폐포에 침착할 때 유해한 물질로

평균입경은 $4\mu\text{m}$이며 채취기구는 10mm nylon cyclone이다.

> **참고** **영국 BMR의 호흡성 먼지 정의**
>
> 1952년 영국 BMR(British Medical Research Council)에서는 입경 $7.1\mu\text{m}$ 미만의 먼지를 호흡성 먼지로 정의하였다.

05 여과포집원리(기전) 6가지

① **직접 차단(간섭, interception)** : 기체유선에 벗어나지 않는 크기의 미세입자가 섬유와 접촉에 의해서 포집되는 집진기구

입자 크기와 필터 기공의 비율이 상대적으로 클 때 중요한 포집기전이다.

분진입자의 크기(직경)/ 섬유의 직경/ 여과지의 기공 크기(직경)/ 여과지의 고형성분(solidity)에 의해 영향을 받는다.

② **관성충돌(inertial impaction)** : 관성 때문에 섬유층에 직접 충돌하여 포집되는 원리, 공기의 흐름방향이 바뀔 때 입자상 물질은 계속 같은 방향으로 유지하려는 원리를 이용, 관성충돌은 $1\mu\text{m}$ 이상인 입자에서 공기의 면속도가 수 cm/sec 이상일 때 중요한 역할을 한다.

영향인자로는 입자의 크기(직경) 및 밀도/ 섬유로의 접근속도(면속도)/섬유의 직경/ 여과지의 기공 직경이다.

③ **확산(diffusion)**

유속이 느릴 때 포집된 입자층에 의해 유효하게 작용하는 포집기구로서 미세입자의 불규칙적인 운동, 즉 브라운 운동에 의한 포집원리로 영향인자로는 입자의 크기/입자의 농도 차이/섬유로의 접근속도(면속도)/섬유의 직경/여과지의 기공 직경이다.

④ **중력 침강(gravitional settling)**은 입경이 비교적 크고 비중이 큰 입자가 저속기류 중에서 중력에 의하여 침강되어 포집되는 원리로 면속도 약 5cm/sec 이하에서 작용한다.

영향인자로는 입자의 크기(직경) 및 밀도/ 섬유로의 접근속도(면속도)/섬유의 공극률이다.

⑤ **정전기 침강**(electrostatic settling)

입자가 정전기를 띠는 경우에는 중요한 기전이나 정량화하기가 어렵다.

⑥ **체질**(sieving)

입자의 크기에 따라 입자를 분류하는데 사용되는 물리적 분리 기술을 말함.

06 **여과포집원리에 중요한 3가지 기전**

관성충돌/직접 차단(간섭) /확산

07 **입자상 물질이 호흡기도(폐)에 침착시 중요한 3가지 기전**

관성충돌 /확산 /중력 침강

08 **각 여과기전에 대한 입자 크기별 포집효율**

① 입경 0.1㎛ 미만 입자 : 확산

② 입경 0.1~0.5㎛ : 확산, 직접 차단(간섭)

③ 입경 0.5㎛ 이상 : 관성충돌, 직접 차단(간섭)

＊ 가장 낮은 포집효율의 입경은 0.3㎛이다.

09 **산업위생 분야 여과채취 시 일반적 기준**

① 여과지 직경 : 37mm

② 채취공기유량: 1.0~ 2.5L/min

③ 여과지 면속도 : 2~ 5cm/sec

10 **여과지의 포집효율**

섬유의 직경/여과지의 기공 직경/여과지의 고형성분/여과지의 두께 및 재료

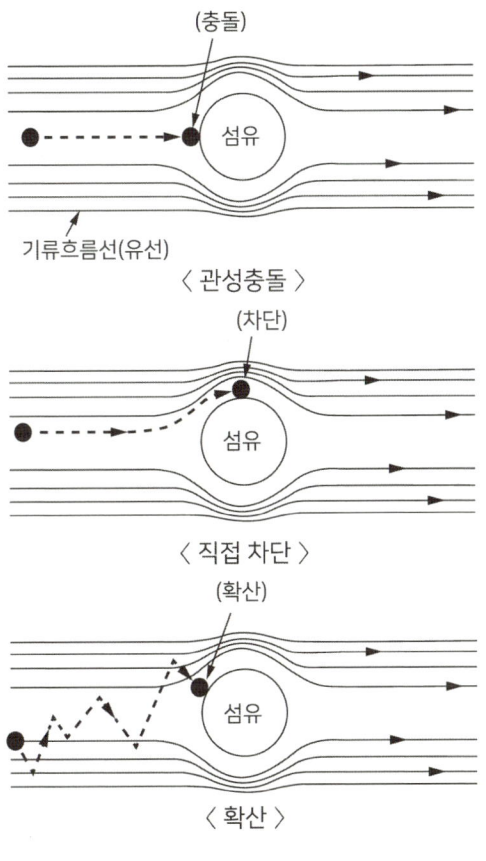

여과포집원리(기전)

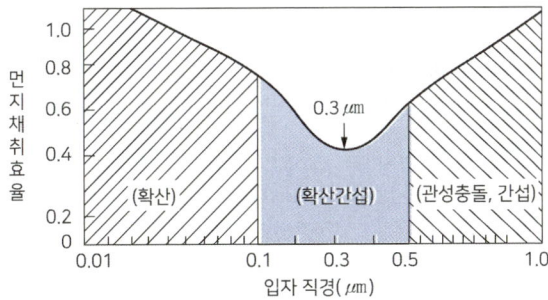

입자 크기별 채취 포집기전

11 여과지 성능 요인

포집효율/ 압력강하

12 입자상 물질 채취기구

① **카세트** : 카세트에 장착된 여과지에 여과원리를 이용한다.

총 분진, 금속성 입자상 물질을 측정할 때 일반적인 이용방법이다.

② **10mm nylon cyclone(사이클론 분립장치)**

가. 호흡성 입자상 물질을 측정하는 기구이며 원심력을 이용하는 원리이다.

나. 10mm nylon cyclone과 여과지가 연결된 개인시료채취펌프의 채취유량은 1.7L/min이 가장 적절하다. 왜냐하면 이 채취유량으로 채취하여야만 호흡성 입자상 물질에 대한 침착률을 평가할 수 있기 때문이다.

다. 10mm nylon cyclone의 입구(orifice)는 0.7mm이며, 일반적으로 직경이 소형인 10mm cyclone이 사용된다.

라. 입경분립충돌기에 비해 갖는 장점으로는 사용이 간편하고 경제적이며 자료를 쉽게 얻을 수 있고 시료입자의 되튐으로 인한 손실 염려가 없고 매체의 별도의 특별한 처리가 필요 없다.

③ **Cascade impactor(입경분립충돌기)**

흡입성 입자상 물질, 흉곽성 입자상 물질, 호흡성 입자상 물질의 크기별로 측정 하는 기구로 공기흐름이 층류일 경우 입자가 관성력에 의해 시료채취 표면에 충돌하여 채취하는 원리이다. 입자의 질량 크기 분포를 얻을 수 있으며 호흡기의 부분별로 침착된 입자 크기의 자료를 추정할 수 있다.
흡입성, 흉곽성, 호흡성 입자의 크기별로 분포와 농도를 계산할 수 있다.
단점으로는 시료채취가 까다로우며 비용이 많이 들고 채취준비시간이 과다하게 든다. 되튐으로 인한 시료의 손실이 일어나 과소분석결과를 초래할 수 있다.(유량을 2L/min이하)

> **참고   Cascade impactor의 충돌이론**
>
> 1. 충돌이론에 의하여 차단점 직경(cutpoint diameter)을 예측할 수 있다.
> 2. 충돌이론에 의하여 포집효율곡선의 모양을 예측할 수 있다.
> 3. 충돌이론은 Stokes수와 관계되어 있다. 즉, Stokes수가 0인 경우는 입자가 완전히 유선을 따라 이동하며 Stokes수가 증가할수록 유선을따라 그 운동방향을 변화시키기 어렵게 된다.
> 4. Reynolds수가 500~3,000 사이일 때 포집효율곡선이 가장 이상적인 곡선에 가깝다.

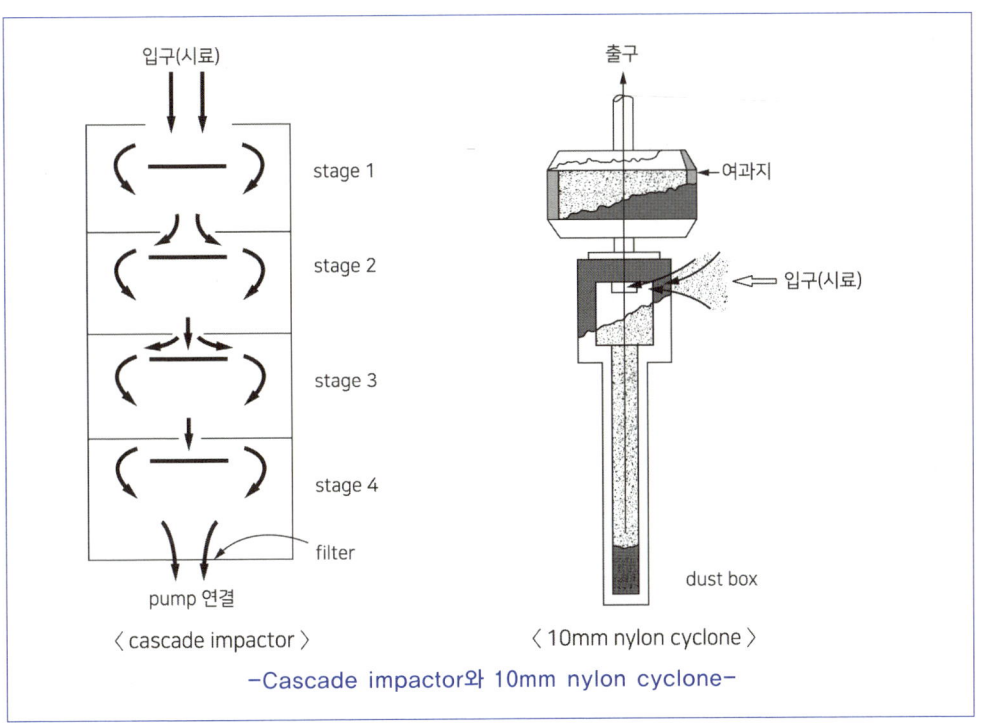

-Cascade impactor와 10mm nylon cyclone-

13 여과지의 종류

① **여과지 선정 시 고려사항**

가. 측정대상 물질의 분석상 방해가 되는 불순물을 함유하지 않을 것

나. 접거나 구부리더라도 파손되지 않고 찢어지지 않을 것

다. 가능한 가볍고 1매당 무게의 불균형이 적을 것

라. 가능한 흡습률이 낮을 것

마. 포집대상 입자의 입도분포에 대하여 포집효율이 높을 것

바. 포집 시의 흡인저항은 될 수 있는 대로 낮을 것

② **막 여과지(membrane filter)**

셀룰로오스에스테르, PVC, 니트로아크릴 같은 중합체를 일정한 조건에서 침착시켜 만든 다공성의 얇은 막 형태

가. MCE막 여과지(Mixed Cellulose Ester membrane filter): 산업위생에서는 거의 대부분이 직경 37mm, 구멍크기 0.45~ 0.8㎛의 MCE 막 여과지를 사용하고 있어 작은 입자의 금속과 fume 채취가 가능하다. 산에 의해 쉽게 회화되기 때문에 원소분석에 적합하고, NIOSH에서는 금속, 석면, 살충제, 불소화합물 및 기타 무기물질에 추천되고 있다.

나. PVC막 여과지(Polyvinyl chloride membrane filter): 가볍고, 흡습성이 낮기 때문에 분진의 중량분석에 사용, 유리규산을 채취하여 X-선 회절법으로 분석하는 데 적절하고 6가크롬, 아연

산화합물의 채취에 이용한다.

수분에 영향이 크지 않아 공해성 먼지, 총 먼지 등의 중량분석을 위한 측정에 사용한다.

석탄먼지, 결정형 유리규산, 무정형 유리규산, 별도로 분리하지 않은 먼지 등을 대상으로 무게농도를 구하고자 할 때 PVC막 여과지로 채취한다.

다. PTFE막 여과지(Polytetrafluoroethylene membrane filter, 테프론): 열, 화학물질, 압력 등에 강한 특성을 가지고 있어 석탄건류나 증류 등의 고열 공정에서 발생하는 다핵방향족 탄화수소를 채취하는 데 이용한다.

라. 은막 여과지(silver membrane filter): 균일한 금속은을 소결하여 만들며 열, 화학적 안정성이 있다.

코크스 제조공정에서 발생되는 코크스 오븐 배출물질, 콜타르피치 휘발물질, X선 회절분석법을 적용하는 석영 또는 다핵방향족 탄화수소 등을 채취하는 데 사용한다.

마. Nuclepore 여과지: 폴리카보네이트 재질에 레이저빔을 쏘아 만들며 구조가 막 여과지처럼 여과지 구멍이 겹치는 것이 아니고 체(sieve)처럼 구멍(공극)이 일직선으로 되어 있다. TEM(전자현미경) 분석을 위한 석면의 채취에 이용됨.

③ **섬유상 여과지: 20㎛ 이하의 직경을 가진 섬유를 압착 제조한 것**

막 여과지에 비하여 가격이 높고 물리적 강도가 약하며 흡수성이 작고 막 여과지에 비해 열에 강하고 과부하에서도 채취효율이 높다

가. 유리섬유 여과지(glass fiber filter): 흡습성이 없지만 부서지기 쉬운 단점이 있어 중량분석에 시공하지 않는다. 부식성 가스 및 열에 강하고 높은 포집용량과 낮은 압력강하 성질을 가지고 있다. 농약류(멜갑탄), 벤지딘, 나프틸아민, 다핵방향족 탄화수소화합물 등의 유기 화합물 채취에 널리 사용된다.

나. 셀룰로오스섬유 예라지(cellulose fiber filter): 실험실 분석에 많이 유용하게 사용한다. 와트만 여과지가 대표적이다.

14 ▶ 입자상 물질 채취

① **채취유량 및 채취위치** : 1 ~ 4L/min, 호흡기를 중심으로 반경30cm이내인 반구

② **저울** : NIOSH 공정시험법 : 0.001mg의 정밀도가 필요

③ **농도 계산:**

$$C(\text{mg/m}^3) = \frac{(W' - W) - (B' - B)}{V}$$

C : 농도(mg/㎥)

W' : 시료채취 후 여과지 무게

W : 시료채취 전 여과지 무게

B' : 시료채취 후 공여과지 평균무게

B : 시료채취 전 공여과지 평균무게

V : 공기채취량

V = pump 평균유량(L/min) X 시료채취시간(min)

④ **용접 흄** : 입자상 물질의 한 종류인 고체이며 기체가 온도의 급격한 변화로 응축, 산화된 형태이다. 용접 흄을 채취할 때에는 카세트를 헬멧 안쪽에 부착하고 glass fiber filter를 사용 하여 포집한다.

용접 흄 측정분석방법은 중량분석방법/ 원자흡광분광계를 이용한 분석방법/ 유도결합플라스마를 이용 한 분석방법으로 나뉜다.

용접 시 발생가스로는 오존, 일산화탄소, TCE, 흄, 가스등이며 개인보호구로는 보호안경과 방열장갑, 방진마스크가 필요하다.

> | 참고 | **아크용접 시 용접 흄의 증가 원인** |
> | --- | --- |
>
> 1. 봉극성이 (−) 극성인 경우
> 2. 아크전압이 높은 경우
> 3. 아크길이가 긴 경우
> 4. 토치의 경사각도가 큰 경우

13절 가스상 물질의 분석

01 가스크로마토그래피 (GC Gas Chromatography)

(1) 원리

기체시료 또는 기화한 액체나 고체시료를 운반가스 (carrier gas)에 의해 분리관내 충전물의 흡착성 또는 용해성 차이에 따라 전개시켜 분리관 내에서 이동속도가 달라지는 것을 이용, 각 성분의 크로마토 그램을 이용하여 성분을 정성 및 정량하는 분석기기이다.

크로마토그램에서 일정한 폭을 가진 형태로 나타나고, 소용돌이확산, 세로확산 비평형 물질전달의 요 소에 의해 폭이 넓어진다.

(2) 구분

① 가스−고체 크로마토그래피(GSC)

고정상(분리관)의 충진물로 흡착성 고체분말을 사용하여 흡착, 탈착기전에 의해 성분의 분리가 일어 난다(분리기전 : 흡착 → 탈착 → 분배).

② 가스−액체 크로마토그래피(GLC)

고정상의 지지체로 고체를 사용하여 엷은 액상 물질을 입혀 분배기전에 의하여 분리가 일어난다.

③ 구성

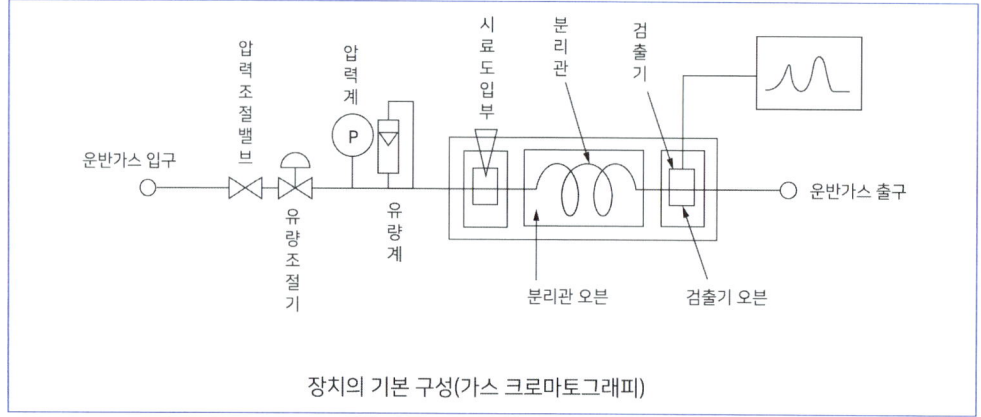

장치의 기본 구성(가스 크로마토그래피)

가. 가스유로계: 운반가스 입구, 압력조절밸브, 유량조절기, 압력계, 유량계로 구성된다. 주로 사용되는 가스는 헬륨, 질소, 수소 등이다.

나. 시료 주입장치(시료도입부 injection)
온도를 조절할 수 있는 기구 및 이를 측정할 수 있는 기구가 갖추어져야 한다.

다. 분리관(칼럼오븐)
분리관은 주입된 시료가 각 성분에 따라 분리(분배)가 일어나는 부분으로 G.C에서 분석하고자 하는 물질을 지체시키는 역할을 한다. 설정온도에 대한 온도조절 정밀도는 ±0.5℃의 범위 이내, 전원의 전압변동 10%에 대하여도 온도변화가 ±0.5℃범위 이내이어야 한다.

㉠ 분리관 충전물질조건
· 화학적 성분이 일정하고 안정된 성질을 가진 물질이어야 한다.
· 열에 대해 안정해야 하고 시료성분을 잘 녹일 수 있어야 한다.
· 분리관의 최대온도보다 100℃ 이상에서 끓는점을 가져야 한다.
· 분석대상 성분을 완전히 분리할 수 있어야 한다.
· 사용온도에서 증기압이 낮고 점성 휘발성이 작아야 한다.

㉡ 분리관 선정 시 고려사항
극성/ 분리관 내경/ 도포물질 두께/ 도포물질 길이

㉢ 분리관의 분해능을 높이기 위한 방법
· 시료와 고정상의 양을 적게 함
· 고체 지지체의 입자 크기를 작게 함
· 온도를 낮춤
· 분리관의 길이를 길게 함(분해능은 길이의 제곱근에 비례)

㉣ 검출기(detector)
검출기는 복잡한 시료로부터 분석하고자 하는 성분을 선택적으로 반응, 즉 시료에 대하여 선형적으로 감응해야 하며 약 400℃까지 작동해야 한다.
감도가 좋고 안정성과 재현성이 있어야 한다.

검출기의 종류	특징
불꽃이온화검출기(FID)	· 분석물질(유기화합물)을 운반기체와 함께 수소와 공기의 불꽃 속에 도입함으로써 생기는 이온의 증가를 이용하는 원리 · 유기용제 분석 시 가장 많이 사용하는 검출기(운반기체 : 질소, 헬륨) · 매우 안정한 보조가스(수소—공기)의 기체흐름이 요구됨 · 큰 범위의 직선성, 비선택성, 넓은 용융성, 안정성, 높은 민감성 · 할로겐 함유 화합물에 대하여 민감도가 낮음 · 주분석대상 가스는 다핵방향족 탄화수소류, 할로겐화 탄화수
열전도도 검출기(TCD)	· 분석물질마다 다른 열전도도 차를 이용하는 원리 · 민감도는 FID의 약 1/1000(운반가스 : 순도 99.8% 이상 수소, 헬륨) · 주분석대상 가스는 벤젠
전자포획형 검출기 또는 전자화학 검출기 (ECD)	· 유기화합물의 분석에 많이 사용(운반가스 : 순도 99.8% 이상 헬륨) · 검출한계는 50pg · 주분석대상 가스는 헬로겐화 탄화수소화합물. 사염화탄소, 벤조피렌니트로 화합물, 유기금속화합물, 염소를함유한 농약의 검출에 널리 사용 · 불순물 및 온도에 민감
불꽃광도(전자) 검출기 (FPD)	· 악취관계 물질 분석에 많이 사용(이황화탄소, 멜캄탄류, 니트로메탄) · 잔류 농약의 분석(유기 인, 유기황화합물)에 대하여 특히 감도가 좋음
광이온화 검출기 (PID)	· 주분석대상 가스는 알칸계, 방향족, 에스테르류, 유기금속류
질소인 검출기 (NPD)	· 매우 안정한 보조가스(수소− 공기)의 기체흐름이 요구됨 · 주분석대상 가스는 질소포함 화합물, 인포함 화합물

마. 운반기체

운반기체는 충전물이나 시료에 대하여 불활성이고 불순물 또는 수분이 없어야 하고 사용하는 검출기의 작동에 적합하며 순도는 99.99% 이상이어야 한다(단, ECD의 경우 99.999% 이상).

검출기의종류	운반기체	특징
FID	질소	적합
	수소, 헬륨	사용가능
ECD	질소	가장 우수한 감도 제공
	아르곤, 메탄	가장 넓은 시료 농도범위에서 직선성을 가짐
FPD	질소	적합

02 가스 크로마토그래피 – 질량분석기
(GC-MSD Gas Chromatography-Mass Selective Detector)

가스 크로마토그래피와 질량분석기를 결합하여 다성분의 유기화합물의 화합물을 가스 크로마토그래피로 분리해, 분리된 각 성분을 질량분석기에 의해 정성, 정량 분석하는 장치이다.

가스 크로마토그래피의 칼럼 뒤에 이동(캐리어)가스(헬륨가스)의 분리장치를 장착하여 이동가스의 농도를 낮춰서 질량분석기의 이온원으로 도입해 전 이온을 포획하고 각 성분의 양을 측정함과 동시에 분리된 각 성분의 질량스펙트럼을 수초 이내로 주사해 측정 분석한다.

장치구성: 시료주입장치 → 이온화장치 → 질량에 따른 분석기 → 검출기 → 컴퓨터

03 고성능 액체 크로마토그래피
(HPLC;High Performance Liquid Chrom – atography)

물질을 이동상과 충진제와의 분배에 따라 분리하므로 분리물질별로 적당한 이동상으로 액체를 시용하는 분석기로 고정상과 액체 이동상 사이의 물리화학적 반응성의 차이를 이용하여 분리한다. 시료의 전처리가 거의 필요 없이 직접적 분석이 이루어지며, 장점으로는 빠른 분석속도, 해상도, 민감도를 들 수 있다. 종류로는 자외선검출기, 형광검출기, 전자화학검출기가 있다.

(1) 적용점:

방향족 유기용제의 소변 중 대사산물 측정에 유리함.

끓는점이 높아 가스 크로마토그래피를 적용하기 곤란한 고분자(분자량 500 이상) 화합물이나 열에 불안정한 물질을 분리할 때 적용할 수 있다.

다핵방향족 탄화수소류(PAHs), PCB, 포름알데히드, 2, 4- 톨루엔 디이소시아네이트

측정방법으로 물질확인은 분리관에서 분리된 피크의 머무름시간과 표준물질의 머무름시간을 비교하여 확인한다.

농도확인은 분리관에서 분리된 피크의 높이 또는 면적을 표준물질로 만든 검량선에 맞추어서 정량 분석한다.

(2) 장치구성

용매전달장치pump → 시료주입장치 → 분리관 → 검출기 → 자료처리시스템

04 이온 크로마토그래피(IC, Ion Chromatography)

이동상 액체시료를 고정상의 이온교환수지가 충전된 분리관 내로 통과시켜 시료성분의 용출상태를 전기전도도검출기로 검출하여 그 농도를 정량하는 기기

이온성 물질 분석에 주로 사용된다. 음이온(황산, 질산, 인산, 염소) 및 무기산류(염산, 불산, 황산, 크롬산), 에탄올 아민류, 알칼리, 황화수소 특성 분석에 이용된다. 강수, 대기 중 먼지, 하천수 중의 이온성분을 정성, 정량 분석에 사용한다. 전기전도도검출기(Conductivity Detector)로 검출한다.

장치구성 : 용매전달장치 → 시료주입장치 → 분리관 → 검출기 → 기록계

> **참고** **유령피크(ghost peak)**
>
> 1. 유령피크
>   시료 측정 시 측정하고자 하는 시료의 피크와는 전혀 관계없는 피크가 크로마토그램에 때때로 나타나는 경우가 있는데 이것을 유령피크라 한다.
> 2. 유령피크 발생원인
>   ① 칼럼이 충분하게 묵힘(aging)되지 않아서 칼럼에 남아있던 성분들이 배출되는 경우
>   ② 주입부에 있던 오염물질이 증발되어 배출되는 경우
>   ③ 주입부에 사용하는 격막(septum)에서 오염물질이 방출되는 경우

14절 입자상 물질의 분석

01 중량분석방법(gravimetric or weight analysis method)

질량농도분석법이라고 하며 작업환경의 공기 중 토석, 암석, 광물 또는 탄소 등의 입자상 물질을 여과포집장치를 사용하여 여과재에 포집한 질량을 화학천평에 의해 서 구한 뒤 채취한 공기량으로 질량농도를 구하는 방법이다.

(1) 채취방법

근로자 호흡위치에서 시료채취를 하고 여과지에 입자상 물질이 2mg 이상 채취되지 않도록 주의한다. 시료채취 중 펌프의 상태를 일정한 간격으로 점검한다.
카세트는 위쪽을 향하지 않도록 하고 사이클론은 채취 중 거꾸로 하면 안 된다.

(2) 농도

$$C(\mathrm{mg/m^3}) = \frac{[(WS_p - WS_i) - (WB_p - WB_i)]}{V}$$

C : 분진 농도(mg/㎥)
WSp : 채취 후 여과지의 무게(mg) WSi : 채취 전 여과지의 무게(mg)
WBp : 채취 후 공시료의 무게(mg) WBi : 채취 전 공시료의 무게(mg)
V ; 공기채취량(㎥)

02 금속의 분석

① **금속채취**

셀룰로오스에스테르 여과지(MCE)로 채취한다.
MCE의 규격은 직경이 37mm이고, 공극은 약 $0.8\mu m$ 정도이다.
MCE의 장점은 산에 의해서 쉽게 용해되어 회화(ashing)되기가 쉬우며, 분석 시 방해물이 거의 없는 것이다.

② **전처리과정(회화과정)**

분석하고자 하는 금속만 남겨두고 여과지 및 금속 이외의 불순물을 강산으로 용해하여 제거하는 과정을 말한다. 회화용액으로 주로 사용되는 것은 염산과 질산이다.

③ **분석기기**

일반적으로 금속분석에 이용되는 분석기기는 유도결합플라스마와 원자흡광분석기 (원자 흡광광도계) 이다.

④ **검량선 작성**

원자흡광광도계는 금속마다 분석이 가능한 농도범위가 정해져 있다.

정량을 위한 경우에는 직선성이 좋은 농도 또는 흡광도의 영역을 사용하여야 한다.

⑤ 정량법으로는 절대검정곡선법, 표준물첨가법, 상대검정곡선법이 있다.

⑥ 회수율은 시료채취에 사용하지 않은 동일한 여과지에 첨가된 양과 분석량의 비로 나타내며, 여과지를 이용하여 채취한 금속을 분석하는 데 보정하기 위해 행하는 실험이다. 금속시료의 회화에 사용되는 왕수는 염산과 질산을 3:1의 몰비로 혼합한 용액이다.

$$\frac{분석량}{주입량(첨가량)} \times 100 \,=\, 회수율(\%)$$

03 흡광광도법

특정 파장의 빛이 특정 한 자유원자층을 통과하면서 선택적인 흡수가 일어나는 것을 이용, 시료물질의 용액 또는 여기에 적당한 시약을 넣어 발색시킨 용액의 흡광도를 측정하여 시료 중의 목적성분을 정량함.

광원에서 나오는 빛을 단색화장치(monochrometer)또는 필터(filter)를 이용해서 좁은 파장범위의 빛만을 선택하여 액층을 통과시킨 다음 광전관으로 흡광도를 측정하여 목적성분의 농도를 정량하는 방법이다.

(1) 램버트─비어(Lambert─Beer)의 법칙

세기 I_0인 빛이 농도 C 길이 L이 되는 용액층을 통과하면 이 용액에 빛이 흡수되어 입사광의 강도가 감소한다. 통과한 직후의 빛의 세기 I_t와 I_0사이에는 램버트─비어 (Lambert─Beer)의 법칙에 의하여 다음의 관계가 성립한다.

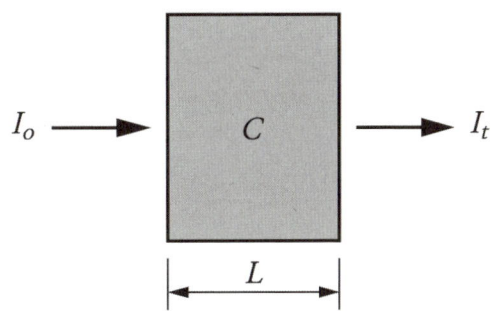

$$I_t = I_o \cdot 10^{-\varepsilon \cdot C \cdot L}$$

I_o : 입사광의 강도

I_t : 투사광의 강도

C : 농도,

L : 빛의 투사거리(석영 cell의 두께)

ε : 비례상수로서 흡광계수

① 투과도(투광도, 투과율)(T)

$$T = \frac{I_t}{I_0}$$

② 흡광도 (A)

$$A = \xi L C = \log \frac{I_o}{I_t} = \log \frac{1}{투과율}$$

* 몰 흡광계수(ε):광로 1cm 당 1M 용액의 광학 농도

(2) 장치구성

광원부→ 파장선택부→시료부→검출기, 지시기

가. **광원부**

가시부와 근적외부 광원: 텅스텐램프

자외부의 광원 : 중수소방전관

나. **파장선택부**

단색화장치 : 프리즘, 회절격자 또는 이 두 가지를 조합시킨 것을 사용하며, 단색광을 내기 위하여 슬릿(slit)을 부속시킨다.

필터 : 색유리 필터, 젤라틴 필터, 간접 필터 등을 사용한다.

다. **시료부**(시료용기 ; cuvette holder)

시료액을 넣은 흡수셀(시료셀)과 대조액을 넣는 흡수셀(대조셀)이 있다.

흡수셀의 재질

· 유리 : 가시부·근적외부 파장에 사용

· 석영 : 자외부 파장에 사용

· 플라스틱 : 근적외부 파장에 사용

  흡수셀의 길이는 지정하지 않았을 경우 10mm 셀을 사용한다.

라. 측광부(검출기, 지시기)

자외부·가시부 파장 : 광전관, 광전자증배관 사용

근적외부 파장 : 광전도셀 사용

가시부 파장 : 광전지 사용

(3) 측정

자동기록식 광전분광광도계의 파장 교정은 홀뮴 유리의 흡수스펙트럼을 사용한다. 흡광도 눈금보정은 $K_2Cr_2O_7$(중크롬산칼륨)을 시용한다.

가. 셀의 선정

석영 및 경질 유리 : 시료액 흡수파장이 370nm 이상일 때 사용한다.

석영셀 : 시료액 흡수파장이 370nm 이하일 때 사용한다.

나. 셀의 세척 (일반세척)

Na_2CO_3 용액(탄산나트륨용액 : 2W/V%)에 소량의 음이온계면활성제를 가한 용액에 흡수셀을 담가 놓고 필요하면 40 ~ 50℃로 약 10분간 가열한다.

(4) 정량방법:

가. 검량선의 작성

검량선은 표준액의 여러 가지 농도에 대하여 적당한 대조액을 사용하며 흡광도를 측정하고 표준액의 농도를 횡측, 흡광도를 종축에 취하여 그래프용지 위에 양자의 관계선을 구하여 작성한다. 검량선은 거의 직선을 나타내는 범위 내에서 사용하는 것이 좋다. 시약이 바뀌거나 시험자가 바뀔 때에는 검량선을 다시 작성하는 것이 좋다.

나. 표준액: 분석하려는 성분의 순물질 또는 일정 농도의 표준액을 단계적으로 취하여 규정된 방법에 따라 표준액 계열을 만든다.

다. 대조액: 일반적으로 용매를 사용하며 분석하려는 성분이 들어있지 않은 같은 종류의 시료를 사용하여 규정된 방법에 따라 제조

(5) 정량조건의 검토

가. 발색반응 검토

나. 측정조건의 검토: 부득이 흡광도를 0.1미만에서 측정할 때는 눈금확대기를 사용하는 것이 좋다.

04 원자흡광광도법(AAS ; Atomic Absorption Spectrophotometry)

(1) **원리** : 시료를 적당한 방법으로 해리시켜 중성원자로 증기화하여 생긴 기저상태의 원자가 이 원자 증기층을 투과하는 특유 파장의 빛을 흡수하는 현상을 이용하여 광전 측광과 같은 개개의 특유 파장에 대한 흡광도를 측정하여 시료 중의 원소 농도를 정량하는 방법으로 대기 또는 배출가스 중의 유해중금속, 기타 원소의 분석에 적용, 램버트 비어 법칙에 따른다.

(2) 장치구성 : 광원부 → 시료 원자화부 → 단색화부 → 검출기

1) 광원부 : 속빈 음극램프(중공음극램프, hollow cathode lamp)

분석하고자 하는 원소가 잘 흡수할 수 있는 특정 파장의 빛을 방출하는 역할을 하며 가장 널리 쓰이는 광원이다. 금속의 할로겐화물을 봉입한 것.

나트륨(Na), 칼륨(K), 칼슘(Ca), 루비듐(Rb), 세슘(Cs), 카드뮴(Cd), 수은(Hg), 탈륨(Ti)과 같이 비점이 낮은 원소

2) 시료 원자화부

원자화장치는 금속화합물을 원자화시켜 빛의 통로까지 올리는 역할, 즉 분석대상 원소를 자유 상태로 만들어 광원에서 나온 빛의 통로에 위치시킨다.

① 불꽃원자화장치

조연체와 연료를 적절히 혼합하여 최적의 불꽃온도와 화학적 분위기를 유도 하여 원자화시키는 방법 빠르고 정밀도가 좋으며, 매질효과에 의한 영향이 적다는 장점이 있다. 금속화합물을 원자화시키는 가장 일반적인 방법이다.

가. 불꽃을 만들기 위한 조연성 가스와 가연성 가스의 조합

- 수소 – 공기 : 대부분의 연소 분석
- 아세틸렌 – 공기 : 대부분의 연소 분석 → 일반적으로 많이 사용
  불꽃의 화염온도 2300℃ 부근
- 아세틸렌 – 아산화질소 : 내화성 산화물을 만들기 쉬운 원소 분석(B, V, Ti, Si)
  불꽃의 화염은 2700℃ 부근

나. 장점

- 쉽고 간편하다.
- 가격이 흑연로장치나 유도결합플라스마 원자발광분석기보다 저렴하다.
- 분석시간이 빠르다(흑연로장치에 비해 적게 소요됨).
- 기질의 영향이 작다.
- 정밀도가 높다.

다. 단점 : 많은 양의 시료(10mL)가 필요하며, 감도가 제한되어 있어 저농도에서 사용이 힘들다. 용질이 고농도로 용해되어 있는 경우, 버너의 슬롯을 막을 수 있으며 점성 이 큰 용액은 분무구를 막을 수 있다.

② 전열고온로법(흑연로방식)

전열고온로장치에 의한 원자화는 불꽃에 의한 것보다 50~ 500배 정도 감도가 높아 저농도 시료분석에 적당하다.

원자화 단계에서는 금속화합물을 원자화시키는 것으로 보통 필요한 온도는 2,500℃ 정도이다.

가. 장점

- 높은 감도가 있다.
- 시료량이 적고(0.5~ 10μL) 전처리가 간단하다.

나. 단점

- 시료를 분석하는 데 시간이 오래 걸린다.

· 기질에 의한 바탕 보정이 필요하다.
· 경비가 많이 든다.

다. 적용

주로 미량의 생체시료 중 금속성분 분석에 이용되며 근로자의 생물학적 시료 인 소변, 혈액 등은 존재하는 기질이 많고 농도가 낮기 때문에 전열 고온로를 주로 사용한다(존재하는 기질 : 방해물질).

③ 기화법(증기발생법)

화학적 반응을 유도하여 분석하고자 하는 원소를 기화시켜 분석하는 방법이다. 즉, 환원제를 이용하여 휘발성 금속화합물을 형성할 수 있을 때 사용하며 As, Hg, Bi, Sb, Se 등에 적용한다.

3) 단색화부: 광원램프에서 발산되는 휘선스펙트럼 중에서 분석에 필요한 파장 또는 주파수의 스펙트럼 대역만을 선택하여 통과시키는 장치이다.

4) 검출부: 단색화장치에서 나오는 빛의 세기를 측정 가능한 전기적 신호로 증폭시킨 후 이 전기적 신호를 판독장치를 통해 흡광도나 흡광를 또는 투과율로 표시한다. 원자화된 시료에 의하여 흡수된 빛의 흡수강도를 측정하는 것으로, 검출기, 증폭기 및 지시계기로 구성된다.

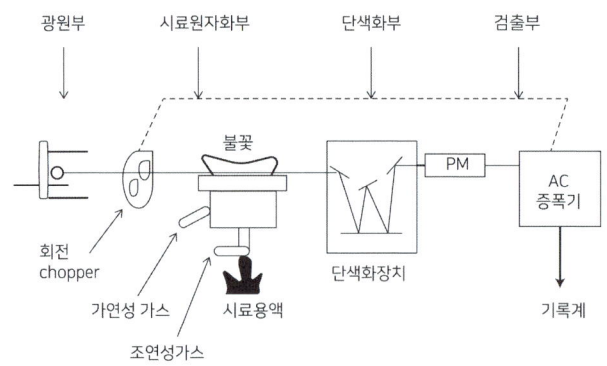

장치의 기본 구성(원자흡광광도계)

05 검량선 작성과 정량법

원자흡광분석에 있어서의 검량선은 일반적으로 저농도 영역에서는 양호한 직선성을 나타내지만 고농도 영역에서는 여러 가지 원인에 의하여 휘어진다.

따라서 정량을 행하는 경우에는 직선성이 좋은 농도 또는 흡광도의 영역을 사용하지 않으면 안 된다.

(1) 종류

1) 절대검정곡선법: 검량선은 최소 세 종류 이상 농도의 표준시료용액에 대하여 흡광도를 측정하여 표준물질의 농도를 가로대에, 흡광도를 세로대에 취하여 그래프를 그려서 작성한다.

2) 표준물첨가법: 같은 양의 분석시료를 여러개 취하고 여기에 표준물질이 각각 다른 농도로 함유되도록 표준용액을 첨가하여 용액열을 만든다. 이어 각각의 용액에 대한 흡광도를 측정하여 가로대에 용액 영역 중의 표준물질 농도를 세로대에는 흡광도를 취하여 그래프 용지에 그려 검량선을 작성한다.

3) 상대검정곡선법

이 방법은 분석시료 중에 다량으로 함유된 공존원소 또는 새로 분석시료 중에 증가한 내부 표준원소 (목적원소와 물리적 화학적 성질이 아주 유사한 것이어야 한다.)와 목적원소와의 흡광도 비를 구하는 동시 측정을 행한다.

> **참고** **원자흡광광도계의 표준시약(표준용액)**
>
> 최소한 순도가 1급 이상의 것을 사용하며 풍화, 조해. 화학변화 등에 의한 농도 변화가 없는 것을 사용할 것.

4) 간섭

① 분광학적 간섭 ② 물리적 간섭
③ 화학적 간섭 ④ 이온화 간섭
⑤ 불특정 간섭

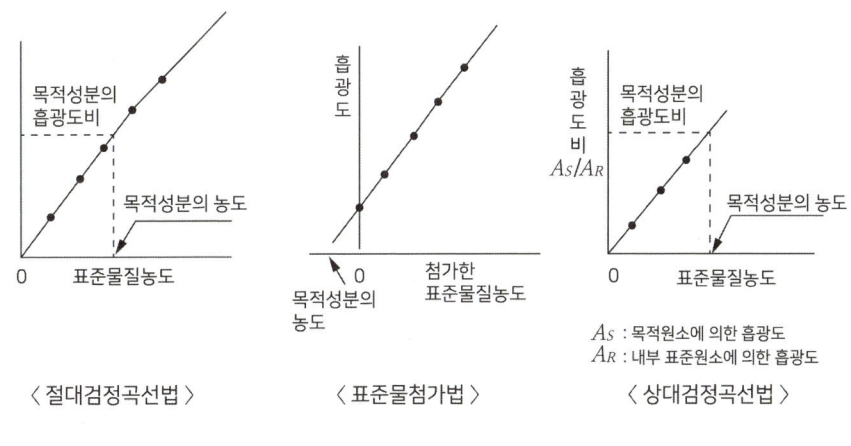

〈 절대검정곡선법 〉 〈 표준물첨가법 〉 〈 상대검정곡선법 〉

검량선의 작성과 정량법

06 ▶ 유도결합플라스마분광광도계(원자발광분석기)(ICP, Inductively Coupled Plasma)

(1) 개념 : 모든 원자는 고유한 파장(에너지)을 흡수하면 바닥상태(안정된 상태)에서 여기상태 (들뜬 상태, 흥분된 상태)로 된다. 금속원자마다 그들이 흡수하는 고유한 특정 파장과 고유한 파장이 있다.

전자의 원리를 이용한 분석이 원자흡광광도계이고, 후자의 원리(원자가 내놓는 고유한 발광에너지=방출스펙트럼)를 이용한 것이 유도결합 플라스마 분광광도계이다.

(2) 장치구성 : 시료주입장치 ⇒ 광원부 ⇒ 분광장치 ⇒ 검출기

가. 시료 주입장치

수용액 시료를 pump(주입속도: 1~2 mL /min)로 분무 도입시킨다.

나. 광원부(플라스마 토치 + 라디오 주파수 발생기)

별도의 광원이 필요 없고 아르곤가스를 6,000℃ 이상의 초고온상태로 만들어 아르곤 플라스마를 생성시켜 플라스마가 금속원자를 들뜨게 한다.

다. 분광장치(파장분리기)

플라스마에서 이온화되어 들뜬 상태의 금속에서 내놓는 발광에너지들은 광학시스템에 모아져 분광장치로 보내진다.

(3) 장점

화학물질에 의한 방해로부터 거의 영향을 받지 않는다.

검량선의 직선성 범위가 넓다. 즉, 직선성 확보가 유리하다.

원자흡광광도계보다 더 줄거나 적어도 같은 정밀도를 갖는다.

비금속을 포함한 대부분의 금속을 PPb 수준까지 측정할 수 있다.

적은 양의 시료를 가지고 한 번에 많은 금속을 분석할 수 있는 것이 가장 큰 장점이다.

한 번에 시료를 주입하여 10~ 20초 내에 30개 이상의 원소를 분석할 수 있다.

(4) 단점

이온화 에너지가 낮은 원소들은 검출한계가 높고, 다른 금속의 이온화에 방해를 준다. 원자들은 높은 온도에서 많은 복사선을 방출하므로 분광학적 방해영향이 있다. 시료분해 시 화합물 바탕방출이 있어 컴퓨터 처리과정에서 교정이 필요하다. 유지관리 및 기기 구입가격이 높다.

07 현미경 분석

(1) 섬유

공기 중에 있는 길이가 5㎛이상이고, 너비가 5㎛보다 얇으면서 길이와 너비의 비가 3 :1 이상의 형태를 가진 고체로서 석면섬유, 식물섬유, 유리섬유, 암면 등이 있다.

섬유는 흡입성, 흉곽성, 호흡성으로 구분하지 않으며 농도는 중량 대신 섬유의 개수로 나타낸다.

섬유는 위상차 현미경을 통하여 측정하며 물리적 크기로 표시한다(일반 먼지 : 공기 역학적 직경으로 표시).

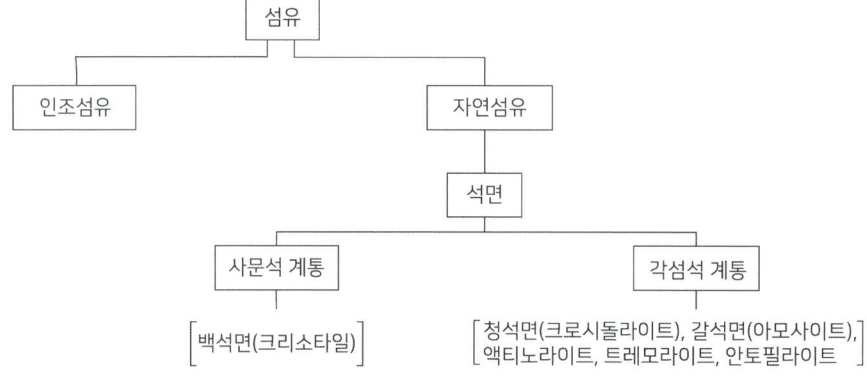

섬유의 구분

(2) 석면

광물성 규산염의 총칭이며 사문석, 각섬석이 지열 및 지하수의 작용으로 인하여 섬유화된 것이다. 내열성과 내압성이 높고 산, 알칼리 등 화학약품에 강하다. 폐암, 중피종암, 늑막암, 위암을 발생시킨다. 보온재 또는 석면 슬레이트, 브레이크라이닝의 원료로 쓰임.

1) 노출기준: 고용노동부의 노출기준은 8시간가중 평균농도(TWA)로 0.1개/cc이며, 발암성 물질로 확인된 물질군(A1) 에 포함되어 있다(작업측정 결과 노출기준 초과 시 향후 측정 주기는 3개월에 1회 이상으로 한다).

2) 채취 및 분석

공기 중 석면시료의 채취는 MCE막 여과지를 이용하여 'open face'로 시료채취를 하여 전 처리한 후 월튼-베켓 눈금자가 있는 위상차현미경으로 분석한다.

3) 석면 측정방법

① 위상차 현미경법

석면 측정에 이용되는 현미경, 일반적으로 가장 많이 사용된다.

막 여과지에 시료를 채취한 후 전처리하여 위상차 현미경으로 분석한다.

간편하나 석면의 감별이 어렵다.

② 전자 현미경법

공기 중 석면시료를 가장 정확하게 분석할 수 있다.

성분분석(감별분석)이 가능하다. 위상차 현미경으로 볼 수 없는 매우 가는 섬유도 관찰 가능하다.

값이 비싸고 분석시간이 많이 소요된다.

③ 편광 현미경법

고형 시료 분석에 사용하며 석면을 감별 분석할 수 있다.

석면 광물이 가지는 고유한 빛의 편광성을 이용한 것이다.

④ X선 회절법

분말시료(석면 포함 물질을 은막 여과지에 놓고 X선 조사)에 의한 단색 X선의 회절각을 변화시켜가며 회절선의 세기를 계수관으로 측정하여 X선의 세기나 각도를 이용하는 방법이다. 값이 비싸고 조작이 복잡하다.

고형 시료 중 크리소타일 분석에 사용하며 토석, 암석, 광물성 분진중의 유리 규산(SiO_2) 함유율도 분석한다.

4) NIOSH의 석면 측정방법

충전식 휴대용 pump를 이용하여 여과지를 통하여 공기를 통과시켜 시료를 채취한 다음, 이 여과지에 아세톤 증기를 씌우고 트리아세틴 시약을 가한 후 위상차 현미경으로 400~450배의 배율에서 섬유수를 개수한다.

이 측정방법은 길이 5㎛이상이고, 길이 : 직경의 비율이 3:1인 석면만을 측정한다. 장점은 간편하게 단시간에 분석할 수 있으며 단점은 석면과 다른 섬유를 구별할 수 없는 것이다.

5) 기타

① 상대농도계: 분진의 질량농도 및 입자수 농도와 같은 절대농도와 1 대 1의 관계에 있는 물리량(예를 들면 산란광 강도, 흡수광량, 진동주파수 등)을 측정하는 것

상대농도와 절대농도의 관계는 분진의 입도분포, 밀도, 형상, 광학적 성질 등에 영향을 받는다.

② 디지털 분진계: 현장에서 사용하기 쉬운 분진측정법으로 부유분진을 기기 내에 통과시키면서 광을 투사하여 분진에 의한 산란광을 광전자증배관에 받아 광전류를 적분하여 이 광전류와 시간의 곱이 일정치에 도달하면 하나의 전기적 펄스를 발생하도록 한 장치,소형, 경량으로 사용법이 간단하다.

스모그나 미스트 등 분진 이외의 입자상 부유물질이 존재하면 그 영향을 받아 측 정결과가 과대평가될 수 있다.

6) 용량 분석방법:

중화 적정법:산과 알칼리의 중화반응을 이용하여 정량하는 방법

킬레이트 적정법:금속이온과 킬레이트 시약의 반응에 의해 킬레이트 화합물이 생성하는 반응을 이용하여 정량하는 방법, 금속착제의 생성반응을 이용하는 적정방법

산화환원법, 침전 적정법 등이 있다.

7) 중량 분석방법

질량농도분석법이라고 하며 작업환경 공기 중의 토석, 암석, 광물, 금속 또는 탄소 등의 입자상 물질을 여과포집장치를 사용해서 여과재 위에 분진의 질량을 화학천칭에 의해서 구한 뒤 채취공기량으로 나누어 질량농도를 구하는 방법

용매추출법, 침전법, 휘발법, 전해법등이 있다.

평가 및 통계

01절 통계

01 용어

산업위생통계에 있어 대푯값에 해당하는 것은 기하평균, 중앙값, 산술평균값, 가중평균값, 최빈값 등이다.

① **산술평균**

평균을 구하기 위해 모든 수치를 합하고, 그것을 총 개수로 나누면 평균이 된다.

$$M = \frac{X_1 + X_2 + X_3 + \cdots + X_n}{N} = \frac{\sum_{i=1}^{N} X_i}{N}$$

　　M : 산술평균
　　N : 개수(측정치)

② **가중평균**

작업환경 유해물질 평균농도 산출에 이용되며 자료의 크기를 고려한 평균을 가중평균이라 한다. 즉, 빈도를 가중치로 택하여 평균값을 계산한다.

$$\overline{X} = \frac{X_1 N_1 + X_2 N_2 + X_3 N_3 + \cdots + X_n N_k}{N_1 + N_2 + N_3 + \cdots + N_k}$$

　　$N_1, N_2 \ldots N_k$: K개의 측정치에 대한 각각의 크기

③ **중앙치(median)**

N개의 측정치를 크기 순서로 배열시 $X_1 \leq X_2 \leq X_3 \leq \cdots \leq X_N$ 이라 할 때 중앙에 오는 값을 중앙치라 한다.
N개의 값이 짝수일 때는 두 값의 평균을 취한다.

④ **기하평균(GM)**

모든 자료를 대수로 변환하여 평균 후 평균한 값을 역대수 취한 값 또는 N개의 측정치 $X_1, X_2, \cdots , X_N$이 있을 때 이들 수의 곱의 N제곱근의 값이다. 작업환경측정 결과가 대수정규분포를 하는 경우 대표값으로서 기하평균을, 산포도로서 기하표준편차를 널리 사용한다.
기하평균이 산술평균보다 작게 되므로 작업환경관리 차원에서 보면 기하평균치의 사용이 항상 바람직한 것이라고 보기는 어렵다.

$$\log(\text{GM}) = \frac{\log X_1 + \log X_2 + \cdots \log X_n}{N}$$

$$\text{GM} = \sqrt[N]{X_1 \cdot X_2 \cdot \cdots \cdot X_n}$$

⑤ **표준편차(SD)**

즉 평균 가까이에 분포하고 있는지의 여부를 측정, 표준편차가 0일 때는 관측값의 모두가 동일한 크기이고 표준편차가 클수록 관측값 중에는 평균에서 떨어진 값이 많이 존재한다.

$$\text{SD} = \sqrt{\frac{\sum_{i=1}^{N} (X_i - \overline{X})^2}{N-1}}$$

SD : 표준편차

X_i : 측정치

$\overline{X}$: 측정치의 산술평균치 : 측정치의 수

N : 측정치의 수

측정횟수 N이 큰 경우는 다음 식을 사용한다.

$$\text{SD} = \sqrt{\frac{\sum_{i=1}^{N} (X_i - \overline{X})^2}{N}}$$

⑥ **기하표준편차(GSD)**

작업환경측정으로 얻어지는 공기 중 유해물질의 분포는 경험적으로 대수정규분포에 가깝다. 즉 공기 중 유해물질 농도의 분포를 대수변환하였을 때 정규분포에 따른 다는 특징을 가지고 있다.
기하표준편차값이 작을수록 유해인자 노출특성은 유사한 것으로 평가하며, 기하표 준편차의 단위는 없다.

$$\log(\text{GSD}) = \left[\frac{(\log X_1 - \log \text{GM})^2 + (\log X_2 - \log \text{GM})^2 + \cdots + (\log X_N - \log \text{GM})^2}{N-1} \right]^{0.5}$$

GSD : 기하표준편차

GM : 기하평균

N : 측정치의 수

Xi : 측정치

⑦ **최빈치(M_0)**

측정치 중에서 도수(빈도)가 가장 큰 것을 최빈치(유행치)라 한다.
주어진 자료에서 평균이나 중앙값을 구하기 어려운 경우에 유용하다.

$$M_{0=} \overline{M} - 3(\overline{X} - \text{med})$$

⑧ **표준오차(SE)**

표준편차는 각 측정치가 평균과 얼마나 차이를 가지느냐를 알려주는 반면에 표준오차는 추정량의 정도를 나타내는 척도로써 샘플링을 여러 번 했을 때 각 측정치들의 평균이 전체 평균과 얼마나 차이를 보이는가를 알 수 있는 통계량이다.

$$SE = \frac{SD}{\sqrt{N}}$$

   SE : 표준오차
   SD : 표준편차
   N : 자료의 수

⑨ **변이계수(CV)**

측정방법의 정밀도를 평가하는 계수이며, %로 표현되므로 측정단위와 무관하게 독립적으로 산출된다. 통계집단의 측정값에 대한 균일성과 정밀성의 정도를 표현한 계수이다.

단위가 서로 다른 집단이나 특성값의 상호산포도를 비교하는 데 이용될 수 있다.

변이계수가 작을수록 자료가 평균 주위에 가깝게 분포한다는 의미이다(평균값의 크기가 0에 가까울수록 변이계수의 의미는 작아진다).

$$\frac{표준편차}{평균치} \times 100$$

02 자료의 분포

① **자료가 정규분포할 경우**

   가. 평균추정치는 산술평균
   나. 변이는 표준편차

② **기하정규분포할 경우**

   가. 대표치는 기하평균
   나. 변이는 기하표준편차

③ **기하평균, 기하표준편차 구하는 방법**

   가. 그래프로 구하는 법
      ㉠ 기하평균: 누적분포에서 50%에 해당하는 값
      ㉡ 기하표준편차: 84.1%에 해당하는 값을 50%에 해당하는 값으로 나누는 값

$$GSD = \frac{84.1\%에\ 해당하는\ 값}{50\%에\ 해당하는\ 값} = \frac{50\%에\ 해당하는\ 값}{15.9\%에\ 해당하는\ 값}$$

   나. 계산에 의한 방법
      ㉠ 기하 평균: 모든 자료를 대수로 변환후 평균을 구한값을 역대수 취해 구한 값
      ㉡ 기하 표준편차: 모든 자료를 대수로 변환후 표준편차를 구한 값을 역대수 취해 구한 값

> **참고** / **측정결과의 통계처리를 위한 산포도 측정방법**
>
> 1. 변량 상호 간의 차이에 의하여 측정하는 방법(평균차)
> 2. 평균값에 대한 변량의 편차에 의한 측정방법(변이계수)

02절 측정결과 평가

01 용어

(1) 시료채취 및 분석오차

측정치와 실제 농도와의 차이이며 어쩔 수 없이 발생되는 오차를 허용한다는 의미이다. 시료채취 및 분석과정에서의 오차를 모두 포함한다(이 오차는 측정 결과가 현장시료채취와 실험실 분석만을 거치면서 발생되는 것만을 말한다). 작업환경측정 분야에서 가장 널리 알려진 오차이다.

엄격한 의미에서는 확률오차만을 의미하며 "1"을 기준으로 표준화된 수치로 표현된다.

SAE가 0.15라는 의미는 노출기준과 같은 정해진 수치로부터 15%의 오차를 의미하게 된다.

(2) 신뢰하한값(LCL)과 신뢰상한값(UCL)

유해물질의 측정치에 대한 오차계수 의미

02 평가

① 측정한 유해인자의 시간가중 평균값 및 단시간 노출값을 구한다.

가. X_1(시간가중 평균값)

$$X_1 = \frac{C_1 \times T_1 + C_2 \times T_2 + C_n \times T_n}{8}$$

C: 유해인자의 측정농도(단위 : ppm, mg/m³ 또는 개/cm³)

T : 유해인자의 발생시간(단위 : 시간)

나. X_2(단시간 노출값)

STEL 허용기준이 설정되어 있는 유해인자가 작업시간 내 간헐적(단시간)으로 노출 되는 경우에는 15분씩 측정하여 단시간 노출값을 구한다.

단. 시료채취시간(유해인자의 발생시간)은 8시간으로 한다.

② $X_1(X_2)$를 허용기준으로 나누어 Y (표준화값)를 구한다.

$$Y = \frac{X_1(X_2)}{허용기준}$$

③ 95% 의 신뢰도를 가진 하한치를 계산한다.

하한치 = Y - 시료채취 분석오차

④ 허용기준 초과 여부를 판정한다.

하한치 >1일 때 허용기준을 초과한 것으로 판정된다.

평가1에서 단시간 노출값을 구한 경우 이 값이 허용기준 TWA를 초과하고 허용기준 STEL 이하인 때에는 다음 어느 하나 이상에 해당되면 허용기준을 초과한 것으로 판정한다(STEL과 TWA 값 사이일 때 노출기준 초과로 평가해야 하는 경우).

가. 1일 4회를 초과하여 노출되는 경우

나. 1회 노출지속시간이 15분 이상인 경우

다. 각 회의 간격이 60분 미만인 경우

03절 작업환경 유해·위험성 평가

01 개요

위험이 가장 큰 유해인자를 결정하는 것이며 유해·위험성 평가 결과에 따라 유사노출그룹(HEG)과 유해인자가 결정된다.

화학물질이 유해인자인 경우 우선순위를 결정하는 요소는 화학물질의 위해성, 공기중으로 확산 가능성, 노출 근로자 수, 물질 사용시간이다.

02 유해·위험성 평가단계

(1) 유해성 확인(hazard identification)

(2) 용량-반응 평가(dose-response assessment)

(3) 노출평가(exposure assessment)

(4) 위험성 결정(risk characterization)

03 유해·위험성 평가방법

① 노출지수에 따른 평가

가. 노출경로는 호흡기, 피부, 소화기계를 통한 흡수를 고려하고 시간, 공간적 노출 가능성에 따라 노출지수가 결정된다.

나. 노출지수 결정시 이용자료

㉠ 과거 노출자료

㉡ 전문가 판단

㉢ 노출모델

- 화학물질 사용에 따른 공기 농도 확인방법
- 화학물질 증기압에 따른 최고농도 가정방법

$$(ppm) = \frac{P_c \times 10^6}{760}$$

P_c : 화학물질의 증기압(분압)

> **참고** **노출지수의 구분**
>
> 0 노출 없음
> 1 낮은 농도에서 드물게노출
> 2 낮은농도에서 자주노출 또는 높은 농도에서 드물게 노출
> 3 높은 농도에서 자주노출
> 4 매우 높은 농도에서 자주 노출

② **위해성 지수에 따른 평가**

0 건강상의 영향이 의심되는 경우
1 가역적인 건강상의 영향이 있는경우
2 심각한 가역적인 건강상의 영향이 있는경우
3 비 가역적인 건강상의 영향이 있는경우
4 생명 위협, 치명적 상해, 질병에 대한 영향이 있는 경우

③ **위해도 평가 순위**

노출지수와 위해성 지수가 각각 4로 평가된 HEG는 노출평가에서 가장 우선순위로 평가하여야 하고 즉각 대책을 취하여야 한다.

04 증기화 위험지수(VHI)에 의한 평가

증기화 위험지수는 독성과 증발력을 고려한 지수이다. 화학물질의 평가 우선순위를 결정하기 위해서는 VHI 에다 노출근로자 수 및 노출시간을 고려해야 한다.

$$\text{VHI} = \log\left(\frac{C}{\text{TLV}}\right) \quad \text{VHR(Vaper Hazard Ratio)}; \ C/\text{TLV}$$

VHI : 증기화 위험지수(포텐도르프가 제안)
TLV : 노출기준
C : 포화농도(최고농도 : 대기압과 해당 물질 증기압 이용하여 계산)

05 위해성 평가에 영향을 미치는 요인

유해인자의 위해성/ 유해인자에 노출되는 근로자 수/노출되는 시간 및 공간적인 특성과 빈도

작업환경측정 및 정도관리 등에 관한 고시(요약)

01절 통칙

01 정의

(1) 액체채취방법

시료공기를 액체 중에 통과시키거나 액체의 표면과 접촉시켜 용해·반응·흡수·충돌 등을 일으키게 하여 해당 액체에 작업환경측정(이하 '측정'이라 한다)을 하려는 물질을 채취하는 방법

(2) 고체채취방법

시료공기를 고체의 입자층을 통해 흡입·흡착하여 당해 고체입자에 측정하고자 하는 물질을 채취하는 방법

(3) 직접채취방법

시료공기를 흡수, 흡착 등의 과정을 거치지 아니하고 직접 채취대 또는 진공채취병 등의 채취용기에 물질을 채취하는 방법

(4) 냉각응축채취방법

시료공기를 냉각된 관 등에 접촉 응축시켜 측정하고자 하는 물질을 채취하는 방법.

(5) 여과채취방법

시료공기를 여과재를 통하여 흡인함으로써 당해 여과재에 측정하고자 하는 물질을 채취 하는 방법

(6) 개인시료채취

개인시료채취기를 이용하여 가스, 증기, 분진, 흄(fume), 미스트(mist) 등을 근로자의 호흡위치(호흡기를 중심으로 반경30cm인 반구)에서 채취하는 것

(7) 지역시료채취

시료채취기를 이용하여 가스, 증기, 분진, 흄(fume), 미스트(mist)등을 근로자의 작업 행동범위에서 호흡기 높이에 고정하여 채취하는 것

(8) 노출기준 : 작업환경 평가기준

(9) 최고노출근로자 : 작업환경측정대상 유해인자의 발생 및 취급원에서 가장 가까운 위치의 근로자이거나 작업환경측정대상 유해인자에 가장 많이 노출될 것으로 간주되는 근로자

(10) 단위작업 장소

작업환경측정대상이 되는 작업장 또는 공정에서 정상적인 작업을 수행하는 동일노출집단의 근로자가 작업을 행하는 장소

(11) 호흡성 분진 : 호흡기를 통해 폐포에 축적될 수 있는 크기의 분진

(12) 흡입성 분진 : 호흡기의 어느부위에 침착되어도 독성을 일으키는 분진

(13) 입자상 물질 : 화학적 인자가 공기 중으로 분진, 흄, 미스트 등의 형태로 발생되는 물질

(14) 가스상 물질 : 화학적 인자가 공기 중으로 가스나 증기의 형태로 발생되는 물질

(15) 정도관리 : 작업환경 측정·분석치에 대한 정확도와 정밀도를 확보하기 위하여 통계적 처리를 신뢰한계 내에서 측정, 분석치를 평가하고, 그 결과에 따라 지도 및 교육, 기타 측정·분석 능력 향상을 위하여 행하는 모든 관리적 수단

(16) 정확도 : 분석치가 참값에 얼마나 접근하였는가 하는 수치상의 표현

(17) 정밀도

일정한 물질에 대해 반복 측정·분석을 했을 때 변동 크기가 얼마나 작은가 하는 수치상의 표현

> **참고** **정도관리(미국산업위생학회)의 정의**
>
> 정도관리는 정확도와 정밀도의 크기를 알고 그것이 수용할 만한 분석결과를 확보할 수 있는 작동적 절차를 포함하는 것이다.

02절 작업환경측정(요약)

제4조(측정실시 시기 및 기간)

① 측정 시기는 전회(前回) 측정을 완료한날부터 다음 각 호에서 정하는 간격을 두어야 한다.

1. 측정 횟수가 6월에 1회 이상인 경우 3월 이상
2. 측정 횟수가 3월에 1회 이상인 경우 45일 이상
3. 측정 횟수가 1년에 1회 이상인 경우 6월 이상

② 사업주는 사업장 위탁측정기관에 의하여 측정을 실시할 경우 그 측정실시 소요기간에 대하여는 예비조사 결과에 따라 사업장 위탁측정기관과 협의·결정

제4조의 2(측정대상의 제외)

"작업환경측정대상 유해인자의 노출수준이 노출기준에 비하여 현저히 낮은 경우로서 고용 노동부장관이 정하여 고시하는 작업장"이라 함 은 「석유 및 석유대체연료사업법 시행령」에 의한 주유소를 말한다. 다만, 다음 각 호의 어느 하나에 해당하는 경우에는 1개월 이내에 측정을 실시하여야 한다.

1. 근로자 건강진단 실시결과 직업병유소견자 또는 직업성 질병자가 발생한 경우
2. 근로자대표가 요구하는 경우로서 산업위생전문가가 필요하다고 판단한 경우
3. 그 밖에 지방노동관서장이 필요하다고 인정하여 명령한 경우

> ***작업환경측정기관의 취소**
> 작업환경측정기관의 지정이 취소된 경우 지정이 취소된 날부터 2년 이내에 관련 기관으로 지정받을 수 없다.

제17조(예비조사 및 측정계획서의 작성)

① 예비조사를 실시하는 경우 측정계획서 포함사항

1. 원재료의 투입과정부터 최종 제품 생산공정까지의 주요 공정 도식
2. 해당 공정별 작업내용, 측정대상 공정 및 공정별 화학물질 사용실태 및 그 밖에 이와 관련된 운전조건 등을 고려한 유해인자 노출 가능성
3. 측정대상 유해인자, 유해인자 발생주기, 종사근로자 현황
4. 유해인자별 측정방법 및 측정소요기간 등 필요한 사항

② 측정기관이 전회측정을 실시한 사업장으로서 공정 및 취급인자 변동이 없는 경우에는 서류상의 예비조사만을 실시할 수 있다.

제18조(노출기준의 종류별 측정시간)

① 「화학물질 및 물리적 인자의 노출기준(고용노동부 고시, 이하 '노출기준 고시'라 한다)」에 시간가중평균기준(TWA)이 설정되어 있는 대상 물질을 측정하는 경우에는 1일 작업시간 동안 6시간 이상 연속 측정하거나 작업시간을 등간격으로 나누어 6시간 이상 연속 분리하여 측정하여야 한다. 다만, 다음 각 호의 경우에는 대상 물질의 발생시간 동안 측정할 수 있다.

1. 대상 물질의 발생시간이 6시간 이하인 경우

Part 2

　　2. 불규칙작업으로 6시간 이하의 작업

　　3. 발생원에서의 발생시간이 간헐적인 경우

② 노출기준 고시에 단시간 노출기준(STEL)이 설정되어 있는 물질로서 작업특성상 노출이 균일하여 단시간 노출평가가 필요하다고 자격자(작업환경측정의 자격을 가진 자를 말한다.

이하 '자격자'라 한다) 또는 지정측정기관이 판단하는 경우에는 제①항의 측정에 추가하 여 단시간 측정을 할 수 있다. 이 경우 1회에 15분간 측정하되 유해인자 노출특성을 고려하여 측정횟수를 정할 수 있다.

③ 노출기준 고시에 최고노출기준(Ceiling, C)이 설정되어 있는 대상 물질을 측정하는 경우엔 최고노출수준을 평가할 수 있는 최소한의 시간 동안 측정하여야 한다.

다만 시간가중 평가기준(TWA)이 함께 설정되어 있는 경우에는 제①항에 따른 측정을 병행해야 한다.

제19조(시료채취 근로자 수)

① 단위작업장소에서 최고 노출근로자 2명 이상에 대하여 동시에 개인시료방법으로 측정 하되, 단위작업장소에 근로자가 1명인 경우에는 그러하지 아니하며, 동일 작업근로자 수가 10명을 초과하는 경우에는 매 5명당 1명 이상 추가하여 측정하여야 한다.

다만, 동일 작업근로자 수가 100명을 초과하는 경우에는 최대 시료채취근로자 수를 20명으로 조정할 수 있다.

② 지역시료채취방법으로 측정을 하는 경우 단위작업장소 내에서 2개 이상의 지점에 대하 여 동시에 측정하여야 한다.

다만, 단위작업장소의 넓이가 50평방미터 이상인 경우에는 매 30평방미터마다 1개 지점 이상을 추가로 측정하여야 한다.

제20조(단위)

① 화학적 인자의 가스, 증기, 분진, 흄(fume), 미스트(mist) 등의 농도는 피피엠(ppm) 또는 세제곱미터 당 밀리그램(mg/m^3)으로 표시한다.

다만, 석면의 농도 표시는 세제곱센티미터당 섬유 개수(개/cm^3)로 표시한다.

② 피피엠(ppm)과 세제곱미터당 밀리그램(mg/m^3) 간의 상호 농도 변환은 다음의 식에 의한다.

$$\frac{\text{노출기준}(ppm) \times \text{그램 분자량}}{24.45(25\text{℃}, 1\text{기압})} = \text{노출기준}(mg/m^3)$$

③ 소음수준의 측정단위는 데시벨[dB(A)]로 표시한다.

④ 고열(복사열 포함)의 측정단위는 습구흑구온도지수(WBGT)를 구하여 섭씨온도(℃)로 표시한다.

> **참고** **mppcf(million particle per cubic feet)**
>
> 1. 분진의 질이나 양과는 관계없이 단위공기 중에 들어있는 분자량
> 2. 우리나라는 공기 mL 속에 분자 수로 표시하고, 미국의 경우는 1ft³당 몇백만 개 mppcf로 사용
> 3. 1mppcf = 35.31 입자(개)/mL = 35.31 입자(개)/cm³
> 4. OSHA 노출기준(PEL) 중 mica와 graphite는 mppcf로 표시

제21조(측정 및 분석방법)

입자상 물질에 대한 측정은 다음 각 호의 방법에 의하여야 한다.

1. 석면의 농도는 여과채취방법에 의한 계수방법 또는 이와 동등 이상의 분석방법으로 측정 할 것.
2. 광물성 분진은 여과채취방법에 의하여 석영, 크리스토바라이트, 트리디마이트를 분석할 수 있는 적합 한 분석방법으로 측정한다. 다만, 규산염과 기타 광물성 분진은 중량분석방법으로 측정할 것.
3. 용접흄은 여과채취방법으로 하되 용접보안면을 착용한 경우에는 그 내부에서 채취하고 중 량분석방법과 원자흡광분광계 또는 유도결합플라스마를 이용한 분석방법으로 측정할 것.
4. 석면, 광물성 분진 및 용접흄을 제외한 입자상 물질은 여과채취방법에 의한 중량분석방 법이나 유해물질 종류에 따른 적합한 분석방법으로 측정할 것.
5. 호흡성 분진은 호흡성 분진용 분립장치 또는 호흡성 분진을 채취할 수 있는 기기를 이용 한 여과채취방법으로 측정할 것.
6. 흡입성 분진은 흡입성 분진용 분립장치 또는 흡입성 분진을 채취할 수 있는 기기를 이용 한 여과채취방법으로 측정할 것.

제22조(측정위치)

1. 개인 시료채취방법으로 작업환경측정을 하는 경우에는 측정기기를 작업근로자의 호흡기 위치에 장착하여야 한다.
2. 지역 시료채취방법의 경우에는 측정기기를 발생원의 근접한 위치 또는 작업근로자의 주 작업행동범위의 작업근로자 호흡기 높이에 설치하여야 한다.

제25조(검지관방식의 측정)

① 제23조 및 제24조의 규정에도 불구하고 다음 각 호의 어느 하나에 해당하는 경우에는 검지관방식으로 측정할 수 있다.

1. 예비조사 목적인 경우
2. 검지관방식 외에 다른 측정방법이 없는 경우
3. 발생하는 가스 상 물질이 단일물질인 경우. 다만, 자격자가 측정하는 사업장에 한한다.

② 자격자가 해당 사업장에 대하여 검지관방식으로 측정을 하는 경우 사업주는 2년에 1회이상 사업장 위탁측정기관에 의뢰하여 제23조 및 제24조에 따른 방법으로 측정을 하여야 한다.

③ 검지관방식의 측정결과가 노출기준을 초과하는 것으로 나타난 경우에는 즉시 제23조 및 제24조에 따른 방법으로 재측정하여야 하며, 해당 사업장에 대하여는 측정치가 노출기준 이하로 나타날 때까지는 검지관방식으로 측정할 수 없다.

④ 검지관방식으로 측정하는 경우에는 해당 작업근로자의 호흡기 및 가스상 물질 발생원에 근접한 위치 또는 근로자 작업행동범위의 주 작업위치에서 근로자 호흡기 높이에서 측정하여야 한다.

⑤ 검지관방식으로 측정하는 경우에는 1일 작업시간 동안 1시간 간격으로 6회 이상 측정하되 측정시간 마다 2회 이상 반복 측정하여 평균값을 산출하여야 한다.

다만, 가스상 물질의 발생시간이 6시간 이내일 때에는 작업시간 동안 1시간 간격으로 나누어 측정하여야 한다.

제26조(측정방법)

1. 측정에 사용되는 기기(이하 '소음계'라 한다)는 누적소음노출량 측정기, 적분형 소음계 또는 이와 동등 이상의 성능이 있는 것으로 하되 개인 시료채취방법이 불가능한 경우에는 지시소음계를 사용할 수 있으며, 발생시간을 고려한 등가소음레벨방법으로 측정하여야 한다. 다만, 소음발생 간격이 1초 미만을 유지하면서 계속적으로 발생되는 소음('연속음')을 지시소음계 또는 이와 동등 이상의 성능이 있는 기기로 측정할 경우에는 그러하지 아니할 수 있다.

2. 소음계의 청감보정회로는 A특성으로 행하여야 한다.

3. 제1호 단서규정에 의한 소음측정은 다음과 같이 행하여야 한다.

   가. 소음계 지시침의 동작은 느린(slow) 상태로 한다.

   나. 소음계의 지시치가 변동하지 않는 경우에는 당해 지시치를 그 측정점에서의 소음수준으로 한다.

4. 누적소음노출량 측정기로 소음을 측정하는 경우에는 criteria=90dB, exchange rate = 5dB, threshold = 80dB로 기기설정을 하여야 한다.

5. 소음이 1초 이상의 간격을 유지하면서 최대음압수준이 120dB(A) 이상의 소음(이하 '충격 소음'이라 한다)인 경우에는 소음수준에 따른 1분 동안의 발생횟수를 측정하여야 한다.

제27조(측정위치)

① 개인시료채취방법으로 작업환경측정을 하는 경우에는 소음측정기의 센서부분을 작업근로자의 귀 위치(귀를 중심으로 반경 30cm인 반구)에 장착하여야 한다.

② 지역시료채취방법의 경우에는 소음측정기를 측정대상이 되는 근로자의 주 작업행동범위 의 작업근로자 귀 높이에 설치하여야 한다.

제28조(측정시간)

① 단위작업장소에서 소음수준은 규정된 측정위치 및 지점에서 1일 작업시간 동안 6시간 이상 연속 측정하거나 작업시간을 1시간 간격으로 나누어 6회 이상 측정하여야 한다. 다만, 소음의 발생특성이 연속음으로서 측정치가 변동이 없다고 자격자 또는 지정측정기 관이 판단한 경우에는 1시간 동안을 등 간격으로 나누어 3회 이상 측정할 수 있다.

② 단위작업장소에서의 소음발생시간이 6시간 이내인 경우나 소음발생원에서의 발생시간이 간헐적인 경우에는 발생시간 동안 연속 측정하거나 등간격으로 나누어 4회 이상 측정하여야 한다.

제31조(측정방법)

1. 측정은 단위작업장소에서 측정대상이 되는 근로자의 주작업위치에서 측정한다.

2. 측정기의 위치는 바닥면으로부터 50센티미터 이상, 150센티미터 이하의 위치에서 측정한다.

3. 측정기를 설치한 후 충분히 안정화시킨 상태에서 1일 작업시간 중 가장 높은 고열에 노출되는 시간을 10분 간격으로 연속하여 측정한다.

제34조(입자상 물질 농도)

① 측정한 입자상 물질 농도는 8시간 작업 시의 평균농도로 한다.

다만, 6시간 이상 연속 측정한 경우에 있어 측정하지 아니한 나머지 작업시간 동안의 입자상 물질 발생이 측정 기간보다 현저하게 낮거나 입자상 물질이 발생하지 않은 경우에는 측정시간 동안의 농도를 8시간 시간가중 평균하여 8시간 작업 시의 평균농도로 한다.

③ 1일 작업시간이 8시간을 초과하는 경우에는 다음의 식에 따라 보정노출기준을 산출한 후 측정농도와 비교하여 평가하여야 한다.

$$보정노출기준(1\,일간\,기준) = 8시간\,노출기준 \times \frac{8}{h}$$

h : 노출시간/일

제18조 제②항 또는 제③항에 따른 측정을 한 경우에는 측정시간 동안의 농도를 해당 노출기준과 직접 비교 평가하여야 한다.

다만, 2회 이상 측정한 단시간 노출농도값이 단시간 노출기준과 시간가중 평균기준값 사이의 경우로서 다음 각 호의 어느 하나의 경우에는 노출기준 초과로 평가하여야 한다.

1. 15분 이상 연속 노출되는 경우
2. 노출과 노출 사이의 간격이 1시간 이내인 경우
3. 1일 4회를 초과하는 경우

제36조(소음수준의 평가)

$$\mathrm{Leq[dB(A)]} = 16.61 \log \frac{n_1 \times 10^{\frac{Ld_1}{16.61}} + n_2 \times 10^{\frac{LA_2}{16.61}} + n_N \times 10^{\frac{LA_N}{16.61}}}{각\,소음\,레벨\,측정치의\,발생\,시간\,합}$$

LA : 각 소음레벨의 측정치 dB(A)]

n : 각 소음레벨측정치의 발생시간(분)

④ 단위작업장소에서 소음의 강도가 불규칙적으로 변동하는 소음 등을 누적소음노출량 측정기로 측정하여 노출량으로 산출되었을 경우에는 시간가중 평균소음수준으로 환산하여야 한다. 다만, 누적소음노출량 측정기에 의한 노출량 산출치가 별표에 주어진 값보다 작거나 크면 시간가중 평균소음은 다음의 식에 따라 산출한 값을 기준으로 평가할 수 있다.

$$\mathrm{TWA} = 16.61 \log\left(\frac{D}{100}\right) + 90$$

TWA : 시간가중 평균소음수준[dB(A)]

D : 누적소음노출량(%)

⑤ 1일 작업시간이 8시간을 초과하는 경우에는 다음 계산식에 따라 보정노출기준을 산출한 후 측정치와 비교하여 평가하여야 한다.

$$소음의\ 보정노출기준[dB(A)]\ =\ 16.61\log\left(\frac{100}{12.5 \times h}\right) + 90$$

h: 노출시간/일

제56조(실시시기 및 구분)

① 정도관리는 정기정도관리와 특별정도관리로 구분한다.

    1. 정기정도관리는 분석자의 분석능력을 평가하기 위해 실시하는 정도관리로서 연 1회 이상 다음 각 목의 구분에 따라 실시하는 것을 말한다.

        가. 기본분야 : 기본적인 유기화합물과 금속류에 대한 분석능력을 평가

        나. 자율분야 : 특수한 유해인자에 대한 분석능력을 평가

    2. 특별정도관리는 다음 각 목의 어느 하나에 해당하는 경우 실시하는 것을 말한다.

        가. 작업환경측정기관으로 지정받고자 하는 경우

        나. 직전 정기정도관리에 불합격한 경우

        다. 대상기관이 부실측정과 관련한 민원을 야기하는 등 운영위원회에서 특별정도관리 가 필요하다고 인정하는 경우

제57조(정도관리 항목)

① 대상기관에 대한 정도관리 항목은 다음과 같다.

    1. 정기정도관리 평가항목 : 분석자의 분석능력으로 하며 세부사항은 운영위원회에서 정한다.

    2. 특별정도관리 평가항목 : 분석 장비·설비, 분석준비현황, 분석자의 분석능력 및 운영 위원회에서 결정하는 그 밖의 항목으로 한다.

03절   일반측정사항(1절 화학시험)

01 온도 표시

① 온도의 표시는 셀시우스(C elciu s)법에 따라 아라비아 숫자의 오른쪽에 ℃를 붙인다. 절대 온도는 표으로 표시하고, 절대온도 0K은 −273℃로 한다.

② 상온은 15~25℃, 실온은 1~35℃, 미온은 30~40℃로 하고, 찬 곳은 따로 규정이 없는 한0~15℃의 곳을 말한다.

③ 냉수(冷水)는15℃이하, 온수는 60~70℃, 열수는 약 100℃를 말한다.

02 용기

① 용기란 시험용액 또는 시험에 관계된 물질을 보존, 운반 또는 조작하기 위하여 넣어두는 것으로 시험에 지장을 주지 않도록 깨끗한 것을 말한다.

② 밀폐용기(密閉容器)란 물질을 취급 또는 보관하는 동안에 이물(異物)이 들어가거나 내용물 이 손실되지 않도록 보호하는 용기를 말한다.

③ 기밀용기(機密容器)란 물질을 취급하거나 보관하는 동안에 외부로부터의 공기 또는 다른 기체가 침입하지 않도록 내용물을 보호하는 용기를 말한다.

④ 밀봉용기(密M 휴器)란 물질을 취급 또는 보관하는 동안에 기체 또는 미생물이 침입하지 않도록 내용물을 보호하는 용기를 말한다.

⑤ 차광용기(遮光容器)란 광선이 투과되지 않는 갈색 용기 또는 투과하지 않도록 포장한 용기로서 취급 또는 보관하는 동안에 내용물의 광화학적 변화를 방지할 수 있는 용기를 말한다.

03 용어

① "항량이 될 때까지 건조한다 또는 강열한다"란 규정된 건조온도에서 1시간 더 건조 또는 강열할 때 전후 무게의 차가 매g당 0.3mg 이하일 때를 말한다.

② 시험조작 중 "즉시"란 30초 이내에 표시된 조작을 하는 것을 말한다.

③ "감압 또는 진공"이란 따로 규정이 없는 한 15mmHg 이하를 뜻한다.

⑥ 중량을 "정확하게 단다"란 지시된 수치의 중량을 그 자릿수까지 단다는 것을 말한다.

⑦ "약"이란 그 무게 또는 부피에 대하여 ±10% 이상의 차가 있지 아니한것을 말한다.

⑧ "검출한계"란 분석기기가 검출할 수 있는 가장 적은 양을 말한다.

⑨ "정량한계"란 분석기기가 정량할 수 있는 가장 적은 양을 말한다.

⑩ "회수율"이란 여과지에 채취된 성분을 추출과정을 거쳐 분석 시 실제 검출되는 비율을 말한다.

⑪ "탈착효율"이란 흡착제에 흡착된 성분을 추출과정을 거쳐 분석 시 실제 검출되는 비율을 말한다.

> **참고** **항량**
>
> 어떤 물질을 일정한 온도로 가열하였을 때 물질 속에서 끓는점이 낮은 성분이 달아나거나 열분해 되어 물질의 질량이 일정한 값에 이른 때의 질량.

Part 2

PART
3

작업환경 관리대책

01절 산업환기

근로자가 작업하고 있는 옥내 작업장의 공기가 건강장애를 주지 않도록 오염된 공기를 배출하고 신선한 공기를 순환시키는 과정을 말한다.

01 종류 I

(1) **강제환기** : 송풍기(fan)를 사용하여 강제적으로 환기하는 방식으로 작업환경을 일정하게 유지할 수 있으나 송풍기 가동에 따른 소음 . 진동의 발생과 에너지비용이 많이 소요된다.

(2) **자연환기** : 자연통풍, 즉 동력을 사용하지 않고 단지 자연의 힘, 온도차, 바람에 의한 풍력이용, 운전비가 필요 없으므로 적당한 온도차와 바람 이 있으면 강제환기보다 효과적이나 환기량의 변화가 심하다.

02 종류 II

(1) **전체환기(희석환기)** : 작업장 전체를 대상으로 환기시키는 방식으로 유해인자가 발생한 후에 공기를 희석함.

(2) **국소배기** : 오염물질 발생지점 근처에서 바로 흡인하여 환기시키는방식

03 목적

유해물질의 농도를 감소시켜 근로자들의 건강을 유지·증진시키고(허용기준치 이하로 낮추는 의미). 산업재해를 예방 작업장 내부의 온도와 습도를 조절하여 생산능률을 향상시킨다.

02절 유체흐름의 개념

01 단위

• 기본단위 : 질량, 시간, 길이가 하나의 단위로 표시되는 것

• 유도단위 : 1개 이상의 기본단위가 복합적으로 구성되어 있는 것

• 절대단위계

- MKS 단위계 → 길이(m), 질량(kg), 시간(sec)으로 표시하는 단위계

- CGS 단위계 → 길이(cm), 질량(g), 시간(sec)으로 표시하는 단위계

- SI 단위계 : 국제적으로 표준화된 단위계로서 MKS 단위계를 보다 발전시킨 단위계

(1) 길이

$1m = 10^2 cm = 10^3 mm = 10^6 \mu m = 10^9 nm$ [$1km = 10^3 m = 10^5 cm = 10^6 mm$]

$1\mu m = 10^{-3} mm = 10^{-6} m$

(2) 질량

$1kg = 10^3 g = 10^6 mg = 10^9 \mu g = 10^{12} ng$, $1ton = 10^3 kg = 10^6 g = 10^9 mg$

$1mg = 10^{-3} mg = 10^{-6} g$

(3) 시간

$1day = 24hr = 1,440min = 86,400sec$

(4) 넓이(면적)

$1m^2 = 10^4 cm^2 = 10^6 mm^2$

(5) 체적(부피)

$1m^3 = 10^6 cm^3 = 10^9 mm^3$

$1L = 10^{-3} kL = 10^3 mL = 10^6 mL$ [$1L = 1,000mL = 1,000cm^3 = 1,000cc$]

(6) 온도

공학적으로 쓰이는 온도는 일반적으로 섭씨온도
(Centigrade temperature)와 화씨온도(Fahrenheit temperature) 이다.
1) 섭씨온도(℃)
    1기압에서 물의 끓는점(100℃)과 어는점(0℃) 사이를 100등분하여 1등분을 1℃로 정한 것
2) 화씨온도(℉)
    1기압에서 물의 끓는점(212℉)과 어는점(32℉) 사이를 180등분하여 1등분을 1℉로 정한 것
3) 절대온도(K)
    절대영도를 기준으로 하여 온도를 나타낸 것

섭씨온도 (℃) = 5/9 [화씨온도 (℉) − 32] 화씨온도 (℉) = [9/5 × 섭씨온도 (℃)] + 32 절대온도 (K) = 273 + 섭씨온도 (℃) 랭킨온도 (℉R) = 460 + 화씨온도 (℉)

(7) 압력 : 물체의 단위면적에 작용하는 수직방향의 힘

가. $1Pa = 1N/m^2 = 10^{-5}bar(0.1mbar)=10dyne/cm^2 = 1.020 \times 10^{-1}mmH_2O$
$= 9.869 \times 10^{-6}atm$

나. $1mmH_2O = 9.8N/m^2 = 9.8Pa = 0.0735mmHg$

다. 1기압 = $1atm = 760mmHg = 10,332mmH_2O = 1.0332kgf/cm^2 = 10,332kgf/m^2 = 14.69psi (lb/ft^2) = 760Torr = 10,332mmAq = 10,332mH_2O = 1013.25hPa = 1013.25mb = 1.01325bar = 10,113 \times 10^5 dyne/cm^2 = 1.013 \times 10^5 Pa$

02 유체의 물리적 성질

(1) 유체의 특성 : 대부분의 물질은 고체, 액체, 기체의 상태로 크게 나누어 어느 한 상태로 존재하며 유체란 액체나 기체 상태로 흐름을 가진 물질이다.

(2) 종류

1) 밀도(density) : 단위체적당 유체의 질량, g/cm^3, kg/m^3

$$밀도(P) = \frac{질량}{부피}$$

0℃, 1기압의 건조한 공기의 밀도는 $1.293kg/m^3$이고 산업환기에서의 적용밀도는 21℃, 1기압에서 $1.203kg/m^3$ 이다.

2) 비중량 : 단위체적당 유체의 중량, gf/cm^3, kgf/m^3
비중량= 중량/부피
비중량(γ), 밀도(P), 중력가속도(g)의 관계식 : $\gamma = p \cdot g$

0℃, 1기압에서 공기의 비중량은 $\dfrac{28.97\,kgf}{22.4\,m^3} = 1.293kgf/m^3$이다.

3) 비중: 표준물질의 밀도를 기준으로 실제 물질에 대한 밀도의 비
(단위:무차원, specific gravity, S)

$$비중 = \frac{어떤 대상 물질의 밀도}{표준 물질의 밀도}$$

표준물질의 적용 : 기체인 경우 0℃, 1기압상태의 공기밀도($1293kg/m^3$)
고체, 액체의 경우 4℃, 1기압 상태의 물의 밀도 ($1,000kg/m^3$)

4) 비체적:(specific volume, Vs): 단위질량이 갖는 유체의 체적
m^3/kg, cm^3/g, 관계식 Vs=1/p, p : 밀도(kg/m^3)

5) 점성계수(dynamic viscosity, m)
유체에 미치는 전단력과 그 속도 사이에 비례상수, 즉 전단력에 대한 저항의 크기를 나타냄.
① 단위 : $N \cdot s/m^2$, $kg/m \cdot s$, $g/cm \cdot s$, $kgf \cdot sec/m^2$
$1Poise = 1g/cm \cdot s= 1dyne \cdot s/cm^2$

1centipoise = 10-2Poise =1mg/mm·s

② 점도

액체는 온도가 증가하면 점도는 감소

기체는 온도가 증가하면 점도는 증가

6) 동점성계수(kinematic viscosity, v)

점성계수를 밀도로 나눈 값 ㎡/sec, ㎠/sec

1stokes = 1㎠/sec

1stokes = 10^{-2}stokes

동점성계수$(v) = \dfrac{\mu}{p}$

03 표준공기

(1) **정의** : 표준상태(STP)란 0℃, 1atm 상태를 말하며, 물리, 화학 등 공학 분야에서 기준이 되는 상태로서 일반적으로 사용한다.

환경공학에서 표준상태는 기체의 체적을 S㎥, N㎥으로 표시하여 사용한다.

(2) 산업환기 분야에서 21℃(20℃), 1atm, 상대습도 50%인 상태의 공기를 표준공기로 사용한다.

1) 산업환기 분야(21℃, 1atm에서의 값)

① 표준공기 밀도 : 1.203kg/㎥

② 표준공기 비중량 : 1.203kgf/㎥

③ 표준공기 동점성계수 : 1.502×10^{-5}㎡/s

03절 유체의 역학적 원리

01 연속방정식

정상류가 흐르고 있는 유체 유동에 관한 연속방정식을 설명하는 데 적용된 법칙은 질량 보전의 법칙이다.

(1) 유체역학의 질량보전 원리를 환기시설에 적용함. 필요한 네 가지 공기 특성의 주요 가정 (전제조건)

1) 환기시설 내외(덕트 내부와 외부)의 열전달(열교환) 효과 무시

2) 환기시설에서 공기 속 오염물질의 질량(무게)과 부피(용량)를 무시

3) 공기의 비압축성(압축성과 팽창성 무시)

4) 건조공기 가정

$Q = A_1 V_1 = A_2 V_2$

Q = 단위시간에 흐르는 유체의 체적(유량)(㎥/min)

: A1, A2 : 각유체의통과 단면적(㎡), V1, V2 : 각 유체의 통과 유속(m/sec)

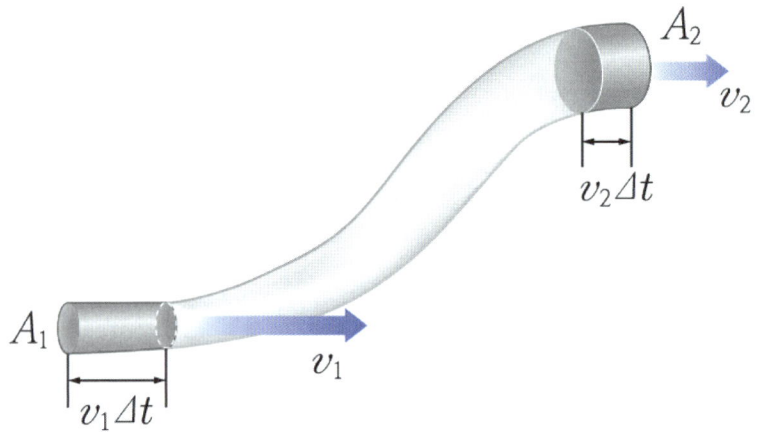

- 비 압축성 유체흐름 가정-

02 베르누이 정리(Bernouili 정리)

베르누이 정리에 의해 국소배기장치 내의 에너지 총합은 에너지의 득실이 없다면 언제나 일정하다. 즉, 에너지 보존법칙이 성립한다.

산업환기시설 내에서의 기류흐름은 후드나 덕트와 같은 관내의 유동이며, 이 유동은 두 점 사이의 압력차에 기인하여 일어나며 여기서 압력은 단위체적의 유체가 갖는 에너지를 의미한다.

(1) 방정식

$$\frac{P}{\gamma} + \frac{V^2}{2g} + Z = constant\,(H)$$

  P/γ : 압력수두(m) → 단위질량당 압력에너지
  $V^2/2g$: 속도수두(m) → 단위질량당 속도에너지
  Z : 위치수두(m) → 단위질량당 위치에너지
  H : 전수두(m)

(2) 베르누이 방정식 적용조건

  (한 조건이라도 만족하지 않으면 적용불가)
  정상 유동/비압축성, 비점성 유동 /마찰이 없는 흐름, 즉 이상 유동/
  동일한 유선상의 유동

03 레이놀즈수 및 층류와 난류

(1) 층류(laminar flow) : 유체의 입자들이 규칙적인 유동상태가 되어 질서정연하게 흐르는 상태, 관내에서의
  속도분포가 정상 포물선을 그리며 평균유속은 최대유속의 약 1/2이다.

(2) 난류(turbulent flow) : 유체의 입자들이 불규칙적인 유동상태가 되어 상호간 활발하게 운동량을 교환하면

서 흐르는 상태, 즉 속도가 빨라지면 관내 흐름은 크고 작은 소용돌이가 혼합된 형태로 변하여 혼합상태로 유동하는 흐름.

(3) 레이놀즈수(Reynolds number, Re) : 유체 흐름에서 관성력과 점성력의 비를 무차원 수로 나타낸 것. 레이놀즈수는 유체흐름에서 층류와 난류를 구분하는 데 사용, 유체에 작용하는 마찰력의 크기를 결정하는 데 중요한 인자이다.

1) 층류흐름: 레이놀즈수가 작으면 관성력에 비해 점성력이 상대적으로 커져서 유체가 원래의 흐름을 유지하려는 성질을 갖는다.

   관성력 〈 점성력

2) 난류흐름: 레이놀즈수가 커지면 점성력에 비해 관성력이 지배하게 되어 유체의 흐름에 많은 교란이 생겨 난류흐름을 형성한다.

   관성력 〉 점성력

3) 관계식

$$\text{Re} = \frac{p\,Vd}{m} = \frac{Vd}{v} = \frac{\text{관성력}}{\text{점성력}}$$

   Re : 레이놀즈수(무차원)

   p : 유체의 밀도(kg/m^3)

   d : 유체가 흐르는 직경(m)

   V : 유체의 평균유속(m/sec)

   m(마이크로) : 유체의 점성계수($kg/m \cdot s$ (Poise))

   v : 유체의 동점성계수(m^2/sec)

4) 레이놀즈수의 크기에 따른 구분

   ① 층류(Re 〈 2,100)

   ② 천이영역(2,100 〈 Re 〈 4,000)

   ③ 난류(Re 〉 4,000)

5) 일반적 산업환기 배관 내 기류 흐름의 레이놀즈수 범위는 $10^5 \sim 10^6$이다.

6) 표준공기가 관내 유동인 경우 레이놀즈수

$$\text{Re} = \frac{Vd}{V} = \frac{Vd}{1.51 \times 10^{-5}} = 0.666\,Vd \times 10^5$$

04절 공기의 성질과 오염물질

01 밀도보정

오염물질의 농도 계산 시 공기는 온도, 압력 변화에 따라서 밀도와 비중이 변하므로 표준상태에서의 밀도보정을 하여 표준화하여야 하며 이때 사용되는 보정치를 밀도보정계수(d_f)라고 한다.

02 밀도보정계수(d_f)

① 고도 및 기압이 일정한 상태에서 온도가 증가할수록 밀도보정계수는 감소한다.

② 고도 및 온도가 일정한 상태에서 압력이 증가할수록 밀도보정계수는 증가한다.

③ 계산식

$$밀도보정계수 \ (d_f, \ 무차원) : \frac{(273+21)(P)}{(℃+273)(760)}$$

    P : 대기압(mmHg, inHg)

    ℃ : 온도

    P(a) = P(s) × df

    P(a) : 실제 공기의 밀도

    P(s) : 표준상태(21℃, 1atm)의 공기밀도(1.203kg/㎥)

> **참고**   **공기밀도**
>
> 1. 온도가 상승하면 공기가 팽창하여 밀도가 작아진다.
> 2. 고공으로 올라갈수록 압력이 낮아져 공기는 팽창하고, 밀도는 작아진다.
> 3. 공기 1㎥와 물 1㎥의 무게는 다르다.
> 4. 다른 모든 조건이 일정할 경우 공기밀도는 절대온도에 반비례하고, 압력에 비례한다.

03 공기중 가스와 증기

(1) 공기 중 농도는 일정한 온도, 기압에서는 최고(포화)농도를 갖는다.

$$최고(포화) \ 농도 = \frac{P}{760} \times 10^2 (\%) = \frac{P}{760} \times 10^6 (ppm)$$

    P : 물질의 증기압(분압)

(2) **공기중에서 증기발생률 영향인자**

    온도/압력/물질 사용량/노출 표면적/물질의 비점(증기압)

(3) 더운 공기가 차가운 공기보다 많은 증기를 포함하고 어떤 온도와 압력에서도 공기는 최대의 증기량을 포함한다.

(4) 증기압이 높을수록 증발속도가 빨라진다.

04 혼합비중(유효비중)

① 오염된 공기 중에 포함되어 있는 아주 소량의 증기 유효비중은 순수한 공기 비중과 거의 동일하다.

② 환기시설 설계 시 오염물질의 비중만을 고려하여 후드 설치위치를 선정하면 안 된다. 즉, 유효비중을 고려하여 설계하여야 한다.

05절 공기압력

01 원리

두 지점 사이의 공기가 이동하려면 두 지점 사이에 압력의 차이가 있어야 하며, 이 압력 차이가 공기에 힘을 가하여 압력이 높은 지점에서 낮은 지점으로 공기를 흐르게 한다.

Q = A × V
Q : 공기흐름의 유량(㎥/min)
A : 공기가 흐르고 있는 단면적(duct)(㎡)
V : 공기흐름 속도(m/min)

02 종류

압력은 단위면적당 단위체적의 유체가 가지고 있는 에너지를 의미

베르누이 정리에 의해 속도수두를 동압(속도압), 압력수두를 정압이라 하고, 동압과 정압의 합을 전압이라 한다.

전압(TP ; Total Pressure) = 동압(VP ; Velocity Pressure) + 정압(SP ; Static Pressure)

(1) 정압

밀폐된 공간(duct)내 사방으로 동일하게 미치는 압력, 즉 모든 방향에서 동일한 압력이며 송풍기 앞에서는 음압, 송풍기 뒤에서는 양압
(송풍기가 덕트 내의 공기를 흡인하는 경우 정압은 음압).
공기흐름에 대한 저항을 나타내는 압력이며, 위치에너지에 속한다.

① 정압이 대기압보다 낮을 때는 음압(negative pressure)이고, 대기압보다 높을때는 양압(positive pressure)으로 표시한다.

② 양압은 공간벽을 팽창시키려는 방향으로 미치는 압력이고 음압은 공간벽을 압축 시키려는 방향으로 미치는 압력이다. 즉, 유체를 압축시키거나 팽창시키려는 잠재 에너지의 의미가 있다.

③ 정압은 속도압과 관계없이 독립적으로 발생한다.

(2) 동압(속도압)

① 공기의 흐름방향으로 미치는 압력이고 단위체적의 유체가 갖고 있는 운동 에너지이다. 즉, 동압은 공기의 운동에너지에 비례한다.

② 정지상태의 유체에 작용하여 일정한 속도 또는 가속을 일으키는 압력으로 공기를 이동시킨다.

③ 공기의 운동에너지에 비례하여 항상 0 또는 양압을 갖는다. 즉, 동압은 공기가 이동하는 힘으로 항상 0 이상이다.

④ 동압은 송풍량과 덕트 직경이 일정하면 일정하다.

⑤ 정지상태의 유체에 작용하여 현재의 속도로 가속시키는 데 요구하는 압력이고 반대로 어떤 속도로 흐르는 유체를 정지시키는 데 필요한 압력으로서 흐름에 대항하는 압력이다.

⑥ 공기속도(K)와 속도압(VP)의 관계

$$\frac{\gamma V^2}{2g} \text{에서, } V = \sqrt{\frac{2g\,VP}{\gamma}}$$

표준공기인 경우 γ = 1.203kgf/㎥, g= 9.81m/s²이므로 위의 식에 대입하면

$$V = 4.043\sqrt{VP}$$

$$VP = \left(\frac{V}{4.043}\right)^2$$

V : 공기속도(m/sec)

VP : 등압(속도압)(mmH₂O)

(3) 전압

① 전압은 단위유체에 작용하는 정압과 등압의 총합이다.

② 시설 내에 필요한 단위체적당 전에너지를 나타낸다.

③ 유체의 흐름방향으로 작용한다.

④ 흐름이 가속되는 경우 정압이 등압으로 변화될 때의 손실은 매우 적지만 흐름이 감속되는 경우 유체
가 와류를 일으키기 쉬우므로 동압이 정압으로 변화될 때의 손실은 크다.

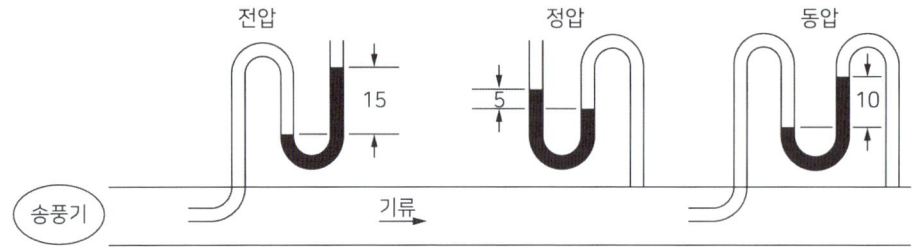

(덕트(배기)에서 전압 = 정압 + 동압(15mmH₂O = 5mmH₂O + 10mmH₂O))

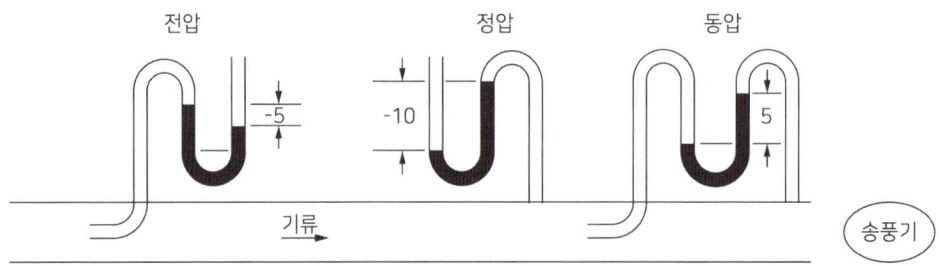

(덕트(흡인)에서 전압 = 정압 + 동압(-5mmH₂O = -10mmH₂O + 5mmH₂O))

송풍기 위치에 따른 정압, 동압, 전압의 관계

06절 압력손실

01 Hood 압력손실:

공기가 후드 내부로 유입될 때 가속손실과 유입손실(entry loss)의 형태로 압력손실이 발생한다.

(1) 가속손실

정지상태의 실내공기를 일정한 속도로 가속화시키는 데 필요한 운동에너지이다. 가속화시키는 데는 동압(속도압)에 해당하는 에너지가 필요하다.

가속손실 $(\triangle P) = 1.0 \times VP$

VP : 속도압(동압) mmH₂O

(2) 유입손실

① 공기가 후드나 덕트로 유입될 때 후드, 덕트의 모양에 따라 발생되는 난류가 공기의 흐름을 방해함으로써 생기는 에너지손실을 말한다.

② 후드 개구에서 발생되는 베나수축(vena contractor)의 형성과 분리에 의해 일어나는 에너지손실이다.

유입손실 $(\triangle P) = F \times VP$

F : 유입손실계수(요소)

VP : 속도압 (동압) (mmH₂O)

③ 베나수축은 관내로 공기가 유입될 때 기류의 직경이 감소하는 현상, 즉 기류면적의 축소현상을 말하며 후드의 형태에 큰 영향을 받는다.

④ 베나수축은 덕트의 직경 D의 약 0.2D 하류에 위치하며 덕트의 시작점에서 duct 직경D의 약 2배쯤에서 붕괴된다.

⑤ 베나수축관 단면상에서의 유체 유속이 가장 빠른 부분은 관중심부이다.

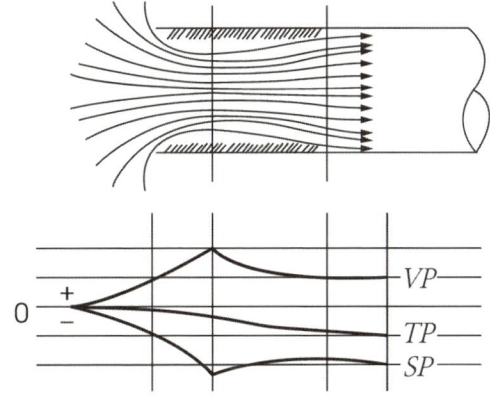

베나수축

(3) 후드(hood) 정압(SPh)

① 후드 정압은 가속손실과 유입손실을 합한 것

후드정압 (SPh) = VP + △P

= VP + (F × VP)

= VP(1 + F)

VP: 속도압(등압)(mmH$_2$O)

△P : hood압력손실(mmH$_2$O)=)유입손실

F : 유입손실계수(요소) =)후드 모양에 좌우됨.

② 유입계수 (Ce)

실제 후드 내로 유입되는 유량과 이론상 후드 내로 유입되는 유량의 비를 의미 하며 후드에서의 압력손실이 유량의 저하로 나타나는 현상이다.

후드의 유입효율을 나타내며 Ce가 1에 가까울수록 압력손실이 작은 hood를 의미한다.

즉, 후드에서의 유입손실이 전혀 없는 이상적인 후드의 유입계수는 1.0이다.

$$유입계수(Ce) = \frac{실제 유량}{이론적인 유량} = \frac{실제 흡인유량}{이상적인 흡인유량}$$

$$후드 유입손실계수 \; F = \frac{1}{Ce^2} - 1$$

$$유입계수(Ce) = \sqrt{\frac{1}{1+F}}$$

(4) 후드에서 정압과 속도압을 동시에 측정하고자 할 때 측정공의 위치

후드 또는 덕트의 연결로부터 덕트 직경의 4~6배 정도 떨어져 있는 것이 가장 적당하다.

`02` Duct 압력손실

후드에서 흡입된 공기가 덕트를 통과할 때 공기 기류는 마찰 및 난류로 인해 마찰 압력손실과 난류 압력손실이 발생한다.

(1) 마찰 압력손실 : 공기가 덕트면과 접촉에 의한 마찰에 의해 발생

마찰손실에 영향을 미치는 인자로는 공기속도, 덕트면의 성질(조도, 거칠기) 덕트 직경, 공기밀도 ,공기 점도 ,덕트의 형상이다.

(2) 난류 압력손실

곡관에 의한 공기 기류의 방향전환이나 수축, 확대 등에 의한 덕트 단면적의 변화에 따른 난류속도의 증감에 의해 발생한다.

(3) 덕트 압력손실 계산 종류

① 등가길이(등거리) 방법: 덕트의 단위길이당 마찰손실을 유속과 직경의 함수로 표현하는 방법

② 속도압방법: 유량과 유속에 의한 덕트 1m당 발생하는 마찰손실로 속도압을 기준으로 표현하는 방

법, 산업환기 설계에 일반적으로 사용

정압평형법 설계시 덕트 크기를 보다 신속하게 재계산이 가능하다.

(4) 원형 직선 duct의 압력손실:

압력손실은 덕트 길이· 공기밀도· 유속의 제곱에 비례하고, 덕트 직경에 반비례한다. 원칙적으로 마찰계수는 Moody chart(레이놀즈수와 상대조도에 의한 그래프)에서 구한 값을 적용한다.

압력손실($\triangle P$) = $F \times VP$(mmH$_2$O) : Darcy – weisbach식

$$F(압력손실계수) = 4 \times f \times \frac{L}{D}\left(= \lambda \times \frac{L}{D}\right)$$

　　λ : 관마찰계수(무차원)(λ = 4f, f : 페닝마찰계수)

　　D : 덕트 직경(m)

　　L : 덕트 길이(m)

$$VP(속도압) = \frac{\gamma \cdot V^2}{2g}(\text{mmH}_2\text{O})$$

　　ɣ : 비중(kg/㎥)

　　v : 공기속도(m/sec)

　　g : 중력가속도(m/sec2)

　f(페닝마찰계수:표면마찰계수) = $\lambda/4$

　　여기서,

　　λ : 달시마찰계수(관마찰계수)

(5) 장방형 직선 duct 압력손실

압력손실 계산 시 원형 상당직경을 구하여 원형 직선 duct 계산과 동일하게 한다.

압력손실 ($\triangle P$) = $F \times VP$ (mmH$_2$O)

F(압력손실계수) = $\lambda(f) \times L/D$

　　λ : 달시마찰계수(무차원)

　　f : 페닝마찰계수(무차원)

　　D : 덕트 직경(상당직경, 등가직경) (m)

　　L : 덕트 길이(m)

$$VP = \frac{\gamma V^2}{2g}(\text{mmH}_2\text{O})$$

　　ɣ : 비중(kg/㎥)

　　V : 공기속도(m/sec)

　　g : 중력가속도(m /sec²)

상당직경(등가직경)이란 사각형(장방형)관과 동일한 유체역학적인 특성을 갖는 원형관의 직경을 의미한다.

$$상당직경 \ (de) = \frac{2ab}{a+b}$$

$$\frac{2ab}{a+b} = 수력반경 \times 4 = \frac{유로단면적 \times 4}{접수길이} = \frac{ab \times 4}{2(a+b)}$$

　　　a,b: 각 변의 길이

양변의 비가 75%이상일 경우,

$$상당직경 \ (d_e) = 1.3 \times \frac{(ab)^{0.625}}{(a+b)^{0.25}}$$

(6) 달시마찰계수

달시마찰계수는 레이놀즈수(Re)와 상대조도(절대표면조도 ÷ 덕트직경)의 함수이다.
각 유체영역에서의 함수
1) 층류영역 → λ는 Re만의 함수
2) 전이영역 → λ는 R와 상대조도에 의한 함수
3) 난류영역 → λ는 상대조도에 의한 함수

(7) 곡관 압력손실

1) 곡관 압력손실은 곡관의 덕트 직경(l)과 곡률반경(표)의 비, 즉 곡률반경비(R/D)에 의해 주로 좌우되며 곡관의 크기, 모양, 속도, 연결, 덕트상태에 의해서도 영향 을 받는다.
2) 곡관의 반경비(R/D)를 크게 할수록 압력손실이 작아진다.
　　곡관의 구부러지는 경사는 가능한 한 완만하게 하도록 하고 구부러지는 관의 중심 선의 반지름(R)이 송풍관 직경의 2.5배 이상이 되도록 한다.
3) 압력손실은 곡관의 각도가 90°가 아닌 경우에 △P에 $\frac{\theta}{90°}$ 을 곱하여 구한다.

$$(\triangle P) = \left(\xi \times \frac{\theta}{90} \right) \times VP$$

　　ξ : 압력손실계수
　　θ : 곡관의 각도
　　VP : 속도압(동압) mmH_2O

(8) 새우등 곡관

직경이 D ≤ 15cm 인 경우에는 새우등 3개 이상, D ＞15cm 인 경우에는 새우등 5개 이상을 사용.

(9) 후드가 곡관덕트로 연결되는 경우 속도압의 측정위치 : 덕트 직경의 4~ 6배 되는 지점

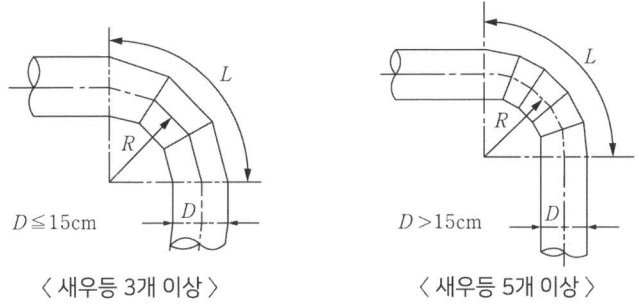

〈 새우등 3개 이상 〉　　　　〈 새우등 5개 이상 〉

(10) 합류관 압력손실

주관과 분지관을 연결 시 확대관을 이용하여 엇갈리게 연결한다.

분지관과 분지관 사이 거리는 덕트 지름의 6배 이상이 바람직하다. 분지관이 연결되는 주관의 확대각은 15°이내가 적합하다.

주관측 확대관의 길이는 확대부 직경과 축소부 직경차의 5배 이상 되는 것이 바람직하다.

합류각이 클수록 분지관의 압력손실은 증가한다.

합류관의 압력손실($\triangle P$)은 주관의 압력손실($\triangle P_1$)과 분지관의 압력손실 ($\triangle P_2$)을 합한 값으로 된다.

$$\triangle P= \triangle P_1 + \triangle P_2 = (\xi_1 VP_1) + (\xi_2 VP_2)$$

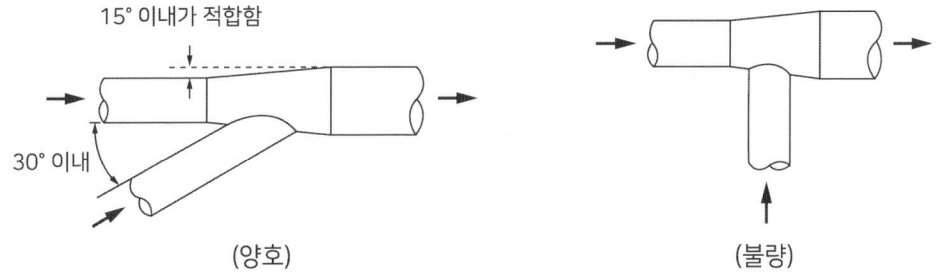

15° 이내가 적합함

30° 이내

(양호)　　　　　　　　　　　(불량)

(11) 확대관 압력손실

확대관에서는 확대각이 클수록 압력손실은 증가한다.

정압회복계수 (R) = 1 – ξ

　　ξ : 압력손실계수 $\triangle P= \xi \times (VP1- VP_2)$

　　VP1 : 확대 전의 속도압(mmH$_2$O)

　　VP$_2$: 확대 후의 속도압(mmH$_2$O)

정압회복량($SP_2- SP_1$) = ($VP_1- VP_2$) – $\triangle P$

　　SP$_2$: 확대 후의 정압(mmH$_2$O)

　　SP1 : 확대 전의 정압(mmH$_2$O)

확대측정압(SP_2)= SP_1 + R(VP_1 - VP_2)

여기서, VP_2 : 축소 후의 속도압(mmH$_2$O)

VP_1 : 축소 전의 속도압(mmH$_2$O)

정압감소량 $(SP_2 - SP_1)$ = $-(VP_2 - VP_1) - \triangle P$ = $-(1 + \xi)(VP_2 - VP_1)$

여기서, SP_2 : 축소 후의 정압(mmH$_2$O)

SP_1 : 축소 전의 정압(mmH$_2$O)

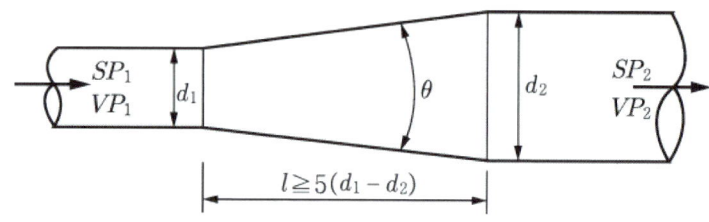

원형 확대관

(12) 축소관 압력손실

덕트의 단면 축소에 따라 정압이 속도압으로 변환되어 정압은 감소하고 속도압은 증가한다.
축소관은 확대관에 비해 압력손실이 작으며, 축소각이 45°이하일 때는 무시한다.
축소관에서는 축소각이 클수록 압력손실은 증가한다.

$\triangle P$= ξ × $(VP_2 - VP_1)$

여기서, VP_2 : 축소 후의 속도압(mmH$_2$O)

VP_1 : 축소 전의 속도압(mmH$_2$O)

정압감소량 $(SP_2 - SP_1)$ = $-(VP_2 - VP_1) - \triangle P$ = $-(1 + \xi)(VP_2 - VP_1)$

여기서, SP_2 : 축소 후의 정압(mmH$_2$O)

SP_1 : 축소 전의 정압(mmH$_2$O)

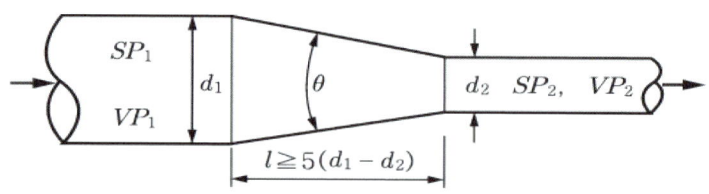

원형 축소관

(13) 배기구 압력손실

배기구를 통과하는 공기기류의 속도압에 압력손실계수를 곱하여 압력손실을 계산 한다.

국소배기장치의 배출구 압력은 항상 대기압보다 높아야 한다.

비 마개형 배기구에서 직경에 대한 높이의 비(높이/직경)가 작을수록 압력손실은 증가한다.

$$\triangle P = \xi \times VP$$

배기구의 정압(SP) = $(\xi - 1) \times VP$

07절 흡기와 배기

01 개요

송풍기에 의한 기류의 흡기와 배기 시 흡기는 흡입면의 직경 1배인 위치에서는 입구유속의 10%로 되고, 배기는 출구면의 직경 30배인 위치에서 출구 유속의 10%로 된다.

공기속도는 송풍기로 공기를 불 때 덕트 직경의 30배 거리에서 1/10로 감소하나, 공기를 흡인할 때는 기류의 방향과 관계없이 덕트 직경과 같은 거리에서 1/10로 감소한다

(점흡인 의 경우 후드의 흡인에 있어 개구부로부터 거리가 멀어짐에 따라 속도는 급격히 감소하는 데, 이때 개구면의 직경만큼 떨어질 경우 후드 흡인기류의 속도는 1/10 정도 감소).

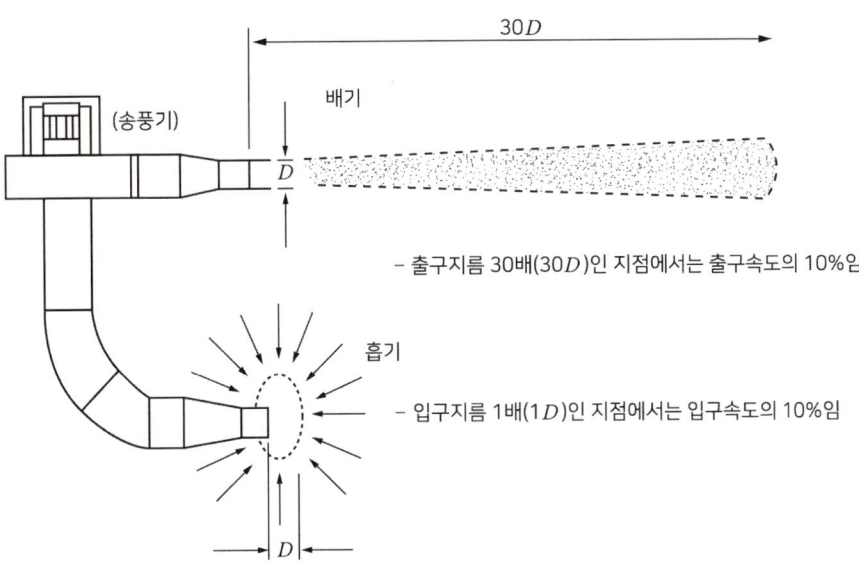

전체환기

01절 정의 및 목적

01 정의

전체환기는 외부에서 공급된 신선한 공기와의 혼합으로 유해물질 농도를 희석시키는 방법으로 자연환기 방식과 인공환기 방식으로 나뉜다.

02 목적

유해물질 농도를 희석, 감소시켜 근로자의 건강을 유지·증진 화재나 폭발을 예방, 실내의 온도 및 습도를 조절한다.

03 적용

유해물질의 독성이 비교적 낮아 TLV가 높은 경우

동일한 작업장에 다수의 오염원이 분산되어 있는 경우

유해물질이 시간에 따라 균일하게 발생할 경우

유해물질의 발생량이 적은 경우

유해물질이 증기나 가스이며 국소배기로 불가능할 경우

04 기본원칙

오염물질의 사용량을 조사하여 필요환기량을 계산하고 청정공기를 공급한다. 오염물질 배출구는 가능한 한 오염원으로부터 가까운 곳에 설치하여 '점환기'의 효과를 얻는다. 공기 배출구와 근로자의 작업위치 사이에 오염원을 위치해야 한다.

공기가 배출되면서 오염장소를 통과하도록 공기 배출구와 유입구의 위치를 선정한다.

05 종류 및 특성

(1) **자연환기** : 작업장의 환기구를 통하여 바람, 온도, 기압차이에 의한 대류작용으로 인한 자연적인 현상

　1) 장점 : 설치비 및 유지보수비가 적게 들며, 소음 발생이 적고 적당한 온도 차이와 바람으로 비용이 적게 든다.

2) 단점: 외부 기상조건과 내부 조건에 따라 환기량이 일정하지 않아 작업환경 개선용으로 이용하는데 제한적이다.

(2) 인공환기

1) 급배기법: 급 배기를 동력에 의해 운전하는 가장 효과적인 인공환기방법, 실내압을 양압이나 음압으로 조정 가능

2) 급기법: 급기는 동력, 배기는 개구부로 자연 배출
   실내압은 양압으로 유지되어 청정산업(전자산업, 식품산업, 의약산업)에 적용

3) 배기법: 급기는 개구부, 배기는 동력으로 함
   실내압은 음압으로 유지되어 오염이 높은 작업장에서 적용이 가능하다.

4) 장·단점 : 외부 계절변화에 상관없이 작업조건을 유지할 수 있으나 소음 발생이 크고 비용이 증가한다.

〈전체환기 적용시 조건〉
- 유해물질의 발생량이 적은 경우 및 희석공기량이 많지 않아도 될 경우
- 동일한 작업장에 다수의 오염원이 분산되어 있는 경우
- 소량의 유해물질이 시간에 따라 균일하게 발생될 경우
- 유해물질의 독성이 비교적 낮은 경우, 즉 TLV가 높은 경우
- 오염원이 근무자가 근무하는 장소로부터 멀리 떨어져 있는 경우
- 배출원이 이동성인 경우, 국소배기로 불가능한 경우
- 유해물질이 증기나 가스일 경우

〈전체환기 시설 설치 기본원칙〉
- 공기가 배출되면서 오염장소를 통과하도록 공기 배출추과 유입구의 위치를 선정
- 오염물질 사용량을 조사하여 필요환기량을 계산한다.
- 오염물질 배출구는 가능한 오염원으로부터 가까운 곳에 설치하여 점환기의 효과를 얻는다.
- 배출공기를 보충하기 위하여 청정공기를 공급한다. 작업장 내 압력을 경우에 따라서 양압이나 음압으로 조정해야 한다.

참고 | **연돌효과**

연돌효과는 대류현상에 의해 발생하는 공기의 흐름을 의미하며 따뜻한 공기가 건물의 상층에서 새어나올 경우 실내공기는 하층에서 고층으로 이동하며 외부공기는 건물 저층의 입구를 통해 안으로 들어온다. 연돌효과는 수직공간, 엘리베이터 통로, 기타 다른 구멍을 통해 층 사이에 오염물질을 이동시킨다.

Chapter 03 국소배기

01절 개요

국소배기란 유해물질이 발생원에서 이탈하여 확산되기전에 포집과 제거하는 환기방법이다.

01 적용조건

유해물질 발생량이 많고 독성이 강한 경우, 근로자의 작업위치가 유해물질 발생원에 가까이 근접해 있는 경우, 발생주기가 균일하지 않은 경우

02 장단점

국소배기는 발생원상에서 포집, 제거하므로 유해물질의 완전 제거가 가능하다. 전체환기보다 경제적이며 작업장 내의 방해기류나 부적절한 급기에 의한 영향을 적게 받는다. 비중이 큰 물질도 제거가 가능하다.

03 설계순서

후두형식선정 → 제어속도 결정 → 소요풍량 계산 → 반송속도 결정 → 배관내경 산출 → 후드의 크기결정 → 배관의 배치와 설치장소 선정 → 공기정화장치 선정 → 국소배기 계통도와 배치도 작성 → 총 압력손실량 계산 → 송풍기 선정

04 국소배기장치의 구성

후두 → 덕트 → 공기정화장치 → 송풍기 → 배기덕트

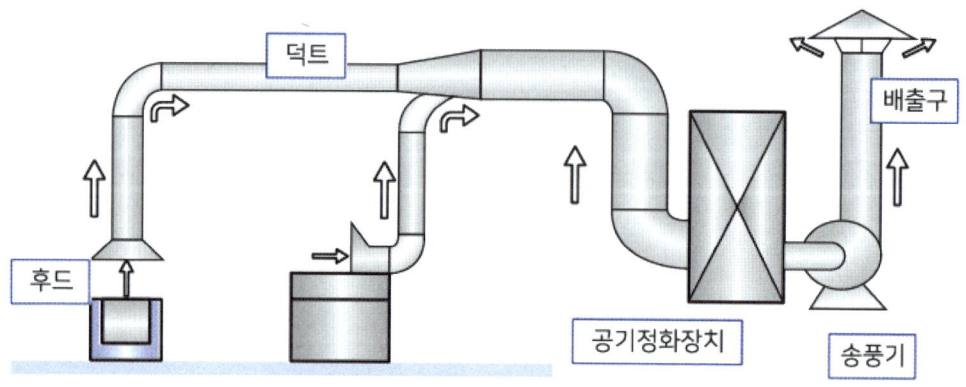

02절 후드

01 개요

(1) **설치기준** : 유해물질이 발생하는 곳마다 설치.

유해인자의 발생형태 및 비중, 작업방법 등을 고려하여 해당 분진 등의 발산원을 제어할 수 있는 구조로 설치할 것.

후드의 형식은 가능한 한 포위식 또는 부스식을 설치할 것.

(2) **제어속도(포촉속도, 포착속도)**

후드 근처에서 발생하는 오염물질을 후드로 흡인하기 위한 최소풍속

1) 고려사항

유해물질의 확산상태, 거리, 후드모양, 난기류의 속도, 독성물질의 사용과 독성정도

2) 제어속도 범위(ACGIH)

① 제어속도 0.25~0.5sec: 액면에서 발생하는 가스나 증기, 흄

작업조건: 움직이지 않는 공기 중에서 속도없이 배출되는 작업조건

조용한 대기 중에 실제 거의 속도가 없는 상태로 발산하는 경우의 작업조건

② 제어속도 0.5~1.0sec: 용접·도금 작업, 스프레이 도장, 주형을 부수고 모래를 터는 장소, 비교적 조용한(약간의 공기 움직임) 대기 중에서 저속도로 비산하는 작업조건

③ 제어속도 1.0~2.5sec: 스프레이 도장, 용기충전, 컨베이어 적재, 분쇄기, 발생기류가 높고 유해물질이 활발하게 발생하는 작업조건

④ 제어속도 2.5~10sec: 회전연삭 작업, 연마 작업, 블라스트 작업, 초고속 기류가 있는 작업장소에 초고속으로 비산하는 경우

3) 관리대상 유해물질·특별관리물질 관련 국소배기장치 후드의 제어풍속

① 0.4m/sec, 포위식 포위형, 가스상태

② 0.5m/sec, 외부식 측방 흡인형, 가스상태

③ 0.5m/sec, 외부식 하방 흡인형, 가스상태

④ 1.0m/sec, 외부식 상방 흡인형, 가스상태

⑤ 0.7m/sec, 포위식 포위형, 입자형태

⑥ 1.0m/sec, 외부식 측방 흡인형, 입자형태

⑦ 1.0m/sec, 외부식 하방 흡인형, 입자형태

⑧ 1.2m/sec, 외부식 상방 흡인형, 입자형태

4) 후드가 갖추어야 할 사항(필요환기량을 감소시키는 방법)

① 가능한 한 오염물질 발생원에 가까이 설치한다.(포집식 및 리시버식 후드).

② 오염원의 특성을 고려하여 설계할 것.

③ 작업이 방해되지 않도록 설치해야 하며 가급적이면 공정을 많이 포위한다.

④ 후드 개구면에서 기류가 균일하게 분포되도록 설계한다.

⑤ 공정에서 발생 또는 배출되는 오염물질의 절대량을 감소시킨다.

5) 후드 입구의 공기흐름을 균일하게 하는 법

① 슬롯(slot) 사용

② 차폐막이용

③ 분리날개 (splitter vanes) 설치

④ 테이퍼 설치: 경사각은 60도 이내로 설치할 것.

6) 후드 선택 시 유의사항(후드의 선택지침)

필요환기량을 최소화하고 ACGIH 및 OSHA의 설계기준을 준수하고 작업자의 작업방해를 최소화 할 수 있도록 설치해야 한다.

상당거리를 떨어져 있어도 제어할 수 있다는 생각, 공기보다 무거운 증기는 후드 설치위치를 작업장 바닥에 설치해야 한다는 설계오류를 범하지 않도록 한다. 후드는 덕트보다 두꺼운 재질을 선택하고, 오염물질의 물리화학적 성질을 고려, 후드재료를 선정한다.

7) 플레넘(충만실)

플레넘(plenum)은 후드 뒷부분에 위치하며 개구면 흡입유속의 강약을 작게 하여 일정하게 하므로 압력과 공기 흐름을 균일하게 형성하는 데 필요한 장치로, 가능한 설치는 길게 하며 배기효율을 우선적으로 높여야 한다.

8) 후드의 형태와 주요 특징

① 포위식 후드: 발생원을 완전히 포위하는 형태의 후드, 후드의 개구면 속도가 제어속도가 됨, 국소배기장치의 후드 형태 중 가장 효과적인 형태로 필요환기량을 최소한으로 줄 일 수 있음. 독성가스 및 방사성 동위원소 취급 공정, 발암성 물질에 주로 사용

② 외부식 후드: 작업여건상 발생원에 독립적으로 설치하여 유해물질을 포집하는 후드, 후드와 작업 지점과의 거리를 줄이면 제어속도가 증가함.

③ 외부식 슬롯 후드: 후드 개방부분의 길이가 길고 높이(폭)가 좁은 형태로, [높이(폭)/길이]의 비가 0.2 이하

슬롯 후드에서도 플랜지를 부착하면 필요배기량을 저감(ACGIH : 환기량 30% 절약)

④ 리시버식(수형):운동량(관성력) : 연삭·연마 공정에 적용

• 열상승력 : 가열로, 용융로, 용해로 공정에 적용

• 필요송풍량 계산 시 제어속도의 개념이 필요 없음

⑤ Push-pull후드: 제어길이가 비교적 길어서 외부식 후드에 의한 제어효과가 문제가 되는 경우에 공기를 밀어주고(push) 당겨주는(pull) 장치로 되어 있음.

• 장점 : 포집효율을 증가시키면서 필요유량을 대폭 감소시키고, 작업자의 방해가 적으며, 적용이 용이함(일반적인 국소배기장치의 후드보다 동력비가 적게 소요)

• 단점 : 원료의 손실이 크고 설계방법이 어려움

9) 무효점 이론

① 무효점 (제로점, null point) : 발생원에서 방출된 유해물질이 초기 운동에너지를 상실하여 비산속도가 0이 되는 비산한계점을 의미한다.

② 무효점 이론 : 필요한 제어속도는 발생원뿐만 아니라, 이 발생원을 넘어서 유해물질의 초기 운동

에너지가 거의 감소되어 실제 제어속도 결정시 이 유해물질을 흡인할 수 있는 지점까지 확대되어야 한다는 이론이다.

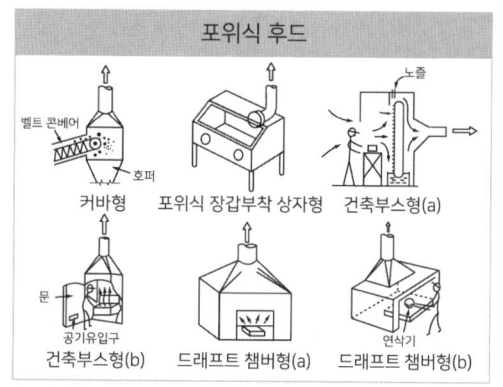

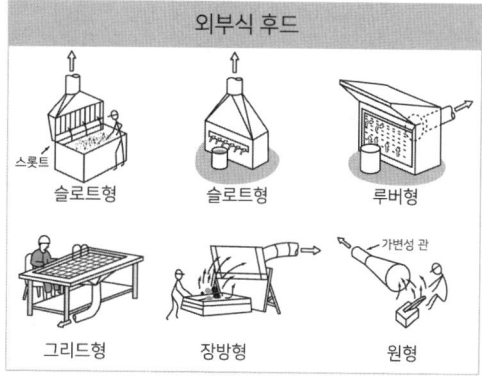

10) 후드의 분출기류

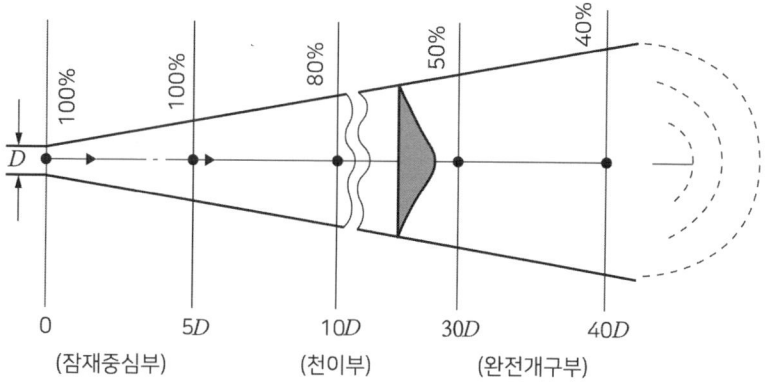

① 잠재중심부 : 배출구 직경의 5배까지
② 천이부 : 배출구 직경의 5배부터 30배까지
③ 완전개구부 : 배출구 직경의 30배 이상

11) 필요송풍량 Q
① 자유공간 위치, 플랜지 미부착
이 공식은 오염원에서 후드까지의 거리가 덕트 직경의 1.5배 이내일 때에만 유효하며 필요송풍량에 가장 큰 영향을 주는 인자는 후드로부터 오염원까지의 거리이다.

$Q = Vc(10X^2 + A)$=〉 Della Valle식(기본식)

Q = 필요송풍량(㎥/min), Vc: 제어속도(m/sec²), A:개구면적(㎡)
X = 후두 중심선으로부터 오염원까지의 거리

② 바닥면에 위치, 플랜지 미부착

$Q = Vc(5X^2 + A)$

③ 자유공간 위치, 플랜지 부착: 일반적으로 외부식 후드에 플랜지를 부착하면 후방 유입기류를 차단하고 후드 전면에서 포집범위가 확대되어 flange가 없는 후두에 비해 동일지점에서 동일한 제어속도를 얻는데 필요한 송풍량을 25% 감소시킬 수 있다. 플랜지 폭은 후드 단면적의 제고급 이상이 되어야 한다.

$Q = 0.75x \ Vc(10X^2 + A)$

④ 바닥면(작업 테이블)에 위치, 플랜지 부착(가장 경제적)

$Q = 0.5X \ Vc(10X^2 + A)$

> **참고** **후드의 효율순서**
>
> 포위식 → 외부식 후드(테이블 고정, 플랜지 부착) → 외부식 후드(자유공간, 플랜지 부착)
> → 외부식 후드(자유공간, 플랜지 미부착)

⑤ 외부식 슬롯 후드: slot후드는 후드 개방부분의 길이가 길고 높이가 좁은 형태로 높이/길이의 비가 0.2이하인 것을 말한다.

slot후드의 가장자리에서도 공기의 흐름을 균일하게 하기 위해 사용한다.

플랫넘 속도를 슬롯속도의 1/2이하로 하는 것이 좋다.

$Q = C{\cdot}L{\cdot} \ Vc{\cdot} \ X$

    C : 항상계수[전원주 : 5.0(ACGIH : 3.7)

    3/4원주 : 4.1

    1/2원주(플랜지 부착 경우와 동일) 2.8(ACGIH: 2.6)

    1/4원주 : 1.6)]

    L : 슬롯 개구면의 길이 (m)

    X : 포집점까지의 거리(m)

⑥ 리시버식(수형) 천개형 후드

  가. 난기류가 없을경우 (유량비법)

    $Q_T = Q_1 + Q_2 = Q_1(1+Q_2/Q_1) = Q_1(1+K_L)$

    Q_T : 필요송풍량(m³/min) Q_1 : 열상승기류량(m³/min)

    Q_2 : 유도기류량(m³/min) K_L : 누입한계유량비

  나. 난기류가 있을경우 (유량비법)

    $Q_T = Q_1 \times [1 + (m \times K_L)] = Q_1 \times (1+K_p)$

    m : 누출안전계수(난기류의 크기에 따라 다름)

    K_p : 설계유량비

* 리시버식 후드의 열원과 캐노피 후드 관계

  $F_3 = E + 0. \ 8H \Rightarrow H/ \ E는 0.7이하로 설계$

  F_3 : 후드의 직경 E : 열원의 직경 H : 후드의 높이

03절 덕트

01 정의

후드에서 흡인한 유해물질을 공기정화기를 거쳐 송풍기까지 운반하는 송풍관 및 송풍 기로부터 배기구까지 운반하는 관을 덕트라 한다. 후드로 흡인한 유해물질이 덕트 내에 퇴적하지 않게 공기정화장치까지 운반하는 데 필요한 최소속도를 반송속도라 한다.

02 덕트 설치시 고려사항

연결부위 등은 외부 공기가 들어오지 않도록 할 것(연결방법을 가능한 한 용접한다. 가능한 후드의 가까운 곳에 설치할 것.

송풍기를 연결할 때는 최소 덕트 직경의 6배 정도 직선구간을 확보하고 직관은 하향구배로 하고 직경이 다른 덕트를 연결할 때에는 경사 30° 이내의 테이퍼를 부착한다. 가능하면 길이는 짧게 하고 굴곡부의 수는 적게 한다. 접속부의 안쪽은 돌출된 부분이 없도록 할 것.

03 반송속도

(1) **정의** : 반송속도는 후드로 흡인한 오염물질을 덕트 내에 퇴적시키지 않고 이송하기 위한 송풍 관 내 기류의 최소속도를 말한다.

(2) **고려요소**

덕트의 직경, 조도, 단면확대 또는 수축, 곡관 수 및 모양 등

반송속도(m/sec)	유해물질	예
10	가스,증기, 흄 및 극히 가벼운 물질	각종가스, 증기, 목재분진, 솜먼지, 고무분
15	가벼운 건조먼지	곡물분, 고무, 플라스틱, 경금속 분진
20	일반 공업 분진	털, 나무나 대패 부스러기, 글라인더 분진등
25	무거운 분진	납분진, 주조후 머래털기 작업시 먼지
25이상	무겁고 비교적 큰 입자의 젖은먼지	젖은 납분진, 젖은 주조 작업발생 먼지, 철분진, 요업분진

(3) **덕트의 재질**

1) 유기용제(부식이나 마모의 우려가 없는 곳) : 아연도금 강판
2) 강산, 염소계 용제 : 스테인리스스틸 강판
3) 알칼리 : 강판
4) 주물사, 고온가스 : 흑피 강판
5) 전리방사선 : 중질 콘크리트

(4) 총 압력손실의 계산

1) 정의 : 총 압력손실의 계산은 덕트 합류 시 균형 유지를 위한, 즉 압력평형을 이루기 위한 계산법이다.

2) 목적 : 제어속도와 반송속도를 얻는데 필요한 송풍량을 구하기 위해

3) 계산법

① 정압조절평형법, 유속조절평형법, 정압균형유지법

저항이 큰 쪽의 덕트 직경을 약간 크게 또는 덕트 직경을 감소시켜 저항을 줄이거나 증가시켜, 또는 유량을 재조정하여 합류점의 정압이 같아지도록 하는 방법이다. 저항이 큰 쪽의 덕트 직경을 약간 크게 또는 덕트 직경을 감소시켜 저항을 줄이거나 증가시켜, 또는 유량을 재조정하여 합류점의 정압이 같아지도록 하는 방법, 분지관의 수가 적고 고독성 물질이나 폭발성 및 방사성 분진을 대상으로 사용함.

가. 계산식

$$Q_c = Q_d \sqrt{\frac{SP_2}{SP_1}}$$

Q_c : 보정유량(m^3/min)

Q_d : 설계유량(m^3/min)

SP_2 : 압력손실이 큰 관의 정압(지배정압)(mmH_2O) : 정압 절대치

SP_1 : 압력손실이 작은 관의 정압(mmH_2O) : 정압 절대치

(계산결과 높은쪽 정압과 낮은 쪽 정압의 비(정압비)가 1.2 이하인 경우는 정압이 낮은 쪽의 분지관 유량을 증가시켜 압력을 조정하고 정압비가 1.2보다 클 경우는 정압이 낮은 분지관을 재 설계하여야 한다)

나. 두 개의 덕트가 합류 시 정압(SP)에 따른 개선사항

- 두 개의 덕트가 합류 시 정압의 차이가 없는 것 : 이상적
- 낮은 SP〈 0.8 : 정압이 낮은 덕트 직경을 재설계 높은 SP
- 0.8≤낮은 SP/ 높은 SP〈 0.95: 정압이 낮은 쪽의 유량 조정
- 0.95≤낮은 SP/높은 SP: 차이를 무시함.

다. 장점: 설계가 정확할 때에는 가장 효율적인 시설이 된다.

예기치 않은 침식, 부식, 분진퇴적으로 인한 축적(퇴적) 현상이 일어나지 않는다.

- 분지관 설계 또는 최대저항경로(저항이 큰 분지관) 선정이 잘못되어도 설계 시 쉽게 발견할 수 있다.

라. 단점

- 설계 시 잘못된 유량을 고치기 어렵다(유량조절 어려움).
- 설계가 복잡하고 시간이 걸린다.
- 설계유량 산정이 잘못되었을 경우 수정은 덕트의 크기 변경을 필요로 한다.
- 때에 따라 전체 필요한 최소유량보다 더 초과될 수 있다.

② 저항조절평형법(댐퍼조절평형법, 덕트균형유지법)

　가. 정의: 각 덕트에 댐퍼를 부착하여 압력을 조정, 평형을 유지하는 방법이다.

　나. 특징:

　　• 후드를 추가 설치해도 쉽게 정압조절이 가능하다.

　　• 사용하지 않는 후드를 막아 다른 곳에 필요한 정압을 보낼 수 있어 현장에서 가장 편리하게 사용할 수 있는 압력균형방법이다.

　다. 장점: 시설 설치 후 변경에 유연하게 대처가 가능하고 최소설계풍량으로 평형 유지가 가능하다.

　　• 공장 내부의 작업공정에 따라 적절한 덕트 위치 변경이 가능하다.

　라. 단점: 평형상태 시설에 댐퍼를 잘못 설치 시 또는 임의의 댐퍼 조정 시 평형상태가 파괴될 수 있다.

　　• 부분적 폐쇄댐퍼는 침식, 분진퇴적의 원인이 된다.

04절　송풍기

01　정의

국소배기장치의 일부로 오염공기를 후드에서 덕트내로 유동시켜서 옥외로 배출하는 원동력을 만들어내는 흡인장치이다.

(1) 분류

1) 팬: 토출압력과 흡입압력비가 1.1미만인 것, 압력상승의 한계가 1000mmH₂O 인 것.

2) 블로어: 토출압력과 흡입압력비가 1.1이상 2미만인 것.
압력상승의 한계가 1000~10000mmH₂O인 것.

(3) 종류

1) 원심력 송풍기

　① 달팽이모양으로 생기고 흡입방향과 배출방향이 수직이다.

2) 다익형(multi blade fan)

　① 전향날개형(전곡 날개형, forward-curved blade fan)이라고 하며, 많은 날개 (blade)를 갖고 있다.

　② 송풍기의 임펠러가 다람쥐 쳇바퀴 모양으로 회전날개가 회전방향과 동일한 방향으로 설계되어 있다.

　③ 장점은 제한된 장소에 사용가능하며 설계가 간단, 저가로 제작이 가능, 분지관이 송풍에 적합하다.

　④ 단점은 구조, 강도상 고속 회전이 불가능하며 효율이 낮고(약 60%)
동력 상승률이 크고 과부하 되기 쉬우므로 큰 동력의 용도에 적합하지 않으며 청소가 곤란하다.

3) 평판형: 방사날개형이다. 날개(blade)가 다익형보다 적고 직선이며, 평판 모양을 하고 있어 강도가 매우 높게 설계되어 있다.

깃의 구조가 분진을 자체 정화할 수 있도록 되어 있다. 시멘트, 미분탄, 곡물, 모래 등의 고농도 분진 함유 공기나 마모성이 강한 분진 이송용으로 사용된다. 부식성이 강한 공기를 이송하는데 쓰임. 효율은 터보형〉평판형〉다익형 순이다.

4) 터보형: 후향 날개형(후곡 날개형) (backward - curved blade fan)은 송풍량이 증가해도 동력이 증가하지 않는 장점을 가지고 있어 한계부하 송풍기라고도 한다. 회전날개(깃)가 회전방향 반대편으로 경사지게 설계되어 있어 충분한 압력을 발생시킬 수 있다.

① 장점은

가. 송풍기를 병렬로 배치해도 풍량에는 지장이 없으며 장소의 제약을 받지 않는다.

나. 통상적으로 최고속도가 높으므로 송풍기 중 효율이 가장 좋음

다. 하향구배 특성이기 때문에 풍압이 바뀌어도 풍량의 변화가 적음

라. 통상적으로 최고속도가 높으므로 송풍량이 증가해도 동력은 크게 상승하지 않음

② 단점은 소음이 크며 고농도 분진 함유 공기 이송 시에 집진기 후단에 설치해야 함.

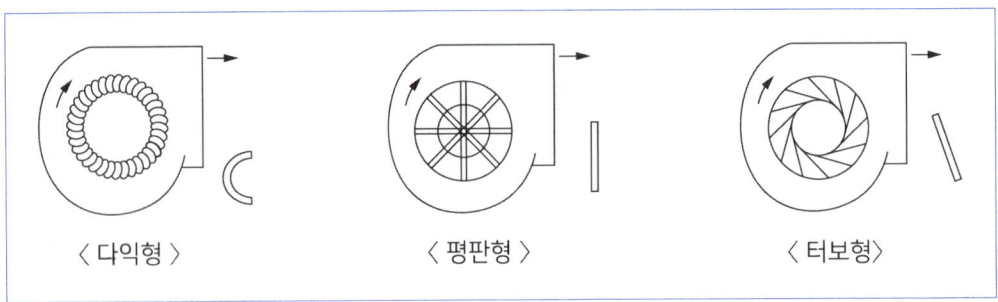

〈 다익형 〉　　　　〈 평판형 〉　　　　〈 터보형〉

5) 축류 송풍기

전향 날개형 송풍기와 유사한 특징을 가지고 있으며 원통형으로 되어 있다. 공기 이송 시 공기가 회전축(프로펠러)을 따라 직선방향으로 이송된다. 국소배기용보다는 압력손실이 비교적 작은 전체 환기량으로 사용해야 한다.

① 장점: 축방향 흐름이기 때문에 덕트에 바로 삽입할 수 있어 설치비용이 저렴하고 전동기와 직결할 수 있으며 경량이고 재료비 및 설치비용이 저렴하다.

② 단점: 풍압이 낮기 때문에 압력손실이 비교적 많이 걸리는 시스템에 사용했을 때 서징현상으로 진동과 소음이 심한 경우가 생김.

최대송풍량의 70%이하가 되도록 압력손실이 걸릴 경우 서징현상을 피할 수 없음. 원심력송풍기보다 주속도가 커서 소음이 큼.

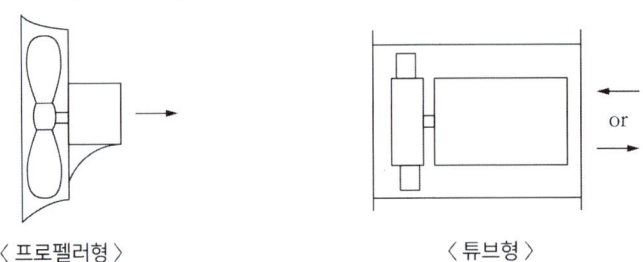

〈 프로펠러형 〉　　　　〈 튜브형 〉

6) 특수 송풍기

① 사류팬: 원심력송풍기와 축류송풍기의 중간적 흐름, 즉 공기가 축방향으로 흘러들어와서 900가 아닌 경사방향으로 흘러나가는 형태의 송풍기이다. 폭넓은 유량범위에 있어서도 효율 저하가 적고 동력 변화가 적다

② 횡류팬(Cross flow fan)

회전차 폭이 직경에 비해 너무 커 공기가 회전차의 반경방향으로 흡인되어 반경방 향으로 배출되는 형태를 나타낸다. 회전차의 형상은 다익팬과 유사하다.

③ 송풍관이 붙은 원심팬(tubular centrifugal):

회전차는 후경깃을 가진 익형팬과 유사하나 케이싱은 와권형이 아니고 정익붙이 축류팬과 유사하게 설계된 송풍기이다.

풍압과 풍량도 작으며 효율이 낮아 주로 공기순환용 및 환기통풍용이다.

7) 송풍기 전압 및 정압

① 송풍기 전압(FTP)

배출구 전압(TPout)과 흡입구 전압(TPin)의 차로 표시한다.

FTP = TPout − TPin = (SPout + VPout) − (SPin + VPin)

② 송풍기 정압(FSP)

송풍기 전압(FTP)과 배출구 속도압(VPout)의 차로 표시한다.

FSP = FTP − VPout

= (SPout − SPin) + (VPout − V Pin) − VPout

= (SPout − SPin) − VPin

= (SPout − TPin)

8) 송풍기 소요동력(kW)

$$(kW) = \frac{Q \times \Delta P}{6120 \times \eta} \times a$$

Q : 송풍량(㎥/min)

ΔP : 송풍기 유효전압(= 전압= 정압)(mmH2O)

η : 송풍기 효율(%)

a : 안전인자(여유율)(%)

$$HP = = \frac{Q \times \Delta P}{4500 \times \eta} \times a$$

9) 송풍기 법칙(상사 법칙, law of similarity)

송풍기 법칙이란 송풍기의 회전수와 송풍기 풍량, 송풍기 풍압, 송풍기 동력과의 관계를 말한다.

① 송풍기 크기가 같고, 공기의 비중이 일정할 때 : 회전수(비)

가. 풍량은 회전속도(회전수)비에 비례한다.

$$\frac{Q_2}{Q_1} = \frac{rpm_2}{rpm_1}$$

Q_1 : 회전수 변경 전 풍량(㎥/min)

Q_2 : 회전수 변경 후 풍량(㎥/min)

rpm_1 : 변경 전 회전수(rpm), rpm_2 : 변경 후 회전수(rpm)

나. 풍압(전압)은 회전속도(회전수)비의 제곱에 비례한다.

$$\frac{FTP_2}{FTP_1} = \left(\frac{rpm_2}{rpm_1}\right)^2$$

FTP_1 : 회전수 변경 전 풍압(mmH$_2$O)

FTP_2 : 회전수 변경 후 풍압(mmH$_2$O)

다. 동력은 회전속도(회전수)비의 세제곱에 비례한다.

$$\frac{kW_2}{kW_1} = \left(\frac{rpm_2}{rpm_1}\right)^3$$

kW_1 : 회전수 변경 전 동력(kW)

kW_2 : 회전수 변경 후 동력(kW)

② 송풍기 회전수, 공기의 중량이 일정할 때 : 송풍기 크기(비)

가. 풍량은 송풍기의 크기(회전차 직경)의 세제곱에 비례한다.

$$\frac{Q_2}{Q_1} = \left(\frac{D_2}{D_1}\right)^3$$

D_1 : 변경 전 송풍기의 크기(회전차 직경)

D_2 : 변경 후 송풍기의 크기(회전차 직경)

나. 풍압은 송풍기의 크기의 제곱에 비례한다.

$$\frac{FTP_2}{FTP_1} = \left(\frac{D_2}{D_1}\right)^2$$

FTP_1 : 송풍기 크기 변경 전 풍압(mmH$_2$O)

FTP_2 : 송풍기 크기 변경 후 풍압(mmH$_2$O)

다. 동력은 송풍기의 크기의 오제곱에 비례한다.

$$\frac{kW_2}{kW_1} = \left(\frac{D_2}{D_1}\right)^5$$

kW_1 : 송풍기 크기 변경 전 동력(kW)

kW_2 : 송풍기 크기 변경 후 동력(kW)

③ 송풍기 회전수와 송풍기 크기가 같을 때,

가. 풍량은 비중의 변화에 무관하다.

$$Q_1 = Q_2$$

Q_1 : 비중(량) 변경 전 풍량(㎥/min)

$Q2$: 비중(량) 변경 후 풍량(㎥/min)

나. 풍압과 동력은 비중(량)에 비례, 절대온도에 반비례한다.

$$\frac{FTP_2}{FTP_1} = \frac{kW_2}{kW_1} = \frac{p_2}{p_1} = \frac{T_1}{T_2}$$

FTP_1, FTP_2 : 변경 전후의 풍압(mmH2°)

kW_1, kW_2 : 변경 전후의 동력(kW)

P_1, P_2 : 변경 전후의 비중(량)

T_1, T_2 : 변경 전후의 절대온도

10) 송풍기 분진부착 및 날개 마모대책: 공기정화장치 뒤쪽에 송풍기를 설치한다. 일반적으로 평판형 송풍기를 사용하는 것이 좋다.

11) 송풍기 설계시 주의사항

① 송풍량과 송풍압력을 완전히 만족시켜 예상되는 풍량의 범위 내에서 과부하지 않고 안전한 운전이 되도록 한다.

② 송풍기와 덕트 사이에 flexible 을 설치하여 진동을 절연한다.

③ 송풍기 정압이 1대의 송풍기로 얻을 수 있는 정압보다 더 필요한 경우 송풍기를 직렬로 연결한다.

12) 송풍기 선정

① 송풍기 평가표에 명시사항(송풍기 선정 시 필요 요소)

송풍량, 송풍기 정압, 송풍기 전압, 회전속도(rpm), 브레이크 마력, 송풍기 크기

② 송풍기 선정시 덕트계의 압력손실 계산결과에 의하여 배풍기 전후의 압력차를 구한다. 특성선도를 사용하여 필요한 정압, 풍량을 얻기 위한 회전수, 축동력, 사용모터 등을 구한다.

13) 송풍기 성능곡선, 시스템 곡선 및 동작점.

① 성능곡선: 송풍기에 부하되는 송풍기 정압에 따라 송풍량이 변하는 경향을 나타내는 곡선이다.

② 시스템 (요구)곡선: 송풍량에 따라 송풍기 정압이 변하는 경향을 나타내는 곡선이다($P \propto Q^2$)

③ 동작점: 송풍기 성능곡선과 시스템 요구곡선이 만나는 점

참고 중요공식

01 회전수비

(1) 풍량은 회전수비에 비례

$$\frac{Q_2}{Q_1} = \frac{rpm_2}{rpm_1}, \ Q_2 = Q_1 \times \frac{rpm_2}{rpm_1}$$

(2) 압력손실은 회전수비의 제곱에 비례

$$\frac{\Delta P_2}{\Delta P_1} = \left(\frac{rpm_2}{rpm_1}\right)^2, \ \Delta P_2 = \Delta P_1 \times \left(\frac{rpm_2}{rpm_1}\right)^2$$

(3) 동력은 회전수비의 세제곱에 비례

$$\frac{kW_2}{kW_1} = \left(\frac{rpm_2}{rpm_1}\right)^3, \ kW_2 = kW_1 \times \left(\frac{rpm_2}{rpm_1}\right)^3$$

02 송풍기 크기(회전차 직경)비

(1) 풍량은 송풍기 크기비의 세제곱에 비례

$$\frac{Q_2}{Q_1} = \left(\frac{D_2}{D_1}\right)^3, \ Q_2 = Q_1 \times \left(\frac{D_2}{D_1}\right)^3$$

(2) 압력손실은 송풍기 크기 비의 제곱에 비례

$$\frac{\Delta P_2}{\Delta P_1} = \left(\frac{D_2}{D_1}\right)^2, \ \Delta P_2 = \Delta P_1 \times \left(\frac{D_2}{D_1}\right)^2$$

(3) 동력은 송풍기 크기비의 오제곱에 비례

$$\frac{kW_2}{kW_1} = \left(\frac{D_2}{D_1}\right)^5, \ kW_2 = kW_1 \times \left(\frac{D_2}{D_1}\right)^5$$

03 집진장치와 집진효율 관련식

(1) 원심력 집진장치의 분리계수

원심력 집진장치(cyclone)의 잠재적인 효율(분리능력)을 나타내는 지표

$$분리계수 = \frac{원심력(가속도)}{중력(가속도)} = \frac{V^2}{R \cdot g}$$

V: 입자의 접선방향 속도(입자의 원주 속도)

R : 입자의 회전반경(원추 하부반경)

g : 중력가속도

※ 분리계수가 클수록 분리효율이 좋다.

(2) 여과 집진장치 여과속도

$$V = \frac{총 처리가스량}{여과포 1개의 면전(DH) \times 여과포 개수} = 여과속도$$

$V = $ 여과속도

(3) 직렬조합시 총 집진율

$$\eta r = \eta_1 + \eta_2(1 - \eta_1)$$

ηr: 총 집진율(%)

η_1 : 1차 집진장치 집진율(%)

η_2 : 2차 집진장치 집진율(%)

(4) 보호구 관련식

$$유효시간 = \frac{표준유효시간 \times 시험가스농도}{작업장의 공기 중 유해가스 농도}$$

*검정 시 사용하는 표준물질 : 사염화탄소(CCl_4)

(5) 보호계수(PF ProtectionFactor)

보호구를 착용함으로써 유해물질로부터 보호구가 얼마만큼 보호해 주는가의 정도

$$PF = C_0 / C_i$$

C_0 : 보호구 밖의 농도, C_i : 보호구 안의 농도

(6) 할당보호계수(APF Assigned Protection Factor)

작업장에서 보호구 착용 시 기대되는 최소보호정도치

$$APF \geq \frac{C_{air}}{PEL}(= HR)$$

Cair : 기대되는 공기 중 농도

PEL : 노출기준, HR : 유해비

* APF가 가장 큰것 : 양압 호흡기 보호구중 공기공급식(SCBA,압력식)전면형

(7) 최대사용농도(MUC Maximum Use Concentration)

　　APF의 이용 보호구에 대한 최대사용농도

　　MUC = 노출기준 X APF

(8) 차음효과(OSHA)

　　차음효과 = (NRR - 7) x 0.5

　　여기서, NRR : 차음평가지수

(9) 공기중 습도와 산소

$$상대습도(\%) = \frac{절대습도}{포화습도} \times 100$$

$$산소분압(mmHg) = 기압(mmHg) \times \frac{산소농도(\%)}{100}$$

05절　공기정화장치

01　정의

공기 중에 부유하고 있는 먼지 등 입자상 물질을 분리, 포집함으로써 공기를 정화한다. 집진장치는 집진원리에 의한 작용력에 따라 중력집진장치, 관성력집진장치, 원심력집진장치, 세정집진장치, 여과집진장치, 전기집진장치 등으로 분류된다.

(1) 선정시 고려사항

1) 오염물질의 농도(비중) 및 입자크기, 입경분포

2) 유량, 집진율, 점착성, 전기저항

3) 함진가스의 폭발 및 가연성 여부

4) 배출가스 온도, 분진 제거 및 처분방법, 총 에너지요구량

5) 처리가스의 흐름특성과 용량

(2) 중력집진장치

함진가스 중의 입자를 중력에 의한, 즉 Stokes의 법칙에 의거 자연침강을 이용하여 분리 포집하는 장치이다.

1) 취급입자 : 50㎛ 이상

2) 기본유속 : 1~ 2m/sec

3) 압력손실 : 5~ 10mmH₂O

4) 집진효율 : 40~60%

5) 특징: 전처리장치로 많이 이용하며 다른 집진장치에 비해 상대적으로 압력손실이 적고 상대적으로 효율이 낮다.

　　먼지부하 및 유량변동에 적응성이 낮다.

6) Skotes 종말침전속도(분리속도)

$$Vg = \frac{d_p^2(P_p - P)g}{18\mu}$$

Vg : 종말침강속도 (m/sec) :

dp : 입자의 직경(m)

Pp : 입자의 밀도(kg/m³)

p : 가스(공기)의 밀도(kg/m³) :

g : 중력가속도 (9.8m/sec2)

μ : 가스의 점도(점성계수)(kg/m · sec)

– 중력집진장치 –

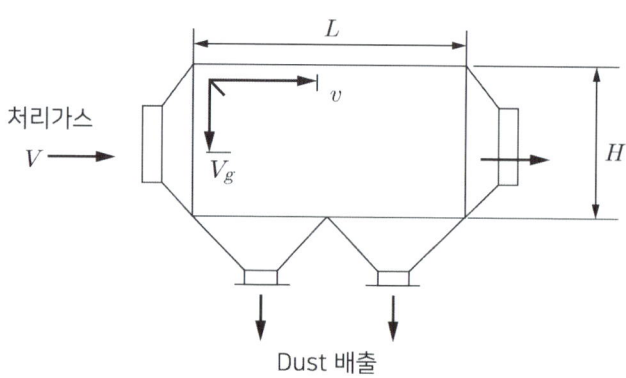

Dust 배출

7) 집진효율 향상방안

$$\eta = \frac{V_g}{V} \times \frac{L}{H} \times n = \frac{d_p^2 \times (\rho_p - \rho)gL}{18\mu HV} \times n$$

η : 집진효율

Vg : 종말침강속도(m/sec)

V : 처리가스 속도(m/sec)

L : 장치의 길이; 수평도달거리(m)

H : 장치의 높이

n : 침전실의 단수(바닥면 포함)

(3) 관성력집진장치

함진배기를 방해판에 충돌시켜 기류의 방향을 급격하게 전환시켜 입자의 관성력에 의하여 분리 ·포집하는 장치이다.

1) 취급입자: 10~100㎛이상, 기본유속: 1~2m/sec

2) 압력손실: 30~70mmH₂O, 집진효율 : 50~70%

3) 특징

① 구조나 원리가 간단하며 덕트 중간에 설치가 가능하다.

② 집진효율을 높이기 위해서는 충돌 전 처리 배기가스 속도는 입자의 성상에 따라 적당히 빠르게 하고 충돌 후 집진기 후단의 출구 기류속도를 가능한 적게 한다.

③ 기류의 방향전환각도가 클수록 제진효율이 높아지고 기류의 방향전환횟수가 많을수록 압력손실은 증가한다(집진효율을 높이기 위해서는 압력손실이 증가하더라도 기류의 방향전환 횟수를 늘린다).

(4) 원심력집진장치

분진을 함유하는 가스에 선회운동을 시켜서 가스로부터 분진을 분리·포집하는 장치, 가스 유입 및 유출형식에 따라 접선유입식과 축류식으로 구분한다.

1) 취급입자:3~10㎛이상 /압력손실: 50~150mmH₂O/ 집진효율:60~90%

2) 입구유속: 접선유입식(7~ 15m/sec), 축류식(10m/sec전후)

3) 특징:

① 가동부분이 적은 것이 기계적인 특징이고, 구조가 간단하여 유지·보수비용이 저렴하다.

② 미세입자에 대한 집진효율이 낮고, 분진 농도가 높을수록 집진효율이 증가하며 먼지부하, 유량변동에 민감하다.

③ 점착성· 마모성· 조해성· 부식성 가스에 부적합하다.

④ 단독 또는 전처리장치로 이용된다.

⑤ 미세한 입자를 원심분리하고자 할 때 가장 큰 영향인자는 사이클론의 직경이다.

⑥ 직렬 또는 병렬로 연결하여 사용이 가능하기 때문에 사용폭을 넓힐 수 있다.

⑦ 사이클론 원통의 길이가 길어지면 선회기류가 증가하여 집진효율이 증가한다.

⑧ 입경과 밀도가 클수록 집진효율이 증가한다.

⑨ 사이클론의 원통 직경이 클수록 집진효율이 감소한다.

4) 성능 특성

① 최소입경(임계입경): 사이클론에서 100% 처리효율로 제거되는 입자의 크기 의미

② 절단입경(cut-size): 사이클론에서 50% 처리효율로 제거되는 입자의 크기 의미

③ 분리계수(separation factor)

사이클론의 잠재적인 효율(분리능력)을 나타내는 지표로 이 값이 클수록 분리효율이 좋다.

$$\text{분리계수} = \frac{\text{원심력(가속도)}}{\text{중력(가속도)}} = \frac{V^2}{R \cdot g}$$

V : 입자의 접선방향속도(입자의 원주속도)

R : 입자의 회전반경(원추 하부반경)

g : 중력가속도

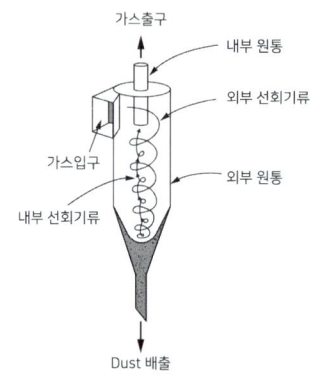

원심력집진시설

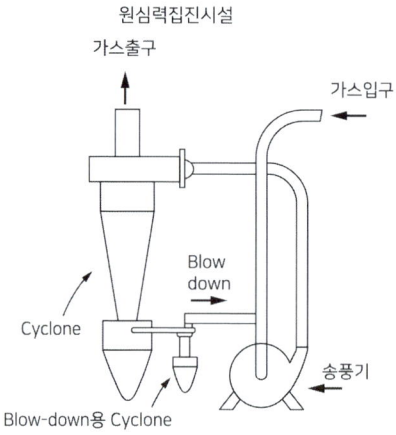

Blow-down cyclone

5) 블로다운(blow-down)

사이클론의 집진효율을 향상시키기 위한 하나의 방법으로서 더스트박스 또는 호퍼부에서 처리가스의 5~10%를 흡인하여 선회기류의 교란을 방지하는 운전방식

① 효과: 사이클론 내의 난류현상을 억제시킴으로써 집진된 먼지의 비산을 방지(유효원심력 증대), 집진효율 증대, 장치 내부의 먼지 퇴적을 억제하여 장치의 폐쇄현상을 방지

(5) 세정식 집진장치

세정액을 분사시키거나 함진가스를 분산시켜 생성되는 물방울, 액막(공기방울), 기포등에 의해서 함진가스를 세정시킴으로써 입자의 부착 또는 응집을 일으켜 입자를 분리, 포집하는 장치이다.

1) 장점: 인화성·가열성·폭발성 입자를 처리할 수 있다.

고온가스의 취급이 용이하다. 단일장치로 입자상 외에 가스상 오염물을 제거할 수 있다.

Demister 사용으로 미스트 처리가 가능하다.

부식성 가스와 분진을 중화시킬 수 있다.

2) 단점

① 폐수 발생 및 폐슬러지 처리비용이 발생한다.

② 공업용수를 과잉 사용한다.

③ 포집된 분진은 오염 가능성이 있고 회수가 어렵다.

3) 종류

유수식, 가압수식, 회전식.

① 유수식(가스분산형)

물(액체) 속으로 처리가스를 유입하여 다량의 액막을 형성하여, 함진가스를 세정 하는 방식이다.

S형임펠러형, 로터형, 분수형, 나선안내익형, 오리피스 스크러버가 있다.

② 가압수식(액분산형)

물(액체)을 가압 공급하여 함진가스를 세정하는 방식이다.

벤투리 스크러버, 제트 스크러버, 사이클론 스크러버, 분무탑, 충진탑

벤투리 스크러버는 가장수식중에 집진율이 가장 높아 널리 사용한다.

③ 회전식

송풍기의 회전을 이용하여 액막, 기포를 형성시켜 함진가스를 세정하는 방식이다. 타이젠 워셔, 임펄스 스크러버

4) 집진율 향상 조건

① 유수식에서는 세정액의 미립화 수, 가스 처리속도가 클수록 집진율이 높아진다.

② 가압수식(충진탑 제외)에서는 목(throat)부의 가스 처리속도가 클수록 집진율이 높아진다.

③ 회전식에서는 주속도를 크게 하면 집진율이 높아진다.

④ 충진탑에서는 공탑 내의 속도를 1m/sec 정도로 작게 한다.

⑤ 최종단에 사용되는 기액분리기의 수적생성률이 높을수록 집진율이 높아진다.

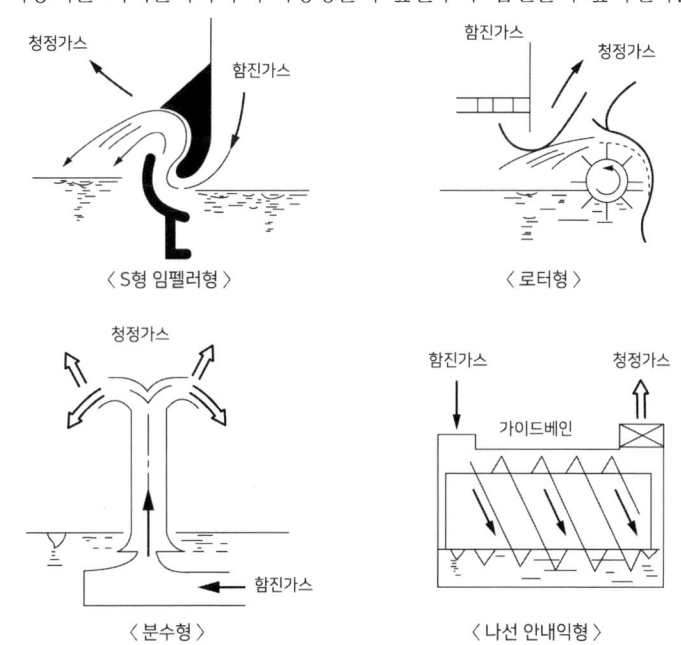

유수식 세정집진장치

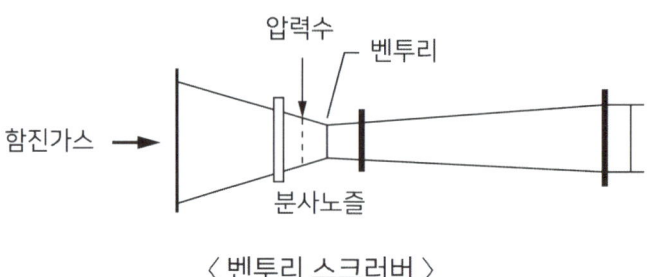

〈 벤투리 스크러버 〉

-가압식 세정집진장치-

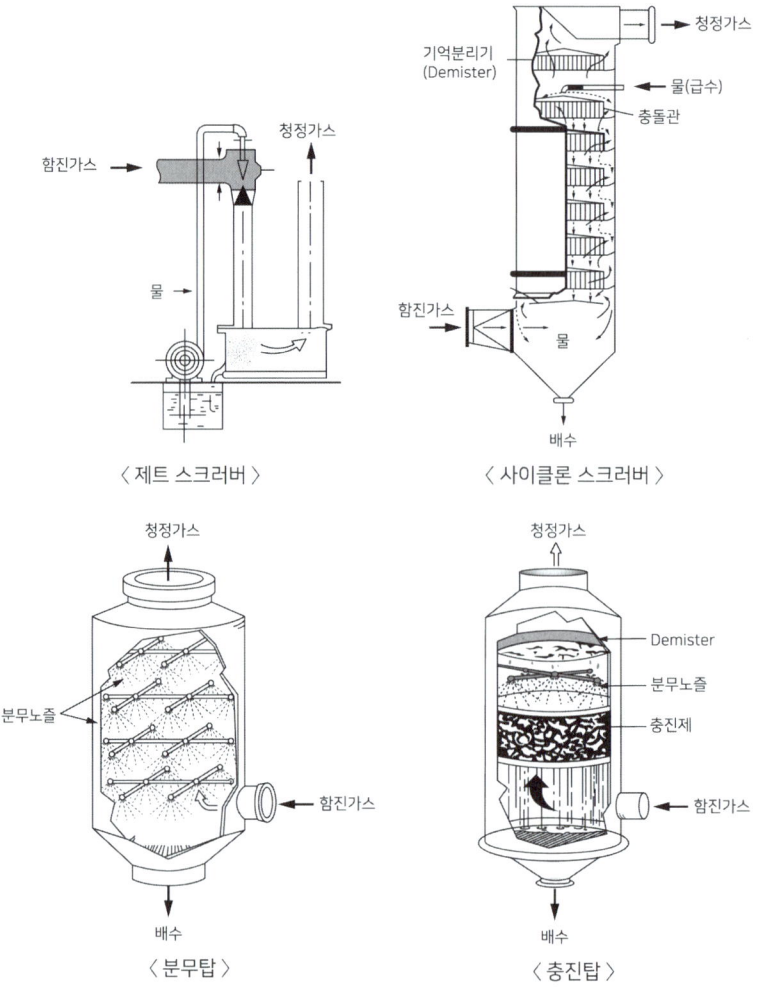

〈 제트 스크러버 〉 〈 사이클론 스크러버 〉

〈 분무탑 〉 〈 충진탑 〉

(6) 여과집진장치

함진가스를 여과재(filter media)에 통과시켜 입자를 분리·포집하는 장치로서 1㎛이상의 분진의 포집은 99%가 관성충돌과 직접 차단에 의하여 이루어지고, 0.1㎛이하의 분진은 확산과 정전기력에 의하여 포집하는 집진장치이다.

1) 종류: 모양에 따라 원통형, 평판형, 봉투형이 있다.

　　탈진방법에 따라 진동형, 역기류형, 펄스제트형이 있다.

2) 장점

　① 집진효율이 높고 집진효율은 처리가스의양과 밀도변화에 영향이 적다.

　② 다양한 용량을 처리할 수 있다.

　③ 건식공정이므로 포집먼지의 처리가 쉽고 탈진방법에 따라 설계상의 융통성이 있다.

3) 단점

　① 고온, 산, 알칼리 가스일 경우 여과백의 수명이 단축된다.

　② 250℃ 이상 고온가스를 처리할경우 고가의 특수여과백을 사용한다.

　③ 산화성 먼지 농도가 $50g/㎥$ 이상일 때는 발화 위험이 있다.

　④ 가스가 노점온도 이하시 수분이 생성되므로 주의를 요한다.

4) 집진율 향상조건

　겉보기 여과속도를 작게 하면 미세입자 포집이 가능하다.

　간헐식 탈진방식은 저농도 소량 가스를 높은 집진율로 집진할 때 유리하며 연속식 탈진방식은 고농도, 대용량의 처리에 유리하다.

5) 여과속도

　공기여재비 : 단위시간 동안 단위면적당 통과하는 여과재의 총 면적으로 나눈 값.

　여과포 개수 : 전체 가스량을 여과포 하나의 통과가스량으로 나눈 값

　여과재의 조건 : 포집대상 입자의 입도 분포에 대하여 포집효율이 높을 것, 포집시의 흡인저항은
　　　　　　　　　　될 수 있는 대로 낮을 것 .

(7) 전기집진장치

특고압 직류 전원을 사용하여 집진극을 (+), 방전극을 (−)로 불평등 전계를 형성하고 이 전계에서의 코로나(corona)방전을 이용하여, 함진가스 중의 입자에 전하를부여, 대전입자를 쿨롬력(coulomb)으로 집진극에 분리, 포집하는 장치이다.

집진에 관여하는 힘은 대전입자의 하전에 의한 쿨룽력, 전계강도에 이한 힘, 입자간의 흡인력, 전기풍에 의한 힘이다.

1) 특성

　① 취급입자: 0.01㎛이상

　② 압력손실: 건식($10mmH_2O$), 습식($20mmH_2O$)

　③ 집진효율:99.9% 이상

　④ 입구유속:건식(1~2m/sec), 습식(2~4m/sec)

2) 장점

① 집진효율이 높다($0.01\mu m$ 정도 포집 용이, 99.9% 정도 고집진효율).

② 광범위한 온도범위에서 적용이 가능하며, 폭발성 가스의 처리도 가능하다.

③ 고온의 입자상 물질(500℃ 전후) 처리가 가능하여 보일러와 철강로 등에 설치할 수 있다.

3) 단점

①설치비용이 많이 든다.

②설치공간을 많이 차지한다.

③설치된 후에는 운전조건의 변화에 유연성이 적다.

④먼지 성상에 따라 전처리시설이 요구된다.

4) 분진의 전기저항

① 집진율이 가장 양호한 범위는 비저항이 $10^4 \sim 10^{11} \Omega\cdot cm$ 범위

② 비저항이 높을 경우 대책: SO3 주입, 습식 집진장치 사용, 타격빈도 높음, 물, 수증기, 염산 등 주입

③ 비저항이 낮을 경우 대책: NH_3 주입, 온·습도 조절, 트리메틸아민 주입

④ SO_3에 의한 부식 방지대책: NH_3 주입

⑤ 집진효율 계산 → Deuche- Enderson식 이용

$$\eta = 1 - \exp\left(-\frac{A \cdot W_e}{Q}\right)$$

η : 집진효율

W_e : 분진입자 이동속도(m/sec)

A : 유효 집진단면적 (㎡), Q : 처리가스량(㎥/sec)

가. 관형: A = $2\pi RL$(원주 × 길이), Q = $\pi R^2 V$(단면적 × 유속)

나. 판형 : A = 2HL(2 × 폭 × 길이), Q = 2RHV(단면적 × 유속)

(8) 집진효율과 분진농도

1) 집진효율

$$\eta(\%) = \frac{S_o}{S_i} \times 100 = \left(1 - \frac{S_o}{S_i}\right) \times 100$$

η : 집진효율(%)

Si : 집진장치에 유입된 분진량(g/hr)

Se : 집진장치에 포집된 분진량(g/hr)

So : 집진장치 출구 분진량(g/hr)

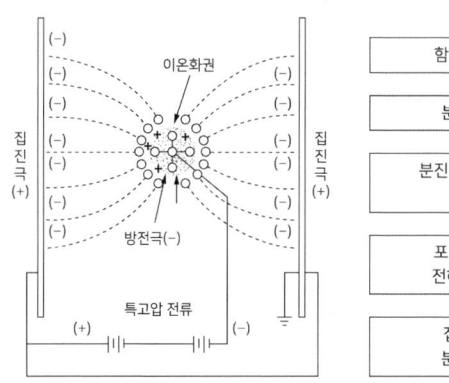

전기집진장치 원리

$$\eta(\%) = \left(1 - \frac{C_o \times Q_o}{C_i \times Q_i}\right) \times 100 = \left(1 - \frac{C_o}{C_i}\right) \times 100$$

C_i, C_0 : 집진장치   입·출구 분진농도(g/㎥)

Q_i, Q_0 : 집진장치   입·출구 가스유량(㎥/hr)

2) 통과율(P)

   $P(\%) = S_o/S_i \times 100 = 100 - \eta$

3) 부분집진효율(%)

   부분집진효율이란 함진가스에 함유된 분진 중 어느 특정한 입경범위의 입자를 대상으로 한 집진효율을 말한다.

$$\eta_f(\%) = \left(1 - \frac{C_o \times f_o}{C_i \times f_i}\right) \times 100$$

   여기서, 특정 입경범위의 분진입자의 전입자에 대한 입·출구 중량비

4) 직렬조합(1차집진 후 집진) 시 총 집진율ηT

   $\eta T = \eta_1 + \eta_2(1 - \eta_1)$

   총 집진율(%) ηT

   η_1 : 1차 집진장치 집진율(%)

   η_2 : 2차 집진장치 집진율(%)

   $\eta T = 1 - (1 - \eta c)^n$

   ηT : 총 집진율(%) → 동일 집진효율 집진장치 직렬 시 총 집진율

   ηc : 단위집진효율(%)

   η : 집진장치 개수

(9) 배기구

1) 정의 : 배기구는 국소배기장치에서 오염된 공기를 포집하여 외부로 배출되는 통로를 말한다. 배기구는 가능한 높은 곳에서 배출, 대기 확산효율을 높이고 재유입되지 않도록 하여야 한다.

2) 배기구의 압력손실은 배기구 바로 전의 에너지와 같다.

압력손실(ΔP)= ξ × VP

ξ: 압력손실계수

VP : 배기구를 통과하는 기류의 속도압(mmH₂O)

정압(SP) = (ξ - 1) × VP

3) 배기구의 형태상 분류

직관형, 비마개형, 엘보형, 루버형

4) 설치시 주의점

배출구의 높이는 지붕꼭대기나 공기유입구보다 위로 3m 이상의 높이에 설치하고 배출구와 흡입구는 서로 15m이상 떨어져야 하며 배출가스 속도를 15m/s 이상 유지한다.

(10) 유해가스 처리장치

1) 흡수법: 유해가스가 액상에 잘 용해되거나 화학적으로 반응하는 성질을 이용하며 주로 물이나 수용액을 사용하기 때문에 물에 대한 가스의 용해도가 중요한 요인이다.

제거효율에 미치는 인자로는 접촉시간, 접촉면적, 흡수제의 농도, 반응속도이다.

① 헨리법칙: 기체의 용해도와 압력의 관계, 즉 일정 온도에서 기체 중에 있는 특정 성분의 분압과 이와 접한 액체상 중 액농도와의 평형관계를 나타낸 법칙이다. 헨리법칙에 잘 적용되는 기체(난용성 : 용해도가 적은 가스) H_2, O_2, N_2, CO, ch_2, NO, CO_2, NO_2, h_2s

헨리법칙: P = H × C

P : 부분압력(용질가스의 기상분압, atm)

H : 헨리상수(atm · m³/kmol)

C : 액체성분 몰분율(kmol/m³)

② 장단점

유해가스 처리비용이 저렴하고 가스온도가 고온이면 전처리 시설이 필요없다.

가스가 배연확산이 잘 되지 않음.

③ 흡수탑의 높이 H = NTU × HTU

NTU: 물질이동의 난이도를 나타내는 지수

HTU: 총 이동단위높이(m), 가스용액 유입량에 의한 실험값 0.1~1.5m

> **참고** **흡수액의 구비조건**
>
> – 용해도가 크고 점성이 작고 화학적으로 안정할 것
> – 독성이 없고 휘발성이 적은것
> – 부식성이 없고 가격이 저렴할 것
> – 용매의 화학적 성질과 비슷할 것.

> **참고** | **충진제 구비조건**
>
> - 내식성이 크고 액가스 분포를 균일하게 유지할 수 있을것
> - 압력손실이 적고 충전밀도가 클 것
> - 단위부피 내에 표면적이 클 것
> - 부식성이 작고 세정액의 체류현상이 작을 것,

2) 흡착법: 유체가 고체상 물질의 표면에 부착되는 성질을 이용하여 오염된 기체(유기용제 등)를 제거하는 원리이다.

회수가치가 있는 불연성 희박농도 가스의 처리에 가장 적합한 방법이 흡착법이다.

유체가 고체상 물질의 표면에 부착되는 성질을 이용하여 오염된 기체(유기용제 등)를 제거하는 원리이다.

흡착제의 비표면적과 흡착될 물질에 대한 친화력이 클수록 흡착효과가 증대한다.

① 흡착제 선정 시 고려사항: 흡착탑 내에서 기체흐름에 대한 저항이 작을 것, 어느 정도의 강도와 경도가 있을 것, 흡착률이 우수하면서 재생이 가능한 것.

② 특징: 처리가스의 농도변화에 대응할 수 있으며 오염가스 제거가 거의 100%에 가깝다. 회수가치가 있는 불연성, 희박농도 가스 처리에 적합하며 조작 및 장치가 간단하다.

종류로는 활성탄, 실리카겔, 활성알루미나, 합성제올라이트등이다.

방법으로는 가열공기 탈착법, 수세 탈착법, 수증기 송입 탈착법, 감압탈착법이 있다.

3) 연소법: 유해가스의 농도가 낮은 경우 악취 등에 주로 적용한다.

① 장단점: 폐열을 회수하여 이용할 수 있다. 배기가스의 유량과 농도의 변화에 잘 적용할 수 있다. 단점으로는 시설투자비 및 유지관리비가 많이 소요된다.

② 분류

가. 직접연소(불꽃연소): 유해가스를 연소기 내에서 직접 태우는 방법이다. CO, HC, Hs, NH3의 유독가스 제거 및 정유공장의 비상구조설비로부터 비정상적으로 발생되는 고농도 VOC를 처리하는 데 사용된다.

연소조건(3T: 시간, 온도, 혼합)이 적당하면 유해가스의 완벽한 산화처리가 가능하다.

나. 간접연소: 오염가스 중 가연성 성분 농도가 낮아 직접연소가 불가능할 때 사용되는 방법이다. 악취 제거용도로 자주 사용한다.

다. 촉매연소: 오염가스 중 가연성 성분을 연소시설 내에서 촉매를 사용하여 불꽃 없이 산화시키는 방법으로 직접연소법에 비해 낮은 온도에서도 가능하고 짧은 체류시간에서도 처리가 가능하다.

Part 3

06절   국소배기시설

01 목적

국소배기시설의 초기 성능과 설계의 비교 검토를 위함.

국소배기시설의 일정기간 운영 후 자체검사(성능검사) 및 유지관리를 위한 자료의 확보를 위함

불량 개소 및 고장 부분의 발견과 응급처리 및 보수 여부의 판단.

02 흡기 및 배기능력 검사

(1) 제어속도 : 포위식, 외부식

(2) 허용농도

작업시작 1시간 경과 후 작업이 정상적으로 진행되고, 국소배기장치가 정상적으로 가동되고 있을 때 각 측정지점마다 매일 1회 이상 공기 중의 유해물질농도를 측정 하여 기하평균능도와 허용농도를 비교 평가한다. 이때 시료채취시간은 10분이상으로 한다.

(3) 후드의 흡입기류 방향 검사

① 포위식(부스식, 리시버식 포함)후드의 경우에는 개구면을 한 변이 0.5m 이하가 되도록 16개 이상 의 등면적으로 분할하여 각 부분의 중심위치에서 발연관(smoke tester)을 사용하여 연기가 흐르 는 방향을 조사한다.

② 외부식 후드의 경우에는 후드 개구면으로부터 가장 멀리 떨어진 쪽의 바깥면을 16등분 하고, 각 등분점에서 발연관을 사용하여 연기가 흐르는 방향을 조사한다.

(4) 송풍관 검사

① 외면의 마모, 부식, 변형

② 내면의 마모, 부식, 분진의 축적을 검사

③ 댐퍼의 작동상태를 확인한다.

④ 접속부의 이완 유무

(5) 송풍기와 모터의 검사

① 케이스의 마모, 부식, 변형, 분진

② 날개 및 풍향계의 마모, 부식, 변형, 분진 등의 부착

③ 벨트 등의 상태

④ 축수의 상태

⑤ 모터의 상태

⑥ 송풍기의 풍량

(6) 공기정화기의 점검

사이클론, 가압수식 세정집진장치, 여과집진장치, 전기집진장치를 점검한다.

03 국소배기장치 성능시험시 시험장비

(1) 필수장비

① 발연관(연기발생기, smoke tester)
② 청음기 또는 청음봉
③ 절연저항계
④ 표면온도계 및 초자온도계
⑤ 줄자

(2) 발연관

염화제2주석이 공기와 반응, 흰색 연기를 발생시키는 원리이며, 통풍이나 환기상태 정도를 인지할 수 있도록 한 기구이다.

오염물질 확산이동의 관찰에 유용하게 사용된다.

덕트 접속부의 공기 누출입 및 집진장치의 배출부에서의 기류의 유입 유무 판단 등에 사용된다.

> **참고** **송풍관 내의 풍속측정기계**
>
> 피토관, 풍차풍속계, 열선식 풍속계, 마노미터

> **참고** **덕트내에서 피토관으로 속도압을 측정하여 반송속도 추정시 필요한 자료**
>
> 횡단 측정지점에서의 덕트면적, 횡단 측정지점과 측정시간에서 공기의 온도, 횡단 지점에서 지점별로 측정된 속도압

(3) 기류의 속도 (공기유속) 측정기기

① 피토관(pitot tube):유체흐름의 전압과 정압의 차이를 측정하고 그것에서 유속을 구하는 장치이다.
② 회전날개형 풍속계: 공기 공급 및 배기용으로 큰 송풍량을 정확히 측정하는 데 사용한다.
③ 그네날개형 풍속계: 판독은 직독식이기 때문에 편리하다.
   사용 전에 'Z' 조정기를 사용하여 0점 보정을 하여야 한다. 방법은 눈금을 0점에 맞춘 후 양쪽의 개구부를 막았을 때 바늘이 0점으로부터 오차범위가 1/8인치 이상 벗어나지 않아야 한다.
④ 열선식 풍속계: 속도센서 및 온도센서로 구성된 프로브(probe)을 사용하며 probe는 급기, 배기 개구부에서 직접 공기의 속도 측정, 저유속 측정, 실내공기 흐름 측정, 후드 유속을 측정하는 데 사용한다.
⑤ 카타온도계:기류의 방향이 일정하지 않던가, 실내 0.2 ~ 0.5m /SeC 정도의 불감기류 측정 시 사용한다.
⑥ 풍차 풍속계: 풍차의 회전속도로 풍속(1 ~ 150m/sec 범위)을 측정하며 옥외용이다.

Part 3

Chapter 04 작업공정 관리

01절 개요

01 작업환경 개선대책

(1) **목적** : 산업재해 예방 및 방지, 근로자의 의욕고치 및 작업능률 향상

(2) **기본원칙** : 대치, 격리, 환기, 교육

(3) **관리과정** : 유해요인 확인 → 유해요인 인식 → 작업환경 측정 → 작업환경 평가 → 개선대책 실시

관리의 우선순위: 제거 → 대체 → 환기 → 교육 → 보호구 착용

(4) **작업환경 감시의 목적**

잠재적인 인체에 대한 유해성을 평가하고 적절한 보호대책을 결정하기 위함이다.

(5) **작업환경의 공학적 대책**

① 대치: 공정의 변경, 시설의 변경, 유해물질의 변경
② 격리: 저장물질의 격리, 시설의 격리, 공정의 격리, 작업자의 격리
③ 환기: 국소배기와 전체환기가 있다.
④ 교육

02 분진작업장의 작업환경 관리대책

(1) **분진 발생방지**

① 작업공정 습식화
② 대치: 원재료 및 사용재료의 변경(연마재의 사암을 인공마석으로 교체)

(2) **발생분진 비산방지법**

밀폐 및 포위, 국소 배기, 전체환기

(3) **작업환경 관리**

① 생산공정의 자동화 또는 무인화
② 작업장 바닥을 물세척이 가능하도록 처리 습식 작업
③ 발산원 밀폐
④ 대치(원재료 및 사용재료)
⑤ 방진마스크(개인보호구)

⑥ 습식작업

03 유기용제 사용 및 용접 작업의 작업환경 관리대책

(1) 유기용제 사용 도장 작업의 작업환경 관리

흡연금지, 화기사용 금지, 바닥청결, 보호장갑은 유기용제에 대하여 흡습성이 없는 것, 옥외에서 스프레이 도장작업시 방독마스크 착용

(2) 아크용접 작업 시 환경관리

중금속의 노출정도를 파악하고 자외선의 노출여부 및 강도를 파악하여 보안경을 착용한다. 용접근처에 TCE노출이 있는지 확인할 것.

Chapter 05

개인보호구

01절 개요

01 정의

근로자가 작업환경에서 받을 수 있는 건강장애를 예방할 목적으로 사용하는 것이다.

안전보호구, 위생보호구가 있으며 위생보호구에는 보호 부위에 따라 호흡기 보호구, 눈 보호구, 귀 보호구, 안면 보호구, 피부 보호구 등으로 세분할 수 있다.

(1) 작업시 적정보호구

① 노면 토석 굴착 : 방진마스크
② 탱크 내 분무도장 : 송기마스크
③ 전기용접 : 차광안경, 흄용 방진마스크
④ 병타기 공정 : 청력보호구(귀마개, 귀덮개)
⑤ 철판 절단을 위한 프레스 작업 : 청력보호구
⑥ 도금공장: 방독마스크

(2) 일반 작업별 보호구

작업종류	보호구	보호대상
물체가 떨어지거나 추락할 위험이 있는 작업	안전모	머리
높이 또는 깊이 2m이상의 추락할 위험이 있는 장소	안전대	몸
물체의 낙하, 끼임, 감전 또는 정전기의 대전에 의한 위험	안전화	발
물체가 흩날릴 위험	보안경	눈
용접시 불꽃이나 물체가 흩날릴 위험이 있는 작업	보안면	눈, 얼굴
감전의 위험이 있는 작업	절연용 보호구	머리, 손
고열에 의한 화상등의 위험	방열복	몸
선창 등에서 분진이 심하게 발생하는 작업	방진마스크	호흡기
섭씨 영하 18도 이하인 급냉동어창에서 하는 작업	방한모, 방한복 방한화, 방한장갑	몸

(3) 보호구 손질 및 보관 방법

① 보호구의 수시점검은 작업자 개인이 수시로 할 수 있도록 하고, 정기점검은 해당 부서 및 공정별로

적임자를 선정하여 주기적으로 실시한다.

② 보호구는 항상 서늘하고 건조한 독립된 장소에 보관하도록 한다.

③ 보호구의 보관장소는 직사광선이 비치지 않아야 한다.

④ 보호구는 주위의 유해물질에 의해 오염되지 않도록 비닐팩 등을 이용하여 밀봉한 상태로 보관한다.

⑤ 보호구를 부분적으로 세척하고자 할 때는 중성세제 또는 시판되는 보호구 전용 세제를 이용하여 면체가 변형되지 않도록 주의해야 하고, 반드시 그늘에서 건조시켜야 한다.

⑥ 보호구의 수는 사용하여야 할 근로자의 수 이상으로 준비한다.

⑦ 호흡용 보호구는 시용 전·사용 후 여재의 성능을 점검하여 성능이 저하된 것은 폐기, 보수, 교환 등의 조치를 취한다.

⑧ 보호구의 청결 유지에 노력하고, 보관할 때에는 건조한 장소와 분진이나 가스 등에 영향을 받지 않는 일정한 장소에 보관한다.

⑨ 호흡용 보호구나 귀마개 등은 특정 유해물질 취급이나 소음에 노출될 때 사용하는 것으로, 그 목적에 따라 반드시 개별로 사용해야 한다.

> **참고** **보호구 선택의 구비조건**
>
> - 가볍고 착용감이 좋을 것
> - 흡기나 배기저항이 작아 호흡이 편할 것
> - 시야가 우수하며 얼굴에 맞게 밀착이 잘 되는 것
> - 공인기관으로부터 성능에 대한 검정을 받은 것.

02 눈보호구

눈을 보호하는 보호구로 유해광선 차광보호구와 먼지나 이물질을 막아주는 방진안경으로 나뉨.

(1) 종류

1) 보안경

2) 차광안경(goggle) : 유해광선에 맞는 차광도를 선택해야 하며 차광도번호가 크면 차광효과가 크다.

① 차광도번호 1.5~3.0 : 반사광, 절단, 용접작업 시 휘광, 복사선

② 차광도번호 4.0 : 복사선 강도가 강한 경우 적용

③ 400A 이상의 아크용접 시 차광도번호 14의 차광도 보호안경 사용

3) 특징

투시력이 높아야 하고 굴절이 되지 않아야 한다. 차광안경의 경우 유해광선을 차광할 수 있는 적당한 차광도를 가져야 한다.

03 피부 보호구

유해물질이 직접 피부에 접촉하거나 작업복에 심한 오염을 일으킬 염려가 있을 때 또는 고열로부터 몸을 보호하고자 할 때 피부보호구를 사용.

주로 도장 작업, 산 세척작업, 고열작업 등에서 많이 이용된다.

(1) 종류

1) 손 보호구

① 면장갑: 마모가 잘됨. 선반 및 회전체 취급시 안전상 장갑을 사용하지 않는다.

② 방열처리장갑(고열물체 취급시)

③ 용접용 보호장갑: 아크 및 가스용접등 화상방지 보호구

④ 위생보호장갑: 산, 알카리, 화학약품 보호

⑤ 방진장갑: 진동공구 취급시 사용

⑥ latex: 산, 알카리, 강한 산화제에 사용

⑦ polyvinyl alcohol장갑: 일부 용제에 효과적이나 물에 대해서 약한 성질이 있어 장갑 안쪽에 땀 흡수

⑧ 전기용 장갑: 외측 파손을 막기위해 가죽자갑을 착용하고 작업 실시

2) 장화

① 장화의 재질은 PVC, butyl 고무, nitrile, neoprene 고무 등 사용

② 장화 바닥은 찰과상을 막아주어야 함.

3) 앞치마

4) 보호복

① 방열복(내열방화복)

고온 작업 시 사용되며, 방열의에는 석면제나 섬유에 알루미늄 등을 증착한 알루미나이즈 방열의가 사용된다.

② 방한복(방한복, 방한화, 방한모는 −18℃ 이하인 급냉동창고 하역 작업 등에 이용) 한랭 작업 시 사용

③ 위생복(일반작업복)

산, 알칼리, 가스, 강한 산화제 등으로부터 피부를 보호

④ 정전복

마찰에 의하여 발생되는 정전기의 대전을 방지하기 위하여 사용

⑤ 재질: 고무: 강한 산, 알칼리 취급 시(천연고무: 수용성, 극성 용제)

알루미늄 : 방열복, 방열장갑에서 복사열 반사

Butyle 고무 : 극성 용제

면 : 고체상 물질(용제에는 사용하지 못함)

Ethyene vinyl alcohol: 대부분의 화학물질에 이용되며, 쉽게 파손되어 강한 물질과 병행 사용

Neoprene 고무: 비극성 용제, 부식성 물질

Nitrile 고무: 비극성 용제(일부 극성 용제)

Polyvinyl chloride: 수용성 용액, 산, 부식성 물질(일부 극성 용제)

5) 산업용 피부보호제

① 피막형성형 피부보호제(피막형 크림)

적용 화학물질 : 정제 벤드나이겔, 염화비닐수지

② 소수성 물질 차단 피부보호제

　적용 화학물질 : 밀랍, 탈수라노린, 파라핀, 유동파라핀, 탄산마그네슘

③ 차광성 물질 차단 피부보호제: 적용 화학물질: 글리세린, 산화제이철

④ 광과민성 물질 차단 피부보호제: 자외선 예방

⑤ 지용성 물질 차단 피부보호제: 지용성 물질에 대한 장해 예방

⑥ 수용성 물질 차단 피부보호제: 수용성 물질에 대한 장해 예방

*유해인자별 작업종류, 보호구

유해인자	작업종류	보호구
관리대상 유해물질	1. 유기화합물을 넣었던 탱크(유기화합물의 증기가 발산할 우려가 없는 탱크는 제외) 내부에서의 세척 및 페인트칠 업무 2. 유기화합물 취급 특별장소에서 유기화합물을 취급 하는 업무	송기마스크
	1. 밀폐설비나 국소배기장치가 설치되지 아니한 장소에서의 유기화합물 취급 업무 2. 유기화합물 취급장소에 설치된 환기장치 내의 기류가 확산될 우려가 있는 물체를 다루는 유기화합물 취급 업무 3. 유기화합물 취급장소에서 유기화합물의 증기 발산 원을 밀폐하는 설비)를 개방하는 업무	송기마스크 또는 방독마스크
	금속류, 산알칼리류, 가스상태 물질류 등을 취급하는 작업	호흡용 보호구
	피부자극성 또는 부식성 관리대상 유해물질을 취급하는 작업	불침투성 보호복·보호장갑. 보호장화 및 피부보호용 바르는 약품
	관리대상 유해물질이 흩날리는 업무	보안경
허가대상 유해물질	허가대상 유해물질을 제조하거나 사용하는 작업	방진마스크 또는 방독마스크
	피부장해 등을 유발할 우려가 있는 허가대상 유해물질을 취급하는 경우	불침투성 보호복, 보호장갑, 보호장화 및 피부보호용 약품
석면	석면 해체, 제거 작업	방진마스크(특등급만 해당)나 송기마스크 또는 전동식호흡보호구, 고글(goggles)형 보호안경, 신체를 감싸는 보호복, 보호장갑 및 보호신발
금지 유해물질	금지유해물질을 취급하는 경우	불침투성 보호복, 보호장갑, 별도의 정화통을 갖춘 호흡용 보호구
소음	소음작업, 강렬한 또는 충격소음	청력보호구(귀마개, 귀덮개)
진동	진동작업	방진장갑 등 진동보호구

Part 3

이상기압	고압작업	호흡용 보호구, 섬유로프, 그밖에 비상시 고압작업자를 피난시키거나 구출하기 위하여 필요한 용구
고열	다량의 고열 물체를 취급하거나 매운 더운 장소에서 작업	방열장갑, 방열복
저온	다량의 저온 물체를 취급하거나 매우 더운 장소에서 작업	방한모, 방한화, 방한장갑 및 방한복
산소결핍	밀폐공간에서 작업	공기호흡기나 송기마스크, 사다리 및 섬유로프
	밀폐공간에서 위급한 근로자를 구출하는 작업	공기호흡기 또는 송기마스크
	밀폐공간에서 작업하는 근로자가 산소결핍이나 유해 가스로 인하여 추락할 우려가 있는 경우	안전대나 구명밧줄, 공기호흡기 또는 송기마스크

청력보호구 종류

종류	등급	기호	성능
귀마개	1종	EP-1	저음부터 고음까지 차음하는 것
	2종	EP-2	주로 고음을 차음하여 회화음 영역인 저음은 차음하지 않음.
귀덮개	-	EM	

차음효과(OSHA) = (NRR-7) × 0.5

NRR: 차음평가지수

Chapter
06

계산문제

01절   연습문제

01 ▶ 유효시간(흡수관수명)

(1) 톨루엔에 대한 방독마스크의 적절한 사용시간을 결정하기 위하여 500ppm에서 실험한 결과 표준 유효시간이 50분이었다.

    1) 톨루엔 농도수준이 20ppm인 장소에서 동일한 방독마스크를 사용한다면 유효사용시간은 얼마인지 계산하시오.

    2) 방독마스크 내부 톨루엔의 농도 2ppm까지 허용되고 방독마스크의 보호계수가 50이라면 작업장 공기의 톨루엔 허용수준은 얼마가 되는지 계산하시오.

> **해설**
>
> 1) 파과시간(유효사용시간) = 표준유효시간 × 시험가스농도
>
> $$= \frac{50\min \times 500ppm}{20ppm} = 1250\min \quad 50\min \times 500ppm = 1,250\min$$
>
> 2) PF= $\dfrac{보호구밖의 농도}{보호구안의 농도}$, $50 = \dfrac{보호구밖의 농도}{2ppm}$
>
> 보호구밖의 농도 = 50 × 2ppm = 100ppm

(2) 사염화탄소에 대한 방독마스크의 적절한 사용시간을 결정하기 위하여 1000ppm에서 표준 유효시간이 50분 이었다. 사염화탄소 농도수준이 100ppm인 장소에서 동일한 방독마스크를 가지고 실험하면 실제 파과시간은 표준 유효시간 50분보다 어떠한지 풀이하시오.

> **해설**
>
> $$\frac{50\min \times 1000ppm}{100ppm} = 500\min$$
>
> 사염화탄소 1000ppm의 농도에서 50분 사용가능한 방독마스크는 사염화탄소의 농독 100ppm인 경우 500분 사용가능하며 파과시간은 10배 길어진다.

Part 3

02 ▶ 차음효과

(1) 어떤 작업장의 음압수준이 95dB이고 차음평가수(NRR)가 18인 귀덮개를 착용하고 있다. 미국 OSHA의 계산방법을 활용하여 근로자가 노출되는 음압수준을 구하시오.

> **해설**
> 차음효과 = (NRR-7) X 50% = (18-7) X 0.5K = 5.5dB(A)
> 음압수준 = 95 − 5.5 = 89.5dB

03 ▶ 공기흐름의 유량

(1) 비누거품미터의 눈금이 1에서부터 500ml 까지 20sec가 걸렸다.
이때 유량은 몇 L/min인가?

> **해설**
> $$유량(L/min) = \frac{500ml \times 1L/1000ml}{20sec \times min/60sec} = 1.5L/min$$

(2) 유량이 50㎥/min, 30㎥/min 합류관이 합류하는 덕트가 있다. 유속이 20m/sec일 때 덕트 직경은(m)?

> **해설**
> A = Q/v (50+ 30)㎥/min = 0.067㎡
>
> $$A = \frac{\pi \times D^2}{4}$$
>
> $$D^2 = \frac{A \times 4 \times \sqrt{0.067m^2 \times 4}}{\sqrt{3.14}} = 0.29m$$

(3) 두 개의 원형 송풍관이 합류되면 한 개의 원형 송풍관으로 공기가 흐른다. 합류전 1번 송풍관의 유량을 50㎥/min이며 합류전 2번의 유량은 30㎥/min이다. 이때 합류 후 송풍관의 반송속도를 20m/sec로 하고자 할 때 합류 후의 송풍관 내경을 구하시오.

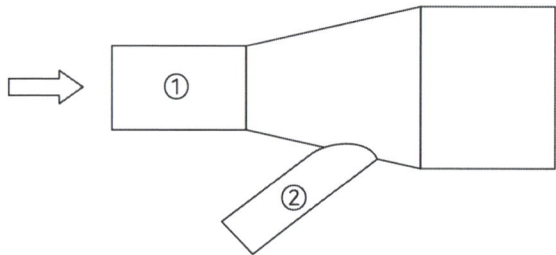

해설 Q = A × V에서 A = Q/V

$$\frac{(50+30)m^3/\text{min}}{20m/\text{sec} \times 60\text{sec/min}} = 0.067m^2$$

$$A = \frac{\pi D^2}{4} = 0.29m$$

04 공기속도(V)와 속도압(VP)

(1) 길이가 70cm, 높이 10cm, 유량 90㎥/min인 플랜지 부착 슬롯형 후두가 설치되어 있다. 속도압을 구하시오.

해설

Q = A × V $\dfrac{90m^3/\text{min}}{0.7m \times 0.1m}$ = 1285.71m/min x min/60sec= 21.42m/sec

$V = 4.043\sqrt{VP}$

$$VP = \frac{V^2}{(4.043)^2} = \left(\frac{21.42}{4.043}\right)^2$$

$$= 28.07mmH_2O$$

05 속도압과 전압, 정압과의 관계

(1) 다음 그림에서 전압을 구하시오.

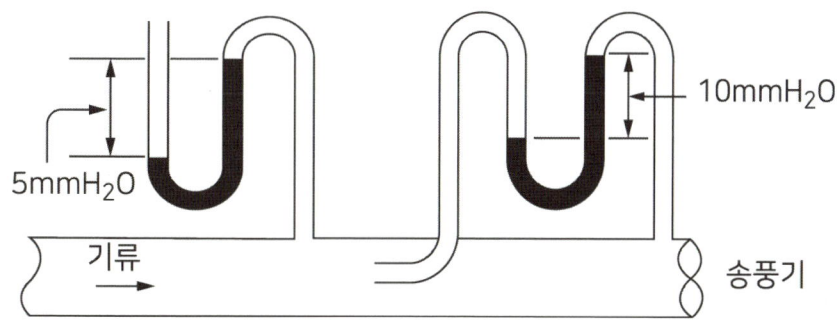

5mmH$_2$O   10mmH$_2$O

기류   송풍기

해설 송풍기 위치가 뒤에 있으므로 덕트이며 송풍기 압 동압을 10mmH$_2$O로 풀이해야 함.
TP = SP + VP = −5 +10 = 5mmH$_2$O

(2) 덕트 내의 전압, 정압, 속도압을 피토튜브로 측정하려고 한다. 이 그림에서 속도압을 구하시오.

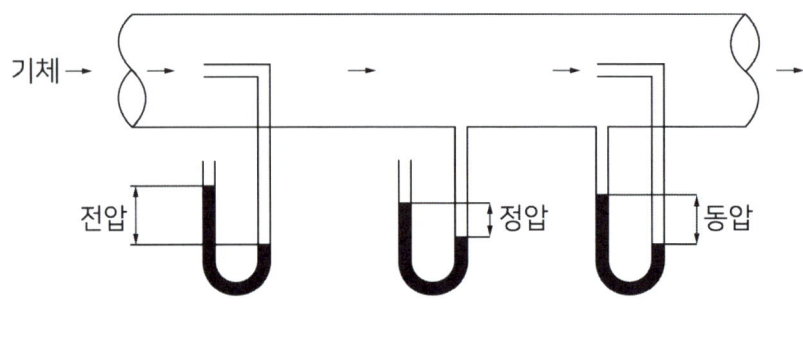

전압 = 정압 + 동압

> **해설** 전압 = 정압 + 속도압(동압)
> TP = SP + VP
> VP = TP − SP = 5 − (−5) = 10mmH₂O

06 레이놀즈 지수

(1) 덕트 직경이 30cm이고 공기유속이 10m/sec일 때 레이놀즈 수는? (단 공기의 점성계수는 1.85×10^{-5} kg/sec · m, 공기밀도는 1.2kg/㎥

> **해설**
> $$Re = \frac{관성력}{점성력} = \frac{VD}{V} = \frac{유체속도 \times 관직경}{동점성계수}$$
> $$= \frac{10m/\sec \times 0.3m}{1.54 \times 10^{-5}m^2/\sec} = 194,805$$

(2) 직경이 120mm이고 관내 유속이 5m/sec일 때 레이놀즈 수를 구하고 유체의 흐름종류를 쓰시오.

> **해설**
> $$Re = \frac{VD}{V} = \frac{5m/\sec \times 0.12m}{1.5 \times 10^{-5}m^2/\sec}$$
> $$= 40,000$$

07 전체 환기량

(7-1) 작업장 내에서 톨루엔(MW 92, TLV 100ppm)을 시간당 1KG사용하는 전체 환기시설을 설치시 필요환기량은?
(단 작업장 조건은 25도, 1기압, 혼합계수는 6)

해설

사용량구하기

$$1KG/hr = 1,000g/hr$$

$$발생률\,(G: L/hr) \Rightarrow 92g : 24.45L$$

$$= 1,000g/hr : G$$

$$G = \frac{24.45 \times 1,000g/hr}{92g} = 265.76L/hr$$

필요환기량(Q)

$$Q = \frac{G}{TLV} \times K = \frac{265.76L/hr}{100ppm} \times 6$$

$$= \frac{265.76L/hr \times 1,000mL/L}{100mL/m^3} \times 6$$

$$= 15,946.6m^3/hr \times hr/60\text{min}$$

$$= 265.76^3/\text{min}$$

(7-2) 전체 환기량(유해물질농도 증가)

작업장의 용적이 2500㎥이며 작업장에서 메틸클로로포름 증기가 0.03㎥/min으로 발생하고 이때 유효환기량은 50㎥/min이다. 작업장 초기농도가 0인 상태에서 200ppm에 도달하는 데 걸리는 시간(min) 및 1시간 후의 농도ppm은?

해설

200ppm에 도달하는데 걸리는 시간

$$t = -\frac{V}{Q'}\left[\in\left(\frac{G-Q'c}{G}\right)\right] = -\frac{2,500}{50}\left[\in\left(\frac{0.03-(50 \times 200 \times 10^{-6})}{0.03}\right)\right]$$

$$= 20.27\text{min}$$

1시간 후의 농도

$$C = \frac{G(1-e^{-\frac{Q'}{V}t})}{Q'} = \frac{0.03(1-e^{-\frac{50}{2,500} \times 60})}{50}$$

$$= 0.00419 \times 10^6$$

$$= 419.28ppm$$

(7-3) 전체 환기량(유해물질농도 감소)

작업장 기적이 4000㎥이고 유효환기량(Q')이 56.6㎥/min이라고 할 때 유해물질 발생이 중지시 유해물질 농도가 100mg/㎥에서 농도가 25mg/㎥으로 감소하는데 걸리는 시간

해설 $t = -V/Q[\ln(C_2/C_1)] = -4000/56.6[\ln(25/100) = 97.97\min$

08 ▶ 환기량

(1) 작업장내에서 톨루엔(분자량 92, 노출기준 100ppm)을 시간당 3kg/hr 사용하는 작업장에 전체 환기시설을 설치 시 필요환기량은(㎥/min)은? (단, MW 92, TLV 100ppm, 여유계수 K = 6, 21도 1기압)

해설 사용량(G/hr)을 구하면 3kg/hr = 3000g/hr
발생률(G:L/hr)을 구하면 92g : 24.1L : 3000g/hr : G

$$G = \frac{24.1L \times 3000g/hr}{92g} = 785.87L/hr$$

필요환기량(Q)

$$Q = \frac{G \times K}{TLV} = \frac{785.87L/hr \times 6}{100ppm} = \frac{785.87L/hr \times 1000mL/L \times 6}{100mL/m^3}$$

47.152.2㎥/hr × hr/60min = 785.87㎥/min

09 ▶ 발열시 필요환기량

(1) 2HP인 기계가 20대, 시간당 220Kcal의 열량을 발산하는 작업자가 20명, 30KW용량의 전등이 1대 켜져있는 작업장이 있다. 실내온도가 30도, 외부공기가 20도일 때 실내온도를 외부공기 온도로 낮추기 위해 필요한 환기량을 구하시오. (단, HP=760Kcal/hr, KW=820Kcal/hr)

해설 **발열시 필요환기량(Q)**

$$Q = \frac{H_s}{0.3 \Delta t}(m^3/hr)$$

$$H_s = 작업장내의 \ 열 \ 부하량(kcal/hr)$$

$$H_S = (2 \times 20 \times 760) + (20 \times 220) + (30 \times 1 \times 820)$$

$$= 59,400 kal/hr$$

$$Q = \frac{H_s}{0.3 \Delta t} = \frac{59,400}{0.3 \times (30 - 20)} = 19,800 m^3/hr = 330 m^3/\min$$

10 국소배기 (외부식 후드)

(1) Hemon's 기본식은 Q = V×(10X² + A)이다. 플랜지 미부착 바닥면 고정인 상태에서 제어속도가 변한다고 가정했을 때 후드높이가 2m, 폭이 3m, 작업면에서의 유속이 0.5m/sec, 작업면에서 후드까지의 거리가 1.5m일 때 제어속도를 구하시오.

해설

Q = V(5X² + A)
A = 2m × 3m= 6㎡
Q = 6㎡× 0.5m/sec = 3㎥/sec = 180㎥/min
Q = V(5X² + A)식을 근거로 180㎥/min= Vc(5X(1.5m)² +6)

$$Vc = \frac{180 m^3/min}{5(1.5)^2 + 6} = 10.43 m/min$$

- 측방 외부식 테이블상 장방형 후드→ 바닥면에 위치, 플랜지 미부착
  Q = 60 × Vc ×(5X² + A)

(2) 오염원으로부터 약 0.5m 떨어진 위치에 가로, 세로 각각 1m인 플랜지 부착된 정사각형 후드를 설치하려고 한다. 제어속도가 2.5m/sec일 때 유량(㎥/sec)을 구하시오.

해설

Q[㎥/sec] = 60 × 0.75 × Vc(10X² +A)
= 60 × 0.75 × 2.5[(10× 0.5)² + (1×1)]
= 395.75㎥/min × min/60sec
= 6.56㎥/sec

11 슬롯 후드

(1) 길이가 2.4m 폭이 0.4m인 플랜지 부착 슬롯형 후드가 설치되어 있다. 포착점까지의 거리가 0.5m 제어속도가 0.75m/s일 때 필요송풍량은? (단, 1/2 원주 슬롯형, C = 2.8적용)

해설

Q = 필요송풍량(㎥/min)
C = 형상계수(전원주 → 5.0 ACGIH : 3.7)
    3/4 원주 → 4.1, 1/2원주 → 2.8
    1/4 원주 → 1.6
Q = 60 × C × L × Vc × x
Vc: 제어속도(m/sec)
L : slot개구면의 길이(m)
X : 포집점까지의 거리(m)

Q = 60 × 2.8 × 2.4m × 0.75m/sec×0.5 = 151.2㎥/min

(2) 고열 발생원에 후드를 설치시 주위환경의 난류 형성에 따른 누출안전계수는 소요송풍량 결정에 크게 작용한다. 열상승 기류량 20㎥/min, 유입한계 유량비 2.0, 누출안전계수 6이라면 소요송풍량은?

> **해설**
> $Q = Q_1 \times [1 + (m \times K_L) = 20 \times [1 + (6 \times 2.0) = 260㎥/min$

12 후드의 압력손실

(1) 주관에 분지관이 있는데 두 관 사이의 각도를 90도에서 30도로 하면 압력손실은 얼마나 감소하는지 계산하시오. (단 동압은 10mmAq)

15도, 압력손실계수

합류각	15°	30°	60°	90°
압력손실계수f	0.1	0.18	0.28	1

> **해설**
> 90도 $\Delta P = f \times VP = 1 \times 10 = 10mmAq$ ·············· ①
> 30도 $0.18 \times 10 = 1/8$ ················· ②
> ① - ② = 8.2mmAq

13 원형직선 덕트

(1) 원형덕트의 내경이 30cm이고 송풍량이 120㎥/min, 길이가 10m인 직관의 압력손실을 구하시오. (단, 관찰계수는 0.02, 공기의 밀도는 1.2kg/㎥)

> **해설**
> 직관의 압력손실 $\Delta P = \lambda \times L/D \times VP$
>
> $$V = Q/A = \frac{120 m^3/min \times min/60sec}{3.14 \times 0.3^2 m^2/4} = 28.31 m/sec$$
>
> $$VP = \gamma V^2/2g = \frac{1.2 \times 28.31^2}{2 \times 9.8} = 49.07 mmH_2O$$
>
> $$\Delta P = 0.02 \times \frac{10m}{30cm \times m/100cm} \times 49.07 mmH_2O = 32.71 mmH_2O$$

14 곡관 압력손실

(1) 원형덕트에서 90도 곡관의 직경이 20cm, 곡률반경이 50cm일 때 압력손실계수는 0.22이고 공기의 동압은 25mmH₂O이었다. 만일 60도 곡관이라면 이 곡관의 유속(m/sec)을 구하시오.

> **해설**
> 90도 곡관의 압력손실
> $\Delta P = (\varepsilon \times Q/90) \times VP = (0.22 \times 90/90) \times 25 = 5.5 \text{mmH}_2\text{O}$
> 60도 곡관의 압력손실
> $\Delta P = (\varepsilon \times Q/90) \times VP5. = (0.22 \times 60/90) \times VP \quad VP = 37.5$
> $V = 4.043\sqrt{VP} = 4.043 \times \sqrt{37.5} = 24.76 \text{m/sec}$

15 송풍관 법칙

(1) 송풍기 회전수가 1000rpm일 때 송풍량은 31.9㎥/min 송풍기 정압은 21.6mmH₂O, 동력은 0.5HP, 만약 송풍기 회전수를 1100rpm으로 하면 송풍량, 정압은?

> **해설**
> **송풍량**
> $$\frac{Q_2}{Q_1} = \frac{N_2}{N_1} \qquad Q_2 = Q_1 \times \frac{N_2}{N_1} = 31.9 \times \frac{1,100}{1,000} = 35.09 \text{m}^3/\text{min}$$
>
> **정압**
> $$\frac{\text{FSP}_2}{\text{FSP}_1} = \left(\frac{N_2}{N_1}\right)^2 \qquad \text{FSP}_2 = \text{FSP}_1 \times \left(\frac{N_2}{N_1}\right)^2 = 50 \times \left(\frac{1100}{1000}\right)^2 = 60.5 \text{mmH}_2\text{O}$$

Part 3

PART 4

물리적 유해인자 관리

01절 고온(고열)

사람과 환경 사이에 일어나는 열교환에 영향을 미치는 것은 기온, 기류, 습도 및 복사열 4가지이다.

01 온열인자

(1) **기온** : 태양의 복사열에 의해 생김.

1) 최적온도(적정, 지적): 인간이 활동하기에 가장 좋은 상태인 이상적인 온열조건으로 환경온도를 감각온도로 표시한 것.
2) 특징
   ① 더운음식, 술, 기름기많은 음식을 섭취하면 지적온도는 낮아진다.
   ② 작업량이 클수록 체열소비가 많아 최적온도는 낮아진다.
   ③ 노인들보다 젊은 사람의 적정온도가 낮다.
   ④ 여름이 겨울보다 최적온도가 높다.
3) 종류: 쾌적감각온도/최고생산온도/기능지적온도

(2) **조건온도**

1) 보건활동적정온도:18~21 ℃
2) 안락 한계온도:17~24 ℃
3) 불쾌 한계온도:17℃ 미만 24℃ 이상
4) 손재주 저하온도:13~ 13.5 ℃ 이하
5) 옥외작업 제한온도:10℃이하

(3) **기온 측정기**

1) 아스만(assmann) 통풍온습도계
2) 액체봉상온도계
3) 자기저온계(연속 측정 시)

(4) **감각온도(실효온도, 유효온도)**

기온, 습도, 기류(감각온도 3요소)의 조건에 따라 결정되는 체감온도

(5) 실효복사온도 : 흑구온도와 기온의 차이

(6) 단위

섭씨(℃)와 Kelvin(K) 관계 K= ℃ +273

섭씨(℃)와 화씨(℉) 관계 F= (9/5 × ℃) + 32

02 기습(humidity)

기습(습도)은 보통 상대습도로, 공기중 실제로 함유되어 있는 수증기량과 공기가 그 온도에서 함유할 수 있는 최대한도의 수증량과의 비

(1) 상대습도

단위부피의 공기 속에 현재 함유되어 있는 수증기의 양과 그 온도에서 단위부피의 공기 속에 함유할 수 있는 최대의 수증기량(포화수증기량)과의 비를 백분율 (%)로 나타낸 것.

1) 식

$$\frac{절대습도(e) \times 100}{포화습도\,eW}$$

e : 공기의 수증기압

eW : 공기와 같은 압력과 기온일 때의 포화수증기압

2) 특징 :

① e는 일정하나 eW 는 기온에 따라 변하므로, 같은 수증기를 함유해도 온도가 변하면 상대습도는 변한다. 또한 온도변화에 따라 포화수증기량도 변한다.

② 상대습도는 기온과는 반대로 새벽에 가장 높아지고 오후에 가장 낮아지며 여름철에 높고 겨울철에 낮다.

③ 공기 중 상대습도가 높으면 불쾌감을 느낀다. 인체에 바람직한 상대습도는 30~60(70)%이다.

④ 건구와 습구 2개의 온도계로 측정하고, 이 수치에서 상대습도를 읽는 표에 의하여 간접적으로 산출한다.

(2) 절대습도

절대적인 수증기의 양으로 나타내는 것으로 단위부피의 공기 속에 함유된 수증기량의 값.

주어진 온도에서 공기 1m³ 중에 함유된 수증기량(g)을 의미

수증기량이 일정하면 절대습도는 온도가 변하더라도 절대 변하지 않는다.

(3) 포화습도

공기 1m³가 포화상태에서 함유할 수 있는 수증기량의 의미

일정 공기 중의 수증기량이 한계를 넘을 때 공기 중의 수증기량(g).

03 ▶ 기류(air movement)

(1) 기류(풍속)를 느끼고 측정할 수 있는 최저한계는 0.5m/sec이고, 기류는 대류 및 증발과 연관성이 있다.

(2) **불감기류** : 기온과 기압의 차이에서 일어나는 0.5m/sec 미만의 기류

이는 신진대사를 촉진 (생식선 발육 촉진)시키고, 한랭에 대한 저항을 강화시킴.

작업장 관리기준(산업보건기준에 관한 규칙)에서 기온 10℃ 이하일 때는 1m/sec 이상의 기류에 직접 접촉을 금지한다.

04 ▶ 복사열

인체는 실외에서는 태양에서 방출되는 복사열에, 산업현장에서는 복사열에 노출되어 있다. 인간의 피부는 흑체(복사열을 모두 흡수하는 물체) 에 가까우며 전기로, 가열로, 용해로, 건조로 등에서 발생되는 열을 흡수한다. 복사열을 측정하는 기기는 습구흑구온도지수(WBGT) 측정기, 열전기쌍복사계, 복사고온계, 볼로미터가 있다.

02절 ▍ 고열장애와 생체

고열환경에 노출되면 체온조절기능에 생리적 변조 또는 장애를 초래

01 ▶ 영향인자

작업환경, 기후조건, 고온순환, 개인의 건강상태, 작업의 양

02 ▶ 생성요인

① 관여하는 요인은 작업으로 인한 체내에서의 열생산과 환경온도가 높아지는 것이다.

② 고열환경에서 체온조절기능을 유지하기 위하여 땀을 많이 흘려 체내의 수분과 염분이 부족하게 되어 2 차적으로 생기는 경우도 있다.

03 ▶ 분류

(1) **열사병**

열사병은 고온다습한 환경(육체적 노동 또는 태양의 복사선을 두부에 직접적으로 받는 경우)에 노출될 때 뇌 온도의 상승으로 신체 내부의 체온조절중추에 장애를 말함. 혈액 중의 염분량과는 관계없으며 발한중추의 장애가 있어 열이 축적되어 발생한다.

　1) 특징

　　① 일차적인 증상은 정신착란, 의식결여, 경련, 혼수, 건조하고 높은 피부온도, 체온상승 등이 있다.

　　② 중추신경계의 장애를 일으킨다. 발한정지, 건조한 피부

③ 직장 온도가 상승(40℃ 이상의 직장 온도) , 즉 체열 방산을 하지 못하여 체온이 41 - 43 ℃까지 급격하게 상승하여 40%의 높은 치명률

2) 치료

① 체온조절중추의 손상이 있을 경우 치료효과를 거두기 어려우며 체온을 급히 하강시키기 위한 응급조치방법으로 얼음물에 담가서 체온을 39℃ 까지 내려주어야 한다. 찬물로 닦으면서 선풍기를 시공하여 증발 냉각이라도 시도해야 한다.

② 울열 방지와 체열 이동을 돕기 위하여 사지를 격렬하게 마찰시킨다.

(2) 열피로(heat exhaustion), 열탈진(열소모)

고온환경에서 장시간 힘든 노동을 할 때 주로 미숙련공(고열에 순화되지 않은 작업자)에 많이 나타나며, 과다 발한으로 수분·염분 손실에 의하여 발생한다.

체온은 39℃ 정도이며 맥박은 빨라지면서 약해지고 혈압은 낮아진다.

1) 발생 원인

① 땀을 많이 흘려(과다 발한) 수분과 염분 손실이 많을 때

② 탈수로 인해 혈장량이 감소하거나 대뇌피질의 혈류량이 부족할 때

③ 말초혈관 확장에 따른 요구 증대만큼의 혈관운동 조절이나 심박 출력의 증대가 없을 때(말초혈관 운동신경의 조절장애와 심박출력의 부족으로 순환 부전)

2) 증상 및 치료

혈액농축은 정상범위를 유지한다. 혈당치는 감소하나 혈액 및 소변 소견은 현저 한 변화가 없다. 구강온도는 약간 상승할 수 있고 맥박수는 증가한다. 권태감, 졸도, 과다 발한, 냉습한 피부 등의 증상을 보이며, 직장 온도가 경미하게 상승할 경우도 있다. 시원한 곳에서 휴식하면서 5% 포도당을 정맥 주사한다.

(3) 열경련(heat cramp)

가장 전형적인 열중증의 형태로서 주로 고온환경에서 지속적으로 심한 육체적인 노동을 할 때 나타나며 주로 작업 중에 많이 사용하는 근육에 발작적인 경련, 팔이나 다리, 위에도 생긴다.

지나친 발한에 의한 수분 및 혈중 염분 손실이 많을 때 생긴다.

1) 증상 및 치료

① 낮은 혈중 염분 농도와 팔, 다리의 근육경련이 일어난다(수의근 유통성 경련) .

② 수의근의 유통성 경련(주로 작업 시 사용한 근육에서 발생)이 일어나기 전에 현기증, 이명, 두통, 구역, 구토 등의 전구증상이 일어난다.

③ 일시적으로 단백뇨가 나오며 통증을 수반하는 경련이 발생한다.

④ 수분 및 NaCl을 보충한다(생리식염수 0.1% 공급).

⑤ 시원한 곳으로 옮기고 수분 및 NaCl을 보충한다(생리식염수 0.1% 공급). 작업복을 벗겨서 체열 방출을 촉진한다.

(4) 열실신(heat syncope), 열허탈(heat collapse)

고열환경에 노출될 때 혈관운동장애(말초혈관 확장)가 일어나 정맥혈이 말초혈관에 저류되고 심박출량

Part 4

부족으로 초래하는 순환부전, 특히 대뇌피질의 혈류량 부족이 주원인으로 저혈압, 뇌의 산소부족으로 실신하거나 현기증을 느낀다.

신체 말단부에 혈액이 과다하게 저류되어 혈액 흐름이 좋지 못하게 됨에 따라 뇌에 산소부족이 발생하며, 운동에 의한 열피비라고도 한다.

1) 증상 및 치료

　① 체온조절기능이 원활하지 못해 결국 뇌의 산소부족으로 의식 잃는다

　② 시원한 그늘에서 휴식시키고 염분과 수분을 경구로 보충한다.

　예방 관점에서 작업 투입 전 고온에 순화되도록 한다.

　기타 열성발진(heat rashes)=땀띠, 열쇠약(고열에 의한 만성 체력소모)등이 있다.

03절　고온순화(순응)

순화란 외부의 환경변화나 신체활동이 반복되어 인체조절기능이 숙련되고 습득된 상태이다. 즉 고온에 숙련됨을 말한다.

고온의 영향으로 나타나는 일차적 생리적 영향은 발한이다.

예 열대지방 사람들은 수분 섭취량이 감소한다. 고산지대 사람들은 적혈구 수가 많다.

01 생리적 변화

(1차)

발한(불감발한) 및 호흡촉진 , 교감신경에 의한 피부혈관 확장 , 체표면 증가(한선)

(2차)

혈중 염분량 현저히 감소 및 수분 부족,　심혈관, 위장, 신경계, 신장 장해

02 고온순화 특징

　① 순화방법은 매일 100분씩 폭로하는 것이 효과적 4~6일에 이루어짐.

　② 고온에 폭로된 지 12~14일에 거의 완성됨.

　③ 고온 순화에 관계된 가장 중요한 외부 영향요인은 영양과 수분보충이다.

　④ 고온 순화기전은 체온조절기전의 항진, 더위에 대한 내성 증가 ,열생산 감소, 열방산능력 증가로 이루어진다.

　⑤ 불감발한

　　땀이 나지 않더라도 피부 표면과 호흡기를 통하여 수분이 증발하는 것. 약 0.6L/day

> **참고** **고온 순화기전**
>
> 열생산 감소, 체온조절기전의 항진, 더위에 대한 내성증가, 열방산능력 증가

04절 고열측정과 평가

01 고열측정

(1) 온도·습도 측정

작업환경 평가시 온도는 일반적으로 아스만통풍건습계를 시용하며, 습도는 건구온도와 습구온도의 차를 구하여 습도환산표를 이용하여 구한다.

1) 아스만통풍건습계

눈금의 간격은 0.5 ℃, 측정시간은 5분 이상(온도 안정시간)

2개의 같은 눈금을 갖는 봉상수은온도계 사용

한개는 기온 측정에 사용되는 건구온도계로, 다른 하나는 습구온도를

측정하는데 사용

(2) 기류측정

1) 카타온도계

카타의 냉각력을 이용하여 측정

즉 알코올 눈금이 100℉(37.8℃)에서 95℉(35℃)까지 내려가는데 소요되는 시간을 4~5회 측정, 평균하여 카타 상수값을 이용하여 구하는 간접적 측정, 실내0.2~0.5m/sec정도의 불감기류 측정 시 기류속도를 측정

2) 풍차풍속계: 1~150m/sec 범위의 풍속 측정, 풍차의 회전속도로 풍속측정(옥외용)

3) 열선식 풍속계

가열된 금속선에 바람이 접촉하면 열을 빼앗겨 이를 풍속과 관련지어 측정하는 원리로 기온과 정압을 동시에 구할 수 있어 환기시설의 점검에 유용함. 측정범위는 0~50m/sec, 기류속도가 낮을 때 사용하여야 정확함.

(3) 복사열 측정

작업환경 측정의 표준방법으로 사용하며, 흑구온도계는 복사온도를 측정함. 표준형의 직경 15cm(0.5mm 동판), 무광택의 흑색도료(황화동, $CuSO_4$)로 도색

(4) 습구·흑구 온도 측정

1) 아스만통풍건습계를 이용하여 건구 및 자연습구온도를 측정, 흑구온도계로 복사온도(흑구온도)를

측정하여 계산한다.

2) 계산법

① 옥외 : WBGT(℃) = 0.7 × 자연습구온도(℃) + 0.2 x 흑구온도(℃) + 0.1 × 건구온도(℃)

　옥내 : WBGT(℃)= 0.7 × 자연습구온도(℃) +0.3 × 흑구온도(℃)

② 고열의 작업환경 평가 시 가장 일반적인 방법은 습구흑구온도(WBGT)를 측정한다.

③ 건구온도계의 측정범위는 -5~50℃ 이고, ±0.5℃ 까지 정확하게 측정이 가능하나 측정범위 이하의 온도일 경우에는 부서질 수 있다.

④ 건구온도계는 대기온도만을 측정할 수 있게 복사열원으로부터 차단되어야 한다.

⑤ 흑구온도계의 직경은 6인치로, 검은색으로 도색된 속이 빈 구리 재질의 구모형으로 구성되어 있다.

　측정 가능한 범위는- 5 ~100℃ 이고, 0.5℃까지 정확하게 측정할 수 있으며 흑구는 복사열을 흡수한다.

⑥ 공기의 습도는 일반적으로 습구온도계와 같이 건구온도계를 사용하여 측정한다.

⑦ 자연습구온도는 젖은 거즈로 구부를 싼 온도계로 측정하며, 싸여진 온도계 구는 심지가 젖은 채로 유지하기 위해 일부분이 물속에 잠겨 있도록 해야 한다. 자연습구온도는 대기온도를 측정하긴 하지만 습도와 공기의 움직임에 영향을 받으며 습도가 높고 대기흐름이 적을 때 높은 습구온도를 발생한다.

> **참고** **건습구온도계**
>
> 1. 건구온도란 대기 중 상대습도가 100% 이하에서의 온도를 말하며, 건구온도와 기온은 같다.
> 2. 습구온도는 상대습도가 100%가 되는 온도를 말하며, 물이 거즈를 타고 습구온도계의 구부에 올라왔다가 증발하기 때문에 건구온도보다 낮게 나타난다.
> 3. 건습구온도계는 두 개의 온도계를 이용하여 물이 증발되는 것의 빠르고 느림을 전후 공기의 습도를 재는 습도계를 말하며 한 개의 온도계는 온도계의 구부를 거즈로 감싸고 거즈는 항상 젖어 있도록 하는데 이 온도계를 습구온도계라 하며, 거즈로 감싸지 않은 온도계를 건구온도계라 한다.

02 ▶ 온열지수 평가

온열작업장을 평가하는 지표로 가장 많이 쓰이는 것은 WBGT지수이다.

1. 종류

(1) WBGT(습구흑구온도지수)

(2) 감각온도(ET) : WBGT에 기류를 고려한 지수

(3) Kata 냉각력, TGE 지수

(5) 4시간 발한량 예측치(B4SR), 온열부하지수(HSI), 습구건구지수(WD), 풍냉지수(WC)

03 ▶ 고열로 인한 스트레스를 평가하는 지수

열평형, 유효온도, 대사열

04 고열작업의 노출기준(고용노동부, ACGIH)

작업과 휴식 시간비	작업강도(단위:WBGT(℃))		
	경작업	중등작업	중작업
계속작업	30.0	26.7	25.0
매시간 75% 작업, 25% 휴식	30.6	28.0	25.9
매시간 50% 작업, 50% 휴식	31.4	29.4	27.9
매시간 25% 작업, 75% 휴식	32.2	31.1	30.0

> **참고**
>
> 1. 경작업 : 시간당 200kcal까지의 열량이 소요되는 작업, 앉아서 또는 서서 기계의 조정을 하기 위하여 손 또는 팔을 가볍게 쓰는 일 등을 뜻함
> 2. 중등작업 : 시간당 200~350kcal까지의 열량이 소요되는 작업을 말하며, 물체를 들거나 밀면서 걸어다니는 일 등을 뜻함.
> 3. 중작업 : 시간당 350~500kcal까지의 열량이 소요되는 작업을 말하며, 곡괭이질 또는 삽집을 함.

05 고열작업 대책

(1) 고열발생 대책

① 방열재(insulator)를 이용하여 표면을 덮음.
  대류와 복사열에 대한 영향을 막는 원리로 잠재적인 열 차단
② 전체환기 및 국소배기
③ 냉방장치 설치: 전체 냉방보다 시원한 휴식장소를 마련
④ 복사열 차단(shielding)
  가. 작업복을 흰색으로 착용시 태양복사열을 50% 정도 감소
  나. 고열 작업공정(용광로, 가열로 등)에서 발생하는 복사열은 차열판(알루미늄 재질)을 이용하여 복사열을 차단시킬 수 있다(절연방법).
⑤ 대류(공기흐름) 증가
  작업장 주위 공기 온도가 작업자 신체 피부 온도보다 낮을 경우에만 적용 가능하다.
⑥ 작업의 자동화 기계화 : 고열 작업의 경감
⑦ 냉방복 착용: Vortex tube(냉풍조끼) 원리를 이용

(2) 보호구 대책

방열복 착용: 흰색의 넉넉한 옷, 긴소매옷, 통기성이 큰 것으로 착용
얼음조끼, 냉풍조끼, 방열장갑, 방열화 등을 착용함.

Part 4

(3) 보건관리

① 적정배치: 개인의 질병, 연령, 적성에 따라 배치, 고온순화능력

② 고온 순화

수분과 염분의 부족상태인 근로자는 고온 순화가 늦게 이루어진다.

완전 고온 순화된 작업자가 고열 작업을 쉬면 순화효과는 부분적으로 사라지고 1개월이면 순화 전과 비슷한 상태가 되어 재순화절차를 실시해야 한다.

③ 작업량을 조절 및 자동화 및 기계화

④ 휴게실 설치 및 휴식시간 확보(25도), 습도 50~60%

⑤ 수분 및 소금의 공급(소량씩 자주 마시게 한다. 일반적으로 20분당1 컵). 순화되지 않은 작업자에게는 0.1% 식염수를 공급한다.

(4) 고열 작업장의 작업환경 관리대책

① 작업자에게 국소적인 송풍기를 지급한다.

② 열 차단판인 알루미늄박판에 기름먼지가 묻지 않도록 청결을 유지한다.

③ 기온이 35 ℃ 이상이면 피부에 닿는 기류를 줄이고 옷을 입혀야 한다.

④ 복사열은 가능한 몸의 노출부분을 덮어 관리한다.

⑤ 증발방지복(vapor barrier)보다는 일반 작업복이 적합하다.

05절 한랭의 생체영향

01 개요

저온환경에서는 환경온도와 대류가 체열을 방출하는 이화학적 조절에 가장 중요하게 영향을 미친다. 생체열용량의 변화는 대사에 의한 체열 생산에서 증발·복사·대류에 의한 체열 방산을 뺀 것과 같다. 저온 작업에서 손가락, 발가락 등의 말초 부위는 피부온도 저하가 가장 심한 부위이다.

(1) 한랭의 생리적인 반응

1) 1차적 생리적 반응

① 피부혈관 수축 및 체표면적 감소

② 근육긴장 증가 및 떨림

③ 화학적 대사(호르몬 분비) 증가

2) 2차적 생리적 반응

① 말초혈관의 수축으로 표면조직의 냉각

② 식욕 변화(식욕 항진 ; 과식)

③ 혈압 일시적 상승(혈류량 증가)

④ 피부혈관의 수축으로 순환기능이 감소

(2) 한랭환경에 의한 건강장애

1) 저체온증: 저체온증은 심부온도가 3TC에서 26. 7℃이하로 떨어지는 것

한랭환경에서 바람에 노출, 얇거나 습한 의복 착용 시 급격한 체온강하가 일어남. 떨림과 냉감각, 심박동이 불규칙하게 느껴지며 맥박은 약해지고 혈압이 낮아진다.

32℃ 이상이면 경증, 32℃ 이하이면 중증, 21~24℃ 이면 사망에 이른다.

2) 동상: 심부혈관의 변화를 초래하는 장애로 실제조직이 동결하게 됨.

발가락은 약12℃에서 시린 느낌이 생기며, 약6℃에서는 아픔을 느낀다.

피부의 동결온도는 0 ~ -2도에서 발생, 말초부위가 주로 발생, 1, 2, 3도로 구분된다.

① 제1도:홍반성 동상, 말단부로의 혈행이 정체되어 국소성빈혈이 생김, 동통과 지각이상초래. 남보라색 부종성 조홍.

② 제2도:수포형성과 염증을 특징, 삼출성 염증, 혈액이 섞임, 청남색으로 변함.

③ 제3도:조직괴사로 괴저발생, 괴사성 동상, 혈행정지, 조직성분 붕괴. 괴사성 탈락이 일어남.

온실 또는 25℃ 의 실내에서 손 또는 마른 형겊으로 장시간 가볍게 마찰한다. 가벼운 동상에는 부신피질호르몬제가 함유되어 있는 크림 또는 연고를 바른다.

3) 참호족, 침수족

지속적인 한랭으로 국소부위의 산소결핍으로 모세혈관벽이 손상된다.

침수족이 참호족보다 발생시간이 길다.

① 참호족(trench foot):근로자의 발이 한랭에 장기간 노출됨과 동시에 지속적으로 습기나 물에 잠기게 되면 발생한다.

내부의 온도가 10℃에 도달하면 조직 표면은 얼게 되며, 이러한 현상을 참호족이라 한다.

② 침수족(immersion foot)

동결온도 이상의 냉수에 오랫동안 폭로시 발생, 부종, 저림, 가려움, 심한 통증 등이 생기고 점차 물집이 생기며 피부조직이 괴사를 일으킨다. 27℃ 에서는 떨림이 빚고 혼수에 빠지게 되며, 23~25 ℃ 에 이르면 사망하게 된다. (직장 온도가 35℃ 수준 이하로 저하되는 경우를 의미한다.) 체온이 32.2~ 35 ℃ 에 이르면 신경학적 억제증상으로 운동실조, 자극에 대한 반응속도 저하와 언어이상 등이 온다.

4) Raynaud 증상(레이노병)

갑작스러운 추위나 스트레스에 노출될 때 손가락이 창백해지고 점차 푸르스름해지면서 저린증상이 생긴다. 혈관의 과도한 수축반응에 의해서 생기므로 한랭환경과 국소진동에 노출되지 않도록 조심해야 한다.

06절 한랭작업시 대책

01 일반원칙

개인의 신체능력에 따라 작업을 배치하고 조절한다.

혈관질환자들은 한랭작업을 피하도록 한다. 작업환경기온은10℃이상 으로 유지하고, 바람이 있는 작업장은 방풍시설을 하여야 한다.

노출된 피부나 전신의 온도가 떨어지지 않도록 온도를 높이고 기류의 속도를 낮춘다. 외부 액체가 스며들지 않도록 방수 처리된 의복을 입는다.

02 한랭장애 예방조치(산업안전보건기준에 관한 규칙)

① 혈액순환을 원활히 하기 위한 운동지도를 할 것

② 적정한 지방과 비타민 섭취를 위한 영양지도를 할 것

③ 체온 유지를 위하여 더운물을 비치할 것

④ 젖은 작업복 등은 즉시 갈아입도록 할 것

03 한랭 작업장에서 취해야 할 개인위생상 준수사항

① 팔다리 운동으로 혈액순환 촉진

② 약간 큰 장갑과 방한화의 착용, 건조한 양말의 착용

③ 과도한 음주, 흡연 삼가, 더운물과 더운 음식 자주 섭취

④ 금속의자 사용을 금함

⑤ 외피는 통기성이 적고 함기성이 큰 것 착용

⑥ 오랫시간동안 찬물, 눈, 얼음에서 작업 금지하기

⑦ 의복이나 구두 등의 습기를 제거할 것, 방수처리된 의복을 착용

04 한랭작업을 피해야하는 대상자

심혈관질환자, 고혈압환자, 간이나 위장· 신장 장애 환자

01절 이상기압

01 정의

정상기압인 760mmHg(1atm)보다 높거나 낮은 기압, 1기압 이상의 압축공기에 노출되는 작업으로는 잠함 작업, 해저 또는 하저의 터널작업 등이 있다. 1기압 이하의 저기압은 항공기 조종사 및 승무원들에게서 볼 수 있는 저산소증 등의 문제가 있다.

(1) 기압

단위면적당 작용하는 공기의 무게, 즉 대기의 압력이다.

1기압 = 1atm = 76cmHg = 760mmHg = 1,013.25hPa

= 33.96ftH$_2$O = 407.52inH$_2$O = 10,332mmH$_2$O

= 1,013mbar = 29.92inHg = 14.7psi = 1.0336kg/cm^2

정상적인 대기 중 해면에서의 산소분압은 약160mmHg(760mmHgX0.21)이다.

(2) 고압작업

「산업안전보건기준에 관한 규칙」에서는 이상기압(압력이 1kgf/cm^2 이상인 기압)하에서 잠함 공법, 기타 가압 공법으로 하는 작업으로 정의하고 있음.

(3) 작업을 위한 조건

고압 작업시 1일 6시간, 주 34시간을 초과하여 작업은 금지하고 있으며 작업실 공기의 부피가(체적) 근로자 1인당 4m^{3}이상이 되도록 한다.

작업을 하기 전 적응을 위해 기압조절실에서 가압을 하는 경우에는 1분에 0.8kgf/cm^2 이하의 속도로 한다.

(4) 주의점

고압환경의 대표적인 것은 잠함 작업이다.

수면하에서의 압력은 수심이 10m 깊어질 때 1기압씩 증가하므로 수심 20m인 곳의 절대압은 3기압이며 작용압은 2기압이다.

고압환경에서 작업을 행할 때에는 규정시간을 넘지 않도록 주의해야 하며 예방을 위해 수소 또는 질소를 대신하여 헬륨(마취현상이 적음) 같은 불활성 기체를 호흡시킨다.

예 절대압 = 작용압 + 1기압(대기압) = (30m x 1기압/10m) + 1기압 = 4기압

02 고압에서의 인체작용

(1) 1차적 가압현상 : 기계적 장애, 인체와 환경 사이의 기압 차이로 인해 일어나는 현상, 1차적으로 1psi 이하의 기압 차이에도 부종, 출혈, 동통(근육통, 관절통)등을 동반한다. 부비강, 치아에 압박장해 생김.

(2) 2차적 가압현상

고압하의 대기가스의 독성 때문에 나타나는 현상으로 2차성 압력현상이다.

① 질소가스의 마취작용: 4기압 이상에서 마취작용을 일으키며 이를 다행증이라 한다.

작업력의 저하, 기분의 변환, 여러종류의 다행증(euphoria)이 일어난다.

수심 90~ 120m에서 환청, 환시, 조현증, 기억력감퇴 등이 나타난다.

② 산소중독: 분압이 2기압이 넘으면 산소중독 증상, 고압산소에 대한 폭로가 중지되면 증상은 즉시 멈춘다.

수지나 족지의 작열통, 시력장애, 정신혼란, 근육경련 등의 증상을 보이며 나아가서는 간질 모양의 경련을 나타낸다.

③ 이산화탄소의 작용

이산화탄소 농도의 증가는 산소의 독성과 질소의 마취작용을 증가시키는 역할을 하고 감압증의 발생을 촉진시킨다.

이산화탄소 농도가 고압환경에서 대기압으로 환산하여 0.2%를 초과해서는 안 된다. 이산화탄소의 분압 증가에 따라 동통성 관절장애(bends)도 발생한다.

> ***bends**
> 잠수병통증, 수병통증, 감압통(減壓痛), 잠함병(潛函病), 감압증(減壓症). 급격한 기압의 하강에 의하여 나타나는 사지 및 복부의 동통.

03 저압(감압)환경에서의 인체영향

고압환경에서 Henry의 법칙에 따라 체내에 과다하게 용해되었던 불활성 기체(질소)는 압력이 낮아질 때 과포화상태로 되어 혈액과 조직에 기포를 형성하여 혈액순환을 방해하고 영향을 주며 여러 가지 증상을 일으킨다. 이러한 질환을 감압병이라 한다.

감압병(케이슨병)의 치료는 재가압 산소요법을 시행할 수 있다.

(1) 감압에 의한 가스 팽창효과 : 팽창된 공기가 폐혈관으로 유입되어 뇌공기색전증(air embolism)을 일으켜 사망하게 됨.

(2) 감압에 따른 용해질소의 기포 형성 : 잠함병의 직접적인 원인은 체액 및 지방조직의 질소기포 증가이다.

1) 감압 시 조직내 질소기포량에 영향을 주는 요소
① 조직에 용해된 가스량: 체내 지방량, 고기압 폭로의 체내 지방량, 고기압 폭로의 정도와 시간으로 결정됨.
② 혈류를 변화시키는 상태: 연령, 기온, 운동, 음주량과 연관 있다.

연령, 기온, 운동, 공포감, 음주와 관계가 있음

③ 감압속도

(3) 감압환경의 인체 증상

용해성 질소의 기포로 인해 동통성 관절장애, 호흡곤란, 무균성 골괴사(ascptic bone necrosis)등을 일으킨다.

동통성 관절장애(bends)는 감압증에서 흔히 나타나는 급성장애이며 발생에 따른 감수성은 연령, 비만, 폐손상, 심장장애, 일시적 건강장애등이 생긴다. 중증합병증으로 마비가 올수 있다.

04 치료 및 예방

(1) 고기압

1) 시설: 잠함작업, 해저터널 굴진 작업 시 필요한 장비(컴프레서, 압력계 등)를 점검한다.

2) 방법: 감압치료를 할 때는 인공고압실에 넣어 조직속에 발생한 기포를 다시 용해시킨 다음 천천히 감압한다.

예방법으로는 일반적으로 1분에 10m 정도씩 잠수하며 작업시간을 엄격히 지키고 특히 감압 시 신중하게 천천히 단계적으로 함. 감압이 끝날 무렵에 산소를 흡입시키면 예방효과가 있고 감압 시간을 25% 단축시킬 수 있다. 질소를 헬륨으로 대치한 공기를 호흡시키면 호흡저항이 작다. Haldene의 실험근거상 정상기압보다 1.25기압을 넘지 않는 고압환경에는 아무리 오랫동안 폭로되거나 빨리 감압하더라도 기포를 형성하지 않는다. 귀 등의 장애를 예방하기 위해서는 압력을 가하는 속도를 매 분당 0.8kgf/cm² 이하가 되도록 한다.

(2) 저기압 대책

1) 저압환경시 인체의 영향: 고도의 상승에 따라 기압이 저하되는 환경을 말하며 폐포 내의 산소분압도 저하 산소결핍증을 일으킨다.

산소결핍시 호흡수, 맥박수가 증가한다.

① 고공증상: 5,000m 이상시 가장 흔한 증상은 저산소증 hypoxia이다.

② 항공치통, 항공이염, 항공부비강염이 일어날 수 있다.

③ 고도 10,000ft(3,048m)까지는 시력, 협조운동 장애 및 피로 유발

④ 고도 18,000ft(5,468m) 이상이 되면 21% 이상의 산소가 필요하다.

2) 고공성 폐수종

고공성 폐수종은 어른보다 순화 적응속도가 느린 어린이에게 많이 일어난다. 고공 순화된 사람이 해면에 돌아올 때 발생한다. 반복해서 발병하는 경향, 진해성기침, 호흡곤란, 폐동맥의 혈압 상승증 상등이 있다.

3) 급성 고산병

증상은 48시간 내에 최고도에 도달하였다가 2~3일이면 소실된다.

극도의 우울증, 두통, 식욕상실을 보이며 흥분성을 보인다.

> **참고** | **기압의 측정기계**
>
> - 아네로이드 기압계(aneroid barometer)
>   얇은 동판이 기압변화에 따라 수축과 팽창하는 성질을 이용하여 기압을 측정하는 장비, 부르동관 기압계와 박스 기압계
> - 피라니기압계
>   도선에 전류를 흐르게 하여 가열하는 방식
> - 퍼틴 수은기압계(fortin barometer)
>   토리첼리의 원리를 이용하여 수은주의 높이로 기압을 측정, 수은조 안의 수은 면으로부터 76cm(80cm)의 높이에 멈추게 되는데, 수은주의 높이는 기압에 비례하므로 그 높이를 측정하면 기압을 알 수 있다. 정밀도가 높다.

02절 산소결핍

01 산소결핍의 정의

산소결핍이란 21% 정도의 공기 중 산소 비율이 상대적으로 적어져 대기압하에서의 산소농도가 18% 미만인 상태다.

산소결핍에 가장 민감한 조직은 뇌조직이며 뇌의 1일 산소 소비량은 100L 이다.

(1) 용어

1) 밀폐공간: 산소결핍, 유해가스로 인한 질식, 화재, 폭발 등의 위험이 있는 장소
2) 적정한 공기:
   ① 이산화탄소의 농도가 1.5% 미만
   ② 황화수소의 농도가 10ppm 미만
   ③ 산소농도의 범위가 18% 이상 23.5% 미만
   ④ 일산화탄소의 농도가 30ppm 미만
3) 산소결핍: 공기 중의 산소농도가 18% 미만인 상태이며 산소결핍증은 산소가 결핍된 공기를 들이마심으로써 생기는 증상을 말한다.
   원인으로는 제한된 공간, 연소, 화학반응, 미생물의 작용등이 있다.

02 산소결핍의 인체 장애

(1) 정의 : 저산소증, 저 산소상태에서 산소분압의 저하, 즉 저기압에 의하여 발생되는 질환이다.

(2) 특징

산소결핍에 의한 질식사고가 가스재해 중에서 큰 비중을 차지한다.

급성적, 치명적이기 때문에 많은 희생자를 발생시킬 수 있다.

단 시간 내에 비가역적 파괴현상을 나타낸다.

생체 중 최대산소 소비기관은 뇌신경세포이다.

산소결핍에 가장 민감한 조직은 대뇌피질이다. 신경조직 1g은 근육조직 1g에 비하여 약 20배의 산소를 소비한다.

(3) 인체손상

1) 산소 12~16%, 산소분압 90~120mmHg, 동맥혈산소포화도 85~89% : 호흡수 증가, 맥박수 증가, 정신집중 곤란, 두통, 이명, 신체기능조절 손상 및 순환기 장애자 초기증상 유발

2) 산소 9~14%, 산소분압60~105mmHg, 동맥혈산소포화도 74~87%
불완전한 정신상태에 이르고 취한 것과 같으며 당시의 기억상실, 전신탈진, 체온상승, 호흡장애, 청색증 유발, 판단력 저하

3) 산소 6~10%, 산소분압 45~70mmHg, 동맥혈산소포화도 33~74%이하
의식불명, 안면창백, 전신근육경련, 중추신경장애, 청색증유발, 경련, 8분내 100% 치명적, 6분 내 50% 치명적, 4~5분 내 치료로 회복 가능

4) 4~6및 이하, 45mmHg이하, 33%이하 40초내에 혼수상태, 호흡정지, 사망

(4) 산소결핍 위험 작업장의 작업환경 측정 및 관리대책

1) 위험 작업장의 공기 중 산소농도를 정확히 측정하기 위하여 산소농도 측정기가 사용되며 가연성 물질의 경우 농도수준이 폭발한계의 10% 이하로 유지되어야 한다.

2) 산소결핍장소에서는 방독마스크는 절대 착용하지 않는다.

3) 산소농도 측정
작업시간 동안 측정하여 최고값을 산출한다.
측정은 공기를 채취관으로 측정기까지 흡인하여 측정기 내에 부착된 센서로 산소농도를 검출하는 채취식과 센서를 측정지점에 투입하여 검출하는 확산식이 있다.

4) 관리대책
① 환기
작업전 및 작업 중에 해당 작업장을 적정한 공기상태로 유지되도록 환기(환기는 배기량보다 급기 량이 10% 정도 약간 많도록 조절)
② 보호구 착용
호스마스크, 공기호흡기, 산소호흡기 지급 및 상시 점검
③ 작업 전 산소농도(18%이상)와 유해물질농도를 측정한다.
④ 안전대, 구명밧줄
⑤ 감시자 배치 및 응급처치/ 작업자의 교육
⑥ 작업 전에 폭발가스농도가 폭발하한농도의 10% 이하가 되는지 확인
⑦ 비상시 탈출로 확인 후 작업을 시작

| 참고 | 밀폐공간 작업시 작업부하 인자 |

1. 산소농도가 18% 이하가 되면 산소결핍증이 되기 쉽다.
2. 탱크 바닥에 있는 슬러지 등으로부터 황화수소가 발생한다.
3. 모든 옥외 작업의 경우와 거의 같은 양상의 근력부하를 갖는다.
4. 철의 녹 사이에 황화물이 혼합되어 있으면 황산화물이 공기 중에서 산화되어 발열하면서 아황산가스가 발생할 수 있다.

소음 · 진동

01절 소음

01 소음

(1) 정의 : 공기의 진동에 의한 음파 중 인간에게 감각적으로 바람직하지 못한 소리, 즉 지나치게 강렬하여 불쾌감을 주거나 주의력을 빗나가게 하여 작업에 방해가 되는 음향을 말함.

「산업안전보건법」에서는 소음을 85dB(A) 이상의 시끄러운 소리로 정의하고 있다.

(2) 특징

사람의 귀는 자극의 절대물리량에 대수적으로 비례하여 반응한다.(웨버-훼이너 법칙)

소음은 축적성이 없고 국소 다발적이며 감각적이다.

(3) 단위

소음계로 측정한 음원수준, 단위는 dB, Sone, Phon등이 있다.

1) dB

음압수준의 단위는 dB(decibel)로 표시한다.

사람이 들을 수 있는 음압은 0.00002~ 60N/㎡의 범위이며, 이것을 dB로 표시하면 0~130dB이 된다(2×10^{-5}N/㎡ 는 1000Hz에서 가청할 수 있는 최소음압 실효치).

2) Sone 감각적인 음의 크기(loudness)를 나타내는 양이며, 1,000Hz에서의 압력수준 dB을 기준으로 하여 등청감곡선을 소리의 크기로 나타내는 단위이다.

1000Hz 순음의 음의 세기레벨 40dB의 음의 크기를 1Sone으로 정의한다.

3) Phon: 감각적인 음의 크기를 나타내는 양이다.

1,000Hz 순음의 크기와 평균적으로 같은 크기로 느끼는 1000Hz 순음의 음의 세기 레벨로 나타낸 것이 Phon이다.

1000Hz에서 압력수준 dB을 기준으로 하여 등감곡선을 소리의 크기로 나타낸 단위이다.

4) 음의 크기(Sone)와 음의 크기 레벨(Phon)의 관계

$$S = 2^{\frac{(L_L - 40)}{10}} \ (\text{Sone})$$

$L_L = 33.3 \log S + 40(\text{Phon})$

S : 음의 크기(Sone)

L_L: 음의 크기 레벨(Phon)

5) 소음계산

① 합성소음도(전체소음, 소음원 동시 가동 시 소음도)

$$L = 10\log(10^{\frac{L_1}{10}} + 10^{\frac{L_2}{10}} + \cdots + 10^{\frac{L_n}{10}})(\text{dB})$$

L : 합성소음도(전체소음, 소음원 동시 가동 시 소음도)

L1~Ln : 각각 소음원의 소음(dB)

② 소음도 차이

$$L' = 10\log(10^{\frac{L_1}{10}} - 10^{\frac{L_2}{10}})(\text{dB})(\text{단}, L_1 > L_2)$$

③ 평균소음도

$$\overline{L} = 10\log\left[\frac{1}{n}(10^{\frac{L_1}{10}} + 10^{\frac{L_2}{10}} + \cdots + 10^{\frac{L_n}{10}})\right](\text{dB})$$

n : 소음원의 개수

02 소음의 특징

(1) 주파수와 파장

1) 주파수 : 한 고정점을 1초 동안에 통과하는 고압력 부분과 저압력 부분을 포함한 압력변화의 완전한 주기(cycle) 수를 말하고 음의 높낮이를 나타낸다. 보통 f로 표시하고 단위는 Hz(l/sec) 및 cps(cycle per second)를 사용한다.

정상 청력을 가진 사람의 가청주파수 영역은 20~ 20,000Hz이다.

2) 파장 : 위상의 차이가 360°가 되는 거리, 즉 1주기의 거리를 파장이라 한다. 보통 λ로 표시하고, 단위는 m를 사용한다.

3) 주기 : 한 파장이 전파되는 데 소요되는 시간, 보통 T로 표시하고, 단위는 sec를 사용한다.

주기와 주파수의 관계는 역비례이다. T= 1/f

4) 진폭 : 음원으로부터 주어진 거리만큼 떨어진 위치에서 발생되는 음의 최대변위치이며 단위는 m이다.

5) 음속 : 음파의 속도

음파란 음압의 변화에 따라 매질을 통하여 전달하는 종파(소밀파, 압력파. P파)이다.

음속(C)= f × λ

f : 주파수(1/sec)

λ : 파장(m)

음속C= 331.42 + 0.6(t)

C : 음속(m/sec),

t : 음전달 매질의 온도(℃)

(2) 음의 현상

1) 음의 반사, 흡수, 투과: 음파가 장애물에 입사되면 일부는 반사, 일부는 장애물을 통과하면서 흡수, 나머지는 장애물을 투과한다. 음향에너지 보존 법칙이 성립한다.

   예 $I_i = I_r + I_\alpha + I_t$

   Ii : 입사음의 세기

   Ir : 반사음의 세기

   Iα : 흡수음의 세기

   It : 투과음의 세기

2) 음의 회절, 간섭, 지향성

   ① 회절: 장애물 뒤쪽으로 음이 전파되는 현상으로 파장이 길수록, 장애물이 작을수록, 틈 구멍이 작을수록 잘 된다.

   ② 간섭: 서로 다른 파동 사이의 상호작용으로 나타나는 현상, 보강간섭, 소멸간섭, 맥놀이의 간섭이 있다.

   보강 간섭은 두 파동이 만나 그들의 진폭이 합쳐져 더 큰 진폭을 생성하는 현상이다.

   맥놀이(beat)는 진동수의 차이가 극히 작은 두 소리굽쇠를 때릴 경우, 두 개의 소리가 서로 간섭하여 주기적으로 강약을 반복하는 현상을 말한다.

   ③ 지향성: 음원에서 방사되는 음의 강도가 방향에 의해서 변화하는 상태를 나타낸다.

   　가. 지향계수(directivity factor)는 특정 방향에 대한 음의 저항도를 나타내며 특정방향의 에너지와 평균에너지의 비를 말한다.

   　나. 지향지수(DI, Directivity Index)는 지향계수를 dB단위로 나타낸 것으로 지향성이 큰 경우 특정 방향 음압레벨과 평균 음압레벨과의 차이를 말한다.

   　다. 지향계수와 지향지수와의 관계

   　　　$DI = 10\log Q(dB)$

   　라. 음원의 위치에 따른 지향성

   　　　음원이 자유공간(공중)에 있을 때

   　　　　$Q = 1$, $DI = 10\log 1 = 0dB$

   　　　음원이 반자유공간(바닥 위)에 있을 때

   　　　　$Q = 2$, $DI = 10\log 2 = 3dB$

   　　　음원이 두 면이 접하는 구석에 있을 때

   　　　　$Q = 4$, $DI = 10\log 4 = 6dB$

   　　　음원이 세 면이 접하는 구석에 있을 때

   　　　　$Q = 8$, $DI = 10\log 8 = 9dB$

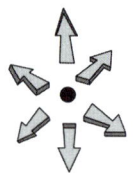

지향계수(Q) : 1
지향지수(DI) : 0dB

〈 음원 : 자유공간 〉

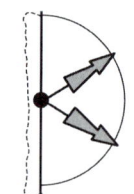

지향계수(Q) : 2
지향지수(DI) : 3dB

〈 음원 : 반자유공간 〉

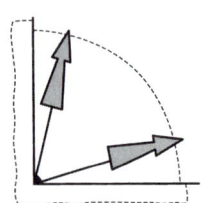

지향계수(Q) : 4
지향지수(DI) : 6dB

〈 음원 : 두 면이 접하는 공간 〉

지향계수(Q) : 8
지향지수(DI) : 9dB

〈 음원 : 세 면이 접하는 공간 〉

음원의 위치별 지향성

3) 음의 압력 및 음압수준(음압도, 음압레벨)

① 음의 압력(음압) : 음에너지에 의해 매질에는 미세한 압력변화가 생기고, 이 압력부분을 음압이라
한다. 단위는 Pa(N/㎡) 이다.

② 음의 진폭과 음압실효치의 관계

$$P_{rms} = \frac{P_m}{\sqrt{2}}$$

P_{rms} : 음압의 실효치(N/㎡)

P_m : 음압진폭(피크, 최대값) (N/㎡)

③ 음압수준(SPL)

$$SPL = 20\log\left(\frac{P}{P_o}\right)(dB)$$

SPL : 음압수준(음압도, 음압레벨)(dB) :

P : 대상 음의 음압(음압실효치) (N/㎡)

P_o : 기준 음압실효치(2×10^{-5}N/㎡, 20mPa, 2×10^{-4}dyne/c㎡)

4) 음의 세기(강도) 및 음의 세기레벨(음의 세기수준)

① 음의 세기

음의 진행방향에 수직하는 단위면적을 단위시간에 통과하는 음에너지를 음의 세기라 하며, 단위
는 watt/㎡이다.

$$I = \frac{P^2}{pc} = P \times V$$

I : 음의 세기(W/㎡)

P : 음압(실효치) (N/㎡)

pc : 음향 임피던스(rayls)

V : 매질에서의 입자 속도(m/sec)

② 음의 세기레벨(SIL)

$$SIL = 10\log\left(\frac{I}{I_0}\right)(dB)$$

SIL : 음의 세기레벨(dB)

I : 대상음의 세기(W/㎡)

I_0 : 최소가청음 세기 (10^{-12} W/㎡)

5) 음향출력(음향파워, 음력) 및 음향파워레벨(음력수준)

① 음향출력: 음원으로부터 단위시간당 방출되는 총 음에너지(총 출력), 단위는watt(W) 이다.

② 음향파워레벨(PWL, 음력수준)

$$PWL = 10\log\left(\frac{W}{W_0}\right)$$

PWL : 음향파워레벨(dB)

W : 대상음원의 음향파워 (watt)

W_0 : 기준 음향파워(10^{-12}W)

6) SPL과 PWL의 관계식

PWL은 절대적인 값이고 SPL은 거리에 따라 변하는 상대적인 값이다.

① 무지향성 점음원

　가. 자유공간(공중, 구면파)에 위치할때 SPL = PWL - 20logr -11(dB)

　나. 반자유공간(바닥, 벽, 천장, 반구면파)에 위치할 때

　　SPL = PWL - 20logr- 8(dB)

② 무지향성 선음원

　가. 자유공간(공중, 구면파)에 위치할 때 SPL = PWL- 10logr- 8(dB)

　나. 반자유공간(바닥, 벽, 천장, 반구면파)에 위치할 때

　　SPL = PWL - 10logr-5(dB)

　　여기서, r : 소음원으로부터의 거리(m)

③ SIL과 SPL의 관계식

고유임피던스(pc)가 약 400rayls일 경우 SIL과 SPL은 같은 것으로 본다.

$$SIL = 10\log \times \frac{P^2/pc}{I_0}$$

$$= 10\log \times \frac{P^2}{4 \times 10^{-10}}$$

$$= 10\log\left(\frac{P}{2\times 10^{-5}}\right)^2 = 20\log\left(\frac{P}{P_0}\right) = SPL$$

7) 거리감쇠

① 점음원 : $SPL_1 - SPL_2 = 20\log\frac{r_2}{r_1}$

 SPL_1 : 음원으로부터 r_1(m) 떨어진 지점의 음압레벨

 SPL_2 : 음원으로부터 r_2(m)($r_2 > r_1$) 떨어진 지점의 음압레벨

 $SPL_1 - SPL_2$: 거리감쇠치(dB)

 역2승법칙 : 점음원으로부터 거리가 2배 멀어질 때마다 음압레벨이 6dB(= $20\log 2$)씩 감쇠한다.

② 선음원: $SPL_1 - SPL_2 = 10\log\left(\frac{r_2}{r_1}\right)$

 선음원으로부터 거리가 2배 멀어질 때마다 음압레벨이 3dB(=$10\log 2$)씩 감쇠한다.

8) 주파수

소음의 특성을 정확히 평가, 문제가 되는 주파수 대역을 알아내어 그에 따른 대책을 세우기 위해 주파수 분석을 한다.

분석에는 정비형과 정폭형이 있고, 일반적으로 정비형을 주로 사용한다.

정비형은 대역(band)의 하한 및 상한 주파수를 f_L 및 f_u라 할 때 어떤 대역에서도 f_u/f_L의 비가 일정한 필터이다.

$$2^n = \frac{f_u}{f_L}$$

n = 일반적으로 1/1, 1/3 옥타브랜드

가. 1/1 옥타브밴드 분석기

$$\frac{f_U}{f_L} = 2^{\frac{1}{1}}$$

$$f_U = 2f_L$$

 중심주파수$(f_c) = \sqrt{f_L \times f_U} = \sqrt{f_L \times 2f_L}$

 밴드쪽$(bw) = f_c(2^{\frac{n}{2}} - 2^{-\frac{n}{2}}) = f_c(2^{\frac{1/1}{2}} - 2^{-\frac{1/1}{2}}) = 0.707 f_c$

나. 1/3 옥타브랜드 분석기

$$\frac{f_U}{f_L} = 2^{\frac{1}{3}}$$

$$f_U = 1.26 f_L$$

 중심주파수$(f_c) = \sqrt{f_L \times f_U} = \sqrt{f_L \times 1.26 f_L} = \sqrt{1.26}\, f_L$

 밴드폭$(bw) = f_c(2^{\frac{n}{2}} - 2^{-\frac{n}{2}}) = f_c(2^{\frac{1/3}{2}} - 2^{-\frac{1/3}{2}}) = 0.232 f_c$

다. %밴드폭(%bw)

$$\%bw = \frac{bw}{f_c} \times 100(\%)$$

9) 등청감곡선

정상 청력을 가진 젊은 사람을 대상으로 한 주파수로 구성된 음에 대하여 느끼는 소리의 크기(loudness)를 실험한 곡선이 등청감곡선이다.

인간의 청감은 4000Hz 주위의 음에서 가장 예민하며 저주파 영역에서는 둔하다. 사람이 느끼는 크기는 음의 주파수에 따라 다르며, 동일한 크기를 느끼기 위해서 저주파 음에서는 고주파음보다 높은 압력수준이 요구된다.

03 소음의 생체작용

(1) 평균청력손실 평가방법

① 4분법

평균청력손실 $= \dfrac{a + 2b + c}{4}(dB)$

a : 옥타브밴드 중심주파수 500Hz에서의 청력손실(dB)
b : 옥타브밴드 중심주파수 1,000Hz에서의 청력손실(dB)
c : 옥타브밴드 중심주파수 2,000Hz에서의 청력손실(dB)

평균청력손실값이 25dB 이상이면 난청이라 평가한다.

② 6분법

평균청력손실 $= \dfrac{a + 2b + 2c + d}{6}$

여기서 d: 옥타브밴드 중심주파수 4000Hz에서의 청력손실(dB)

OSHA에서는 2,000, 3,000, 4,000Hz에서 10dB 이상의 차이가 있을 때 유의한 청력변화가 발생했다고 규정한다.

(2) 난청

일시적 청력손실인 청각피로부터 회복과 치료가 불가능한 영구적 장애로 나뉜다.

① 일시적 청력손실(TTS)

강력한 소음에 노출되어 (4000~ 6,000Hz)에서 가장 많이 발생한다.
청신경세포의 피로현상이므로 회복되려면 12~ 24시간을 필요하다.
소음성 난청의 예비신호로 볼 수 있다.

② 영구적 청력손실(PTS)

비가역적이며 청신경말단부의 내이 corti기관의 섬모세포 손상으로 회복될 수 없는 영구적인 청력 저하 이다.

먼저 3000~6000Hz의 범위에서 나타나고 특히 4000Hz에서 심하게 발생한다.

③ 노인성 난청

고음에 대한 청력손실이 현저하며 6000Hz에서부터 난청이 시작된다.

(3) 직업성 난청(소음성)

소음에 반복되어 영구적인 청력변화가 된 것으로 감각세포의 손상이며, 청력손실의 원인이 되는 코르티 기관이 파괴된 것이다.

초기 저음역(500, 1,000, 2,000Hz)에서보다 고음역(3,000, 4,000, 6,000Hz)에서 청력손실이 나타나고, 특히 4,000Hz에서 심한데 그 이유는 저주파 보다 고주파에 대해 민감하게 반응하기 때문이다. 지속적인 소음노출 시 고음역에서의 청력손실이 보통 10~15년에 최고치에 이른다. 즉, 장기적인 소음 노출에 의해서 발생된다.

소음성 난청은 주로 주파수 4,000Hz 영역에서 시작하여 전 영역으로 파급된다.

① 영향요소 : 소음크기

가. 음압수준이 높을수록, 개인의 민감성, 소음의 주파수에 따라 고주파음이 저주파음보다 영향이 크다.

나. 소음의 발생이 지속적이면 간헐적인 것보다 더 큰영향을 준다.

(4) 음파의 생체영향

① 초음파: 가청영역 이상의 주파수(20kHz 이상)를 가진 음. 고주파성 초음파는 공기 중에 잘 흡수되어 쉽게 전파되지 않는다. 미국 EPA에서는 초음파의 소음도가 105dB 이하가 되도록 권장한다. 인체의 피부는 폭로된 초음파의 1%만을 흡수하고 나머지는 반사한다.

예 고속드릴, 세척장비등

04 소음에 대한 노출기준

(1) 우리나라 노출기준 : 8시간 노출에 대한 기준 90dB(5dB 변화율)

1일 노출시간(hr)	소음수준(dB(A))	1일 노출시간(hr)	소음수준(dB(A))
8	90	1	105
4	95	½	110
2	100	¼	115

* 115dB(A)를 초과하는 소음수준에 노출되어서는 안 된다.

(2) 우리나라 충격소음 노출기준

소음수준(dB(A))	1일 작업시간 중 허용횟수
140	100
130	1000
120	10000

1) 충격소음은 최대음압수준이 120dB 이상인 소음이 1초 이상의 간격으로 발생하는 것을 말한다.
2) 충격소음이 발생하는 작업장은 6월에 1회이상 소음수준을 측정하고, 소음에 노출되는 근로자에게는 특수건강진단을 실시하여야 한다.

(3) ACGIH 노출기준 : 8시간 노출에 대한 기준 85dB(3dB 변화율)

1일 노출시간(hr)	소음수준(dB(A))	1일 노출시간(hr)	소음수준(dB(A))
8	85	1	94
4	88	½	97
2	91	¼	100

(4) 연속음 & 단속음

1) 연속음: 소음발생 간격이 1초미만을 유지하면서 계속적으로 발생되는 소음
2) 단속음: 소음발생 간격이 1초 이상의 간격으로 발생되는 소음

05 소음의 측정 및 평가

(1) 소음의 측정

① 누적소음 노출량 측정기(noise dose meter)
소음에 대한 작업환경 측정 시 소음의 변동이 심하거나 소음수준이 다른 여러 작업장소를 이동하면서 작업하는 경우 소음의 노출평가에 가장 적합한 소음기, 즉 개인의 노출량을 측정하는 기기로서 노출량(dose)은 노출기준에 대한 백분율(%)로 나타낸다.

② 누적소음 노출량 측정기의 법정 설정기준
criteria : 90dB, exchange rate : 5dB, threshold 80dB

③ 소음계
정밀소음계, 지시소음계, 간이소음계의 3종류로 분류한다.
측정 가능 주파수 범위는 31.5Hz~8kHz 이상이어야 한다.
측정 가능 소음도 범위는 35~130dB 이상이어야 한다(다만, 자동차 소음 측정시 45~130dB 이상으로 한다).

Part 4

(2) 소음의 평가

① 등가소음레벨(등가소음도, Leq)

변동이 심한 소음의 평가방법이며 이렇게 변동하는 소음을 일정 시간 측정하여 그 평균 에너지 소음 레벨로 나타낸 값이 등가소음도이다.

$$등가소음도(\mathrm{Leq}) = 16.61 \log \frac{n_1 \times 10^{\frac{L_{A1}}{16.61}} + \cdots + n_n \times 10^{\frac{L_{An}}{16.61}}}{각\ 소음레벨\ 측정치의\ 발생시간\ 합}$$

Leq : 등가소음레벨[dB(A)]

L_A : 각 소음레벨의 측정치 [dB(A)]

n : 각 소음레벨 측정치의 발생시간(분)

$$일정\ 시간간격\ 등가소음도(\mathrm{Leq}) = 10 \log \frac{1}{n} \sum_{i=1}^{n} 10^{\frac{L_i}{10}}$$

n : 소음레벨측정치의 수

Li : 각 소음레벨의 측정치 [dB(A)]

② 누적소음폭로량 : 단위작업장소에서 소음의 강도가 불규칙적으로 변동하는 소음 등을 누적소음노출 량 측정기로 측정하여 평가한다.

$$누적소음폭로량\ D = \frac{C_1}{T_1} + \frac{C_2}{T_2} + \cdots \frac{C_n}{T_n} \times 100$$

D : 누적소음폭로량(%)

C : 각 소음레벨발생시간

T : 각 폭로허용시간(TLV)

$$\mathrm{TWA} = 16.61 \log [D(\%)/100] + 90[dB(A)]$$

TWA : 시간가중 평균소음수준[dB(A)]

D : 누적소음폭로량 (%)

100 = 12.5 × T (T: 노출시간)

③ 기타 평가단위

SIL : 회화방해레벨

PSIL : 우선회화방해레벨

NC : 실내소음평가척도

NRN : 소음평가지수

TNI : 교통소음지수

Lx : 소음통계레벨

Ldn : 주야 평균소음레벨

PNL : 감각소음레벨

WECPNL : 항공기소음평가량

06 소음 관리 및 예방 대책

(1) 실내 평균흡음률 계산

① 평균흡음률($\overline{\alpha}$)

$$\overline{\alpha} = \frac{\varSigma S_i \alpha_i}{\varSigma S_i} = \frac{S_1 \alpha_1 + S_2 \alpha_2 + S_3 \alpha_3 + \cdots}{S_1 + S_2 + S_3 + \cdots}$$

S_1, S_2, S_3 : 실내 각 부의 면적(㎡)

일반적으로 실내는 천장, 바닥, 벽면을 고려

α_1, α_2, α_3 : 실내 각 부의 흡음률

② 흡음력(A)

$$A = S\overline{\alpha} = \sum_{i=1}^{n} S_i \alpha_i \,(\text{m}^2, \text{sabin})$$

S : 실내 내부의 전 표면적(m²)

$\overline{\alpha}$: 평균흡음률

S_i, α_i : 각 흡음재의 면적과 흡음률

③ 실정수(R)

$$R = \frac{S\overline{\alpha}}{1 - \overline{\alpha}} \,(\text{m}^2, \text{sabin})$$

S : 실내 내부의 전 표면적(m²)

$\overline{\alpha}$: 평균흡음률

(2) 실내소음의 저감량

흡음대책에 따른 실내소음 저감량(감음량, NR)

$$\text{NR} = \text{SPL}_1 - \text{SPL}_2 = 10\log\left(\frac{R_2}{R_1}\right) = 10\log\left(\frac{A_2}{A_1}\right) = 10\log\left(\frac{A_1 + A_\alpha}{A_1}\right)$$

NR : 감음량(dB)

SPL_1, SPL_2 : 실내면에 대한 흡음대책 전후의 실내 음압레벨(dB)

R_1, R_2 : 실내면에 대한 흡음대책 전후의 실정수(㎡, sabin)

A_1, A_2 : 실내면에 대한 흡음대책 전후의 실내흡음력(㎡, sabin)

A_α : 실내면에 대한 흡음대책 전 실내흡음력에 부가된(추가된) 흡음력(㎡, sabin)

(3) 잔향시간(반향시간) 측정

실내에서 음원을 끈 순간부터 직선적으로 음압레벨이 60dB(에너지밀도가 10^{-6} 감소) 감쇠되는 데 소요되는 시간(sec)이다.

잔향시간은 소음이 닿는 면적을 계산하기 쉬운 실내에서의 흡음량을 측정하기 위하여 주로 사용한다.

소음원에서 발생하는 소음과 배경소음 간의 차이가 40dB 이상일 경우 잔향시간을 측정 할 수 있다.

$$T = \frac{0.161\,V}{A} = \frac{0.161\,V}{S\,\overline{\alpha}}\,(\sec)$$

$$\overline{\alpha} = \frac{0.161\,V}{ST}$$

  T : 잔향시간 (sec)
  V : 실의 체적(부피)(㎥)
  A : 총 흡음력($\Sigma\alpha iSi$)(㎡, sabin)
  S : 실내 내부의 전 표면적(㎡)

(4) 흡음제의 특성 : 경량의 다공성 자재이며, 차음재로는 바람직하지 않다.

음파를 흡수한다는 것은 음파의 파동에너지를 감소시켜 매질 입자의 운동에너지를 열에너지로 전환하는 것이다.
흡음효과를 높이기 위해서는 흡음재를 실내의 틈이나 가장자리에 부착하는 것이 좋다.

(5) 차음

① 투과손실(Transmission Loss)
   투과손실은 투과율(T)의 역수를 사용대수로 취한 후 10을 곱한 값으로 정의한다

   $$투과손실\,(TL) = 10\log\frac{1}{\tau} = 10\log\left(\frac{I_i}{I_t}\right)(dB)$$

   $$\tau\,(투과율) = \frac{투과음의 세기\,(I_t)}{입사음의 세기\,(I_i)}\left(\tau = 10^{-\frac{TL}{10}}\right)$$

② 총합 투과손실 (TL)
   벽이 여러 가지 재료로 구성되어 있는 경우 벽 전체의 투과손실을 총합 투과손실이라 한다.

   $$총합투과손실\,(\overline{TL}) = 10\log\frac{1}{\tau} = 10\log\frac{\Sigma S_i}{\Sigma S_i\overline{\tau}} = 10\log\frac{S_1 + S_2 + \cdots}{S_1\overline{\tau_1} + S_2\overline{\tau_2} + \cdots}$$

   $$이\,때,\,\overline{\tau}\,(평균투과율) = \frac{\Sigma S_i\overline{\tau_i}}{\Sigma S_i} = \frac{S_1\overline{\tau_1} + S_2\overline{\tau_2} + \cdots}{S_1 + S_2 + \cdots}$$

   Si : 벽체 각 구성부의 면적(㎡),
   $\overline{\tau_i}$: 해당 각 벽체의 투과율

③ 벽에 개구부가 있는 경우에는 그 면적이 작을지라도 투과율이 1이 되기 때문에 총합 투과손실은 현저히 저하된다.

(6) 단일벽 투과손실

① 음파가 수직입사할 경우: 벽체의 면밀도가 2배 증가할 때마다 투과손실은 약 6dB씩 증가한다.
   투과손실은 벽의 면밀도와 주파수의 곱의 대수값에 비례한다.
   TL = 20log (m·f) - 43dB

TL : 투과손실(dB)

m : 벽체의 면밀도(kg/㎡)

f : 벽체에 수직입사되는 주파수(HZ)

이것을 단일벽의 수직 입사음에 대한 차음의 질량 법칙(mass law)이라 한다.

② 음파가 난입사할 경우

$$TL = 18\log(m \cdot f) - 44(dB)$$

(7) 차음재의 효과

음에너지를 감쇠시킨다 차음효과는 밀도가 큰 재질일수록 좋다.

(8) 소음대책 : 소음발생의 대책으로 가장 먼저 고려할 사항은 소음원 밀폐, 소음원 제거 및 억제이다.

① 발생원 저감

발생원을 저감시키기 위해 유속저감, 마찰력감소, 충돌방지, 공명방지, 저소음형 기계를 사용하는 방법이 있다.

> **예** **저소음형 기계의 사용**
> - 병타법을 용접법으로 변경
> - 단조법을 프레스법으로 변경
> - 압축공기 구동기기를 전동기기로 변경
> - 기계의 부분적 개량을 위하여 노즐, 버너 등을 개량하거나 공명부분을 차단한다.

그 외에도 소음기 설치, 방음커버, 방진, 제진등의 방법이 있다.

② 전파경로 대책으로 흡음, 차음, 거리감쇠, 지향성 변환(음원 방향을 변경하는 것.)

③ 수음자의 대책으로는 청력보호구인 귀마개, 귀덮개, 작업방법의 개선등이 있다.

> **참고**   **소음 전달경로 및 내이의 전달경로**
>
> 1. 소음 전달경로
>   이개 - 외이도 - 고막 - 이소골 - 달팽이관 청각세포 - 청각신경세포
> 2. 내이의 소음 전달경로
>   난형창 - 진정관 - 고실계 - 원형창

02절 진동

01 진동의 정의 및 구분

(1) 진동의 정의

어떤 물체가 외력에 의하여 평형상태에 있는 위치에서 좌우 또는 상하로 평형점을 중심으로 흔들리는 현상을 말한다.
(공해진동이란 사람에게 불쾌감을 주는 진동을 말한다.)

(2) 진동수에 따른 구분

1) 전신진동 진동수(공해진동 진동수)
  1~ 80Hz(2~90Hz, 1~90Hz, 2~100Hz)
2) 국소진동 진동수 : 8-1,500Hz
3) 인간이 느끼는 최소진동역치 : 55±5dB

(3) 진동크기 3요소

1) 변위 : 물체가 정상정지위치에서 일정 시간 내에 도달하는 위치까지의 거리, mm(cm, m)
2) 속도 : 변위의 시간변화율이며, 진동체가 진동의 상한 또는 하한에 도달하면 속도는 0이고, 그 물체가 정상위치인 중심을 지날 때 그 속도의 최대가 된다. cm/sec(m/sec)
3) 가속도 : 속도의 시간변화율이며 측정이 간편하고 변위와 속도로 산출할 수 있기 때문에 진동의 크기를 나타내는 데 주로 사용한다.
  $cm/sec^2(m/sec^2)$, gal(lcm/sec²)

(4) 진동의 구성요소 : 질량, 탄성, 댐핑

(5) 종류

① 정현진동(조화진동)
② 충격진동
③ 감쇠진동
④ 자유진동
⑤ 강제진동

02 진동의 물리적 설정

진동의 진동량은 변위, 속도, 가속도로 표현한다.

(1) 변위진폭

① 정현파진동(sine파)에서 시간 t에 대한 진동변위(x)

$\chi = A\sin\omega t$

    χ : 진동변위(m)

    A : 변위진폭(m) ⇨ 정상위치로부터의 최대변위진폭

    ω : 각진동수[= 2πf, f(진동수)]

  ② 변위진폭 ⇨ A(m)

(2) 속도진폭

① 진동속도(比는 진동변위식($\chi = A\sin\omega t$) 을 시간 t로 미분하면

$$V = \frac{d\chi}{dt} A\omega\cos\omega t$$

    = V : 진동속도(m/sec)

② 속도진폭 ⇨ Aω(m/sec)

(3) 가속도진폭

① 가속도진폭(a)은 진동속도 식($v = A\omega\cos\omega t$)을 시간 t로 미분하면

$$\alpha = \frac{dv}{dt} - A\omega^2\sin\omega t$$

    α : 진동가속도(m/sec²)

② 가속도진폭 => $A\omega^2$(m/sec²)

(4) 등감각 곡선

① 정의

소음의 등청감 곡선과 같은 의미이고 인체의 진동에 대한 감각도 진동수에 따라 다르다는 것을 나타내는 실험곡선이다.

② 특징

진동수에 따른 등감각 곡선은 수직진동은 4~8Hz범위, 수평진동은 1~2Hz 범위에서 가장 민감하다.

(5) 진동가속도 레벨(VAL; Vibration Acceleration Level)

음의 음압레벨에 상당하는 값으로 진동의 물리량을 dB 값으로나타낸 것.

$$VAL = 20\log\left(\frac{Arms}{A_0}\right)dB$$

    Arms : 측정대상 진동가속도 진폭의 실효치값

    A_0 : 기준 실효치값((10⁻⁵m/sec²)

$$A_s = \frac{A_{\max}}{\sqrt{2}}(m/s^2)$$

(6) 기본음 주파수(f)

$$\frac{rpm \times 날개 수(Hz)}{60}$$

Part 4

03 진동의 생체작용

(1) **진동장애** : 교통기관, 중장비차량, 공구, 기계장치 등의 진동이 생체에 전파되어 일어나는 건강장애를 총칭해서 진동장애라 한다. 진동장애를 최소화하기 위해서는 발진원격리, 진동노출기간 최소화, 진동을 최소화하기 위한 공학적 설계와 관리 등이 있다.

(2) **전신진동에 의한 인체에 영향을 주는 인자**

1) 진동의 강도
2) 진동수
3) 진동의 방향(수직, 수평, 회전)
4) 진동 폭로시간(노출시간)

(3) **진동장애 구분**

1) 전신진동(4~12Hz에서 가장 민감) : 30Hz에서 문제가 되고 60~90HZ 시력장애가 나타난다. 외부 진동의 진동수와 고유장기 진동수가 일치하면 공명현상이 일어날 수 있다. 자율신경과 순환기에 영향을 주며 평형감각에도 영향을 준다.
   수평 및 수직 진동이 동시에 가해지면 2배의 자각현상이 발생한다.
   전신진동에 대해 인체는 약 $0.01m/sec^2$에서 $10m/sec^2$까지 진동을 느낄 수 있다.

2) 인체영향
   말초혈관의 수축과 혈압 상승 및 맥박수 증가, 발한, 피부 전기저항의 유발(저하)
   산소 소비량 증가와 폐환기 촉진(폐환기량 증가) 및 내분비계, 심장, 평형감각에 영향, 위장장애, 내장하수증, 척추 이상, 내분비계 장애

3) 공명(공진) 진동수
   ① 두부와 견부는 20~30Hz 진동에 공명(공진)하며, 안구는 60~90Hz 진동에 공명
   ② 3Hz이하 : 급성적으로 상복부 통증과 팽만감 및 구토 증상을 느낌 (motion sickness)
   ③ 6Hz : 가슴, 등에 심한 통증
   ④ 13Hz : 머리, 안면, 볼, 눈꺼풀 진동
   ⑤ 4-14Hz : 복통, 압박감 및 동통감
   ⑥ 9~20Hz : 대·소변 욕구, 무릎 탄력감
   ⑦ 20~30Hz : 시력 및 청력 장애

4) 국소진동
   ① 레이노 현상 : 손가락에 있는 말초혈관운동의 장애, 수지가 창백해지고 손이 차며 저리거나 통증이 오는 현상, 한랭 조건에서 증상이 악화됨
      압축공기를 이용한 진동공구, 즉 착암기 또는 해머 같은 공구를 장기간 사용한 근로자들의 손가락에 유발되기 쉬운 직업병이다.
   ② 레이노 현상 대책 : 작업 시에는 따뜻하게 체온을 유지해준다.
      (14℃ 이하의 옥외 작업에서는 보온 대책 필요).
      진동공구의 무게는 10kg 이상 초과하지 않도록 하며 진동공구를 사용하는 작업은 1일 2시간을

초과하지 말 것.

04 진동의 관리 및 대책

(1) 진동의 관리

1) 발생원 관리: 가진력(물체에 진동을 일으키는 근원적인 힘의 크기) 감쇠, 불평형력의 평형 유지, 기초중량의 부가 및 경감, 탄성지지, 진동원 제거, 동적 흡진

2) 전파경로 대책: 진동의 전파경로를 차단, 거리감쇠

3) 수진측 대책: 작업시간 단축 및 교대제 실시, 탄성지지, 보건교육 실시

(2) 방진재료

1) 금속스프링:
   ① 장점: 저주파 차진에 좋고 환경요소에 대한 저항성이 크며 최대변위가 허용된다.
   ② 단점:감쇠가 거의없으며 공진 시에 전달률이 매우 크다. 로킹(rocking)이 일어난다.

2) 방진고무: 소형 또는 중형 기계에 주로 많이 시용하며, 적절한 방진설계를 하면 높은 효과를 얻을 수 있는 방진방법이다.
   ① 장점: 고무 자체의 내부 마찰로 적당한 저항을 얻을 수 있다.
      공진 시의 진폭도 지나치게 크지 않다.
      설계자료가 잘 되어 있고 동적 배율이 타 방진재료보다 높아 용수철정수(스프링 상수)를 광범위하게 선택할 수 있다. 고주파 진동의 차진에 양호하다.
   ② 단점: 내후성, 내유성, 내열성, 내약품성이 약하다.
      공기 중의 오존(O_3)에 의해 산화되고 내부 마찰에 의한 발열 때문에 열화되기 쉽다.

3) 공기스프링
   ① 장점: 지지하중이 크게 변하는 경우에는 높이 조정변에 의해 그 높이를 조절할 수 있어 설비의 높이를 일정 레벨로 유지시킬 수 있다.
      부하능력이 광범위하고 자동제어가 가능하며 스프링정수를 광범위하게 선택할 수 있다.
   ② 단점: 사용 진폭이 적은 것이 많아 별도의 댐퍼가 필요한 경우가 많다.
      구조가 복잡하고 시설비가 많이 든다.
      압축기 등 부대시설이 필요하다.
      안전사고(공기누출) 위험이 있다.

> **참고   코일스프링**
>
> 강철로 코일용수철을 만들면 설계를 자유스럽게 할 수 있으나 OIL damper등의 저항요소가 필요함.

4) 코르크: 재질이 일정하지 않고 균일하지 않으므로 설계가 곤란하다.
   처짐을 크게 할 수 없으며 고유진동수가 10Hz 전후밖에 되지 않아 진동 방지라기보다는 고체음의 전파 방지에 유익하다.

01절 방사선

01 정의

에너지가 전자기파(electromagnetic wave)의 형태로 한 위치에서 다른 위치로 이동하는 방식을 의미한다.

02 종류

파장과 진동수, 이온화 하는 성질에 따라 이온화방사선(전리방사선)과 비이온화방사선(비전리방사선)으로 구분된다.

03 방사선의 성질

전리, 사진, 형광작용

04 방사선의 특성

(1) 물질과 만나면 흡수 또는 산란하며 반사, 굴절, 확산될 수 있다.

(2) 간섭을 일으킨다.

(3) Filtering 형태로 극성화될 수 있다.

(4) 자장이나 전장에 영향을 받지 않는다.

(5) 방사선 작업 시 작업자의 실질적인 방사선 폭로량을 위해 시용되는 것은 필름배지(film badge X -선 필름), Pocket dosemeter 등이다.

(6) 방사선 피폭시 위험정도가 가장 높은 조직은 생식선이다.

05 산업보건법에서 방사선의 정의

전자파 또는 입자선 중 직접 또는 간접으로 공기를 전리하는 능력을 가진 것으로서 알파선, 중양자선, 양자선, 베타선, 기타 중하전입자선, 중성자선, 감마선, 엑스선 및 5만 전자볼트 이상 에너지를 가진 전자선

02절 전리방사선(이온화 방사선)

01 정의

이온화를 일으킬 수 있는 강한 에너지를 가진 방사선을 전리방사선(이온화방사선)이라 한다. 즉, 비이온화방사선에 비해 에너지가 크다.

이온화방사선은 짧은 파장을 가지고 있어 어떤 원자에서 전자를 떼어 내어 이온화시킬 수 있는 광선을 말하며 전리방사선이 영향을 미치는 부위는 염색체, 세포, 조직이며, 전리방사선이 인체에 영향을 미치는 정도는 복사선(방사선)의 형태, 조사량, 신체조직, 연령 등에 따라 다르다.

02 종류

이온화 방사선은 전자기방사선(X-Ray, γ선), 입자방사선(α입자, β입자, 중성자)로 나뉜다.

① X선(X-ray): X선은 전자를 가속화시키는 장치로부터 얻어지는 인공적인 전자파이다. X선의 에너지는 파장에 역비례하여 에너지가 클수록 파장은 짧아진다.

② α선: 방사선 동위원소의 붕괴과정 중에서 원자핵에서 방출되는 입자로서 헬륨원자의 핵과 같이 2개의 양자와 2개의 중성자로 구성되어 있다. 즉, 선원(major source)은 방사선 원자핵이고 고속의 He입자 형태이다.
투과력은 가장 약하나(매우 쉽게 흡수) 전리작용은 가장 강하다.

③ β선: 원자핵에서 방출되는 전자의 흐름으로 a 입자보다 가볍고 속도는 10배 빠르므로 충돌 할 때마다 튕겨져서 방향을 바꾼다.

④ γ선: 투과력이 커 인체를 통할 수 있어 외부 조사가 문제시되며, 전리방사선 중 투과력이 강하다.

⑤ 중성자
전기적인 성질이 없거나 파동성을 갖고 있는 입자방사선 등을 일컫는 간접전리방사선에 속한다.

⑥ 양자: 조직 전리작용이 있으며 비정거리는 같은 에너지의 a 입자보다 길다.

03 전리 방사선의 특성

(1) 단위 : 전리방사선의 에너지수준은 전자볼트 단위인 KeV 또는 MeV가 있다. QF(Quality Factor)는 성질계수라 하며 동일한 방사능에 노출 시 인체에 미치는 손상 정도를 상대적인 값으로 나타낸 값이다.

1) 뢴트겐(RSntgen, R)
조사량 단위(노출선량의 단위), 공기 중 생성되는 이온의 양으로 정의
공기 1kg당 1쿨롬의 전하량을 갖는 이온을 생성하는 주로 X 선 및 감마선의 조사량을 표시할 때 사용
1R(뢴트겐)은 표준상태하에서 X선을 공기 1cc(Cm)에 조사해서 발생한 1정 전단위(esu)의 이온

(2.083×109개의 이온쌍)을 생성하는 조사량

2) 래드(rad)

흡수선량 단위, 방사선이 물질과 상호작용한 결과 그 물질의 단위질량에 흡수된 에너지 의미, 조사량에 관계없이 조직(물질)의 단위질량당 흡수된 에너지량을 표시하는 단위

3) 큐리(Curie, Ci), Bq(Becquerel)

방사성 물질의 양 단위, 단위시간에 일어나는 방사선 붕괴율을 의미

radium이 붕괴하는 원자의 수를 기초로 해서 정해졌으며,

1초간 3.7×10^{10}개의 원자붕괴가 일어나는 방사성 물질의 양(방사능의 강도)으로 정의

$1Bq = 2.7 \times 10^{-11}Ci$

4) 렘(rem)

전리방사선의 흡수선량이 생체에 영향을 주는 정도를 표시하는 선당량(생체실효 선량)의 단위

rem = rad × RBE

rem : 생체실효선량, rad : 흡수선량

RBE : 상대적 생물학적 효과비(rad를 기준으로 방사선효과를 상대적으로 나타낸 것)

X선, γ선, β입자 → 1(기준)

열중성자 → 2.5

느린중성자 → 5

a 입자, 양자, 고속중성자 → 10

1rem = 0.01Sv

5) 노출선량: 공기1kg당 1쿨롬의 전하량을 갖는 이온을 생성하는 X선 또는 감마선량 의미

6) Gy(Gray): 흡수선량의 단위(흡수선량 : 방사선에 피폭되는 물질의 단위질량당 흡수된 방사 선의 에너지를 말함), 1Gy = 100rad= 1J/kg

7) Sv(Sievert)

흡수선량이 생체에 영향을 주는 정도로 표시하는 선당량(생체실효선량)의 단위, 등가선량의 단위(등가선량 : 인체의 피폭선량을 나타낼 때 흡수선량에 해당 방사선의 방사선 가중치를 곱한 값을 말함), 1Sv = 100rem

* 방사선 단위의 비교

구분	일반단위	국제단위(SI)	관계
방사능	Ci	Bq	$1\ Ci = 3.7 \times 10^{10}Bq$
조사선량	R	C/kg	$1\ R = 2.58 \times 10^{-4}\ C/kg$
흡수선량	rad	Gy	$1\ Gy = 100rad$
등가선량	rem	Sv	$1\ Sv = 100rem$

04 전리방사선의 생체작용

(1) 전리방사선의 인체에 미치는 영향인자

전리작용, 피폭선량(일시에 받는 쪽이 여러 번 나누어서 받는 쪽보다 영향이 더 크다), 조직의 감수성, 피폭방법, 투과력

(2) 인체투과력

중성자 $>$ X선 or γ $>$ β $>$ α

(3) 전리작용 순서

α $>$ β $>$ X선 or γ

(4) 인체의 감수성 순서

골수, 흉선 및 림프조직, 눈의 수정체, 임파선$>$ 상피, 내피세포 $>$ 근육$>$ 신경조직

(5) 피폭방법 : 체외, 표면, 체내

(6) 인체구성 성분의 손상시 일어나는 순서

분자수준에서의 손상 $>$ 세포수준 손상 $>$ 조직, 기관 손상 $>$ 발암현상

05 관리대책 : 불필요한 노출시간을 최소화 한다.

(1) 노출시간 : 방사선에 노출되는 시간을 최대로 단축(조업시간 단축), 반감기가 짧은 방사능 물질일 경우 시간 간격을 두고 작업한다.

(2) 거리 : 방사능은 거리의 제곱에 비례해서 감소하므로 먼 거리일수록 쉽게 방어 가능

(3) 차폐

큰 투과력을 갖는 방사선 차폐물은 원자번호가 크고 밀도가 큰 물질이 효과적, a선의 투과력은 약하여 얇은 알루미늄판으로도 방어가 가능하다.
방사선을 납, 철, 콘크리트 등으로 차폐하여 작업장의 방사선량률을 저하시킴.

(4) 예방

1) 방사선은 Geiger - Muller counter 등을 사용하여 측정한다.
2) 개인근로자의 피폭량은 pocket dosimeter, film badge 등을 이용하여 측정한다.
3) 기준 초과의 가능성이 있는 경우에는 경보장치를 설치한다.

Part 4

03절 　비전리방사선(비이온화방사선)

전리현상을 일으키지 않는 방사선이다.

01 종류

자외선, 가시광선, 적외선파, 라디오파, 마이크로파, 저주파, 극저주파, 레이저

(1) 자외선

1) 발생원인: 아크용접 및 전기용접, 고압수은증기등, 형광램프, VDT, 금속 절단, 유리 제조 등, 태양광선(약5%)

2) 종류와 특성

① 가시광선과 전리복사선(x선) 사이의 파장을 가진 전자파로 UV-C 는 대기 중의 오존 분자 등의 가스성분에 의해 그 대부분이 흡수되어 지표면에 거의 도달하지 않는다.

　가. UV-C(100~280nm): 발진, 경미한 홍반

　나. UV-B(280~315nm): 발진, 경미한 홍반, 피부노화, 피부암, 광결막염

　다. UV-A(315~400nm): 발진, 홍반, 백내장, 피부노화 촉진

② 전리작용은 없고 사진작용, 형광작용, 광이온작용을 가지고 있다.

③ 280(290)~315nm[2800(2900)~3150A, 1A(angstrom)]: SI 단위로 10^{-10}m의 파장을 갖는 자외선을 도노선(Dorno-ray)이라고 하며 인체에 유익한 작용을 하여 건강선(생명선)이라고도 한다. 또한 소독작용, 비타민 D 형성, 피부의 색소침착 등 생물학적 작용이 강하다.

④ 200~315nm의 파장을 갖는 자외선을 안전과 보건측면에서 중시하여 화학적 UV (화학선)라고도 하며 광화학반응으로 단백질과 핵산분자의 파괴, 변성작용을 한다.

3) 생물학적 작용

① UV - A는 자외선 중 가장 에너지가 낮고, 상대적으로 유해성이 적어 대부분 광치료법과 인공선 탠을 할때 UV - A lamp를 이용한다.

② UV - B는 자외선 중 생물조직에 손상을 줄 정도의 충분한 에너지를 가지고 있어 인체에 피부암을 일으킬 수 있다.

③ UV - C는 대기 중 대부분 쉽게 흡수되며 살균효과가 있기 때문에 수술 시 수술용 램프로 사용한다.

④ 자외선이 생물학적 영향을 미치는 주요부위는 눈과 피부이며 눈에 대해서는 270nm에서 가장 영향이 크고, 피부에서는 295mn에서 가장 민감한 영향을 준다.

⑤ 자외선은 일명 화학선이라고도 하며, 여러 물질(주로 눈과 피부에 장애)에 화학 변화를 일으킨다.

⑥ 자외선은 광화학적 반응에 의해 O_3또는 트리클로로에틸렌(trichloro ethylene) 을 독성이 강한 포스겐(phosgene)으로 전환시킨다. 즉, 광화학반응으로 단백질과 핵산 분자의 파괴, 변성작용을 한다.

⑦ 280nm 이하의 자외선은 대부분 표피에서 흡수, 280~ 320nm 자외선은 진피에서 흡수, 320 ~ 380nm 자외선은 표피(상피: 각화층, 말피기층)에서 흡수된다.

⑧ 각질층 표피세포(말피기층)의 histamine의 양이 많아져 모세혈관 수축, 홍반형성에 이어 색소

침착이 발생하며, 홍반형성은 300nm 부근(2,000~2,900시의 폭로 가 가장 강한 영향을 미치며 멜라닌 색소침착은 300~420nm에서 영향을 미친다.

⑨ 옥외작업을 하면서 콜타르의 유도체, 벤조피렌, 안트라센화합물과 상호작용하여 피부암을 유발, 관여하는 파장은 주로 280~320mn이다.

⑩ 피부색과의 관계는 피부가 흰색일 때 가장 투과가 잘되며, 흑색이 가장 투과가 안 된다. 따라서 백인과 흑인의 피부암 발생률 차이가 크다.

⑪ 자외선 노출에 가장 심각한 만성영향은 피부암이며, 피부암의 90% 이상은 햇볕에 노출된 신체부위에서 발생한다. 특히 대부분의 피부암은 상피세포 부위에서 발생한다.

⑫ 고령일수록 자외선 흡수량이 많아져 백내장을 일으킬 수 있다.

⑬ 자외선의 파장에 따른 흡수정도에 따라 'arc—eye(welder's flash)'라고 일컬어지는 광각막염 및 결막염 등의 급성영향이 나타나며, 이는 270~280nm의 파장에서 발생한다(눈의 각막과 결막에 흡수되어 안질환 유발).

⑭ 비타민D생성은 주로 280~320nm의 파장에서 광화학적 작용을 일으켜 진피층에서 형성되고 부족시 구루병환자가 발생할 수 있다.

⑮ 살균작용은 254~280nm(254nm파장 정도에서 가장 강함)에서 핵단백을 파괴하여 이루어진다.

4) 관리대책

① 노출기준을 제시하고 지킬 것.

한국은 노출기준이 설정되어 있지않아 ACGIH에서 정한 TLV를 참조한다.

ACGIH 및 NIOSH의 TLV는 UV—A와 화학자외선(actinic radiation or UV B.C)으로 구분하여 irradiance(W/㎡), radiant exposure(J/㎡)로 제시하고 있다.

② 평가는 자외선 파장 270nm값을 기준으로 생물학적인 영향에 대한 가중치를 주어 계산된 유효방사도(Eeff)를 이용하고 있다.

③ 폭로시간을 줄여 자외선의 강도를 낮춘다. 영향을 미칠 수 있는 파장에 대한 폭로를 제한하고 피부보호제로 특정 파장에 대한 보호를 한다.

자외선을 흡수할 수 있는 물질로 차폐한다.

(2) 적외선

1) 발생원인: 제철·제강업, 주물업, 용융유리 취급업(용해로 ; 초자 제조산업), 열처리작업(가열로), 용접작업, 야금공정, 레이저, 가열램프, 금속의 용해작업, 노작업, 태양광(태양복사에너지 약 52%)

2) 분류

IR—C(0.1~1mm : 원적외선)

IR—B(1.4~10㎛ : 중적외선)

IR—A(700~ 1400nm : 근적외선)

3) 특성: 적외선은 대부분 화학작용을 수반하지 않는다. 태양복사에너지는 적외선(52%), 가시광선(34%), 자외선(5%)의 분포를 갖는다.

열복사라고 부른다(온도에 비례하여 적외선을 복사).

4) 생물학적 영향(안장애, 피부장애, 두부장애)

① 조사 부위의 온도가 오르면 혈관이 확장되어 혈액량이 증가하며, 심하면 홍반을 유발하고 근적외선은 급성 피부화상, 색소침착 등을 유발한다.

② 적외선이 흡수되면 화학반응을 일으키는 것이 아니라 구성분자의 운동에너지를 증가시킨다.

③ 적외선의 피부투과성은 700~760nm 파장 범위에서 가장 강하다.

　피부투과력이 강해 파장 1.4㎛선은 피하 1.5~4mm까지 투과하여 모세혈관을 자극하며 국소혈관의 확장, 혈액순환 촉진 및 진통작용, 괴사를 일으킨다.

④ 강력한 적외선은 뇌막 자극으로 인한 의식상실(두부장애) 유발, 경련을 동반한 열사병으로 사망을 초래한다.

⑤ 적외선에 강하게 노출되면 안검록염, 각막염, 홍채위축, 백내장 장애를 일으킨다. 눈의 각막(망막)손상 및 만성적인 노출로 인한 안구건조증을 유발할 수 있고 1,400nm 이상의 적외선은 각막손상을 나타낸다.

5) 관리대책

① 노출시간제한:IR-A,IR-B에 대하여 노출시간을 제한하고 있다.(ACGIH).

② 검출: 광전도도검출기, 열전기쌍, 볼로미터, 압력검출기 등

③ 측정: 열전도도복사계, 광전자식 적외선계등

④ 차광보호구를 착용하여 폭로강도를 낮춘다.

(3) 가시광선 : 조명불량상태의 모든 작업에서 발생한다.

1) 특성

① 가시광선은 380~770nm(400~760nm)의 파장 범위이며, 480nm 부근에서 최대강도를 나타낸다.

② 신체반응은 주로 간접작용으로 나타난다.

③ 가시광선의 장애는 주로 조명부족(근시, 안정피로, 안구진탕증)과 조명과잉(시력장애, 시야협착, 암순응의 저하), 망막변성으로 나타난다.

2) 관리대책:

① 노출기준 제한하기

② 작업장에서의 조도는 전체조명과 국부조명을 병행하는 것이 좋으며, 전체조명의 조도는 국부조명 조도의 1/10~1/5 정도가 좋다.

* 작업장에서의 조도기준(산업보건기준에 관한 규칙)

작업등급	작업등급에 따른 조도기준
초정밀작업	750lux 이상
정밀작업	300lux 이상
보통작업	150lux 이상
단순일반작업	75lux 이상

③ 에너지원을 밀폐하여 빛이 조사되지 못하게 한다.

④ 강도를 제한한다(차광보호구 착용)

(4) 마이크로파 : 자동차산업, 식료품 제조, 고무제품 제조, 마이크로파 관련 응용장치에서 발생한다.

1) 특징: 일반적으로 150MHz 이하의 마이크로파와 라디오파는 신체에 흡수되어도 감지되지 않고 신체를 완전히 투과하며 신체조직에 따른 투과력은 파장에 따라서 다르다(3cm이하 파장은 외부 피부에 흡수, 3~10cm 파장은 1mm~1cm 정도 피부내로 투과하며 25~200cm 파장은 세포조직 과 신체기관까지 통과한다. 또한 200cm 이상은 모든 인체 조직을 투과한다).
   마이크로파의 유용한 측면의 이용은 디아테르미이며 이는 인체관절과 세포조직 치료에 이용한다. 100mW/cm²까지의 마이크로파가 사용된다.
   생화학적 변화로는 콜린에스테라제의 활성치가 감소한다.

2) 관리대책
   ① OSHA는 파워밀도가 0.1hr 이상의 폭로시간에 대해 10mW/cm²로 제한하고 있다.
   ② 마이크로파의 강도 및 폭로시간을 제한한다.
   ③ 폭로기준에 의한 사전 분석 및 측정을 요한다.
   ④ 개인보호구 착용 시에는 보호구 재질을 울, 폴리에스터, 나일론 등을 사용하고 밀폐하여 착용하 여야 한다.

(5) 레이저 : 산업, 과학기술, 의료의 광범위하게 이용되고 발생한다.

1) 특징:
   ① 레이저는 유도방출에 의한 광선증폭을 뜻하며 단색성, 지향성, 집속성, 고출력성의 특징이 있어 집광성과 방향조절이 용이하다.
   ② 레이저는 보통광선과는 달리 단일파장으로 강력하고 예리한 지향성을 가졌다.
   ③ 단위면적당 빛에너지가 대단히 크다. 즉, 에너지밀도가 크다.
   ④ 위상이 고르고 간섭현상이 일어나기 쉽다.
   ⑤ 단색성이 뛰어나다.

2) 생물학적 영향
   ① 레이저광 중 맥동파는 지속파보다 그 장애를 주는 정도가 크다.
   ② 감수성이 가장 큰 신체부위, 즉 인체표적기관은 눈이다.
   ③ 피부에 대한 작용은 가역적이며 피부손상, 화상, 홍반, 수포형성, 색소침착 등이 생길 수 있다.

3) 관리대책
   ① 노출기준 엄수: ACGIH에서 노출기준은 제한구경, 눈, 피부로 구분되어 있다.
   ② 폭로량 평가 시 주의사항
      각막 표면에서의 조사량(J/cm²) 또는 폭로량(W/cm²)을 측정한다.
      조사량의 서한도(노출기준)는 1mm 구경에 대한 평균치이다.
      레이저광은 직사광이고 형광등, 백열등은 확산광이다.
      레이저광에 대한 눈의 허용량은 그 파장에 따라 수정되어야 한다.
   ③ 레이저 발생원을 밀폐시킨다. 보호안경, 보호복을 착용, 교육등

(6) **극저주파 방사선** : 주파수의 범위가 1~3,000Hz에 해당하며, 통상 1~ 300Hz 범위로 보기도 한다. 노출범위와 생물학적 영향 면에서 가장 관심을 갖는 주파수 영역은 전력공급계통의 교류와 관련되는 50~60Hz 범위이다.

장기적으로 노출 시 대표적인 증상은 두통, 불면증 등의 생리적인 신경장애와 각종 순환기에 영향을 미친다.

1) 종류와 특징

　① 전기장 : 발생원은 고전압장비이다. 측정단위는 V/m, kV/m를 사용한다.

　② 자기장 : 발생원은 고 전류장비이다. 자기장의 단위는 전류의 크기를 나타내는 가우스(G, Gauss)이다. 자속밀도 단위는 테슬러(T, Tesla) 이다.

　③ G와T의 관계는 $1T = 10^4G$, $1mT = 10G$, $1mT = 10mG$이고, 1mG는 80mA와 같다.

　④ 자계의 강도단위는 A/m(mA/m), T(mT), G 등을 사용한다.

　⑤ 자장측정장치는 gaussmeter electronic 자속계(작업환경 측정용), fluxgate meter NMR계, SQUID 자속계가 쓰인다.

조명

01절 조명

01 정의

조명이란 채광(자연광, 천연광)과 인공조명을 합하여 부른다.

채광과 자연조명이 불량한 상태가 되면 피로의 증대, 작업능률저하, 산업재해 등을 야기시킨다.

(1) 작업장에서 측정항목

1) 조명도
2) 휘도: 단위 평면적에서 발산 또는 반사되는 광량, 즉 눈으로 느끼는 광원 또는 반사체의 밝기, 광원
   으로부터 복사되는 빛의 밝기를 의미
   단위 : nit(nt = cd/㎡)
3) 반사율

(2) 조도의 단위

① 럭스(lux) ; 조도
   1루멘(lumen)의 빛이 1㎡의 평면상(구면상)에 수직으로 비칠 때의 밝기로 조도는 어떤 면에 들어오
   는 광속의 양에 비례하고, 입사면의 단면적에 반비례한다.

   $$조도(E) = \frac{lumen}{m^2}$$

② 칸델라(candela, cd): 광도
   광원으로부터 나오는 빛의 세기를 광도라고 한다. 단위는 칸델라(cd)를 사용한다. 101,325N/㎡
   압력하에서 백금의 응고점 온도에 있는 흑체의 1㎡인 평평한 표면 수직 방향의 광도를 1cd라 한다.
③ 촉광(candle): 빛의 세기인 광도를 나타내는 단위로 국제촉광을 사용한다. 지름이 1인치인 촛불이
   수평 방향으로 비칠 때 빛의 광강도를 나타내는 단위이다. 밝기는 광원으로부터 거리의 제곱에 반비
   례한다.

   $$조도(E) = \frac{I}{r^2}$$

   I: 광도(candle), r : 거리 (m)
④ 루멘(lumen, 1m): 광속
   광속의 국제단위로 기호는 1m으로 나타낸다.
   1촉광의 광원으로부터 한 단위입체각으로 나가는 광속의 단위이다.
   광속이란 광원으로부터 나오는 빛의 양을 의미하고 단위는 lumen이다.

⑤ 풋 캔들(foot candle)

1루멘의 빛이 1ft 떨어진 1ft2의 평면상에 수직으로 비칠 때 그 평면의 빛 밝기이다.

풋캔들 (ft cd) = $\dfrac{lumen}{ft^2}$

광원으로부터 거리의 제곱에 반비례하고 광원의 촉광에 정비례한다.

조사평면과 광원에 대한 수직평면이 이루는 각(cosine)에 반비례한다.

⑥ 램버트(lambert)

빛의 휘도 단위로서 빛을 완전히 확산시키는 평면의 1ft²(1cm²)에서 1lumen의 빛을 발하거나 반사시킬 때의 밝기를 나타내는 단위

1lambert = 3.18candle/㎡(candle/㎡= nit: 단위면적에 대한 밝기)

⑦ 반사율

조도에 대한 휘도의 비(조도/휘도)로 나타낸다.

⑧ 광속발산도(luminance): 단위면적당 표면에서 반사 또는 방출되는 빛의 양을 나타낸다.

광속발산비는 주어진 장소와 주위의 광속발산도의 비이다.

사무실 및 산업현장에서의 추천 광속발산비는 일반적으로 3:1 정도이다.

⑨ 주광률(daylight factor): 실내의 일정 지점의 조도와 옥외의 조도와의 비율을 %로 표시한 것이다.

(3) 채광 : 태양광선이 창을 통하여 실내를 밝힘으로써 필요한 밝기를 얻는 것을 채광이라고 한다.

1) 창의 방향

많은 채광을 요구할 경우 남향이 좋고 균일한 평등을 요하는 조명을 요구하는 작업실은 북향(or 동북향)이 좋다.

북쪽 광선은 일중 조도의 변동이 작고 균등하여 눈의 피로가 적게 발생할 수 있다.

2) 창의 높이와 면적

보통 조도는 창을 크게 하는 것보다 창의 높이를 증가시키는 것이 효과적이다. 횡보다 종으로 넓은 창이 채광에 유리하다.

채광을 위한 창의 면적은 방바닥 면적의 15%~ 20%(⅕~⅙ 또는 ⅕~¹/₇)가 이상적이다.

3) 개각과 입사각(앙각)

① 창의 자연채광량은 광원면인 창으로부터의 거리와 창의 대소 및 위치에 따라 달라진다.

② 창의 실내 각 점의 개각은 4~5, 입사각은 28˚ 이상이 좋다.

③ 개각이 클수록 또는 입사각이 클수록 실내는 밝다.

④ 개각 1˚의 감소를 입사각으로 보충하려면 2~5º 증가가 필요하다.

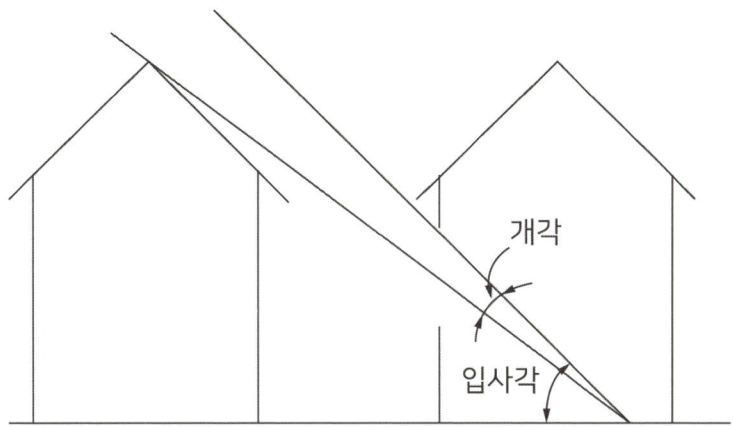

02 조명방법

직접조명과 간접조명, 반간접 조명으로 나뉨

(1) 직접 조명 : 작업면의 빛 대부분이 광원 및 반사용 삿갓에서 직접 온다. 효율이 좋고, 천장면의 색조에 영향을 받지않고 설치비용이 저렴하다. 눈부심이 있고, 균일한 조도를 얻기 힘들며 강한 음영을 만든다.

(2) 간접 조명 : 광속의 90~100%를 위로 향해 발산하여 천장, 벽에서 확산시켜 균일한 조명도를 얻을 수 있는 방식이다. 눈부심이 없고, 균일한 조도를 얻을 수 있으며 그림자가 없다. 실내의 입체감이 작아지고, 설비비가 많이 소요된다.

(3) 반간접 조명:

1) 전반조명: 광원을 일정한 간격과 높이로 설치하여 균일한 조도를 얻기 위함이다.
2) 국소조명: 작업면상의 필요한 장소만 높은 조도를 취하는 방식이다.

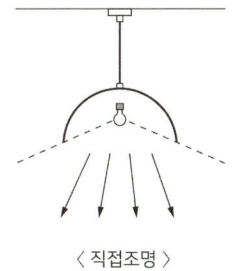

〈 직접조명 〉

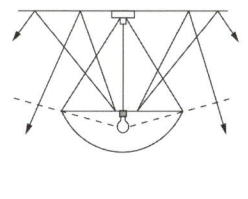

〈 간접조명 〉

03 조명도 고르게 하는 법

국부조명에만 의존할 경우에는 작업장의 조도가 너무 균등하지 못해서 눈의 피로를 가져올 수 있으므로 전체조명과 병용하는 것이 보통이다.

전체조명의 조도는 국부조명에 의한 조도의 1/5~1/10 정도가 되도록 조절한다.

(1) 인공조명 사용시 주의할 점

① 조명도를 균등히 유지할 것
② 주광색에 가까운 광색으로 조도를 높여줄 것(백열전구와 고압수은등을 적절히 혼합시켜 주광에 가까운 빛을 얻음)
③ 장시간 작업 시 가급적 간접조명이 되도록 설치할 것(직접조명, 즉 광원의 광밀도가 크면 나쁨)
④ 일반적인 작업 시 빛은 작업대 좌상방에서 비추게 할 것.

(2) 적정 조명수준

① 초정밀작업 : 750lux이상
② 정밀작업 : 300lux이상
③ 보통작업 : 150lux이상
④ 기타작업 : 75lux이상

(3) 조도를 증가하여야 하는 경우(작업장 근로자 눈 보호)

① 피사체의 반사율이 감소할 때
② 시력이 나쁘거나 눈에 결함이 있을 때
③ 계속적으로 눈을 뜨고 정밀작업을 할 때
④ 취급물체가 주위와의 색깔 대조가 뚜렷하지 않을 때

memo.

PART 5

산업독성학

01절 종류, 발생, 성질

01 입자상 물질의 정의

입자상 물질(aerosol)은 공기 중에 포함된 고체 및 액체상의 미립자를 말한다. 먼지 또는 에어로졸(aerosol)로 통용된다.

고체물질은 먼지 , 흄 , 검댕 등이고 액체미립자는 미스트 ,스모그 , 박무 등이다. 스모그와 스모크 등은 고체이거나 액체로 존재한다. 대기 중에 존재하는 입자상 물질은 태양 및 지구의 복사에너지를 분산시키거나 흡수하기도 하는데 , 특히 $0.1\mu m$에서$1\mu m$크기의 입자가 가시거리에 많은 영향을 미친다. 농도는$\mu g/m^3$으로 표시한다.

(1) 용어정리

    1) 흄(fume) : 금속 산화물과 같이 가스상 물질이 승화 , 증류 및 화학 반응 과정에서 응출될 때 주로 생성되는 고체 입자이다. 입자의 크기는 $0.03{\sim}0.3$ μm이다.

    2) 미스트(mis) : 증기의 응축 또는 화학반응에 의해 생성되는 액체 입자로서 주성분은 물로서 안개(fog)와 구별할 필요가 있다. 안개는 연무보다는 포괄적인 개념을 가진다. 연무는 안개보다는 투명하며 전형적 입자의 크기는 $0.5{\sim}3.0$ μm이다.

    3) 검댕 (soot) : 탄소함유 물질의 불완전 연소로 형성된 입자상 오염 물질로서 탄소입자의 응집체이다.

02절 인체영향

01 인체내 축적과 제거

(1) 입자의 호흡기계 침적기전

    1) 충돌: 지름이 크고($1\mu m$이상) 공기흐름이 빠르며 불규칙한 호흡기계에서 잘 발생 한다.

    2) 침강: 먼지의 운동속도가 낮은 미세먼지나 폐포에서 주로 작용하는 기전.

    3) 차단: 섬유(석면)입자가 폐 내에 침착되는 데 중요한 역할을 담당한다.

    4) 확산: 지름 $0.5\mu m$이하의 것, 전 호흡기계내에서 일어난다.

    5) 정전기

(2) 입자크기에 따른 현상(작용기전)

1) 1μm 이하 입자: 확산에 의한 폐포내에서 축적이 이루어짐.

2) 1~5(8) μm 입자

주로 침강(침전)에 의한 축적이 이루어진다. 주로 기관, 기관지내에 축적이 이루어진다.

3) 5~30μm 입자: 주로 관성충돌에 의해 호흡기계 중 코와 인후 부위에 축적이 이루어진다.

(3) 인체내 축적에 영향을 주는 요소

1) 입자의 크기: 0.5~ 5μm 크기 입자는 폐포 내에 침투하여 진폐증 유발

2) 입자의 모양: 침투에 유리한 것이 위험.

3) 용해도: 용해도가 낮은 입자는 국소반응 용해도가 큰 입자는 전신반응을 일으킨다.

4) 흡수성: 연무질의 입자상 물질은 흡수성의 영향이 크다

5) 변각경로: 와류를 형성하여 입자의 침적을 증가시킨다.

02 인체 방어기전

(1) 점액 섬모운동

가장 기초적인 방어기전(작용)이며, 점액 섬모운동에 의한 배출 시스템으로 폐로 이동하는 과정에서 이물질을 제거하는 역할을 한다.

정화작용을 방해하는 물질(카드뮴, 니켈, 황화합물, 수은, 암모니아) 등이있다.

(2) 대식세포에 의한 작용:

대식세포가 방출하는 효소에 의해 서서히 용해되어 제거된다(용해작용).

대식세포에 의해 용해되지 않는 대표적 독성물질 유리규산, 석면 등이 있다.

03 직업성 천식

(1) 정의 : 근무시간에 증상이 점점 심해지고, 휴일 같은 비근무시간에 증상이 완화되거나 없어지는 특징이 있다. 소량의 동일물질에 노출되면 증상이 발현된다.

(2) 원인물질과 관련직업

구분	원인물질	직업 및 작업
금속	백금	도금
	니켈, 크롬, 알루미늄	도금, 시멘트 취급자, 금고 제작공

Part 5

화학물	TDI, MDI(Isocyanate)	페인트, 접착제, 도장작업
	산화무수물	페인트, 플라스틱 제조업
	송진 연무	전자업체 납땜 부서
	반응성 및 아조 염료	염료공장
	TMA(trimellitic anhydride)	레진, 플라스틱, 계면활성제제조업
	persulphates	미용사
	ethlenediamine	래커칠, 고무공장
	formaldehyde	의료종사자
약제	항생제, 소화제	제약회사, 의료인
생물학적물질	동물분비물, 털(말, 쥐, 사슴)	실험실 근무자, 동물 사육사
	목재분진	목수, 목재공장 근로자
	곡물가루, 쌀겨, 메밀가루, 카레	농부, 곡물 취급자, 식품업 종사자
	밀가루	제빵공
	커피가루	커피 제조공
	라텍스	의료 종사자
	응애, 진드기	농부, 과수원(귤, 사과)

> **참고**　　TDI(Toluene Disocynate)
>
> 1. 직업성 천식의 원인물질로 자동차 정비업체에서 우레탄 도료를 사용하는 도장공장, 피혁 제조에 사용되는 포르말린 크롬화합물, 식물성기름 제조에 사용되는 아마씨, 목화씨에서 주로 발생한다.
> 2. TMA(Trimellitic Anhydride)도 직업성 천식의 원인물질이다.

(3) 직업성 천식의 연관요소

　1) 항원공여세포

　2) IgG

　3) Histamine

(4) 직업성 천식 확진법

　1) 작업장 내 유발검사

　2) 증상변화

　3) 특이항원 기관지유발 검사

> **참고** | **폐에 침착된 먼지의 정화과정**
>
> 1. 일부 먼지는 폐포벽을 뚫고 림프계나 다른 부위로 들어가기도 한다.
> 2. 먼지는 세포가 방출하는 효소에 의해 용해된다.
> 3. 폐에서 먼지를 포위하는 식세포는 수명이 다한 후 사멸하고 다시 새로운 식세포가 먼지를 포위하는 과정이 계속적으로 일어난다.
> 4. 폐에 침착된 먼지는 식세포에 의하여 포위되어, 포위된 먼지의 일부는 미세 기관지로 운반되고 점액 섬모운동에 의하여 정화된다.

04 진폐증

(1) 의미 : 호흡성 분진(0.5~5μm) 흡입에 의해 폐에 조직반응을 일으킨 상태, 즉 폐포가 섬유화 되어(굳게 되어) 수축과 팽창을 할 수 없고,

결국 산소교환이 정상적으로 이루어지지 않는 현상을 말한다.
진폐증의 병리소견은 폐 섬유증(fibrosis) 이며 폐포, 폐포관, 모세기관지의 세포들 사이에 콜라겐 섬유가 증식하는 병리적 현상이다.

(2) 관여요인

① 분진의 종류, 농도 및 크기
② 폭로시간 및 작업강도 ③ 보호시설이나 장비 착용 유무 ④ 개인차

(3) 진폐증 분류

1) 임상적 분류
① 유기성 분진에 의한 진폐증: 농부폐증, 면폐증, 연초폐증, 설탕폐증, 목재분진폐증, 모발분진폐증
② 무기성(광물성) 분진에 의한 진폐증
규폐증, 탄소폐증, 활석폐증, 탄광부진폐증, 철폐증, 베릴륨폐증, 흑연폐증, 규조토폐증, 주석폐증, 칼륨폐증, 바륨폐증, 용접공폐증, 석면폐증
2) 병리적 변화에 따른 분류
① 교원성 진폐증: 폐포 조직의 비가역적 변화나 파괴가 있다.
규폐증, 석면폐증, 탄광부진폐증이 있다.
② 비교원성 진폐증: 폐 조직이 정상이며 망상섬유로 구성되어 있다.
용접공폐증, 주석폐증, 바륨폐증, 칼륨폐증있다.
3) 분진의 분류와 유발물질의 종류
① 진폐성 분진 : 규산, 석면, 활석, 흑연
② 불활성 분진 : 석탄, 시멘트, 탄화수소
③ 알레르기성 분진 : 꽃가루, 털, 나뭇가루
④ 발암성 분진 : 석면, 니켈카보닐, 아연계 색소

4) 진폐증 원인 인자와 종류
   ① 석탄 : 석탄폐증, 탄광부진폐증
   ② 석면 : 석면폐증
   ③ 유리규산(모래) : 규폐증
   ④ 면분진 : 면폐증
   ⑤ 용접흄 : 용접공폐증
   ⑥ 철분진(주로 산화철) : 철폐증

참고

1. 결정형유리규산(free silica)은 규산의 종류에따라 Cristobalite, Quartz, Tridymite, Tripoli가 있다.
2. 용융규산(fused silica)은 비결정형 규산으로, 노출기준은 총먼지로 $10mg/m^3$이다.

5) 진폐증의 특징
   ① 규폐증(silicosis) : 채석장 및 모래분사 작업장에 종사하는 작업자들이 석영을 과도하게 흡입하여 잘 걸리는 폐질환으로 SiO_2 함유 먼지 $0.5 \sim 5/\mu m$ 크기에서 잘 유발된다.
   결정형 규소(암석 : 석영분진, 이산화규소, 유리규산)에 직업적으로 노출된 근로자에게 발생한다. 주요 원인물질은 혼합물질이며, 건축업, 도자기 작업장, 채석장, 석재공장, 주물공장, 석탄공장, 내화벽돌 제조 등의 작업장에서 근무하는 근로자에게 발생한다.
   가. 특징 : 폐조직에서 섬유상 결절이 발견된다. 고농도의 규소입자에 노출되면 급성규폐증에 걸리며 열, 기침, 체중감소, 청색증이 나타난다. 폐에 실리카가 쌓인 곳에서는 상처가 생기게 된다.
   ② 석면폐증(asbestosis)
   석면분진의 크기는 길이가 $5 \sim 8\mu m$보다 길고, 두께가 $0.25 \sim 1.5\mu m$보다 얇은 것이 석면폐증을 잘 일으킨다. 인체에 대한 영향은 규폐증과 거의 비슷하지만, 폐암을 유발한다는 점으로 구별된다(결정형 실리카가 폐암을 유발하며 폐암 발생률이 높은 진폐증).
   폐암, 중피종암, 늑막암, 위암을 일으킨다.
   ③ 농부폐증(farmers lung)
   유기성 분진, 즉 동물조직, 분비물, 사료, 미생물 혼합체가 주요원인 물질이다. 체내 반응보다는 직접적인 알레르기 반응을 일으킨다.

6) 분진으로 인한 진폐증 예방대책
   ① 분진발생원이 비교적 많고 분진농도가 높은 경우에는 방진마스크 착용보다 국소배기장치의 설치를 우선적으로 고려한다.
   ② 2차 비산분진이 발생하지 않도록 작업장 바닥을 청결히한다.
   ③ 분진발생원과 근로자를 분리하는 방법으로 원격조정장치 등을 사용할 수 있다.
   ④ 연마, 분쇄, 주물작업 시에는 습식으로 작업하여 부유분진을 감소시키도록 해야 한다.

참고 **폐암 유발 주요물질**

1. 석면
2. 니켈
3. 결정형 실리카
4. 비소

※ β—나프틸아민은 췌장암, 방광암을 유발하는 물질이다.

05 석면

(1) **정의** : 석면이란 주성분으로 규산과 산화마그네슘 등을 함유하며 백석면(크리소타일), 청석면(크로시돌라이트), 갈석면(아모사이트), 안토필라이트, 트레모라이트 또는 액티노라이트의 섬유상이라고 정의함.(NIOSH)

섬유를 위상차현미경으로 관찰했을 때 길이가 5㎛이고 길이 대 너비의 비가 최소한 3 : 1이상인 입자상 물질이라고 정의하고 있다.

(2) **특징**

1) 일반 먼지는 공기역학적 직경으로 크기를 표시하지만 섬유는 위상차현미경으로 측정한 물리적 크기로 표시한다.
섬유는 흡입성, 흉곽성, 호흡성으로 구분하지 않고 섬유의 개수로 나타낸다.

(3) **유해성**

1) 석면종류 중 청석면(크로시돌라이트, crocidolite)이 직업성 질환(폐암, 중피종)발생 위험률이 가장 높다.
2) 석면폐증, 폐암, 악성중피종을 발생시켜 1급 발암물질군에 포함된다.
3) 쉽게 소멸되지 않는 특성이 있어 인체 흡수시 제거되지 않고 폐 및 폐포 등에 박혀 유해증이 증가된다.

(4) **예방대책**

1) 석면발생 억제: 가능하면 습식작업으로 대체, 석면작업 근로자와 격리
2) 석면발생 최소화: 작업실 음압 유지, 밀폐가 곤란한 경우 국소배기장치 설치
3) 작업환경 측정: 공기 중 석면 노출농도를 측정하여 작업환경 개선대책 강구
4) 석면노출 최소화: 불침투성 보호장갑 지급, 고성능 호흡용 보호구 지급, 작업복 외부 유출 금지

유해화학물질

01절 유해물질

01 정의

인체에 흡입, 섭취 또는 피부를 통하여 흡수될 때 급성 또는 만성 장애를 일으킬 우려가 있는 물질.

(1) 분류

1) 급성 독성물질: 단기간(1~14일)에 독성이 발생하는 물질
   입 또는 피부를 통하여 1회 투여 또는 24시간 이내에 여러 차례로 나누어 투여하거나 호흡기를 통하여 4시간 동안 흡입하는 경우 유해한 영향을 일으키는 물질.
2) 아급성 독성물질: 장기간(1년이상)에 걸쳐서 독성이 발생하는 물질.
3) 기타
   실험동물에 외인성 물질을 투여하는 경우 만성독성에 해당하는 기간은 3개월~1년 정도이다.

(2) 용어정리

1) NEL(No Effect Level):실험동물에서 어떤 영향도 나타나지 않는 수준
   유효량으로 이용.
2) NOEL((No Observed Effect Level): 현재의 평가방법으로 독성 영향이 관찰되지 않은 수준
   무관찰 영향 수준, 즉 무관찰 작용 양, 양-반응 관계에서 안전하다고 여겨지는 양, 밝혀지지 않은 독성이 있을 수 있다는 것과 다른 종류의 동물을 실험하였을 때는 독성이 있을 수 있음을 전제로 한다.
3) NOAEL(No Observed Adverse Effect Level):악영향도 관찰되지 않는 수준을 의미.

02절 인체 영향

01 인체에 미치는 요소

(1) 유해물질의 농도(독성)

(2) 유해물질에 폭로되는 시간(폭로빈도)

(3) 개인의 감수성

(4) 작업방법(작업강도, 기상조건)

유해화학물질이 체내로 침투되어 해독되는 경우 해독반응에 가장 중요한 작용을 하는 것.

02 유해물질의 인체침입 경로

(1) 인체에 들어오는 가장 영향이 큰 침입경로는 호흡기이고 두 번째로는 피부를 통해 흡수되어 전신중독을 일으킨다.

1) 호흡기: 가스상 물질의 호흡기계 축적을 결정하는 가장 중요한 인자는 물질의 수용성 정도이다. 수용성물질은 눈, 코, 상기도 점막의 수분에 용해된다. 공기 중 농도가 낮을 경우는 거의 폐의 위치까지 도달하지 않는다. (마찰효과)

2) 피부: 유해물질이 침투될 수 있는 피부면적은 약 1.6㎡이다. 피부 흡수량은 전 호흡량의 15% 정도이다.

   피부는 효과적인 보호막으로 작용하지만 유해물질이 피부와 반응, 국소염증을 유발할 수 있으며 피부를 통과하여 혈관으로 침입 후 혈류로 들어간다.

3) 소화기 : 소화기 계통으로 침입하는 것은 위장관에서 산화, 환원, 분해과정을 거치면서 해독되기도 한다.

   ① 입을 통해 인체로 들어온 금속이 소화기(위장관)에서 흡수되는 작용

   가. 단순확산 또는 촉진확산

   나. 특이적 수송과정

   다. 음세포 작용

   ② 흡수에 미치는 요인: 위액의 산도(PH), 음식물이 통과하는 속도, 화합물의 물리적 구조와 화학적 성질

03절 화학적 유해물질의 생리적 작용

01 자극제

(1) **정의** : 피부와 점막에 작용하여 부식작용이나 수포를 형성하는 물질을 말하며, 고농도가 눈에 들어가면 결막염과 각막염을 일으키고 호흡근에 마비를 일으킬 수 있다.

(2) **자극성 부위** : 피부, 눈, 호흡기계

(3) 유해물질의 용해도에 따른 구분

1) 상기도 점막 자극제

2) 상기도 점막 및 폐 조직 자극제

3) 종말기관지 및 폐포 점막 자극제

(4) 상기도 점막 자극제

수용성이 높은 화학물질, 상기도(비점막, 인후,기관지)표면에서 용해된다.

1) 종류

① 암모니아(NH₃)

가. 알칼리성으로 자극적인 냄새가 강한 무색의 기체, 주요 사용공정은 비료, 냉동제 등, 물에 대한 용해 잘됨(수용성), 폭발성(폭발범위16~25%) 있음.

나. 피부, 점막(코와 인후부)에 대한 자극성과 부식성이 강하여 고농도의 암모니아가 눈에 들어가면 시력장애를 일으키고, 기관지경련등을 초래함.

다. 중등도 이하의 농도에서 두통, 흉통, 오심, 구토 등을 일으킴.

라. 고농도의 가스 흡입 시 폐수종을 일으키고 중추작용으로 호흡 정지

마. 고용노동부 노출기준은 8시간 시간가중 평균농도(TWA)로 25ppm이고 단시간 노출기준(STEL)은 35ppm임.

바. 암모니아중독 시 비타민 C가 해독에 효과적임.

② 염화수소(HCI)

무색의 자극성 기체로 물에 녹는 것은 염산, 물에 용해가 잘 됨.

피부나 점막에 접촉하면 염산이 되어 염증, 부식 등이 커지며 장기간 흡입하면 폐수종(폐렴)을 일으킴, 눈과 기관지계를 자극함.

고용노동부 노출기준은 TWA로 1ppm, STEL은 2ppm이다.

③ 아황산가스(SO₂)

자극적인 냄새가 나는 가스

유황의 제조, 표백제 등에 이용되고 주요 사용공정은 합성, 비료, 표백, 기폭제 등에 쓰임. 만성 중독으로는 치아산식증, 빈혈, 만성기관지폐렴, 간장장애가 나타남 .

고용노동부 노출시간은 TWA로 2ppm, STEL은 5ppm임. 발암가능성은 의심되나 근거자료가 부족한 물질군(A4)

> **참고** **치아산식증**
>
> 각종산에 의한 에나멜질의 침식(侵蝕)을 말한다.

④ 포름알데히드(HCHO)

매우 자극적인 냄새가 나는 무색의 액체로 인화되기 쉽고 폭발 위험성이 있음. 합성수지의 합성원료로 폴리비닐 중합체를 생산하는 데 많이 이용되며, 물에 대한 용해도는 최대 550g/L, 눈과 코를 자극하며, 동물실험 결과 발암성이 있음. 고용노동부 노출기준은 TWA로 0.3ppm 발암성 물질로 추정되는 물질군(A2)에 포함(비인두암, 혈액암, 비강암)

⑤ 아크롤레인($CH_2 = CHCHO$)

　무색 또는 노란색의 액체, 눈에 강한 자극, TLV-C는 0.1ppm,

　TWA 0.1ppm, STEL 0.3ppm

⑥ 아세트알데히드(CH_3CHO)

　자극성 냄새가 나는 무색의 액체로 인화되기 쉽고, 폭발 위험성이 있음

　피부, 점막 자극작용, 마취작용

　고용노동부 노출기준은 8시간 시간가중 평균농도(TWA)로 50ppm이고, 단시간 노출기준 (STEL)은 150ppm 임. 동물에 대한 발암성이 확인된 물질군(A3)

⑦ 크롬산 : 크롬산은 거의 수용성이며 6가 크롬에 해당, 인체에 대한 영향은 폐, 간, 신장 부위에 암을 유발(A1)

　고용노동부 노출기준은 8시간 시간가중 평균농도(TWA)로 0.05mg/m^3

⑧ 산화에틸렌(C_2H_4O, CH_2CH_2O)

　상온, 상압에서 무색의 기체이며 기체상태에서 인화성이 강함.

　만성독성으로는 신경장애, 혈액이상, 생식 및 발육기능 장애, 발암성

　고용노동부 노출기준은 8시간 시간가중 평균농도(TWA)로 1ppm, A2

(5) 상기도 점막 및 폐 조직 자극제

상기도 점막과 호흡기관지에 작용하는 자극제이다. 물에 대한용해도는 중등도 이다.

1) 요오드(I_2): 암자색, 금속광택이 나는 고체, 고용노동부 노출기준은 최고노출농도(ceiling)로 0.1ppm, TWA 0.01ppm, STEL 0.1ppm

2) 불소(F_2): 자극성 있는 황갈색 기체로 물과 반응하여 불화수소가 발생

　고용노동부 노출기준은 8시간 시간가중 평균농도(TWA)로 0.1ppm

3) 오존(O_3): 0.1ppm을 2시간 흡입하면 폐활량이 20%감소하고, 0.1ppm을 6시간 흡입하면 두통, 기관지염 유발, 고용노동부 노출기준은 TWA로 0.08ppm이며, STEL은 0.2ppm임.

4) 염소(CI_2): 강한 자극성 냄새가 나는 황록색 기체

　피부나 점막에 부식성, 자극성 작용(부식성 염화수소의 20배)

　고용노동부 노출기준은 8시간 시간가중 평균농도(TWA)로 0.5ppm이며, 단시간 노출기준(STEL)은 1ppm임.

5) 브롬(Br_2, 브롬화합물)

　자극적인 냄새가 나는 적갈색의 액체, 의약, 염료, 브롬화합물 제조, 살균제 등에 이용, 고용노동부 노출기준은 TWA로 0.1ppm이며, STEL은 0.3ppm임

　기타: 청산화물, 황산디메틸, 사염화인, 오염화인

> **참고**　**호흡기 자극작용**
>
> 상기도 점막 자극제, 상기도 점막 및 폐 조직자극제
> 종말기관지 및 폐포 점막 자극제

(6) 종말(세)기관지 및 폐포 점막 자극제

상기도에 용해되지 않고 폐 속 깊이 침투하여 폐 조직에 작용.

1) 이산화질소(NO_2)

물에 대하여 비교적 용해성이 낮고 물에 용해 시 분해되어 일산화질소나 질산을 생성함. 눈, 점막, 호흡기 자극, 폐수종(폐기종) 유발

고용노동부 노출기준은 TWA로 3ppm이며, STEL은 5ppm임, 발암성은 의심되나 근거자료가 부족한 물질군(A4) 임

2) 포스겐($COCl_2$)

공기 중에 트리클로로에틸렌이 고농도로 존재하는 작업장에서 아크용접을 실시하는 경우 트리클로로에틸렌이 포스겐으로 전환될 수 있음.

염소보다 약 10배 정도 독성이 강함

호흡기, 중추신경, 폐에 장애를 일으키고 폐수종을 유발하여 사망에 이름, 고용노동부 노출기준은 TWA로 0.1ppm

3) 염화비소(삼염화비소; $AsCl_3$)

02 질식제

조직의 호흡을 방해하여 질식시키는 물질

(1) 단순질식제 : 환경 공기 중에 다량 존재하여 정상적 호흡에 필요한 혈중 산소량을 낮추는 생리적으로 아무 작용도 하지 않는 불활성 가스

1) 종류

① 이산화탄소

② 메탄가스(ch_4)

③ 질소가스(N_2)

④ 수소가스(H_2)

⑤ 기타: 에탄, 프로판, 에틸렌, 아세틸렌, 헬륨

(2) 화학적 질식제

직접적 작용에 의해 혈액 중의 혈색소와 결합하여 산소운반능력을 방해하여 질식시키는 물질을 말한다.

1) 일산화탄소(CO)

혈액 중 헤모글로빈과의 결합력이 매우 강하여 체내 산소공급능력을 방해하므로 대단히 유해함. 정상적인 작업환경 공기에서 CO 농도가 0.1%로 되면 사람의 헤모글로빈 50%가 불활성화됨 CO농도가 1%(10000ppm)에서 1분 후에 사망에 이름(COHb : 카복시헤모글로 빈 20% 상태가 됨)

2) 황화수소(H_2S)

부패한 계란 냄새가 나는 무색의 기체로 폭발성 있음. 고용노동부 노출기준은 TWA로 10ppm이며, STEL은 15ppm임. 레이온공업, 셀로판 제조, 오수조내의 작업 등에서 발생하며, 천연가스, 석유정제산업, 지하석탄광업 등을 통해서도 노출됨.

3) 시안화수소(HCN)

　무색의 기체 또는 청백색의 액체

　독성은 두통, 갑상선 비대, 코 및 피부자극 등이며 중추신경계의 기능 마비를 일으켜 심한 경우 사망에 이름. 고용노동부 노출기준은 최고노출 4.7ppm

4) 아닐린($C_6H_5NH_2$)

　특유의 냄새가 나는 투명 기체, 메트헤모글로빈(methemoglobin)을 형성하여 간장, 신장, 중추 신경계 장애를 일으킴. 고용노동부 노출기준 TWA로 2ppm, 동물에 대한 발암성이 확인된 물질군 (A3)에 포함.

03 전신독

혈액에 흡수되어 전신 장기에 중독을 나타내는 물질

(1) 종류

1) 신경계 침입물질

　① 4에틸납

　② 이황화탄소

　③ 메틸알코올

2) 혈액과 호흡기에 관련된 물질

　① 일산화탄소

　② 비소

　③ H_3

3) 방향족 유기용제 물질

　① 벤젠

　② 톨루엔

　③ 크실렌

　　＊ 급성 전신중독 시 독성이 강한 순서 : 톨루엔 〉크실렌 〉벤젠

4) 유독성 비금속의 무기물질

　① 비소

　② 인

　③ 유황

　④ 불소

5) 중금속 중독물질

　① 납

　② 수은

　③ 카드뮴

　④ 망간

　⑤ 베릴륨

6) 발암성 유발물질
① 크롬
② 니켈
③ 석면
④ 비소
⑤ tar(PAH)
⑥ 방사선

04 유기용제

다른물질을 녹이는 용해능력을 가진 물질, 제품의 도장, 인쇄, 표면코팅, 이물질 제거시 사용, 액체로서 상온에서 증발하는 능력을 가지고 있다.

(1) 특징

1) 유기용제의 증기가 가장 활발하게 발생될 수 있는 환경조건 높은 온도와 낮은 기압이다.
2) 유기용제 중 극성이 가장 강한 것은 알코올이며 호흡기를 통하여 인체로 흡입되는 경우가 많다.
3) 체내로 들어온 유기용제는 산화, 환원, 가수분해로 이루어지는 생전환과 포합체를 형성하는 포합반응인 두 단계의 대사작용을 거친다.

(2) 유기용제의 독성과 반응기전

1) 중추신경계의 활성억제 (*작용이 가장 큰 것은 할로겐족)
① 탄소사슬의 길이가 길수록 유기화학물질의 중추신경 억제효과는 증가
② 유기분자의 중추신경 억제특성은 할로겐화하면 크게 증가하고 알콜 작용기에 의하여 다소 증가
③ 불포화화합물은 포화화합물보다 더욱 강력한 중추신경 억제물질이다.
2) 중추신경계에 대한 독성기전
탄소사슬의 길이가 길수록 유기화학물질의 중추신경 억제효과는 증가한다. 탄소사슬의 길이가 증가하면 수용성은 감소하고 반면 지용성은 증가한다.
3) 생체막과 조직의 자극
유기화학물질은 생체막과 조직의 자극 특성을 갖고 있다.
불포화탄화수소는 포화탄화수소보다 더 자극성이 크다.
4) 할로겐화 탄화수소의 일반적 독성작용
중독성, 연속성, 중추신경계의 억제작용, 점막에 대한 중등도의 자극효과
5) 할로겐화 탄화수소 독성의 일반적 특성
① 냉각제, 금속 세척, 플라스틱과 고무의 용제 등으로 사용되고 불연성이며, 화학반응성이 낮다.
② 대표적이고 공통적인 독성작용은 중추신경계 억제작용이다.
③ 일반적으로 할로겐화 탄화수소의 독성의 정도는 화합물의 분자량이 클수록, 할로겐 원소가 커질수록 증가한다.
④ 대개 중추신경계의 억제에 의한 마취작용이 나타난다.
⑤ 포화탄화수소는 탄소 수가 5개 정도까지는 길수록 중추신경계에 대한 억제작용이 증가한다.

⑥ 알켄족이 알칸족보다 중추신경계에 대한 억제작용이 크다.

6) 유기화학물질의 중추신경계 억제작용 및 자극작용의 순서

① 중추신경계 억제작용 순서

알칸 〈 알켄 〈 알코올 〈 유기산 〈 에스테르 〈 에테르할로겐화합물(할로겐족)

② 중추신경계 자극작용 순서

알칸 〈 알코올 〈 알데히드 또는 케톤 〈 유기산 〈 아민류

(3) 방향족 유기용제

1개 이상의 벤젠고리로 구성된 화합물이다. 벤젠과 알킬유도체(알킬벤젠)가 대표적이다.

독성은 지방족 화합물보다 훨씬 강하다.

잉크, 기름, 페인트, 플라스틱, 고무, 접착제, 화학약품, 의약품, 가솔린 제조에 이용된다.

1) 중추신경계에 영향크기 순서

벤젠 〈 알킬벤젠 〈 아릴벤젠 〈 치환벤젠 〈 고리형 지방족 치환벤젠

2) 종류 및 특징

① 벤젠(C_6H_6)

가. 중추신경계에 대한 독성이 크며 백혈병을 일으키는 물질이다.

나. 골수독성(Myelotoxin)이라는 점에서 다른 유기용제와 다르다.

다. 혈액세포를 만드는 조혈모세포에 영향을 주므로 혈액질환이 일어날 수 있다.

라. 벤젠은 영구적 혈액장애를 일으키지만 벤젠치환화합물(톨루엔, 크실렌 등)은 노출에 따른 영구적 혈액장애는 일으키지 않음.

마. 주요 최종 대사산물은 페놀이며 이것은 황산 혹은 클루크론산과 결합하여 소변으로 배출된다. 즉 페놀은 벤젠의 생물학적 노출지표로 이용됨

바. 방향족 탄화수소 중 저농도에 장기간 폭로(노출)되어 만성중독(조혈장애)을 일으키는 경우에는 벤젠의 위험도가 가장 크고 조혈장해를 유발함.

사. 골수 독성물질이라는 점에서 다른 유기용제와 다름.

② 혈액조직에서 벤젠이 유발하는 특징적인 3단계

가. 1단계 ; 백혈구수 감소 - 응고작용 결핍 & 혈액성분 감소

나. 2단계 ; 골수 과다증식 - 백혈구 생성 자극

다. 3단계 ; 성장부전증, 심한 경우 빈혈 & 출혈 나타난다.

③ 톨루엔

가. 인간에 대한 발암성은 의심되나 근거자료가 부족, 물질군(A4)에 포함

나. 방향족 탄화수소 중 급성 전신중독을 유발하는 데 독성이 가장 강한 물질(뇌손상)

다. 급성 전신중독 시 독성이 강한 순서는 톨루엔 〉 크실렌 〉 벤젠

라. 피부로도 흡수되며 증기형태로 흡입 시 약 50% 정도가 체내에 남음.

④ 다행방향족 탄화수소류(PAH, 일반적으로 시토크롬 P-448이라 함.)

가. 철강 제조업의 코크스 제조공정, 담배의 흡연, 연소공정, 석탄건류, 아스팔트 포장, 굴뚝 청소 시 발생

Part 5

나. PAH는 시토크롬 P-450의 준개체단에 의하여 대사되고, PAH의 대사에 관여하는 효소는 P-448로 대사되는 중간산물이 발암성을 나타냄

다. 대사 중에 산화아렌(arene oxide)을 생성하고 잠재적 독성이 있음.

라. PAH는 배설을 쉽게 하기 위하여 수용성으로 대사되는데 체내에서 먼저 PAH가 hydroxylation(수산화)되어 수용성을 도움.

(4) 알코올 유기용제(R-OH)

대표적 물질로 메탄올, 에탄올, 에틸글리콜이 있다.

1) 메탄올(CH_3OH)

메탄올의 주요 독성은 시각장애, 중추신경 억제, 혼수상태를 야기한다.

메탄올의 시각장애기전(메탄올의 대사산물인 포름알데히드가 망막 조직을 손상시킴)은 '메탄올포름알데히드포름산이산화탄소'이다. 즉, 중간대사체에 의하여 시신경에 독성을 나타낸다.

2) 에탄올(C_2H_5OH)

에탄올은 국소자극제로 작용하며 중추신경에 심한 영향을 미친다.

피부혈관을 확장시켜 심장혈관을 억압하고 위액분비를 증가시켜 궤양을 일으킨다.

3) 에틸렌글리콜($C_6H_6O_2$)

무색무취의 액체로 용제, 부동액, 추출제에 이용, 시너에도 소량포함되어 있다.

노출 초기에는 호흡마비, 말기에는 단백뇨, 신부전 증상이 나타난다.

(5) 알데히드 유기용제(R-CHO)

호흡기에 대한 자극작용이 심한 것이 특징이다(감작성, sensitization).

1) 포르말린

매우 자극적인 냄새가 나는 무색의 액체로 인화, 폭발의 위험이 있다.

피부·점막에 대한 자극이 강하고, 고농도 흡입은 기관지 염 폐수종을 일으킴, 동물실험에서는 발암성이 증명되었다(A2).

2) 아세트알데히드(C_2H_4O)

자극성 냄새가 나는 무색의 액체로 인화되기 쉽고 폭발 위험성이 크다.

3) 아크로레인(CH_2CHCOH)

Propionaldehyde의 불포화 유도체로서 이 유도체의 2중 결합이 독성을 크게 증가시킨다.

독성이 특별히 강하여 눈,폐를 심하게 자극하며 피부에는 괴저현상을 유발

(6) 케톤류 유기용제(R-COR')

1) 고농도 케톤류 증기는 진전작용을 유발하여 눈, 호흡기를 자극한다.

① 아세톤(CH_3COCH_3) : 마취작용이 있으며 반복적으로 접촉 시 피부에 국소적으로 염증을 일으킨다. 인간에 대한 발암성은 의심되나 근거가 부족한 물질군(A4)에 포함된다. 물에 대한 용해도는 높다.

② 메틸부틸케톤(MBK), 메틸에틸케톤(MEK)

MBK는 체내 대사과정을 거쳐 2,5-hexanedione을 생성한다.

(7) 아민류 유기용제(R-NH₃)

1) 아민류의 공통적 특징은 적혈구에서의 MetHb(methemoglobin)의 생성과 해당 화학물질에 대한 감작화이다. 염료산업의 벤지딘, 2-나트틸아민, 4-아미노디페닐, 디페닐아민화합물은 방광종양을 유발한다.
   아민류의 노출기준은 대부분 인체발암확정물질(A1)로 분류한다.

(8) 유기할로겐화합물

1) 사염화탄소(CCU)
   특이한 냄새(에테르와 비슷)가 나는 무색의 액체로 소화제, 탈지세정제, 용제로 이용된다. 고농도로 폭로 시 간이나 신장 장애를 유발하며 가열하면 포스겐이나 염소(염화수소)로 분해되어 주의를 요한다. 폐를 통해 흡수되어 간에서 과산화작용에 의해 중심소엽성 괴사를 일으킨다.
   간에서 발암성 물질(A2)로 규정되어 있다.
2) 트리클로로에틸렌(삼염화에틸렌, 트리클렌, CHCI=CCI₂)
   마취작용이 강하며, 피부, 점막에 대한 자극은 비교적 약하다.
   고농도 노출에 의해 간 및 신장에 대한 장애를 유발한다.
   폐를 통하여 흡수, 삼염화에탄올과 삼염화초산으로 대사된다.
3) 염화비닐(C₂H₃CI)
   클로로포름과 비슷한 냄새가 나는 무색의 기체로 공기와 폭발성 혼합가스를 만든다. 염화비닐수지 제조에 사용된다. 장기간 폭로될 때 간조직세포에서 여러 소기관이 증식하고 섬유화 증상이 나타나 간에 혈관육종(hemangiosarcoma)을 일으킨다.
   장기간 흡입한 근로자에게 레이노 현상이 나타난다.
4) 브롬화메틸(CH3Br)
   클로로포름 냄새가 나는 무색의 기체 피부에 접촉 시 심한 화상을 유발하고 자극성이 매우 강하다.

(9) 기타

1) 이황화탄소(CS₂) : 상온에서무색무취의 휘발성이 매우 높은(비점46.3℃) 액체이며 인화·폭발의 위험성이 있다.
   중추신경계통을 침해하고 말초신경장애 현상으로 파킨슨증후군을 유발하며 급성마비, 두통, 신경증상도 나타난다(감각 및 운동신경 모두 유발).
   급성으로 고농도 노출 시 사망할 수 있고 1000ppm 수준에서 환상을 보는 정신이상을 유발(기질적 뇌손상, 말초신경병, 신경행동학적 이상)하며 심한경우 불안, 분노, 지살·성향 등을 보이기도 한다. 청각장애는 주로 고주파 영역에서 발생한다.
   생물학적노줄기준(BEI)은 소변 중 TTCA(2-thiothiazolidine-4-carboxylic acid) 5mg/g 크레아틴이다(iodine-azide 검사)
2) 노말핵산(n-핵산, CH₃(CH₂)₄CH3)
   장기간 폭로될 경우 독성 말초신경장애가 초래되어 사지의 지각상실과 신근마비 등 다발성 신경장애를 일으킨다.

2000년대 외국인 근로자에게 다발성 말초신경증을 집단으로 유발한 물질이다. 체내 대사과정을 거쳐 2, 5-hexanedione 물질로 배설된다.

3) PCB(polychlorinated biphenyl)

Biphenyl 염소화합물의 총칭이며 전기공업, 인쇄잉크용제 등으로 사용된다. 생식독성물질

4) 클로로포름($CHCl_3$) 에테르와 비슷한 향이 나며 마취제로 사용하고 증기는 공기보다 약 4배 무겁다.

5) 에스테르류

물과 반응하여 알코올과 유기산 또는 무기산이 되는 유기화합물이다.

염산이나 황산 존재하에서 카르복실산과 알코올과의 반응(에스테르반응)으로 생성된다. 직접적인 마취작용은 없으나 체내에서 가수분해하여 2차적으로 마취작용을 나타낸다.

6) 아크리딘($C_{13}H_9N$)

특정 파장의 광선과 작용하여 광알레르기성 피부염을 유발시킨다.

7) 페놀: 백색 또는 담황색의 고체로 물, 에탄올, 클로로포름 등에 녹는다. 피부와의 접촉으로 피부의 색소변성을 일으켜 피부의 색소를 감소

8) 아크릴로니트릴(C_3H_3N)

플라스틱 산업, 합성섬유 제조, 합성고무 생산공정 등에서 노출되는 물질이다. 폐와 대장에 주로 암을 발생시킨다.

9) 디메틸포름아미드(DMF; Dimethylformamide, $HCON(CH_3)_3$)

현기증, 질식, 숨가쁨, 기관지수축을 유발시키며, 전형적인 급성간염 증상을 발생 시킨다.

10) 벤지딘

염료, 직물, 제지, 화학공업, 합성고무경화제의 제조에 이용

급성중독으로 피부염, 급성방광염 유발, 만성중독으로는 방광, 요로계 종양 유발

11) 농약 : 독성이 가장 강한 것은 유기인산제, 대표적인 것은 파라치온, 말라치온, TEPP등이다.

중추신경, 자율신경 자극현상 유발

유기용제별 대표적 특이증상

벤젠 : 조혈장애, 염화탄화수소 : 간장애

이황화탄소 : 중추신경 및 말초신경 장애, 생식기능장애

메틸알코올(메탄올) : 시신경장애

메틸부틸케톤 : 말초신경장애(중독성)

노말 핵산 : 다발성 신경장애

에틸렌클리콜에테르 : 생식기장애

알코올, 에테르류, 케톤류 : 마취작용

염화비닐 : 간장애

톨루엔 : 중추신경장애

2-브로모프로판 : 생식독성

04절 직업성 피부질환

01 피부의 특징

피부는 크게 표피층과 진피층으로 구성되며 표피에는 색소침착이 가능한 표피층 내의 멜라닌세포와 랑거한스세포가 존재한다.

랑거한스세포는 피부의 면역반응에 중요한 역할을 한다.

피부에 접촉하는 화학물질의 통과속도는 일반적으로 각질층에서 가장 느리다. 직업성 피부질환의 발생빈도는 타 질환에 비하여 월등히 많다는 것이 특징이며, 이로 인해 생산성을 크게 저해하여 큰 경제적 손실을 가져온다(근로자의 휴지 일수의 25% 정도)

직업성 피부질환은 대부분 화학물질에 의한 접촉피부염이다.

> **참고 환경호르몬**
>
> 1. 내분비계 교란물질이라고 한다.
> 2. 플라스틱(합성 화학물질)에 잔류된 화학물질이 사용 중 인체에 미량 흡수되어 영향을 미친다.
> 3. 호르몬의 생성, 분비, 이동 등에 혼란을 준다.

02 직업성 피부질환 원인

(1) 직접적 요인 : 물리적 요인, 생물학적 요인, 화학적 요인

(2) 간접적 요인 : 인종, 연령, 성별, 땀, 계절

비직업성 피부질환의 공존, 온도, 습도, 개인위생

> **참고 화학물질의 노출로 인한 색소 변화물질**
>
> (1) 색소증가 : 콜타르, 햇빛, 만성피부염
> (2) 색소감소 : 모노벤질에테르, 하이드로퀴논

03 접촉성 피부염

작업장에서 발생빈도가 가장 높은 피부질환으로 외부 물질과의 접촉에 의하여 발생하는 피부염으로 정의한다.

접촉성 피부염은 습진의 일종이며 주요 발생부위는 손이다.

(1) 종류

1) 자극성 접촉피부염: 자극에 의한 원발성 피부염이 가장 많은 부분을 차지한다. 면역학적 반응에 따라 과거 노출경험과는 관계가 없다.
   진정한 의미의 알레르기 반응이 수반되는 것은 포함시키지 않는다.
2) 알레르기성 접촉피부염

Part 5

어떤 특정 물질에 알레르기성 체질이 있는 사람에게만 발생한다. 면역학적 기전이 관계되어 있다. 알레르기 반응을 일으키는 관련 세포는 대식 세포, 림프구, 랑거한스세포로 구분된다.

> **참고** | **첩포시험**
>
> 피부염의 원인물질로 예상되는 화학물질을 피부에 도포하고 48시간 동안 덮어둔 후 피부염의 발생 여부를 확인한다.

05절 발암물질

01 국제암연구위원회의 발암물질 구분

(1) Group 1 : 인체 발암성 확인물질
사람, 동물에게 발암성 평가
예 벤젠, 알코올, 담배, 다이옥신, 석면 등

(2) Group 2A : 인체 발암성 예측·추정 물질
동물에게만 발암성 평가, 발암물질로서 증거는 불충분함(단, 동물에는 충분한 증거가 있음, limited evidence)
예 자외선, 태양램프, 방부제, DDT, 무기납화합물 등

(3) Group 2B : 인체 발암성 예측·미분류물질
예 커피, pickle, 고사리, 클로로포름, 삼염화안티몬, 가솔린, 코발트 등

(4) Group 3 : 인체 발암성 미분류물질
발암물질로서 증거는 부적절함(inadequate evidence)
예 카페인, 홍차, 콜레스테롤, 페놀, 톨루엔 등

(5) Group 4 : 인체 비발암성 추정물질
예 십중팔구 발암물질이 아닌 인자(발암물질일 가능성이 거의 없음)

02 미국산업위생전문가협의회(ACGIH)의 발암물질 구분

(1) A1 : 인체 발암 확인(확정)물질
석면, 우라늄, Cr6+ 화합물, 아크릴로니트릴, 벤지딘, 염화비닐, β-나프틸아민, 베릴륨 등

(2) A2 : 인체 발암이 의심되는 물질(발암 추정물질)

(3) A3 : 동물 발암성 확인물질, 인체 발암성을 모름

(4) **A4** : 인체 발암성 미분류 물질, 인체 발암성이 확인되지 않은 물질

(5) **A5** : 인체 발암성 미의심 물질

03▶ 암발생 기여요소

노화〉 부적절한 음식〉 담배흡연= 만성감염〉 호르몬〉 직업〉 환경오염

04▶ 암세포 특징(정상 세포와 악성종양 세포의 차이점)

(1) 정상 세포의 세포질/핵 비율이 악성종양 세포보다 높다. 즉 발암성은 세포질/핵의 비율이 낮을 경우 관계가 있다. 성장속도는 정상 세포가 느리고 악성종양 세포는 빠르다.

(2) 전부는 아니지만 대부분의 암은 염색체 이상을 나타낸다.
암세포는 한 개의 분지계로부터 유래된다.

05▶ 분류

(1) **유전독성 발암물질**

① 알킬화제: 화학물질 자체가 직접적으로 DNA에 작용하여 암을 유발
② PAHs, CC14: 간접적으로 작용하는 발암물질
③ 무기 발암물질 : 비소, 니켈, 크롬

(2) **비유전 독성 발암물질: 후천적인 원인으로 암을 유발**

① 면역기능 억제제
② 석면
③ 호르몬
④ Pheno barbital

(3) **조발암물질** : 발암물질과 함께 투여시 발암효과를 증진시키는 화학물질을 조발암 물질이라 한다.

① 담배(벤조피렌, 니트로사민)
② 에탄올

(4) **발암촉진제** : 발암과정을 촉진시키는 물질을 발암촉진제라 한다.

① 담즙산: 대장암의 촉진제
② 사카린 : 방광암의 촉진제
③ 프로락틴: 유방암의 촉진제
④ TPA : 암 형성 촉진제

> **참고** 암발생 돌연변이 유전자와 발암물질의 구분

1. 암발생 돌연변이 유전자
    ① jum
    ② integrin
    ③ VEGF(Vascular Endothelial Growth Factor)
2. 선행 발암물질(procarcinogen)
    PAH, nitrosamine
3. 직접발암물질
    알킬화화합물, 방사선
4. 간접 발암물질
    Benzo(a)pyrene, Ethylbromide

01절 금속의 흡수와 배설

01 흡수

금속은 생체와 원소상태로 상호작용하는 경우는 거의 없고, 대부분은 이온상태로 작용하며 생리과정에 이온 상태의 금속이 활용되는 정도는 용해도에 달려있다. 불용성 금속염은 흡수가 거의 일어나지 않는다.

(1) **호흡기계에 의한 흡수** : 호흡기를 통하여 흡입된 금속물의 물리화학적 특성에 따라 흡입된 금속의 침전, 분배, 흡수, 체류는 달라진다.

(2) **소화기계에서의 흡수** : 음료수나 음식등에 오염된 채로 소화관을 통해 흡수된다.

① 금속이 소화기계에서 흡수에 미치는 영향인자 :
용해도, 화학적 특성, 타 물질의 존재 유무 및 조성,
유사 금속과의 흡수 경쟁, 노출 근로자의 상태(연령, 생리적 상태)

(3) **피부에서의 흡수**

납의 인체 내 침입경로가 피부인 것은 유기납(4에틸납, 4메틸납)이다.

02 배설

(1) **신장** : 금속이 배설되는 가장 중요한 배설경로이다.

(2) **소화기계**

(3) **간 순환** : 간에서 담즙과 함께 배설된다. 화학물질, 기존 질병에 의하여 담즙 분비를 증가·감소시키므로 담즙 배설량에 영향을 미친다.

(4) **기타** : 땀, 타액, 머리카락, 손톱, 발톱, 젖

03 독성작용

(1) 단백질 기능의 변화 : sulfhydryl기와의 친화성으로 단백질 기능을 변화시킨다.

(2) 간접영향 : 세포성분의 역할을 변화시 킨다.

(3) 필수 금속성분의 대체 : 생물학적 과정들이 민감하게 변화된다.

(4) 필수 금속 평형의 파괴 : 필수금속성분의 농도를 변화시킨다.

(5) 효소 억제 : 효소의 구조 및 기능을 변화시킨다.

참고 유해물질의 흡수, 배설

1. 흡수된 유해물질은 원래의 형태든, 대사산물의 형태든 배설되기 위해서 수용성으로 대사된다.
2. 유해물질은 조직에 분포되기 전에 먼저 몇 개의 막을 통과하여야 한다.
3. 흡수속도는 유해물질의 물리화학적 성상과 막의 특성에 따라 결정된다.
4. 흡수된 유해화합물은 다양한 비특이적 효소에 의하여 이루어지는 유해물질의 대사로 수용성이 증가되어 체외 배출이 용이하게 된다.
5. 간은 화학물질을 대사시키고, 콩팥과 함께 배설시키는 기능을 가지고 있어 다른 장기보다 여러 유해물질의 농도가 높다.

02절 중금속의 종류와 특성

01 납

심한 복부산통이 나타나며 역사상 최초로 기록된 직업병, 점진적으로 나타나고 특별한 증상을 보이지 않는다. silent disease라 불림.

(1) 발생원 : 인쇄소, 합금, PVC 압출 및 혼합 작업

(2) 특성 : 원자량 207.21, 비중 11.34, 원자번호 82의 청색 또는 은회색의 연한 중금속이다. 용해된 납은 500~600℃에서 흄을 발생하며 발생량은 온도 상승에 비례하여 증가한다.
융점은 327℃, 끓는점 1,620℃이고, 무기납과 유기납으로 구분한다.

(3) 구분

1) 무기납: 금속납(Pb)과 납의 산화물, 일산화납(PbO), 삼산화이납(Pb_2O_3), 사산화삼납(Pb_3O_4)
2) 유기납: 4메틸납(TML)과 4에틸납(TEL)이며 이들의 특성은 비슷하다. 물에 잘 녹지 않고 유기용제, 지방, 지방질에는 잘 녹는다.

(4) 인체에 미치는 영향

① 축적: 납은 적혈구와 친화력이 강해 납의 95% 정도는 적혈구에 결합되어 있다. 인체 내에 남아 있는 총 납량을 의미하며, 납의 90%는 신체 장기 중 뼈 조직에 축적된다. 혈중 납은 최근에 노출된 납을 나타낸다.

② 납중독: 위장장애, 신경 근육장애, 중추신경장애등

납중독 4대증상

① 납빈혈

② 망상적혈구와 친염기성 적혈구(적혈구 내 프로토포르피린)의 증가

③ 잇몸에 특징적인 연선(lead line): 황화납이 치은에 침착된 것.

④ 소변에 코프로포르피린(coproporphyrin) 검출

소변 중 δ-aminolevulinic acid(ALAD) 증가(5-ALAD 활성치 저하)

⑤ 이미증(pica): 매우 낮은 농도에서 어린이에게 학습장애 및 기능저하 초래

(5) 납중독 확인 테스트

1) 혈액 내의 납 농도(만성중독의 지표 : 혈액 중 2ppm 농도)

2) 헴(heme)의 대사: 헴 합성의 장애로 주요 증상은 빈혈증이며 혈색소량이 감소, 적혈구의 생존기간이 단축, 파괴가 촉진된다.

3) Ca-EDTA 이동시험: 체내의 납량을 측정할 수 있다.

Ca-EDTA 투여 24시간 동안 소변 채취 시 납의 총량이 $500 \sim 600 \mu g$을 초과하면 과다노출을 의미함.

4) β—ALA(Amino Levulinic Acid) 축적

(6) 조혈기능에 미치는 영향

1) K+과 수분이 손실된다.

2) 삼투압이 증가하여 적혈구가 위축된다.

3) 적혈구 내 프로토포르피린이 증가한다.

4) 미숙적혈구(망상적혈구, 친염기성 혈구)가 증가한다.

5) 혈색소량 저하 및 혈청내 철이 증가한다.

(7) 납의 노출기준

① 고용노동부 노출기준: 8시간 시간가중 평균농도(TWA)로 $0.05mg/m^3$

② 미국산업위생전문가협의회 (ACGIH)

8시간 시간가중 평균농도(TWA)로 $0.05mg/m^3$

③ 생물학적 노출기준(BEI): 혈중의 납으로 $3 \mu g/100mL$

(8) 납중독 임상검사

1) 소변 중 코프로포르피린(coproporphyrin) 배설량 측정

2) 소변 중 델타아미노레블린산(δ-ALA) 측정

3) 혈중 징크프로토포르피린(ZPP)측정 (Zinc protoporphyrin)

4) 혈중 납량 측정

5) 소변 중 납량 측정

6) 빈혈검사

7) 혈액검사

8) 혈중 α-ALA 탈수효소 활성치 측정

(9) 납중독의 치료

① 급성중독

섭취 시 즉시 3% 황산소다용액으로 위세척

Ca-EDTA을 하루에 1~4g정도 정맥 내 투여하여 치료(5일이상 투여 금지)

Ca-ED TA 는 무기성 납으로 인한 중독 시 원활한 체내 배출을 위해 사용하는 배설 촉진제임(단, 배설촉진제는 신장이 나쁜 사람에게는 금지)

② 만성중독

배설촉진제 Ca-EDTA 및 페니실라민(penicillam ine) 투여

대중요법으로 진정제, 안정제, 비타민 B1, B2 등 시용

(10) 예방대책

1) 납 노출시 평가활동: 납 발생원인 조사, 독성과 노출기준 MSDS를 통하여 찾아보고 노출을 측정하고 분석, 노출정도를 노출기준과 비교, 개선시설할 것.

2) 작업환경 개선/ 개인 보호구 착용(납면지: 특급 방진마스크, 납증기: 방독마스크)

3) 교대작업, 개인위생 철저

02 수은

우리나라에서는 형광등 제조업체에 근무하던 '문송면' 군에게 직업병을 야기시킨 원인인자가 수은이다 17세기에 신사용 중절모자를 제조하는데 사용함으로써 근육경련(hatter's shake)을 일으킨 기록이 있다.

(1) 발생원인

1) 무기수은(금속수은): 형광등, 수은온도계 제조, 페인트, 농약, 살균제 제조시 발생, 뇌홍[Hg(ON C)2] 제조시

질산수은, 승홍, 감홍 등이 있으며, 철, 니켈, 알루미늄, 백금 이외에 대부분의 금속과 화합하여 아말감을 만든다. 또한 상온에서 기화하는 특징

*뇌홍

담청색의 사방형 결정, 뇌산수은, 풀민산수은, 매우 민감하여 마찰이나 충격에 폭발할 수 있다.

2) 유기수은: 의약, 농약 제조, 농약살포시, 가성소다 제조

아릴수은화합물과 알킬수은 화합물, 페닐수은, 에틸수은 등이 있다.

(2) **특성** : 유기수은 중 알킬수은 화합물의 독성은 무기수은화합물의 독성보다 매우 강하다. 상온에서 액체 상태의 유일한 금속이며, 수은 합금(아말감)을 만드는 특징이 있다.

상온에서는 산화되지 않으나 비등점보다 낮은 온도에서 가열시 독성이 강한 산화수은이 발생한다.

(3) 축적 및 제거

1) 축적
   ① 금속수은은 전리된 수소이온이 단백질을 침전시키고 −SH기 친화력을 가지고 있어 세포내 효소 반응을 억제함으로써 독성작용을 일으킨다. 즉, −SH기능기와 친화력이 높아 −SH기능기를 가진 효소에 작용하여 기능장해를 일으킨다.
   ② 신장 및 간에 고농도 축적 현상이 일반적이다.
   ③ 금속수은은 뇌, 혈액, 심근 등에 분포
   ④ 무기수은은 신장, 간장, 비장, 갑상선 등에 주로 분포
   ⑤ 알킬수은은 간장, 신장, 뇌 등에 분포
   ⑥ 뇌에서 가장 강한 친화력을 가진 수은화합물은 메틸수은이다.
   ⑦ 혈액 내 수은 존재 시 약 90%는 적혈구 내에서 발견된다.

(4) 수은중독증상

① 수은중독의 특징적인 증상은 구내염, 근육진전, 정신증상이 생김.
② 치은부에는 황화수은의 청회색 침전물이 침착된다.
③ 혀나 손가락의 근육이 떨린다(수전증).
④ 전신증상으로는 중추신경계통, 특히 뇌 조직에 심한 증상이 나타나 정신기능이 상실될 수 있다(정신장애).
⑤ 유기수은(알킬수은)중 메틸수은은 미나마타(minamata)병을 발생함.

(5) 수은의 노출기준

1) 고용노동부 노출기준: 8시간 시간가중 평균농도(TWA)
   ① 수은(아릴화합물) : $0.1mg/m^3$
   ② 수은 및 무기형태(아릴 및 알킬화합물 제외):$0.025mg/m^3$
   ③ 수은(알킬화합물) : $0.01mg/m^3$
2) 미국산업위생전문가협의회 (ACGIH): 8시간 시간가중 평균농도(TWA)
   ① 무기수은화합물 및 금속수은 : $0.025mg/m^3$
   ② 아릴수은화합물 : $0.1mg/m^3$
   ③ 알킬수은화합물 : $0.01mg/m^3$
3) 생물학적 노출기준(BEI)
   ① 무기수은화합물 및 금속수은 : 소변 중 총 무기수은 $35\mu g/g$
   ② 소변 중 총 무기수은 : $15\mu g/L$

(6) 진단 및 치료

1) 급성: 중독발생시 상황과 접촉유무

2) 만성: 직력조사, 현직근로 연수조사

3) 진단: 임상증상을 확인후 간기능, 신기능 검사, 소변중 수은량 측정함.

4) 치료:

① 급성중독

우유와 계란의 흰자를 먹여 단백질과 해당 물질을 결합, 침전시킨다.

마늘계통의 식물을 섭취한다.

위세척(5~10% S.F.S 용액)을 한다.(세척액은 200~300mL)

BAL(British Anti Lewisite)을 투여한다(체중 1kg당 5mg의 근육주사).

② 만성중독

수은취급 작업중지, BAL 투여, 10L의 등장액 공급

N-acetyl-D-penicillamine을 투여한다. (Ca-EDTA의 투여는 금기사항)

땀을 흘려 수은배설을 촉진한다.

(7) 예방: 작업환경관리(자동화), 실내온도 일정유지, 바닥에 있는 수은물질은 즉시 제거, 국소배기장치 설치

03 카드뮴

이타이이타이병은 생축적, 먹이사슬의 축적에 의한 카드뮴 폭로와 비타민 D의 결핍에 의한 것이다. 납광물이나 아연 제련시 부산물로 나옴.

도자기, 페인트의 안료, 니켈·카드뮴 배터리 제조시 발생.

(1) 특징

물에는 잘 녹지 않고 산에는 잘 녹으며, 가열 시 쉽게 증기화한다.

산소와 결합시 흄을 만들며, 흄이 많이 발생할 때에는 갈색의 연기처럼 보인다.

호흡기를 통한 독성이 경구독성보다 약 8배 정도 강하다.

경구 또는 흡입을 통한 만성중독 시 표적장기는 신장이며, 가장 흔한 증상은 효소뇨와 단백뇨 이다.

(2) 축적 및 제거

체내에서 이동, 분해하는 데는 분자량 10,500 정도의 저분자 단백질인 metallothionein (혈장단백질)이 관여한다.

체내에 흡수된 카드뮴은 혈액을 거쳐 2/3는 간과 신장으로 이동한다.

체내에 축적된 카드뮴의 50~75%는 간과 신장에 축적되고 일부는 장관벽에 축적된다. 배설은 많은 시간이 걸린다.

(3) 인체에 미치는 영향

1) 급성: 호흡기도, 폐에 강한 자극 증상(화학성 폐렴)

대표적 물질 : 산화카드뮴(CdO)

CdO의 치사량(LD50)은 치사폭로 지수(CT)로 표시

[CT=공기 중 농도(mg/㎥) × 폭로시간(min), 일반사람의 경우 CT200~2,900정도]

경구흡입시 구토와 설사, 급성위장염, 근육통, 복통, 체중감소, 착색뇨, 간, 신장 장애가 생긴다.

2) 만성중독: 신장기능 장애(저분자 단백뇨 다량 배설),

골격계 장애(다량의 칼슘 배설이 일어나 뼈의 통증, 골연화증 및 골수공증 유발, 철분결핍성 빈혈증)

폐기능 장애: 폐활량 감소, 잔기량 증가 및 호흡곤란의 폐증세가 나타나며, 이 증세는 노출기간과 노출농도에 의해 좌우됨.

기타: 치은부의 연한 황색 색소침착 유발

(4) 노출기준

① 고용노동부 노출기준

8시간 시간가중 평균농도(TWA)로 $0.01mg/㎥$(호흡성 $0.002mg/㎥$)

② 미국산업위생전문가협의회(ACGIH) 8시간 시간가중 평균농도(TWA)로, 총 분진 : $0.01mg/㎥$

호흡성 카드뮴분진 : $0.002mg/㎥$

③ 생물학적노출기준(BEI)

소변 중 카드뮴이 $5\mu g/g$-크레아티닌

혈중 카드뮴이 $5\mu g/L$

(5) 진단 및 치료

초기에 저분자량의 단백뇨(B2-microglobulin) 검사, 검출시에는 신장기능장애를 유발. 체중 측정, 치아이상, 빈혈증상 확인

BAL 및 Ca-EDTA를 투여하면 신장에 대한 독성작용이 더욱 심해져 금한다. 치아에 황색 색소침착 유발 시 클루쿠론산칼슘 20mL를 정맥주사한다.

비타민 D를 피하 주사한다(1주 간격 6회가 효과적).

04 크롬

비중격연골에 천공이 대표적 증상이며, 근래에 와서는 직업성 피부질환도 다량 발생하는 경향이 있다. 3가 크롬은 피부 흡수가 어려우나 6가 크롬은 쉽게 피부를 통과하여 6가 크롬이 더 해롭다.

염색, 안료 제조, 방부제, 약품 제조시 발생

(1) 축적 및 제거

① 화합물의 용해도에 따라 3가 크롬(0.2~3%)과 6가 크롬(1~10%)이 구강을 통해 체내에 흡수된다.

② 6가 크롬이 독성이 강하고 발암성도 크며, 6가 크롬이 3가 크롬보다 체내 흡수가 많이 된다.

(2) 인체에 미치는 영향

① 급성중독: 신장장애로 과뇨증(혈뇨증) 후 무뇨증을 일으키며 요독증으로 10일 이내에 사망한다.

② 만성중독: 화농성비염과 궤양, 비중격 천공 증상

장기간 흡입에 의한 기관지암, 폐암, 비강암(6가 크롬) 발생

Part 5

(3) 크롬의 노출기준

① 고용노동부 노출기준: 8시간 시간가중 평균농도(TWA)

가. 크롬광 가공(크롬산) : $0.05mg/㎥$

나. 크롬(금속) : $0.5mg/㎥$

크롬(6가)화합물(불용성 무기화합물) : $0.01mg/㎥$

크롬(6가)(수용성) : $0.05mg/㎥$

② 미국산업위생전문가협의회 (ACGIH): 8시간 시간가중 평균농도(TWA)

가. 금속 및 3가크롬 : $0.2mg/㎥$

나. 크롬광 : $0.05mg/㎥$

③ 생물학적 노출기준(BEI)

수용성 6가 크롬 경우 소변 중 총 크롬의 농도는 다음과 같다.

주말작업의 작업종료 시 : $25㎍/L$

주간작업 중 : $10㎍/L$

(4) 진단 및 치료

1) 진단: 소변 중 크롬량 검사($0.05mg/L$ 이상시 정밀검사)

장기 취급 근로자(5년 이상)는 X선 진찰

2) 치료

사고로 섭취 시 응급조치로 환원제인 우유와 비타민 C를 섭취한다.

피부궤양에는 5% 티오황산소다(sodium thiosulfate)용액, 5~10% 구연산소다(sodium citrate)용액, 10% Ca-EDTA 연고를 사용

3) 예방:국소 배기시설, 고무장갑, 호흡용 마스크, 피부보호용 크림, x-ray 촬영

05 베릴륨(Be)

합금 제조, 원자로 작업, 산소 화학합성, 베릴륨 제조, 금속재생공정, 우주항공산업 등에서 발생한다.

(1) 증상

1) 급성중독: 염화물, 황화물, 불화물과 같은 용해성 베릴륨화합물은 급성중독을 일으킨다.

2) 만성중독: 피부에 육아 종양, 화학적 폐렴 및 폐암을 발생시킨다.

'neighborhood cases'라고도 불린다.

(2) 노출기준

① 고용노동부 노출기준: 8시간 시간가중 평균농도(TWA)로 $0.002mg/㎥$

② 미국산업위생전문가협의회(ACGIH)

© TWA: $0.002mg/㎥$

© STEL: $0.01mg/㎥$

③ 인간에 대한 발암성이 확인된 물질군(A1) 에 포함

(3) 치료 및 대책

작업을 중단, 금속배출촉진제 chelating agent를 투여한다.

근로자 차단, 개인보호구(호흡용 마스크, 작업복, 보호안경, 장갑)

06 비소(As)

은빛 광택을 내는 비금속으로서 가열하면 녹지 않고 승화된다.

우리나라에서는 사약으로도 사용된 바 있다.

(1) 발생원 : 베어링 제조

유리의 착색제, 피혁 및 동물의 박제에 방부제로 사용

반도체이온 주입공정시에 발생

(2) 특성

물에 녹아 아비산을 생성하는 삼산화비소가 가장 강력하다.

공기중에서 400℃로 가열하면 녹지않고 승화되어 삼산화비소가 생성된다. 자연계에서는 3가 및 5가의 원소로서 삼산화비소, 오산화비소의 형태로 존재하여 독성작용은 5가보다는 3가의 비소화합물이 강하다. 특히 물에 녹아 아비산을 생성하는 삼산화비소가 가장 강력하다.

(3) 축적 및 제거

비소의 분진과 증기는 호흡기를 통해 체내에 흡수되고, 작업현장에서의 호흡기 노출이 가장 문제가 되며, 무기물질의 경우 장관계에서 매우 잘 흡수된다.

체내에서 -SH기 그룹과 유기적인 결합을 일으켜서 독성을 나타낸다.

체내에서 -SH기를 갖는 효소작용을 저해시켜 세포호흡에 장애를 일으킴.

주로 뼈, 모발, 손톱 등에 축적되며 간장, 신장, 폐, 소화관벽, 비장 등에도 축적된다.

대부분 소변으로 배출되고 일부는 대변으로 배출되며 극히 일부는 모발, 피부를 통해서 배설된다.

(4) 인체에 미치는 영향

1) 급성 : 혈뇨 및 무뇨증이 발생된다(신장기능 저하), 용혈성 빈혈, 상기도 점막 및 피부에 염증

2) 만성 : 각질화가 심하면 피부암, 다발성 신경염 등의 말초신경장애 생김

3) 분말(고형)비소화합물의 중독

분진에 의해 피부, 겨드랑이 등 습한 부위에 낭창형 또는 습진형의 피부염이 발생하며, 피부염이 심하면 피부암 유발, 비중격 궤양 유발

(5) 비소의 노출기준

① 고용노동부 노출기준

8시간 시간가중 평균농도(TWA)로 0.01mg/㎥

② 미국산업위생전문가협의회 (ACGIH)

8시간 시간가중 평균농도(TWA)로 0.01mg/㎥

Part 5

③ 생물학적노출기준(BEI)

무기비소 및 메틸화된 대사물이 $35\mu g$ As/L

④ 인간에 대한 발암성이 확인된 물질군(A1)에 포함

(6) 치료 및 예방

비소 폭로가 심한 경우는 전체 수혈을 행하고 급성중독 시 활성탄과 하제를 투여하고 구토를 유발후 BAL을 투여한다.

07 망간

(1) 발생원 : 철강 제조 분야에서 직업성 폭로가 많다.

수전증, 파킨슨 증후군이 나타나며 금속열을 유발

MMT를 함유한 연료 제조에 종사하는 근로자에게 노출되는 일이 많다.

산화제(화학공업), 유리착색 및 페인트의 안료, 망간광산에서 발생

(2) 축적 및 제거

호흡기, 소화기 및 피부를 통하여 체내에 흡수되며 이 중 호흡기를 통한 경로가 가장 많고 또 가장 위험하다.

폐, 비장에도 축적되며 손톱, 머리카락 등에서도 망간이 검출된다.

(3) 인체에 미치는 영향 및 치료

1) 급성: MMT(Methylcyclopenta dienyl Manganese Trialbonyls) 에 의한 피부와 호흡기 노출로 인한 증상, 열, 오한, 호흡곤란, 조증의 정신병

2) 만성: 무력증, 식욕감퇴, 무표정, 배 근력의 저하를 가져온다(소자증 증상), 언어가 느려짐, 조혈장 기의 장애와는 상관 없음.

3) 증상 초기에는 킬레이트 제재를 사용하면 효과를 볼 수 있으나 신경손상이 진행되면 회복이 어려움

(4) 망간의 노출기준

1) 고용노동부 노출기준

8시간 시간가중 평균농도

① 망간 및 무기화합물 : 1mg/㎥

② 망간(흄) : 1mg/㎥

2) 미국산업위생전문가협의회 (ACGIH)

8시간 시간가중 평균농도(TWA), 무기망간화합물 : 0.2mg/㎥

08 기타

(1) **인** : 황린, 인산염 증기의 흡입에 의해 중독되며 독성이 매우 강하다.
농약제조와 사용시 중독위험, 권태, 식욕부진, 소화기장애, 빈혈, 황달 증세, 골격의 기능장애가 나타난다.

(2) **니켈** : 도금, 합금, 제강 등의 생산과정에서 발생한다.
급성중독시 폐부종, 폐렴, 접촉성 피부염이 생김. 배설을 촉진하도록 Dithiocarb를 투여한다.

(3) **철(Fe)** : 산화철은 용접작업에 노출되었을 때 발생되는 주요 물질이다. 산화철 흄은 코, 목, 폐에 자극을 일으키며 장기간 노출되면 폐에 축적

(4) **구리Cu** : 비철합금, 도금시 발생, 코, 목의 자극, 금속열 유발

(5) **아연(zn)** : 납땜용 자재에서 주로 발생, 금속열 유발

(6) **불소(f)** : 자극성의 황갈색 기체로 체내에 들어온 불소는 뼈를 연화시키고, 그 칼슘화합물이 치아에 침착되어 반상치를 나타낸다.

03절 금속증기열(metal fume fever)

금속증기를 들이마심으로써 일어나는 열, 특히 아연에 의한 경우가 많으므로 이것을 아연열이라고 하는데 구리, 니켈 등의 금속증기에 의해서도 발생한다. 용접, 전기도금, 금속의 제련과정에서 발생

01 발생원인 물질

아연, 구리, 망간, 마그네슘, 니켈, 카드뮴, 안티몬

02 증상

(1) 체온상승, 목의건조, 오한, 기침, 땀이 많이 발생하고 호흡곤란이 생긴다.

(2) 증상은 12~24시간(24~48시간) 후에는 자연적으로 없어지게 된다.

(3) 기폭로 된 근로자는 일시적 면역이 생기며 월요일 열 이라고도 한다.

> **참고** **화학적 폐렴/발암성 중금속/결정형 실리카**
>
> 1. 발암성을 나타내는 중금속은 니켈, 6가 크롬, 비소 등이며. 망간은 발암성이 밝혀지지 않았다.
> 2. 화학적 폐렴은 베릴륨, 산화카드뮴, 에어로졸 노출에 의해 발생하며. 발열, 기침, 폐기종이 동반된다.
> 3. 결정형 실리카는 폐암을 유발한다.

Chapter 04 인체구조 및 대사

01절 인체구조

01 인체의 기본적 구성: 세포, 조직, 기관, 계통으로 이루어짐.

(1) 인체의 단면

  1) 정중단면(시상단면) : 인체를 오른쪽과 왼쪽으로 나누는 절단면이다.
  2) 관상단면(전두단면) : 인체를 앞과 뒤로 나누는 단면을 말한다.
  3) 수평단면(가로단면) : 인체를 위와 아래로 나누는 절단면을 말한다.

(2) 해부학적 구조

  1) 골격 : 신체지지, 206개의 뼈, 기관보호, 몸을 지탱, 조혈작용을 한다.
  2) 관절 : 뼈와 뼈를 연결하는 역할을 한다.
  3) 골격근 : 건(tendon)은 근육과 뼈를 연결하는 섬유조직이다.
     근육의 기본단위조직은 근섬유이다.
  4) 신경계 : 신경의 기본단위조직은 뉴런이다.
     중추신경계, 말초신경계, 자율신경계로 구분된다.

(3) 산업위생에서 주요한 장기

  1) 폐 : 호흡기 중에서 가장 중요한 기관, 기본단위조직은 폐포
  2) 폐포에 많은 모세혈관이 존재하여 산소와 이산화탄소의 가스교환이 이루어짐.

02절 유해물질 대사 및 축적

01 화학반응의 용량과 반응

(1) 유해성 : 근로자가 유해인자에 노출됨으로써 손상을 유발할 수 있는 가능성

(2) 유해성 결정요소 : 특성과 형태에 따라 노출량이 결점됨.

  1) 유해물질 자체의 독성
  2) 유해물질 자체의 특성
  3) 유해물질발생 형태

(3) 유해성 평가시 고려사항

1) 시간적 빈도와 시간
2) 공간적 분포(생산공정, 강도)
3) 노출대상의 특성(민감도,특성)
4) 조직적 특성
5) 유해인자가 가지고 있는 위해성
6) 노출상태, 다른 물질과 복합노출

(4) 용량–반응 관계

1) 반응은 화학물질의 투여에 의해 발생
2) 투여량과 관련
3) 반응을 정성적 또는 정량적으로 측정하는 방법 존재
  용량–반응 관계식 C × T = K : Haber의 법치
   T : 노출지속시간(노출시간) K : 용량(유해물질지수)
일반적으로 용량에 대한 치사비율은 S자형 곡선을 나타낸다.

> **참고 독성실험에 관한 용어**
>
> 1. LD50
>   유해물질의 경구투여용량에 따른 반응범위를 결정하는 독성검사에서 얻은 용량 —반응 곡선에서 실험 동물군의 50%가 일정 기간 동안에 죽는 치사량을 의미
> 2. LD10
>   실험동물군에서 사망이 일어나지 않는 농도
>   LD100은 노출된 동물이 100% 사망할 수 있는 최저농도
> 3. LC50
>   실험동물군을 상대로 기체상태의 독성물질을 호흡시켜 50%가 죽는 농도
> 4. ED50
>   사망을 기준으로 하는 대신에 약물을 투여한 동물의 50%가 일정한 반응을 일으키는 양을 의미, 실험군의 50%가 관찰 가능한 가역적인 반응이 나타나는 작용량, 즉 유효량을 의미
> 5. TL50
>   시험 유기체의 50%가 살아남는 독성물질의 양을 의미
> 6. TD50
>   시험 유기체의 50%에서 심각한 독성반응을 나타내는 양, 즉 중독량을 의미
> 7. 안전역
>   화학물질의 투여에 의한 독성 범위,
> $$안전역 = \frac{TD50}{ED50} = \frac{중독량}{유효량} = \frac{LD1}{ED99}$$
> 8. TI 생물학적인 활성을 갖는 약물의 안전성을 평가하는 데 이용하는 치료지수, 조직 중 독성작용에 민감 하게 반응하는 기관은 간과 신장

Part 5

$$치료지수 = \frac{LD50}{ED50} = \frac{치사량}{유효량}$$

(5) 체내분포 및 대사작용

① 체내로 흡수된 유해물질은 혈액을 통하여 신체 각 부위의 조직으로 운반된다.

② 효소는 체내에서 유해물질을 분해하는 데 가장 중요한 역할을 한다. 즉 체내에 섭취된 화합물을 해독하는 데 중요한 작용을 한다.

③ 유기성 화학물질은 지용성이 높아 세포막을 쉽게 통과하여 지방조직에 많이 농축된다.

④ 불소와 납과 같은 독성물질은 뼈조직에 침착되어 저장되며 납의 경우 생체에 존재하는 약 90%가 뼈조직에 있다.

03절   유해물질 방어기전

01 독성물질의 생체 내 변환:

(1) 제1상 반응

분해반응이나 이화반응이다.

이화반응은 산화반응, 환원반응, 가수분해 반응이 있다.

(2) 제2상 반응

제1상 반응을 거친 물질을 더욱 수용성으로 만드는 포합반응이다.

(3) 생체전환에 영향을 미치는 인자

종, 혈통, 연령, 성별, 영양상태, 효소의 유도물질과 억제제 ,질병상태

개인의 유전인자

(4) 리파아제 : 지방분해효소로 지방질을 지방산과 글리세린으로 가수분해 한다.

02 독성실험

(1) 제1단계(동물에 대한 급성폭로 시험)

1) 치사성과 기관장애(중독성장애)에 대한 반응곡선을 작성한다.

2) 눈과 피부에 대한 자극성을 시험한다.

3) 변이원성에 대하여 1차적인 스크리닝 실험을 한다.

(2) 제2단계(동물에 대한 만성폭로 시험)

1) 상승작용과 가승작용 및 상쇄작용에 대하여 시험한다.
2) 생식영향(생식독성)과 산아장애(최기형성)를 시험한다.
3) 거동(행동) 특성을 시험한다.
4) 장기독성을 시험한다.
5) 변이원성에 대하여 2차적인 스크리닝 실험을 한다.

(3) 고려사항

1) 실험동물(생물체)의 선정
2) 시험대상 독성물질의 선정
3) 모니터하거나 측정할 최종점(end point) 선정

03 돌연변이

(1) 원인 : 유전자의 뉴클레오타이드의 순서, 구조, 숫자의 변이를 유도

(2) 점 돌연변이 : 뉴클레오타이드의 변화, 대규모 돌연변이는 염색체 수나 구조에 변화가 오는 것.

(3) 기전 : 염기의 치환, 염기의 첨가, 염기의 탈락

(4) 염색체 수 이상의 대표적 유전질환

클라인펠터 증후군(Klinefelter's syndrome)
터너 증후군(Turner's syndrome)/다운증후군(Down syndrome)
파타우 증후군(patau syndrome)

(5) 염색체 구조 이상의 대표적 유전질환

색소성 건피증(xeroderma pigmentosum)/
블룸증후군(bloom syndrome)/ 판코니 증후군(Fanconi's syndrome)

(6) 돌연변이 유발인자

자외선/ 아크리딘(핵산 하나를 탈락시키거나 첨가함으로써 돌연변이를 일으키는 물질)
아질산 /브로모우라실

(7) 생식독성

생식세포와 이 생식세포의 수정, 태아의 발육에 관련이 있는 부분에 영향을 미치는 독성현상을 말한다.
1) 최기형 물질: 선천성 기형을 유발하는 물질을 말하며, 독성이 나타나지 않는 낮은 양에서도 기형이 발생될 수 있다.
2) 최기형성 작용기전(기형 발생의 중요 요인)
   노출되는 화학물질의 양(원인물질의 용량)/ 노출되는 사람의 감수성
   노출시기

3) 남성 근로자의 생식독성 유발 유해인자

고온, 표선, 납, 카드뮴, 망간, 수은, 항암제, 마취제, 알킬화제, 이황화탄소, 염화비닐, 음주, 흡연, 마약, 호르몬제제, 마이크로파 등

4) 여성 근로자의 생식독성 유발 유해인자

X-선, 고열, 저산소증, 납, 수은, 카드뮴, 항암제, 이뇨제, 알킬화제, 유기인계 농약, 음주, 흡연, 마약, 비타민 A, 칼륨, 저혈압 등

(8) 배출 중요 기관

1) 신장 : 신장은 체액의 전해질 및 pH를 조절하여 신체의 항상성 유지 등의 신체조정역할을 수행하기 때문에 폭로에 민감하다.

2) 간 : 생체변화에 있어 가장 중요한 조직으로 혈액 흐름이 많고 대사효소가 많이 존재하며 어떤 순환기에 도달하기 전에 독성물질을 해독하는 역할을 한다. 또한 소화기로 흡수된 유해물질을 해독한다.

- **간장이 표적장기(대상물질이 독성작용을 발휘하는 장기)가 되는 이유**
  혈액의 흐름이 매우 풍성하여 혈액을 통해 쉽게 침투가 가능하기 때문

3) 폐 : 유해물질 중 가스상 물질이나 휘발성 물질 배출에 관여하는 기관이다.

04 유해물질 관여 인자

(1) 공기중의 농도(폭로농도) : 유해물질의 농도 상승률보다 유해도의 증대율이 훨씬 많이 관여한다. 유해물을 혼합시 유해도는 상승작용한다.

(2) 폭로시간 : 길수록 영향이 크다.

(3) 작업강도 : 호흡량, 혈액순환속도, 발한이 증가되어 유해물질의 흡수량에 영향을 미친다. 일반적으로 앉아서 하는 작업은 3~4L/min, 강한 작업은 30~40L/min 정도의 산소요구량이 필요하다.

(4) 기상조건(습도, 대기)

(5) 개인의 특성:

여성이 남성보다 유해화학물질에 대한 저항이 약한 이유
피부가 남자보다 섬세하고 각 장기의 기능이 떨어진다. 월경으로 인한 혈액소모가 커서 면역이 떨어짐.

(6) 침입경로 및 유해물질의 물리화학적 성질에 따라 다르다.

04절 생물학적 모니터링

01 위해도 평가

위해도 평가 1단계는 유해요인을 예측하고 인지하는 것을 의미하며, 위해도 평가 2단계는 우선순위에 따라 측정하고 전문가의 판단에 따라 평가하는 것이다.

(1) 평가방법

1) 노출지수와 위해성지수의 조합에 의한 방법: 과거 노출자료, 노출모델, 전문가의 판단에 따라 결정된다.

위해성지수는 유해성에 따라 5개의 범주(0~4)로 구분되고, 노출지수 또한 5개의 범주 (0~ 4)로 구분된다.

2) VHI(Vapor Hazard index) : VHI의 값에 노출근로자 수 및 노출시간을 고려하여 화학물질의 위해도를 평가한다.

$$VHI = \log\left(\frac{C}{TLV}\right)$$

VHI : 증기위험지수

C : 포화농도(최고농도:대기압과 해당 물질 증기압을 이용하여 계산)

C/ TLV : VHR(Vapor Hazard Ratio)

VHI가 0보다 낮게 나오면 화학물질의 증기농도는 포화상태의 조건이 되지 않는한 노출기준에 미치지 못함을 의미한다.

02 생물학적 모니터링

생물학적 모니터링은 근로자의 유해물질에 대한 노출정도를 소변, 호기, 혈액 중에서 그 물질이나 대사산물을 측정함으로써 노출정도를 추정하는 방법을 말한다.

(1) 평가방법 종류

1) 개인시료 측정: 근로자 신체부위에 여재나 감지기구를 부착하여 그 부근에서 양이나 농도를 측정하여 실제 근로시간 동안 노출되는 양, 농도가 간접적으로 평가된다.

2) 생물학적 모니터링
근로자의 노출평가와 건강상의 영향평가 두 가지 목적으로 사용가능.

3) 건강감시(medical surveillance): 주기적인 검사실시

(2) 목적 : 유해물질에 노출된 근로자 개인에 대해 모든 인체침입경로, 근로시간에 따른 노출량등 정보를 제공함.

(3) 생물학적 모니터링의 장점 및 단점

1) 장점
① 공기 중의 농도를 측정하는 것보다 건강상의 위험을 보다 직접적으로 평가할 수 있다.
② 모든 노출경로(소화기, 호흡기, 피부 등)에 의한 종합적인 노출을 평가할 수 있다.
③ 개인시료보다 건강상의 악영향을 보다 직접적으로 평가할 수 있다.
④ 건강상의 위험에 대하여 보다 정확한 평가를 할 수 있다.

2) 단점
① 시료채취가 어렵고 (분석의 어려움. 분석시 오염에 노출) 근로자에게 부담을 줄 수 있다.
② 유기시료의 특이성이 존재하고 복잡하다.
③ 각 근로자의 생물학적 차이가 나타날 수 있다.

(4) 생물학적 모니터링의 특성

모든 노출경로에 의한 흡수정도를 나타낼 수 있다. 유해물질의 전반적인 폭로량을 추정할 수 있다. 건강상의 영향과 생물학적 변수와 상관성이 있는 물질이 많지 않아 작업환경측정에서 설정한 허용기준(TLV)보다 훨씬 적은 기준을 가지고 있다. 자극성 물질은 생물학적 모니터링을 할 수 없거나 어렵다.

03 ▶ 생물학적 노출지수(폭로지수, BEI, ACGIH)

(1) **정의** : 혈액, 소변, 호기, 모발 등 생체시료(인체 조직이나 세포)로부터 유해물질 그 자체 또는 유해물질의 대사산물 및 생화학적 변화를 반영하는 지표물질, BEI는 일주일에 5일, 1일 8시간 작업을 기준으로 특정 유해인자에 대하여 작업환경 기준치(TLV)에 해당하는 농도에 노출되었을 때의 생물학적 지표물질의 농도를 말한다.

(2) 특징

① BEI는 위험하거나 그렇지 않은 노출 사이에 명확한 구별을 해주는 것은 아니다.
② 환경오염에 대한 안전수준을 결정하는데 사용할 수 없다. BEI는 직업병(직업성 질환)이나 중독 정도를 평가하는 데 이용해서는 안 된다.
③ BEI는 일주일에 5일, 하루에 8시간 노출기준으로 설정한다(적용한다). 즉, 작업시간의 증가 시 노출지수를 그대로 적용하는 것은 불가하다.
④ 혈액에서 휘발성 물질의 생물학적 노출지수는 정맥 중의 농도를 말한다.

(3) 생물학적 모니터링의 종류

① 화학물질에 대한 노출 추정방법
② 종류
　가. 유해인자에 대한 근로자 노출을 평가 : 축적된 화학물질의 양을 정량
　　　체액을 분석하여 축적된 양을 측정
　나. 유해인자에 대한 건강상의 영향을 평가 : 건강상의 영향을 평가함.
　　　조직이 파괴되기 전에 발견할 수 있음.

〈화학물질에 대한 대사산물(측정대상물질), 시료채취시기〉

화학물질	생물학적 노출지표	시료채취시기
납 및 그 무기화합물	혈액중 납	수시
	소변중 납	
카드뮴 및 그 화합물	소변중 카드뮴	수시
	혈액중 카드뮴	
일산화탄소	호기에서 일산화탄소	작업종료시 당일
	혈액중carboxyhemoglobin	
벤젠	소변 중 총 페놀	작업종료시 당일
	소변 중t, t-뮤코닉 산	
에틸벤젠	소변중 만텔린산	작업종료시 당일
니트로벤젠	소변중 p—nitrophenol	작업종료시 당일
아세톤	소변중 아세톤	작업종료시 당일
톨루엔	혈액, 호기에서 톨루엔	작업종료시 당일
	소변 중 o-크레졸	
크실렌	소변 중 메틸마뇨산	작업종료시 당일
스티 렌	소변 중 만델린산	작업종료시 당일
트리클로로에틸렌	소변 중 트리클로로초산(삼염화초산)	주말작업 종료시
테트라클로로에틸렌	소변 중 트리클로로초산(삼염화초산)	주말작업 종료시
트리클로로에탄	소변 중 트리클로로초산(삼염화초산)	주말작업 종료시
사염화에틸렌	소변 중 트리콜로로초산(삼염화 초산)	주말작업 종료시
이황화탄소	소변중 TTCA	작업 종료시 당일
	소변중 이황화탄소	
노말핵산 (n— 핵산)	소변 중 2, 5-hexanedione	작업종료시 당일
메탄올	소변 중 메탄올	–
클로로벤젠	소변중 총 4-chlotocatechol	작업종료시 당일
	소변중 총 p-chltophenol	
크롬(수용성 흄)	소변 중 총 크롬	주말작업 종료시 주간작업 중
N,N-디메틸포름아미드	소변중 N-메틸포름아미드	작업종료시(당일)
페놀	소변 중 메틸마뇨산	작업종료시 (당일)
methy n-butyl ketone	소변 중 2, 5-hexanedione	–

(4) 생물학적 모니터링 방법 분류

① 체액(생체시료나 호기)에서 해당 화학물질이나 그것의 대사산물을 측정하는 방법(근로자의 체액에서 화학물질이나 대사산물의 측정) 선택적 검사와 비선택적 검사로 분류된다.

② 실제 악영향을 초래하고 있지 않은 부위나 조직에서 측정하는 방법(건강상 악영향을 초래 하지 않은 내재용량의 측정)

이 방법 검사는 대부분 특이적으로 내재용량을 정량하는 방법이다.

③ 표적과 비표적 조직과 작용하는 활성 화학물질의 양을 측정하는 방법(표적분자에 실제 활성인 화학물질에 대한 측정)

04 ▶ 생체시료채취 및 분석방법

(1) 시료채취시간 : 배출이 빠르고 반감기가 짧은 물질(5분 이내의 물질)에 대해서는 시료채취시기가 대단히 중요하다. 긴 반감기를 가진 화학물질(중금속)은 시료채취시간이 별로 중요하지 않으며 반대로 반감기가 짧은 물질인 경우에는 시료채취시간이 매우 중요하다.

1) 생체시료

① 소변: 비파괴적으로 시료채취가 가능하다.

많은 양의 시료확보가 가능하여 일반적으로 가장 많이 활용된다.

② 혈액: 시료채취과정에서 오염될 가능성이 적으며 혈액 구성 성분에 개인차가 적다. 휘발성 물질 시료의 손실 방지를 위하여 최대용량을 채취해야 한다. 채취 시 고무마개의 혈액 흡착을 고려하여야 한다.

생물학적 기준치는 정맥혈을 기준으로 하며, 동맥혈에는 적용할 수 없다.

③ 호기: 호기 중 농도 측정은 채취시간, 호기상태에 따라 농도가 변화하여 폐포공기가 혼합 된 호기시료에서 측정한다. 노출 전과 노출 후에 시료를 채취한다.

2) 화학물질의 영향에 대한 생물학적 모니터링

① 생물학적 노출지표(BEI)

ACGIH에서 제정했으며 근로자의 대사산물 중 유해물질의 전반적인 노출량을 평가하는 데 기준으로 사용한다.

② 생물학적 모니터링과 작업환경 모니터링 결과 불일치의 주요 원인

가. 근로자의 생리적 기능 및 건강상태

나. 직업적 노출특성상태

다. 주변 생활환경

라. 개인의 생활습관

마. 측정방법상의 오차

③ 생물학적 감내치(허용치)

가. BAT(Biological Tolerance Value)의 의미이다.

나. BAT는 근로자가 화학물질에 노출시 흡수된 화학물질 자체 및 그 대사산물의 최대 허용량으로 정의한다.

다. BAT 범위 내에서는 유해물질에 반복 또는 장기간 폭로하여도 근로자의 건강에 아무런 장애

를 초래하지 않는다. 즉, 건강인에 대한 천장치(ceiling)의 의미이다.

④ 생물학적 모니터링 BEI 관련 용어

　가. B(Background) : 직업적으로 노출되지 않은 근로자의 검체에서 동일한 결정인자가 검출 될 수 있다는 의미

　나. Sc(Susceptibility, 감수성) : 화학물질의 영향으로 감수성이 커질 수도 있다는 의미

　다. Nq(Non-quantitatively, 비정량적) : 충분한 자료가 없어 BEIs가 설정되지 않았다는 의미

　라. Ns(Non-specific, 비특이적) : 특정 화학물질 노출에서뿐만 아니라 다른 화학물질에 의해서도 이 결정인자가 나타날 수 있다는 의미

　마. Sq(Semi-quantitatively, 반정량적) : 결정인자가 같은 화학물질에 노출되었다는 지표일 뿐이고 측정치를 정량적으로 해석하는 것은 곤란하다는 의미

⑤ 작업환경측정에 의한 노출평가의 단점

동일 노출그룹의 적용이 어렵고 개인별 특성의 영향이 다르다.

작업특성과 개인위생습관이 달라서 노출경로가 다르다.

05 산업역학

산업역학은 유해환경에 노출 시 노출된 집단 내에서의 어떠한 질병의 빈도와 분포에 미치는 영향을 연구하는 역학의 한 분야

(1) 산업역학 연구에서 원인과 결과의 연관성을 위한 총족조건

1) 생물학적 타당성
2) 일치성(일관성), 일정성(타 역학연구 결과가 일정해야 한다는 것)
3) 유사성
4) 실험에 의한 증명연관성(원인과 질병)의 강도
5) 특이성(노출인자와 영향 간의 특이성)
6) 시간적 속발성(노출 또는 원인이 결과에 선행되어야 한다는 것)
7) 양반응 관계(예측이 가능할 수 있어야 한다는 것)

(2) 역학적 측정방법

1) 환자군, 대조군의 정의
2) 인구집단의 선정(동적인 집단과, 고정된 인구집단을 선정)
3) 유병률사용: 어떤 시점에서 이미 존재하는 질병의 비율, 즉 발생률에서 기간을 제거한 의미이다.
4) 발생률 : 발생률은 위험에 노출된 인구 중 질병에 걸릴 확률의 개념이다.

$$발생밀도 = \frac{일정기간내에 새로 발생한 환자수}{관찰 기간}$$

$$누적발생률 = \frac{연구기간 동안에 새로 발생한 환자 수}{관찰 개시 때의 위험에 노출된 인구 수}$$

5) 유병률과 발생률과의 관계

유병률(P) = 발생률(I) × 평균이환기간(D)(단, 유병률은 10%이하이고 발생률과 평균이환기간이 시간경과에 따라 일정하여야 한다.)

6) 위험도 : 집단에 소속된 구성원 개개인이 일정 기간 내에 질병이 발생할 확률을 말한다.

① 상대위험도 : 유해인자에 노출된 집단과 노출되지 않은 집단을 전향적으로 추적하여 각 집단에서 발생하는 질병발생률의 비

$$상대위험도(비교위험도) = \frac{노출군에서의 \ 질병발생률}{비 \ 노출군에서의 \ 질병발생률}$$

$$= \frac{위험요인이 \ 있는 \ 해당군의 \ 해당 \ 질병발생률}{위험요인이 \ 없는 \ 해당군의 \ 해당 \ 질병발생률}$$

상대위험비 = 1인 경우 : 노출과 질병 사이의 연관성 없음

상대위험비 〉 1인 경우 위험의 증가를 의미

상대위험비 〈 1인 경우 질병에 대한 방어효과가 있음을 의미

② 기여위험도(귀속위험도)

비율차이 또는 위험도 차이라고도 하며, 어떤 위험요인에 노출된 사람과 노출 되지 않은 사람 사이의 발병률 차이를 말한다.

기여위험도 = 노출군에서의 질병발생률 − 비노출군에서의 질병발생률

$$기여분율 = \frac{기여위험도}{노출군에서의 \ 질병발생률}$$

$$기여분율(노출군) = \frac{상대위험비 - 1}{상대위험비}$$

③ 교차비

특성을 지닌 사람들의 수와 특성을 지니지 않은 사람들의 수와의 비를 말한다.

$$교차비 = \frac{환자군에서의 \ 노출 \ 대응비}{대조군에서의 \ 노출 \ 대응비}$$

$$대응비 = \frac{노출 \ 또는 \ 질병의 \ 발생확률}{노출 \ 또는 \ 질병의 \ 비발생확률}$$

교차비 = 1 인 경우 요인과 질병 사이의 관계가 없음을 의미

교차비 〉1 인 경우 요인에의 노출이 질병발생을 증가 의미

교차비 〈 1 인 경우 요인에의 노출이 질병발생을 방어 의미

7) 표준사망비(SMR)

어떠한 작업인원의 사망률을 일반집단의 사망률과 산업의학적으로 비교하는 비이며 그 작업으로 인한 사망의 위험도를 간접적으로 SMR을 이용한다.

$$\frac{작업장에서의 \ 사망률}{일반인구의 \ 사망률} = \frac{어떤 \ 집단에서 \ 관찰된 \ 총 \ 사망자 \ 수}{표준집단에서 \ 예상되는 \ 총 \ 기대사망자 \ 수}$$

SMR이 1보다 크면 표준인구집단에 비해 더 많은 사망자가 발생한다는 의미.

8) 노출인년(person-year of exposure)

역학조사 연구에서 주로 사용되는 단위로서 조사 근로자를 1년 동안 관찰한 수치를 말한다.

(3) 역학연구의 설계와 종류

1) 기술역학

2) 분석역학

단면 연구/ 환자 – 대조군 연구/ 코호트 연구/ 개입 연구

3) 신뢰도에 영향을 미치는 요소

① 신뢰도(정밀도)

② 계통적 오류, 무작위 오류

③ 내적 타당성(편견의 종류, 계통적 오류 범주)

④ 외적 타당성: 연구결과를 전체 집단에 일반화시킬 때 고려되는 문제(통계적 대표성)이다.

⑤ 측정타당도

　가. 민감도: 노출을 측정 시 실제로 노출된 사람이 이 측정방법에 의하여 '노출된 것'으로 나타날 확률.

　나. 특이도: 실제 노출되지 않은 사람이 이 측정방법에 의하여 '노출되지 않은 것'으로 나타날 확률.

　다. 가음성률(민감도의 상대적 개념): '1– 민감도'로 나타낸다.

　라. 가양성률(특이도의 상대적 개념): '1– 특이도'로 나타낸다.

　마. 예측도 : 실제 환자 수를 얼마나 반영 할 것인지를 나타내는 확률을 의미한다.

　바. 신뢰도 : 측정이 얼마나 일정성을 유지하는가를 평가

　　반복성, 재현성을 의미

PART 6

부록 –
과년도 기출문제

1과목 **산업위생학 개론**

01 다음 중 유해인자와 그로 인하여 발생되는 직업병이 올바르게 연결된 것은?

① 크롬 – 간암
② 이상기압 – 침수족
③ 석면 – 악성중피종
④ 망간 – 비중격천공

해설 ≫
• 크롬 : 폐암, 이상기압: 폐수종(잠함병), 석면: 악성중피종, 망간: 신장염

02 미국산업위생학회 등에서 산업 위생전문가들이 지켜야 할 윤리강령을 채택한바 있는데, 다음 중 전문가로서의 책임에 해당되지 않는 것은 어느 것인가?

① 기업체의 기밀은 누설하지 않는다.
② 전문 분야로서의 산업위생 발전에 기여한다.
③ 근로자, 사회및 전문 분야의 이익을 위해 과학적 지식을 공개한다.
④ 위험요인의 측정, 평가 및 관리에 있어서 외부의 압력에 굴하지 않고 중립적인 태도를 취한다.

해설 ≫
• 산업위생전문가로서의 책임
① 성실성과 학문적 실력 면에서 최고수준을 유지한 전문적 능력 배양 및 성실한 자세로 행동한다.
② 과학적 방법의 적용과 자료의 해석에서 경험을 통한 전문가의 객관성을 유지한다.
③ 전문 분야로서의 산업위생을 학문적으로 발전시킨다.

④ 근로자, 사회및 전문 직종의 이익을 위해 과학적 지식을 공개하고 발표한다.
⑤ 산업위생활동을 통해 얻은 개인 및 기업체의 기밀은 누설하지 않는다.(정보 비밀 유지).
⑥ 전문적 판단이 타협에 의하여 좌우될 수 있거나 이해관계가 있는 상황에는 개입하지 않는다.

03 국소피로 평가는 근전도(EMG)를 많이 사용하는데, 피로한 근육에서 측정된 근전도가 정상근육에 비하여 나타내는 특성이 아닌 것은?

① 총 전압의 증가
② 평균주파수의 감소
③ 총 전류의 감소
④ 저주파수 힘의 증가

해설 ≫
• 피로한 근육에서 나타나는 EMG의 특징
• 저주파(0~40Hz)에서 힘의 증가/고주파(40~200Hz)에서 힘의 감소
• 평균주파수 감소 /총 전압의 증가

04 작업대시율(RMR) 계산시 직접적으로 필요한 항목과 가장 거리가 먼 것은?

① 작업시간
② 안정 시 열량
③ 기초대사량
④ 작업에 소모된 열량

해설 ≫
• RMR = 작업대사량 ÷ 기초대사량 = (작업시 소비된 에너지대사량 – 같은시간에 안정시 소비된 에너지대사량)÷ 기초대사량

정답 01 ③ 02 ④ 03 ③ 04 ①

05 다음 중 사무실 공기관리 지침상 관리대상 오염물질의 종류에 해당하지 않는 것은?

① 포름알데히드 　② 호흡성분진(RSP)
③ 총 부유세균 　④ 일산화탄소

해설 ≫ 사무실 공기관리지침의 관리대상
- (초)미세먼지, 일산화탄소, 이산화탄소, 이산화질소, 포름알데히드, 총 휘발성 유기화합물, 라돈, 총 부유세균, 곰팡이

06 Diethyl ketone(TLV=200ppm)을 사용하는 근로자의 작업시간이 9시간일때 허용기준을 보정하였다. OSHA 보정법과 Brief and Scala 보정법을 적용하였을 경우 보정된 허용기준치 간의 차이는 약 몇 ppm인가?

① 5.05 　② 11.11
③ 22.22 　④ 33.33

해설 ≫
- OSHA 보정법 적용 보정된 허용기준
  = TLV × (8÷H) = 200ppm X (8÷9)= 177.78ppm
- Brief and Scala 보정법 적용 보정된 허용기준
  = TLV × RF
- RF = 8÷H × (24- H)÷16 = 8÷9 × (24-9)÷16 = 0.83
  =200ppm × 0.83 =166.67ppm
  =177.78- 166.67 = 11.11ppm

07 다음 중 신체적 결함과 그 원인이 되는 작업이 가장 적합하게 연결된 것은?

① 평발 – VDT 작업
② 진폐증 – 고압,저압 작업
③ 중추신경 장애 – 광산 작업
④ 경견완 증후군 – 타이핑 작업

해설 ≫
- 서서하는 작업: 평발
- 광산작업: 진폐증 , 고압, 저압작업: 잠수병, 고산병

08 육체적 작업능력(PWC)이 16kcal/min인 근로자가 1일 8시간동안 물체를 운반하고 있고, 이때의 작업대사량은 9kcal/min, 휴식대사량은 1.5kcal/min이다. 다음 중 적정 휴식시간과 작업시간으로 가장 적합한 것은?

① 시간당 25분 휴식, 35분 작업
② 시간당 29분 휴식, 31분 작업
③ 시간당 35분 휴식, 25분 작업
④ 시간당 39분 휴식, 21분 작업

해설 ≫
- 먼저 Hertig식을 이용 휴식시간 비율(%)을 구하면

$$T_{rest}\,(\%) = \left[\frac{\text{PWC의}\ \frac{1}{3} - \text{작업대사량}}{\text{휴식대사량} - \text{작업대사량}}\right] \times 100$$

$$= \left[\frac{\left(16 \times \frac{1}{3}\right) - 9}{1.5 - 9}\right] \times 100 = 49\%$$

- 휴식시간: 60min × 0.49 = 29.4min
- 작업시간: (60-29.4)min = 30.6min

09 산업안전보건법령에서 정하는 중대재해라고 볼 수 없는 것은?

① 사망자가 1명 이상 발생한 재해
② 3개월 이상의 요양을 요하는 부상자가 동시에 2명 이상 발생한 재해
③ 6개월 이상의 요양을 요하는 부상자가 동시에 1명이상 발생한 재해
④ 부상자 또는 직업성 질병자가 동시에 10명 이상 발생한 재해

해설 ≫ 중대재해에 해당되는 조건:
① 사망자가 1명 이상 발생한 재해
②3개월 이상의 요양을 요하는 부상자가 동시에 2명이상 발생한 재해
③ 부상자 또는 직업성 질병자가 동시에 10명이상 발생한 재해

Part 6

정답 　05 ② 　06 ② 　07 ④ 　08 ② 　09 ③

10 다음 중 직업성 질환의 범위에 대한 설명으로 틀린 것은?

① 직업상 업무에 기인하여 1차적으로 발생하는 원발성질환은 제외한다.

② 원발성 질환과 합병 작용하여 제2의 질환을 유발하는 경우를 포함한다.

③ 합병증이 원발성 질환과 불가분의 관계를 가지는 경우를 포함한다.

④ 원발성 질환에서 떨어진 다른 부위에 같은 원인에 의한 제2의 질환을 일으키는 경우를 포함한다.

해설 ≫
• 직업성 질환의 범위는 직업상 업무에 기인하여 1차적으로 발생하는 원발성 질환을 포함한다.

11 18 세기 영국의 외과의사 Pott에 의해 직업성 암으로 보고되었고, 오늘날 검댕속에 다환 방향족 탄화수소가 원인인 것으로 밝혀진 질병은?

① 폐암   ② 음낭암
③ 방광암   ④ 중피종

해설 ≫ Percivall Pott
• 영국의 외과의사로 직업성 암을 최초로 보고, 어린이 굴뚝청소부에게 많이 발생하는 음낭암(scrotal cancer)을 발견, 암의 원인물질은 검댕속 여러 종류의 다환방향족탄화수소 (PAH)이다. 1788년 굴뚝청소부법을 제정함.

12 어떤 사업장에서 500명의 근로자가 1년 동안 작업하던 중 재해가 50건 발생하였으며 이로 인해 총 근로시간 중 5%의 손실이 발생하였다면 이 사업장의 도수율은 약 얼마인가? (단, 근로자는 1일 8시간씩 연간 300일을 근무하였다.)

① 14   ② 34
③ 24   ④ 44

해설 ≫
• 도수율 = (재해발생건수 ÷ 연근로시간수) $\times 10^6$
  $= 50 \div (500 \times 8 \times 300 \times 0.95) \times 10^6 = 43.86$

13 다음 중 '도수율' 에 관한 설명으로 옳지 않은 것은?

① 산업재해의 발생빈도를 나타낸다.

② 연근로시간 합계 100만 시간당의 재해발생 건수이다.

③ 사망과 경상에 따른 재해강도를 고려한 값이다.

④ 일반적으로 1인당 연간 근로시간수는 2400 시간으로 한다.

해설 ≫
• 도수율은 사망과 경상에 따른 재해강도는 고려하지 않는다.

14 산업피로의 증상에 대한 설명으로 틀린 것은?

① 혈당치가 높아지고 젖산, 탄산이 증가한다.

② 호흡이 빨라지고 혈액 중 CO_2의 양이 증가한다.

③ 체온은 처음엔 높아지다가 피로가 심해지면 나중엔 떨어진다.

④ 혈압은 처음엔 높아지나 피로가 진행되면 나중엔 오히려 떨어진다.

해설 ≫ 산업피로의 증상
① 체온, 혈압은 처음에는 높아지다가 피로가 진행되면 오히려 낮아진다.
② 혈액 내 혈당치가 낮아지고 젖산과 탄산량이 증가하여 산혈증이 된다. 체온상승과 호흡중추의 흥분이 온다(에너지 소모량을 증가시킴).
③ 권태감과 졸음이 오고 주의력이 산만해지며 식은땀이 나고 입이 자주 마른다.
④ 호흡이 얕고 빠른데 이는 혈액 중 이산화탄소량이 증가하여 호흡중추를 자극한다. 지각기능이 둔해지고 반사기능이 낮아진다.
⑤ 소변의 양이 줄고 진한 갈색으로 변하며 심한 경우 단백뇨가 나타나며 단백질 또는 교질물질의 배설량(농도)이 증가한다.

정답   10 ①   11 ②   12 ④   13 ③   14 ①

15 영상표시단말기(VDT)의 작업자료로 틀린 것은?

① 발의 위치는 앞꿈치만 닿을 수 있도록 한다.
② 눈과 화면의 중심 사이의 거리는 40cm 이상이 되도록 한다.
③ 위팔과 아래팔이 이루는 각도는 90°이상이 되도록 한다.
④ 아래팔은 손등과 일직선을 유지하여 손목이 꺾이지 않도록 한다.

해설 ▶▶
• 발바닥의 전면이 바닥에 닿아야 하고 무릎의 내각은 약 90도 전후이어야 한다.

16 다음 내용이 설명하는 것은?

> 작업 시 소비되는 산소소비량은 초기에 서서히 증가하다가 작업강도에 따라 일정한 양에 도달하고, 작업이 종료된 후 서서히 감소되어 일정시간 동안 산소가 소비된다.

① 산소부채　　　② 산소섭취량
③ 산소부족량　　④ 최대산소량

해설 ▶▶
• 산소부채란 운동이 격렬하게 진행될 때에 산소섭취량이 수요량에 미치지 못하여 일어나는 산소부족현상으로 산소 부채량은 원래대로 보상되어야 하므로 운동이 끝난 뒤에도 일정 시간 산소를 소비(산소부채 보상)한다 는 의미이다.

17 유리제조, 용광로 작업, 세라믹 제조과정에서 발생 가능성이 가장 높은 직업성 질환은?

① 요통
② 근육경련
③ 백내장
④ 레이노드 현상

해설 ▶▶
• 유리제조, 용광로 작업, 세라믹 제조과정에서 발생 가능성이 가장 높은 것은 백내장이다.

18 직업성 질환의 예방에 관한 설명으로 틀린 것은?

① 직업성 질환의 3차 예방은 대개 치료와 재활 과정으로, 근로자들이 더 이상 노출 되지 않도록 해야 하며 필요시 적절한 의학적 치료를 받아야 한다.
② 직업성 질환의 1차 예방은 원인인자의 제거나 원인이 되는 손상을 막는 것으로, 새로운 유해인자의 통제, 알려진 유해인 자의 통제, 노출관리를 통해 할 수 있다.
③ 직업성 질환의 2차 예방은 근로자가 진료를 받기 전 단계인 초기에 질병을 발견하는 것으로, 질병의 선별검사, 감시, 주기적 의학적 검사, 법적인 의학적 검사를 통해 할 수 있다.
④ 직업성 질환은 전체적인 질병이환율에 비해서는 비교적 높지만, 직업성 질환은 원인인자가 알려져 있고 유해인자에 대한 노출을 조절할 수 없으므로 안전농도로 유지할 수 있기 때문에 예방대책을 마련할 수 있다.

해설 ▶▶
• 직업성 질환은 원인인자가 많고 알려지지 않은 원인인자도 있어서 진단이 복잡하다.

19 근로자의 작업에 대한 적성검사 방법 중 심리학적 적성검사에 해당하지 않는 것은?

① 지능검사　　　② 감각기능검사
③ 인성검사　　　④ 지각동작검사

해설 ▶▶
• 심리학적 검사에는 지능검사, 지각동작검사, 인성검사, 기능검사가 있다.

정답　　15 ①　　16 ①　　17 ③　　18 ④　　19 ②

Part 6

20 산업안전보건법령상 사업주는 몇 kg 이상의 중량을 들어 올리는 작업에 근로자를 종사하도록 할 때 다음과 같은 조치를 취하여야 하는가?

> - 주로 취급하는 물품에 대하여 근로자가 쉽게 알 수 있도록 물품의 중량 과 무게 중심에 대하여 작업장주변에 안내표시를 할 것.
> - 취급하기 곤란한 물품은 손잡이를 붙이거나 갈고리 , 진공빨판등 적절한 보조 도구를 사용할 것

① 3kg   ③ 10kg
② 5kg   ④ 15kg

해설 ▶▶
- 산업안전보건기준에 관한 규칙상 중량물의 표시
- 사업주는 5kg 이상의 중량물을 들어 올리는 작업에 근로자를 종사하도록 하는때에는 조치를 취한다.

2과목 작업위생 측정 및 평가

21 임핀저(impinger)로 작업장 내 가스를 포집하는 경우, 첫 번째 임핀저의 포집효율이 90% 이고 두 번째 임핀저의 포집효율은 50%이었다. 두 개를 직렬로 연결하여 포집하면 전체 포집효율은?

① 93%   ② 95%
③ 97%   ④ 99%

해설 ▶▶ 전체 포집효율(%)
- 전체 포집효율(η_T)
- $\eta_T = \eta_1 + \eta_2(1-\eta_1)$
  $= 0.9 + [0.5(1-0.9)]$
  $= 0.95 \times 100 = 95\%$

22 다음 중 '변이계수'에 관한 설명으로 틀린 것은 어느 것인가?

① 평균값의 크기가 0에 가까울수록 변이 계수의 의미는 커진다.
② 측정단위와 무관하게 독립적으로 산출 된다.
③ 변이계수는 %로 표현된다.
④ 통계집단의 측정값들에 대한 균일성, 정밀성 정도를 표현하는 것이다.

해설 ▶▶
- 변이계수(CV)= (표준편차 ÷ 평균) × 100
- 평균값의 크기가 0에 가까워질수록 변이계수의 의미는 작아짐.

23 유량, 측정시간, 회수율, 분석에 의한 오차가 각각 10%, 5%, 10%, 5%일 때의 누적오차와 회수율에 의한 오차를 10%에서 7%로 감소 (유량, 측정시간, 분석에 의한 오차율은 변화 없음)시켰을 때 누적오차와의 차이는?

① 약 1.2%   ② 약 1.7%
③ 약 2.6%   ④ 약 3.4%

해설 ▶▶
- 변화 전 누적오차 $= \sqrt{10^2+5^2+10^2+5^2}$
  $= 15.81\%$
- 변화 후 누적오차 $= \sqrt{10^2+5^2+7^2+5^2}$
  $= 14.1\%$
- 누적오차의 차이 $= 15.81 - 14 - 1 = 1.71\%$

24 가스크로마토그래피(gc) 분석에서 분해능(분리도,R resolution)을 높이기 위한 방법이 아닌 것은?

① 시료의 양을 적게 한다.
② 고정상의 양을 적게 한다.
③ 고체 지지체의 입자 크기를 작게 한다 .
④ 분리관(column)의 길이를 짧게 한다.

정답   20 ②   21 ②   22 ①   23 ②   24 ④

해설 ▶▶ **분해능을 높이기 위한 방법**
- 고정상의 양 및 시료의 양을 적게 한다.
- 운반가스 유속을 최적화하고 온도를 낮춘다.
- 분리관의 길이를 길게 한다.
- 고체 지지체의 입자 크기를 작게 한다.

25 흡수용액을 이용하여 시료를 포집할 때 흡수 효율을 높이는 방법과 거리가 먼 것은?

① 용액의 온도를 높여 오염물질을 휘발시킨다.
② 시료채취유량을 낮춘다.
③ 가는 구멍이 많은 fritted 버블러등 채취효율이 좋은기구를 사용한다.
④ 두개 이상의 버블러를 연속적으로 연결하여 용액의 양을 늘린다.

해설 ▶▶ **흡수효율(채취효율)을 높이기 위한 방법**
- 시료채취속도(채취물질이 흡수액을 통과하는 속도)를 낮춘다.
- 기포의 체류시간을 길게 하고 기포와 액체의 접촉면적을 크게 한다 (가는 구멍이 많은 fritted 버블러 사용).
- 포집액의 온도를 낮추어 오염물질의 휘발성을 제한한다.
- 두개 이상의 임핀저나 버블러를 연속적(직렬)으로 연결하여 사용하는 것이 좋다.
- 흡수액의 양을 늘려주고 액체의 교반을 강하게 한다.

26 용접작업 중 발생되는 용접흄을 측정하기 위해 사용할 여과지를 화학천칭을 이용해 무게를 재었더니 70.1mg이었다. 이 여과지를 이용하여 2.5L/min의 시료채취 유량으로 120분간 측정을 실시한 후 잰 무게는 75.88mg이었다면 용접흄의 농도는?

① 약 13mg/㎥   ② 약 19mg/㎥
③ 약 23mg/㎥   ④ 약 28mg/㎥

해설 ▶▶
- 농도(mg/㎥) = (75.88-70.1)mg ÷(2.5L/min × 120min × ㎥/1000L) = 19.27mg/㎥

27 작업장 내 기류 측정에 대한 설명으로 옳지 않은 것은?

① 풍차풍속계는 풍차의 회전속도로 풍속을 측정한다.
② 풍차풍속계는 보통1~150m/Sec 범위의 풍속을 측정하며 옥외용이다.
③ 기류속도가 아주 낮을 때에는 카타온도계와 복사 풍속계를 사용하는 것이 정확하다.
④ 카타온도계는 기류의 방향이 일정하지 않거나 실내 0.2~0.5m/sec 정도의 불감기류를 측정할 때 사용한다.

해설 ▶▶
- 기류속도가 낮을 때 정확한 측정이 가능한 것은 열선풍속계이다.
- 기류속도가 낮을 때 열선풍속계를 쓰면 정확한 측정이 가능하다.

28 다음 중 냉동기에서 냉매체가 유출되고 있는지 검사하려고 할 때 가장 적합한 측정기구는?

① 스펙트로미터 (spectrometer)
② 가스 크로마토그래피 (gas chromatography)
③ 할로겐화합물 측정기기 (halide meter)
④ 연소가스지시계 (combustible gas meter)

해설 ▶▶
- 냉매의 주성분이 할로겐원소(Cl, Br, I)로 구성되어 있으므로,측정기구는 할로겐화합물 측정기기를 사용한다.

29 기체에 관한 다음 법칙 중 일정한 온도조건에서 부피와 압력은 반비례한다는 것은?

① 보일의 법칙   ② 샤를의 법칙
③ 게이-뤼삭의 법칙 ④ 라울트의 법칙

해설 ▶▶
- 보일의 법칙: 일정한 온도에서 기체의 부피는 그 압력에 반비례 한다. 즉 압력이 2배 증가하면 부피는 처음의 1/2배로 감소한다.

30 계통오차의 종류에 대한 설명으로 틀린 것은?

① 한 가지 실험 측정을 반복할 때 측정값들의 변동으로 발생되는 오차
② 측정 및 분석 기기의 부정확성으로 발생된 오차
③ 측정하는 개인의 선입관으로 발생된 오차
④ 측정 및 분석 시 온도나 습도와 같이 알려진 외계의 영향으로 생기는 오차

해설 ▶▶ 계통오차의 종류
① 환경오차 = 외계오차
　측정 및 분석시 온도나 습도와 같은 외계의 환경으로 생기는 오차
　보정값을 구하여 수정함으로써 오차를 제거할 수 있다.
② 기계오차 = 기기오차
　측정 및 분석 기기의 부정확성으로 인한 오차
　기계의 교정으로 오차를 제거할 수 있다.
③ 개인오차
　측정자의 습관이나 선입관에 의한 오차, 두 사람 이상의 측정을 비교하여 오차를 제거할 수 있다.

31 Hexane의 부분압이 100mmHg(OEL 500ppm)이었을 때 VHRHexane은?

① 212.5　　　② 226.3
③ 247.2　　　④ 263.2

해설 ▶▶
- VHR = C ÷ TLV = [(100/760) × 10^6] ÷ 500= 263.16

32 흡광광도법에서 사용되는 흡수셀의 재질 중 자외선 영역의 파장범위에 사용되는 재질은?

① 유리　　　② 석영
③ 플라스틱　　　④ 유리와 플라스틱

해설 ▶▶ 흡수셀의 재질
① 유리: 가시 근적외파장에 사용
② 석영: 자외파장에 사용됨
③ 플라스틱: 근적외파장에 사용

33 펌프 유량 보정기구 중에서 1차 표준기구 (primary standards)로 사용하는 pitot tube에 대한 설명으로 맞는 것은?

① Pitot tube의 정확성에는 한계가 있으며 기류가 12.7m/sec 이상일 때는 U자 튜브를 이용하고 그이하에서는 기울어진 튜브 (inclined tube)를 이용한다 .
② Pitot tube를 이용하여 곧바로 기류를 측정할 수 있다.
③ Pitot tube를 이용하여 총압과 속도압을 구하여 정압을 계산한다.
④ 속도압이 25mmH2O일 때 기류속도는 28.58m/sec 이다.

해설 ▶▶ 피토튜브를 이용한 보정방법
① 공기흐름과 직접 마주치는 튜브: 총 압력을 측정한다.
② 외곽튜브 → 정압측정
③ 총압력−정압 = 동압
④ 유속 = $4.043\sqrt{동압}$

34 검지관의 장단점으로 틀린 것은?

① 민감도가 낮으며 비교적 고농도에 적용이 가능하다.

② 측정대상 물질의 동정이 미리 되어 있지 않아도 측정이 가능하다.

③ 시간에 따라 색이 변화하므로 제조자가 정한 시간에 읽어야 한다.

④ 특이도가 낮다. 즉, 다른 방해물질의 영향을 받기 쉬워 오차가 크다.

해설 ≫ 검지관 측정법의 장점

• 장점 : 사용이 간편하며 반응시간이 빨라 현장에서 바로 측정 결과를 알 수 있다. 비전문가도 어느 정도 숙지하면 사용할 수 있지만 산업위생전문가의 지도 아래 사용되어야 한다.
  맨홀,밀폐공간에서의 산소부족 또는 폭발성 가스로 인한 안전이 문제가 될 때 유용하게 사용된다.

• 단점 : 민감도가 낮고 비교적 고농도에만 적용할 수 있다. 특이도가 낮아 오차가 난다. 대개 단시간 측정만 가능하다. 한 검지관으로 단일물질만 측정가능하다.

35 작업환경 공기중 벤젠(TLV=10ppm)이 5ppm, 톨루엔(TLV = 100ppm)이 50ppm 및 크실렌(TLV =1000ppm)이 60ppm 으로 공존 하고 있다고 하면 혼합물의 허용농도는? (단, 상가작용 기준)

① 78ppm   ② 72ppm

③ 68ppm   ④ 64ppm

해설 ≫

• 노출지수(EI) $= \dfrac{5}{10} + \dfrac{50}{100} + \dfrac{60}{100} = 1.6$

• 보정된 허용농도 = 혼합물의 공기중 농도/ 노출지수
  $= (5+50+60) \div 1.6 = 71.88$

36 다음은 작업환경 측정방법 중 소음측정 시간 횟수에 관한 내용이다. ( ) 안에 알맞은 것은?

> 단위작업장소 에서의 소음발생시간이 6시간 이내인 경우나 소음발생원에서의 발생시간이 간헐적인 경우에는 발생시간 동안 연속 측정하거나 등간격으로 나누어 ( ) 측정 하여야 한다.

① 2회 이상   ② 3회 이상

③ 4회 이상   ④ 6회 이상

해설 ≫ 소음측정

• 단위작업장소에서의 소음발생시간이 6시간 이내인 경우나 소음발생원에서의 발생시간이 간헐적인 경우에는 발생시간 동안 연속 측정하거나 등 간격으로 나누어 4회이상 측정하여야 한다.

37 셀룰로오스 에스테르 막여과지에 관한 설명으로 틀린 것은?

① 산에 쉽게 용해된다.

② 유해물질이 주로 표면에 침착되어 현미경분석에 유리하다.

③ 흡습성이 적어 주로 중량분석에 적용된다.

④ 중금속 시료채취에 유리하다.

해설 ≫ MCE막 여과지

• 작은 입자의 금속과 흄채취가 가능하다.
  산에 쉽게 용해되고 가수분해되며,습식화 되기 때문에 공기 중 입자상 물질 중의 금속을 채취하여 원자흡광법으로 분석하는데 적당하다.

• 시료가 여과지의 표면 또는 가까운 곳에 침착되므로 석면, 유리섬유 등 현미경분석을 위한 시료채취에도 이용된다.

38 음압이 10배 증가하면 음압수준은 몇 dB이 증가하는가?

① 10dB   ② 50dB

③ 20dB   ④ 40dB

정답   34 ②   35 ②   36 ③   37 ③   38 ③

Part 6

해설 ▶▶
- SPL(음압수준) = 20Log P÷ Po = 20logl0 = 20dB

39 소음의 변동이 심하지 않은 작업장에서 1시간 간격으로 8회 측정한 산술평균의 소음수준이 93.5dB(A)이었을 때 하루 소음노출량(dose, %)은? (단, 근로자의 직업시간은 8시간)

① 104%　　② 135%
③ 162%　　④ 234%

해설 ▶▶
- $TWA = 16.61\log\dfrac{D}{100} + 90$
- $9.5dB(A) = 16.61\log\dfrac{D(\%)}{100} + 90$
- $16.61\log\dfrac{D(\%)}{100} = (93.5 - 90)dB(A)$
- $\log\dfrac{D(\%)}{100} = \dfrac{3.5}{16.61}$
- $D(\%) = 10^{\frac{3.5}{16.61}} \times 100 = 162.45\%$

40 유사노출그룹(HEG)에 관한 내용으로 틀린 것은?

① 시료채취수를 경제적으로 하는데 목적이 있다.
② 유사노출그룹은 우선 유사한 유해인자 별로 구분한 후 유해인자의 동질성을 보다 확보하기 위해 조직을 분석한다.
③ 역학조사를 수행할 때 사건이 발생된 근로자가 속한 유사노출그룹의 노출농도를 근거로 노출원인 및 농도를 추정할 수 있다.
④ 유사노출그룹은 노출되는 유해인자의 농도와 특성이 유사하거나 동일한 근로자그룹을 말하며 유해인자의 특성이 동일하다는 것은 노출되는 유해인자가 동일하고 농도가 일정한 변이 내에서 통계적으로 유사하다는 의미이다.

해설 ▶▶ HEG(유사노출그룹)의 설정방법
- 조직, 공정, 작업범주, 공정과 작업내용별로 구분하여 설정한다.

3과목 **작업환경 관리대책**

41 0℃, 1기압인 표준상태에서 공기의 밀도가 1.293kg/Sm³라고 할 때 25℃, 1기압에서의 공기밀도는 몇 kg/m³인가?

① 0.903kg/m³　　② 1.085kg/m³
③ 1.185kg/m³　　④ 1.411kg/m³

해설 ▶▶
- 공기밀도 = 1.293kg/Sm³ X 273/(273+ 25℃) = 1.185kg/m³

42 다음 중 덕트 합류 시 균형유지방법 중 설계에 의한 정압균형유지법의 장단점이 아닌 것을 고르면?

① 설계 시 잘못된 유량을 고치기가 용이함.
② 설계가 복잡하고 시간이 걸림
③ 최대저항경로 선정이 잘못되어도 설계 시 쉽게 발견할 수 있음.
④ 때에 따라 전체 필요한 최소유량보다 더 초과될 수 있음.

해설 ▶▶
- 정압균형유지법은 설계가 정확할 때 가장 효율적인 시설이며 유속의 범위가 적절히 선택되면 덕트의 폐쇄가 일어나지 않는다.
- 침식, 부식, 분진퇴적으로 축적현상이 일어나지 않음.
- 단점은 설계후 유량을 고치기 어렵고 설계가 복잡하고 시간이 걸린다.
- 설치 후 변경이나 확장에 대한 유연성이 낮고 효율 개선시 전체를 수정해야 한다.

정답　　39 ③　　40 ②　　41 ③　　42 ①

43 톨루엔을 취급하는 근로자의 보호구 밖에서 측정한 톨루엔 농도가 30ppm이었고 보호구 안의 농도가 2ppm으로 나왔다면 보호계수 (PF ; Protection Factor) 값은? (단,표준상태 기준)

① 15　　　　② 30

③ 60　　　　④ 120

해설 ▶▶
- PF= C_0/C_i = 30ppm ÷ 2ppm= 15

44 공기정화장치의 한 종류인 원심력 제진장치의 분리계수(separation factor)에 대한 설명으로 옳지 않은 것은?

① 분리계수는 중력가속도와 반비례한다.
② 사이클론에서 입자에 작용하는 원심력을 중력으로 나눈 값을 분리계수라 한다.
③ 분리계수는 입자의 접선방향속도에 반비례한다.
④ 분리계수는 사이클론의 원추하부반경에 반비례한다.

해설 ▶▶ 분리계수
- 사이클론의 잠재적인 효율(분리능력)을 나타내는 지표로, 이 값이 클수록 분리효율이 좋다.
- 분리계수 = 원심력(가속도) ÷ 중력(가속도)= V^2 ÷ (R x g)
  여기서, V: 입자의 접선방향속도(입자의 원주속도)
  R : 입자의 회전반경(원추하부반경)
  g : 중력가속도

45 외부식 후드(포집형 후드)의 단점으로 틀린 것은?

① 포위식 후드보다 일반적으로 필요송풍량이 많다.
② 외부 난기류의 영향을 받아서 흡인효과가 떨어진다.

③ 기류속도가 후드 주변에서 매우 빠르므로 유용용제나 미세원료 분말 등과 같은 물질의 손실이 크다.
④ 근로자가 발생원과 환기시설 사이에서 작업할 수 없어 여유계수가 커진다.

해설 ▶▶
- 외부식 후드의 특징: 기류속도가 후두 주변에서 매우 빠르므로 쉽게 흡인 되는 물질의 손실이 크다.
- 포위식에 비하여 필요송풍량이 많이 소요된다. 다른 것보다 방해를 덜 받고 작업이 가능하며 방해기류가 있으면 흡인효과가 저하된다.

46 원심력 제진장치인 사이클론에 관한 설명 중 옳지 않은 것은?

① 함진가스에 선회류를 일으키는 원심력을 이용한다.
② 비교적 적은 비용으로 제진이 가능하다.
③ 가동부분이 많은 것이 기계적인 특징이다
④ 원심력과 중력을 동시에 이용하기 때문에 입경이 크면 효율적이다.

해설 ▶▶ 가동부분이 적은 것이 기계적인 특징이다.
- 원심력식 집진시설의 특징
① 설치장소에 구애받지 않고 설치비가 낮으며 고온가스 , 고농도에서 운전 가능하다.
② 가동부분이 적은 것이 기계적인 특징이고, 구조가 간단하여 유지 · 보수 비용이 저렴하다.
③ 미세입자에 대한 집진효율이 낮고 먼지부하, 유량변동에 민감하다.
④ 단독 또는 전처리장치로 이용된다.
⑤ 사이클론 원통의 길이가 길어지면 선회기류가 증가하여 집진효율이 증가한다.
⑥ 배출가스로부터 분진회수 및 분리가 적은 비용으로 가능하다. 즉 비교적 적은 비용으로 큰 입자를 효과적으로 제거할 수 있다.
⑦ 미세한 입자를 원심분리하고자 할 때 가장 큰영향인자는 사이클론의 직경이다.

정답　43 ①　　44 ③　　45 ④　　46 ③

47 오염물질의 농도가 200ppm까지 도달하였다 가 오염물질 발생이 중지되었을 때, 공기 중 농도가 200ppm에서 19ppm으로 감소하는 데 얼마나 걸리는가? (단, 1차 반응, 공간부피 F = 3,000㎥, 환기량 〈 9 = 1.17㎥/sec 이다.)

① 약 89분 　　② 약 100분
③ 약 109분 　　④ 약 115분

해설 ≫

$$\bullet \ t = -\frac{V}{Q}\ln\left(\frac{C_2}{C_1}\right)$$

$$= -\frac{3,000m^3}{1.17m^3/\text{sec} \times 60\text{sec/min}} \times \ln\left(\frac{19}{200}\right)$$

$$= 100.59\text{min}$$

48 80μm인 분진입자를 중력 침강실에서 처리하려고 한다. 입자의 밀도는 2g/㎤, 가스의 밀도는 1.2kg/㎥, 가스의 점성계수는 2.0 X 10^{-3}g/cm·sec일 때 침강속도는? (단, Stokes식 적용)

① 3.49×10^{-3}m/sec
② 3.49×10^{-2}m/sec
③ 4.49×10^{-3}m/sec
④ 4.49×10^{-2}m/sec

해설 ≫

$$\bullet \ \text{침강속도} = \frac{d_p^2(\rho_p - \rho)g}{18\mu}$$

$$d_p = 80\mu m(80 \times 10^{-6}m)$$

$$\rho_p = 2g/cm^3(2,000kg/m^3)$$

$$\mu = 2.0 \times 10^{-3}g/cm \cdot \text{sec}$$
$$(0.0002kg/m \cdot \text{sec})$$

$$= \frac{\left[\begin{array}{c}(80 \times 10^{-6})^2 m^2 \times (2,000 - 1.2)kg/m^3 \\ \times 9.8m/\text{sec}^2\end{array}\right]}{18 \times 0.0002kg/m \cdot \text{sec}}$$

$$= 0.0348m/\text{sec} = 3.49 \times 10^{-2}m/\text{sec}$$

49 고속기류 내로 높은 초기속도로 배출되는 작업조건에서 회전연삭, 블라스팅 작업공정시 제어속도로 적절한것은? (단, 미국산업위생전문가협의회 권고 기준)

① 1.8m/sec 　　② 2.1m/sec
③ 8.8m/sec 　　④ 12.8m/sec

해설 ≫

• 작업조건에 따른 제어속도 기준(ACGIH)

작업조건	작업공정 사례	제어속도 (m/sec)
• 움직이지 않는 공기 중에서 속도 없이 배출되는 작업조건 • 조용한 대기 중에 실제 거의 속도가 없는 상태로 발산하는 작업조건	• 액면에서 발생하는 가스나 증기, 흄 • 탱크에서 증발탈지 시설	0.25~0.5
비교적 조용한(약간의 공기 움직임) 대기 중에서 저속도로 비산하는 작업조건	• 용접, 도금 작업 • 스프레이 도장 • 주형을 부수고 모래를 터는 장소	0.5~1.0
발생기류가 높고 유해물질이 활발하게 발생하는 작업조건	• 스프레이 도장, 용기 충전 • 컨베이어 적재 • 분쇄기	1.0~2.5
초고속기류가 있는 작업장소에 초고속으로 비산하는 작업조건	• 회전연삭작업 • 연마작업 • 블라스트 작업	2.5~10

50 다음 [보기]에서 여과집진장치의 장점만을 고른 것은?

> 보기
> 가. 다양한 송풍량을 처리할 수 있다.
> 나. 습한 가스처리에 효율적이다.
> 다. 미세입자에 대한 집진효율이 비교적 높은 편이다.
> 라. 여과재는 고온 및 부식성 물질에 손상되지 않는다.

정답　47 ②　　48 ②　　49 ③　　50 ②

① 가, 나   ② 가, 다

③ 다, 라   ④ 나, 라

해설 ▶▶ 여과집진장치의 장점

- 집진효율이 높으며, 집진효율은 처리가스의 양과 밀도변화에 영향이 적다. / 다양한 용량을 처리 / 연속집진방식일 경우 먼지부하의 변동이 있어도 운전효율에는 영향이 없다. 적용범위가 광범위하다 / 탈진방법과 여과재의 사용에 따른 설계상의 융통성이 있다. 건식 공정이므로 포집먼지의 처리가 쉽다.

---

51 유해물의 발산을 제거ㆍ감소시킬 수 있는 생산공정 작업방법 개량과 거리가 먼 것은?

① 주물공정에서 셀 몰드법을 채용한다.

② 석면 함유 분체 원료를 건식 믹서로 혼합하고 용제를 가하던 것을 용제를 가한 후 혼합한다.

③ 광산에서는 습식 착암기를 사용하여 파쇄, 연마작업을 한다.

④ 용제를 사용하는 분무도장을 에어스프레이 도장으로 바꾼다.

해설 ▶▶

- 석면 함유 분체 원료를 습식 믹서로 혼합한다.

---

52 희석환기의 또 다른 목적은 화재나 폭발을 방지하기 위한 것이다. 이때 폭발 하한치인 LEL(Lower Explosive limit)에 대한 설명 중 틀린 것은?

① 폭발성, 인화성이 있는 가스 및 증기 혹은 입자상의 물질을 대상으로 한다.

② LEL은 근로자의 건강을 위해 만들어 놓은 TLV보다 낮은 값이다.

③ LEL의 단위는 %이다.

④ 오븐이나 덕트처럼 밀폐되고 환기가 계속적으로 가동되고 있는 곳에 서는 LEL의 1/4을 유지하는 것이 안전하다.

해설 ▶▶

- LEL은 근로자의 건강을 위해 만들어 놓은 TLV 보다 높은 값이다.
- LEL이 25%이면 화재나 폭발을 예방하기 위해서는 공기 중 농도가 250000ppm, 이하로 유지 되어야 한다.

- 폭발성, 인화성이 있는 가스 및 증기 혹은 입자상 물질을 대상으로 한다. 단위는 %이며, 오븐이나 덕트처럼 밀폐되고 환기가 계속적으로 가동되고 있는 곳에서는 LEL 의 1/4를 유지하는 것이 안전하다.

---

53 페인트 도장이나 농약 살포와 같이 공기 중에 가스 및 증기상 물질과 분진이 동시에 존재하는 경우 호흡보호구에 이용되는 가장 적절한 공기정화기는?

① 필터

② 요오드를 입힌 활성탄

③ 금속산화물을 도포한 활성탄

④ 만능형 캐니스터

해설 ▶▶

- 만능형 캐니스터는 방진마스크와 방독마스크의 기능을 합한 공기정화기이다.

---

54 공기 온도가 50℃인 덕트의 유속이 4m/sec일 때, 이를 표준공기로 보정한 유속(R)은 얼마인가? (단, 밀도 1.2kg/㎥)

① 3.19m/sec   ② 4.19m/sec

③ 5.19m/sec   ④ 6.19m/sec

해설 ▶▶

- $VP = \dfrac{\gamma V^2}{2g} = \dfrac{1.2 \times 4^2}{2 \times 9.8} = 0.98\,mmH_2O$

- 온도보정

$VP = 0.98\,mmH_2O \times \dfrac{273 + 50}{273 + 21} = 1.077\,mmH_2O$

- 표준공기 유속(V)

$V = 4.043\sqrt{VP} = 4.043 \times \sqrt{1.077} = 4.19\,m/sec$

정답			
51 ②	52 ②	53 ④	54 ②

Part 6

55 작업환경의 관리원칙인 대치 개선방법으로 옳지 않은 것은?

① 성냥 제조시 황린 대신 적린을 사용함.
② 세탁시 화재 예방을 위해 석유나프타 대신 퍼클로로에틸렌을 시용함.
③ 땜질한 납을 oscillating-type sander 로 깎던 것을 고속회전 그라인더를 이용함.
④ 분말로 출하되는 원료를 고형상태의 원료로 출하함.

해설 ≫
• 자동차산업에서 땜질한 납을 고속회전 그라인더로 깎던 것을 oscill ating-type sander를 이용한다.

56 차광 보호크림의 적용 화학물질로 가장 알맞게 짝지어진 것은?

① 글리세린, 산화제이철
② 벤드나이드, 탄산 마그네슘
③ 밀랍 이산화티탄, 염화비닐수지
④ 탈수라노린, 스테아린산

해설 ≫ 차광성 물질 차단 피부보호제
• 적용 화학물질은 글리세린, 산화제이철이고 타르, 피치, 용접작업시 예방을 목적으로 하며 주원료는 산화철, 아연화산화티탄이다.

57 축류송풍기에 관한 설명으로 잘못된 것은?

① 전동기와 직결할 수 있고, 또 축방향 흐름이기 때문에 관로 도중에 설치할 수 있다.
② 가볍고 재료비 및 설치비용이 저렴하다.
③ 원통형으로 되어 있다.
④ 규정 풍량 범위가 넓어 가열공기 또는 오염공기의 취급에 유리하다.

해설 ≫
• 규정 풍량 외에는 갑자기 효율이 떨어지고 가열 또는 오염된 공기를 취급시 부적당, 압력 손실이 많이 걸리는 시스템에 사용하면 서징현상이 생긴다.

• 서징현상은 펌프나 송풍기 운전 중 압력과 유량이 주기적으로 변동하며 발생하는 불안정 현상으로, 진동과 소음을 유발하고 시스템 안정성을 저하시킴.

58 사무실 직원이 모두 퇴근한 6시 30분에 CO_2 농도는 1,700ppm이었다. 4시간이 지난 후 다시 CO_2 농도를 측정한 결과 CO_2 농도가 800ppm이었다면, 사무실의 시간당 공기교환횟수는? (단, 외부공기중 CO_2 농도는 330ppm)

① 0.11 ② 0.19
③ 0.27 ④ 0.35

해설 ≫
• 시간당 공기교환횟수

$$= \frac{\ln(\text{측정 초기농도} - \text{외부의 } CO_2 \text{ 농도}) - \ln(\text{시간 지난 후 } CO_2 \text{ 농도} - \text{외부의 } CO_2 \text{ 농도})}{\text{경과된 시간(hr)}}$$

$$= \frac{\ln(1,700 - 330) - \ln(800 - 330)}{4hr}$$

59 회전차 외경이 600mm인 레이디얼(방사날개형) 송풍기의 풍량은 300㎥/min, 송풍기 전압은 60mmH₂O, 축동력은 0.70kW이다. 회전차 외경이 1000mm로 상사인 레이디얼 (방사날개형) 송풍기가 같은 회전수로 운전될때 전압(mmH₂O)은 어느 것인가? (단, 공기비중은 같음)

① 167 ② 214
③ 182 ④ 246

해설 ≫

$$\frac{\Delta P_2}{\Delta P_1} = \left(\frac{D_2}{D_1}\right)^2$$

$$\Delta P_2 = \Delta P_1 \times \left(\frac{D_2}{D_1}\right)^2$$

$$= 60\text{mmH}_2\text{O} \times \left(\frac{1,000}{600}\right)^2$$

$$= 166.67\text{mmH}_2\text{O}$$

60 지적온도(optimum temperature)에 미치는 영향인자들의 설명으로 가장 거리가 먼 것은 어느 것인가?

① 작업량이 클수록 체열 생산량이 많아 지적온도는 낮아진다.
② 여름철이 겨울철보다 지적온도가 높다.
③ 더운 음식물, 알코올, 기름진 음식 등을 섭취하면 지적온도는 낮아진다.
④ 노인들보다 젊은 사람의 지적온도가 높다.

해설 》
• 노인들보다 젊은 사람의 지적온도가 낮다.

4과목 **물리적 유해인자 관리**

61 1sone이란 몇 Hz에서 몇 dB의 음압레벨을 갖는 소음의 크기를 말하는가?

① 2,000Hz, 48dB
② 1,000Hz, 40dB
③ 1,500Hz, 45dB
④ 1,200Hz, 45dB

해설 》
• 1,000Hz 순음의 음의 세기레벨 40dB의 음의 크기를 1sone으로 정의한다.

62 다음 중 감압병의 예방 및 치료에 관한 설명으로 틀린 것은?

① 고압환경에서의 작업시간을 제한한다.
② 특별히 잠수에 익숙한 사람을 제외하고는 10m/min 속도 정도로 잠수하는 것이 안전하다.
③ 헬륨은 질소보다 확산속도가 작고 체내에서 불안정적이므로 질소를 헬륨으로 대치한 공기를 호흡시킨다.
④ 감압이 끝날 무렵에 순수한 산소를 흡입시키면 감압시간을 25% 가량 단축시킬 수 있다.

해설 》
• 헬륨은 질소보다 확산속도가 크며, 체내에서 안정적이므로 질소를 헬륨으로 대치한 공기를 호흡시킨다.

63 다음 중 국소진동의 경우에 주로 문제가 되는 주파수 범위로 가장 알맞은 것은?

① 10~150Hz
② 10~300Hz
③ 8~500Hz
④ 8~1,500Hz

해설 》
• 국소진동 주파수 : 8~1,500Hz
• 전신진동(공해진동) 주파수 : 1~90Hz

64 다음 중 빛과 밝기의 단위를 설명한 것으로 옳은 것은?

> 1루멘의 빛이 1ft²의 평면상에 수직방향 으로 비칠 때, 그 평면의 빛의 양, 즉 조도를 (가)이라하고, 1m²의 평면에 1루멘의 빛이 비칠 때의 밝기를 1(나)라고 한다 .

① 가. 풋캔들 (foot candle), 나. 럭스 (lux)
② 가. 럭스 (lux), 나. 풋캔들 (foot candle)
③ 가. 캔들 (candle), 나. 럭스(lux)
④ 가. 럭스 (lux), 나. 캔들(candle)

정답   60 ④   61 ②   62 ③   63 ④   64 ①

해설 ≫≫
- 풋캔들: 1루멘의 빛이 1ft² 의 평면상에 수직으로 비칠 때 그 평면의 빛 밝기이다. 관계식 : 풋 캔들(ftcd) = 1lumen ÷ ft²
- 럭스(lux); 조도1루멘(lumen)의 빛이 1㎡의 평면상에 수직으로 비칠 때의 밝기이다.

65 작업장에서는 통상 근로자의 눈을 보호하기 위하여 인공광선에 의해 충분한 조도를 확보하여야 한다. 다음 중 조도를 증가하지 않아도 되는 것은?

① 피사체의 반사율이 증가할 때
② 시력이 나쁘거나 눈에 결함이 있을 때
③ 계속적으로 눈을 뜨고 정밀작업을 할 때
④ 취급물체가 주위와의 색깔 대조가 뚜렷하지 않을 때

해설 ≫≫
- 피사체의 반사율이 감소할 때 조도를 증가시킨다.

66 전리방사선 중 a 입자의 성질을 가장 잘 설명한 것은?

① 전리작용이 약하다.
② 투과력이 가장 강하다.
③ 전자핵에서 방출되며, 양자 1개를 가진다.
④ 외부조사로 건강상의 위해가 오는 일은 드물다.

해설 ≫≫
- a 입자의 성질은 전리작용이 강하고 투과력이 가장 약하며 방사성 동위원소의 붕괴과정중에서 원자핵에서 방출되며 핵과 같이 2개의 양자와 2개의 중성자로 구성된다.

67 다음 중 눈에 백내장을 일으키는 마이크로파의 파장범위로 가장 적절한 것은?

① 1000 ~ 10,000MHz
② 40,000 ~ 100,000MHz
③ 500 ~ 7000MHz
④ 100 ~ 1,400MHz

해설 ≫≫
- 마이크로파에 의한 표적기관은 눈이며 1,000~ 10000Hz 에서 백내장이 생기고, ascorbic산의 감소증상이 나타나며, 백내장은 조직온도의 상승과 관계된다.

68 다음중 진동에 대한 설명으로 틀린 것은 ?

① 전신진동에 대해 인체는 대략 0.01m/sec² 에서 10m/sec²까지의 가속도를 느낄 수 있다.
② 진동시스템을 구성하는 3가지 요소는 질량(mass), 탄성 (elasticity), 댐핑 (damping)이다.
③ 심한 진동에 노출될 경우 일부 노출군에서 뼈,관절및 신경, 근육, 혈관등 연부조직에서 병변이 나타난다.
④ 간헐적인 노출시간에 대해 노출 기준치를 초과하는 주파수−보정, 실효치, 성분가속도에 대한 급성노출은 반드시 더 유해하다.

해설 ≫≫
- 간헐적보다는 연속적인 노출이 더 유해하다.

69 시간당 150kcal의 열량이 소요되는 작업을 하는 실내 작업장이다. 다음 온도 조건에서 시간당 작업 휴식시간비로 적절한 것은?

- 흑구 온도 : 32 ℃
- 건구 온도 : 27℃
- 자연 습구 온도 : 30℃

강도 시간비	경작업	중등 작업	중작업
계속작업	30.0	26.7	25.0
매시간 75%작업, 25%휴식	30.6	28.0	25.9
매시간 50%작업, 50%휴식	31.4	29.4	27.9
매시간 25%작업, 75%휴식	32.2	31.1	30.0

① 계속작업
② 매시간 25% 작업 ,75% 휴식
③ 매시간 50% 작업, 50% 휴식
④ 매시간 75% 작업, 25% 휴식

정답   65 ①   66 ④   67 ④   68 ④   69 ④

해설 ▶▶

- 옥내 WBGT(℃)
  = (0.7 x 자연습구온도) + (0.3 x 흑구온도)
  = (0.7 x 30℃) + (0.3 x 32℃) =30.6℃
- 시간당 200kcal까지의 열량이 소요되는 작업이 경 작업이므로 작업휴식시간비는 매시간 75% 작업, 25% 휴식이다.

70 전신진동은 진동이 작용하는 축에 따라 인체에 영향을 미치는 주파수 의 범위가 다르다. 각 축에 따른 주파수의 범위로 옳은 것은?

① 수직방향 : 4~8Hz, 수평방향 : 1~2Hz
② 수직방향 : 10~20Hz, 수평방향 : 4~8Hz
③ 수직방향 : 2~100Hz,
　　수평방향 : 8~1,500Hz :
④ 수직방향 : 8~1,500Hz,
　　수평방향 : 50~100Hz :

해설 ▶▶

- 횡축을 진동수, 종축을 진동가속도 실효치로 진동의 등감각곡선을 나타내며, 수직진동은 4~8Hz 범위에서 수평진동은 1~2Hz 범위에서 가장 민감하다.

71 다음 중 산소 결핍이 진행되면서 생체에 나타나는 영향을 순서대로 나열한 것은?

> 가. 가벼운 어지러움
> 나. 사망
> 다. 대뇌피질의 기능 저하
> 라. 중추성 기능 장애

① 가 → 다 → 라 → 나
② 가 → 라 → 다 → 나
③ 다 → 가 → 라 → 나
④ 다 → 라 → 가 → 나

해설 ▶▶ 산소농도에 따른 질환

- 산소농도가 약 12~16% 일 때 산소분압은 90~120mmHg, 동맥혈의 산소포화도는 85~89%, 호흡수 증가, 맥박 증가, 정신집중곤란, 두통,이명,신체기능조절 손상 및 순환기 장애자, 초기증상 유발

- 산소농도가 9~14%일 때 산소분압은 60~105mmHg, 동맥혈산소포화도는 74~87%, 불완전한 정신상태에 이르고, 취한것과 같으며,당시의 기억상실,전신 탈진,체온상승,호흡장애,청색증, 판단력 저하
- 산소농도가 6~10%일 때, 산소분압 45~70, 동맥혈산소포화도 33~74%, 의식불명,안면창백,전신 근육경련,중추신경장애,청색증 경련, 8분 내 100% 치명적,6분내 50% 치명적,4~5분내 치료로 회복가능
- 산소농도 4~6%이하시 산소분압은 45이하, 동맥혈산소포화도는 33이하, 40초내에 혼수, 호흡정지가 온다.

72 다음 중 외부조사보다 체내 흡입 및 섭취로 인한 내부조사의 피해 가 가장 큰 전리 방사선의 종류는?

① a선　　　　② β선
③ γ선　　　　④ X선

해설 ▶▶

- a선은 외부조사보다 동위원소를 체내 흡입·섭취할 때 내부조사의 피해가 가장 큰 전리방사선이다. 투과력이 약해 외부조사로 건강상의 위해가 오는 일은 드물며,피해부위는 내부노출이다. 투과력은 가장 약하나(매우 쉽게 흡수) 전리작용은 가장 강하다.

73 다음 중 소음의 크기를 나타내는 데 사용되는 단위로서 음향출력 , 음의세기 및 음압등의 양을 비교하는 무차원의 단위인 dB을 나타낸 것 은? (단, I_0 : 기준음향의 세기 , I : 발생음의 세기를 나타낸다.)

① $dB = 10 \log \frac{I}{I_0}$　　② $dB = 20 \log \frac{I}{I_0}$

③ $dB = 10 \log \frac{I_0}{I}$　　④ $dB = 20 \log \frac{I_0}{I}$

정답　　70 ①　　71 ①　　72 ①　　73 ①

Part 6

해설 ≫

• 음의세기: 음의 진행방향에 수직하는 단위면적을 단위 시간에 통과하는 음에너지를 음의 세기라 한다. 단위는 watt/㎡이다.

• 음의 세기레벨(SIL)

$$SIL = 10\log(\frac{I}{I_0})(dB)$$

여기서, SIL : 음의 세기레벨(dB)
I : 대상 음의 세기(W/m^2)
I_0 : 최소가청음 세기($10^{-12}W/m^2$)

74 다음 설명에 해당하는 방진재료는?

> • 형상의 선택이 비교적 자유롭다.
> • 자체의 내부마찰에 의해 저항을 얻을 수 있어 고주파 진동의 차진에 양호하다. 내후성, 내유성, 내약품성의 단점이 있다.

① 코일 용수철　　② 펠트
③ 공기 용수철　　④ 방진고무

해설 ≫ 방진고무의 장단점:

• 여러 가지 형태로 된 철물에 견고하게 부착가능, 고주파 진동의 차진에 양호, 스프링상수를 광범위하게 선택, 공진시의 진폭도 지나치게 크지 않다. 내후성, 내유성, 내열성, 내약품성이 약하고 공기중의 오존에 의해 산화된다.

75 가로 10m, 세로 7m, 높이 4m인 작업장의 흡음률이 바닥은 0.1, 천장은 0.2, 벽은 0.15이다. 이 방의 평균 흡음률은 얼마인가?

① 0.10　　② 0.15
③ 0.20　　④ 0.25

해설 ≫

• 평균 흡음률

$$= \frac{\Sigma S_i \alpha_i}{\Sigma S_i}$$

$S_천 = 10 \times 7 = 70m^2$

$S_벽 = (10 \times 4 \times 2) + (7 \times 4 \times 2) = 136m^2$

$S_바 = 10 \times 7 = 70m^2$

$$= \frac{(70 \times 0.2) + (136 \times 0.15) + (70 \times 0.1)}{70 + 136 + 70} = 0.15$$

76 다음 중 피부 투과력이 가장 큰 것은?

① α선　　② β선
③ X선　　④ 레이저

해설 ≫ 전리방사선의 인체 투과력 순서

• 중성자 〉 X선 or γ선 〉 β선 〉 α선

77 다음 중 이상기압의 영향으로 발생되는 고공성 폐수종에 관한 설명으로 틀린 것은?

① 어른보다 아이들에게서 많이 발생된다.
② 고공순화된 사람이 해면에 돌아올 때에도 흔히 일어난다.
③ 산소공급과 해면 귀환으로 급속히 소실되며, 증세는 반복해서 발병하는 경향이 있다.
④ 해성 기침과 호흡곤란이 나타나고 폐동맥 혈압이 급격히 낮아져 주토, 실신등이 발생한다.

해설 ≫ 고공성폐수종

• 어른보다 순화적응속도가 느린 어린이에게 많이 일어난다.
• 고공 순화된 사람이 해면에 돌아올 때 자주 발생한다.
• 산소공급과 해면 귀환으로 급속히 소실되며, 이 증세는 반복해서 발병하는 경향이 있다.

78 청력손실치가 다음과 같을 때, 6분법에 의하여 판정하면 청력손실은 얼마인가?

> • 500Hz에서 청력손실치 8
> • 1,000Hz에서 청력손실치 12
> • 2,000Hz에서 청력손실치 12
> • 4,000Hz에서 청력손실치 22

① 12　　② 13
③ 14　　④ 15

해설 ≫

• (a + 2b +2c + 2d) ÷ 6 = 13dB

정답　74 ④　　75 ②　　76 ③　　77 ④　　78 ②

79 화학적 질식제로 산소결핍장소에서 보건학적 의의가 가장 큰 것은?

① CO
② CO₂
③ SO₂
④ NO₂

해설 》 일산화탄소(CO)
- 산소결핍 장소에서 보건학적 의의가 가장 큰 물질이다.
- 정상적인 작업환경 공기에서 CO 농도가 0.1%로 되면 사람의 헤모글로빈 50%가 불활성화 된다.
- CO 농도가 1%(10,000ppm)에서 1분 후에 사망에 이른다.
- (COHb: 카복시헤모글로빈 20% 상태가 됨.)

80 단위시간에 일어나는 방사선 붕괴율을 나타내며, 초당 3.7×10^{10}개의 원자붕괴가 일어나는 방사능 물질의 양으로 정의되는 것은?

① R
② Ci
③ Gy
④ Sv

해설 》 큐리(Ci), Bq
- 방사성 물질의 양을 나타내는 단위이며 단위시간에 일어나는 방사선 붕괴율을 의미한다
- radium이 붕괴하는 원자의 수를 기초로 해서 정해졌으며, 1초간 3.7×10^{10}개의 원자붕괴가 일어나는 방사성 물질의 양(방사능의 강도)으로 정의한다.

5과목 산업독성학

81 다음 중 유기용제와 그 특이증상을 짝지은 것으로 틀린 것은?

① 벤 젠 –조혈장애
② 염화탄화수소 – 시신경장애
③ 메틸부틸케톤 – 말초신경장애
④ 이황화탄소 – 중추신경 및 말초신경 장애

해설 》 유기용제별 대표적 특이증상
- 벤젠: 조혈장애
- 염화탄화수소, 염화비닐: 간장애

- 이황화탄소: 중추신경 및 말초신경 장애, 생식기능장애

82 다음 중 호흡성 먼지(respirable dust)에 대한 미국 ACGIH의 정의로 옳은 것은?

① 크기가 $10\sim100\mu m$로 코와 인후두를 통하여 기관지나 폐에 침착한다.
② 폐포에 도달하는 먼지로, 입경이 $7.1\mu m$ 미만인 먼지를 말한다.
③ 평균입경이 $4\mu m$이고, 공기 역학적 직경이 $10\mu m$미만인 먼지를 말한다.
④ 평균입경이 $10\mu m$인 먼지로, 흉곽성(thoracic) 먼지라고도 한다.

해설 》 호흡성 입자상 물질
가. 가스교환 부위,즉 폐포에 침착할 때 유해한 물질이다.
나. 평균입경 : $4\mu m$
다. 채취기구 : 10mm nylon cyclone

83 다음 중 생물학적 모니터링을 할 수 없거나 어려운 물질은?

① 카드뮴
② 유기용제
③ 톨루엔
④ 자극성 물질

해설 》
- 자극성 물질은 생물학적 모니터링을 하기가 어렵다.

84 다음 중 유기용제에 대한 설명으로 잘못된 것은?

① 벤젠은 백혈병을 일으키는 원인물질이다.
② 벤젠은 만성장애로 조혈장애를 유발하지 않는다.
③ 벤젠은 주로 페놀로 대사되며, 페놀은 벤젠의 생물학적 노출지표로 이용된다.
④ 방향족탄화수소 중 저농도에 장기간 노출되어 만성중독을 일으키는 경우에는 벤젠의 위험도가 크다.

정답 79 ① 80 ② 81 ② 82 ③ 83 ④ 84 ②

Part 6

해설 ▶
- 방향족탄화수소 중 저농도에 장기간 폭로(노출)되어 만성중독(조혈 장애)을 일으키는 경우에는 벤젠의 위험도가 가장 크고, 급성 전신중 독시 독성이 강한 물질은 톨루엔이다.

85 급성중독시 우유와 계란의 흰자를 먹여 단백 질과 해당 물질을 결합시켜 침전시키거나, BAL(dimercaprol)을 근육주사로 투여하 여야 하는 물질은?

① 납   ② 수은
③ 크롬   ④ 카드뮴

해설 ▶ 수은중독의 급성치료:
- 우유와 계란의 흰자를 먹여 단백질과 해당 물질을 결합시켜 침전시 킨다.
- 마늘계통의 식물을 섭취한다.
- 위세척(5~10% S.F.S 용액)을 한다. 다만, 세척액은 200~300mL 를 넘지 않도록 한다. BAL(British Anti Lewisite)을 투여한다.

86 다음 중 유해물질의 분류에 있어 질식제로 분 류되지 않는 것은?

① H_2 ② N_2
③ H_2S ④ O_3

해설 ▶ 오존
(1) 단순 질식제
이산화탄소, 메탄, 질소, 수소, 에탄, 프로판, 에틸렌, 아세틸렌, 헬륨
(2) 화학적 질식제
일산화탄소, 황화수소, 시안화수소, 아닐린

87 다음 설명에 해당하는 중금속은?

- 뇌홍의 제조에 사용
- 소화관으로는 2~7% 정도 소량으로 흡수
- 금속형태는 뇌, 혈액, 심근에 많이 분포
- 만성 노출시 식욕부진, 신기능 부전, 구내염 발생

① 납(Pb)   ② 수은(Hg)
③ 카드뮴(Cd)   ④ 안티몬(Sb)

해설 ▶ 수은
가. 무기수은은 뇌홍[Hg(ONC)2] 제조에 사용된다.
나. 금속수은은 주로 증기가 기도를 통해서 흡수되고 일부로 피부로 흡수, 소화관으로는 2~7% 정도 소량 흡수된다.
다. 금속수은은 뇌, 혈액, 심근 등에 분포한다.
라. 만성노출 시 식욕부진, 신기능부전, 구내염을 발생시킨다.

88 다음 중 피부 독성에 있어 경피흡수에 영향을 주는 인자와 가장 거리가 먼 것은?

① 개인의 민감도
② 용매(vehicle)
③ 화학물질
④ 온도

해설 ▶
- 피부독성에 있어 피부흡수에 영향을 주는 인자(경피흡수에 영향을 주는 인자)
가. 개인의 민감도
나. 용매
다. 화학물질

89 산업독성화 용어 중 산업독성학 용어 중 무관 찰영향수준(NOEL) 에 관한 설명으로 틀린 것은?

① 주로 동물실험에서 유효량으로 이용된다.
② 아급성 또는 만성 독성 시험에서 구해지는 지표이다.
③ 양 - 반응 관계에서 안전하다고 여겨지는 양으로 간주된다.
④ NOEL의 투여에서는 투여하는 전 기간에 걸쳐 치사, 발병 및 병태생리학적 변화가 모 든 실험대상에서 관찰되지 않는다.

해설 ▶
- NOEL 투여에서는 투여하는 전 기간에 걸쳐 치사, 발병 및 생리학적 변화가 모든 실험대상에서 관찰되지 않는다.

정답   85 ②   86 ④   87 ②   88 ④   89 ①

90 다음 중 내재용량에 대한 개념으로 잘못된 것은?

① 개인시료 채취량과 동일하다.
② 최근에 흡수된 화학물질의 양을 나타낸다.
③ 과거 수개월 동안 흡수된 화학물질의 양을 의미한다.
④ 체내 주요 조직이나 부위의 작용과 결합한 화학물질의 양을 의미한다.

해설 ▶▶
• 내재용량 : 체내 노출량은 최근에 흡수된 화학물질의 양을 나타낸다.

91 다음 중 'cholinesterase' 효소를 억압하여 신경증상을 나타내는 것은?

① 중금속화합물　② 유기인제
③ 파라쿼트　④ 비소화합물

해설 ▶▶
• 유기인제제(살충제)는 신경세포에는 콜린에스테라아제라는 효소를 파괴한다.

92 주요 원인물질은 혼합물질이며, 건축업, 도자기 작업장, 채석장, 석재공장 등의 작업장에서 근무하는 근로자에게 발생할 수 있는 진폐증은?

① 석면폐증　② 용접공폐증
③ 철폐증　④ 규폐증

해설 ▶▶ 규폐증의 원인
• 결정형 규소(암석 : 석영분진, 이산화규소, 유리규산)에 직업적으로 노출된 근로자에게 발생한다.
• 유리규산(SiO_2) 함유 먼지 0.5~5의 크기에서 잘 발생한다.

93 다음 중 폐에 침착된 먼지의 정화과정에 대한 설명으로 틀린 것은?

① 어떤 먼지는 폐포벽을 뚫고 림프계나 다른 부위로 들어가기도 한다.
② 먼지는 세포가 방출하는 효소에 의해 용해되지 않으므로 점액층에 의한 방출이외에는 체내에 축적된다.
③ 폐에서 먼지를 포위하는 식세포는 수명이 다한 후 사멸하고 다시 새로운 식세포가 먼지를 포위하는 과정이 계속적으로 일어난다.
④ 폐에 침착된 먼지는 식세포에 의하여 포위되어 포위된 먼지의 일 부는 미세 기관지로 운반되고 점액섬모 운동에 의하여 정화된다.

해설 ▶▶
• 점액 섬모운동에 의한 배출 시스템으로 폐포로 이동하는 과정에서 이물질을 제거한다.
• 대식세포가 방출하는 효소에 의해 용해되어 제거된다.
• 용해되지 않는 독성물질은 유리규산, 석면등 이다.

94 천연가스, 석유정제산업, 지하석탄광업 등을 통해서 노출되고 중추신경의 억제와 후각의 마비 증상을 유발하며, 치료로는 100% O_2를 투여하는 등의 조치가 필요한 물질은?

① 암모니아　② 포스겐
③ 오존　④ 황화수소

해설 ▶▶ 황화수소
• 급성중독으로는 점막의 자극증상이 나타나며 경련, 구토, 현기증, 혼수, 뇌의 호흡 중추신경의 억제와 마비 증상
• 치료로는 100% 산소를 투여, @고용노동부 노출기준은 TWA로 10ppm이며, STEL은 15ppm 임
• 산업안전보건기준에 관한 규칙상 관리대상 유해 물질의 가스상 물질류임

정답　90 ①　91 ②　92 ④　93 ②　94 ④

Part 6

95 유해화학물질에 노출되었을 때 간장이 표적 장기가 되는 주요 이유가 아닌 것은?

① 간장은 각종 대사효소가 집중적으로 분포되어 있고, 이들 효소활동에 의해 다양한 대사물질이 만들어지기 때문에 다른 기관에 비해 독성물질의 노출가능성이 매우 높다.

② 간장은 대정맥을 통하여 소화기계로부터 혈액을 공급받기 때문에 소화기관을 통하여 흡수된 독성물질의 이차표적이 된다.

③ 간장은 정상적인 생활에서도 여러가지 복잡한 생화학 반응 등 매우 복합적인 기능을 수행함에 따라 기능의 손상가능성이 매우 높다.

④ 혈액의 흐름이 매우 풍부하기 때문에 혈액을 통해서 쉽게 침투가 가능하다.

해설 ▶
• 간장은 문점막을 통하여 소화기계로부터 혈액을 공급받기 때문에 소화기관을 통하여 흡수된 독성물질 일차적인 표적이 된다.

96 건강영향에 따른 분진의 분류와 유발물질의 종류를 잘못 짝지은 것은?

① 유기성 분진 – 목분진, 면, 밀가루
② 알레르기성 분진 – 크롬산, 망간, 황
③ 진폐성 분진 – 규산, 석면, 활석, 흑연
④ 발암성 분진 – 석면, 니켈카보닐, 아민계 색소

해설 ▶ 분진의 종류 및 유발원인:
가. 진폐성 분진 : 규산, 석면, 활석, 흑연
나. 불활성 분진 : 석탄, 시멘트, 탄화수소
다. 알레르기성 분진 : 꽃가루, 털, 나뭇가루
라. 발암성 분진 : 석면, 니켈카보닐, 아민계 색소

97 유해화학물질의 노출경로에 관한 설명으로 틀린 것은?

① 위의 산도에 따라서 유해물질이 화학반응을 일으키기도 한다.

② 입으로 들어간 유해물질은 침이나 그 밖의 소화액에 의해 위장관에서 흡수된다.

③ 소화기 계통으로 노출되는 경우가 호흡기로 노출되는 경우보다 흡수가 잘 이루어진다.

④ 소화기 계통으로 침입하는 것은 위장관에서 산화, 환원, 분해 과정을 거치면서 해독되기도 한다.

해설 ▶
• 소화기 계통으로 노출되는 경우 위액 때문에 호흡기보다 흡수가 잘되지 않음.

98 중금속 노출에 의하여 나타나는 금속열은 흄 형태의 금속을 흡입하여 발생되는데, 감기증상과 매우 비슷하여 오한, 구토감, 기침, 전신 우약감 등의 증상이 있으며, 월요일 출근 후에 심해져서 월요일열이라고도 한다. 다음 중 금속열을 일으키는 물질이 아닌 것은?

① 납　　　　　　② 카드뮴
③ 산화아연　　　④ 안티몬

해설 ▶
• 금속열 발생물질: 아연, 구리, 망간, 마그네슘, 니켈, 카드뮴, 안티몬

99 표와 같은 크롬중독을 스크린하는 검사법을 개발하였다면 이 검사법의 특이도는 얼마인가?

구 분	크롬중독 진단		합계
검사법	양성	음성	
검사법양성 음성	15	9	24
검사법 음성	9	21	30
합계	24	30	54

① 68% ② 69%
③ 70% ④ 71%

해설 ▶
• 특이도 = (21 ÷ 30) × 100 = 70%

100 메탄올이 독성을 나타내는 대사단계를 바르게 나타낸 것은?

① 메탄올 → 에탄올 → 포름산 → 포름알데히드
② 메탄올 → 아세트알데히드 → 아세테이트 → 물
③ 메탄올 → 포름알데히드 → 포름 → 이산화탄소
④ 메탄올 → 아세트알데히드 → 포름알데히드 → 이산화탄소

해설 ▶ 메탄올의 시각장애 기전
• 메탄올 → 포름알데히드 → 포름산 → 이산화탄소
• 즉 중간 대사체에 의하여 시신경에 독성을 나타낸다.

정답 99 ③ 100 ③

Part 6

1과목 **산업위생학 개론**

01 다음 중 산업위생의 목적으로 가장 적합하지 않은 것은?

① 작업조건을 개선한다.
② 근로자의 작업능률을 향상시킨다.
③ 근로자의 건강을 유지 및 증진시킨다.
④ 유해한 작업환경으로 일어난 질병을 진단한다.

해설 ▶▶ 산업위생(관리)의 목적
• 작업환경과 근로조건개선, 직업병의 예방, 작업환경과 조건의 인간공학적개선으로 질병을 예방한다.

02 다음 중 전신피로에 있어 생리학적 원인에 속하지 않는 것은?

① 젖산의 감소
② 산소공급의 부족
③ 글리코겐 양의 감소
④ 혈중 포도당 농도의 저하

해설 ▶▶ 전신피로의 원인
• 산소공급의 부족, 혈중포도당 농도의 저하, 혈중 젖산농도의 증가, 근육내 글리코겐 양의 감소이다.

03 다음 중 작업강도에 영향을 미치는 요인으로 틀린 것은?

① 작업밀도가 적다.
② 대인 접촉이 많다.
③ 열량 소비량이 크다.
④ 작업대상의 종류가 많다.

해설 ▶▶
• 직업강도에 영향을 미치는 요인(작업강도가 커지는 경우)
• 작업속도가 빠르고 정밀작업시, 작업의 종류가 많고 복잡할 때, 열량 소비량이 많을 때, 대인접촉이 빈번할 때

04 다음 중 노출기준에 피부(skin) 표시를 첨부하는 물질이 아닌 것은?

① 옥탄올 - 물 분배계수가 높은 물질
② 반복하여 피부에 도포했을 때 전신작용을 일으키는 물질
③ 손이나 팔에 의한 흡수가 몸 전체에서 많은 부분을 차지하는 물질
④ 동물을 이용한 급성중독실험결과 피부 흡수에 의한 치사량이 비교적 높은 물질

해설 ▶▶
• 노출기준에 피부(skin) 표시를 하여야 하는 물질
• 국소적인 피부 노출이 몸 전체에 지대한 영향을 주는 경우, 급성동물실험결과 피부 흡수에 의한 치사량이 낮은 물질, 피부 흡수가 전신작용에 중요한 역할을 하는 물질

05 인간공학에서 최대작업영역(maximum area)에 대한 설명으로 가장 적절한 것은?

① 허리의 불편없이 적절히 조작할 수 있는 영역
② 팔과 다리를 이용하여 최대한 도달할 수 있는 영역
③ 어깨에서 부터 팔을 뻗어 도달할 수 있는 최대 영역
④ 상완을 자연스럽게 몸에 붙인 채로 전완을 움직일 때 도달하는 영역

정답   01 ④   02 ①   03 ①   04 ④   05 ③

해설 ▶ **최대작업역(최대영역, maximum area)**
- 움직이지 않고 상지를 뻗어서 닿는 범위
- 어깨로부터 팔을 뻗어 도달할 수 있는 최대영역, 아래팔과 위팔을 곧게 펴서 파악할 수 있는 영역

06 다음 중 산업안전보건법상 '충격소음작업'에 해당하는 것은? (단, 작업은 소음이 1초 이상의 간격으로 발생한다.)

① 120데시벨을 초과하는 소음이 1일 1만회 이상 발생되는 작업
② 125데시벨을 초과하는 소음이 1일 1천회 이상 발생되는 작업
③ 130데시벨을 초과하는 소음이 1일 1백회 이상 발생되는 작업
④ 140데시벨을 초과하는 소음이 1일 10회 이상 발생되는 작업

해설 ▶ **충격소음작업**
- 소음이 1초 이상의 간격으로 발생하는 작업으로서 아래에 해당하는 작업
- 120dB을 초과하는 소음이 1일 1 만 회 이상 발생되는 작업 / 130dB을 초과하는 소음이 1일 1천회 이상 발생되는 작업/ 140dB을 초과하는 소음이 1일 1백회 이상 발생되는 작업

07 산업안전보건법령상 석면에 대한 작업환경 측정 결과 측정치가 노출기준을 초과하는 경우 그 측정일로부터 몇 개월에 몇 회 이상의 작업환경 측정을 해야 하는가?

① 1개월에 1회 이상
② 3개월에 1회 이상
③ 6개월에 1회 이상
④ 12개월에 1회 이상

해설 ▶ **작업환경 측정횟수**
- 작업환경 측정 결과가 다음의 어느 하나에 해당하는 작업장 또는 작업공정은 해당 유해인자에 대하여 그 측정일부터 3개월에 1회 이상 작업환경을 측정해야 한다.

08 NIOSH에서 제시한 권장무게 한계가 6kg이고 근로자가 실제 작업하는 중량물의 무게가 12kg이라면 중량물 취급지수는 얼마인가?

① 0.5 ② 1.0
③ 2.0 ④ 6.0

해설 ▶
- 중량물 취급지수 9(LI)
- 물체무게 ÷ RWL(kg) = 12÷6=2

09 다음 중 스트레스에 관한 설명으로 잘못된 것은?

① 위협적인 환경 특성에 대한 개인의 반응이다.
② 스트레스가 아주 없거나 너무 많을 때에는 역기능 스트레스로 작용한다.
③ 환경의 요구가 개인의 능력한계를 벗어날 때 발생하는 개인과 환경과의 불균형 상태이다.
④ 스트레스를 지속적으로 받게 되면 인체는 자기조절능력을 발휘하여 스트레스로부터 벗어난다.

해설 ▶
- 스트레스를 지속적으로 받게되면 인체는 자기조절능력을 상실하여 심신장애 또는 정신적 장애가 생긴다.

10 다음 중 일반적인 실내공기질 오염과 가장 관계가 적은 질환은?

① 규폐증(silicosis)
② 가습기 열(humidifier fever)
③ 레지오넬라병 (legionnaire's disease)
④ 과민성 폐렴(hypersensitivity pneumonitis)

해설 ▶
- 규폐증은 유리규산(Si02) 분진 흡입으로 폐에 만성 섬유증식이 나타나는 진폐증에 해당한다.

Part 6

정답 06 ① 07 ② 08 ③ 09 ④ 10 ①

11 60명의 근로자가 작업하는 사업장에서 1년 동안에 3건의 재해가 발생하여 5명의 재해자가 발생하였다. 이때 근로손실일수가 35일 이었다면 이 사업장의 도수율은 약 얼마인가? (단, 근로자는 1일 8시간 연간 300일을 근무 하였다.)

① 0.24
② 20.83
③ 34.72
④ 83.33

해설 >>
• 도수율 $= \dfrac{재해발생건수}{연근로시간수} \times 10^6$

$= \dfrac{3}{60 \times 8 \times 300} \times 10^6 = 20.83$

12 중량물 취급과 관련하여 요통발생에 관여하는 요인으로 가장 관계가 적은 것은?

① 근로자의 심리상태 및 조건
② 작업습관과 개인적인 생활태도
③ 요통 및 기타 장애(자동차 사고, 넘어짐)의 경력
④ 물리적 환경요인(작업빈도, 물체 위치, 무게 및 크기)

해설 >>
• 심리상태 및 조건은 관계가 적다.

13 다음 중 인간공학에서 고려해야 할 인간의 특성과 가장 거리가 먼 것은?

① 감각과 지각
② 운동력과 근력
③ 감정과 생산능력
④ 기술, 집단에 대한 적응능력

해설 >>
• 인간공학에서 고려해야 할 인간의 특성
• 감각과 지각, 운동력과 근력, 기술과 집단에 대한 적응능력등이다.

14 미국산업안전보건연구원(NIOSH)에서 제시한 중량물의 들기작업에 관한 감시기준(Action limit)과 최대허용기준(Maximum Permissible Limit)의 관계를 바르게 나타낸 것은?

① MPL = 3AL
② MPL = 5AL
③ MPL = 10AL
④ MPL= $\sqrt{2}$ AL

해설 >>
• 최대허용기준(MPL) 관계식 : MPL = AL(감시기준) × 3

15 분진의 종류 중 산업안전보건법상 작업환경 측정대상이 아닌 것은?

① 목분진 (wood dust)
② 지분진 (paper dust)
③ 면분진 (cotton dust)
④ 곡물분진 (grain dust)

해설 >> 작업환경측정대상 유해인자
• 화학적 인자: 유기화합물, 금속류, 산·알카리류, 가스상태물질, 유해물질, 금속가공유
• 물리적 인자: 8시간 시간가중평균 80dB 이상의 소음, 고열

16 미국산업위생학술원에서 채택한 산업위생 전문가의 윤리강령 중 기업주와 고객에 대한 책임과 관계된 윤리강령은?

① 기업체의 기밀은 누설하지 않는다.
② 전문적 판단이 타협에 의하여 좌우될 수 있는 상황에는 개입하지 않는다.
③ 근로자, 사회 및 전문직종의 이익을 위해 과학적 지식을 공개하고 발표한다.
④ 결과와 결론을 뒷받침 할 수 있도록 기록을 유지하고 산업위생사업을 전문가 답게 운영, 관리한다.

정답   11 ②   12 ①   13 ③   14 ①   15 ②   16 ④

해설 >> 기업주와 고객에 대한 책임.
- 결과 및 결론을 뒷받침할 수 있도록 정확한 기록을 유지하고 산업위생사업을 전문가답게 전문 부서들을 운영·관리한다.
  쾌적한 환경을 조성하기위하여 산업위생의 이론을 적용하고 행동한다.
- 기업주와 고객보다는 근로자의 건강보호에 궁극적 책임을 두어 행동한다.

17 산업안전보건법령상 단위 작업장소에서 동일 작업 근로자수가 13명일 경우 시료채취 근로자수는 얼마가 되는가?

① 1명   ③ 2명
② 3명   ④ 4명

해설 >>
- 단위작업장소에서 동일작업 근로자수가 10명을 초과하는 경우에는 매 5명당 1명 이상 추가하여 측정하여야 하므로 시료채취 근로자 수는 3명이다.

18 사무실 공기관리 지침에서 정한 사무실 공기의 오염물질에 대한 시료채취시간이 바르게 연결된 것은?

① 미세먼지 : 업무시간 동안 4시간 이상 연속 측정
② 포름알데히드 : 업무시간 동안 2시간 단위로 10분간 3회 측정
③ 이산화탄소 : 업무시작후 1시간 전후 및 종료 전 1시간 전후 각각 30분간 측정
④ 일산화탄소 : 업무시작 후 1시간 전후 및 종료 전 1시간 전후 각각 10분간 측정

해설 >> 사무실 오염물질의 측정횟수 및 시료채취시간
① 미세먼지(PM10): 업무시간 동안, 6시간 이상연속 측정, 연 1회이상
② 포름알데히드(HCHO): 업무시작 후 1시간~종료, 1시간전~ 30분간 2회측정, 연 1회이상 신축건물 입주 전
③ 이산화탄소 : 업무시작후 2시간 전후 및 종료 전 2시간 전후 각각 10분간 측정, 연 1회 이상
④ 일산화탄소: 업무시작 후 1시간 전후 및 종료 전 1시간 전후~ 각각 10분간 측정, 연 1회 이상

19 근전도(electromyogram, EMG)를 이용하여 국소피로를 평가할 때 고려하는 사항으로 틀린 것은?

① 총 전압의 감소
② 평균 주파수의 감소
③ 저주파수 (0~40Hz) 힘의 증가
④ 고주파수 (40~200Hz) 힘의 감소

해설 >> 정상근육과 비교하여 피로한 근육에서 나타나는 EMG의 특징
- 저주파(0~40HZ) 영역에서 힘(전압)의 증가/ 고주파(40~200Hz) 영역에서 힘(전압)의 감소 / 평균 주파수 영역에서 전압의 감소/ 총 전압의 증가

20 어떤 물질에 대한 작업환경을 측정한 결과 다음과 같은 TWA 결과값을 얻었다. 환산된 TWA는 약 얼마인가?

농도(ppm)	100	150	250	300
발생시간(분)	120	240	60	60

① 169ppm   ② 198ppm
③ 220ppm   ④ 256ppm

해설 >>
- TWA = $(100 \times 2) + (150 \times 4) + (250 \times 1) + (300 \times 1) / 8$
  $= 168.75ppm$

2과목   **작업위생 측정 및 평가**

21 직경분립충돌기(cascade im pactor)의 특성을 설명한 것으로 옳지 않은 것은?

① 비용이 저렴하고, 채취준비가 간단하다.
② 공기가 옆에서 유입되지 않도록 각 충돌기의 철저한 조립과 장착이 필요하다.
③ 입자의 질량 크기 분포를 얻을 수 있다.
④ 흡입성, 흉곽성, 호흡성 입자의 크기별 분포와 농도를 얻을 수 있다.

정답   17 ③   18 ④   19 ①   20 ①   21 ①

해설 >> 직경분립충돌기 특징

- 호흡기의 부분별로 침착된 입자 크기의 자료를 추정할 수 있다.
- 흡입성, 흉곽성, 호흡성 입자의 크기별로 분포와 농도를 계산할 수 있다. 입자의 질량 크기 분포를 얻을 수 있다.
- (공기흐름 속도를 조절하여 채취입자를 크기별로 구분가능)
- 시료채취가 까다로우며 비용이 많이 든다.
- 되튐으로 인한 시료의 손실이 일어나 과소 분석결과를 초래할 수 있어 유량을 2L/min 이하로 채취한다.

해설 >> 검지관 측정법 특징

- 사용이 간편하고 반응시간이 빨라 현장에서 바로 측정결과를 확인할 수 있다. 비 전문가도 사용할 수 있고 폭발성 가스나 산소부족 시 사용가능하다.
- 민감도가 낮아 비교적 고농도에만 적용이 가능하고 특이도가 낮아 다른 방해물질의 영향을 받기 쉽고, 오차가 크다. 대개 단시간 측정만 가능.
- 미리 측정대상물질의 동정이 되어 있어야 측정이 가능하다.

22 수은(알킬수은제외)의 노출기준은 0.05mg/㎥이고 증기압은 0.0029mmHg라면 VHR (Vapor Hazard Ratio)은? (단, 25℃, 1기압 기준, 수은 원자량은 200.6이다.)

① 약 330 　　② 약 430
③ 약 530 　　④ 약 630

해설 >>

- $VHR = \dfrac{C}{TLV}$

$$= \dfrac{\left(\dfrac{0.0029mmHg}{760mmHg} \times 10^6\right)}{\left(0.05mg/m^3 \times \dfrac{24.45}{200.6}\right)} = 626.10$$

23 검지관 사용시의 장·단점으로 가장 거리가 먼 것은?

① 숙련된 산업위생전문가가 아니더라도 어느 정도만 숙지하면 사용할 수 있다.
② 민감도가 낮아 비교적 고농도에 적용이 가능하다.
③ 특이도가 낮아 다른 방해물질의 영향을 받기 쉽다.
④ 측정대상 물질의 동정 없이 측정이 용이 하다.

24 제관공장에서 용접흄을 측정한 결과가 다음과 같다면 노출기준 초과 여부 평가로 알맞은 것은?

- 용접흄의 TWA ：5.27mg/㎥
- 노출기준 : 5.0mg/㎥
- SAE(시료채취 분석오차): 0.012

① 초과 　　② 초과 가능
③ 초과하지 않음 　　④ 평가할 수 없음

해설 >>

- $Y(표준화값) = \dfrac{TWA}{허용기준} = \dfrac{5.27}{5.0} = 1.054$
- $LCL(하한치) = Y - SAE$
$= 1.054 - 0.012 = 1.042$
∴ $LCL(1.042) > 1$ 이므로, 초과

25 공장 내부에 소음(대당 PW L = 85dB)을 발생 시키는 기계가 있다. 이 기계 2대가 동시에 가동될 때 발생하는 PWL의 합은?

① 86dB 　　② 88dB
③ 90dB 　　④ 92dB

해설 >>

- $PWL_{합} = 10\log(10^{8.5} \times 2) = 88dB$

정답　22 ④　　23 ④　　24 ①　　25 ②

26 다음 중 알고 있는 공기 중 농도를 만드는 방법인 dynamic method의 설명으로 틀린 것은?

① 만들기가 복잡하고, 가격이 고가이다.
② 온습도 조절이 가능하다.
③ 소량의 누출이나 벽면에 의한 손실은 무시할 수 있다.
④ 대개 운반용으로 제작하기가 용이하다.

해설 ≫ Dynamic method

• 희석공기와 오염물질을 연속적으로 흘려주어 일정한 농도를 유지하면서 만드는 방법이다.
• 농도변화를 줄 수 있고 온도 • 습도 조절이 가능하다.
• 제조가 어렵고 비용도 많이 든다.
• 다양한 농도 범위에서 제조가 가능하다. 가스, 증기, 에어로졸 실험도 가능하다. 소량의 누출이나 벽면에 의한 손실은 무시할 수 있다.
• 지속적인 모니터링이 필요하다. 일정한 농도를 유지하기가 매우 곤란하다.

27 근로자 개인의 청력 손실 여부를 알기 위하여 사용하는 청력 측정용 기기를 무엇이라고 하는가?

① audiometer
② sound level meter
③ noise dosimeter
④ impact sound level meter

해설 ≫

• 근로자 개인의 청력손실 여부를 판단하기 위해 사용하는 청력 측정용 기기는 audiometer이고, 근로자 개인의 노출량을 측정하는 기기는 noise dosimeter이다.

28 다음 물질 중 실리카겔과 친화력이 가장 큰 것은?

① 알데히드류
② 올레핀류
③ 파라핀류
④ 에스테르류

해설 ≫ 실리카겔의 친화력(극성이 강한 순서)

• 물 〉알코올류 〉알데히드류 〉케톤류 〉에스테르류 〉방향족탄화수소류 〉올레핀류 〉파라핀류

29 어느 작업장의 온도가 18℃이고, 기압이 770mmHg, methyl ethyl ketone(분자량=72) 의 농도가 26ppm 일 때 mg/㎥ 단위로 환산된 농도는?

① 64.5 ② 79.4
③ 87.3 ④ 93.2

해설 ≫

$$농도(mg/m^3)$$
$$= 26ppm \times \cfrac{72}{\left(22.4 \times \cfrac{273+18}{273} \times \cfrac{760}{770}\right)}$$
$$= 79.43 mg/m^3$$

30 다음 중 2차 표준기구인 것은?

① 유리 피스톤미터 ② 폐활량계
③ 열선기류계 ④ 가스치환병

해설 ≫ 2차 표준기구

• 로터미터(rotameter)/ 습식 테스트미터(wet test meter) / 건식 가스미터(dry gas meter)/ 오리피스미터(orifice meter)/ 열선기류계

31 다음은 작업장 소음측정에 관한 내용이다. ( ) 안의 내용으로 옳은 것은? (단, 고용노동부 고시 기준)

> 누적소음 노출량 측정기로 소음을 측정하는 경우에는 criteria 90dB, exchange rate 5dB, threshold ( )dB로 기기를 설정한다.

① 50 ② 60
③ 70 ④ 80

정답 26 ④ 27 ① 28 ① 29 ② 30 ③ 31 ④

Part 6

해설 ▶▶ 누적소음노출량 측정기의 설정
• criteria=90dB / exchange rate=5dB / threshold=80dB

32 유리규산을 채취하여 x선 회절법으로 분석하는 데 적절하고 6가 크롬 그리고 아연산화 물의 채취에 이용하며 수분에 영향이 크지 않아 공해성 먼지, 총 먼지 등의 중량분석을 위한 측정에 사용하는 막 여과지는?

① MCE막 여과지 ② PVC막 여과지
③ PTFE막 여과지 ④ 은막 여과지

해설 ▶▶ PVC막 여과지(Polyvinyl chloride membrane filter)
• 가볍고, 흡습성이 낮기 때문에 분진의 중량분석에 사용된다.
• 유리규산을 채취하여 x선 회절법으로 분석은 적절하고 6가 크롬 및 아연산화합물의 채취에 이용한다.

33 입자상 물질인 흄(fume)에 관한 설명으로 옳지 않은 것은?

① 용접공정에서 흄이 발생한다.
② 흄의 입자 크기는 먼지보다 매우 커 폐포에 쉽게 도달되지 않는다.
③ 흄은 상온에서 고체상태의 물질이 고온으로 액체화된 다음 증기화 되고 증기 물의 응축 및 산화로 생기는 고체상의 미립자이다.
④ 용접흄은 용접공폐의 원인이 된다.

해설 ▶▶ 용접흄
• 입자상 물질의 한 종류인 고체이며 기체가 온도의 급격한 변화로 응축 산화된 형태이다. 용접흄은 호흡기계에 가장 깊숙이 들어갈 수 있는 입자상 물질로 용접공폐의 원인이 된다.

34 파과현상(breakthrough)에 영향을 미치는 요인이라고 볼 수 없는 것은?

① 포집대상인 작업장의 온도
② 탈착에 사용하는 용매의 종류
③ 포집을 끝마친 후부터 분석까지의 시간
④ 포집된 오염물질의 종류

해설 ▶▶ 파과현상에 영향을 미치는 요인
• 온도/습도/ 시료채취속도/ 유해물질 농도/ 혼합물/ 흡착제의 크기 /흡착관의 크기/ 유해물질의 휘발성 및 다른 가스와의 흡착경쟁력/ 포집을 마친 후부터 분석까지의 시간

35 활성탄관을 연결한 저유량 공기 시료채취펌프를 이용하여 벤젠증기(M.W = 78g/mol)를 0.038㎥ 채취하였다. GC를 이용하여 분석 한 결과 478㎍의 벤젠이 검출되었다면 벤젠 증기의 농도(ppm)는? (단, 온도 25℃, 1기압기준, 기타 조건은 고려 안함)

① 1.87 ② 2.34
③ 3.94 ④ 4.78

해설 ▶▶

$$농도(mg/m^3) = \frac{478\mu g \times mg/10^3 \mu g}{0.038m^3} = 12.579mg/m^3$$

$$\therefore 농도(ppm) = 12.579mg/m^3 \times \frac{24.45}{78} = 3.94ppm$$

36 누적소음노출량(D : %)을 적용하여 시간가중평균소음수준(TWA :dB (A))을 산출하는 공식은?

① $16.61 \log\left(\dfrac{D}{100}\right) + 80$

② $19.81 \log\left(\dfrac{D}{100}\right) + 80$

③ $16.61 \log\left(\dfrac{D}{100}\right) + 90$

④ $19.81 \log\left(\dfrac{D}{100}\right) + 90$

정답　32 ②　33 ②　34 ②　35 ③　36 ③

해설 ▶▶ 시간가중평균소음수준(TWA)

- $TWA = 16.61 \log\left[\dfrac{D(\%)}{100}\right] + 90[dB(A)]$

  여기서, TWA : 시간가중평균소음수준[dB(A)]
  D : 누적소음 폭로량(%)
  100 : $(12.5 \times T,\ T$: 폭로시간)

37 입자상 물질의 채취를 위한 섬유상 여과지인 유리섬유여과지에 관한 설명으로 틀린 것은?

① 흡습성이 적고 열에 강하다.
② 결합제 첨가형과 결합제 비첨가형이 있다.
③ 와트만 (Whatman) 여과지가 대표적이다.
④ 유해물질이 여과지의 안층에도 채취된다.

해설 ▶▶
- Whatman 여과지는 셀룰로오스여과지의 대표적 여과지이다.

38 흡착제를 이용하여 시료채취를 할 때 영향을 주는 인자에 관한 설명으로 틀린 것은?

① 온도 : 온도가 높을수록 입자의 활성도가 커져 흡착에 좋으며 저온 일수록 흡착능이 감소한다.
② 오염물질농도: 공기 중 오염물질 농도가 높을수록 파과용량은 증가하나 파과 공기량은 감소한다.
③ 흡착제의 크기 : 입자의 크기가 작을수록 표면적이 증가하여 채취효율이 증가하나 압력강하가 심하다.
④ 시료채취 속도 : 시료 채취 속도가 높고 코팅된 흡착제 일수록 파과가 일어나기 쉽다 .

해설 ▶▶ 흡착제를 이용한 시료채취 시 영향인자
- 온도: 낮을수록 흡착에 좋고 고온이면 흡착대상물질 간 반응속도가 증가하여 흡착성질이 감소하며 파과가 일어나기 쉽다.
- 습도 : 극성 흡착제를 사용할 때 수증기가 흡착 되기 때문에 파과가 일어나기 쉬우며 비교적 높 은 습도는 활성탄의 흡착용량을 저하시킨다.

- 혼합물 : 혼합기체의 경우 각 기체의 흡착량은 단독성분이 있을 때보다 적어지게 된다.
- 흡착제의 크기: 입자 크기가 작을수록 표면적 및 채취효율이 증가하지만 압력강하가 심하다.
- 흡착관의 크기: 흡착제의 양이 많아지면 전체 흡착제의 표면적이 증가하여 채취용량이 증가하므로 파과가 쉽게 발생되지 않는다.
- 시료채취속도(시료채취량) : 시료채취속도가 크고 코팅된 흡착제일수록 파과가 일어나기 쉽다.
- 유해물질 농도(포집된 오염물질의 농도) : 농도가 높으면 파과용량(흡착제에 흡착된 오염물질 량)이 증가하나 파과공기량은 감소한다.

39 시간당 200~350kcal의 열량이 소모되는 중등작업 조건에서 WBGT 측정치가 31.2℃ 일때 고열작업 노출기준의 작업휴식 조건은?

① 매시간 50% 작업, 50% 휴식 조건
② 매시간 75% 작업, 25% 휴식 조건
③ 매시간 25% 작업, 75% 휴식 조건
④ 계속 작업 조건

해설 ▶▶
- 시간당 200~350kcal의 열량이 소요되는 작업은 중등작업이며 31.1도 일때는 시간당 25%작업, 75% 휴식을 해야 한다.

40 공기 중 석면을 막여과지에 채취한후 전처리 하여 분석하는 방법으 로 다른 방법에 비하여 간편하나 석면의 감별에 어려움이 있는 측정 방법은?

① X선 회절법   ② 편광 현미경법
③ 위상차 현미경법   ④ 전자 현미경법

해설 ▶▶ 위상차현미경법
- 석면 측정에 이용되는 현미경으로 일반적으로 가장 많이 사용된다.
- 막여과지에 시료를 채취한 후 전처리하여 위상차 현미경으로 분석한다.
- 다른 방법에 비해 간편하나 석면의 감별이 어렵다.

정답 37 ③   38 ①   39 ③   40 ③

Part 6

41 국소배기장치에 관한 주의사항으로 가장 거리가 먼 것은?

① 배기관은 유해물질이 발산하는 부위의 공기를 모두 빨아낼 수 있는 성능을 갖출 것

② 흡인되는 공기가 근로자의 호흡기를 거치지 않도록 할 것

③ 먼지를 제거할 때에는 공기속도를 조절 하여 배기관 안에서 먼지가 일어나도록 할 것.

④ 유독물질의 경우에는 굴뚝에 흡인장치를 보강할 것.

해설 ▶▶
• 먼지를 제거할 때에는 공기속도를 조절 하여 배기관 안에서 먼지가 일어나지 않도록 할 것.

42 어느 실내의 길이, 폭, 높이가 각각 25m, 10m, 3m 이며, 1시간당 18회의 실내 환기를 하고자 한다. 직경 50cm의 개구부를 통하여 공기를 공급하고자 하면 개구부를 통과하는 공기의 유속(m/sec)은?

① 13.7   ② 15.3
③ 17.2   ④ 19.1

해설 ▶▶
$$ACH = \frac{필요환기량}{작업장 용적}$$
$$필요환기량 = 18회/hr \times (25 \times 10 \times 3)m^3$$
$$= 13,500m^3/hr \times hr/3,600sec$$
$$= 3.75m^3/sec$$
$$\therefore V = \frac{Q}{A}$$
$$= \frac{3.75m^3/sec}{\left(\frac{3.14 \times 0.5^2}{4}\right)m^2} = 19.11 m/sec$$

43 작업장 내 열부하량이 10,000 kcal/hr이며, 외기온도는 20℃, 작업장내 온도는 35℃이다. 이때 전체환기를 위한 필요환기량 (㎥/min)은? (단, 정압비열은 0.3kcal/㎥ · ℃ 이다.)

① 약 37   ② 약 47
③ 약 57   ④ 약 67

해설 ▶▶
$$Q(m^3/min) = \frac{H_s}{0.3\Delta t}$$
$$= \frac{10,000kcal/hr \times hr/60min}{0.3 \times (35℃ - 20℃)}$$
$$= 37.04 m^3/min$$

44 어떤 작업장의 음압수준이 100dB(A)이고 근로자가 NRR이 19인 귀마개를 착용하고 있다면 차음효과는? (단, OSHA 방법 기준)

① 2dB(A)   ② 4dB(A)
③ 6dB(A)   ④ 8dB(A)

해설 ▶▶
• 차음효과 = (NRR−7) × 0.5 = (19 − 7) × 0.5 = 6dB

45 작업환경관리의 공학적 대책에서 기본적 원리인 대체(substitution)와 거리가 먼 것은?

① 자동차산업에서 납을 고속회전 그라인더로 깎아 내던 작업을 저속 오실레이팅 (osillating type sander) 작업으로 바꾼다.

② 가연성 물질 저장시 사용하던 유리병을 안전한 철제통으로 바꾼다.

③ 방사선 동위원소 취급장소를 밀폐하고, 원격장치를 설치한다.

④ 성냥 제조시 황린 대신 적린을 사용하게 한다.

정답   41 ③   42 ④   43 ①   44 ③   45 ③

해설 ▶▶

$$소요동력(kW) = \frac{Q \times \Delta P}{6,120 \times \eta} \times \alpha$$
$$= \frac{200m^3/min \times 150mmH_2O}{6,120 \times 0.8} \times 1.0$$
$$= 6.13kW$$

46 1기압 동점성계수(20℃)는 1.5×10^{-5} (㎡/sec)이고, 유속은 10m/sec, 관 반경은 0.125m 일때 Reynolds 수는?

① 1.67×10^5 ② 1.87×10^5

③ 1.33×10^4 ④ 1.37×10^5

해설 ▶▶

$$\cdot \; R_e = \frac{Vd}{v}$$
$$= \frac{10 \times (0.125 \times 2)}{1.5 \times 10^{-5}}$$
$$= 1.67 \times 10^5$$

47 산소가 결핍된 밀폐공간에서 작업할 경우 가장 적합한 호흡용 보호구는?

① 방진마스크

② 방독 마스크

③ 송기마스크

④ 면체 여과식 마스크

해설 ▶ 송기마스크

• 산소가 결핍된 환경이나 유해물질의 농도가 높은 독성이 강한 작업장에서 사용해야 한다. 대표적인 보호구로는 에어라인(air-line)마스크와 자가공기공급장치(SCBA)가 있다.

48 송풍기의 송풍량이 200㎥/min이고, 송풍기 전압이 150mmH₂O 이다. 송풍기의 효율이 0.8이라면 소요동력(kW)은?

① 약 4kW ② 약 6kW

③ 약 8kW ④ 약 10kW

49 귀덮개의 착용 시 일반적으로 요구되는 차음 효과를 가장 알맞게 나타낸 것은?

① 저음역 20dB이상, 고음역 45dB이상

② 저음역 20dB이상, 고음역 55dB 이상

③ 저음역 30dB이상, 고음역 40dB 이상

④ 저음역 30dB이상, 고음역 50dB 이상

해설 ▶▶

• 귀덮개의 방음효과는 저음에서 20dB 이상 고음에서 45dB 이상의 차음효과가 있다. 간헐적인 소음노출시 귀덮개를 사용한다.

• 귀마개를 착용하고서 귀덮개 착용시 차음효과가 커져서 120dB 이상에서 두 개를 동시에 착용하는 것이 낫다.

50 유해물질을 관리하기 위해 전체환기를 적용할 수 있는 일반적인 상황과 가장 거리가 먼 것은?

① 작업자가 근무하는 장소로부터 오염발생원이 멀리 떨어져 있는 경우

② 오염발생원의 이동성이 없는 경우

③ 동일작업장에 다수의 오염발생원이 분산되어 있는 경우

④ 소량의 오염물질이 일정속도로 작업장으로 배출되는 경우

해설 ▶▶

• 오염발생원이 이동성인 경우 전체환기를 적용한다.

정답 46 ① 47 ③ 48 ② 49 ① 50 ②

Part 6

51 덕트 직경이 30cm이고 공기유속이 5m/sec일 때 레이놀즈수(Re)는? (단, 공기의 점성 계수는 20℃에서 1.85 X10⁻⁵ kg/sec·m, 공기 의 밀도는 20℃에서 1.2kg/㎥이다.)

① 97,300　　　② 117,500
③ 124,400　　　④ 135,200

해설 >>
- $Re = \dfrac{\rho VD}{\mu} = \dfrac{1.2 \times 5 \times 0.3}{1.85 \times 10^{-5}} = 97{,}297$

52 이산화탄소 가스의 비중은? (단, 0℃, 1기압 기준)

① 1.34　　　② 1.41
③ 1.52　　　④ 1.6

해설 >>
- 대상물질의 분자량 ÷ 표준물질의 분자량= 44 ÷ 28.9 = 1.52

53 90℃ 곡관의 반경비가 2.0일때 압력손실계수는 0.27이다. 속도압이 14mmH₂O라면 곡관의 압력손실(mmH₂O)은?

① 7.6　　　② 5.5
③ 3.8　　　④ 2.7

해설 >>
- 곡관의 압력손실 (ΔP) = δ X VP=0.27 X 14 = 3.78mmHg

54 다음은 직관의 압력손실에 관한 설명이다. 잘못된 것은?

① 직관의 마찰계수에 비례한다.
② 직관의 길이에 비례한다.
③ 직관의 직경에 비례한다.
④ 속도(관내유속)의 제곱에 비례한다.

해설 >>
- $\Delta P = \lambda(f) \times \dfrac{L}{D} \times \dfrac{r v^2}{2g}$
- 직관의 압력손실은 직관의 직경에 반비례한다.
  = 0.27x14 = 3.78mmH₂O

55 벤젠 2kg이 모두 증발하였다면 벤젠이 차지하는 부피는?
(단, 벤젠 비중 0.88, 분자량 78, 21℃, 1기압)

① 약 521L　　　② 약 618L
③ 약 736L　　　④ 약 871L

해설 >>
- (2000g × 24.1L) ÷ 78g = 617.95L

56 송풍량(Q)이 300㎥/min일 때 송풍기의 회전 속도는 150rpm이었다. 송풍량을 500㎥/min 확대시킬 경우 같은 송풍기의 회전속도 는 대략 몇 rpm이 되는가? (단, 기타 조건은 같다고 가정함)

① 약 200rpm　　　② 약 250rpm
③ 약 300rpm　　　④ 약 350rpm

해설 >>
- $\dfrac{Q_2}{Q_1} = \dfrac{\text{rpm}_2}{\text{rpm}_1}$
- $\therefore \text{rpm}_2 = \dfrac{Q_2 \times rpm_1}{Q_1} = \dfrac{500 \times 150}{300} = 250\text{rpm}$

57 작업환경개선대책 중 격리와 가장 거리가 먼 것은?

① 콘크리트 방호벽의 설치
② 원격조정
③ 자동화
④ 국소배기장치의 설치

정답　　51 ①　　52 ③　　53 ③　　54 ③　　55 ②　　56 ②　　57 ④

해설 ▶▶
• 국소배기장치의 설치는 작업환경개선의 하나이다.

58 직경이 10cm인 원형 후드가 있다. 관내를 흐르는 유량이 0.2㎥/sec라면 후드 입구에서 20cm 떨어진 곳에서의 제어속도 (m/sec)는?

① 0.29   ② 0.39
③ 0.49   ④ 0.59

해설 ▶▶
• 문제 내용 중 후드 위치 및 플랜지에 대한 언급이 없으므로 기본식 사용
• $Q = V_c(10X^2 + A)$
• $A = (\frac{3.14 \times 0.1^2}{4})m^2 = 0.00785m^2$
• $0.2m^3/sec = V_c[(10 \times 0.2^2)m^2 + 0.00785m^2]$
• $V_c(m/sec) = \frac{0.2m^3/sec}{0.408m^2} = 0.49m/sec$

59 사무실에서 일하는 근로자의 건강장애를 예방하기 위해 시간당 공기교환횟수는 6회이상 되어야 한다. 사무실의 체적이 150㎥일 때 최소 필요한 환기량 (㎥/min)은 ?

① 9   ② 12
③ 15   ④ 18

해설 ▶▶
• $ACH = \frac{작업장 필요환기량(m^3/hr)}{작업장 체적(m^3)}$
• 작업장 환기량(m^3/hr) = 6회/hr × 150m^3
  = 900m^3/hr × hr/60min
  = 15m^3/min

60 어떤 작업장의 음압수준이 86dB(A)이고 , 근로자는 귀덮개를 착용하고 있다. 귀덮개의 차음평가수는 NRR =19이다. 근로자가 노출되는 음압(예측)수준 (dB(A))은 ?

① 74   ② 76
③ 78   ④ 80

해설 ▶▶
• 노출음압수준 =86dB(A) – 차음효과
• 차음효과 = (NRR -7)× 0.5 = (19-7) × 0.5 = 6dB(A)
  = 86dB(A) – 6dB(A) = 80dB(A)

4과목 | 물리적 유해인자 관리

61 물체가 작열되면 방출되므로 광물이나 금속의 용해작업, 노(furnace)작업, 특히 제강, 용접, 야금공정, 초자제조공정, 레이저, 가열램프 등에서 발생되는 방사선은?

① X 선   ② β선
③ 적외선   ④ 자외선

해설 ▶▶ 적외선의 발생원
• 제철· 제강업, 주물업, 유리취급업(용해로), 열처리작업(가열로), 용접작업, 야금공정, 레이저, 가열램프, 금속의용해작업, 노작업, 자연적 발생원 (태양광)

62 다음 중 소음성 난청에 영향을 미치는 요소에 대한 설명으로 틀린 것은?

① 음압수준이 높을수록 유해하다.
② 저주파음이 고주파음보다 더 유해하다.
③ 계속적 노출이 간헐적 노출보다 더 유해 하다.
④ 개인의 감수성에 따라 소음반응이 다양 하다.

해설 ▶▶
• 고주파음이 더 유해하다.

정답   58 ③   59 ③   60 ④   61 ③   62 ②

63 작업장의 환경에서 기류의방향이 일정하지 않거나, 실내 0.2 ~ 0.5m/sec 정도의 불감기류를 측정할 때 사용하는 측정기구는?

① 풍차풍속계
② 카타(kata)온도계
③ 가열온도풍속계
④ 습구흑구온도계(WBGT)

해설 >> **카타온도계(kata thermometer)**
• 실내 0.2~0.5m/sec 정도의 불감기류 측정에서 사용, 기류의 방향이 일정치 않을 경우 사용.
• 카타의 냉각력을 이용하여 측정한다. 즉 알코올 눈금이 100°F(37.8℃)에서 950°F(35℃)까지 내려가는 데 소요되는 시간을 4~5회 측정 평균하여 카타상수값을 이용하여 구한다.

64 다음 중 조명을 작업환경의 한 요인으로 볼 때 고려해야 할 중요한 사항이 아닌 것은?

① 빛의 색
② 눈부심과 휘도
③ 조명 시간
④ 조도와 조도의 분포

해설 >>
• 조명을 작업환경으로 볼 때 고려해야 할 중요한 사항은 조도와 조도의 분포, 눈부심과 휘도, 빛의 색이다.

65 1기압(atm)에 관한 설명으로 틀린 것은?

① 약 1kgf/cm² 와 동일하다.
② torr로 0.76에 해당한다.
③ 수은주로 760mmHg와 동일하다.
④ 수주로 10332mmH₂O에 해당한다.

해설 >>
• 1기압 = 1atm = 760mmHg = 10,332mmH₂O
  = 14.7Psi = 760Torr = 10,332mmAq
  = 10.332mH₂O = 1013.25hPa
  = 1013.25mb = 1.01325bar
  = 10,113x10⁵dyne/cm2 = 1.013 x 10⁵Pa

66 다음 중 소음대책에 대한 공학적 원리에 관한 설명으로 틀린 것은?

① 고주파음은 저주파음보다 격리 및 차폐로써의 소음 감소 효과가 크다.
② 넓은 드라이브 벨트는 가는 드라이브 벨트로 대치하여 벨트 사이에 공간을 두는 것이 소음 발생을 줄일 수 있다.
③ 원형 톱날에는 고무 코팅재를 톱날 측면에 부착시키면 소음의 공명현상을 줄일 수 있다.
④ 덕트 내에 이음부를 많이 부착하면 흡음효과로 소음을 줄일 수 있다.

해설 >>
• 덕트 내에 이음부를 많이 부착하면 마찰저항력에 의한 소음이 발생한다.

67 자유공간에 위치한 점음원의 음향파워레벨(PWL)이 110dB일 때, 이 점음원으로부터 100m 떨어진 곳의 음압레벨(SPL)은?

① 49dB   ② 59dB
③ 69dB   ④ 79dB

해설 >>
• SPL = PWL-20logr-11 = 110 dB-20log100 -11 = 59dB

68 감압과정에서 감압속도가 너무 빨라서 나타나는 종격기종, 기흉의 원인이 되는 가스는?

① 산소   ② 이산화탄소
③ 질소   ④ 일산화탄소

해설 >>
• 감압속도가 너무 빠르면 폐포가 파열되고 흉부조직 내로 유입된 질소가스 때문에 종격기종, 기흉, 공기 전색 등의 증상이 나타난다.

정답   63 ②   64 ③   65 ②   66 ④   67 ②   68 ③

69 고압환경의 영향 중 2차적인 가압현상에 관한 설명으로 틀린 것은?

① 4기압 이상에서 공기 중의 질소가스는 마취작용을 나타낸다.
② 이산화탄소의 증가는 산소의 독성과 질소의 마취작용을 촉진시킨다.
③ 산소의 분압이 2기압을 넘으면 산소 중독 증세가 나타난다.
④ 산소중독은 고압산소에 대한 노출이 중지되어도 근육경련, 환청 등 후유증이 장기간 계속된다.

해설 ▶▶ 2차적 가압현상
• 고압하의 대기가스의 독성 때문에 나타나는 현상으로 2차성 압력현상이다.
• 질소가스의 마취작용, 산소중독, 이산화탄소의 작용

70 심한 소음에 반복 노출되면 일시적인 청력변화는 영구적 청력변화로 변하게 되는데, 이는 다음 중 어느 기관의 손상으로 인한 것인가?

① 원형창
② 코르티기관
③ 삼반규반
④ 유스타키오관

해설 ▶▶
• 소음성난청은 청신경 말단부의 내이 코르티기관의 섬모세포 손상을 말한다.

71 다음 중 고압환경에서 발생할 수 있는 화학적인 인체 작용이 아닌 것은?

① 질소 마취작용에 의한 작업력 저하
② 일산화탄소 중독에 의한 호흡곤란
③ 산소중독 증상으로 간질 형태의 경련
④ 이산화탄소 분압증가에 의한 동통성 관절장애

해설 ▶▶ 고압환경에서의 2차적 가압현상
• 질소가스의 마취작용 / 산소중독 / 이산화탄소의 작용

72 산업안전보건법령(국내)에서 정하는 일일 8시간 기준의 소음노출기준과 ACGIH 노출기준의 비교 및 각각의 기준에 대한 노출시간 반감에 따른 소음변화율을 비교한 [표]의 내용 중 올바르게 구분한 것은?

구분	소음노출기준		소음변화율	
	국내	ACGIH	국내	ACGIH
가	90dB	85dB	5dB	3dB
나	90dB	90dB	5dB	5dB
다	90dB	85dB	5dB	3dB
라	90dB	90dB	3dB	5dB

① 가
② 나
③ 다
④ 라

해설 ▶▶ 소음에 대한 노출기준
• 국내: 8시간 노출에 대한 기준 90dB(5dB 변화율)
• 1일 노출시간

소음노출기준		소음변화율	
국내	ACGIH	국내	ACGIH
90dB	85dB	5dB	3dB
95dB	88dB	5dB	3dB
100dB	91dB	5dB	3dB
105dB	94dB	5dB	3dB
110dB	97dB	5dB	3dB
115dB	100dB	5dB	3dB

73 수심 40m에서 작업을 할 때 작업자가 받는 절대압은 어느 정도인가?

① 3 기압
② 4 기압
③ 5 기압
④ 6 기압

정답 69 ④ 70 ② 71 ② 72 ③ 73 ③

Part 6

해설 ▶▶
- 절대압 = 작용압+1기압 = (40m x 1기압/ 10m) + 1기압 = 5기압

74 다음 중 산소결핍의 위험이 가장 적은 작업 장소는?

① 실내에서 전기 용접을 실시하는 작업 장소
② 장기간 사용하지 않은 우물 내부의 작업 장소
③ 장기간 밀폐된 보일러 탱크 내부의 작업 장소
④ 물품 저장을 위한 지하실 내부의 청소 작업 장소

해설 ▶▶
- 2, 3, 4는 밀폐공간 작업이다.

75 지상에서 음력10w인 소음원으로부터 10m 떨어진 곳의 음압수준은 약 얼마인가? (단, 음속은 344.4m /secO IH 공기의 밀도는 1.18kg/m³이다.)

① 96dB   ② 99dB
③ 102dB   ④ 105dB

해설 ▶▶
- $SPL = PWL - 20 \log r - 8$

- $\therefore PWL = 10 \log \dfrac{10}{10^{-12}} = 130dB$

$$= 130 - 20 \log 10 - 8 = 102dB$$

76 전리방사선 방어의 궁극적 목적은 가능한 한 방사선에 불필요하게 노출되는 것을 최소화 하는 데 있다. 국제방사선방호위원회(ICRP) 가 노출을 최소화하기 위해 정한 원칙3가지 에 해당하지 않는 것은?

① 작업의 최적화
② 작업의 다양성
③ 작업의 정당성
④ 개개인의 노출량 한계

해설 ▶▶
- 국제 방사선 방호위원회(ICRP)의 노출 최소화 3원칙
- 작업의 정당성/작업의 최적화/ 개개인의 노출량 한계

77 다음 중 한랭환경으로 인하여 발생되거나 악화되는 질병과 가장 거리가 먼 것은?

① 동상 (frostbite)
② 지단자람증 (acrocyanosis)
③ 케이슨병 (caisson disease)
④ 레이노병 (Raynaud's disease)

해설 ▶▶
- 잠함병 또는 케이슨병이라고도 한다. 감압병의 직접적인 원인은 혈액과 조직에 질소기포의 증가이고, 감압병의 치료는 재가압 산소요법이 최상이다.

78 불활성가스 용접에서는 자외선량이 많아 오존이 발생한다. 염화계 탄화수소에 자외선이 조사되어 분해될 경우 발생하는 유해물질로 맞는 것은?

① $COCl_2$(포스겐)
② HCl(염화수소)
③ NO_3(삼산화질소)
④ HCHO(포름알데히드)

해설 ▶▶ 포스겐 ($COCl_2$)
- 무색의 기체로서 시판되고 있는 포스겐은 담황록색이며 독특한 자극성 냄새가 나며 가수분해 되고 일반적으로 비중이 1.38 정도로 크다.
- 태양자외선과 산업장에서 발생하는 자외선은 공기중의 NO_2와 올레핀계 탄화수소와 광학적 반응을 일으켜 트리클로로에틸렌을 독성이 강한 포스겐으로 전환시키는 광화학작용을 한다.

79 다음 중 가청주파수의 최대범위로 맞는 것은 어느 것인가?

① 10~80,000Hz ② 20~2,000Hz

③ 20~20,000Hz ④ 100~8,000Hz

해설 >>
• 가청주파수의 범위 20 ~ 20,000Hz(20kHz)

80 다음의 ( )에 들어갈 가장 적당한 값은?

> 정상적인 공기 중의 산소함유량은 2 lvo l%이며 그 절대량, 즉 산소분압은 해면에 있어서는 약 (   ) mmHg이다.

① 160   ② 210

③ 230   ④ 380

해설 >>
• 산소분압= 760mmHg × 0.21= 159.6mmHg

5과목 산업독성학

81 다음 중 중추신경계에 억제작용이 가장 큰 것은?

① 알칸족   ② 알켄족

③ 알코올족   ④ 할로겐족

해설 >> 유기화학물질의 중추신경계 억제작용 순서
• 할로겐화합물 〉에테르 〉에스테르 〉유기산 〉알코올 〉알켄 〉알칸

82 다음 중 납중독을 확인하는 시험이 아닌 것은 어느 것인가?

① 소변 중 단백질

② 혈중의 납 농도

③ 말초 신경의 신경 전달속도

④ ALA (Amino Levulinic Acid)축적

해설 >> 납중독시 확인할 사항
• 혈액내 납농도, 헴(hem)의 대사, 말초신경의 신경전달속도, ca-EDTA이동시험, β-ALA축적

83 다음 중 진폐증 발생에 관여하는 요인이 아닌 것은?

① 분진의 크기   ② 분진의 농도

③ 분진의 노출기간 ④ 분진의 각도

해설 >> 진폐증 발생 요인
• 분진의 종류, 농도 및 크기, 폭로시간 및 작업강도, 보호시설이나 장비 착용 유무

84 다음 중 유해물질의 생체 내 배설과 관련된 설명으로 틀린 것은?

① 유해물질은 대부분 위 (胃)에서 대사된다.

② 흡수된 유해물질은 수용성으로 대사된다.

③ 유해물질의 분포량은 혈중 농도에 대한 투여량으로 산출한다.

④ 유해물질의 혈장농도가 50%로 감소하는데 소요되는 시간을 반감기라고 한다.

해설 >>
• 유해물질의 배출에 있어서 중요한 기관은 신장, 폐, 간이며 배출은 생체전환과 분배과정이 동시에 일어난다.

85 작업환경 중에서 부유 분진이 호흡 기계에 축적되는 주요 작용기전과 가장 거리가 먼 것은?

① 충돌   ② 침강

③ 확산   ④ 농축

해설 >> 입자의 호흡기계 축적기전
• 충돌, 침강, 차단, 확산 ,정전기

정답	79 ③	80 ①	81 ④	82 ①	83 ④	84 ①	85 ④

Part 6

86 다음 중 벤젠에 의한 혈액조직의 특징적인 단계별 변화를 설명한 것으로 틀린 것은?

① 1단계 : 백혈구수의 감소로 인한 응고작용 결핍이 나타난다 .

② 1단계 : 혈액성분 감소로 인한 범혈구 감소증이 나타난다 .

③ 2단계 : 벤젠의 노출이 계속되면 골수의 성장부전이 나타난다 .

④ 3단계 : 더욱 장시간 노출되어 심한 경우 빈혈과 출혈이 나타나고 재생불량성 빈혈이 된다.

해설 >> 벤젠으로 인한 변화
• 1단계: 백혈구수 감소로 인한 응고작용 결핍 및 혈액성분 감소로 인한 범혈구 감소증, 재생불량성 빈혈유발
• 2단계: 골수가 과다증식하여 백혈구의 생성을 자극
• 3안계: 성장부진, 출혈, 백혈병, 재생불량성 빈혈

87 체내에 노출되면 metallothionein이라는 단백질을 합성하여 노출된 중금속의 독성을 감소시키는 경우가 있는데 이에 해당되는 중금속은?

① 납   ② 니켈
③ 비소   ④ 카드뮴

해설 >>
• 카드뮴이 체내에 들어가면 간에서 metallothionein 생합성이 촉진되어 폭로된 중금속의 독성을 감소시키는 역할을 하나 다량의 카드뮴일 경우 합성이 되지 않아 중독작용을 일으킨다.

88 다음 중 유병률(P)은 10%이하이고, 발생률(I)과 평균이환기간(D)이 시간경과에 따라 일정하다고 할 때, 다음 중 유병률과 발생률 사이의 관계로 옳은 것은?

① $P = \dfrac{I}{D^2}$ ② $P = \dfrac{I}{D}$

③ $P = I \times D^2$ ④ $P = I \times D$

해설 >> 유병률과 발생률의 관계
• 유병률 (P)= 발생률(Ⅰ) X 평균이환기간(D)
• 단, 유병률은 10%이하이며, 발생률과 평균 이환기간이 시간경과에 따라 일정하여야 한다.

89 금속열은 고농도의 금속산화물을 흡입함으로써 발병되는 질병이다. 다음 중 원인물질로 가장 대표적인 것은?

① 니켈   ② 크롬
③ 아연   ④ 비소

해설 >> 금속증기열
• 금속이 용융점 이상으로 가열될 때 형성되는 금속산화물을 흄의 형태로 금속증기를 들이마셔 일어나는 열이다. 특히 아연이 흔하고 구리, 니켈 등의 금속증기에 의해서도 발생한다.

90 생물학적 모니터링(biological monitoring)에 대한 개념을 설명한 것으로 적절하지 않은 것은?

① 내재용량은 최근에 흡수된 화학물질의 양이다.

② 화학물질이 건강상 영향을 나타내는 조직이나 부위에 결합된 양을 말한다.

③ 여러 신체 부분이나 몸 전체에 저장된 화학물질 중 호흡기계로 흡수된 물질을 의미한다.

④ 생물학적 모니터링은 노출에 대한 모니터링과 건강상의 영향에 대한 모니터링으로 나눌 수 있다.

해설 >>
• 호흡기계뿐 아니라 소변, 혈액 중에서도 측정이 된다.

정답   86 ③   87 ④   88 ④   89 ③   90 ③

91 공기 중 일산화탄소 농도가 10mg/㎥인 작업장에서 1일 8시간 동안 작업하는 근로자가 흡입하는 일산화탄소의 양은 몇 mg인가? (단, 근로자의 시간당 평균 흡기량은 1,250L이다.)

① 10
② 50
③ 100
④ 500

해설 ≫
- 흡입 일산화탄소(mg)
  = 10mg/㎥ x 1250L/hr X 8hr X ㎥ /l,000L = 100mg

92 다음 중 급성 중독지에게 활성탄과 하제를 투여하고 구토를 유발시키며, 확진되면 dimercapol로 치료를 시작하는 유해물질은? (단, 쇼크의 치료는 강력한 정맥 수액제와 혈압상승제를 사용한다.)

① 납(Pb)
② 크롬(Cr)
③ 비소(As)
④ 카드뮴(Cd)

해설 ≫ 비소의 치료
- 만성중독시 작업중지, 전체수혈
- 급성중독시 활성탄과 하제투여 구토유발시킨 후 BAL을 투여한다.
- 급성중독시 확진되면 dimercaprol 약제로 처치함.

93 다음 중 작업장에서 일반적으로 금속에 대한 노출 경로를 설명한 것으로 틀린 것은?

① 대부분 피부를 통해서 흡수되는 것이 일반적이다.
② 호흡기를 통해서 입자상 물질중의 금속이 침투된다 .
③ 작업장내에서 휴식시간에 음료수, 음식등에 오염된 채로 소화관을 통해서 흡수될 수 있다.
④ 에틸납은 피부로 흡수될 수 있다.

해설 ≫
- 금속물질은 대부분 호흡기계를 통해 흡수된다.

94 다음 중 단순 질식제에 해당하는 것은?

① 수소가스
② 염소가스
③ 불소가스
④ 암모니아가스

해설 ≫
- 단순질식제의 종류는 이산화탄소, 메탄, 질소, 수소, 에탄, 프로판, 에틸렌, 아세틸렌, 헬륨이다.

95 다음 중 납중독의 주요 증상에 포함되지 않는 것은?

① 혈중의 metallothionein 증가
② 적혈구의 protoporphyrin 증가
③ 혈색소량 저하
④ 혈청 내 철 증가

해설 ≫
- metallothionein(혈당단백질)은 카드뮴과 관련된다. 카드뮴이 체내에 들어가면 간에서 metallothionein 생합성이 촉진되어 폭로된 중금속의 독성을 감소시키는 역할을 하나 다량의 카드뮴일 경우 합성이 되지 않아 중독작용을 일으킨다.

96 헤모글로빈의 철성분이 어떤 화학물질에 의하여 유해화학물질이 체내에서 해독되는데 중요하여 메트헤모글로빈으로 전환되기도 하는데 이러한 현상은 철성분이 어떠한 화학작용을 받기 때문인가?

① 산화작용
② 환원작용
③ 착화물작용
④ 가수분해작용

해설 ≫
- 이 현상은 철성분이 산화작용을 받기 때문이다.

정답　91 ③　92 ③　93 ①　94 ①　95 ①　96 ①

Part 6

97 다음 중 납에 관한 설명으로 틀린 것은?

① 폐암을 야기하는 발암물질로 확인되었다.

② 축전지 제조업, 광명단 제조업 근로자가 노출될 수 있다.

③ 최근의 납의 노출정도는 혈액 중 납 농도로 확인할 수 있다.

④ 납중독을 확인하는 데는 혈액 중 ZPP 농도를 이용할 수 있다.

해설 ≫
• 납은 위장계통의 장애, 신경, 근육, 중추신경 장애를 유발한다.

98 생물학적 모니터링을 위한 시료채취시간에 제한이 없는 것은?

① 소변 중 아세톤

② 소변 중 카드뮴

③ 소변 중 일산화탄소

④ 소변 중 총 크롬(6가)

해설 ≫
• 중금속은 반감기가 길어서 시료채취시간이 중요하지 않다.
• 반감기란 어떤 양이 초기 값의 절반이 되는데 걸리는 시간이다.

99 유해화학물질이 체내에서 해독되는 데 중요한 작용을 하는 것은?

① 효소　　　　② 임파구

③ 체표온도　　④ 적혈구

해설 ≫ 효소
• 독반응에 가장 중요한 작용을 하는 것이 효소이다.

100 Haber의 법칙에서 유해물질지수는 노출시간(T)과 무엇의 곱으로 나타내는가?

① 상수(Constant)

② 용량(Capacity)

③ 천장치(Ceiling)

④ 농도(Concentration)

해설 ≫
• Haber의 법칙 C × T = K (C: 농도, T: 노출시간, K: 유해물질지수)

정답　97 ①　98 ②　99 ①　100 ④

1과목 산업위생학 개론

01 다음 중 flex-time제를 가장 올바르게 설명한 것은?

① 주휴 2일제로 주당 40시간 이상의 근무를 원칙으로 하는 제도
② 하루 중 자기가 편한 시간을 정하여 자유 출퇴근하는 제도
③ 작업상 전 근로자가 일하는 중추시간(core time)을 제외하고 주당 40시간 내외의 근로조건하에서 자유롭게 출퇴근 하는 제도
④ 연중 4주간의 연차 휴가를 정하여 근로자가 원하는 시기에 휴가를 갖는 제도

해설 ▶ Flex-time제
- 작업장의 기계화, 생산의 조직화, 기업의 경제성을 고려하여 모든 근로자가 근무를 하지 않으면 안 되는 중추시간(core time)을 설정하고, 지정된 주간 근무시간 내에서 자유 출퇴근을 인정하는 제도, 즉 작업상 전 근로자가 일하는 core time을 제외하고 주당 40시간 내외의 근로조건하에서 자유롭게 출퇴근하는 제도이다.

02 사고예방대책의 기본원리가 다음과 같을 때 각 단계를 순서대로 올바르게 나열한 것은?

가. 분석·평가	나. 시정책의 적용	
다. 안전관리 조직	라. 시정책의 선정	
마. 사실의 발견		

① 다 → 마 → 가 → 라 → 나
② 다 → 마 → 라 → 나 → 가
③ 마 → 다 → 라 → 나 → 가
④ 마 → 라 → 다 → 나 → 가

해설 ▶ 하인리히의 사고예방(방지)대책 기본원리 5단계
- 제1단계 : 안전관리조직 구성(조직)
- 제2단계 : 사실의 발견
- 제3단계 : 분석·평가
- 제4단계 : 시정방법의 선정(대책의 선정)
- 제5단계 : 시정책의 적용(대책 실시)

03 어떤 사업장에서 1,000명의 근로자가 1년동안 작업하던 중 재해가 40건 발생하였다면 도수율은 얼마인가? (단, 근로자는 1일 8시간씩 연간 평균 300일을 근무하였다.)

① 12.3 ② 16.7
③ 24.4 ④ 33.4

해설 ▶

- 도수율 $= \dfrac{\text{재해발생건수}}{\text{연근로시간수}} \times 10^6$

$= \dfrac{40}{1,000 \times 2,400} \times 10^6$

$= 16.67$

04 다음 중 작업적성을 알아보기 위한 생리적 기능검사와 가장 거리가 먼 것은?

① 체력검사 ② 감각기능검사
③ 심폐기능검사 ④ 지각동작기능검사

해설 ▶ 적성검사의 분류
(1) 생리학적 적성검사 (감각기능검사/ 심폐기능검사/ 체력검사)
(2) 심리학적 적성검사 (지능검사/ 지각동작검사/ 인성검사/ 기능검사)

정답 01 ③ 02 ① 03 ② 04 ④

05 금속이 용해되어 액상 물질로 되고, 이것이 가스상 물질로 기화된 후 다시 응축되어 발생하는 고체 입자를 무엇이라 하는가?

① 에어로졸(aerosol)

② 흄(fume)

③ 미스트(mist)

④ 스모그(smog)

해설 ≫ 흄의 생성기전 3단계
• 1단계: 금속의 증기화
• 2단계: 증기물의 산화
• 3단계 : 산화물의 응축

06 다음 중 근육운동에 필요한 에너지를 생산하는 혐기성 대사의 반응이 아닌 것은?

① ATP + H₂O ⇔ ADP + P + Free energy

② Glycogen + ADP ⇔ Citrate + ATP

③ Glucose + P + ADP → Lactate + ATP

④ Creatine phosphate + ADP
⇔ Creatine + ATP

해설 ≫ 기타 혐기성 대사(근육운동)
• ATP+H₂O ⇔ ADP + P + Free energy
• Creatine phosphate+ ADP ⇔ Creatine+ ATP
• Glucose+ P+ ADP → Lactate+ ATP

07 다음 중 산업피로를 줄이기 위한 바람직한 교대근무에 관한 내용으로 틀린 것은?

① 근무시간의 간격은 15~16시간 이상으로 하여야 한다.

② 야간근무 교대시간은 상오 0시 이전에 하는 것이 좋다.

③ 야간근무는 4일 이상 연속해야 피로에 적응할 수 있다.

④ 야간근무 시 가면시간은 근무시간에 따라 2~4시간으로 하는 것이 좋다.

해설 ≫ 야간근무는 3일이상 연속하면 안됨.
바람직한 교대제
• 각 반의 근무시간은 8시간씩 교대로, 야근은 가능한 짧게 한다.
• 2교대면 최저 3조의 정원을 3교대면 4조를 편성한다.
• 채용 후 근로자의 체중이 3kg 이상 감소시 정밀검사를 받는다.
• 근무시간의 간격은 15~16시간 이상으로 하는 것이 좋다.
• 야근의 주기는 4~5일로 한다.
• 야간근무의 연속일수는 2~3일로 하며 야간근무를 3일 이상 연속으로 하는 경우에는 피로축적현상이 나타나게 되므로 연속하여 3일을 넘기지 않도록 한다.
• 야간근무 가면은 반드시 필요하며 보통 2~4시간이 적합하다.

08 우리나라 직업병에 관한 역사에 있어 원진 레이온{주)에서 발생한 사건의 주요 원인 물질은?

① 이황화탄소(CS₂)   ② 수은(Hg)

③ 벤젠(C₆H₆)   ④ 납(Pb)

해설 ≫
• 원진레이온에서의 이황화탄소(CS₂) 중독 사건, 펄프를 이황화탄소와 적용시켜 비스코레이온을 만드는 공정에서 발생함.

09 산업안전보건법령에 따라 근로자가 근골격계 부담작업을 하는 경우 유해요인 조사의 주기는?

① 6개월   ② 2년

③ 3년   ④ 5년

해설 ≫
• 근골격계 부담작업 종사 근로자의 유해요인 조사사항 3년마다 실시한다.
• 설비·작업공정 ·작업량 ·직업속도, 작업시간 · 작업자세 ·작업방법 등 작업조건
• 작업과 관련된 근골격계 질환 징후 및 증상 유무 등

정답   05 ②   06 ②   07 ③   08 ①   09 ③

10 다음 중 피로를 가장 적게 하고, 생산량을 최고로 올릴 수 있는 경제적인 작업속도를 무엇이라 하는가?

① 완속속도
② 지적속도
③ 감각속도
④ 민감속도

해설 ▶
• 지적속도는 작업자의 체력과 숙련도, 작업환경에 따라 피로를 가장 적게 하고 생산량을 최고로 올릴 수 있는 경제적인 작업속도를 말한다.

11 다음 중 사무직 근로자가 건강장애를 호소하는 경우 사무실 공기관리 상태를 평가하기 위해 사업주가 실시해야 하는 조사방법과 가장 거리가 먼 것은?

① 사무실 조명의 조도 조사
② 외부의 오염물질 유입경로의 조사
③ 공기정화시설의 환기량이 적정한가를 조사
④ 근로자가 호소하는 증상(호흡기, 눈, 피부자극 등)에 대한 조사

해설 ▶ 사무실 공기관리상태 평가방법
• 근로자가 호소하는 증상(호흡기, 눈, 피부자극등)에 대한 조사
• 공기정화설비의 환기량이 적정한지 여부 조사
• 외부의 오염물질 유입경로 조사
• 사무실 내 오염원 조사 등

12 산업안전보건법령상 밀폐공간 작업으로 인한 건강장애 예방을 위하여 '적정한 공기'의 조성 조건으로 옳은 것은?

① 산소농도가 18% 이상 21% 미만, 탄산가스 농도가 1.5% 미만, 황화수소 농도가 10ppm 미만 수준의 공기
② 산소농도가 16% 이상 23.5% 미만, 탄산가스 농도가 3% 미만, 황화수소 농도가 5ppm 미만 수준의 공기

③ 산소농도가 18% 이상 21% 미만, 탄산가스 농도가 1.5% 미만, 황화수소 농도가 5ppm 미만 수준의 공기
④ 산소농도가 18% 이상 23.5% 미만, 탄산가스 농도가 1.5% 미만, 황화수소 농도가 10ppm 미만 수준의 공기

해설 ▶ 적정한 공기의 기준
• 산소농도의 범위가 18% 이상 23.5% 미만인 수준의 공기
• 탄산가스의 농도가 1.5% 미만인 수준의 공기
• 황화수소의 농도가 10ppm 미만인 수준의 공기
• 일산화탄소 농도가 30ppm 미만인 수준의 공기

13 전신피로 정도를 평가하기 위한 측정수치가 아닌 것은? (단, 측정수치는 작업을 마친 직후 회복기의 심박수이다.)

① 작업종료 후 30~60초 사이의 평균 맥박수
② 작업종료 후 60~90초 사이의 평균 맥박수
③ 작업종료 후 120~150초 사이의 평균 맥박수
④ 작업종료 후 150~180초 사이의 평균 맥박수

해설 ▶ 심한 전신피로상태
• HR_1이 110을 초과하고 HR_3와 HR의 차이가 10미만인 경우
여기서
HR_1 : 작업종료 후 30~60초 사이의 평균 맥박수
HR_2 : 작업종료 후 60~90초 사이의 평균 맥박수
HR_3 : 작업종료 후 150~180초 사이의 평균 맥박수

14 사망에 관한 근로손실을 7500일로 산출한 근거는 다음과 같다. ( )에 알맞은 내용으로만 나열한 것은?

> 재해로 인한 사망자의 평균연령을 ( )세로 본다.
> 노동이 가능한 연령을 ( )세로 본다.
> 1년 동안의 노동일수를 ( ) 일로 본다.

① 30, 55, 300
② 30, 60, 310
③ 35, 55, 300
④ 35, 60, 310

정답 10 ② 11 ① 12 ④ 13 ③ 14 ①

Part 6

해설 »
- 사망 및 1, 2, 3급의 근로손실일수는 7500일이며 근거는 재해로 인한 사망자의 평균연령을 30세로 보고 노동이 가능한 연령을 55세로 보며 1년동안의 노동일수를 300일로 본 것이다.

15 실내공기 오염물질 중 석면에 대한 일반적인 설명으로 거리가 먼 것은?

① 석면의 발암성 정보물질의 표기는 1A에 해당한다.
② 과거 내열성, 단열성, 절연성 및 견인력 등의 뛰어난 특성 때문에 여러 분야에서 사용되었다.
③ 석면의 여러 종류 중 건강에 가장 치명적인 영향을 미치는 것은 사문석 계열의 청석면이다.
④ 작업환경측정에서 석면은 길이가 5㎛보다 크고, 길이 대 넓이의 비가 3 : 1이상인 섬유만 개수한다.

해설 »
- 건강에 가장 치명적인 영향을 미치는 청석면은 각섬석 계통이다.

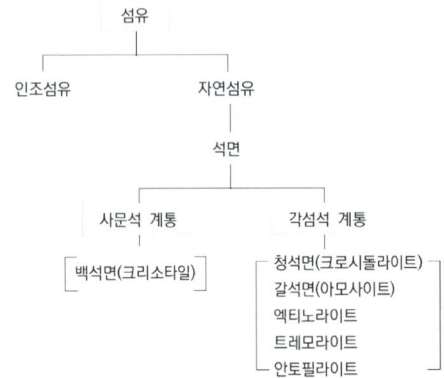

16 온도 25℃, 1기압하에서 분당100mL씩 60분 동안 채취한 공기 중에서 벤젠이 5mg 검출되었다. 검출된 벤젠은 약 몇 ppm 인가? (단, 벤젠의 분자량은 78이다.)

① 15.7   ② 26.1
③ 157   ④ 261

해설 »
- 벤젠 농도(mg/m³)
$$= \frac{5mg}{0.1L/min \times 60min \times m^3/1,000L} = 833.33mg/m^3$$
- 벤젠 농도(ppm)
$$= 833.33mg/m^3 \times \frac{24.45}{78} = 261.22ppm$$

17 물질안전보건자료(MSDS)의 작성원칙에 관한 설명으로 틀린 것은?

① MSDS는 한글로 작성하는 것을 원칙으로 한다.
② 실험실에서 시험·연구 목적으로 사용하는 시약으로서 MSDS가 외국어로 작성된 경우에는 한국어로 번역하지 아니할 수 있다.
③ 외국어로 되어 있는 MSDS를 번역하는 경우에는 자료의 신뢰성이 확보될 수 있도록 최초 작성기관명과 시기를 함께 기재하여야 한다.
④ 각 작성항목은 빠짐없이 작성하여야 하지만 부득이 어느 항목에 대해 관련 정보를 얻을 수 없는 경우에는 작성란에 "해당 없음" 이라고 기재한다.

해설 »
- 각 작성항목을 다 작성해야 하며 정보를 얻을수 없는 경우에는 작성란에 "자료없음" 이라고 기재하고, 적용이 불가능하거나 대상이 되지 않는 경우에는 작성란에 "해당 없음"이라고 기재한다.

18 산업위생의 정의에 나타난 산업위생의 활동 단계 4가지 중 평가(evaluatio)에포함되지 않은 것은?

① 시료의 채취와 분석
② 예비조사의 목적과 범위 결정
③ 노출정도를 노출기준과 통계적인 근거로 비교하여 판정
④ 물리적·화학적·생물학적·인간공학적 유해인자 목록 작성

정답   15 ③   16 ④   17 ④   18 ④

해설 ▶▶

• 물리적·화학적·생물학적·인간공학적 유해인자 목록 작성은 산업 위생활동 4단계중 예측(인지)에 해당된다.

19 재해예방의 4원칙에 대한 설명으로 틀린 것은?

① 재해발생에는 반드시 그 원인이 있다.

② 재해가 발생하면 반드시 손실도 발생한다.

③ 재해는 원칙적으로 원인만 제거되면 예방이 가능하다.

④ 재해예방을 위한 가능한 안전대책은 반드시 존재한다.

해설 ▶▶ 산업재해예방(방지) 4원칙

가. 예방가능의 원칙 : 재해는 원칙적으로 모두 방지가 가능하다.

나. 손실우연의 원칙 : 재해발생과 손실발생은 우연적이므로 사고발생 자체의 방지가 이루어져야 한다.

다. 원인계기의 원칙 : 재해발생에는 반드시 원인이 있으며, 사고와 원인의 관계는 필연적이다.

라. 대책선정의 원칙 : 재해예방을 위한 가능한 안전대책은 반드시 존재한다.

20 우리나라의 화학물질 노출기준에 관한 설명으로 틀린 것은?

① Skin이라고 표시된 물질은 피부자극성을 뜻한다.

② 발암성 정보물질의 표기 중 1A는 사람에게 충분한 발암성 증거가 있는 물질을 의미한다.

③ Skin 표시 물질은 점막과 눈 그리고 경피로 흡수되어 전신영향을 일으킬 수 있는 물질을 말한다.

④ 화학물질이 IARC 등의 발암성 등급과 NTP의 R등급을 모두 갖는 경우에는 NTP의 R등급은 고려하지 아니한다.

해설 ▶▶

• Skin 표시 물질은 점막과 눈 그리고 경피로 흡수되어 전신영향을 일으킬 수 있는 물질을 말하며 피부자극성을 뜻하는 것은 아니다.

21 실리카겔관이 활성탄관에 비하여 가지고 있는 장점과 가장 거리가 먼 것은?

① 극성물질을 채취한 경우 물, 메탄올 등 다양한 용매로 쉽게 탈착된다.

② 추출액이 화학분석이나 기기분석의 방해물질로 작용하는 경우가 많지 않다.

③ 매우 유독한 이황화탄소를 탈착용매로 사용하지 않는다.

④ 수분을 잘 흡수하여 습도에 대한 민감도가 높다.

해설 ▶▶

• 실리카겔관은 친수성이기 때문에 우선적으로 물분자와 결합을 이루어 습도의 증가에 따른 흡착용량의 감소를 초래한다.

22 다음 어떤 음의 발생원의가 Sound power가 0.006W이면 이때의 음향파워레벨은?

① 92dB ② 94dB

③ 96dB ④ 98dB

해설 ▶▶

• $PWL = 10\log\dfrac{W}{10^{-12}W} = 10\log\dfrac{0.006}{10^{-12}} = 97.78dB$

23 정량한계(LOQ)에 관한 설명으로 가장 옳은 것은?

① 검출한계의 2배로 정의

② 검출한계의 3배로 정의

③ 검출한계의 5배로 정의

④ 검출한계의 10배로 정의

해설 ▶▶

• 일반적으로 표준편차의 10배 또는 검출한계의 3배 또는 3.3배로 정의한다.

정답 19 ② 20 ① 21 ④ 22 ④ 23 ②

24 로터미터(rotameter)에 관한 설명으로 알 맞지 않은 것은?

① 유량을 측정하는 데 가장 흔히 사용되는 기기 이다.

② 바닥으로 갈수록 점점 가늘어지는 수직관과 그 안에서 자유롭게 상하로 움직이는 부자 (浮子)로 이루어진다.

③ 관은 유리나 투명 플라스틱으로 되어 있으며 눈금이 새겨져 있다.

④ 최대유량과 최소유량의 비율이 100 : 1 범 위이고, 대부분 ±1.0% 이내의 정확성을 나타낸다.

해설 ▶
• 로터미터는 최대유량과 최소유량의 비율이 10:1범위이고, ±5% 이내의 정확성을 가진 보정성이 제공된다.

25 어느 옥내 작업장의 온도를 측정한 결과, 건 구온도 30℃, 자연습구온도 26℃, 흑구온도 36℃를 얻었다. 이 작업장의 WBGT는?

① 28℃ ② 29℃
③ 30℃ ④ 31℃

해설 ▶
• WBGT = (0.7 X 자연습구온도) + (0.3X 흑구온도)
= (0.7 X 26℃) + (0.3X 36℃) = 29℃

26 측정치 1, 3, 5, 7, 9의 변이계수는?

① 약 0.13 ② 약 0.63
③ 약 1.33 ④ 약 1.83

해설 ▶
• 변이계수$(CV,\%) = \dfrac{표준편차}{평균} \times 100$

• 평균$(M) = \dfrac{1+3+5+7+9}{5} = 5$

• 표준편차(SD)

$$= \left[\frac{\begin{array}{l}(1-5)^2 + (3-5)^2 + (5-5)^2 \\ + (7-5)^2 + (9-5)^2\end{array}}{5-1} \right]^{0.5} = 3.16$$

$$\therefore CV(\%) = \frac{3.16}{5} \times 100 = 63.2\% (= 0.632)$$

27 작업환경의 감시(monitoring)에 관한 목적 을 가장 적절하게 설명한 것은?

① 잠재적인 인체에 대한 유해성을 평가하고 적 절한 보호대책을 결정하기 위함

② 유해물질에 의한 근로자의 폭로도를 평가하 기 위함

③ 적절한 공학적 대책 수립에 필요한 정보를 제공하기 위함

④ 공정 변화로 인한 작업환경 변화의 파악을 위함

해설 ▶ 작업환경 감시(monitoring)의 목적
• 잠재적인 인체에 대한 유해성을 평가하고 적절한 보호대책을 결정 하기 위함이다.

28 금속제품을 탈지·세정하는 공정에서 사용 하는 유기용제인 trichloroethylene의 근 로자 노출농도를 측정하고자 한다. 과거의 노출농도를 조사해 본 결과, 평균 40ppm이 었다. 활성탄관(100mg/50mg)을 이용하 여 0.14L/분으로 채취하였다면, 채취해야 할 최소한의 시간(분)은?
(단, trichloroethylene의 분자량은 131.39, 25℃, 1기압, 가스크로마토그래피의 정량한 계(LOQ)는 0.4mg이다.)

① 10.3 ② 13.3
③ 16.3 ④ 19.3

- 우선 과거농도 40ppm을 mg/m^3로 환산하면

$$mg/m^3 = 40ppm \times \frac{131.39g}{24.45L} = 214.95mg/m^3$$

- 정량한계를 기준으로 최소한으로 채취해야 하는 양이 결정되므로

$$\frac{LOQ}{과거농도} = \frac{0.4mg}{214.95mg/m^3}$$

$$= 0.00186m^3 \times \frac{1,000L}{m^3} = 1.86L$$

∴ 채취 최소시간은 최소채취량을 pump 용량으로 나누면

$$\frac{1.86L}{0.14L/min} = 13.29min$$

---

29 화학공장의 작업장 내의 먼지 농도를 측정하였더니 5, 6, 5, 6, 6, 6, 4, 8, 9, 8(ppm)이었다. 이러한 측정치의 기하평균(ppm)은?

① 5.13 　　② 5.83
③ 6.13 　　④ 6.83

해설 ▶▶

- $$\log(GM) = \frac{\left(\begin{array}{c}\log5 + \log6 + \log5 + \log6 + \log6 \\ + \log6 + \log4 + \log8 + \log9 + \log8\end{array}\right)}{10}$$

$$= 0.787$$

∴ $GM = 10^{0.787} = 6.12$

---

30 직독식 측정기구가 전형적 방법에 비해 가지는 장점과 가장 거리가 먼 것은?

① 측정과 작동이 간편하여 인력과 분석비를 절감할 수 있다.
② 현장에서 실제 작업시간이나 어떤 순간에서 유해인자의 수준과 변화를 손쉽게 알 수 있다.
③ 직독식 기구로 유해물질을 측정하는 방법의 민감도와 특이성 외의 모든 특성은 전형적 방법과 유사하다.
④ 현장에서 즉각적인 자료가 요구될 때 매우 유용하게 이용될 수 있다.

해설 ▶▶

- 직독식 측정기구는 민감도가 낮아 비교적 고농도에만 적용 가능하고 특이도가 낮아 다른 방해물질의 영향을 받기 쉽다.

---

31 세 개의 소음원의 소음수준을 한 지점에서 각각 측정해보니 첫 번째 소음원만 가동될 때 88dB, 두 번째 소음원만 가동될 때 86d, 세 번째 소음원만이 가동될 때 91dB이었다. 세 개의 소음원이 동시에 가동될 때 그 지점에서의 음압수준은?

① 91.6dB 　　② 93.6d
③ 95.4dB 　　④ 100.2dB

해설 ▶▶

- $L_{합} = 10\log(10^{8.8} + 10^{8.6} + 10^{9.1}) = 93.6dB$

---

32 다음 중 흡착제에 대한 설명으로 틀린 것은 어느 것인가?

① 실리카 및 알루미나계 흡착제는 그 표면에서 물과 같은 극성 분자를 선택적으로 흡착한다.
② 흡착제의 선정은 대개 극성 오염물질이면 극성 흡착제를, 비극성 오염물질이면 비극성 흡착제를 사용하나 반드시 그러하지는 않다.
③ 활성탄은 다른 흡착제에 비하여 큰 비표면적을 갖고 있다.
④ 활성탄은 탄소의 불포화결합을 가진 분자를 선택적으로 흡착한다.

해설 ▶▶

- 실리카 및 알루미늄 흡착제는 탄소의 불포화결합을 가진 분자를 선택적으로 흡수한다.

Part 6

33 작업장 기본특성 파악을 위한 예비조사 내용 중 유사노출그룹(HEG) 설정에 관한 설명으로 가장 거리가 먼 것은?

① 역학조사를 수행 시 사건이 발생된 근로자와 다른 노출그룹의 노출농도를 근거로 사건이 발생된 노출농도의 추정에 유용하며, 지역 시료 채취만 인정된다.

② 조직, 공정, 작업범주 그리고 공정과 작업내용별로 구분하여 설정한다.

③ 모든 근로자를 유사한 노출그룹별로 구분하고 그룹별로 대표적인 근로자를 선택하여 측정하면 측정하지 않은 근로자의 노출농도까지도 추정할 수 있다.

④ 유사노출그룹 설정을 위한 목적 중 시료채취수를 경제적으로 하기 위함도 있다.

해설 ▶▶ HEG(유사노출그룹)

• 어떤 동일한 유해인자에 대하여 통계적으로 비슷한 수준(농도, 강도)에 노출되는 근로자그룹이라는 의미이며 유해인자의 특성이 동일하다는 것은 노출되는 유해인자가 동일하고 농도가 일정한 변이 내에서 통계적으로 유사하다는 것이다.

34 먼지의 한쪽 끝 가장자리와 다른 쪽 끝 가장자리 사이의 거리로 과대평가될 가능성이 있는 입자성 물질의 직경은?

① 마틴 직경　　③ 공기역학 직경
② 페렛 직경　　④ 등면적 직경

해설 ▶▶ 기하학적(물리적) 직경

(1) 마틴 직경(Martin diameter): 먼지의 면적을 2등분하는 선의 길이로 선의 방향은 항상 일정하여야 한다.

(2) 페렛 직경(Feret diameter): 먼지의 한쪽 끝 가장자리와 다른 쪽 가장자리 사이의 거리이다.

(3) 등면적 직경(projected area diameter): 먼지의 면적과 동일한 면적을 가진 원의 직경으로 가장 정확한 직경이다.

35 일정한 온도조건에서 부피와 압력은 반비례한다는 표준가스 법칙은?

① 보일의 법칙
② 샤를의 법칙
③ 게이-뤼삭의 법칙
④ 라울트의 법칙

해설 ▶▶ 보일의 법칙

• 일정한 온도에서 기체의 부피는 그 압력에 반비례한다. 즉 압력이 2배증가하면 부피는 처음의 1/2배로 감소한다.

36 수동식 시료채취기로 8시간 동안 벤젠을 포집하였다. 포집된 시료를 GC를 이용하여 분석한 결과 20,000ng이었으며 공시료는 0ng이었다. 회사에서 제시한 벤젠의 시료채취량은 35.6mL/분이고 탈착효율은 0.96이라면 공기중 농도는 몇 ppm 인가? (단, 벤젠의 분자량은 78, 25℃,1기압 기준)

① 0.38　　② 1.22
③ 5.87　　④ 10.57

해설 ▶▶

• 농도(mg/m^3)

$$= \frac{20,000ng \times mg/10^6 ng}{35.6mL/min \times 480min \times m^3/10^6 mL \times 0.96}$$

$$= 1.219 mg/m^3$$

$$\therefore 농도(ppm) = 1.219 mg/m^3 \times \frac{24.45}{78} = 0.38ppm$$

37 활성탄관(charcoal tubes)을 사용하여 포집하기에 가장 부적합한 오염물질은?

① 할로겐화 탄화수소류
② 에스테르류
③ 방향족 탄화수소류
④ 니트로벤젠류

정답 　33 ①　　34 ②　　35 ①　　36 ①　　37 ④

해설 ▶
- 활성탄관을 사용하여 채취하기 용이한 시료
- 비극성류의 유기용제/ 각종 방향족유기용제(방향족 탄화수소류)
- 할로겐화 지방족 유기용제(할로겐화탄화수소류)/ 에스테르류, 알코올류, 에테르류, 케톤류

38 소음측정방법에 관한 내용으로 ( )에 알맞은 내용은? (단, 고용노동부 고시 기준)

> 1초 이상의 간격을 유지하면서 최대음압수준이 120dB(A) 이상의 소음인 경우에는 소음수준에 따른 ( ) 동안의 발생횟수를 측정할 것

① 1분   ② 2분
③ 3분   ④ 4분

해설 ▶
- 소음이 1초 이상의 간격을 유지하면서 최대 음압수준이 120dB(A) 이상의 소음(충격소음)인 경우에는 소음수준에 따른 1분 동안의 발생횟수를 측정하여야 한다.

39 시간가중평균기준(TWA)이 설정되어 있는 대상물질을 측정하는 경우에는 1일 작업시간 동안 6시간 이상 연속 측정하거나 작업시간을 등간격으로 나누어 6시간 이상 연속 분리하여 측정하여야 한다. 다음 중 대상물질의 발생시간 동안 측정할 수 있는 경우가 아닌 것은? (단, 고용노동부 고시 기준)

① 대상물질의 발생시간이 6시간 이하인 경우
② 불규칙작업으로 6시간 이하의 작업인 경우
③ 발생원에서의 발생시간이 간헐적인 경우
④ 공정 및 취급인자 변동이 없는 경우

해설 ▶
- 대상물질의 발생시간 동안 측정할 수 있는 경우
- 대상물질의 발생시간이 6시간 이하인 경우
- 불규칙작업으로 6시간 이하의 작업
- 발생원에서의 발생시간이 간헐적인 경우

40 다음은 가스상 물질의 측정횟수에 관한 내용이다. ( ) 안에 맞는 내용은?

> 가스상 물질을 검지관방식으로 측정하는 경우에는 1일 작업시간 동안 1시간 간격으로 ( ) 이상 측정하되 측정시간마다 2회이상 반복 측정하여 평균값을 산출하여야 한다.

① 2회   ② 4회
③ 6회   ④ 8회

해설 ▶
- 검지관 방식으로 측정하는 경우에는 1일 작업시간 동안 1시간간격으로 6회 이상 측정하되 측정시간마다 2회 이상반복 측정하여 평균값을 산출하여야 한다.
- 다만, 가스상 물질의 발생시간이 6시간이내 일때에는 작업시간동안 1시간 간격으로 나누어 측정하여야 한다.

3과목 작업환경 관리대책

41 어느 작업장에서 크실렌(xylene)을 시간당 2리터(2L/hr) 사용할 경우 작업장의 희석환기량(m³/min)은? (단; 크실렌의 비중은 0.88, 분자량은 106, TLV는 100ppm이고, 안전계수 K는 6, 실내온도는 20℃이다.)

① 약 200   ② 약 300
③ 약 400   ④ 약 500

해설 ▶
- 사용량(g/hr)
  $= 2\text{L/hr} \times 0.88\text{g/mL} \times 1{,}000\text{mL/L} = 1{,}760\text{g/hr}$
- 발생률(G, L/hr)
  106g : 24.1L = 1,760g/hr : G

  $$G(\text{L/hr}) = \frac{24.1\text{L} \times 1{,}760\text{g/hr}}{106\text{g}} = 400.15\text{L/hr}$$

  $$\therefore \text{필요환기량} = \frac{G}{\text{TLV}} \times K$$

  $$= \frac{400.15\text{L/hr}}{100\text{ppm}} \times 6$$

정답   38 ①   39 ④   40 ③   41 ③

$$= \frac{400.15\text{L/hr} \times 1,000\text{mL/L}}{100\text{mL/m}^3} \times 6$$

$$= 24,009.05\text{m}^3/\text{hr} \times \text{hr}/60\text{min}$$

$$= 400.15\text{m}^3/\text{min}$$

④ 공기가 배출되면서 오염장소를 통과하도록 공기 배출구와 유입구의 위치를 선정한다.

해설 ▶▶
• 공기 배출구와 근로자의 작업위치 사이에 오염원이 위치해야 한다.

---

42 송풍관(duct) 내부에서 유속이 가장 빠른 곳은? (단, d는 직경이다.)

① 위에서 $\frac{1}{10}d$ 지점
② 위에서 $\frac{1}{5}d$ 지점
③ 위에서 $\frac{1}{3}d$ 지점
④ 위에서 $\frac{1}{2}d$ 지점

해설 ▶▶
• 관에서 유체 유속이 가장 빠른 부분은 관 중심부이다.

---

43 대치방법으로 유해 작업환경을 개선한 경우로 적절하지 않은 것은?

① 유연휘발유를 무연휘발유로 대치
② 블라스팅 재료로 모래를 철구슬로 대치
③ 야광시계의 자판을 라듐에서 인으로 대치
④ 페인트 희석제를 사염화탄소에서 석유나프타로 대치

해설 ▶▶
• 페인트 희석제를 석유나프타에서 사염화탄소로 대치한다.

---

44 강제환기를 실시할 때 환기효과를 제고시킬 수 있는 방법으로 틀린 것은?

① 공기 배출구와 근로자의 작업위치 사이에 오염원이 위치하지 않도록 하여야 한다.
② 배출구가 창문이나 문 근처에 위치하지 않도록 한다.
③ 오염물질 배출구는 가능한 한 오염원으로부터 가까운 곳에 설치하여 '점환기' 효과를 얻는다.

---

45 귀마개의 장단점과 가장 거리가 먼 것은?

① 제대로 착용하는 데 시간이 걸린다.
② 착용 여부 파악이 곤란하다.
③ 보안경 사용 시 차음효과가 감소한다.
④ 귀마개 오염 시 감염될 가능성이 있다.

해설 ▶▶
• 보안경과 안전모 사용시 방해가 되지 않으며 차음효과가 감소하지 않는다.

---

46 방진마스크의 적절한 구비조건만으로 짝지어진 것은?

> 가. 하방시야가 60도 이상 되어야 한다.
> 나. 여과효율이 높고 흡배기저항이 커야 한다.
> 다. 여과재로서 면, 모, 합성섬유, 유리섬유, 금속섬유 등이 있다.

① 가, 나
② 나, 다
③ 가, 다
④ 가, 나, 다

해설 ▶▶ **방진마스크의 선정조건(구비조건)**
• 흡기저항 및 흡기저항 상승률이 낮을 것, 배기저항이 낮을 것
• 여과재 포집효율이 높을 것, 착용 시 시야확보가 용이할 것
• 중량은 가벼울 것, 안면에서의 밀착성이 클 것
• 침입률 1% 이하까지 정확히 평가 가능할 것
• 피부접촉부위가 부드러울 것, 사용 후 손질이 간단할 것
• 무게중심은 안면에 강한 압박감을 주지 않는 위치에 있을 것

정답   42 ④   43 ④   44 ①   45 ③   46 ③

47 유입계수 Ce= 0.82인 원형 후드가 있다. 덕트의 원면적이 0.0314㎡이고, 필요환기량 Q = 30㎥/min 이라고 할 때 후드정압은? (단, 공기밀도1.2kg/㎥ 기준)

① 16mmH₂O   ② 23mmH₂O

③ 32mmH₂O   ④ 37mmH₂O

해설 ▶▶

- $SP_h = VP(1+F)$

- $F = \dfrac{1}{Ce^2} - 1 = \dfrac{1}{0.82^2} - 1 = 0.487$

- $VP = \dfrac{\gamma V^2}{2g}$

$V = \dfrac{Q}{A} = \dfrac{30\text{m}^3/\text{min}}{0.0314\text{m}^2}$

$\quad = 955.41\text{m/min} \times \text{min}/60\text{sec}$

$\quad = 15.92\text{m/sec}$

$\quad = \dfrac{1.2 \times 15.92^2}{2 \times 9.8} = 15.52\text{mmH}_2\text{O}$

$\quad = 15.52(1+0.487)$

$\quad = 23.07\text{mmH}_2\text{O}$

48 원심력 송풍기 중 후향 날개형 송풍기에 관한 설명으로 옳지 않은 것은?

① 분진 농도가 낮은 공기나 고농도 분진함유 공기를 이송시킬 경우, 집진기 후단에 설치한다.

② 송풍량이 증가하면 동력도 증가하므로 한계부하 송풍기라고도 한다.

③ 회전날개가 회전방향 반대편으로 경사지게 설계되어 있어 충분한 압력을 발생시킨다.

④ 고농도 분진 함유 공기를 이송시킬 경우 회전날개 뒷면에 퇴적되어 효율이 떨어진다.

해설 ▶▶

- 후향 날개형 송풍기는 송풍량이 증가해도 동력이 증가하지 않는 장점이 있다.

49 분진대책 중의 하나인 발진의 방지방법과 가장 거리가 먼 것은?

① 원재료 및 사용재료의 변경

② 생산기술의 변경 및 개량

③ 습식화에 의한 분진발생 억제

④ 밀폐 또는 포위

해설 ▶▶

- 밀폐 또는 포위는 발생분진의 비산(날아서 흩어지는 것)방지방법에 속한다.

50 청력보호구의 차음효과를 높이기 위해서 유의할 사항으로 볼 수 없는 것은?

① 청력보호구는 머리의 모양이나 귓구멍에 잘 맞는 것을 사용하여 차음효과를 높이도록 한다.

② 청력보호구는 기공이 많은 재료로 만들어 흡음효과를 높여야 한다.

③ 청력보호구를 잘 고정시켜 보호구 자체의 진동을 최소한도로 줄이도록 한다.

④ 귀덮개 형식의 보호구는 머리카락이 길때와 안경테가 굵거나 잘 부착되지 않을 때에는 사용하지 않도록 한다.

해설 ▶▶

- 기공이 많은 재료는 차음효과가 낮다.

51 외부식 후드에서 플랜지가 붙고 공간에 설치된 후드와 플랜지가 붙고 면에 고정 설치된 후드의 필요공기량을 비교할 때 플랜지가 붙고 면에 고정 설치된 후드는 플랜지가 붙고 공간에 설치된 후드에 비하여 필요공기량을 약 몇%절감 할 수 있는가? (단, 후드는 장방형 기준이다.)

① 12%   ② 20%

③ 25%   ④ 33%

정답   47 ②   48 ②   49 ④   50 ②   51 ④

Part 6

해설 ▶▶

- 플랜지 부착, 자유공간 위치 송풍량(Q_1)

$$Q_1 = 60 \times 0.75 \times V_e[(10X^2 + A)]$$

- 플랜지 부착, 작업면 위치 송풍량(Q_2)

$$Q_2 = 60 \times 0.5 \times V_e[(10X^2) + A]$$

$$\therefore 절감효율(\%) = \frac{0.75 - 0.5}{0.75} \times 100 = 33.33\%$$

해설 ▶▶

- 사용량(g/hr) = 1.0L/hr × 0.792g/mL × 1,000mL/L
  = 792g/hr

- 발생률(L/hr) = $\dfrac{24.1L \times 792g/hr}{32.04g}$ = 595.73L/hr

$$\therefore 필요 환기량 = \frac{595.73L/hr \times 1,000mL/L}{200mL/m^3} \times 3$$

$$= 8,935.96m^3/hr \times hr/60min$$

$$= 148.93m^3/min$$

---

52 마스크 성능 및 시험방법에 관한설명으로 틀린 것은?

① 배기변의 작동 기밀시험 : 내부압력 이상압으로 돌아올 때까지 시간은 15초 이내여야 한다.

② 불연성 시험 : 버너 불꽃의 끝부분에서 20mm 위치의 불꽃온도를 800±50℃로 하여 마스크를 초당 6± 0.5cm의 속도로 통과시킨다.

③ 분진포집효율시험 : 마스크에 석영분진 함유 공기를 매분 30L의 유량으로 통과시켜 통과 전후의 석영 농도를 측정한다.

④ 배기저항시험 : 마스크에 공기를 매분 30L의 유량으로 통과시켜 마스크 내외의 압력차를 측정한다.

해설 ▶▶ 배기변의 작동 기밀시험

- 내부 압력이 상압으로 돌아올 때까지 15초 이상이다.

---

53 어떤 작업장에서 메틸알코올(비중 0.792 , 분자량 32.04)이 시간당 1.0L 증발되어 공기를 오염시키고 있다. 여유계수 K값은 3이고, 허용기준 TLV는200ppm 이라면 이 작업장을 전체환기 시키는 데 요구되는 필요 환기량은?(단, 1기압, 21℃ 기준)

① 120㎥/min ② 150㎥/min

③ 180㎥/min ④ 210㎥/min

---

54 작업환경관리에서 유해인자의 제거 · 저감을 위한 공학적 대책으로 옳지 않은 것은?

① 보온재로 석면 대신 유리섬유나 암면등의 사용

② 소음 저감을 위해 너트/볼트 작업 대신 리베팅(rivetting) 사용

③ 광물을 채취할 때 건식 공정 대신 습식 공정의 사용

④ 주물공정에서 실리카 모래 대신 그린(green) 모래의 사용

해설 ▶▶

- 소음 저감을 위해 리베팅 작업을 볼트, 너트 작업으로 대치한다.

---

55 국소배기장치의 설계순서로 가장 알맞은 것은?

① 소요풍량 계산 → 반송속도 결정 → 후드형식 선정 → 제어속도 결정

② 제어속도 결정 → 소요풍량 계산 → 반송속도 결정 → 후드형식 선정

③ 후드형식 선정 → 제어속도 결정 → 소요풍량 계산 → 반송속도 결정

④ 반송속도 결정 → 후드형식 선정 → 제어속도 결정 → 소요풍량 계산

정답 52 ① 53 ② 54 ② 55 ③

해설 ≫ 국소배기장치의 설계 순서

- 후드형식 선정 → 제어속도 결정 → 소요풍량 계산 → 반송속도 결정 → 배관내경 산출 → 후드의 크기 결정 → 배관의 배치와 설치장소 선정 → 공기
- 정화장치 선정 → 국소배기 계통도와 배치도 작성 → 총 압력손실량 계산 → 송풍기 선정

---

56 사이클론 집진장치에서 발생하는 불로다운 (blow down) 효과에 관한 설명으로 적절한 것은?

① 유효원심력을 감소시켜 선회기류의 흐트러짐을 방지한다.

② 관내 분진 부착으로 인한 장치의 폐쇄현상을 방지한다.

③ 부분적 난류 증가로 집진된 입자가 재 비산된다.

④ 처리배기량의 50% 정도가 재 유입되는 현상이다.

해설 ≫ 블로다운(blow down)효과

- 사이클론 내의 난류현상을 억제시킴으로써 집진된 먼지의 비산을 방지(유효원심력 증대)/ 집진효율 증대/ 가교 (고분자 사슬들이 서로 연결되어 3차원적인 그물 구조를 형성)현상 방지/폐쇄현상 방지

---

57 덕트의 설치원칙으로 틀린 것은?

① 덕트는 가능한 한 짧게 배치하도록 한다.

② 밴드의 수는 가능한 한 적게 하도록 한다.

③ 가능한 한 후드의 가까운 곳에 설치한다.

④ 공기흐름이 원활하도록 상향구배로 만든다.

해설 ≫

- 직관은 하향구배로 하고 직경이 다른 덕트를 연결할 때에는 경사 $30°$ 이내의 테이퍼를 부착한다.

---

58 관(管)의 안지름이 200mm인 직관을 통하여 가스유량이 55㎥/ 분인 표준공기를 송풍할때 관 내 평균유속(m/sec)은?

① 약 21.8 ② 약 24.5

③ 약 29.2 ④ 약 32.2

해설 ≫

- $V(\text{m/sec}) = \dfrac{Q}{A}$

$$= \dfrac{55\text{m}^3/\text{min} \times \text{min}/60\text{sec}}{\left(\dfrac{3.14 \times 0.2^2}{4}\right)\text{m}^2}$$

$$= 29.19\text{m/sec}$$

---

59 A물질의 증기압이 50mmHg라면 이때 포화 증기농도(%)는? (단, 표준상태 기준)

① 6.6 ② 8.8

③ 10.0 ④ 12.2

해설 ≫

- 포화증기농도(%) $= \dfrac{\text{증기압 (분압)}}{760\text{mmHg}} \times 10^2$

$$= \dfrac{50}{760} \times 10^2 = 6.6\%$$

---

60 공기정화장치의 한 종류인 원심력 집진기에서 절단입경(cut-size, Dc)은 무엇을 의미하는가?

① 100% 분리·포집되는 입자의 최소입경

② 100% 처리효율로 제거되는 입자크기

③ 90% 이상 처리효율로 제거되는 입자크기

④ 50% 처리효율로 제거되는 입자크기

해설 ≫ 절단입경(cut-size)

- 사이클론에서 50% 처리효율로 제거되는 입자의 크기 의미

정답 56 ② 57 ④ 58 ③ 59 ① 60 ④

Part 6

4과목 **물리적 유해인자 관리**

61 다음 중 산업안전보건법상 '적정한 공기'에 해당하는 것은? (단, 다른 성분의 조건은 적정한 것으로 가정한다.)

① 산소 농도가 16%인 공기
② 산소 농도가 25%인 공기
③ 탄산가스 농도가 1.0%인 공기
④ 황화수소 농도가 25ppm인 공기

해설 ▶▶ 적정한 공기기준
• 산소 농도 : 18% 이상~23.5% 미만
• 탄산가스 농도 : 1.5% 미만
• 황화수소 농도 : 10ppm 미만
• 일산화탄소 농도 : 30ppm 미만

62 다음 중 동상의 종류와 증상이 잘못 연결된 것은?

① 1도 – 발적
② 2도 – 수포 형성과 염증
③ 3도 – 조직괴사로 괴저 발생
④ 4도 – 출혈

해설 ▶
• 동상단계: 1도: 발적, 2도: 수포, 염증, 3도: 조직괴사

63 다음 중 사람의 청각에 대한 반응에 가깝게 음을 측정하여 나타낼 때 사용하는 단위는?

① dB(A)
② PWL(Sound Power Level)
③ SPL(Sound Pressure Level)
④ SIL(Sound Intensity Level)

해설 ▶
• 음압수준을 표시하는 한 방법으로 단위로는 dB(decibei)로 표시함.

64 다음 중 열사병(heat stroke)에 관한 설명으로 옳은 것은?

① 피부는 차갑고 습한 상태로 된다.
② 지나친 발한에 의한 탈수와 염분 소실이 원인이다.
③ 보온을 시키고 더운 커피를 마시게 한다.
④ 뇌 온도의 상승으로 체온조절 중추의 기능이 장해를 받게 된다.

해설 ▶
• 덥고 습한 기온에서 장시간 노출되었을 때 체온조절 중추의 기능장애를 일으키는 질환, 고열, 무한증, 의식장애가 대표적인 증상이다.

65 다음 중 진동증후군(HAVS)에 대한 스톡홀름 워크숍의 분류로서 틀린 것은?

① 진동증후군의 단계를 0부터 4까지 5단계로 구분하였다.
② 1단계는 가벼운 증상으로 하나 또는 그 이상의 손가락 끝부분이 하얗게 변하는 증상을 의미한다.
③ 3단계는 심각한 증상으로 하나 또는 그 이상의 손가락 가운데 마디부분까지 하얗게 변하는 증상이 나타나는 단계이다.
④ 4단계는 매우 심각한 증상으로 대부분의 손가락이 하얗게 변하는 증상과 함께 손끝에서 땀의 분비가 제대로 일어나지 않는 등의 변화가 나타나는 단계이다.

해설 ▶
• 3단계는 손가락의 끝과 중간부위에 이따금씩 나타날 수 있다.

66 다음 중 유해광선과 거리와의 노출관계를 올바르게 표현한 것은?

① 노출량은 거리에 비례한다.
② 노출량은 거리에 반비례한다.

정답 61 ③ 62 ④ 63 ① 64 ④ 65 ③ 66 ④

③ 노출량은 거리의 제곱에 비례한다.

④ 노출량은 거리의 제곱에 반비례한다.

해설 ≫

• 유해광선의 노출량은 거리의 제곱에 반비례한다.

67 작업장의 습도를 측정한 결과 절대습도는 4.57mmHg, 포화습도는 18.25mmHg이 었다. 이때 이 작업장의 습도 상태에 대하여 가장 올바르게 설명한 것은?

① 적당하다.

② 너무 건조하다.

③ 습도가 높은 편이다.

④ 습도가 포화상태이다.

해설 ≫

• 상대습도(%) $= \dfrac{\text{절대습도}}{\text{포화습도}} \times 100$

$= \dfrac{4.57\text{mmHg}}{18.25\text{mmHg}} \times 100$

$= 25.04\%$

• 일반적인 상대습도는 40~60퍼센트이므로 낮은 상태라 건조하다.

68 다음 중 일반적으로 소음계에서 A 특성치는 몇phon의 등청감곡선과 비슷하게 주파수에 따른 반응을 보정하여 측정한 음압수준을 말하는가?

① 40

② 70

③ 100

④ 140

해설 ≫ 음의.크기 레벨(phon)과 청감보정회로

• 40phon : A청감보정회로(A특성)

• 70phon : B청감보정회로(B특성)

• 100phon : C청감보정회로(C특성)

69 현재 총 흡음량이 1200 sabins인 작업장의 천장에 흡음물질을 첨가하여 28 00 sabins 을 더할 경우 예측되는 소음감소량(dB)은 약 얼마인가?

① 3.5

② 4.2

③ 4.8

④ 5.2

해설 ≫

• 소음감소량(dB) $= 10\log\dfrac{1,200+2,800}{1,200} = 5.23dB$

70 다음 중 자외선 노출로 인해 발생하는 인체의 건강에 끼치는 영향이 아닌 것은?

① 색소 침착

② 광독성 장애

③ 피부 비후

④ 피부암 발생

해설 ≫ 자외선에 대한 피부의 작용

• 피부의 비후, 색조침착

• 각질층에 histamine양이 많아져 모세혈관 수축, 홍반형성, 피부건조, 주름살이 생김

• 옥외작업시 피부암을 유발, 상피세포부위에서 발생한다.

71 다음 중 한랭환경에 의한 건강장애에 대한 설명으로 틀린 것은?

① 전신저체온의 첫 증상은 억제하기 어려운 떨림과 냉(冷)감각이 생기고 심박동이 불규칙하고 느려지며, 맥박은 약해지고 혈압이 낮아진다.

② 제2도 동상은 수포와 함께 광범위한 삼출성 염증이 일어나는 경우를 말한다.

③ 참호족은 지속적인 국소의 영양결핍 때문이며 한랭에 의한 신경조직의 손상이 발생한다.

④ 레이노병과 같은 혈관 이상이 있을 경우에는 증상이 악화된다.

해설 ≫

• 참호족과 침수족은 지속적인 한랭으로 모세혈관벽이 손상되는데, 이는 국소부위의 산소결핍 때문이다.

정답 67 ② 68 ① 69 ④ 70 ② 71 ③

Part 6

72 다음 중 자연채광을 이용한 조명방법으로 가장 적절하지 않은 것은?

① 입사각은 25° 미만이 좋다.
② 실내 각점의 개각은 4~5℃가 좋다.
③ 창의 면적은 바닥면적의 15~20%가 이상적이다.
④ 창의 방향은 많은 채광을 요구할 경우 남향이 좋으며 조명의 평등을 요하는 작업실의 경우 북창이 좋다.

해설 ≫
• 채광의 입사각은 28℃ 이상이 좋으며 개각 1°의 감소를 입사각으로 보충하려면 2~5° 증가가 필요하다.

73 환경온도를 감각온도로 표시한 것을 지적온도라 하는데, 다음 중 3가지 관점에 따른 지적온도로 볼 수 없는 것은?

① 주관적 지적온도 ② 생리적 지적온도
③ 생산적 지적온도 ④ 개별적 지적온도

해설 ≫
• 지적온도의 일반적 종류: 쾌적감각온도/ 최고생산온도/ 기능지적온도
• 감각온도 관점에서의 지적온도 종류: 주관적/ 생리적/ 생산적 지적온도

74 작업을 하는 데 가장 적합한 환경을 지적환경이라 하는데 이것을 평가하는 방법이 아닌 것은?

① 생물역학적(biomechanical) 방법
② 생리적(physiological) 방법
③ 정신적(psychological) 방법
④ 생산적(productive) 방법

해설 ≫
• 지적환경: 생리적 방법/ 정신적 방법/ 생산적 방법

75 한랭작업과 관련된 설명으로 틀린 것은 어느 것인가?

① 저체온증은 몸의 심부온도가 35℃ 이하로 내려간 것을 말한다.
② 저온작업에서 손가락, 발가락 등의 말초부위는 피부온도 저하가 가장 심한 부위이다.
③ 혹심한 한랭에 노출됨으로써 피부 및 피하조직 자체가 동결하여 조직이 손상되는 것을 말한다.
④ 근로자의 발이 한랭에 장기간 노출되고 동시에 지속적으로 습기나 물에 잠기게 되면 '선단자람증'의 원인이 된다.

해설 ≫
• 근로자의 발이 한랭에 장기간 노출되고 지속적으로 습기나 물에 잠기게 되면 침수족이 발생한다.

76 다음 중 소음성 난청에 관한 설명으로 틀린것은?

① 소음성 난청의 초기 증상을 C5-dip 현상이라 한다.
② 소음성 난청은 대체로 노인성 난청과 연령별 청력변화가 같다.
③ 소음성 난청은 대부분 양측성이며 감각 신경성 난청에 속한다.
④ 소음성 난청은 주로 주파수 4,000Hz 영역에서 시작하여 전 영역으로 파급된다.

해설 ≫
난청
• 일시적 청력소실: 4000~6000Hz에서 가장 많이 발생, 청신경세포의 피로현상으로 회복되려면 12~24시간을 요한다.
• 영구적 청력손실: 소음성난청, 3,000~6,000Hz의 범위에서 먼저 나타나고, 특히 4,000Hz에서 가장 심하게 발생한다. 비가역적 청력저하, 내이의 코르티기관의 섬모세포 손상, 영구적 청력저하.
노인성 난청
• 노화에 의한 퇴행성 질환으로, 감각신경성 청력손실이 양측 귀에 대칭적· 점진적으로 발생, 6000Hz에서부터 난청이 시작된다.

77 소음계(sound level meter)로 소음측정 시 A 및 C 특성으로 측정하였다. 만약C특성으로 측정한 값이 A특성으로 측정한 값보다 훨씬 크다면 소음의 주파수영역은 어떻게 추정이 되겠는가?

① 저주파수가 주성분이다.
② 중주파수가 주성분이다.
③ 고주파수가 주성분이다.
④ 중 및 고주파수가 주성분이다.

해설 ≫
- 소음계의 청감보정회로 A 및 C에 놓고 측정한 소음레벨이 dB(A) 및 dB(C)일 때 dB(A)〈dB(C)이면 저주파 성분이 많다.
- dB(A)=dB(C)이면 고주파가 주성분이다.

78 다음중 조명 시의 고려사항으로 광원으로부터의 직접적인 눈부심을 없애기 위한 방법으로 가장 적당하지 않은 것은?

① 광원 또는 전등의 휘도를 줄인다.
② 광원을 시선에서 멀리 위치시킨다.
③ 광원 주위를 어둡게 하여 광도비를 높인다.
④ 눈이 부신 물체와 시선과의 각을 크게 한다.

해설 ≫
- 광원 주위를 밝게 하며, 조도비를 적정하게 할 것
- 광원 또는 전등의 휘도를 줄일 것
- 광원을 시선에서 멀리 위치시킬 것
- 눈이 부신 물체와 시선과의 각을 크게 할 것

79 레이저광선에 가장 민감한 인체기관은?

① 눈   ② 소뇌
③ 갑상선   ④ 척수

해설 ≫
- 감수성이 가장 큰 신체부위, 즉 인체표적기관은 눈이다.
- 눈에 대한 작용은 각막염, 백내장, 망막염 등이 있다.

80 인체와 환경 사이의 열평형에 의하여 인체는 적절한 체온을 유지하려고 노력하는데 기본적인 열평형 방정식에 있어 신체열용량의 변화가 0보다 크면 생산된 열이 축적되게 되고 체온조절중추인 시상하부에서 혈액온도를 감지하거나 신경망을 통하여 정보를 받아들여 체온 방산작용이 활발하게 시작된다. 이러한 것을 무엇이라 하는가?

① 정신적 조절작용(spiritual thermo regulation)
② 물리적 조절작용(physical thermo regulation)
③ 화학적 조절작용(chemical thermo regulation)
④ 생물학적 조절작용(biological thermo regulation)

해설 ≫ 열평형(물리적 조절작용):
- 인체와 환경 사이의 열평형에 생산된 열이 축적되게 되고 체온조절중추인 시상하부에서 혈액온도를 감지하거나 신경망을 통하여 정보를 받아들여 체온 방산작용을 시작한다.

5과목 | 산업독성학

81 근로자가 1일 작업시간 동안 잠시라도 노출되어서는 안 되는 기준을 나타내는 것은?

① TLV – C   ② TLV – STEL
③ TLV– TWA   ④ TLV – skin

해설 ≫ 천장값 노출기준(TLV – C : ACGIH)
- 어떤 시점에서도 넘어서는 안 된다는 상한치를 말한다.

82 다음중 납중독 진단을 위한 검사로 적합하지 않은 것은?

① 소변 중 코프로 포르피린 배설량 측정
② 혈액 검사(적혈구 측정, 전혈비중 측정)
③ 혈액 중 징크-프로토 포르피린(ZPP)의 측정
④ 소변 중 β_2- microglobulin과 같은 저분자 단백질 검사

해설 ▶ **납중독 진단검사**
• 소변 중 코프로 포르피린(coproporphyrin) 측정
• 델타 아미노레블린산 측정(δ-ALA)
• 혈중 징크-프로토포르피린(ZPP ; Zinc Protoporphyrin)측정
• 혈중 납, 소변중 납, 빈혈, 혈액검사, 혈중 α- ALA 탈수효소 활성치 측정

83 급성중독으로 심한 신장장애로 과뇨증이 오며 더 진전되면 무뇨증을 일으켜 요독증으로 10일 안에 사망에 이르게 하는 물질은?

① 비소   ② 크롬
③ 벤젠   ④ 베릴륨

해설 ▶ **크롬(Cr)에 의한 급성중독**
• 혈뇨증 후 무뇨증, 요독증으로 10일 이내 사망
• 심한 복통, 설사와 구토
• 크롬산 먼지와 미스트를 대량 흡입시 폐에 염증

84 다음 중 독성물질의 생체 내 변환에 관한 설명으로 틀린 것은?

① 생체 내 변환은 독성물질이나 약물의 제거에 대한 첫 번째 기전이며 1상 반응과 2상 반응으로 구분한다.
② 1상 반응은 산화, 환원, 가수분해 등의 과정을 통해 이루어진다.
③ 2상 반응은 1상 반응이 불가능한 물질에 대한 추가적 축합반응이다.

④ 생체변환의 기전은 기존의 화합물보다 인체에서 제거하기 쉬운 대사물질로 변화시키는 것이다.

해설 ▶
• 2상 반응은 제1상 반응을 거친 물질을 더욱 수용성으로 만드는 포합 반응이다.

85 다음 중 특정한 파장의 광선과 작용하여 광 알레르기성 피부염을 일으킬 수 있는 물질은 어느 것인가?

① 아세톤(acetone)
② 아닐린(aniline)
③ 아크리딘(acridine)
④ 아세토니트릴(acetonitrile)

해설 ▶ **아크리딘($C_{13}H_9N$)**
• 화학적으로 안정한 물질로서 강산 또는 강염기와 고온에서 처리해도 변하지 않는다. 특정 파장의 광선과 작용하여 광 알레르기성 피부염을 유발시킨다.

86 다음 중 직업성 천식이 유발될 수 있는 근로자와 거리가 가장 먼 것은?

① 채석장에서 돌을 가공하는 근로자
② 목분진에 과도하게 노출되는 근로자
③ 빵집에서 밀가루에 노출되는 근로자
④ 폴리우레탄 페인트 생산에 구이를 사용하는 근로자

해설 ▶
• 채석장에서 돌을 가공하는 근로자는 진폐증이 유발된다.

정답   82 ④   83 ②   84 ③   85 ③   86 ①

87 다음 중 중추신경계 억제작용이 큰 유기화학 물질의 순서로 옳은 것은?

① 유기산 < 알칸 < 알켄 < 알코올 < 에스테르 < 에테르
② 유기산 < 에스테르 < 에테르 < 알칸 < 알켄 < 알코올
③ 알칸 < 알켄 < 알코올 < 유기산 < 에스테르 < 에테르
④ 알코올 < 유기산 < 에스테르 < 에테르 < 알칸 < 알켄

해설 >> 유기화학물질의 중추신경계 억제작용 및 자극작용
• 중추신경계 억제작용의 순서
  알칸 < 알켄 < 알코올 < 유기산 < 에스테르 < 에테르 < 할로겐화합물
• 중추신경계 자극작용의 순서
  알칸 < 알코올 < 알데히드 또는 케톤 < 유기산 < 아민류

88 망간중독에 관한 설명으로 틀린 것은?

① 금속망간의 직업성 노출은 철강제조 분야에서 많다.
② 치료제는 Ca-EDTA가 있으며, 중독 시 신경이나 뇌세포손상 회복세 효과가 있다.
③ 망간에 계속 노출되면 파킨슨증후군과 거의 비슷하게 될 수 있다.
④ 이산화망간 흄에 급성 폭로되면 열, 오한, 호흡곤란 등의 증상을 특징으로 하는 금속열을 일으킨다.

해설 >>
• 망간중독의 치료 및 예방법은 망간에 폭로되지 않도록 격리하는 것이고, 증상의 초기단계에서는 킬레이트제재를 사용하여 어느 정도 효과를 볼 수 있으나 망간에 의한 신경손상이 진행되어 일단증상이 고정되면 회복이 어렵다.

89 다음 중 이황화탄소(CS_2)에 관한 설명으로 틀린 것은?

① 감각 및 운동 신경에 장애를 유발한다.
② 생물학적 노출지표는 소변 중의 삼염화 에탄올 검사방법을 적용한다.
③ 휘발성이 강한 액체로서 인조견, 셀로판 및 사염화탄소의 생산, 수지와 고무제품의 용제에 이용된다.
④ 고혈압의 유병률과 콜레스테롤 수치의 상승 빈도가 증가되어 뇌, 심장 및 신장에 동맥경화성 질환을 초래한다.

해설 >>
• CS_2의 생물학적 노출지표(BEI)는 소변중 TTCA(2-thiothiazolidine-4-carboxylic acid) 5mg/g-크레아틴이다.

90 다음 중 무기성 분진에 의한 진폐증이 아닌것은?

① 규폐증   ② 용접공폐증
③ 철폐증   ④ 면폐증

해설 >> 무기성(광물성) 분진에 의한 진폐증
• 규폐증, 탄소폐증, 활석폐증, 탄광부진폐증, 철폐증, 베릴륨폐증, 흑연폐증, 규조토폐증, 주석폐증, 칼륨폐증, 바륨폐증, 용접공폐증, 석면폐증

91 다음 중 폐포에 가장 잘 침착하는 분진의 크기는?

① $0.01 \sim 0.05\mu m$ ② $0.5 \sim 5\mu m$
③ $5 \sim 10\mu m$ ④ $10 \sim 20\mu m$

해설 >>
• 호흡성분진: 직경범위가 $0.5 \sim 5\mu m$이다.

Part 6

정답   87 ③   88 ②   89 ②   90 ④   91 ②

92 다음중 전향적 코호트 역학연구와 후향적 호트 연구의 가장 큰 차이점은?

① 질병 종류
② 유해인자 종류
③ 질병 발생률
④ 연구 개시시점과 기간

해설 ≫
· 코호트 연구는 정보수집의 시점에 따라 나뉜다.
· 전향적:코호트가 정의된 시점에 새롭게 수집하여 이용.
· 후향적 코호트 연구: 이미 작성되어 있는 자료를 이용.

93 다음 중 유해인자의 노출에 대한 생물학적모니터링을 하는 방법이 아닌 것은?

① 유해인자의 공기 중 농도 측정
② 표적분자에 실제 활성인 화학물질에 대한 측정
③ 건강상 악영향을 초래하지 않은 내재용량의 측정
④ 근로자의 체액에서 화학물질이나 대사산물의 측정

해설 ≫
· 유해인자의 공기 중 농도 측정은 개인시료를 의미.

94 벤젠 노출 근로자에게 생물학적 모니터링을 위하여 소변시료를 확보하였다. 다음 중 분석해야 하는 대사산물로 옳은 것은?

① 마뇨산
② t, t – 뮤코닉산
③ 메틸마뇨산
④ 트리클로로아세트산

해설 ≫
· 벤젠의 대사산물(생물학적 노출지표)
· 소변 중 총 페놀/t, t-뮤코닉산

95 작업장 유해인자의 위해도 평가를 위해 고려하여야 할 요인과 거리가 먼 것은?

① 공간적 분포
② 조직적 특성
③ 평가의 합리성
④ 시간적 빈도와 시간

해설 ≫
· 고려할 사항: 시간적 빈도와 시간, 공간에서의 분포, 노출된 대상의 특성,
· 조직적인 특성, 위해성, 노출상태, 복합노출 되었는지.

96 인체에 미치는 영향에 있어서 석면(asbestos)은 유리규산(free silica)과 거의 비슷하지만 구별되는 특징이 있다. 석면에 의한 특징적 질병 혹은 증상은?

① 폐기종
② 악성중피종
③ 호흡곤란
④ 가슴의 통증

해설 ≫
· 석면은 일반적으로 석면폐증, 폐암, 악성중피종을 발생시켜 1급 발암물질군에 포함된다.

97 다음 중 수은중독의 예방대책이 아닌 것은?

① 수은 주입과정을 밀폐공간 안에서 자동화 한다.
② 작업장 내에서 음식물을 먹거나 흡연을 금지한다.
③ 작업장에 흘린 수은은 신체가 닿지 않는 방법으로 즉시 제거한다.
④ 수은 취급 근로자의 비점막 궤양 생성여부 면밀히 관찰한다.

해설 ≫ 수은중독 예방
· 작업환경관리(주입과정 자동화, 수거한 수은은 물통에서 보관, 실내온도는 낮고 일정하게, 공정에 변화, 바닥에 쏟아진 수은즉시 제거, 국소배기장치 설치)
· 개인위생(흡연, 술 금지), 마스크 착용, 작업복 매일 새것으로 공급, 사후 목욕, 음식물 섭취 삼가
· 정기적 건강진단 실시:6개월
· 교육

정답 92 ④ 93 ① 94 ② 95 ③ 96 ② 97 ④

98 페노바비탈은 디란틴을 비활성화시키는 효소를 유도함으로써 급 · 만성의 독성이 감소될 수 있다. 이러한 상호작용은 무엇인가?

① 상가작용   ② 부가작용

③ 단독작용   ④ 길항작용

해설 ≫
- 두 가지 화합물이 함께 있었을 때 서로의 작용을 방해하는 것
- 비활성화시키는 효소를 유도함으로써 급 ·만성의 독성이 감소

99 동물을 대상으로 양을 투여했을 때 독성을 초래하지는 않지만 대상의 50%가 관찰가능한 가역적인 반응을 나타내는 작용량은?

① ED_{50} ② LC_{50}

③ LD_{50} ④ TD_{50}

해설 ≫
- ED_{50}:사망을 기준으로 하는 대신에 약물을 투여한 동물의 50%가 일정한 반응을 일으키는 양

100 자극성 접촉피부염에 관한 설명으로 틀린것은?

① 작업장에서 발생빈도가 가장 높은 피부질환이다.

② 증상은 다양하지만 홍반과 부종을 동반하는 것이 특징이다.

③ 원인물질은 크게 수분, 합성 화학물질, 생물성 화학물질로 구분할 수 있다.

④ 면역학적 반응에 따라 과거 노출경험이있을 때 심하게 반응이 나타난다.

해설 ≫
- 자극성 접촉피부염은 면역학적 반응에 따라 생김. 과거에 노출되는 경험은 항원항체반응이다.

Part 6

정답   98 ④   99 ①   100 ④

1과목 산업위생학 개론

01 우리나라의 규정상 하루에 25kg 이상의 물체를 몇 회 이상 드는 작업일 경우 근골격계 부담작업으로 분류하는가?

① 2회   ② 5회

③ 10회   ④ 25회

해설 ▶▶ 근골격계 부담 작업
- 하루에 25kg 이상의 물체를 10회이상 드는 작업

02 다음 중 토양이나 암석 등에 존재하는 우라늄의 자연적 붕괴로 생성되어 건물의 균열을 통해 실내공기로 유입되는 발암성 오염물질은?

① 라돈

② 석면

③ 포름알데히드

④ 다환성 방향족탄화수소(PAHs)

해설 ▶▶
- 토양에서 발생하는 thorium(토륨), uranium(우라늄)의 붕괴로 인해 생성되는 자연방사성 가스, 무색, 무취, 무미한 가스, 공기보다 9배가 무거워 지표에 가깝게 존재한다.

03 다음 직업성 질환 중 직업상의 업무에 의하여 1차적으로 발생하는 질환은?

① 속발성 질환   ② 합병증

③ 일반 질환   ④ 원발성 질환

해설 ▶▶
- 직업성 질환이란 어떤 직업에 종사함으로써 발생하는 업무상 질병을 말하며 직업상의 업무에 의하여 1차적으로 발생하는 질환을 원발성 질환이라 한다.

04 A 유해물질의 노출기준은 100ppm이다. 잔업으로 인하여 작업시간이 8시간에서 10시간으로 늘었다면 이 기준치는 몇 ppm으로 보정해 주어야 하는가? (단, Brief와 Scala의 보정방법을 적용한다.)

① 60   ② 70

③ 80   ④ 90

해설 ▶▶
- 보정된 허용농도 = TLV × RF
- $RF = \left(\dfrac{8}{H}\right) \times \dfrac{24-H}{16}$

$\quad = \left(\dfrac{8}{10}\right) \times \dfrac{24-10}{16} = 0.7$

∴ 보정된 허용농도 = 100ppm × 0.7 = 70ppm

05 젊은 근로자에 있어서 약한 쪽 손의 힘은 평균 45kP라고 한다. 이러한 근로자가 무게 8kg인 상자를 양손으로 들어 올릴 경우 작업강도(% MS)는 약 얼마인가?

① 17.8%   ② 8.9%

③ 4.4%   ④ 2.3%

해설 ▶▶
- 작업강도 = (필요한 힘 ÷ 최대근력) × 100
- 한손의무게 (4 ÷ 45) × 100 = 8.9%

정답   01 ③   02 ①   03 ④   04 ②   05 ②

06 물체의 무게가 8kg이고, 권장무게한계가 10kg일 때 중량물 취급지수(LI; Lifting Index)는 얼마인가?

① 0.4　　② 0.8
③ 1.25　　④ 1.5

해설 ▶
• 중량물 취급지수 LI= 물체무게KG ÷ RWL(kg) = 8/10= 0.8

07 다음 중 미국산업위생학회(AIHA)의 산업위생에 대한 정의에서 제시된 4가지 활동과 가장 거리가 먼 것은?

① 예측　　② 평가
③ 관리　　④ 보완

해설 ▶
• AIHA에서 말하는 산업위생의 정의에서 4가지 주요 활동
• 예측/ 측정(인지)/ 평가/ 관리

08 산업위생전문가의 윤리강령 중 '전문가로서의 책임'과 가장 거리가 먼 것은?

① 기업체의 기밀은 누설하지 않는다.
② 과학적 방법의 적용과 자료의 해석으로 객관성을 유지한다.
③ 근로자, 사회 및 전문 직종의 이익을 위해 과학적 지식은 공개하거나 발표 하지 않는다.
④ 전문적 판단이 타협에 의하여 좌우될 수 있는 상황에는 개입하지 않는다.

해설 ▶
• 근로자, 사회 및 전문 직종의 이익을 위해 과학적 지식을 공개하고 발표한다.

09 마이스터(D. Meister)가 정의한 시스템으로부터 요구된 작업결과(performance)로부터의 차이(deviation)는 무엇을 말하는가?

① 인간 실수　　② 무의식 행동
③ 주변적 동작　　④ 지름길 반응

해설 ▶ 인간 실수의 정의(Meister, 1971)
• 마이스터(Meister)는 인간실수를 시스템으로부터 요구된 작업결과(performance)로부터의 차이(deviation)라고 정의하였다.

10 다음 중 작업적성에 대한 생리적 적성검사 항목으로 가장 적합한 것은?

① 체력검사　　② 지능검사
③ 지각동작검사　　④ 인성검사

해설 ▶ 생리학적 적성검사의 분류
• 감각기능검사, 심폐기능검사, 체력검사

11 산업안전보건법에 따라 사업주는 잠함 또는 잠수 작업 등 높은 기압에서 하는 작업에 종사하는 근로자에 대하여 몇 시간을 초과하여 근로하게 해서는 안 되는가?

① 1일 6시간, 1주 34시간
② 1일 8시간, 1주 34시간
③ 1일 6시간, 1주 40시간
④ 1일 8시간, 1주 40시간

해설 ▶
• 1일 6시간, 주 34시간을 초과하여 작업하게 하여서는 안 된다.

정답　06 ②　　07 ④　　08 ③　　09 ①　　10 ①　　11 ①

12 다음 중 우리나라의 화학물질 노출기준에 관한 설명으로 틀린 것은?

① Skin 표시물질은 점막과 눈 그리고 경피로 흡수되어 전신영향을 일으킬 수 있는 물질을 말한다.
② Skin이라고 표시된 물질은 피부자극성을 뜻한다.
③ 발암성 정보물질의 표기 중 1A는 사람에게 충분한 발암성 증거가 있는 물질을 의미한다.
④ 화학물질이 IARC 등의 발암성 등급과 NTP의 R등급을 모두 갖는 경우에는 NTP의 R등급은 고려하지 않는다.

해설 》
• Skin표시물질은 점막과 눈 그리고 경피로 흡수되어 전신영향을 일으킬 수 있는 물질을 말한다. 피부자극성을 뜻하는 것은 아니다.

13 산업안전보건법상 근로자가 상시 작업하는 장소의 조도기준은 어느 곳을 기준으로 하는가?

① 눈높이의 공간   ② 작업장 바닥면
③ 작업면   ④ 천장

해설 》 근로자 상시 작업장 작업면의 조도기준
• 초정밀작업 : 750lux 이상
• 정밀작업 : 300lux 이상
• 보통작업 : 150lux 이상
• 그 밖의 작업 : 75lux 이상

14 다음 중 하인리히의 사고연쇄반응 이론(도미노 이론에서 사고가 발생하기 바로 직전의 단계에 해당하는 것은?

① 개인적 결함
② 불안전한 행동 및 상태
③ 사회적 환경
④ 선진 기술의 미적용

해설 》 하인리히의 사고연쇄반응 이론(도미노 이론)
• 사회적 환경 및 유전적 요소 → 개인적인 결함 → 불안전한 행동 및 상태 → 사고 → 재해

15 다음 중 작업환경 내 작업자의 작업강도와 유해물질의 인체영향에 대한 설명으로 적절하지 않은 것은?

① 인간은 동물에 비하여 호흡량이 크므로 유해물질에 대한 감수성이 동물보다 크다.
② 심한 노동을 할 때일수록 체내의 산소요구가 많아지므로 호흡량이 증가한다.
③ 유해물질의 침입경로로서 가장 중요한 것은 호흡기이다.
④ 작업강도가 커지면 신진대사가 왕성하게 되고 피로가 증가되어 유해물질의 인체영향이 적어진다.

해설 》
• 작업강도는 생리적으로 가능한 작업시간의 한계를 지배하는 가장 중요한 인자로, 작업강도가 커지면 열량소비량이 많아져 피로하므로 유해물질의영향이 커진다.

16 다음 중 재해예방의 4 원칙에 대한 설명으로 틀린 것은?

① 재해발생에는 반드시 그 원인이 있다.
② 재해가 발생하면 반드시 손실도 발생한다.
③ 재해는 원칙적으로 원인만 제거되면 예방이 가능하다.
④ 재해예방을 위한 가능한 안전대책은 반드시 존재한다.

해설 》 산업재해 예방(방지)의 4원칙:
• 손실우연의 원칙: 재해발생과 손실발생은 우연적이므로 사고발생 자체의 방지가 이루어져야 한다.
• 원인계기의 원칙: 재해발생에는 반드시 원인이 있으며 사고와 원인의 관계는 필연적이다.
• 대책선정의 원칙: 재해예방을 위한 가능한 안전대책은 반드시 존재한다.
• 예방가능의 원칙 : 재해는 원칙적으로 모두 방지가 가능하다.

정답 12 ②   13 ③   14 ②   15 ④   16 ②

17 주로 여름과 초가을에 흔히 발생되고 강제기류 난방장치, 가습장치, 저수조 온수장치등 공기를 순환시키는 장치들과 냉각탑 등에 기생하며 실내외로 확산되어 호흡기질환을 유발시키는 세균은?

① 푸른곰팡이 ② 나이세리아균
③ 바실러스균 ④ 레지오넬라균

해설 ≫
• 레지오넬라균은 주요 호흡기 질병의 원인균, 물속에서 1년까지 생존한다.

18 다음 중 근로자 건강진단 실시 결과 건강관리구분에 따른 내용의 연결이 틀린 것은?

① R : 건강관리상 사후관리가 필요 없는 근로자
② C₁ : 직업성 질병으로 진전될 우려가 있어 추적검사 등 관찰이 필요한 근로자
③ D₁ : 직업성 질병의 소견을 보여 사후관리가 필요한 근로자
④ D₂ : 일반질병의 소견을 보여 사후관리가 필요한 근로자

해설 ≫
• R : 건강진단 1차검사결과 건강수준의 평가가 곤란하거나 질병이 의심되는 근로자(제2차 건강진단 대상자)

19 다음 중 피로물질이라 할 수 없는 것은?

① 크레아틴 ② 젖산
③ 글리코겐 ④ 초성포도당

해설 ≫ 주요 피로물질
• 크레아틴/ 젖산/ 초성포도당/ 시스테인

20 다음 중 산업안전보건법령상 보건관리자의 자격에 해당하지 않는 사람은?

① 「의료법」에 따른 의사
② 「의료법」에 따른 간호사
③ 「국가기술자격법」에 따른 산업안전기사
④ 「산업안전보건법」에 따른 산업보건지도사

해설 ≫
• 의사, 간호사, 산업보건지도사, 산업위생관리기사, 대기환경산업기사, 인간공학기사
• "고등교육법"에 따른 전문대학 이상의 학교에서 산업보건 또는 산업위생 분야의 학위를 취득한 사람

2과목 작업위생 측정 및 평가

21 공장 내 지면에 설치된 한 기계에서 10m 떨어진 지점의 소음이 70 dB(A)이었다. 기계의 소음이 50dB(A)로 들리는 지점은 기계에서 몇 m 떨어진 곳인가? (단, 점음원 기준이며, 기타 조건은 고려하지 않는다.)

① 200 ② 100
③ 50 ④ 20

해설 ≫ 점음원의 거리 감쇄

$SPL_1 - SPL_2 = 20\log\left(\frac{r_2}{r_1}\right)$ 에서,

$70dB(A) - 50dB(A) 20\log\left(\frac{r_2}{10}\right)$

$\therefore r_2 = 100m$

22 측정방법의 정밀도를 평가하는 변이계수 (CV ; Codificient of Variation)를 알맞게 나타낸 것은?

① 표준편차/산술평균
② 기하평균/표준편차
③ 표준오차/표준편차
④ 표준편차/표준오차

해설 ≫
• CV는 표준편차를 산술평균으로 나눈 것이다.

23 흡착제에 관한 설명으로 옳지 않은 것은?

① 다공성 중합체는 활성탄보다 비표면적이 작다.
② 다공성 중합체는 특별한 물질에 대한선택성이 좋은 경우가 있다.
③ 탄소 분자체는 합성 다중체나 석유 타르 전구체의 무 산소 열분해로 만들어지는 구형의 다공성 구조를 가진다.
④ 탄소 분자체는 수분의 영향이 적어 대기 중 휘발성이 적은 극성 화합물 채취에 사용된다.

해설 ≫
• 탄소 분자체는 휘발성이 큰 비극성 유기화합물의 채취에 흑연체를 많이 사용한다.

24 유량, 측정시간, 회수율, 분석에 따른 오차가 각각 15%, 3%, 9%, 5%일 때 누적오차는?

① 16.8%
② 18.4%
③ 20.5%
④ 22.3%

해설 ≫
• 누적오차(%) $= \sqrt{15^2 + 3^2 + 9^2 + 5^2}$
  $= 18.44\%$

25 2차 표준기구 중 일반적 사용범위가 10~150L/min 이고 정확도는 ± 1.0 %이며 현장에서 사용하는 것은?

① 건식 가스미터
② 폐활량계
③ 열선기류계
④ 유리피스톤미터

해설 ≫ 건식 가스미터
• 일반 사용범위: 10~150L/min, 정확도 ±1% 이내

26 다음 중 검지관 사용 시 장단점으로 가장거리가 먼 것은?

① 숙련된 산업위생 전문가가 측정하여야 한다.
② 민감도가 낮아 비교적 고농도에 적용이 가능하다.
③ 특이도가 낮아 다른 방해물질의 영향을 받기 쉽다.
④ 미리 측정대상물질에 동정이 되어 있어야 측정이 가능하다.

해설 ≫
• 비전문가도 어느 정도 숙지하면 사용할 수 있으며 산업위생 전문가의 지도가 있어야한다.

27 세척제로 사용하는 트리클로로에틸렌의 근로자 노출농도 측정을 위해 과거의 노출농도를 조사해 본 결과, 평균 60ppm 이었다. 활성탄관을 이용하여 0.17L/min으로 채취하고자 할 때 채취하여야 할 최소한의 시간(분)은? (단, 25℃, 1기압 기준, 트리클로로에틸렌의 분자량은 131.39, 가스크로마토그래피의 정량한계는 시료당 0.4mg이다.)

① 4.9분
② 7.3분
③ 10.4분
④ 13.7분

해설 ▶▶

- 과거 농도 60ppm을 mg/㎥로 변환

$$mg/㎥ = 60ppm \times \frac{131.39}{24.45} = 322.43mg/㎥$$

- 최소채취부피 $= \frac{LOQ}{과거농도}$

$$= \frac{0.4mg}{322.43mg/㎥}$$

$$= 0.00124㎥ \times (1,000L/㎥)$$

$$= 1.24L$$

∴ 채취 최소시간 $= \frac{1.24L}{0.17L/min} = 7.3min$

28 다음 중 가스상 물질의 측정을 위한 수동식 시료채취(기)에 관한 설명으로 옳지 않은 것은?

① 수동식 시료채취기는 능동식에 비해 시료채취속도가 매우 낮다.
② 오염물질이 확산, 투과를 이용하므로 농도 구배에 영향을 받지 않는다.
③ 수동식 시료채취기의 원리는 Fick's의 확산 제1법칙으로 나타낼 수 있다.
④ 산업위생 전문가의 입장에서는 펌프의 보정이나 충전에 드는 시간과 노동력을 절약할 수 있다.

해설 ▶▶

- 수동식 시료채취기는 오염물질의 확산, 투과를 이용하므로 농도구배에 영향을 받으며 확산포집기라고도 한다.

29 흡광광도 측정에서 최초광의 70%가 흡수될 경우 흡광도는?

① 0.28   ② 0.35
③ 0.52   ④ 0.73

해설 ▶▶

- 흡광도 $= \log \dfrac{1}{투과율}$

$$= \frac{1}{(1-0.7)} = 0.52$$

30 어느 작업장에서 저유량 공기채취기를 사용하여 분진 농도를 측정하였다. 시료채취 전, 후의 여과지 무게는 각각 21.6mg, 130.4mg이었으며, 채취기의 유량은 4.24L/min이었고, 240분 동안 시료를 채취하였다면 분진의 농도는?

① 약 107mg/㎥   ② 약 117mg/㎥
③ 약 127mg/㎥   ④ 약 137mg/㎥

해설 ▶▶

- 농도(mg/㎥) $= \dfrac{(130.4-21.6)mg}{4.24L/min \times 240min \times ㎥/1,000L}$

$$= 106.91mg/㎥$$

31 원자 흡광 광도계에 관한 설명으로 옳지 않은 것은?

① 원자 흡광 광도계는 광원, 원자화장치, 단색화장치, 검출부의 주요 요소로 구성되어 있어야 한다.
② 작업환경 분야에서 가장 널리 사용되는 연료가스와 조연가스의 조합은 '아세틸렌 – 공기'와 '아세틸렌 – 아산화질소'로서, 분석대상 금속에 따라 적절히 선택해서 사용한다.
③ 검출부는 단색화장치에서 나오는 빛의 세기를 측정 가능한 전기적 신호로 증폭시킨 후 이 전기적 신호를 판독장치를 통해 흡광도나 흡광를 또는 투과율 등으로 표시한다.
④ 광원은 분석하고자 하는 금속의 흡수파장의 복사선을 흡수하여야 하며 주로 속빈 양극램프가 사용된다.

해설 ▶▶

- 주로 사용되는 것은 속빈 음극램프이며 분석하고자 하는 원소가 잘 흡수될 수 있는 특정 파장의 빛을 방출하는 역할을 한다.

32 석면 측정방법에서 공기 중 석면시료를 가장 정확하게 분석할 수 있고 석면의 성분 분석이 가능하며 매우 가는 섬유도 관찰 가능하나 값이 비싸고 분석시간이 많이 소요되는 것은?

① 위상차 현미경법 ② 전자 현미경법
③ X 선 회절법 ④ 편광 현미경법

해설 >>> 전자 현미경법(석면 측정)
• 석면분진 측정방법에서 공기 중 석면시료를 가장 정확하게 분석할 수 있다. 석면의 성분 분석이 가능하고 매우 가는 섬유도 관찰 가능하지만 값이 비싸고 분석시간이 많이 걸리는 단점이 있다.

33 흡착관을 이용하여 시료를 포집할 때 고려해야 할 사항으로 거리가 먼 것은?

① 파과현상이 발생할 경우 오염물질의 농도를 과소평가할 수 있으므로 주의해야 한다.
② 시료저장 시 흡착물질의 이동현상(migration)이 일어날 수 있으며 파과현상과 구별하기 힘들다.
③ 작업환경측정 시 많이 사용하는 흡착관은 앞층이 100mg, 뒤층이 50mg으로 되어 있는데 오염물질에 따라 다른 크기의 흡착제를 사용하기도 한다.
④ 활성탄 흡착제는 탄소의 불포화결합을 가진 분자를 선택적으로 흡착하며 큰 비표면적을 가진다.

해설 >>
• 실리카겔관의 설명이다.

34 다음 중 여과지에 관한 설명으로 옳지 않은 것은?

① 막 여과지에서 유해물질은 여과지 표면이나 그 근처에서 채취된다.
② 막 여과지는 섬유상 여과지에 비해 공기저항이 심하다.

③ 막 여과지는 여과지 표면에 채취된 입자의 이탈이 없다.
④ 섬유상 여과지는 여과지 표면뿐 아니라 단면 깊게 입자상 물질이 들어가므로 더 많은 입자상 물질을 채취할 수 있다.

해설 >>
• 막 여과지는 여과지 표면에 채취된 입자들이 이탈되는 경향이 있으며, 섬유상 여과지에 비하여 채취할 수 있는 입자상 물질이 작다.

35 흡착을 위해 사용하는 활성탄관의 흡착 양상에 대한 설명으로 옳지 않은 것은?

① 끓는점이 낮은 암모니아 증기는 흡착속도가 높지 않다.
② 끓는점이 높은 에틸렌, 포름알데히드 증기는 흡착속도가 높다.
③ 메탄, 일산화탄소 같은 가스는 흡착되지 않는다.
④ 유기용제증기, 수은증기(이는 활성탄 요오드관에 흡착됨) 같이 상대적으로 무거운 증기는 잘 흡착된다.

해설 >>> 활성탄의 제한점
• 산화력이 있는 멜캅탄, 알데히드 포집에는 부적합하며 케톤의 경우 활성탄 표면에서 물을 포함하는 반응에 의하여 파과되어 탈착률과 안정성에 부적절하다.
• 메탄, 일산화탄소 등은 흡착되지 않으며 탄화수소 화합물은 휘발성이 커서 채취효율이 떨어진다.
• 끓는점이 낮은 저비점 화합물인 암모니아, 에틸렌, 염화수소 포름알데히드 증기는 흡착속도가 높지 않아 비효과적이다.

정답 32 ② 33 ④ 34 ③ 35 ②

36 허용기준 대상 유해인자의 노출농도 측정 및 분석 방법에 관한 내용(용어)으로 틀린 것은? (단, 고용노동부 고시 기준)

① 바탕시험을 하여 보정 한다 : 시료에 대한 처리 및 측정을 할 때 시료를 사용하지 않고 같은 방법으로 조작한 측정치를 빼는 것을 말한다.

② 회수율 : 흡착제에 흡착된 성분을 추출과정을 거쳐 분석 시 실제 검출되는 비율을 말한다.

③ 검출한계 : 분석기기가 검출할 수 있는 가장 작은 양을 말한다.

④ 약 : 그 무게 또는 부피에 대하여 ±10%이상의 차가 있지 아니한 것을 말한다.

해설 ▶▶ 회수율
• 여과지에 채취된 성분을 추출과정을 거쳐 분석 시, 실제 검출되는 비율을 말한다.

37 입자상 물질의 측정에 관한 설명으로 옳지 않은 것은? (단, 고용노동부 고시 기준)

① 석면의 농도는 여과채취방법에 의한 계수방법 또는 이와 동등 이상의 분석방법으로 측정한다.

② 광물성 분진은 여과채취방법에 따라 석영, 크리스토바라이트, 트리디마이트를 분석할 수 있는 적합한 분석방법으로 측정한다.

③ 용접흄은 여과채취방법으로 하되 용접보안면을 착용한 경우는 호흡기로부터 반경 30cm 이내에서 측정한다.

④ 호흡성 분진은 호흡성 분진용 분립장치 또는 호흡성 분진을 채취할 수 있는 기기를 이용한 여과채취방법으로 측정한다.

해설 ▶▶
• 용접흄은 여과채취방법으로 하되 용접보안면을 착용한 경우에는 그 내부에서 채취하고 중량분석방법과 원자흡광분광기 또는 유도결합플라스마를 이용한 분석방법으로 측정한다.

38 코크스 제조공정에서 발생되는 코크스 오븐 배출물질을 채취하려고 한다. 다음 중 가장 적합한 여과지는?

① 은막 여과지 ② PVC 막 여과지
③ 유리섬유 여과지 ④ PTFE막 여과지

해설 ▶▶ 은막 여과지(silver membrane filter)
• 균일한 금속은을 소결하여 만들며 열적·화학적 안정성이 있다.
• 코크스 제조공정에서 발생되는 코크스 오븐 배출물질, 콜타르피치 휘발물질, X선 회절분석법을 적용하는 석영 또는 다핵방향족 탄화수소등을 채취하는 데 사용한다.
• 결합제나 섬유가 포함되어 있지 않다.

39 분석기기인 가스 크로마토그래피의 검출기에 관한 설명으로 옳지 않은 것은? (단, 고용노동부 고시 기준)

① 검출기는 시료에 대하여 선형적으로 감응해야 한다.

② 검출기의 온도를 조절할 수 있는 가열기구 및 이를 측정할 수 있는 측정기구가 갖추어져야 한다.

③ 검출기는 감도가 좋고 안정성과 재현성이 있어야 한다.

④ 약 500~850℃까지 작동 가능해야 한다.

해설 ▶▶
• 검출기(detector)는 복잡한 시료로부터 분석하고자 하는 성분을 선택적으로 반응, 즉 시료에 대하여 선형적으로 감응해야 하며, 약400℃까지 작동해야 한다.

40 측정치 1, 3, 5, 7, 9의 변이계수는?

① 약 0.13 ② 약 0.63
③ 약 1.33 ④ 약 1.83

정답 36 ② 37 ③ 38 ① 39 ④ 40 ②

해설 >>

- 변이계수(CV) = $\dfrac{표준편차}{평균}$

- 평균 = $\dfrac{1+3+5+7+9}{5}$ =5

- 표준편차 =

$$\left[\dfrac{(1-5)^2+(3-5)^2+(5-5)^2+(7-5)^2+(9-5)^2}{5-1}\right]^{0.5}$$

  =3.162

- CV= $\dfrac{3.162}{5}$ =0.632

3과목 작업환경 관리대책

41 원심력 송풍기 중 전향 날개형 송풍기에 관한 설명으로 옳지 않은 것은?

① 송풍기의 임펠러가 다람쥐 첫바퀴 모양으로 생겼다.

② 송풍기의 깃이 회전방향과 반대방향으로 설계되어 있다.

③ 큰 압력손실에서 송풍량이 급격하게 떨어지는 단점이 있다.

④ 다익형 송풍기라고도 한다.

해설 >> 다익형 송풍기(multi blade fan)

- 전향(전곡) 날개형(forward-curved blade fan)이라고 하며, 많은 날개(blade)를 갖고 있다.

- 송풍기의 임펠러가 다람쥐 쳇바퀴모양으로 회전날개가 회전방향과 동일한 방향으로 설계되어 있다.

- 동일 송풍량을 발생시키기 위한 임펠러 회전속도가 상대적으로 낮아 소음 문제가 거의 없다.

- 강도 문제가 그리 중요하지 않기 때문에 저가로 제작이 가능하다.

- 상승구배 특성이다. 높은 압력손실에서는 송풍량이 급격하게 떨어지므로 이송시켜야 할 공기량이 많고 압력손실이 작게 걸리는 전체 환기나 공기 조화용으로 널리 사용된다. 구조상 고속회전이 어렵고 큰 동력의 용도에는 적합하지 않다.

42 크롬산 미스트를 취급하는 공정에 가로 0.6m, 세로 2.5m로 개구되어 있는 포위식 후드를 설치하고자 한다. 개구면상의 기류분포는 균일하고 제어속도가 0.6m/sec일때, 필요송풍량은?

① 24㎥/min ② 35㎥/min
③ 46㎥/min ④ 54㎥/min

해설 >>

- 필요송풍량(Q) = A × V
  = (0.6 X 2.5)㎡ X 0.6m/sec x 60sec/min
  = 54㎥/min

43 장방형 송풍관의 단경 0.13m, 장경 0.26m, 길이30m, 속도압30mmHA 관마찰계수(λ)가 0.004일때 관내의 압력손실은? (단, 관의 내면은 매끈하다.)

① 10.6mmH₂O ② 15.4mmH₂O
③ 20.8mmH₂O ④ 25.2mmH₂O

해설 >>

- 압력손실(△P)

- $\triangle P = \lambda \times \dfrac{L}{D} \times VP$

- $D(상당직경) = \dfrac{2(0.13 \times 0.26)}{0.13+0.26}$ = 0.173m

  $=0.004 \times \dfrac{30}{0.173} \times 30$ =20.81mmH₂O

44 유입계수를 Ce라고 나타낼 때 유입손실계수 F를 바르게 나타낸 것은?

① $F=\dfrac{Ce^2}{1-Ce^2}$ ② $F=\dfrac{1-Ce^2}{Ce^2}$

③ $F=\sqrt{\dfrac{1}{1+Ce}}$ ④ $F=\sqrt{\dfrac{1}{1+Ce^2}}$

정답 41 ② 42 ④ 43 ③ 44 ②

해설 ▶▶

- 유입계수(Ce) = $\dfrac{\text{실제 유량}}{\text{이론적인 유량}}$

  = $\dfrac{\text{실제 흡인유량}}{\text{이상적인 흡인유량}}$

- 후드 유입손실계수(F) = $\dfrac{1}{Ce^2} - 1$

45 다음 중 귀마개의 장점으로 맞는 것만을 짝지은 것은?

> 가. 외이도에 이상이 있어도 사용이 가능하다.
> 나. 좁은 장소에서도 사용이 가능하다.
> 다. 고온의 작업장소에서도 사용이 가능하다.

① 가, 나   ② 나, 다
③ 가, 다   ④ 가, 나, 다

해설 ▶▶ **귀마개의 장점**

- 부피가 작아 휴대가 쉽고 안경과 안전모 등에 방해가 되지 않는다.
- 고온 작업, 좁은 장소에서도 사용 가능하다.
- 귀 덮개보다 가격이 저렴하다.

46 회전차 외경이 600mm인 레이디얼 송풍기의 풍량이 300㎥/min, 전압은 60mmH₂O, 축동력이 0.40kW이다. 회전차외경이 1,200mm로 상사인 레이디얼 송풍기가 같은 회전수로 운전된다면 이 송풍기의 축동력은?
(단, 두 경우 모두 표준공기를 취급한다)

① 10.2kW   ② 12.8kW
③ 14.4kW   ④ 16.6kW

해설 ▶▶

- $\dfrac{kW_2}{kW_1} = \left(\dfrac{D_2}{D_1}\right)^5$

- kW2 = 0.4kW × $\left(\dfrac{1,200}{600}\right)^5$ = 12.8kW

47 다음은 작업환경개선 대책 중 대치의 방법을 열거한 것이다. 이 중 공정 변경의 대책과 가장 거리가 먼 것은?

① 금속을 두드려서 자르는 대신 톱으로 자른다.
② 흄 배출용 드래프트 창 대신에 안전유리로 교체한다.
③ 작은 날개로 고속회전시키는 송풍기를 큰 날개로 저속회전 시킨다.
④ 자동차산업에서 땜질한 납 연마 시 고속회전 그라인더의 사용을 저속 oscillating - type sander로 변경한다.

해설 ▶▶

- 금속을 두드려 자르던 공정을 톱으로 절단, 자동차산업에서 땜질한 납을 고속회전 그라인더로 깎던 것을 oscillating-type sander로 대치
- 송풍기의 작은 날개로 고속회전 시키던 것을 큰 날개로 저속회전하는 방식으로 대치

48 층류영역에서 직경이 2㎛이며, 비중이 3인 입자상 물질의 침강속도(cm/sec)는?

① 0.032   ② 0.036
③ 0.042   ④ 0.046

해설 ▶▶

- 침강속도(cm /sec) = 0.003 × p × d²
  = 0.003 × 3 × 2²
  = 0.036cm/sec

정답   45 ②   46 ②   47 ②   48 ②

Part 6

49 자연환기와 강제환기에 관한 설명으로 옳지 않은 것은?

① 강제환기는 외부조건에 관계없이 작업환경을 일정하게 유지시킬 수 있다.

② 자연환기는 환기량 예측자료를 구하기가 용이하다.

③ 자연환기는 적당한 온도차와 바람이 있다면 비용 면에서 상당히 효과적이다.

④ 자연환기는 외부 기상조건과 내부 작업조건에 따라 환기량 변화가 심하다.

해설 ≫
• 자연환기는 정확한 환기량 산정이 힘들다. 즉, 환기량 예측자료를 구하기 힘들다.

50 작업장 용적이 10m X 3m X 40m이고 필요 환기량이 120㎥/min일 때 시간당 공기교환 횟수는 얼마인가?

① 360회   ② 60회

③ 6회   ④ 0.6회

해설 ≫

• 시간당 공기교환횟수 $= \dfrac{필요환기량}{작업장 용적}$

$= \dfrac{120㎥/min \times 60min/hr}{(10 \times 3 \times 40)㎥}$

$= 6회(시간당)$

51 덕트의 설치 원칙으로 옳지 않은 것은?

① 덕트는 가능한 한 짧게 배치하도록 한다.

② 밴드의 수는 가능한 한 적게 하도록 한다.

③ 가능한 한 후드의 가까운 곳에 설치한다.

④ 공기흐름이 원활하도록 상향구배로 만든다.

해설 ≫
• 직관은 하향구배로 하고 직경이 다른 덕트를 연결할 때에는 경사 30° 이내의 테이퍼를 부착한다.

52 축류 송풍기에 관한 설명으로 가장 거리가 먼 것은?

① 전동기와 직결할 수 있고, 축방향 흐름이기 때문에 관로 도중에 설치할 수 있다.

② 무겁고, 재료비 및 설치비용이 비싸다.

③ 풍압이 낮으며, 원심송풍기보다 주속도가 커서 소음이 크다.

④ 규정 풍량 이외에서는 효율이 떨어지므로 가열기 또는 오염공기의 취급에 부적당하다.

해설 ≫ 축류 송풍기
• 공기는 날개의 앞부분에서 흡인되고 뒷부분에서 배출되므로 공기의 유입과 유출은 동일한 방향을 갖는다.
• 국소배기용보다는 압력손실이 비교적 작은 전체 환기량으로 사용해야 한다.
• 축방향 흐름이기 때문에 덕트에 바로 삽입할 수 있어 설치비용 및 재료비가 저렴하며, 경량이며 전동기와 직결할 수 있다.
• 반대로 풍압이 낮아 서징현상으로 진동과 소음이 심하다.
 (서징 현상은 유체 기계 (펌프, 송풍기, 압축기 등) 작동 중 유량이 낮은 영역에서 발생하는 불안정한 상태를 말하며, 진동, 압력 및 유량 변동을 동반한다.)

53 보호장구의 재질과 적용물질에 대한 내용으로 옳지 않은 것은?

① 면 – 극성 용제에 효과적이다.

② Nitrile 고무 – 비극성 용제에 효과적이다.

③ 가죽 – 용제에는 사용하지 못한다.

④ 천연고무(latex) – 극성 용제에 효과적이다.

해설 ≫
• 면은 고체상 물질에 효과적이며 용제에는 사용할 수 없다.

54 세정집진장치의 입자포집원리에 관한 설명으로 옳지 않은 것은?

① 입자를 함유한 가스를 선회 운동시켜 입자에 원심력을 갖게 하여 부착된다.

② 액적에 입자가 충돌하여 부착된다.

③ 입자를 핵으로 한 증기의 응결에 따라서 응집성이 촉진된다.

④ 액막 및 기포에 입자가 접촉하여 부착된다.

해설 >> 세정집진장치

• 세정집진장치(Scrubber)는 오염된 가스에서 먼지나 유해 물질을 제거하기 위해 액체(주로 물)를 사용하여 가스를 세척하는 장치이다.

• 장점은 다양한 크기의 입자상 가스와 물질을 효과적으로 제거하며 유해가스 및 분진을 동시에 처리하며 집진효율이 비교적 높고 유지보수가 용이하다.

단점으로는 많은 양의 물이 필요하며 가동 시 소음이 발생한다.

---

55 어떤 작업장의 음압수준이 100dB(A)이고, 근로자가 NRR이 19인 귀마개를 착용하고 있다면 차음효과는? (단, OSHA 방법 기준)

① 2dB(A)   ② 4dB(A)

③ 6dB(A)   ④ 8dB(A)

해설 >>

• 차음효과 = (NRR - 7) × 0.5
= (19-7) × 0.5 = 6dB(A)

---

56 한랭작업장에서 일하고 있는 근로자의 관리에 대한 내용으로 옳지 않은 것은?

① 한랭에 대한 순화는 고온순화보다 빠르다.

② 노출된 피부나 전신의 온도가 떨어지지 않도록 온도를 높이고 기류의 속도를 낮추어야 한다.

③ 필요하다면 작업을 자신이 조절하게 한다.

④ 외부 액체가 스며들지 않도록 방수처리 된 의복을 입는다.

해설 >>

• 한랭순화는 고온순화보다 느리다.

---

57 원심력 송풍기인 방사 날개형 송풍기에 관한 설명으로 틀린 것은?

① 깃이 평판으로 되어 있다.

② 깃의 구조가 분진을 자체 정화할 수 있도록 되어 있다.

③ 큰 압력손실에서 송풍량이 급격히 떨어지는 단점이 있다.

④ 플레이트(plate) 형 송풍기라고도 한다.

해설 >>

• 전향 날개형 송풍기 설명이다.

 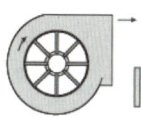

방사형

원심력송풍기

1. 전향(다익): 가장 높은 풍압, 효율이 가장 낮다. 높은 압력손실에서 송풍량이 떨어짐.

2. 후향(터보): 장소의 제약을 받지 않고 효율도 좋은 것이 요구될 때 이 형식이 가장 바람직하다. 특히 풍압이 바뀌어도 풍량의 변화가 작고 소요풍압이 떨어져도 마력은 크게 올라가지 않아서 효율면에서 좋다. 분진 함유 공기 배기에 단점

3. 방사형(평판): 터보와 중간정도의 성능을 가지는 것으로 구조가 간단하고 보수가 쉬워서 제진장치의 송풍기로 적합하다.

4. 고농도 분진함유공기나 부식성 강한 공기 이송시 사용

5. 높은 가격, 낮은 효율

---

58 온도 125℃, 800mmHg인 관내로 100㎥/min의 유량의 기체가 흐르고 있다. 표준상태(21℃, 760mmHg)의 유량(m/min)은 얼마인가?

① 약 52   ② 약 69

③ 약 78   ④ 약 83

정답   55 ③   56 ①   57 ③   58 ③

Part 6

해설 ▶▶

- $$\frac{P_1 V_1}{T_1} = \frac{P_2 V_2}{T_2}$$

$$\therefore V_2 = \frac{P_1}{P_2} \times \frac{T_2}{T_1} \times V_1$$

$$= \frac{800}{760} \times \frac{273+21}{273+125} \times 100$$

$$= 77.76 ㎥/min$$

59 화학공장에서 A 물질(분자량 86.17, 노출기준 100ppm)과 B물질(분자량 98.96, 노출기준 50ppm)이 각각 100g/hr, 50g/hr씩 기화한다면 이때의 필요환기량(㎥/min)은? (단, 두 물질 간의 화학작용은 없으며, 21℃ 기준, K값은 각각 6과 4이다.)

① 26.8   ② 39.6
③ 44.2   ④ 58.3

해설 ▶▶

㉠ A물질
- 사용량: 100g/hr
- 발생률(G, L/hr)
  86.17g : 24.1L = 100g/hr : G(L/hr)
  G=27.97L/hr
- 필요환기량(Q1)

$$Q1 = \frac{27.97\text{L/hr} \times 1,000\text{mL/L}}{100 mL/㎥} \times 6$$

$$= 1,678.08㎥/hr \times hr/60min$$

$$= 27.97㎥/min$$

㉡ B물질
- 사용량: 50g/hr
- 발생률(G, L/hr)
  98.96g : 24.1L = 50g/hr : G(L/hr)
  G = 12.17L/hr
- 필요환기량(Q2)

$$Q2 = \frac{12.17\text{L/hr} \times 1,000\text{mL/L}}{50\text{mL}/㎥} \times 4$$

$$= 974.13㎥/hr \times hr/60min$$

$$= 16.24㎥/min$$

∴ 총 필요환기량=27.97+16.24=44.21㎥/min

60 국소환기시스템의 덕트설계에 있어서 덕트 합류 시 균형유지방법인 설계에 의한 정압균형유지법의 장단점으로 틀린 것은?

① 설계유량 산정이 잘못되었을 경우, 수정은 덕트 크기 변경을 필요로 한다.
② 설계 시 잘못된 유량의 조정이 용이하다.
③ 최대저항경로 선정이 잘못되어도 설계시 쉽게 발견할 수 있다.
④ 설계가 복잡하고 시간이 걸린다.

해설 ▶▶

- 설계 시 잘못된 유량을 고치기 어렵다.
- 정압균형유지법의 장점은 예기치 않는 침식, 부식, 분진퇴적으로 인한 축적(퇴적)현상이 일어나지 않는다. 설계가 정확할 때 가장 효율적인 시설이다.
- 설계 시 잘못된 유량을 고치기 어렵다(임의의 유량을 조절하기 어려움).
- 설계가 복잡하고 시간이 걸린다.

4과목 **물리적 유해인자 관리**

61 다음중 압력이 가장 높은 것은 어느 것인가?

① 14.7psi   ② 101325Pa
③ 760mmHg   ④ 2atm

해설 ▶▶

- 1기압 = 1atm = 76cmHg = 760mmHg = 760Torr
  = 1013.25hPa = 33.96ftH$_2$O = 407.52inH$_2$O
  = 10,332mmH$_2$O = 1,013mbar = 29.92inHg
  = 14.7Psi = 1.0336kg/㎠

62 산소결핍이라 함은 공기 중의 산소농도가 몇 % 미만인 상태를 말하는가?

① 16   ② 18
③ 21   ④ 23.5

해설 ▶▶

- 공기 중의 산소 농도가 18% 미만인 상태를 말한다.

정답   59 ③   60 ②   61 ④   62 ②

63 다음 중 전리방사선에 의한 장애에 해당하지 않는 것은?

① 참호족
② 유전적 장애
③ 조혈기능장애
④ 피부암 등 신체적 장애

해설 ▶▶ 참호족

• 직장온도가 35℃ 수준 이하로 저하되는 경우, 저온작업시 손가락, 발가락등, 말초부위의 온도 저하가 심함.

64. 고열로 인하여 발생하는 건강장애 중 가장 위험성이 큰 중추신경계통의 장애로 신체내부의 체온조절계통이 기능을 잃어 발생하며, 1차적으로 정신착란, 의식결여 등의 증상이 발생하는 고열장애는?

① 열사병 (heat stroke)
② 열소진 (heat exhaustion)
③ 열경련 (heat cramps)
④ 열발진 (heat rashes)

해설 ▶▶ 열사병

• 중추신경의 체온조절계통의 기능장애로 중심체온 상승, 의식결여, 무한증(땀이 나지 않음)을 대표적인 증상이다.

65 다음 중 저온에 의한 1차 생리적 영향에 해당하는 것은?

① 말초혈관의 수축
② 근육긴장의 증가와 전율
③ 혈압의 일시적 상승
④ 조직대사의 증진과 식욕 항진

해설 ▶▶ 저온에 의한 생리적 영향

• 1차 : 피부혈관의 수축, 근육긴장의 증가와 전율, 혈압의 일시적 상승, 체표면적 감소
• 2차: 말초혈관의 수축, 근육활동, 조직대사 증진되어 식욕이 항진 혈압의 일시적인 상승

66 1기압(atm)에 관한 설명으로 틀린 것은?

① 수은주로 760mmHg와 동일하다.
② 수은주로 10,332mmH₂O 에 해당한다.
③ Torr로는 0.76에 해당한다.
④ 약 1kgf/cm²와 동일하다.

해설 ▶▶

• 1기압 = 1atm = 76cmHg = 760mmHg = 760Torr
= 1013.25hPa = 33.96ftH₂O = 407.52inH₂O
= 10,332mmH₂O = 1,013mbar = 29.92inHg
= 14.7Psi = 1.0336kg/cm²

67 실효음압이 $2 \times 10^{-3} N/m^2$인 음의 음압수준은 몇 dB인가?

① 40　　　　② 50
③ 60　　　　④ 70

해설 ▶▶

• 음압수준(SPL)

• SPL = $20\log \dfrac{P}{P_o}$ = $20\log \left(\dfrac{2 \times 10^{-3}}{2 \times 10^{-5}} \right)$ = 40dB

68 다음 중 소음에 대한 대책으로 적절하지 않은 것은?

① 차음효과는 밀도가 큰 재질일수록 좋다.
② 흡음효과를 높이기 위해서는 흡음재를 실내의 틈이나 가장자리에 부착시키는 것이 좋다.
③ 저주파성분이 큰 공장이나 기계실 내에서는 다공질 재료에 의한 흡음처리가 효과적이다.
④ 흡음효과에 방해를 주지 않기 위해서 다공질 재료 표면에 종이를 입혀서는 안 된다.

해설 ▶▶

• 흡음처리시 다공질 재료는 고주파성분에 효과적이다.

정답 　63 ①　　64 ①　　65 ②　　66 ③　　67 ①　　68 ③

Part 6

69 다음 중 인체와 환경 사이의 열교환에 영향을 미치는 요소와 관계가 가장 적은 것은?

① 기온　　　　② 기압
③ 대류　　　　④ 증발

해설 ≫ 기압
• 생체(인체)와 작업환경 사이의 열교환(체열 생산 및 방산) 관계를 나타내는 식이다.
• 열교환은 체내열생산량(대사량), 전도, 대류, 복사, 증발 등으로 이루어진다.

70 고압환경에서의 2차적인 가압현상인 산소중독에 관한 설명으로 틀린 것은?

① 산소의 분압이 2 기압을 넘으면 중독증세가 나타난다.
② 중독증세는 고압산소에 대한 노출이 중지된 후에도 상당기간 지속된다.
③ 1기압에서 순산소는 인후를 자극하나 비교적 짧은 시간의 노출이라면 중독증상은 나타나지 않는다.
④ 산소의 중독작용은 운동이나 이산화탄소의 존재로 보다 악화된다.

해설 ≫
• 고압산소에 대한 폭로가 중지되면 증상은 즉시 멈춘다.
• 1기압에서 순 산소는 인후를 자극하나 비교적 짧은 시간의 폭로라면 중독 증상은 나타나지 않는다. 산소중독 작용은 운동이나 이산화탄소로 인해 악화된다.
• 산소의 분압이 2기압을 넘으면 산소중독 증상을 보인다.
  즉, 3~4기압의 산소 혹은 이에 상당하는 공기 중 산소분압에 의하여 중추신경계의 장애에 기인운동장애를 나타내는데 이것을 산소중독이라 한다.

71 다음 중 산소결핍 장소의 출입 시 착용하여야 할 보호구로 적절하지 않은 것은?

① 공기호흡기　　　② 송기마스크
③ 방독마스크　　　④ 에어라인마스크

해설 ≫
• 송기마스크는 산소가 결핍, 유해물질의 농도가 높거나 독성이 강한 곳에서 사용한다. 에어라인(air-line) 마스크와 자가 공기공급장치가 있다.
• 공기호흡기는 호흡이 불가능한 장소나 화재에서 압축공기를 이용해 호흡할 수 있는 장비

72 옥내의 작업장소에서 습구흑구온도를 측정한 결과 자연습구온도는 28℃, 흑구온도는 30℃, 건구온도는 25℃를 나타내었다. 이때 습구흑구온도지수(WBGT)는 약 얼마인가?

① 31.5℃　　　② 29.4℃
③ 28.61℃　　　④ 28.1℃

해설 ≫
• WBGT(℃)
= (0.7×자연습구온도) + (0.3×흑구온도)
= (0.7×28℃) + (0.3×30℃)
= 28.6℃

73 전리방사선의 단위 중 조직(또는 물질)의 단위질량당 흡수된 에너지를 나타내는 것은?

① Gy(Gray)　　　② R(Rontgen)
③ Sv(Sivert)　　　④ Bq(Becquerel)

해설 ≫
• Gy(Gray): 흡수선량의 단위이다.
※ 흡수선량 : 방사선에 피폭되는 물질의 단위질량당 흡수된 방사선의 에너지, 1Gy=100rad=1J/kg

74 다음 중 저기압의 영향에 관한 설명으로 틀린 것은?

① 산소결핍을 보충하기 위하여 호흡수, 맥박수가 증가된다.
② 고도 10,000ft(3,048m)까지는 시력, 협조운동의 가벼운 장애 및 피로를 유발한다.

정답					
69 ②	70 ②	71 ②	72 ③	73 ①	74 ④

③ 고도 18,000ft(5,468m) 이상이되면 21%이상의 산소가 필요하게 된다.

④ 고도의 상승으로 기압이 저하되면 공기의 산소분압이 상승하여 폐포 내의 산소분압도 상승한다.

해설 >>

• 고도상승시 기압이 저하되고 공기의 산소분압이 저하, 폐포내의 산소분압도 저하한다.

75 다음 중 이상기압의 영향으로 발생되는 고공성 폐수종에 관한 설명으로 틀린 것은?

① 어른보다 아이들에게 많이 발생한다.

② 고공 순화된 사람이 해면에 돌아올 때에도 흔히 일어난다.

③ 진해성 기침과 호흡곤란이 나타나고 폐동맥 혈압이 급격히 낮아져 구토, 실신등이 발생한다.

④ 산소공급과 해면 귀환으로 급속히 소실되며, 증세는 반복해서 발병하는 경향이 있다.

해설 >>

• 고공성 폐수종은 어른보다는 어린이에게 더 많이 일어나고 산소공급과 해면 귀환으로 급속히 소실되며 이 증세는 반복해서 발생한다.

• 진해성 기침, 호흡곤란, 폐동맥의 혈압상승 현상이 나타난다.

76 국소진동이 사람에게 영향을 줄 수 있는 진동의 주파수 범위로 가장 적절한 것은?

① 1~80Hz ② 5~100Hz

③ 8~1500Hz ④ 20~20000Hz

해설 >> 진동의 구분에 따른 진동수(주파수)

• 국소진동 진동수 : 8~1,500Hz

• 전신진동(공해진동) 진동수 : 1~90Hz(1~80Hz)

77 소음이 발생하는 작업장에서 1일 8시간 근무하는 동안 100dB에 30분, 95dB에 1시간 30분, 90dB에 3시간이 노출되었다면 소음노출지수는 얼마인가?

① 1.0 ② 1.1

③ 1.2 ④ 1.3

해설 >>

• 소음노출지수 $= \dfrac{0.5}{2} + \dfrac{1.5}{4} + \dfrac{3}{8} = 1.0$

78 다음 중 습구흑구온도지수(WBGT)에 관한 설명으로 옳은 것은?

① WBGT가 높을수록 휴식시간이 증가되어야 한다.

② WBGT는 건구온도와 습구온도에 비례하고, 흑구온도에 반비례한다.

③ WBGT는 고온환경을 나타내는 값이므로 실외작업에만 적용한다.

④ WBGT는 복사열을 제외한 고열의 측정단위로 사용되며, 화씨온도($^\circ$F)로 표현한다.

해설 >>

• WBGT는 건구온도, 습구온도, 흑구온도에 비례한다.

• WBGT는 옥내, 옥외에 적용한다.

• WBGT는 복사열도 포함한 측정단위이며, 단위는 섭씨온도CC이다.

79 1fc (foot candle)은 약 몇 럭스(lux)인가?

① 3.9 ② 8.9

③ 10.8 ④ 13.4

해설 >>

• foot candle : 1루멘의 빛이 1ft2의 평면상에 수직으로 비칠때 그 평면의 빛 밝기이다.

• 풋 캔들(ft cd)$= \dfrac{\text{lumen}}{\text{ft}^2}$

• 럭스와의 관계

ⓒ 1ftcd = 10.8lux

ⓒ 1lux = 0.093ftcd

정답 75 ③ 76 ③ 77 ① 78 ① 79 ③

80 다음 중 소음계에서 A 특성치는 몇 phon 의 등감곡선과 비슷하게 주파수에 따른 반응을 보정하여 측정한 음압수준을 말하는가?

① 40　　　　　　② 70
③ 100　　　　　④ 140

해설 ▶▶
- A특성치 40phon
- B특성치 70phon
- C특성치 100phon

5과목 **산업독성학**

81 화학적 유해물질의 생리적 작용에 따른 분류에서 단순 질식제로 작용하는 물질은?

① 아닐린　　　　② 일산화탄소
③ 메탄　　　　　④ 황화수소

해설 ▶▶ 단순질식제의 종류
- 이산화탄소, 메탄, 질소, 수소, 에탄, 프로판, 에틸렌, 아세틸렌, 헬륨

82 직업성 피부질환에 관한 설명으로 틀린 것은?

① 가장 빈번한 피부반응은 접촉성 피부염다.
② 알레르기성 접촉피부염은 효과적인 보호기구를 사용하거나 자극이 적은 물질을 사용하면 효과가 좋다.
③ 첩포시험은 알레르기성 접촉피부염의 감작물질을 색출하는 기본수기이다.
④ 일부 화학물질과 식물은 광선에 의해서 활성화되어 피부반응을 보일 수 있다.

해설 ▶▶
- 자극성 접촉 피부염의 설명이다.

83 할로겐화 탄화수소인 사염화탄소에 관한 설명으로 틀린 것은?

① 생식기에 대한 독성작용이 특히 심하다.
② 고농도에 노출되면 중추신경계장애외에 간장과 신장장애를 유발한다.
③ 신장장애 증상으로 감뇨, 혈뇨 등이 발생하며, 완전 무뇨증이 되면 사 망할 수도 있다.
④ 초기 증상으로는 지속적인 두통, 구역 또는 구토, 복부선통과 설사, 간압통 등이 나타난다.

해설 ▶▶ 사염화탄소
- 신장장애 증상으로 감뇨, 혈뇨 등이 발생하며 완전 무뇨증이 되면 사망할 수 있다.
- 초기 증상으로 지속적인 두통, 구역 및 간 압통이 생기며 이후에 피부, 간장, 신장, 소화기, 신경계에 장애를 일으킨다.(중심소엽성 괴사)
- 고농도로 폭로되면 중추신경계 장애 외에 간장이나 신장에 장애가 일어나 황달, 단백뇨, 혈뇨의 증상을 보인다.

84 다음 중 먼지가 호흡기계로 들어올 때 인체가 가지고 있는 방어기전이 조합된 것으로 가장 알맞은 것은?

① 점액 섬모운동과 폐포의 대식세포 작용
② 면역작용과 폐 내의 대사작용
③ 점액 섬모운동과 가스교환에 의한 정화
④ 폐포의 활발한 가스교환과 대사작용

해설 ▶▶ 점액 섬모운동
- 가장 기초적인 방어기전(작용)이며, 점액 섬모운동에 의한 배출 시스템으로 폐포로 이동하는 과정에서 이물질을 제거하는 역할을 한다. 대식세포에 의한 작용: 대식세포가 방출하는 효소에 의해 용해되어 제거된다. 대식세포에 의해 용해되지 않는 대표적 독성물질은 유리규산과 석면이다.

85 다음 중 인체에 침입한 납(Pb) 성분이 주로 축적되는 곳은?

① 간　　　　　　② 신장
③ 근육　　　　　④ 뼈

해설 ▶
• 인체 내에 남아 있는 총 납량을 의미하여 신체장기 중 납의 90%는 뼈 조직에 축적된다.

86 다음 [표]는 A 작업장의 백혈병과 벤젠에 대한 코호트 연구를 수행한 결과이다. 이때 벤젠의 백혈병에 대한 상대위험비는 약 얼마인가?

구분	백혈병	백혈병 없음	합계
벤젠노출	5	14	19
벤젠 비노출	2	25	27
합계	7	39	46

① 3.29   ② 3.55
③ 4.64   ④ 4.82

해설 ▶
• 상대위험비= 노출군에서 질병발생률 ÷ 비노출군에서 질병발생률
• (5/19) ÷ (2/27) = 3.55

87 다음 중 생물학적 모니터링을 할 수 없거나 어려운 물질은?

① 카드뮴   ② 유기용제
③ 톨루엔   ④ 자극성 물질

해설 ▶
• 생물학적 모니터링을 할 수 없거나 어려운 것은 자극성 물질이다.

88 다음 중 수은에 관한 설명으로 틀린 것은?

① 무기수은 화합물로는 질산수은, 승홍, 감홍 등이 있으며 철, 니켈, 알루미늄, 백금이외의 대부분의 금속과 화합하여 아말감을 만든다.
② 유기수은화합물로서는 아릴수은화합물과 알킬수은화합물이 있다.
③ 수은은 상온에서 액체상태로 존재하는 금속이다.

④ 무기수은 화합물의 독성은 알킬수은 화합물의 독성보다 훨씬 강하다.

해설 ▶
• 유기수은 중 알킬수은화합물의 독성은 무기수은 독성보다 매우 강하다.

89 다음 중 유해물질이 인체에 미치는 유해성(건강영향)을 좌우하는 인자로 그 영향이 가장 적은 것은?

① 유해물질의 밀도
② 유해물질의 노출시간
③ 개인의 감수성
④ 호흡량

해설 ▶
• 유해성(건강영향)에 영향을 미치는 인자
• 공기 중의 폭로농도/ 노출시간(폭로횟수)/ 작업강도(호흡량)
• 개인 감수성/ 기상조건

90 다음 중 규폐증(silicosis)을 잘 일으키는 먼지의 종류와 크기로 가장 적절한 것은?

① SiO_2 함유 먼지 $0.1\mu m$의 크기
② SiO_2 함유 먼지 $0.5 \sim 5\mu m$의 크기
③ 석면 함유 먼지 $0.1\mu m$의 크기
④ 석면 함유 먼지 $0.5 \sim 5\mu m$의 크기

해설 ▶
• 결정형 규소(암석:석영분진, 이산화규소, 유리규산)에 직업적으로 노출된 근로자에게 발생한다.
• 유리규산(SiO_2) 함유 먼지 $0.5 \sim 5\mu m$배의 크기에서 잘 발생한다.

정답   86 ②   87 ④   88 ④   89 ①   90 ②

Part 6

91 석면분진 노출과 폐암과의 관계를 나타낸 다음 [표]를 참고하여 석면분진에 노출된 근로자가 노출이 되지 않은 근로자에 비해 폐암이 발생할 수 있는 비교위험도(relative risk)를 올바르게 나타낸 식은?

폐암유무 석면노출유무	있음	없음	합계
노출됨	a	b	a+b
노출안됨	c	d	c+d
합계	a+c	b+d	a+b+c+d

① $\dfrac{a}{a+b} \div \dfrac{c}{c+d}$ ② $\dfrac{b}{a+b} \div \dfrac{d}{c+d}$

③ $\dfrac{a}{a+b} \times \dfrac{c}{c+d}$ ④ $\dfrac{b}{a+b} \times \dfrac{d}{c+d}$

해설 ≫ 상대위험도(비교위험도)

• 상대위험비 = $\dfrac{\text{노출군에서 질병발생률}}{\text{비노출군에서의 질병발생률}}$

= $\dfrac{\text{위험요인이 있는 해당 군의 질병발생률}}{\text{위험요인이 없는 해당 군의 질병발생률}}$

• 상대위험비 = 1 : 노출과 질병 사이의 연광성 없음.
상대위험비 〉1 : 위험의 증가를 의미
상대위험비 〈 1 : 질병에 대한 방어효과가 있음.

92 다음 유지용제 기능기 중 중추신경계에 억제작용이 가장 큰 것은?

① 알칸족 유기용제
② 알켄족 유기용제
③ 알코올족 유기용제
④ 할로겐족 유기용제

해설 ≫ 유기화학물질의 중추신경계 억제작용 순서

• 할로겐화합물 〉 에테르 〉 에스테르 〉 유기산 〉 알코올 〉 알켄 〉 알칸

93 다음 중 생물학적 모니터링의 장점으로 틀린 것은?

① 흡수경로와 상관없이 전체적인 노출을 평가할 수 있다.
② 노출된 유해인자에 대한 종합적 흡수정도를 평가할 수 있다.
③ 지방조직 등 인체에서 채취할 수 있는 모든 부분에 대하여 분석할 수 있다.
④ 인체에 흡수된 내재용량이나 중요한 조직부위에 영향을 미치는 양을 모니터링 할 수 있다.

해설 ≫ 단점

• 시료채취가 어렵다.
• 유기시료의 특이성이 존재하고 복잡하다.
• 각 근로자의 생물학적 차이가 나타날 수 있다.
• 분석이 어려우며, 분석 시 오염에 노출될 수 있다.

94 톨루엔은 단지 자극증상과 중추신경계 억제의 일반증상만을 유발하며, 톨루엔의 대사산물은 생물학적 노출지표로 이용된다. 다음 중 톨루엔의 대사산물은?

① 메틸마뇨산 ② 만델린산
③ O-크레졸 ④ 페놀

해설 ≫ 톨루엔의 대사산물(생물학적 노출지표)

• 혈액, 호기: 틀루엔
• 소변 : 0- 크레졸

95 다음 중 피부 독성에 있어 경피 흡수에 영향을 주는 인자와 가장 거리가 먼 것은?

① 개인의 민감도 ② 용매
③ 화학물질 ④ 온도

해설 ≫ 온도

• 피부 독성에 있어 피부(경피)흡수에 영향을 주는 인자
• 개인의 민감도/ 용매/ 화학물질

정답 　91 ①　　92 ④　　93 ③　　94 ③　　95 ④

96 화학적 질식제에 심하게 노출되었을 경우 사망에 이르게 되는 이유로 가장 적절한 것은?

① 폐에서 산소를 제거하기 때문
② 심장의 기능을 저하시키기 때문
③ 폐 속으로 들어가는 산소의 활용을 방해하기 때문
④ 신진대사기능을 높여 가용한 산소가 부족해지기 때문

해설 ≫ 화학적 질식제
• 직접적 작용에 의해 혈액 중의 혈색소와 결합하여 산소운반능력을 방해하는 물질을 말하며, 조직 중의 산화효소를 불 활성화시켜 세포의 산소수용능력 상실을 일으킨다.

97 다음 중 급성독성시험에서 얻을 수 있는 일반적인 정보로 볼 수 있는 것은?

① 치사율
② 눈, 피부에 대한 자극성
③ 생식영향과 산아장애
④ 독성무관찰용량

해설 ≫ 급성독성시험에서 얻는 정보
• 치사성 및 기관장애/ 눈과 피부에 대한 자극성/ 변이원성

98 금속의 일반적인 독성기전으로 틀린 것은?

① DNA 염기의 대체
② 금속 평형의 파괴
③ 필수 금속성분의 대체
④ 술피드릴(sulfhydryl)기와의 친화성으로 단백질 기능 변화

해설 ≫ 금속의 독성작용
• 효소억제/간접영향(세포성분의 역할 변화)/ 필수 금속성분의 대체 / 필수 금속 평형의 파괴/ 술피드릴기와의 친화성

99 다음 중 유해화학물질이 체내에서 해독되는 데 가장 중요한 작용을 하는 것은?

① 효소
② 임파구
③ 적혈구
④ 체표온도

해설 ≫ 효소
• 유해화학물질이 체내로 침투되어 해독되는 경우 해독반응에 가장 중요한 작용을 하는 것이 효소이다.

100 다음 중 지방질을 지방산과 글리세린으로 가수분해하는 물질은?

① 리파아제 (lipase)
② 말토오스 (maltose)
③ 트립신 (trypsin)
④ 판크레오지민 (pancreozymin)

해설 ≫ 리파아제 (lipase)
• 혈액, 위액, 췌장분비액, 장액에 들어있는 지방분해
• 효소로 지방을 가수분해하여 지방산과 글리세린을 만든다.

정답 96 ③   97 ②   98 ①   99 ①   100 ①

1과목 산업위생학 개론

01 다음 중 산업피로에 관한 설명으로 틀린 것은 어느 것인가?

① 피로는 비가역적 생체의 변화로 건강장애의 일종이다.

② 정신적 피로와 육체적 피로는 보통 구별하기 어렵다.

③ 국소피로와 전신피로는 피로현상이 나타난 부위가 어느 정도인가를 상대적으로 표현한 것이다.

④ 곤비는 피로의 축적상태로 단기간에 회복될 수 없다.

해설 ▶▶
- 피로 자체는 질병이 아니라 가역적인 생체변화이며 건강장애에 대한 경고반응이다.

02 다음 중 물질안전보건자료(MSDS)의 작성원칙에 관한 설명으로 틀린 것은?

① MSDS의 작성단위는 [계량에 관한 법률]이 정하는 바에 의한다.

② MSDS는 한글로 작성하는 것을 원칙으로 하되 화학물질명, 외국기관명 등의 고유명사는 영어로 표기할 수 있다.

③ 각 작성항목은 빠짐없이 작성하여야 하며, 부득이 어느 항목에 대해 관련 정보를 얻을 수 없는 경우에는 공란으로 둔다.

④ 외국어로 되어 있는 MSDS를 번역하는 경우에는 자료의 신뢰성이 확보될 수 있도록 최초 작성기관명 및 시기를 함께 기재하여야 한다.

해설 ▶▶
- 각 작성항목은 빠짐없이 작성해야 한다. 부득이하게 어느 항목에 대해 관련 정보를 얻을 수 없는 경우, 작성란에 '자료없음'이라고 기재하고 적용이 불가능하거나 대상이 되지 않는 경우 작성란에 '해당없음'이라고 기재함.

03 스트레스에 관한 설명으로 잘못된 것은?

① 스트레스를 지속적으로 받게 되면 인체는 자기조절능력을 발휘하여 스트레스로부터 벗어난다.

② 환경의 요구가 개인의 능력한계를 벗어날 때 발생하는 개인과 환경의 불균형 상태이다.

③ 스트레스가 아주 없거나 너무 많을 때에는 역기능 스트레스로 작용한다.

④ 위협적인 환경 특성에 대한 개인의 반응을 말한다.

해설 ▶▶
- 스트레스를 지속적으로 받게 되면 인간은 병에 걸린다.

04 산업피로의 대책으로 적합하지 않은 것은?

① 작업과정에 따라 적절한 휴식시간을 삽입해야 한다.

② 불필요한 동작을 피하고 에너지 소모를 적게 한다.

③ 동적인 작업은 피로를 더하게 하므로 가능한 한 정적인 작업으로 전환한다.

정답 01 ①   02 ③   03 ①   04 ③

④ 작업능력에는 개인별 차이가 있으므로 각 개 인마다 작업량을 조정해야 한다.

해설 》 산업피로 예방대책:
• 동적인 작업을 늘리고, 정적인 작업을 줄여야 한다.

05 다음 중 사고예방대책의 기본원리가 다음과 같을 때 각 단계를 순서대로 올바르게 나열한 것은?

> 가. 분석, 평가
> 나. 시정책의 적용
> 다. 안전관리조직
> 라. 시정책의 선정
> 마. 사실의 발견

① 다 → 마 → 가 → 라 → 나
② 다 → 마 → 라 → 나 → 가
③ 마 → 다 → 라 → 나 → 가
④ 마 → 라 → 다 → 나 → 가

해설 》 하인리히의 사고예방대책 기본원리 5단계
• 제1단계 : 안전관리조직 구성
• 제2단계 : 사실의 발견
• 제3단계 : 분석·평가
• 제4단계 : 시정방법의 선정(대책의 선정)
• 제5단계 : 시정책의 적용(대책 실시)

06 산업위생의 역사에 있어 가장 오래된 것은?

① Pott : 최초의 직업성 암 보고
② Agricola : 먼지에 의한 규폐증 기록
③ Galen : 구리광산에서의 산의 위험성 보고
④ Hamilton : 유해물질 노출과 질병과의 관계 규명

해설 》
① Pott (18C)
② Agricola (1494 ~1555년)
③ Galen (A.D.2세기)
④ Hamilton (20세기)

07 근골격계 질환에 관한 설명으로 틀린 것은?

① 점액낭염(bursitis)은 관절 사이의 윤활액을 싸고 있는 윤활낭에 염증이 생기는 질병이다.
② 근염(myositis)은 근육이 잘못된 자세, 외부의 충격, 과도한 스트레스 등으로 수축되어 굳어지면 근섬유의 일부가 띠처럼 단단하게 변하여 근육의 특정 부위에 압통, 방사통, 목부위 운동 제한, 두통 등의 증상이 나타난다.
③ 수근관 증후군(carpal tunnel syndrome)은 반복적이고 지속적인 손목의 압박, 무리한 힘 등으로 인해 수근관 내부에 정중신경이 손상되어 발생한다.
④ 건초염(tenosimovitis)은 건막에 염증이 생긴 질환이며, 건염(tendonitis)은 건의 염증으로, 건염과 건초염을 정확히 구분하기 어렵다.

해설 》
• 근염이란 근육에 염증이 일어난 것을 말하며 근육섬유에 손상을 주게 되는데 이로 인해 근육의 수축능력이 저하되게 된다.
• 근육의 허약감, 근육통증, 유연함이 대표적 증상으로 나타나며 이외에도 근염의 종류에 따라 추가적인 증상이 나타난다.

08 다음 중 미국산업안전보건연구원(NIOSH)에서 제시한 중량물의 들기작업에 관한 감시기준(action limit)과 최대허용기준(maximum permis sible limit)의 관계를 올바르게 나타낸 것은?

① MPL = $\sqrt{2}$ AL   ② MPL = 3AL
③ MPL = AL   ④ MPL = 10AL

해설 》
• MPL= 3AL

Part 6

09 산업재해의 직접원인을 크게 인적 원인과 물적 원인으로 구분할 때, 다음 중 물적 원인에 해당하는 것은?

① 복장·보호구의 결함
② 위험물 취급 부주의
③ 안전장치의 기능 제거
④ 위험장소의 접근

해설 ≫ **산업재해의 인적요인**
- 위험장소 접근, 안전장치 기능 제거(안전장치를 고장나게 함)
- 기계·기구의 잘못 사용(기계설비의 결함)
- 운전 중인 기계장치의 손질
- 불안전한 속도 조작, 불안전한 상태의 방치, 불안전한 자세
- 주변 환경에 대한부주의(위험물 취급부주의)
- 안전확인 경고의 미비(감독 및 연락 불충분)
- 복장, 보호구의 잘못 사용(보호구를 착용하지 않고 작업)

10 다음 중 교대작업에서 작업주기 및 작업순환에 대한 설명으로 틀린 것은?

① 교대근무시간: 근로자의 수면을 방해하지 않아야 하며, 아침 교대시간은 아침 7시 이후에 하는 것이 바람직하다.
② 교대근무 순환주기 : 주간 근무조 → 저녁 근무조 → 야간 근무조로 순환하는 것이 좋다.
③ 근무조 변경 : 근무시간 종료 후 다음근무 시작시간까지 최소 10시간 이상의 휴식시간이 있어야 하며, 특히 야간근무조 후에는 12~24시간 정도의 휴식이 있어야 한다.
④ 작업배치 : 상대적으로 가벼운 작업을 야간 근무조에 배치하고, 업무내용을 탄력적으로 조정한다.

해설 ≫
- 근무시간의 간격은 15~16시간 이상으로 하는 것이 좋으며 특히 야간 근무조 후에는 최저 48시간 이상의 휴식시간이 있어야 한다.

11 다음 중 아세톤(TLV = 500ppm) 200ppm과 톨루엔(TLV = 50ppm) 35ppm이 각각 노출되어 있는 실내작업장에서 노출기준의 초과여부를 평가한 결과로 올바른 것은? (단, 두 물질 간에 유해성이 인체의 서로 다른 부위에 작용한다는 증거가 없는 것으로 간주한다.)

① 노출지수가 약 0.72 이므로 노출기준 미만이다.
② 노출지수가 약 1.1 이므로 노출기준 미만이다.
③ 노출지수가 약 0.72 이므로 노출기준을 초과 하였다.
④ 노출지수가 약 1.1 이므로 노출기준을 초과 하였다.

해설 ≫
- 노출지수(EI)= (200 ÷ 500) + (35 ÷ 50)= 1.1 (노출기준 초과)

12 상시근로자수가 1000명인 사업장에 1년 동안 6건의 재해로 8명의 재해자가 발생하였고, 이로 인한 근로손실일수는 80일이었다. 근로자가 1일 8 시간씩 매월 25일씩 근무하였다면 이 사업장의 도수율은 얼마인가?

① 0.03   ② 2.5
③ 4.0   ④ 8.0

해설 ≫
- 도수율 = (재해 발생건수 ÷ 연근로시간수) × 10^6
= 6 ÷ (1000 × 8 × 25 × 12) × 10^6= 2.5

13 다음 중 혐기성 대사에 사용되는 에너지원이 아닌 것은?

① 아데노신삼인산   ② 포도당
③ 단백질   ④ 크레아틴인산

정답 09 ①   10 ③   11 ④   12 ②   13 ③

해설 ▶
- 혐기성 대사: 근육에 저장된 화학적 에너지,
- 혐기성 대사의 순서: ATP(아데노신 삼인산) → CP(크레아틴인산) → Glycogen(글리코겐) 또는 포도당

14 다음 중 심한 작업이나 운동 시 호흡조절에 영향을 주는 요인과 거리가 먼 것은?

① 이산화탄소 ② 산소
③ 혈중 포도당 ④ 수소이온

해설 ▶
- 혈중 포도당은 혐기성 및 호기성 대사 모두에 에너지원으로 작용하는 물질이다.

15 다음 중 18세기 영국에서 최초로 보고 되었으며, 어린이 굴뚝청소부에게 많이 발생하였고, 원인물질이 검댕(soot)이라고 규명된 직업성 암은?

① 폐암 ② 음낭암
③ 후두암 ④ 피부암

해설 ▶
- Percivall Pott: 영국의 외과의사, 직업성 암을 최초로 보고, 굴뚝청소부에게 많이 발생하는 음낭암을 발견.

16 다음 중 충격소음의 강도가 130dB(A)일 때 1일 노출횟수의 기준으로 옳은 것은?

① 50 ② 100
③ 500 ④ 1000

해설 ▶ 충격소음작업
- 소음이 1초 이상의 간격으로 발생하는 작업으로서 다음의 1에 해당하는 작업을 말한다.
- 120dB을 초과하는 소음이 1 일 1만회 이상 발생되는 작업
- 130dB을 초과하는 소음이 1 일 1천회 이상 발생되는 작업
- 140dB을 초과하는 소음이 1 일 1백회 이상 발생되는 작업

17 미국산업안전보건연구원(NIOSH)의 중량물 취급작업기준 에서 적용하고 있는 들어 올리는 물체의 폭은 얼마인가?

① 55cm 이하 ② 65cm 이하
③ 75cm 이하 ④ 85cm 이하

해설 ▶
- 물체의 폭이 75cm 이하로서, 두 손을 적당히 벌리고 작업할 수 있는 공간이 있어야 한다.

18 근로자로부터 수평으로 40cm 떨어진 10kg의 물체를 바닥으로부터 150cm 높이로 들어 올리는 작업을 1분에 5회씩 1일 8시간동안 하고 있다. 이때의 중량물 취급지수는 약 얼마인가? (단, 관련 조건 및 적용식은 다음을 따른다.)

> **〈조건 및 적용식〉**
> - 대상 물체의 수직거리는 0으로 한다.
> - 물체는 신체의 정중앙에 있으며, 몸체의 회전은 없다.
> - 작업빈도에 따른 승수는 0.35이다.
> - 물체를 잡는 데 따른 승수는 1이다.
> - RWL= $23\dfrac{25}{H}(1-0.003|V-75|)$
> $\times \left(0.82+\dfrac{4.5}{D}\right)(AM)(FM)(CM)$

① 3.0 ② 3.1
③ 3.02 ④ 3.04

해설 ▶
- 중량물 취급지수(LI)
- $LI = \dfrac{물체\ 무게}{RWL}$
- $RWL = 23\left(\dfrac{25}{H}\right)(1-0.003|V-75|)$
  $\times \left(0.82+\dfrac{4.5}{D}\right)(AM)(FM)(CM)$
  $= 23\left(\dfrac{25}{40}\right)\times(1-0.003|0-75|)$

정답   14 ③   15 ②   16 ④   17 ③   18 ③

Part 6

$$\times \left(0.82 + \frac{4.5}{150}\right) \times (1) \times (0.35) \times (1)$$
$$= 3.31\text{kg}$$

• $\text{LI} = \dfrac{10\text{kg}}{3.31kg} = 3.02$

④ 고온(복사열 포함)은 습구흑구온도지수를 구하여 섭씨온도(℃)로 표시한다.

해설 ▶▶
• 미스트, 흄의 농도 단위는 mg/㎥이다.

19 다음 중 실내공기 오염의 주요 원인으로 볼 수 없는 것은?

① 오염원 ② 공조시스템
③ 이동경로 ④ 체온

해설 ▶▶
• 주요원인: 이동경로, 오염원, 공조시스템, 호흡, 흡연, 연소기기등

20 영상단말기(visual display terminal) 증후군을 예방하기 위한 방안으로 틀린 것은?

① 팔꿈치의 내각은 90 °이상이 되도록 한다.
② 무릎의 내각(knee angle)은 120° 전후가 되도록 한다.
③ 화면상의 문자와 배경의 휘도비(contrast)를 낮춘다.
④ 디스플레이의 화면 상단이 눈높이보다 약간 낮은 상태(약 10° 이하)가 되도록 한다.

해설 ▶▶
• 무릎의 내각은 90도 전후이어야 한다.

22 작업장에서 입자상 물질은 대개 여과H원리에 따라 시료를 채취한다. 여과지의 공극보다 작은 입자가 여과지에 채취되는 기전은 여과이론으로 설명할 수 있는데, 다음 중 여과이론에 관여하는 기전과 가장 거리가 먼 것은?

① 차단 ② 확산
③ 흡착 ④ 관성충돌

해설 ▶▶ 여과채취기전
• 직접차단, 관성충돌, 확산, 중력침강, 정전기침강, 개인의 체질

23 다음 용제 중 극성이 가장 강한 것은?

① 에스테르류
② 알코올류
③ 방향족 탄화수소류
④ 알데히드류

해설 ▶▶ 극성이 강한 순서
• 물 〉 알코올류 〉 알데히 드류 〉 케톤류 〉 에스테르류 〉 방향족 탄화수소류〉 올레핀류 〉 파라핀류

2과목 **작업위생 측정 및 평가**

21 작업환경측정의 단위 표시로 옳지 않은 것은?

① 미스트, 흄의 농도는 ppm, mg/L로 표시한다.
② 소음수준의 측정단위는 dB(A)로 표시한다.
③ 석면의 농도 표시는 섬유개수(개/㎤)로 표시한다.

24 한 소음원에서 발생되는 음에너지의 크기가 1 watt인 경우 음향파워레벨(sound power level)은?

① 60dB ② 80dB
③ 100dB ④ 120dB

해설 ▶▶
• 음향파워레벨(PWL)
• $\text{PWL} = 10\log\dfrac{W}{W_o} = 10\log\dfrac{1}{10^{-12}} = 120\text{dB}$

정답 19 ④ 20 ② 21 ① 22 ③ 23 ② 24 ④

25 어느 실험실의 크기가 15m×10m×3m이며 실험 중 2kg의 염소(Cl_2, 분자량 70.9)를 부주의로 떨어뜨렸다. 이때 실험실에서의 이론적 염소 농도(ppm)는?

(단, 기압 760mmHg, 온도 0℃ 기준, 염소는 모두 기화되고 실험실에는 환기장치가 없다.)

① 약 800   ② 약 1,000

③ 약 1,200   ④ 약 1,400

해설 ≫

• 농도(mg/㎥) = $\dfrac{질량}{부피}$

$$= \frac{2kg \times (10^6 mg/kg)}{(15 \times 10 \times 3) m^3} = 4444.44 mg/m^3$$

∴ 농도(ppm) = $4444.44 mg/m^3 \times \dfrac{22.4}{70.9}$

$$= 1404.17 ppm$$

26 다음 어떤 작업장에서 50% acetone, 30% benzene, 20% xylene의 중량비로 조성된 용제가 증발하여 작업환경을 오염시키고 있다. 각각의 TLV는 1,600mg/㎥, 720mg/㎥, 670mg/㎥일 때 이 작업장의 혼합물 허용농도는?

① 873mg/㎥   ② 973mg/㎥

③ 1073mg/㎥   ④ 1173mg/㎥

해설 ≫

• 혼합물의 허용농도(mg/㎥)

$$= \frac{1}{\dfrac{0.5}{1,600} + \dfrac{0.3}{720} + \dfrac{0.2}{670}} = 973.07 mg/m^3$$

27 일정한 온도조건에서 부피와 압력은 반비례한다는 표준가스에 대한 법칙은?

① 보일의 법칙   ② 샤를의 법칙

③ 게이-뤼삭의 법칙 ④ 라울트의 법칙

해설 ≫ 보일의 법칙

• 일정한 온도에서 기체의 부피는 그 압력에 반비례한다. 즉 압력이 2배 증가하면 부피는 처음의 1/2배로 감소한다.

28 흡착제를 이용하여 시료채취를 할 때 영향을 주는 인자에 관한 설명으로 옳지 않은 것은?

① 온도: 고온일수록 흡착능이 감소하며 파과가 일어나기 쉽다.

② 시료채취속도 : 시료채취속도가 높고 코팅된 흡착제일수록 파과가 일어나기 쉽다.

③ 오염물질 농도: 공기 중 오염물질의 농도가 높을수록 파과용량(흡착제에 흡착된 오염물질의 양)이 감소한다.

④ 습도: 극성 흡착제를 사용할 때 수증기가 흡착되기 때문에 파과가 일어나기 쉽다.

해설 ≫ 유해물질 농도(포집된 오염물질의 농도)

• 농도가 높으면 파과용량(흡착제에 흡착된 오염물질량)이 증가하나 파과공기량은 감소한다.

29 금속제품을 탈지, 세정하는 공정에서 하는 유기용제인 트리클로로에틸렌의 근로자 노출농도를 측정하고자 한다. 과거의 노출농도를 조사해 본 결과, 평균 50ppm 이었다. 활성탄관(100mg /50mg)을 이용하여 0.4L/min 으로 채취하였다면 채취해야 할 최소한의 시간(분)은? (단, 트리클로로에틸렌의 분자량은 131.39, 가스 크로마토그래피의 정량한계는 시료당 0.5mg, 1기압, 25℃ 기준으로 기타 조건은 고려하지 않는다.)

① 약 4.7분   ② 약 6.2분

③ 약 8.6분   ④ 약 9.3분

정답   25 ④   26 ②   27 ①   28 ③   29 ①

Part 6

해설 ≫

- $mg/m^3 = 50ppm \times \dfrac{131.39}{24.45} = 268.69mg/m^3$

- 최소시료채취량 $= \dfrac{LOQ}{농도}$

$$= \dfrac{0.5mg}{268.69mg/m^3}$$

$$= 0.00186m^3 \times 1,000L/m^3$$

$$= 1.86L$$

∴ 채취 최소시간(min) $= \dfrac{1.86L}{0.4L/min}$

$$= 4.65min$$

30 흡광광도법에서 사용되는 흡수셀의 재질 가운데 자외선 영역의 파장범위에 사용되는 재질은?

① 유리　　　　② 석영
③ 플라스틱　　④ 유리와 플라스틱

해설 ≫ 흡수셀의 재질
- 유리: 가시. 근적외선 파장에 사용
- 석영: 자외선 파장에 사용
- 플라스틱:근적외선 파장에 사용

31 Hexane의 부분압이 100mmHg (OEL500ppm)이었을 때 VHRHexane은?

① 212.5　　　② 226.3
③ 247.2　　　④ 263.2

해설 ≫

- $VHR = \dfrac{C}{TLV} = \dfrac{(100/760) \times 10^6}{500} = 263.16$

32 셀룰로오스 에스테르막 여과지에 관한 설명으로 옳지 않은 것은?

① 산에 쉽게 용해된다.
② 중금속 시료채취에 유리하다.

③ 유해물질이 표면에 주로 침착된다.
④ 흡습성이 적어 중량분석에 적당하다.

해설 ≫
- MCE막 여과지(Mixed Celluse Esterm embrane filter) 산에 쉽게 용해되고 가수분해되며, 습식회화되기 때문에 공기 중 입자상 물질 중의 금속을 채취하여 원자흡광법으로 분석하는 데 적당하다.
(습식회화: 시료를 산류로 처리하여 유기물을 분해시키는 것.)

33 입경이 50㎛이고 입자 비중이 1.32인 입자의 침강속도는? (단, 입경이 1~50㎛인 먼지의 침강속도를 구하기 위해 산업위생분야에서 주로 사용하는 식을 적용한다.)

① 8.6cm/sec　　② 9.9cm/sec
③ 11.9cm /sec　④ 13.6cm /sec

해설 ≫
- 침강속도: $0.003 \times p \times d^2 = 0.003 \times 1.32 \times 50^2 = 9.9cm/sec$

34 다음 중 계통오차의 종류로 잘못된 것은?

① 한 가지 실험 측정을 반복할 때 측정값들의 변동으로 발생되는 오차
② 측정 및 분석 기기의 부정확성으로 발생된 오차
③ 측정하는 개인의 선입관으로 발생된 오차
④ 측정 및 분석 시 온도나 습도와 같이 알려진 외계의 영향으로 생기는 오차

해설 ≫ 계통오차의 종류
1. 환경오차: 측정 및 분석 시 온도나 습도와 같은 외계의 환경으로 생기는 오차를 의미한다.
2. 기계오차(기기오차): 사용하는 측정 및 분석 기기의 부정확성으로 인한 오차를 말한다.
3. 개인오차: 측정자의 습관이나 선입관에 의한 오차이다.

정답　　30 ②　　31 ④　　32 ④　　33 ②　　34 ①

35 작업장 내 기류측정에 대한 설명으로 옳지않은 것은?

① 풍차풍속계는 풍차의 회전속도로 풍속을 측정한다.

② 풍차풍속계는 보통 1~150m/sec 범위의 풍속을 측정하며 옥외용이다.

③ 기류속도가 아주 낮을 때에는 카타온도계와 복사풍속계를 사용하는 것이 정확하다.

④ 카타온도계는 기류의 방향이 일정하지 않거나, 실내 0.2~ 0.5m /sec 정도의 불감기류를 측정할 때 사용한다.

해설 ▶▶
• 기류속도가 아주 낮을 경우에는 열선풍속계를 사용한다.

36 소음의 측정 시간 및 횟수에 관한 기준으로 옳지 않은 것은?

① 단위작업 장소에서의 소음발생시간이 6시간 이내인 경우나 소음 발생원에서의 발생시간이 간헐적인 경우에는 등간격 으로 나누어 3회 이상 측정하여야 한다.

② 단위작업 장소에서 소음수준은 규정된 측정 위치 및 지점에서 1일 작업시간을 1시간 간격으로 나누어 6회 이상 측정한다.

③ 소음 발생특성이 연속음으로서 측정치가 변동이 없다고 자격자 또는 지정 측정기관이 판단한 경우에는 1시간 동안을 등간격으로 나누어 3회 이상 측정할 수 있다.

④ 단위작업 장소에서 소음수준은 규정된 측정 위치 및 지점에서 1일 작업시간 동안 6시간 이상 연속 측정한다.

해설 ▶▶
• 단위작업장소에서의 소음수준은 규정된 측정 위치 및 지점에서 1일 작업시간 동안 6시간이상 연속 측정하거나 작업시간을 1시간 간격으로 나누어 6회이상 측정하여야 한다. 다만 소음의 발생특성이 연속음으로서 측정치가 변동이 없다고 자격자 또는 지정 측정기관이

판단한 경우에는 1시간 동안을 등간격으로 나누어 3회이상 측정할 수 있다.

37 불꽃방식의 원자흡광광도계의 장단점으로 옳지 않은 것은?

① 조작이 쉽고 간편하다.

② 분석시간이 흑연로장치에 비하여 적게 소요된다.

③ 주입 시료액의 대부분이 불꽃 부분으로 보내지므로 감도가 높다.

④ 고체 시료의 경우 전처리에 의하여 매트릭스를 제거해야 한다.

해설 ▶▶ 불꽃원자화장치의 장단점
장점
• 쉽고 간편하다. 분석이 빠르고 정밀도가 높다(분석시간이 흑연로 장치에 비해적게 소요).
• 가격이 흑연로장치나 유도결합 플라스마-원자발광분석기보다 저렴하다.
단점
• 많은 양의 시료(10mL)가 필요하며, 감도가 제한되어 있어 저농도에서 사용이 힘들다. 용질이 고농도로 용해되어 있는 경우, 점성이 큰 용액은 분무구를 막을 수 있다.
• 고체 시료의 경우 전처리에 의하여 기질(매트릭스)을 제거해야 한다.

38 다음은 작업장 소음 측정에 관한 내용이다. ( ) 안의 내용으로 옳은 것은? (단, 고용노동부 고시 기준)

> 누적소음노출량 측정기로 소음을 측정하는 경우에는 criteria 90dB, exchangerate 5dB, threshold ( )dB로 기기를 설정한다.

① 50　　② 60
③ 70　　④ 80

해설 ▶ **누적소음노출량 측정기의 설정**
- criteria = 90dB
- exchange rate = 5dB
- threshold = 80dB

39 표준가스에 대한 법칙 중 '일정한 부피조건에서 압력과 온도는 비례한다'는 내용은?

① 픽스의 법칙　　② 보일의 법칙
③ 샤를의 법칙　　④ 게이–뤼삭의 법칙

해설 ▶ **게이 – 뤼삭의 기체반응 법칙**
- 화학 반응에서 그 반응물 및 생성물이 모두 기체일 때 등온·등압하에서 측정한 이들 기체의 부피 사이에는 간단한 정수비관계가 성립한다는 법칙(일정한 부피에서 압력과 온도는 비례한다는 표준가스 법칙)이다

40 흡착제의 탈착을 위한 이황화탄소 용매에 관한 설명으로 틀린 것은?

① 활성탄으로 시료채취 시 많이 사용된다.
② 탈착효율이 좋다.
③ GC의 불꽃이온화검출기에서 반응성이 낮아 피크가 작게 나와 분석에 유리하다.
④ 인화성이 적어 화재의 염려가 적다.

해설 ▶
- 이황화탄소의 단점으로는 독성 및 인화성이 크며 작업이 번잡하다는 것이다.

3과목 **작업환경 관리대책**

41 방진재료로 사용하는 방진고무의 장점으로 가장 거리가 먼 것은?

① 내후성, 내유성, 내약품성이 좋아 다양한 분야에 적용이 가능하다.

② 여러 가지 형태로 된 철물에 견고하게 부착할 수 있다.
③ 설계자료가 잘 되어 있어서 용수철 정수를 광범위하게 선택할 수 있다.
④ 고무의 내부마찰로 적당한 저항을 가지며 공진 시의 진폭도 지나치게 크지 않다.

해설 ▶ **방진고무의 단점**
- 내후성, 내유성, 내열성, 내약품성이 약하며 공기 중의 오존에 의해 산화된다. 내부마찰에 의한 발열 때문에 열화되기 쉽다.

42 푸시풀(push – pull) 후드에 관한 설명으로 옳지 않은 것은?

① 도금조와 같이 폭이 넓은 경우에 사용하면 포집효율을 증가시키면서 필요유량을 대폭 감소시킬 수 있다.
② 제어속도는 푸시 제트기류에 의해 발생한다.
③ 가압노즐 송풍량은 흡인 후드 송풍량의 2.5~5배 정도이다.
④ 공정에서 작업물체를 처리조에 넣거나 꺼내는 중에 공기막이 파괴되어 오염물질이 발생한다.

해설 ▶
- 흡인 후드의 송풍량은 근사적으로 가압노즐 송풍량의 1.5~2.0배의 표준기준이 사용된다.

43 다음 중 사이클론 집진장치에서 발생하는 블로다운(Blow down) 효과에 관한 설명으로 옳은 것은?

① 유효원심력을 감소시켜 선회기류의 흐트러짐을 방지한다.
② 관내 분진 부착으로 인한 장치의 폐쇄현상을 방지한다.
③ 부분적 난류 증가로 집진된 입자가 재 비산된다.
④ 처리배기량의 50% 정도가 재 유입되는 현상이다.

정답　　39 ④　　40 ④　　41 ①　　42 ③　　43 ②

해설 》》 블로다운 효과

- 사이클론 내의 난류현상을 억제시킴으로써 집진된 먼지의 비산을 방지(유효원심력 증대)하고 집진효율을 증대시킨다.
- 장치 내부의 먼지 퇴적을 억제하여 장치의 폐쇄현상을 방지(가교현상 방지)한다.

---

44 개구면적이 0.6m 2인 외부식 장방형 후드가 자유공간에 설치되어 있다. 개구면으로부터 포촉점까지의 거리는 0.5m이고, 제어속도가 0.80m/sec일 때 필요송풍량은? (단, 플랜지 미부착)

① 126㎥/min ② 149㎥/min
③ 164㎥/min ④ 182㎥/min

해설 》》
- 자유공간, 플랜지 미부착
- $Q = 60 \cdot V_e(10X^2 + A)$
  $= 60 \times 0.8\text{m/sec}\left[(10 \times 0.5^2)\text{m}^2 + 0.6\text{m}^2\right]$
  $= 148.8$㎥/min

---

45 국소배기시스템을 설계 시 송풍기 전압이 136mmH₂O, 필요환기량은 184㎥/min이었다. 송풍기의 효율이 60%일 때 필요한 최소한의 송풍기 소요동력은?

① 2.7kW ② 4.8kW
③ 6.8kW ④ 8.7kW

해설 》》
- 송풍기 소요동력(kW)
  $= \dfrac{Q \times \Delta P}{6,120 \times n} \times \alpha$
  $= \dfrac{184㎥/min \times 136\text{mmH}_2\text{O}}{6,120 \times 0.6} \times 1.0 = 6.8\text{kW}$

---

46 레이놀즈수(Re)를 산출하는 공식으로 옳은 것은? (단, d: 덕트 직경(m), V:공기유속 (m/sec), μ : 공기의 점성계수(kg/sec · m), P:공기 밀도(kg/㎥))

① Re = (μ × p × d) / V
② Re = (p × V × μ) / d
③ Re = (d × V × μ) / p
④ Re = (p × d × V) / μ

해설 》》
- $Re = \dfrac{\rho V d}{\mu} = \dfrac{V d}{\nu} = \dfrac{관성력}{점성력}$
  Re: 레이놀즈수 → 무차원
  p: 유체의 밀도
  d: 유체가 흐르는 직경
  v: 유체의 평균유속
  μ: 유체의 점성계수
  v: 유체의 동점성계수

---

47 움직이지 않는 공기 중으로 속도 없이 배출되는 작업조건(작업공정 : 탱크에서 증발)의 제어속도 범위로 가장 적절한 것은?(단, ACGIH 권고 기준)

① 0.1 ~ 0.3m /sec
② 0.3 ~ 0.5m /sec
③ 0.5 ~ 1.0m /sec
④ 1.0 ~ 1.5m /sec

해설 》》
- 움직이지 않는 공기 중에서 속도없이 배출되는 작업조건, 제어속도는 0.25~0.5m/sec
- 비교적 조용한 대기중에서 저속도로 비산하는 작업조건시, 제어속도는0.5~1.0m/sec
- 발생기류가 높고 유해물질이 활발하게 발생하는 작업조건시, 제어속도는 1.0~2.5m/sec
- 초고속기류가 있는 작업장소에 초고속으로 비산하는 작업조건시, 제어속도는 2.5~10m/sec

정답 44 ② 45 ③ 46 ④ 47 ②

Part 6

48 산소가 결핍된 밀폐공간에서 작업하는 경우 가장 적합한 호흡용 보호구는?

① 방진마스크   ② 방독마스크

③ 송기마스크   ④ 면체여과식 마스크

해설 ▶▶ 송기마스크
- 산소가 결핍된 환경 또는 유해물질의 농도가 높거나 독성이 강한 작업장에서 사용해야 한다.
- 대표적으로 에어라인(air-line) 마스크와 자가공기공급장치(SCBA)가 있다.

49 A용제가 800m^3의 체적을 가진 방에 저장되어 있다. 공기를 공급하기 전에 측정한 농도는 400ppm이었다. 이 방으로 환기량 40m^3/min을 공급한다면 노출기준인 100ppm으로 달성되는데 걸리는 시간은? (단, 유해물질 발생은 정지, 환기만 고려한다.)

① 약 12분   ② 약 14분

③ 약 24분   ④ 약 28분

해설 ▶▶
- 시간$(t) = -\dfrac{V}{Q'}\ln\left(\dfrac{C_2}{C_1}\right)$

$= \left(-\dfrac{800}{40}\right) \times \ln\left(\dfrac{100}{400}\right) = 27.73\text{min}$

50 보호구에 관한 설명으로 옳지 않은 것은?

① 방진마스크의 흡기저항과 배기저항은 모두 낮은 것이 좋다.

② 방진마스크의 포집효율과 흡기저항 상승률은 모두 높은 것이 좋다.

③ 방독마스크는 사용 중에 조금이라도 가스냄새가 나는 경우 새로운 정화통으로 교체하여야 한다.

④ 방독마스크의 흡수제는 활성탄, 실리카겔, soda lime 등이 사용된다.

해설 ▶▶ 방진마스크의 선정조건
- 흡기저항 및 흡기저항 상승률이 낮을 것.
- 배기저항이 낮을 것, 여과재 포집효율이 높은 것.
- 착용시 시야확보가 용이할 것, 하방시야가 60도 이상 되어야 함.
- 중량은 가벼울 것, 사용후 손질이 간단할 것

51 다음 중 덕트 합류 시 댐퍼를 이용한 균형유지법의 장단점으로 가장 거리가 먼 것은?

① 임의로 댐퍼 조정 시 평형상태가 깨짐

② 시설 설치 후 변경에 대한 대처가 어려움

③ 설계 계산이 상대적으로 간단함

④ 설치 후 부적당한 배기유량의 조절이 가능

해설 ▶▶ 저항조절평형법(댐퍼조절평형법, 덕트균형유지법)의 장단점
- 시설 설치 후 변경에 유연하게 대처가 가능하다.
- 최소설계 풍량으로 평형유지가 가능하다.
- 공장 내부의 작업공정에 따라 적절한 덕트 위치 변경이 가능하다.
- 설계 계산이 간편하고, 고도의 지식을 요하지 않는다.
- 설치 후 송풍량의 조절이 비교적 용이하다. 즉, 임의의 유량을 조절하기가 용이하다. 덕트의 크기를 바꿀 필요가 없기 때문에 반송속도를 그대로 유지한다.
- 임의의 댐퍼 조정 시 평형상태가 파괴될 수 있다.
- 평형상태 시설에 댐퍼를 잘못 설치 시 또는 임의의 댐퍼 조정 시 평형상태가 파괴될 수 있다.

52 A유체관의 압력을 측정한 결과, 정압이 $-18.56\text{mmH}_2\text{O}$이고 전압이 $20\text{mmH}_2\text{O}$였다. 이 유체관의 유속(m/sec)은 약 얼마인가? (단, 공기밀도 1.21kg/m^3기준)

① 10   ② 15

③ 20   ④ 25

해설 ▶▶
- 유속$(\text{m/sec}) = \sqrt{\dfrac{\text{VP} \times 2g}{\gamma}}$
- $\text{VP} = \text{TP} - \text{SP} = 20 - (-18.56)$

$= 38.56\text{mmH}_2\text{O}$

$= \sqrt{\dfrac{38.56 \times (2 \times 9.8)}{1.2}} = 25.1\text{m/sec}$

정답				
48 ③	49 ④	50 ②	51 ②	52 ④

53 국소배기장치에 관한 주의사항으로 가장 거리가 먼 것은?

① 배기관은 유해물질이 발산하는 부위의 공기를 모두 빨아낼 수 있는 성능을 갖출 것
② 흡인되는 공기가 근로자의 호흡기를 거치지 않도록 할 것
③ 먼지를 제거할 때에는 공기속도를 조절하여 배기관 안에서 먼지가 일어나도록 할 것
④ 유독물질의 경우에는 굴뚝에 흡인장치를 보강할 것

해설 ➤➤
• 배기관 안에서 먼지가 재비산되지 않도록 해야 한다.

54 작업환경의 관리원칙인 대치 개선방법으로 옳지 않은 것은?

① 성냥 제조 시 : 황린 대신 적린을 사용함.
② 세탁 시 : 화재예방을 위해 석유나프타 대신 4클로로에틸렌을 사용함
③ 땜질한 납을 oscillating-type sander로 깎던것을 고속회전 그라인더를 이용함
④ 분말로 출하되는 원료를 고형상태의 원료로 출하함.

해설 ➤➤
• 고속회전 그라인더로 깎던 것을 oscillating-type sander로 대치하여 사용한다.

55 분압이 5mmHg인 물질이 표준상태의 공기 중에서 증발하여 도달할 수 있는 최고농도(포화농도, ppm)는?

① 약 4,520   ② 약 5,590
③ 약 6,580   ④ 약 7,530

해설 ➤➤
• 최고농도(ppm) $= \dfrac{5}{760} \times 10^6$

$\qquad\qquad\quad = 6578.95\,ppm$

56 용접작업대에 [그림]과 같은 외부식 후드를 설치할 때 개구면적이 $0.3\,m^2$이면 송풍량은? (단, R : 제어속도)

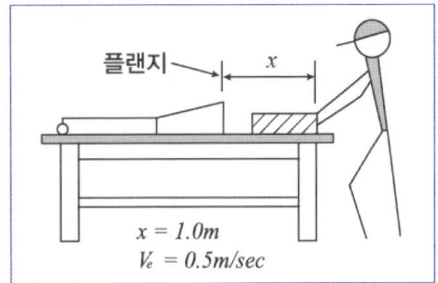

플랜지 x

$x = 1.0m$
$V_e = 0.5m/sec$

① 약 $150\,m^3/min$ ② 약 $155\,m^3/min$
③ 약 $160\,m^3/min$ ④ 약 $165\,m^3/min$

해설 ➤➤
• $Q = 60 \times 0.5 \times Vc(10X^2 + A)$

$\quad = 60 \times 0.5 \times 0.5m/sec\,[(10 \times 1^2) + 0.3]$

$\quad = 154.5\,m^3/min$

57 다음 중 필요환기량을 감소시키는 방법으로 틀린 것은?

① 후드 개구면에서 기류가 균일하게 분포되도록 설계한다.
② 공정에서 발생 또는 배출되는 오염물질의 절대량을 감소시킨다.
③ 가급적이면 공정이 많이 포위되지 않도록 하여야 한다.
④ 포집형이나 레시버형 후드를 사용할 때는 가급적 후드를 배출오염원에 가깝게 설치한다.

정답   53 ③   54 ③   55 ③   56 ②   57 ③

Part 6

해설 **≫** **필요환기량을 감소시키는 방법**
- 가급적이면 공정을 많이 포위한다.
- 가능한 오염물질 발생원에 가까이 설치하되 작업에 방해되지 않도록 한다.
- 후드 개구면에서 기류가 균일하게 분포되도록 설계한다.
- 공정에서 발생 또는 배출되는 오염물질의 절대량을 감소시킨다.

58 중력침강속도에 대한 설명으로 틀린 것은? (단, Stokes 법칙기준)

① 입자 직경의 제곱에 비례한다.
② 입자의 밀도차에 반비례한다.
③ 중력가속도에 비례한다.
④ 공기의 점성계수에 반비례한다.

해설 **≫**
- 밀도차에 비례한다.
- 침강속도(V) = $\dfrac{g \cdot d^2 (\rho_1 - \rho)}{18\mu}$ 이므로, 중력침강속도는 입자의 밀도차($\rho_1 - \rho$)에 비례한다.

59 작업환경 개선의 기본원칙인 대치의 방법과 가장 거리가 먼 것은?

① 장소의 변경   ② 시설의 변경
③ 공정의 변경   ④ 물질의 변경

해설 **≫**
- 작업환경 개선(대치방법): 공정·시설·유해물질의 변경

60 국소배기장치에서 공기공급시스템이 필요한 이유와 가장 거리가 먼 것은?

① 작업장의 교차기류 발생을 위해서
② 안전사고 예방을 위해서
③ 에너지 절감을 위해서
④ 국소배기 장치의 효율유지를 위해서

해설 **≫**
- 작업장 내의 교차기류가 생기는 것을 방지하기 위하여

4과목 **물리적 유해인자 관리**

61 기온이 0℃이고, 절대습도는 4.57mmHg 일때 0℃의 포화습도가 4.57mmHg라면 이 때의 비교습도는 얼마인가?

① 30 %   ② 40%
③ 70%   ④ 100%

해설 **≫**
- 상대습도 = (절대습도 ÷ 포화습도) × 100
  = (4.57 ÷ 4.57) × 100
  = 100%

62 질소 마취증상과 가장 연관이 많은 작업은?

① 잠수작업   ② 용접작업
③ 냉동작업   ④ 알루미늄작업

해설 **≫**
- 질소가스의 마취작용: 수심90~120m에서 환청, 환시, 조현증, 기억력 감퇴 등이 나타난다. (잠수작업)

63 밀폐공간에서는 산소결핍이 발생할 수 있다. 산소결핍의 원인 중 소모(consumption)에 해당하지 않는 것은?

① 제한된 공간 내에서 사람의 호흡
② 용접, 절단, 불 등에 의한 연소
③ 금속의 산화, 녹 등의 화학반응
④ 질소, 아르곤, 헬륨 등의 불활성 가스 사용

해설 **≫**
- 1, 2, 3번은 산소소모반응에 해당한다.

정답 58 ②   59 ①   60 ①   61 ④   62 ①   63 ④

64 다음 중 레이노(Raynaud) 증후군의 발생가능성이 가장 큰 작업은?

① 공기 해머 (hammer) 작업
② 보일러 수리 및 가동
③ 인쇄작업
④ 용접작업

해설 ▶▶ 레이노 현상(Raynaud's phenomenon)
• 압축공기를 이용한 진동공구, 즉 착암기 또는 해머와 같은 공구를 장기간 사용한 근로자들의 손가락에 유발되기 쉬운 직업병이다.

65 다음 중 적외선으로 인해 발생하는 생체작용과 가장 거리가 먼 것은?

① 색소침착
② 망막 손상
③ 초자공 백내장
④ 뇌막 자극에 의한 두부 손상

해설 ▶▶
• 자외선으로 인해 각질층 표피세포(말피기층)의 histamine의 양이 많아져 모세혈관의 수축, 홍반 형성에 이어 색소침착이 발생한다.

66 전리방사선과 비전리방사선의 경계가 되는 광자에너지의 강도로 가장 적절한 것은?

① 12eV   ② 120eV
③ 1,200eV   ④ 12,000eV

해설 ▶▶
• 생체에서 이온화시키는 데 필요한 최소에너지는 대체로 12eV가 되고, 그 이하의 에너지를 갖는 방사선을 비이온화방사선, 그 이상 큰 에너지를 갖는 것을 이온화 방사선이라 한다.

67 다음 중 마이크로파의 에너지량과 거리와의 관계에 관한 설명으로 옳은 것은?

① 에너지량은 거리의 제곱에 비례한다.
② 에너지량은 거리에 비례한다.
③ 에너지량은 거리의 제곱에 반비례한다.
④ 에너지량은 거리에 반비례한다.

해설 ▶▶
• 에너지량은 거리의 제곱에 반비례한다.

68 음압실효치가 $0.2N^2/㎡$일 때 음압수준(SPL)은 얼마인가? 단. 기준음압은 $2 \times 10^{-5}/㎡$로 계산한다.

① 100dB   ② 80dB
③ 60dB   ④ 40dB

해설 ▶▶
• $SPL = 20\log\dfrac{P}{P_o}$

$\quad = 20\log\dfrac{0.2}{2 \times 10^{-5}} = 80dB$

69 다음 중 1,000Hz에서 40dB의 음압레벨을 갖는 순음의 크기를 1로 하는 소음의 단위는?

① NRN   ② dB(C)
③ phon   ④ sone

해설 ▶▶ sone
• 감각적인 음의 크기(loudness)를 나타내는 양으로 1,000Hz에서의 압력수준 dB을 기준으로 하여 등감곡선을 소리의 크기로 나타내는 단위이다.
• 1,000Hz 순음의 음의 세기레벨 40dB의 음의크기를 1 sone으로 정의한다.

Part 6

정답 64 ①   65 ①   66 ①   67 ③   68 ②   69 ④

70 소음성 난청(Noise Induced Hearing Loss, NIHL)에 관한 설명으로 틀린 것은?

① 소음성 난청은 4,000HZ 정도에서 가장 많이 발생한다.

② 일시적 청력변화 때의 각 주파수에 대한 청력손실 양상은 같은 소리에 의하여 생긴 영구적 청력변화 때의 청력손실 양상과는 다르다.

③ 심한 소음에 반복하여 노출되면 일시적 청력변화는 영구적 청력변화(permanent threshold shift)로 변하며 코르티기관에 손상이 온 것으로 회복이 불가능하다.

④ 심한 소음에 노출되면 처음에는 일시적 청력변화를 초래하는데, 이것은 소음노출을 그치면 다시 노출 전의 상태로 회복되는 변화이다.

해설 》 소음성 난청
- 비가역적 청력저하, 강렬한 소음이나 지속적인 소음 노출에 의해 청신경 말단부의 내이코르티(corti)기관의 섬모세포 손상으로 회복될 수 없는 영구적인 청력저하가 발생한다.
- 3,000~6000Hz의 범위에서 먼저 나타나고, 특히 4,000Hz에서 가장 심하게 발생한다.

일시적 청력손실(TTS)
- 강력한 소음에 노출되어 생기는 난청으로 4,000~6000Hz에서 가장 많이 발생한다. 청신경세포의 피로현상으로, 회복되려면 12~24시간을 요하는 가역적인 청력 저하이며, 영구적 소음성 난청의 예비 신호로도 볼 수 있다.

71 다음 중 진동에 관한 설명으로 옳은 것은?

① 수평 및 수직 진동이 동시에 가해지면 2배의 자각현상이 나타난다.

② 신체의 공진현상은 서 있을 때가 앉아있을 때보다 심하게 나타난다.

③ 국소진동은 골, 관절, 지각이상 이외의 중추신경이나 내분비계에는 영향을 미치지 않는다.

④ 말초혈관운동의 장애로 인한 혈액순환 장애로 손가락 등이 창백해지는 현상은 전신진동에서 주로 발생한다.

해설 》
- 앉아 있을 때 더 심하게 나타나며 중추신경이나 내분비계에도 영향을 미친다. 국소진동에서 주로 발생한다.

72 다음 설명에 해당하는 전리방사선의 종류는?

> - 원자핵에서 방출되는 입자로서 헬륨원자의 핵과 같이 두 개의 양자와 두 개의 중성자로 구성되어 있다.
> - 질량과 하전 여부에 따라서 그 위험성이 결정된다.
> - 투과력은 가장 약하나 전리작용은 가장 강하다.

① X선 　　　　② a 선
③ ß선 　　　　④ Y선

해설 》 a 선
- 질량과 하전 여부에 따라 그 위험성이 결정된다.
- 투과력은 가장 약하나(매우 쉽게 흡수) 전리작용은 가장 강하다.
- 투과력이 약해 외부조사로 건강상의 위해가 오는 일은 드물며, 피해 부위는 내부노출이다.

73 고압환경의 2차적인 가압현상(화학적 장애) 중 산소중독에 관한 설명으로 틀린 것은?

① 산소의 중독작용은 운동이나 이산화탄소의 존재로 다소 완화될 수 있다.

② 산소의 분압이 2기압이 넘으면 산소 중독증세가 나타난다 .

③ 수지와 족지의 작열통, 시력장애, 정신혼란, 근육경련 등의 증상을 보이며 나아가서는 간질 모양의 경련을 나타낸다.

④ 산소중독에 따른 증상은 고압산소에 대한 노출이 중지되면 멈추게 된다.

해설 》
- 산소중독작용은 운동이나 이산화탄소로 인해 악화된다.

정답 　70 ② 　71 ① 　72 ② 　73 ①

74 다음 중 빛 또는 밝기와 관련된 단위가 아닌 것은?

① Wb　　　② lux

③ lm　　　④ cd

해설 ▶
- lux: 조도의 단위
- lm : 광속의 단위
- cd : 광도의 단위

75 다음 중 소음에 대한 청감보정 특성치에 관한 설명으로 틀린 것은?

① A특성치와 C특성치를 동시에 측정하면 그 소음의 주파수 구성을 대략 추정할 수 있다.

② A, B, C 특성 모두 4,000Hz에서 보정치가 0이다.

③ 소음에 대한 허용기준은 A특성치에 준하는 것이다.

④ A특성치란 대략 40phon의 등감곡선과 비슷하게 주파수에 따른 반응을 보정하여 측정한 음압수준이다.

해설 ▶
- 소음의 특성치를 알아보기 위해서 A, B, C 특성치(청감보정회로)로 측정한 결과 세 가지의 값이 거의 일치되는 주파수는 1,000Hz이다. 즉 A, B, C 특성 모두 1,000Hz에서의 보정치는 0이다.

76 다음 중 한랭장애에 대한 예방법으로 적절하지 않은 것은?

① 의복이나 구두 등의 습기를 제거한다.

② 과도한 피로를 피하고, 충분한 식사를 한다.

③ 가능한 한 팔과 다리를 움직여 혈액순환을 돕는다.

④ 가능한 꼭 맞는 구두, 장갑을 착용하여 한기가 들어오지 않도록 한다.

해설 ▶
- 약간 큰 장갑과 방한화를 착용한다.

77 다음 중 소음의 대책에 있어 전파경로에 대한 대책과 가장 거리가 먼 것은?

① 거리감쇠 : 배치의 변경

② 차폐효과 : 방음벽 설치

③ 지향성 : 음원방향 유지

④ 흡음 : 건물 내부 소음 처리

해설 ▶ 전파경로 대책
- 흡음(실내 흡음처리에 의한 음압레벨 저감)
- 차음(벽체의 투과손실 증가)/거리감쇠/지향성 변환(음원방향의 변경)

78 다음 중 자외선의 인체 내 작용에 대한 설명과 가장 거리가 먼 것은?

① 홍반은 250nm 이하에서 노출 시 가장 강한 영향을 준다.

② 자외선 노출에 의한 가장 심각한 만성 영향은 피부암이다.

③ 280~320nm에서는 비타민 D의 생성이 활발해진다.

④ 254~280nm에서 강한 살균작용을 나타낸다.

해설 ▶
- 각질층 표피세포(말피기층)의 histamine의 양이 많아져 모세혈관 수축, 홍반 형성에 이어 색소 침착이 발생하며, 홍반 형성은 300nm 부근(2,000~2,900A)의 폭로가 가장 강한 영향을 미치며 멜라닌색소 침착은 300~420nm에서 영향을 미친다.

정답　74 ①　75 ②　76 ④　77 ③　78 ①

79 다음 [보기] 중 온열요소를 결정하는 주요인자들로만 나열된 것은?

> [보기]
> 가. 기온   나. 기습
> 다. 지형   라. 위도
> 마. 기류

① 가, 나, 다   ② 나, 다, 라
③ 다, 라, 마   ④ 가, 나, 마

해설 >>
• 사람과 환경 사이에 일어나는 열교환에 영향을 미치는 것은 기온, 기류, 습도 및 복사열 4가지이다.

80 다음 설명 중 ( ) 안에 내용으로 가장 적절한 것은?

> 국부조명에만 의존할 경우에는 작업장의 조도가 균등하지 못해서 눈의 피로를 가져올 수 있으므로 전체조명과 병용하는 것이 보통이다. 이와 같은 경우 전체조명의 조도는 국부조명에 의한 조도의 ( ) 정도가 되도록 조절한다.

① $\frac{1}{10} \sim \frac{1}{5}$ ② $\frac{1}{20} \sim \frac{1}{10}$

③ $\frac{1}{30} \sim \frac{1}{20}$ ④ $\frac{1}{50} \sim \frac{1}{30}$

해설 >>
• 전체조명의 조도는 국부조명에 의한 조도의 1/10~ 1/5 정도가 되도록 조절한다.

5과목 산업독성학

81 벤젠에 노출되는 근로자 10명이 6개월 동안 근무하였고, 5명이 2년 동안 근무하였을 경우 노출인년(person-years of exposure)은 얼마인가?

① 10   ② 15
③ 20   ④ 25

해설 >>
• 노출인년

$$= \sum \left[조사\,인원 \times \left(\frac{조사한\,개월수}{12월} \right) \right]$$

$$= \left[10 \times \left(\frac{6}{12} \right) \right] + \left[5 \times \left(\frac{24}{12} \right) \right]$$

$$= 15$$

82 유해화학물질의 생체막 투과방법에 대한 다음 설명이 가리키는 것은?

> 운반체의 확산성을 이용하여 생체막을 통과하는 방법으로, 운반체는 대부분 단백질로 되어 있다. 운반체의 수가 가장 많을 때 통과속도는 최대가 되지만 유사한 대상물질이 많이 존재하면 운반체의 결합에 경합하게 되어 투과속도가 선택적으로 억제된다. 일반적으로 필수영양소가 이 방법에 의하지만, 필수영양소와 유사한 화학물질이 통과하여 독성이 나타나게 된다.

① 촉진확산   ② 여과
③ 단순확산   ④ 능동투과

해설 >> 촉진확산
• 운반체의 확산성을 이용하여 생체막을 투과하는 방법이다.
• 운반체는 대부분 단백질로 이루어지며 운반체의 수가 가장 많을 때 통과속도는 최대가 되지만 유사한 대상 물질이 많이 존재하면 운반체의 결합에 경합하게 되어 투과속도가 선택적으로 억제된다.

정답   79 ④   80 ①   81 ②   82 ①

83 입자성 물질의 호흡기계 침착기전 중 길이가 긴 입자가 호흡기계로 들어오면 그 입자의 가장자리가 기도의 표면을 스치게 됨으로써 침착하는 현상은?

① 충돌 ② 침전
③ 차단 ④ 확산

해설 ▶
• 길이가 긴 입자가 호흡기계로 들어오면 그 입자의 가장자리가 기도의 표면을 스치게 됨으로써 일어나는 현상이다.

84 칼슘대사에 장애를 주어 신결석을 동반한 신증후군이 나타나고 다량의 칼슘 배설이 일어나 뼈의 통증, 골연화증 및 골수공증과 같은 골격계 장애를 유발하는 중금속은?

① 망간(Mn) ② 카드뮴(Cd)
③ 비소(As) ④ 수은(Hg)

해설 ▶ 카드뮴의 만성중독 장애
• 칼슘대사에 장애를 주어 신결석을 동반한 신증후군이 나타난다.
• 다량의 칼슘 배설(칼슘 대사장애)이 일어나 뼈의 통증, 골연화증 및 골수공증을 유발한다.
• 폐기종, 만성 폐기능 장애가 생길 수 있다. 기침, 가래 및 후각의 이상이 생긴다. 치은부에 연한 황색 색소침착이 생긴다.

85 다음 중 석유정제공장에서 다량의 벤젠을 분리하는 공정의 근로자가 해당 유해물질에 반복적으로 계속해서 노출될 경우 발생 가능성이 가장 높은 직업병은 무엇인가?

① 직업성 천식
② 급성 뇌척수성 백혈병
③ 신장 손상
④ 다발성 말초신경장애

해설 ▶
• 벤젠은 장기간 폭로가 되면 간장애, 혈액장애, 재생불량성 빈혈과 급성 뇌척수성 백혈병을 일으킬 수 있다.

86 다음 중 피부에 묻었을 경우 피부를 강하게 자극하고, 피부로부터 흡수되어 간장장애 등의 중독증상을 일으키는 유해화학물질은?

① 납(lead)
② 헵탄(hep tane)
③ 아세톤(acetone)
④ DMF(Dimethylformamide)

해설 ▶ 디메틸포름아미드(DMF ; Dimethylformamide)
• 유기물을 녹이는 작용, 무기물과 결합하여 용매로 쓰인다. 현기증, 질식, 숨가쁨, 기관지 수축을 유발, 피부에 묻었을 경우 피부를 강하게 자극하고 피부로 흡수되어 간장장애 등의 중독증상을 일으킨다.

87 작업장에서 발생하는 독성물질에 대한 생식독성평가에서 기형 발생의 원리에 중요한 요인으로 작용하는 것이 아닌 것은?

① 원인물질의 용량 ② 사람의 감수성
③ 대사물질 ④ 노출시기

해설 ▶ 기형 발생요인
• 노출되는 화학물질의 양/ 사람의 감수성/ 노출 시기

88 다음 중 직업성 천식의 설명으로 틀린 것은?

① 직업성 천식은 근무시간에 증상이 점점 심해지고, 휴일 같은 비 근무시간에 증상이 완화되거나 없어지는 특징이 있다.
② 작업환경 중 천식유발 대표물질은 톨루엔 디이소시안선염 (TDI), 무수트리멜리트산 (TMA)을 들 수 있다.
③ 항원공여세포가 탐식되면 T림프구 I형 킬러 T림프구 중 (type1killer Tcell) 가 특정 알레르기 항원을 인식한다.
④ 일단 질환에 이환되면 작업환경에서 추후 소량의 동일한 유발물질에 노출되더라도 지속적으로 증상이 발현된다.

정답 83 ③ 84 ② 85 ② 86 ④ 87 ③ 88 ③

해설 ≫ 직업성 천식
• 직업상 취급하는 물질이나 작업과정에서 생산되는 물질로 인한 질환을 말한다. 항원공여세포가 탐식되면 T림프구를 다양하게 활성화시켜 특정 알레르기 항원을 인식한다.

89 다음 중 작업자의 호흡작용에 있어서 호흡공기와 혈액 사이에 기체교환이 가장 비활성적인 곳은?

① 기도   ② 폐포낭
③ 폐포   ④ 폐포관

해설 ≫ 기도
• 호흡기계는 상기도, 하기도, 폐 조직으로 이루어지며 혈액과 외부 공기 사이의 가스교환을 담당하는 기관이다.
• 작업자의 호흡작용에 있어서 호흡공기와 혈액사이에 기체교환이 가장 비활성적인 곳이 기도이다.

90 다음 중 ACGIH에서 발암등급 'A1'으로 정하고 있는 물질이 아닌 것은?

① 석면   ② 6가 크롬 화합물
③ 우라늄   ④ 텅스텐

해설 ≫ ACGIH의 인체 발암 확인물질(A1)의 대표 물질
• 벤지딘 / 6가 크롬 화합물/아크릴로니트릴 /석 면
• 염화비닐/ 우라늄/ 니켈, 황화합물의 배출물, 흄, 먼지

91 다음 중 소화기관에서 화학물질의 흡수율에 영향을 미치는 요인과 가장 거리가 먼 것은?

① 식도의 두께
② 위액의 산도(pH)
③ 음식물의 소화기관 통과속도
④ 화합물의 물리적 구조와 화학적 성질

해설 ≫
• 소화기관에서 화학물질의 흡수율에 영향을 미치는 요인
위액의 산도, 소화기관 통과속도, 지용성, 분자크기, 화합물의 물리적 구조와 화학적 성질, 촉진투과와 능동투과 메커니즘, 소장과 대장에 생존하는 미생물

92 입자상 물질의 종류 중 액체나 고체의 2가지 상태로 존재할 수 있는 것은?

① 흄(fume)   ② 미스트(mist)
③ 증기(vapor)   ④ 스모크(smoke)

해설 ≫ 연기(smoke)
• 액체나 고체의 2가지 상태로 존재할 수 있으며 기체와 같이 활발한 브라운 운동을 하며 쉽게 침강하지 않고 대기 중에 부유하는 성질이 있다. 매연이라고 하며 크기는 0.01~1.0㎛ 정도이다.

93 다음 중 발암작용이 없는 물질은?

① 브롬   ② 벤젠
③ 벤지딘   ④ 석면

해설 ≫ 발암작용물질
• 벤젠(백혈병) / 벤지딘(방광암) / 석면(폐암)

94 다음 중 작업자가 납흄에 장기간 노출되어 혈액 중 납의 농도가 높아졌을 때 일어나는 혈액 내 현상이 아닌 것은?

① K+과 수분이 손실된다.
② 삼투압에 의하여 적혈구가 위축된다.
③ 적혈구 생존시간이 감소한다.
④ 적혈구 내 전해질이 급격히 증가한다.

해설 ≫
• 적혈구 내 전해질이 감소하고 프로토포르피린이 증가한다.
• K+과 수분이 손실, 삼투압이 증가하여 적혈구가 위축된다.
• 적혈구 생존기간이 감소한다, 망상적혈구가 증가한다.

95 다음 중 상온 및 상압에서 흄(fume)의 상태를 가장 적절하게 나타낸 것은?

① 고체상태   ② 기체상태
③ 액체상태
④ 기체와 액체의 공존상태

정답   89 ①   90 ④   91 ①   92 ④   93 ①   94 ④   95 ①

해설 ≫ 흄
- 금속이 용해되어 액상 물질로 되고 이것이 가스상 물질로 기화된 후 다시 응축된 고체 미립자로, 보통 크기가 0.1 또는 1㎛ 이하이다.
- 흄의 생성기전 3단계는 금속의 증기화, 증기물의 산화, 산화물의 응축이다. 입자의 크기가 균일성을 갖는다.

96 다음 중 벤젠에 관한 설명으로 틀린 것은?

① 벤젠은 백혈병을 유발하는 것으로 확인된 물질이다.
② 벤젠은 골수독성(myelotoxin) 물질이라는 점에서 다른 유기용제와 다르다.
③ 벤젠은 지방족 화합물로서 재생불량성 빈혈을 일으킨다.
④ 혈액조직에서 벤젠이 유발하는 가장 일반적인 독성은 백혈구 수의 감소로 인한 응고작용 결핍 등이다.

해설 ≫
- 벤젠은 방향족 화합물로서 장기간 폭로 시 혈액, 간장장애를 일으키고 재생불량성 빈혈, 백혈병을 일으킨다.
  (방향족성 고리: 벤젠고리, 유기화합물이나 무기화합물)

97 다음 중 알데히드류에 관한 설명으로 틀린것은?

① 호흡기에 대한 자극작용이 심한 것이 특징이다.
② 포름알데히드는 무취, 무미하며 발암성이 있다.
③ 자용성 알데히드는 기관지 및 폐를 자극한다.
④ 아크롤레인은 특별히 독성이 강하다고 할 수 있다.

해설 ≫
- 자극적인 냄새가 나고 인화·폭발의 위험성이 있고 메틸알데히드라고도 하며 일반주택 및 공공건물에 많이 사용하는 건축자재와 섬유 옷감에서 발생한다.

98 접촉에 의한 알레르기성 피부감작을 증명하기 위한 시험으로 가장 적절한 것은?

① 첩포시험 ② 진균시험
③ 조직시험 ④ 유발시험

해설 ≫ 첩포시험(patch test)
- 알레르기성 접촉피부염의 진단에 필수, 예상되는 화학물질을 피부에 도포하고, 48시간 동안 덮어둔 후 피부염의 발생 여부를 확인한다.

99 화학물질을 투여한 실험동물의 50%가 관찰 가능한 가역적인 반응을 나타내는 양을 의미하는 것은?

① LC_{50} ② LE_{50}
③ TE_{50} ④ ED_{50}

해설 ≫ 유효량 (ED)
- ED_{50}은 사망을 기준으로 하는 대신에 약물을 투여한 동물의 50%가 일정한 반응을 일으키는 양

100 다음 중 작업장 유해인자와 위해도 평가를 위해 고려하여야 할 요인과 가장 거리가 먼 것은?

① 시간적 빈도와 기간
② 공간적 분포
③ 평가의 합리성
④ 조직적 특성

해설 ≫ 위해도 평가요인
- 시간적 빈도와 기간, 공간적 분포, 조직적특성(회사), 노출대상의 미감도, 노출상태 등이다.

Part 6

| 정답 | 96 ③ | 97 ② | 98 ① | 99 ④ | 100 ③ |

01 산업안전보건법령상 단위작업 장소에서 동일 작업 근로자수가 13명일 경우 시료채취 근로자수는 얼마가 되는가?

① 1명 　　　 ② 2명
③ 3명 　　　 ④ 4명

해설 ▶▶
• 단위작업장소에서 동일 작업 근로자수가 10명을 초과하는 경우에는 매 5명당 1명 이상 추가하여 측정, 시료채취 근로자수는 3명이다.

02 사망에 관한 근로손실을 7,500일로 산출한 근거는 다음과 같다. (　)에 알맞은 내용으로만 나열한 것은?

> 가. 재해로 인한 사망자의 평균연령을 (　)세로 본다.
> 나. 노동이 가능한 연령을 (　)세로 본다.
> 다. 1년 동안의 노동일수를 (　)일로 본다.

① 30, 55, 300 　　 ② 30, 60, 310
③ 35, 55, 300 　　 ④ 35, 60, 310

해설 ▶▶ 강도율의 특징
• 사망 및 1, 2, 3급(신체장애등급)의 근로손실일수는 7,500일이며, 근거는 재해로 인한 사망자의 평균연령을 30세로 보고 노동이 가능한 연령을 55세로 보며 1년 동안의 노동일수를 300일로 본 것이다.

03 다음 중 직업성 질환에 관한 설명으로 틀린 것은?

① 직업성 질환과 일반 질환은 그 한계가 뚜렷하다.
② 직업성 질환이란 어떤 직업에 종사함으로써 발생하는 업무상 질병을 말한다.
③ 직업성 질환은 재해성 질환과 직업병으로 나눌 수 있다.
④ 직업병은 저농도 또는 저수준의 상태로 장시간에 걸친 반복 노출로 생긴 질병을 말한다.

해설 ▶▶
• 직업성 질환과 일반 질환의 구분은 명확하지 않다.

04 다음 중 산업안전보건법상 중대재해에 해당하지 않는 것은?

① 사망자가 1명 이상 발생한 재해
② 부상자가 동시에 5명 발생한 재해
③ 직업성 질병자가 동시에 12명 발생한 재해
④ 3개월 이상의 요양을 요하는 부상자가 동시에 3명 발생한 재해

해설 ▶▶ 중대재해
• 사망자가 1명 이상 발생한 재해
• 3개월 이상의 요양을 요하는 부상자가 동시에 2명이상 발생한 재해
• 부상자 또는 직업성 질병자가 동시에 10명 이상 발생한 재해

05 다음 중 역사상 최초로 기록된 직업병은?

① 납중독 　　　 ② 방광염
③ 음낭암 　　　 ④ 수은중독

해설 》

- BC 4세기 Hippocrates에 의해 광산에서 납중독이 보고되었다.
- 역사상 최초로 기록된 직업병 : 납중독

06 다음 중 최근 실내공기질에서 문제가 되고 있는 방사성 물질인 라돈에 관한 설명으로 틀린 것은?

① 자연적으로 존재하는 암석이나 토양에서 발생하는 thorium, uranium의 붕괴로 인해 생성되는 방사성 가스이다.

② 무색, 무취, 무미한 가스로 인간의 감각에 의해 감지할 수 없다.

③ 라돈의 감마(γ) 붕괴에 의하여 라돈의 딸핵종이 생성되며 이것이 기관지에 부착되어 감마선을 방출하여 폐암을 유발한다.

④ 라돈의 동위원소에는 Rn^{222}, Rn^{220} Rn^{219}가 있으며 이 중 반감기가 긴 Rn^{222}가 실내공간에서 인체의 위해성 측면에서 주요 관심대상이다.

해설 》 라돈

- 라듐의 α붕괴에서 발생하며, 호흡하기 쉬운 방사상 물질이다.

07 다음 중 작업환경조건과 피로의 관계를 올바르게 설명한 것은?

① 소음은 정신적 피로의 원인이 된다.

② 온열조건은 피로의 원인으로 포함되지 않으며, 신체적 작업밀도와 관계가 없다.

③ 정밀작업 시의 조명은 광원의 성질에 관계없이 100럭스(lux) 정도가 적당하다.

④ 작업자의 심리적 요소는 작업능률과 관계되고 피로의 직접요인이 되지는 않는다.

해설 》

② 온열조건은 피로의 원인에 포함되며, 신체적 작업밀도와 관계가 있다.

③ 정밀작업 시의 조명수준은 300Lux 정도가 적당하다.

④ 작업자의 심리적 요소는 피로의 직접요인이다.

08 다음 중 산소부채(oxygen debt)에 관한 설명으로 틀린 것은?

① 작업대사량의 증가와 관계없이 산소소비량은 계속 증가한다.

② 산소부채현상은 작업이 시작되면서 발생한다.

③ 작업이 끝난 후에는 산소부채의 보상현상이 발생한다.

④ 작업강도에 따라 필요한 산소요구량과 산소공급량의 차이에 의하여 산소부채 현상이 발생된다.

해설 》

- 작업 시 소비되는 산소의 양은 초기에 서서히 증가하다가 작업강도에 따라 일정한 양에 도달하고, 작업이 종료된 후 서서히 감소되면서 일정 시간 동안 산소를 소비한다.

09 기초대사량이 1,500kcal/day이고, 작업대사량이 시간당 250 kcal가 소비되는 작업을 8시간 동안 수행하고 있을 때 작업대사율 8시간동안 수행하고 있을 때 작업대사율(RMR)은 약 얼마인가?

① 0.17   ② 0.75

③ 1.33   ④ 6

해설 》

- $RMR = \dfrac{\text{작업대사량}}{\text{기초대사량}}$

$= \dfrac{250\text{kcal/hr}}{1,500\text{kcal/day} \times \text{day/8hr}} = 1.33$

정답   06 ③   07 ①   08 ①   09 ③

Part 6

10 어떤 물질에 대한 작업환경을 측정한 결과 다음 [표]와 같은 TWA 결과값을 얻었다. 환산된 TWA는 약 얼마인가?

농도(ppm)	100	150	250	300
발생시간(분)	120	240	60	60

① 169ppm ② 198ppm
③ 220ppm ④ 256ppm

해설 ▶▶
- TWA = {(100×2) + (150×4) + (250×1) + (300×1)} ÷8
 = 168.75ppm

11 근로자의 작업에 대한 적성검사방법 중 심리학적 적성검사에 해당하지 않는 것은?

① 감각기능검사 ② 지능검사
③ 지각동작검사 ④ 인성검사

해설 ▶▶ 심리학적 검사
- 지능검사, 지각동작검사, 인성검사, 기능검사

12 다음 중 산업안전보건법상 '적정공기'의 정의로 옳은 것은?

① 산소농도의 범위가 18%이상 23.5%미만, 탄산가스의 농도가 1.5% 미만, 황화 수소의 농도가 10ppm 미만인 수준의 공기를 말한다.
② 산소농도의 범위가 16% 이상 21.5% 미만, 탄산가스의 농도가 1.0% 미만, 황화수소의 농도가 15ppm 미만인 수준의 공기를 말한다.
③ 산소농도의 범위가 18% 이상 21.5% 미만, 탄산가스의 농도가 15% 미만, 황화수소의 농도가 1.0ppm ppm 미만인 수준의 공기를 말한다.
④ 산소농도의 범위가 16%이상 23.5%미만, 탄산가스의 농도가 1.0% 미만, 황화수소의 농도가 1.5ppm 미만인 수준의 공기를 말한다.

해설 ▶▶ 적정공기
- 산소농도의 범위가 18% 이상 23.5% 미만인 수준의 공기
- 탄산가스 농도가 1.5% 미만인 수준의 공기
- 황화수소 농도가 10ppm 미만인 수준의 공기
- 일산화탄소 농도가 30ppm 미만인 수준의 공기

13 산업위생학의 정의로 가장 적절한 것은?

① 근로자의 건강증진, 질병의 예방과 진료, 재활을 연구하는 학문
② 근로자의 건강과 쾌적한 작업환경을 위해 공학적으로 연구하는 학문
③ 인간과 직업, 기계환경, 노동 등의 관계를 과학적으로 연구하는 학문
④ 근로자의 건강과 간호를 연구하는 학문

해설 ▶▶ 산업위생학
- 근로자의 건강과 쾌적한 작업환경 조성을 공학적으로 연구하는 학문

14 육체적 작업능력(PWC)이 15kcal/min인 어느 근로자가 1일 8시간 동안 물체를 운반하고 있다. 작업대사량(Etask)이 6.5kcal/min, 휴식시 대사량(Erest)이 1.5kcal/min일 때 시간당 휴식시간과 작업시간의 배분으로 가장 적절한 것은 어느 것인가? (단, Hertig의 공식을 이용한다.)

① 12분 휴식, 48분 작업
② 18분 휴식, 42분 작업
③ 24분 휴식, 36분 작업
④ 30분 휴식, 30분 작업

해설 ▶▶

- $T_{rest}(\%) = \left(\dfrac{PWC의\ 1/3 - 작업대사량}{휴식대사량 - 작업대사량} \right) \times 100$

 $= \left(\dfrac{(15 \times 1/3) - 6.5}{1.5 - 6.5} \right) \times 100$

 $= 30\%$

∴ 휴식시간 : 60min×0.3=18min
 작업시간 : 60min-18min=42min

정답 10 ① 11 ① 12 ① 13 ② 14 ②

15 작업을 마친 직후 회복기의 심박수(HR)를 [보기]와 같이 표현할 때, 심박수 측정 결과 심한 전신피로상태로 볼 수 있는 것은?

[보기]

- $HR_{30\sim60}$: 작업 종료 후 30~60초 사이의 평균 맥박수
- $HR_{60\sim90}$: 작업 종료 후 60~90초 사이의 평균 맥박수
- $HR_{50\sim180}$: 작업 종료 후 150~180초 사이의 평균 맥박수

---

① $HR_{30\sim60}$이 110을 초과하고, $HR_{150\sim180}$과 $HR_{60\sim90}$의 차이가 10 미만일 때
② $HR_{30\sim60}$이 100을 초과하고, $HR_{150\sim180}$과 $HR_{60\sim90}$의 차이가 20 미만일 때
③ $HR_{30\sim60}$이 80을 초과하고, $HR_{150\sim180}$과 $HR_{60\sim90}$의 차이가 30 미만일 때
④ $HR_{30\sim60}$이 70을 초과하고, $HR_{150\sim180}$과 $HR_{60\sim90}$의 차이가 40 미만일 때

해설 ≫
- HR_{30-60}이 110을 초과하고, $HR_{150-180}$와 HR_{60-90}의 차이가 10 미만인 경우

16 다음 중 사무실 공기관리지침의 관리대상 오염물질이 아닌 것은?

① 질소 (N_2) ② 미세먼지 (PM10)
③ 총 부유세균 ④ 곰팡이

해설 ≫
- 사무실 공기관리지침의 관리대상 오염물질
- 미세먼지, 초미세먼지, 일산화탄소, 이산화탄소, 포름알데히드, 총 휘발성 유기화합물, 라돈, 총 부유세균, 곰팡이

17 다음 중 중량물 취급으로 인한 요통 발생에 관여하는 요인으로 볼 수 없는 것은?

① 근로자의 육체적 조건
② 작업빈도와 대상의 무게
③ 습관성 약물의 사용 유무
④ 작업습관과 개인적인 생활태도

해설 ≫ 요통 발생에 관여하는 주된 요인
- 작업습관과 개인적인 생활태도/ 작업빈도와 대상의 무게/ 근로자의 육체적 조건/ 요통 및 기타 장애의 경력/ 올바르지 못한 작업 방법 및 자세

18 유리 제조, 용광로 작업, 세라믹 제조과정에서 발생 가능성이 가장 높은 직업성 질환은?

① 요통 ② 근육경련
③ 백내장 ④ 레이노드 현상

해설 ≫
- 백내장 유발 작업: 유리 제조, 용광로 작업, 세라믹 제조

19 직업성 변이(occupational stigmata)를 가장 잘 설명한 것은?

① 직업에 따라서 체온의 변화가 일어나는 것
② 직업에 따라서 신체의 운동량에 변화가 일어나는 것
③ 직업에 따라서 신체활동의 영역에 변화가 일어나는 것
④ 직업에 따라서 신체형태와 기능에 국소적 변화가 일어나는 것

해설 ≫ 직업성 변이(occupational stigmata)
- 직업에 따라서 신체형태와 기능에 국소적 변화가 일어나는 것을 말한다.

Part 6

정답 15 ① 16 ① 17 ③ 18 ③ 19 ④

20 다음 설명에 해당하는 가스는?

> 이 가스는 실내의 공기질을 관리하는 근거로서 사용되고, 그 자체는 건강에 큰 영향을 주는 물질이 아니며 측정하기 어려운 다른 실내오염물질에 대한 지표물질로 사용된다.

① 일산화탄소   ② 황산화물
③ 이산화탄소   ④ 질소산화물

해설 ▶▶ 이산화탄소
- 환기의 지표물질 및 실내오염의 주요 지표로 사용된다.
- 실내 CO_2 발생은 대부분 거주자의 호흡에 의해 발생한다.
- 직독식 또는 검지관 kit를 사용하여 측정한다.

2과목   **작업위생 측정 및 평가**

21 누적소음노출량(D, %)을 적용하여 시간가중 평균소음수준(TWA, dB(A))을 산출하는 공식은?

① $16.61\log\left(\dfrac{D}{100}\right)+80$

② $19.81\log\left(\dfrac{D}{100}\right)+80$

③ $16.61\log\left(\dfrac{D}{100}\right)+90$

④ $19.81\log\left(\dfrac{D}{100}\right)+90$

해설 ▶▶
- 시간가중 평균소음수준(TWA)
- $TWA = 16.61\log\left(\dfrac{D(\%)}{100}\right) + 90[dB(A)]$

여기서, TWA : 시간가중 평균소음수준[dB(A)]
        D : 누적소음 폭로량(%)
        100 : (12.5×T, T:폭로시간)

22 고체 흡착관으로 활성탄을 연결한 저유량 펌프를 이용하여 벤젠증기를 용량 0.012㎥로 포집하였다. 실험실에서 앞부분과 뒷부분을 분석한 결과 총 550㎍이 검출되었다. 벤젠증기의 농도는? (단, 온도 25℃, 압력 760mmHg, 벤젠 분자량 78)

① 5.6ppm   ② 7.2ppm
③ 11.2ppm   ④ 14.4ppm

해설 ▶▶

- 농도$(mg/㎥) = \dfrac{분석량}{공기채취량}$

$$= \dfrac{550\mu g}{0.012㎥ \times 1,000L/㎥}$$

$$= 45.83\mu g/L(=mg/㎥)$$

∴ 농도$(ppm) = 45.83mg/㎥ \times \dfrac{24.45}{78}$

$$= 14.37ppm$$

23 알고 있는 공기 중 농도를 만드는 방법인 dynamic method에 관한 설명으로 옳지 않은 것은?

① 대개 운반용으로 제작됨
② 농도변화를 줄 수 있음
③ 만들기가 복잡하고 가격이 고가임
④ 지속적인 모니터링이 필요함

해설 ▶▶ Dynamic method
- 희석공기와 오염물질을 연속적으로 흘려주어 일정한 농도를 유지하면서 만드는 방법이다.
- 알고 있는 공기 중 농도를 만드는 방법으로 농도변화를 줄 수 있고 온도 · 습도 조절이 가능 하다.
- 제조가 어렵고 비용도 많이 들고 지속적인 모니터링이 필요하다.
- 가스, 증기, 에어졸 실험도 가능하다. 매우 일정한 농도를 유지하기가 곤란하다.

정답   20 ③   21 ③   22 ④   23 ①

24 입자상 물질인 흄(fume)에 관한 설명으로 옳지 않은 것은?

① 용접공정에서 흄이 발생한다.
② 흄의 입자 크기는 먼지보다 매우 커 폐포에 쉽게 도달되지 않는다.
③ 흄은 상온에서 고체상태의 물질이 고온으로 액체화된 다음 증기화 되 고, 증기물의 응축 및 산화로 생기는 고체상의 미립자이다 .
④ 용접흄은 용접공폐의 원인이 된다.

해설 ≫ 용접흄
- 용접흄은 호흡기계에 가장 깊숙이 들어갈 수 있는 입자상 물질로 용접공폐의 원인이 된다.
- 입자상 물질의 한 종류인 고체이며 기체가 온도의 급격한 변화로 응축·산화된 형태이다.
- 용접흄을 채취할 때에는 카세트를 헬맷 안쪽에 부착하고 glass fiber filter를 사용하여 포집한다.

25 어느 작업장에서 trichloroethylene 농도를 측정한 결과 각각 23.9ppm, 21.6ppm, 22.4ppm, 24.1ppm, 22.7ppm, 25.4ppm을 얻었다. 이때 중앙치(median)는?

① 23.0ppm ② 23.1ppm
③ 23.3ppm ④ 23.5ppm

해설 ≫
- 측정치 크기 순서 배열
21.6ppm, 22.4ppm, 22.7ppm, 23.9ppm, 24.1ppm, 25.4ppm
- ∴ 중앙치(median)= $\dfrac{22.7+23.9}{2}$ =23.3ppm

26 미국 ACGIH에 의하면 호흡성 먼지는 가스교환 부위, 즉 폐포에 침착할 때 유해한 물질이다. 평균입경을 얼마로 정하고 있는가?

① 1.5㎛ ② 2.5㎛
③ 4.0㎛ ④ 5.0㎛

해설 ≫ 호흡성 입자상 물질(RPM ; Respirables Mass)
- 가스교환 부위, 즉 폐포에 침착할 때 유해한 물질
- 4㎛(공기역학적 직경이 10㎛ 미만의 먼지가 호흡성 입자상 물질)

27 입자상 물질 채취기기인 직경분립 충돌기에 관한 설명으로 옳지 않은 것은?

① 시료채취가 까다롭고 비용이 많이 소요되며 되튐으로 인한 시료의 손실이 일어날 수 있다.
② 호흡기의 부분별 침착된 입자 크기의 자료를 추정할 수 있다.
③ 흡입성, 흉곽성, 호흡성 입자의 크기별 분포와 농도는 계산할 수 없으나 질량크기 분포는 얻을 수 있다.
④ 채취준비에 시간이 많이 걸리며 경험이 있는 전문가가 철저한 준비를 통하여 측정하여야 한다.

해설 ≫ 직경분립 충돌기
- 입자의 질량 크기 분포를 얻을 수 있다. 호흡기의 부분별로 침착된 입자 크기의 자료를 추정할 수 있다. 흡입성, 흉곽성, 호흡성 입자의 크기별로 분포와 농도를 계산할 수 있다.
- 단점으로는 시료채취가 까다롭고 비용이 많이 들고 채취준비시간이 과다하다. 되튐으로 인한 시료의 손실이 일어나 과소분석결과를 초래할 수 있어 유량을 2L/min 이하로 채취한다.

28 메틸에틸케톤이 20℃, 1기압에서 증기압이 71.2mmHg이면 공기 중 포화농도(ppm)는?

① 63,700 ② 73,700
③ 83,700 ④ 93,700

해설 ≫
- 포화농도(ppm) = $\dfrac{증기압}{760} \times 10^6$

$= \dfrac{71.2}{760} \times 10^6 = 93,684ppm$

Part 6

29 근로자에게 노출되는 호흡성 먼지를 측정한 결과 다음과 같았다. 이때 기하평균농도는? (단, 단위는 mg/㎥이다.)

2.4, 1.9, 4.5, 3.5, 5.0

① 3.04   ② 3.24

③ 3.54   ④ 3.74

해설 ≫

• log(GM)

$$= \frac{\log 2.4 + \log 1.9 + \log 4.5 + \log 3.5 + \log 5.0}{5} = 0.51$$

∴ GM = 10^{0.51} = 3.24

30 실리카겔이 활성탄에 비해 갖는 특징으로 옳지 않은 것은?

① 극성 물질을 채취한 경우 물, 메탄올등 다양한 용매로 쉽게 탈착 되고, 추출액이 화학분석이나 기기분석에 방해물질로 작용하는 경우가 많지 않다 .

② 활성탄에 비해 수분을 잘 흡수하여 습도에 민감하다.

③ 유독한 이황화탄소를 탈착용매로 사용하지 않는다.

④ 활성탄으로 채취가 쉬운 아닐린, 오르토-톨루이딘 등의 아민류는 실라카겔 채취가 어렵다.

해설 ≫

• 활성탄으로 채취가 어려운 아닐린, 오르토-톨루이딘 등의 아민류나 몇몇 무기물질의 채취가 가능하다.

• 극성이 강하여 극성 물질을 채취한 경우 물, 메탄올 등 다양한 용매로 쉽게 탈착한다. 추출용액이 분석시에 방해물질로 작용하지 않으며

• 매우 유독한 이황화탄소를 탈착용매로 사용하지 않는다. 친수성이기 때문에 우선적으로 물분자와 결합을 이루어 습도의 증가에 따른 흡착용량의 감소를 초래한다.

31 소음과 관련된 용어 중 둘 또는 그 이상의 음파의 구조적 간섭에 의해 시간적으로 일정하게 음압의 최고와 최저가 반복되는 패턴의 파를 의미하는 것은?

① 정재파   ② 맥놀이파

③ 발산파   ④ 평면파

해설 ≫ 정재파

• 둘 또는 그 이상 음파의 구조적 간섭에 의해 시간적으로 일정하게 음압의 최고와 최저가 반복되는 패턴의 파이다.

32 작업장 기본특성 파악을 위한 예비조사 내용 중 유사노출그룹(HEG) 설정에 관한 설명으로 가장 거리가 먼 것은?

① 역학조사 수행시 사건이 발생된 근로자와 다른 노출 그룹의 노출 농도를 근거로 사건이 발생된 노출 농도의 추정에 유용하며, 지역 시료 채취만 인정된다.

② 조직, 공정, 작업범주 그리고 공정과 작업내용별로 구분하여 설정한다.

③ 모든 근로자를 유사한 노출 그룹별로 구분하고 그룹별로 대표적인 근로자를 선택하여 측정하면 측정하지 않은 근로자의 노출농도 까지도 추정할 수 있다.

④ 유사노출 그룹 설정을 위한 목적 중 시료채취 수를 경제적으로 하기 위함도 있다.

해설 ≫ 유사노출그룹(HEG) 설정

• 작업환경측정 분야, 즉 개인시료만 인정된다.

33 분석기기가 검출할 수 있고 신뢰성을 가질 수 있는 양인 정량한계(LOQ)에 관한 설명으로 옳은 것은?

① 표준편차의 3배   ② 표준편차의 3.3배

③ 표준편차의 5배   ④ 표준편차의 10배

해설 ≫
• 정량한계(LOQ)= 표준편차 × 10 = 검출한계 × 3(or 3.3)

34 다음 중 공기시료채취 시 공기유량과 용량을 보정하는 표준기구 중 1차 표준기구는?

① 흑연 피스톤미터　② 로터미터
③ 습식 테스트미터　④ 건식 가스미터

해설 ≫ 1차 표준기구
• 비누거품미터/ 폐활량계/ 가스치환병/ 유리 피스톤미터
• 흑연 피스톤미터/ 피토튜브

35 가스상 물질 흡수액의 흡수효율을 높이기 위한 방법으로 옳지 않은 것은?

① 가는 구멍이 많은 프리티드 버블러 등 채취효율이 좋은 기구를 사용한다.
② 시료채취속도를 낮춘다.
③ 용액의 온도를 높여 증기압을 증가시킨다.
④ 두 개 이상의 버블러를 연속적으로 연결한다.

해설 ≫
• 포집액의 온도를 낮추어 오염물질의 휘발성을 제한한다.

36 작업장에서 현재 총 흡음량은 1500 sabins 이다. 이 작업장을 천장과 벽 부분에 흡음재를 이용하여 3300 sabins을 추가하였을 때 흡음대책에 따른 실내소음의 저감량은?

① 약 15dB　　② 약 8dB
③ 약 5dB　　④ 약 1dB

해설 ≫
• 소음저감량(dB) = $10\log\left(\dfrac{1,500+3,300}{1,500}\right)$ = 5.05dB

37 시간당 200 ~ 350kcal의 열량이 소모되는 중등작업 조건에서 WB GT 측정치가 31.2℃일때 고열작업 노출기준의 작업 – 휴식 조건은?

① 매시간 50% 작업, 50% 휴식 조건
② 매시간 75% 작업, 25% 휴식 조건
③ 매시간 25% 작업, 75% 휴식 조건
④ 계속 작업 조건

해설 ≫ 시간당 작업과 휴식
• 시간당 200~350kcal는 중등작업에 속하며 물체를 들거나 밀면서 걸어다니는 일이 해당된다.
• 고열작업장의 노출기준 (단위:WBGT(℃))

시간당 작업과 휴식비율	작업강도		
	경작업	중등작업	힘든작업
연속작업	30.0	26.7	25.0
75% 작업, 25% 휴식 (45분 작업, 15분 휴식)	30.6	28.0	25.0
50% 작업, 50% 휴식 (30분 작업, 30분 휴식)	31.4	29.4	27.9
25% 작업, 75% 휴식 (15분 작업, 45분 휴식)	32.2	31.1	30.0

38 작업환경측정 시 온도 표시에 관한 설명으로 옳지 않은 것은? (단, 고용노동부 고시 기준)

① 열수 : 약 100℃
② 상온 : 15~25℃
③ 온수 : 50~60℃
④ 미온 : 30~40℃

해설 ≫ 온도 표시
• 상온 : 15~25℃, 실온 : 1~35℃
• 미온 : 30~40℃, 찬곳 : 0~15℃
• 냉수 : 15℃이하, 온수 : 60~70℃
• 열수: 약 100℃

정답 　34 ①　　35 ③　　36 ③　　37 ③　　38 ③

Part 6

39 가스상 물질을 측정하기 위한 '순간시료 채취 방법을 사용할 수 없는 경우'와 가장 거리가 먼 것은?

① 유해물질의 농도가 시간에 따라 변할 때
② 작업장의 기류속도 변화가 없을 때
③ 시간가중 평균치를 구하고자 할 때
④ 공기 중 유해 물질의 농도가 낮을 때

해설 ▶ 순간시료 채취방법을 적용할 수 없는 경우
• 오염물질의 농도가 시간에 따라 변할 때
• 시간가중 평균치를 구하고자 할 때
• 공기 중 오염물질의 농도가 낮을 때

40 입자의 크기에 따라 여과기전 및 채취효율이 다르다. 입자 크기가 0.1~0.5μm일 때 주된 여과기전은?

① 충돌과 간섭   ② 확산과 간섭
③ 차단과 간섭   ④ 침강과 간섭

해설 ▶ 여과기전에 대한 입자 크기별 포집효율
• 입경 0.1μm 미만: 확산
• 입경 0.1~0.5μm : 확산, 직접차단(간섭)
• 입경 0.5μm이상 : 관성충돌, 직접차단(간섭)

3과목 **작업환경 관리대책**

41 내경이 15mm인 원형관에 비압축성 유체가 40m/min의 속도로 흐른다. 내경이 10mm가 되면 유속(m/min)은? (단, 유량은 같다고 가정함)

① 90   ② 120
③ 160   ④ 210

해설 ▶
• Q = A×V

$$= \left(\frac{3.14 \times 0.015^2}{4} \right) ㎡ \times 40m/min$$

$$= 0.0070㎥/min$$

$$\therefore V = \frac{Q}{A} = \frac{0.0070㎥/min}{\left(\frac{3.14 \times 0.01^2}{4} \right)㎡} = 90m/min$$

42 개인보호구 중 방독마스크의 카트리지 수명에 영향을 미치는 요소와 가장 거리가 먼 것은?

① 흡착제의 질과 양
② 상대습도
③ 온도
④ 오염물질의 입자 크기

해설 ▶ 방독마스크의 정화통(카트리지, cartridge) 수명에 영향을 주는 인자
• 작업장의 습도(상대습도) 및 온도/ 착용자의 호흡률(노출조건)
• 작업장 오염물질의 농도/ 흡착제의 질과 양
• 포장의 균일성과 밀도/ 다른 가스, 증기와 혼합 유무

43 1시간에 2L의 M E K가 증발되어 공기를 오염시키는 작업장이 있다. K값을 3, 분자량을 72.06, 비중을 0.805, TLV를 200ppm으로 할 때 이 작업장의 오염물질 전체를 환기시키기 위하여 필요한 환기량(㎥/min)은? (단, 21℃, 1기압 기준)

① 약 104   ② 약 118
③ 약 135   ④ 약 154

해설 ▶
• 사용량(g/hr) = 2L/hr×0.805g/mL×1,000mL/L
          = 1,610g/hr
• 발생률(G, L/hr)
  72.06g : 24.1L=1,610g/hr : G

  $$G = \frac{24.1L \times 1,610g/hr}{72.06g} = 538.45L/hr$$

∴ 필요환기량(Q) = $\frac{G}{TLV} \times K$

$$= \frac{538.45L/hr \times 1,000mL/L}{200mL/㎥} \times 3$$

= 8076.75㎥/hr×hr/60min
= 134.61㎥/min

44 전기집진장치의 장점으로 옳지 않은 것은?

① 미세입자의 처리가 가능하다.
② 전압동과 같은 조건 변동에 적응이 용이하다.
③ 압력손실이 적어 소요동력이 적다.
④ 고온가스의 처리가 가능하다.

해설 >> 장점
- 집진효율이 높다(0.01㎛정도 포집 용이, 99.9%정도 고집진효율)
- 광범위한 온도범위에서 적용이 가능하며 폭발성가스의 처리도 가능하다.
- 고온의 입자성 물질(500℃ 전후) 처리가 가능하여 보일러와 철강로 등에 설치할 수 있다.
- 압력손실이 낮고 대용량의 가스 처리가 가능하며 배출가스의 온도 강하가 적다.
- 운전 및 유지비가 저렴하다.
- 회수가치 입자 포집에 유리하며 습식 및 건식으로 집진할 수 있다.
- 넓은 범위의 입경과 분진 농도에 집진효율이 높다.

45 벤젠 2kg이 모두 증발하였다면 벤젠이 차지하는 부피는? (단, 벤젠의 비중은 0.88 이고 분자량은 78, 21℃, 1기압)

① 약 521L   ② 약 618L
③ 약 736L   ④ 약 871L

해설 >>
- 78g : 24.1L = 2,000g : G(발생 부피)

$$\therefore G(L) = \frac{24.1L \times 2,000g}{78g} = 617.94L$$

46 환기시스템에서 공기 유량(이이 0.15㎥/sec ,덕트직경이 10.0cm, 후드 압력손실계수(Fh)가 와일 때 후드 정입(SPh)은? (단, 공기 밀도 1.2kg/㎥ 기준)

① 약 31mmH₂O   ② 약 38mmH₂O
③ 약 43mmH₂O   ④ 약 48mmH₂O

해설 >>
- $SP_h = VP(1+F)$
- $VP = \dfrac{\gamma V^2}{2g} = \dfrac{1.2 \times (19.1)^2}{2 \times 9.8}$
  = 22.35mmH₂O

$$\left[V = \frac{Q}{A} = \frac{0.15㎥/sec}{\left(\dfrac{3.14 \times 0.1^2}{4}\right)㎡} = 19.1m/sec \right]$$

= 22.35(1+0.4) = 31.3mmH₂O

47 전체환기를 실시하고자 할 때 고려하여야 하는 원칙과 가장 거리가 먼 것은?

① 저 자료를 통해서 희석에 필요한 충분한양의 환기량을 구해야 한다.
② 가능하면 오염물질이 발생하는 가장 가까운 위치에 배기구를 설치해야 한다.
③ 희석을 위한 공기가 급기구를 통하여 들어와서 오염물질이 있는 영역을 통과하여 배기구로 빠져 나가도록 설계해야 한다.
④ 배기구는 창문이나 문등 개구 근처에 위치하도록 설계하여 오염공기의 배출이 충분하게 한다.

해설 >>
- 필요환기량을 계산하고 오염물질의 배출구는 가능한 한 오염원으로부터 가까운 곳에 설치한다. 공기가 배출되면서 오염장소를 통과하도록 공기 배출구와 유입구의 위치를 선정한다.

48 폭 320mm, 높이760mm의 곧은 각의 관내에 Q = 280㎥/min의 표준공기가 흐르고 있을 때 레이놀즈수(Re)의 값은? (단, 동점성계수는 1.5 X 10⁻⁵㎡/sec이다.)

① 5.76×10^5
② 5.76×10^6
③ 8.76×10^5
④ 8.76×10^6

Part 6

해설 ▶

- 레이놀즈수(Re) = $\dfrac{\text{유속} \times \text{관직경}}{\text{동점성계수}}$

- 유속(V) = $\dfrac{Q}{A} = \dfrac{280\,\text{m}^3/\text{min} \times \text{min60sec}}{(0.32 \times 0.76)\,\text{m}^2}$

  =19.19m/sec

- 관직경(D) = $\dfrac{2ab}{a+b} = \dfrac{2(0.32 \times 0.76)}{0.32+0.76}$ =0.45m

  = $\dfrac{19.19 \times 0.45}{1.5 \times 10^{-5}}$

  = 576,175 ≒ 5.76×105

49 입자상 물질을 처리하기 위한 장치 중 압력손실은 비교적 크나 고효율 집진이 가능하며, 직접차단, 관성충돌, 확산, 중력침강 및 정전기력 등이 복합적으로 작용하는 것은?

① 관성력집 진장치
② 원심력집진장치
③ 여과집진장치
④ 전기집진장치

해설 ▶ 여과집진장치

- 함진가스를 여과재에 통과시켜 입자를 분리하고 포집하는 장치, 1μm이상의 분진의 포집은 관성충돌과 직접차단으로 이루어지고 0.1μm이하의 분진은 확산과 정전기력으로 포집한다.

50 원심력 송풍기인 방사 날개형 송풍기에 관한 설명으로 옳지 않은 것은?

① 플레이트 송풍기 또는 평판형 송풍기라고도 한다 .
② 깃이 평판으로 되어 있고 강도가 매우 높게 설계되어 있다.
③ 깃의 구조가 분진을 자체 정화 할 수 있도록 되어있다.
④ 견고하고 가격이 저렴하며 효율이 높은 장점이 있다.

해설 ▶ 방사 날개형 송풍기(플레이트)

- 날개가 다익형보다 적고 직선이며 평판모양을 하고 있어 강도가 매우 높게 설계됨.

- 깃의 구조가 분진을 자체 정화할 수 있으며 압력은 다익팬보다 약간 높으며 효율도 65%로 다익팬보다는 약간 높으나 터보팬보다는 낮다.

51 다음 중 주물작업 시 발생되는 유해인자와 가장 거리가 먼 것은?

① 소음 발생
② 금속흄 발생
③ 분진 발생
④ 자외선 발생

해설 ▶ 주물작업시 발생되는 유해인자

- 유해가스(일산화탄소, 포름알데히드, 페놀류), 분진, 금속흄, 소음, 고열

52 호흡용 보호구에 관한 설명으로 가장 거리가 먼 것은?

① 방독마스크는 면, 모, 합성섬유 등을 필터로 사용한다.
② 방독마스크는 공기 중의 산소가 부족하면 사용할 수 없다.
③ 방독마스크는 일시적인 작업 또는 긴급용으로 사용하여야 한다.
④ 방진 마스크는 비휘발성 입자에 대한 보호가 가능하다.

해설 ▶

- 방독마스크는 공기중의 유해가스, 증기를 흡수관을 통해 제거한다.

53 가지덕트를 주덕트에 연결하고자 할 때 다음 중 가장 적합한 것은?

① 90°
② 70°
③ 50°
④ 30°

정답 49 ③   50 ④   51 ④   52 ①   53 ④

해설 ▶

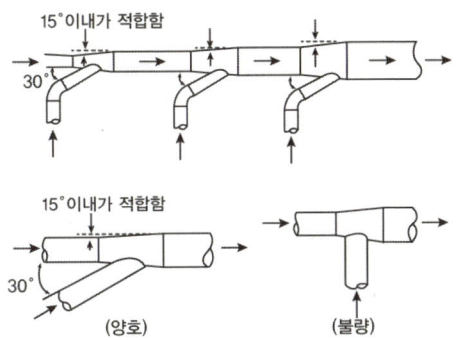

해설 ▶
- 공기는 건조공기를 가정한다.
- 육체역학의 질량보존 원리를 환기시설에 적용하는데 필요한 4가지 공기 특성
- 환기시설 내외의 열전달 효과 무시, 공기의 비압축성, 건조공기 가정
- 환기시설에서 공기 속 오염물질의 질량과 부피무시

54 보호구의 보호정도와 한계를 나타나는 데 필요한 보호계수를 산정하는 공식으로 옳은 것은? (단, 보호계수: PF , 보호구 밖의 농도 : Co 보호구 안의 농도 : Ci)

① PF = Co/Ci
② PF = (Co/Ci) × 100
③ PF = (Co/Ci) × 0.5
④ PF = (Ci/Co) × 0.5

해설 ▶ 보호계수
- 보호구를 착용함으로써 유해물질로부터 보호구가 얼마만큼 보호해 주는가의 정도를 의미한다.
- PF = Co/Ci
  PF= 보호계수
  Co: 보호구 밖의 농도, Ci: 보호구 안의 농도

55 환기시설 내 기류가 기본적인 유체역학적 원리에 따르기 위한 전제조건과 가장 거리가 먼 것은?

① 환기시설 내외의 열교환은 무시한다.
② 공기의 압축이나 팽창은 무시한다.
③ 공기는 절대습도를 기준으로 한다.
④ 대부분의 환기시설에서 공기중에 포함된 유해물질의 무게와 용량을 무시한다.

56 다음 중 전체환기를 하는 경우와 가장 거리가 먼 것은?

① 유해물질의 독성이 높은 경우
② 동일 사업장에 다수의 오염발생원이 분산되어 있는 경우
③ 오염발생원이 근로자가 근무하는 장소로부터 멀리 떨어져 있는 경우
④ 오염발생원이 이동성인 경우

해설 ▶
- 유해물질의 독성이 비교적 낮은 경우

57 재순환 공기의 CO_2 농도는 900ppm이고, 급기의 CO_2 농도는 700p pm 이었다. 급기(재순환 공기와 외부 공기가 혼합된 후의 공기) 중 외부 공기의 함량은? (단, 외부 공기의 CO_2 농도는 330ppm이다.)

① 약 35.1%   ② 약 21.3%
③ 약 23.8%   ④ 약 17.5%

해설 ▶
- 급기 중 재순환량(%) =
$$\frac{(급기 \, 공기 \, 중 CO_2 \, 농도 - 외부 \, 공기 \, 중 CO_2 \, 농도)}{(재순환 \, 공기 \, 중 CO_2 \, 농도 - 외부 \, 공기 \, 중 CO_2 \, 농도)} \times 100$$
$$= \frac{700 - 330}{900 - 330} \times 100$$
= 64.91%
∴ 급기 중 외부 공기 포함량(%)
  = 100 - 64.91
  = 35.1%

정답   54 ①   55 ③   56 ①   57 ①

Part 6

58 청력보호구의 차음효과를 높이기 위해 유의해야 할 내용으로 잘못된 것은?

① 청력보호구는 기공(氣孔)이 큰 재료로 만들어 흡음 효율을 높이도록 한다.

② 청력보호구는 머리 모양이나 귓구멍에 잘 맞는 것을 사용하여 불쾌감을 주지 않도록 해야 한다.

③ 청력보호구를 잘 고정시켜 보호구 자체의 진동을 최소한도로 줄이도록 한다.

④ 귀덮개 형식의 보호구는 머리가 길 때와 안경테가 굵어 잘 부착되지 않을 때 사용하기 곤란하다.

해설 ▶
• 기공이 많으면 흡음효과가 줄어든다.

59 2개의 집진장치를 직렬로 연결하였다. 집진효율 70%인 사이클론을 전처리장치로 사용하고 전기집진장치를 후처리장치로 사용하였을 때 총 집진효율이 95%라면 전기집진장치의 집진효율은?

① 83.3% ② 87.3%

③ 90.3% ④ 92.3%

해설 ▶
• $\eta T = \eta_1 + \eta_2$
  $0.95 = 0.7 + \eta_2 (1 - 0.7)$
• η_2 (후처리장치 효율) = 0.833 X 100 = 83.3%

60 주물사, 고온가스를 취급하는 공정에 환기시설을 설치하고자 할 때, 덕트의 재료로 가장 적당한 것은?

① 아연도금 강판 ② 중질 콘크리트
③ 스테인리스 강판 ④ 흑피 강판

해설 ▶ **덕트의 재료**
• 유기용제: 아연도금 강판/ 강산
• 염소계 용제: 스테인리스스틸 강판
• 알칼리: 강판/ 주물사,
• 고온가스: 흑피 강판
• 전리방사선: 중질 콘크리트

4과목 | 물리적 유해인자 관리

61 현재 총 흡음량이 500 sabins인 작업장의 천장에 흡음물질을 첨가하여 900 sabins을 더할 경우 소음감소량은 약 얼마로 예측되는가?

① 2.5dB ② 3.5dB

③ 4.5dB ④ 5.5dB

해설 ▶
• 소음감소량 NR = $10\log\dfrac{500+900}{500}$ = 4.8dB

62 충격소음의 노출기준에서 충격소음의 강도와 1일 노출횟수가 잘못 연결된 것은?

① 120dB(A) : 10,000회

② 130dB(A) : 1,000회

③ 140dB(A) : 100회

④ 150dB(A) : 10회

해설 ▶ **충격소음작업**
• 소음이 1초이상의 간격으로 발생하는 작업으로서 다음의 1에 해당하는 작업
• 120dB을 초과하는 소음이 1일 1만회 이상 발생되는 작업
• 130dB을 초과하는 소음이 1일 1천회 이상 발생되는 작업
• 140dB을 초과하는 소음이 1일 1백회 이상 발생되는 작업

정답 | 58 ①　59 ①　60 ④　61 ③　62 ④

63 레이저(laser)에 관한 설명으로 틀린 것은?

① 레이저는 유도방출에 의한 광선증폭을 뜻한다.

② 레이저는 보통 광선과는 달리 단일파장으로 강력 하고 예리한 지향성을 가졌다.

③ 레이저 장애는 광선의 파장과 특정 조직의 광선 흡수능력에 따라 장애 출현부위가 달라 진다 .

④ 레이저의 피부에 대한작용은 비가역적이며, 수포, 색소침착 등이 생길 수 있다.

해설 ≫
• 레이저의 피부에 대한 작용은 가역적이며 피부손상, 화상, 수포 형성, 색소침착 등이 생긴다.

64 다음 중 소음에 의한 청력장애가 가장 잘 일어나는 주파수는?

① 1,000Hz ② 2,000Hz
③ 4,000Hz ④ 8,000Hz

해설 ≫
• 귀는 고주파에 민감하며 특히 4000Hz에서 소음성 난청이 많이 발생한다.

65 다음 중 인공조명에 가장 적당한 광색은?

① 노란색 ② 주광색
③ 청색 ④ 황색

해설 ≫
• 인공조명시 주광색에 가까운 광색으로 조도를 높여주며 백열전구와 고압수은등을 적절히 혼합시키면 주광색에 가까운 빛을 얻을 수 있다.

66 빛의 단위 중 광도의 단위가 아닌 것은?

① lumen/㎡ ② lambert
③ nit ④ cd/㎡

해설 ≫
• lumen/㎡ 는 조도의 단위이다.

67 다음 중 진동의 크기를 나타내는 데 사용되지 않는 것은?

① 변위(displacement)

② 압력(pressure)

③ 속도(velocity)

④ 가속도(acceleration)

해설 ≫ 진동의 크기를 나타내는 단위
• 변위(물체가 정상 정지위치에서 일정 시간 내에 도달하는 위치까지의 거리), 속도, 가속도

68 다음 중 이상기압의 대책에 관한 설명으로 적절하지 않은 것은?

① 고압실 내의 작업에서는 탄산가스의 분압이 증가하지 않도록 신선한 공기를 송기 한다.

② 고압환경에서 작업하는 근로자에게는 질소의 양을 증가시킨 공기를 호흡시킨다.

③ 귀 등의 장애를 예방하기 위하여 압력을 가하는 속도를 분당 0.8k g/cm² 이하가 되도록 한다 .

④ 감압병의 증상이 발생하였을때에는 환자를 바로 원래의 고압환경 상 태로 복귀 시키거나, 인공고압실에서 천천히 감압한다.

해설 ≫
• 고압환경에서 작업하는 근로자에게 질소의 양을 증가시키는 것이 아니라헬륨으로 대치한 공기를 호흡시킨다.

69 적외선의 파장범위에 해당하는 것은?

① 280nm 이하 ② 280～ 400nm
③ 400～ 750nm ④ 800～ 1200nm

정답 63 ④ 64 ③ 65 ② 66 ① 67 ② 68 ② 69 ④

해설 ▶▶
• 적외선은 가시광선보다 파장이길고 약 760nm에서1mm 범위이다.

70 다음 중 작업장 내의 직접조명에 관한 설명으로 옳은 것은?

① 장시간 작업 시에도 눈이 부시지 않는다.
② 작업장 내 균일한 조도의 확보가 가능하다.
③ 조명기구가 간단하고, 조명기구의 효율이 좋다.
④ 벽이나 천장의 색조에 좌우되는 경향이 있다.

해설 ▶▶ 조명방법에 따른 조명관리
• 직접조명
 작업면의 빛 대부분이 광원 및 반사용 삿갓에서 직접 온다.
 기구의 구조에 따라 눈을 부시게 하거나 균일한 조도를 얻기 힘들다.
 반사각을 이용하여 광속의 90~100%가 아래로 향하게 하는 방식이다.
 일정량의 전력으로 조명 시 가장 밝은 조명을 얻을 수 있다.
• 장점
 효율이 좋고, 천장면의 색조에 영향을 받지 않으며 설치비용이 저렴하다.
• 단점
 눈부심이 있고 균일한 조도를 얻기 힘들며 강한 음영을 만든다.

71 다음 중 방진재료로 적절하지 않은 것은?

① 코일용수철   ② 방진고무
③ 코르크   ④ 유리섬유

해설 ▶▶ 방진재료
• 금속스프링(코일용수철), 공기스프링, 방진고무, 코르크

72 다음 중 전리 방사선의 외부노출에 대한 방어 3원칙에 해당하지 않는 것은?

① 차폐   ③ 시간
② 거리   ④ 흡수

해설 ▶▶
• 방사선의 외부노출에 대한 방어대책: 시간, 거리, 차폐

73 다음 중 정상인이 들을 수 있는 가장 낮은 이론적 음압은 몇dB인 가?

① 0dB   ② 5dB
③ 10dB   ④ 20dB

해설 ▶▶
• 사람이 들을 수 있는 음압은 0.00002~60N/㎡의 범위이며, 이것을 dB로 표시하면 0~130dB이다.

74 18℃ 공기 중에서 800Hz인 음의 파장은 약 몇 미터인가?

① 0.35   ② 0.43
③ 3.5   ④ 4.3

해설 ▶▶
• 음속(c) = $\lambda \times f$

$$\therefore \text{파장}(\lambda) = \frac{c}{f} = \frac{331.42 + (0.6 \times 18)}{800} = 0.43\text{m}$$

75 다음과 같은 작업조건에서 1일 8시간 동안 작업 하였다면, 1일 근 무시간 동안 인체에 누적된 열량은 얼마인가? (단, 근로자의 체중은 60kg 이다.)

• 작업대사량 : + 1.5kcal/kg/hr
• 대류에 의한 열전달 : + 1.2kcal/kg/hr
• 복사열 전달 : + 0.8kcal/:kg/hr
• 피부에서의 총 땀 증발량 : 300g/hr
• 수분 증발열 : 580cal/g

① 242kcal   ② 288kcal
③ 1152kcal   ④ 3072kcal

해설 ▶▶
• 열평형방정식 △S= M±C±R-E
• M(작업대사량): 1.5Kcal/kg · hr × 60kg × 8hr/day
       = 720kcal/day
• C(대류) = 1.2kcal/kg · hr × 60kg × 8hr/day= 570kcal/day

76 다음 중 한랭장애에 대한 예방법으로 적절하지 않은 것은?

① 의복이나 구두 등의 습기를 제거한다.
② 과도한 피로를 피하고 충분한 식사를 한다.
③ 가능한 한 팔과 다리를 움직여 혈액순환을 돕는다.
④ 가능한 꼭 맞는 구두, 장갑을 착용하여 한기가 들어오지 않도록 한다.

해설 》
• 약간 큰 장갑과 방한화를 착용한다.

77 다음 중 소음의 대책에 있어 전파경로에 대한 대책과 가장 거리가 먼 것은?

① 거리감쇠 : 배치의 변경
② 차폐효과 : 방음벽 설치
③ 지향성 : 음원방향 유지
④ 흡음 : 건물 내부 소음 처리

해설 》
• 전파경로대책: 흡음, 차음, 거리감쇠, 지향성 변환(음원방향 변경)

78 다음 중 자외선의 인체 내 작용에 대한 설명과 가장 거리가 먼 것은?

① 홍반은 250nm 이하에서 노출시 가장 강한 영향을 준다.
② 자외선 노출에 의한 가장 심각한 만성영향은 피부암이다.
③ 280~320nm에서는 비타민 D의 생성이 활발해진다.
④ 254~280nm에서 강한 살균작용을 나타낸다.

해설 》
• 홍반은 300nm 부근의 폭로가 가장 강한 영향을 미친다.
• 멜라닌 색소는 300~420nm에서 영향을 미친다.

79 다음 [보기] 중 온열요소를 결정하는 주요 인자들로만 나열된 것은?

[보기]	
가. 기온	나. 기습
다. 지형	라. 위도
마. 기류	

① 가, 나, 다　　② 나, 다, 라
③ 다, 라, 마　　④ 가, 나, 마

해설 》
• 사람과 환경 사이에 일어나는 열교환에 영향을 미치는 것은 기온, 기류, 습도 및 복사열 4가지이다.

80 다음 설명중 ( )안에 적절한 내용은?

국부조명에만 의존할 경우에는 작업장의 조도가 균등하지 못해서 눈의 피로를 가져올 수 있으므로 전체조명과 병용하는 것이 보통이다. 이와 같은 경우 전체조명의 조도는 국부조명에 의한 조도의 ( ) 정도가 되도록 조절한다.

① $\frac{1}{10} \sim \frac{1}{5}$ 　　② $\frac{1}{20} \sim \frac{1}{10}$

③ $\frac{1}{30} \sim \frac{1}{20}$ 　　④ $\frac{1}{50} \sim \frac{1}{30}$

해설 》
• 전체조명의 조도는 국부조명에 의한 조도의 $\frac{1}{10} \sim \frac{1}{5}$ 정도가 되도록 조절한다.

Part 6

정답　76 ④　77 ③　78 ①　79 ④　80 ①

81. 벤젠에 노출되는 근로자 10명이 6개월 동안 근무하였고, 5명이 2년 동안 근무하였을 경우 노출인년(person-years of exposure)은 얼마인가?

① 10   ② 15

③ 20   ④ 25

해설 ≫

- 노출인년

$$= \sum \left[\text{조사 인원} \times \left(\frac{\text{조사한 개월수}}{12월} \right) \right]$$

$$= \left[10 \times \left(\frac{6}{12} \right) \right] + \left[5 \times \left(\frac{24}{12} \right) \right]$$

$$= 15$$

82 유해화학물질의 생체막 투과방법에 대한 다음 설명이 가리키는 것은?

> 운반체의 확산성을 이용하여 생체막을 통과하는 방법으로, 운반체는 대부분 단백질로 되어 있다. 운반체의 수가 가장 많을 때 통과속도는 최대가 되지만 유사한 대상물질이 많이 존재하면 운반체의 결합에 경합하게 되어 투과속도가 선택적으로 억제된다.
>
> 일반적으로 필수영양소가 이 방법에 의하지만, 필수영양소와 유사한 화학물질이 통과하여 독성이 나타나게 된다.

① 촉진확산   ② 여과

③ 단순확산   ④ 능동투과

해설 ≫ 촉진확산

- 운반체의 확산성을 이용하여 통과함. 운반체는 단백질이며 수가 많으면 통과속도가 최대가 된다.

83 입자성 물질의 호흡기계 침착기전 중 길이가 긴 입자가 호흡기계로 들어오면 그 입자의 가장자리가 기도의 표면을 스치게 됨으로써 침착하는 현상은?

① 충돌   ② 침전

③ 차단   ④ 확산

해설 ≫ 차단

- 길이가 긴 입자가 호흡기계로 들어오면 그 입자의 가장자리가 기도의 표면을 스치면서 일어나는 현상

84 칼슘 칼슘대사에 장애를 주어 신결석을 동반한 신증후군이 나타나고 다량의 칼슘 배설이 일어나 뼈의 통증, 골연호증 및 골수공증과 같은 골격계 장애를 유발하는 중금속은?

① 망간(Mn)   ② 카드뮴(Cd)

③ 비소(As)   ④ 수은(Hg)

해설 ≫ 카드뮴의 만성중독 건강장애

- 신장기능장애(신석증), 골격계(뼈 연하증), 폐기능(폐기종, 만성폐쇄성폐질환, 치은부에 연한 황색 색소침착유발

85 다음 중 석유정제공장에서 다량의 벤젠을 분리하는 공정의 근로자가 해당 유해물질에 반복적으로 계속해서 노출될 경우 발생가능성이 가장 높은 직업병은 무엇인가?

① 직업성 천식

② 급성 뇌척수성 백혈병

③ 신장 손상

④ 다발성 말초신경장애

해설 ≫

- 벤젠은 장기간 폭로 시 혈액 및 간 장애를 일으키고 재생불량성 빈혈, 백혈병(급성 뇌척수성)을 일으킨다.

86 다음 중 피부에 묻었을 경우 피부를 강하게 자극하고, 피부로부터 흡수되어 간장장애 등의 중독증상을 일으키는 유해화학물질은?

① 납(lead)
② 헵탄(heptane)
③ 아세톤(acetone)
④ DMF(Dimethylformamide)

해설 ▶▶ 디메틸포름아미드
• 피부에 묻었을 경우 피부에 강하게 자극, 피부로 흡수되어 간에 중독 증상을 일으킨다.

87 작업장에서 발생하는 독성물질에 대한 생식 독성평가에서 기형 발생의 원리에 중요한 요인으로 작용하는 것이 아닌 것은?

① 원인물질의 용량
② 사람의 감수성
③ 대사물질
④ 노출시기

해설 ▶▶ 최기형성 작용기전(기형 발생의 중요 요인)
• 노출되는 화학물질의 양/ 노출되는 사람의 감수성/ 노출시기

88 다음 중 직업성 천식의 설명으로 틀린 것은?

① 직업성 천식은 근무시간에 증상이 점점 심해지고, 휴일 같은 비근무시간에 증상이 완화되거나 없어지는 특징이 있다.
② 작업환경 중 천식유발 대표물질은 톨루엔 디이소시안선염 (TDI), 무수트리멜리트산 (TMA) 을 들 수 있다.
③ 항원공여세포가 탐식되면 T림프구 중 I형살인T 림프구(type I killer Tcell) 가 특정 알레르기 항원을 인식한다.
④ 일단 질환에 이환되면 작업환경에서 추후 소량의 동일한 유발물질에 노출되더라도 지속적으로 증상이 발현된다.

해설 ▶▶
• 직업성 천식은 일반 기관지 천식과 증상이 동일하나 작업과 관련되어 특징이 나타난다.
• 작업을 중단하면 천식이 호전되며 원인물질을 피하여야 한다.
• 항원공여세포가 탐식되면 T림프구를 활성화시켜 특정 알레르기 항원을 인식한다. type 1 살해세포는 면역계에서 세포를 죽이는 역할을 하는 세포이다.

89 다음 중 작업자의 호흡작용에 있어서 호흡공기와 혈액 사이에 기체교환이 가장 비활성적인 곳은?

① 기도(trachea) ② 폐포낭
③ 폐포 ④ 폐포관

해설 ▶▶
• 호흡계에서 가스교환 작용을 하는 것은 폐포이며 기도(trachea)는 공기가 들어가는 통로의 역할이 더 강하다.

90 다음 중 ACGIH에서 발암등급 ‘A1’으로 정하고 있는 물질이 아닌 것은?

① 석면 ② 6가 크롬 화합물
③ 우라늄 ④ 텅스텐

해설 ▶▶
• 발암등급 A1의 대표물질: 아크릴로니트릴, 석면, 벤지딘, 6가 크롬 화합물, 니켈, 황화합물의 배출물, 흄, 먼지, 염화비닐, 우라늄

91 다음 중 소화기관에서 화학물질의 흡수율에 영향을 미치는 요인과 가장 거리가 먼 것은?

① 식도의 두께
② 위액의 산도(pH)
③ 음식물의 소화기관 통과속도
④ 화합물의 물리적 구조와 화학적 성질

Part 6

정답 86 ④ 87 ② 88 ③ 89 ① 90 ④ 91 ①

해설 ≫
- 소화기관에서 화학물질의 흡수율에 영향을 미치는 요인
- 물리적 성질(지용성, 분자 크기)/ 위액의 산도(pH)
- 음식물의 소화기관 통과속도/ 화합물의 물리적 구조와 화학적 성질
- 소장과 대장에 생존하는 미생물/ 소화기관 내에서 다른 물질과 상호 작용
- 촉진투과와 능동투과의 메커니즘

해설 ≫ 납이 적혈구에 미치는 작용
- K+과 수분이 손실된다.
- 삼투압이 증가하여 적혈구가 위축된다.
- 적혈구 생존기간이 감소, 적혈구 내 전해질이 감소한다.
- 미숙적혈구(망상적혈구, 친염기성 혈구)가 증가한다.
- 혈색소량은 저하하고 혈청 내 철이 증가한다.
- 적혈구 내 프로 토포르피린이 증가한다.

92 입자상 물질의 종류 중 액체나 고체의 2가지 상태로 존재할 수 있는 것은?

① 흄(fume)　　② 미스트(mist)
③ 증기(vapor)　　④ 스모크(smoke)

해설 ≫
- 스모크는 매연이라고도 하며 불완전연소하여 만들어짐.
- 액체나 고체의 2가지 상태로 존재한다.

93 다음 중 발암작용이 없는 물질은?

① 브롬　　② 벤젠
③ 벤지딘　　④ 석면

해설 ≫
- 벤젠 : 백혈병(혈액암)
- 벤지딘: 방광암
- 석면 : 폐암

94 다음 중 작업자가 납흄에 장기간 노출되어 혈액 중 납의 농도가 높아졌을 때 일어나는 혈액 내 현상이 아닌 것은?

① K+와 수분이 손실된다.
② 삼투압에 의하여 적혈구가 위축된다.
③ 적혈구 생존시간이 감소한다.
④ 적혈구 내 전해질이 급격히 증가한다.

95 다음 중 상온 및 상압에서 흄(fume)의 상태를 가장 적절하게 나타낸 것은?

① 고체상태
② 기체상태
③ 액체상태
④ 기체와 액체의 공존상태

해설 ≫
- 금속이 용해되어 액상 물질로 되고 이것이 가스상 물질로 기화된 후 다시 응축된 고체 미립자이다. 흄은 금속이 용해되어 공기에 의해 산화되어 미립자가 분산하는 것을 말함.

96 다음 중 벤젠에 관한 설명으로 틀린 것은?

① 벤젠은 백혈병을 유발하는 것으로 확인된 물질이다.
② 벤젠은 골수독성(myelotoxin) 물질이라는 점에서 다른 유기용제와 다르다.
③ 벤젠은 지방족 화합물로서 재생불량성 빈혈을 일으킨다.
④ 혈액조직에서 벤젠이 유발하는 가장 일반적인 독성은 백혈구 수의 감소로 인한 응고작용 결핍 등이다.

해설 ≫
- 벤젠은 방향족 화합물로서 장기간 폭로 시 혈액장애, 간장애를 일으키고 재생불량성 빈혈, 백혈병을 일으킨다.

정답　　92 ④　　93 ①　　94 ④　　95 ①　　96 ③

97 다음 중 알데히드류에 관한 설명으로 틀린 것은?

① 호흡기에 대한 자극작용이 심한 것이 특징이다.
② 포름알데히드는 무취, 무미하며 발암성이 있다.
③ 자용성 알데히드는 기관지 및 폐를 자극한다.
④ 아크롤레인은 특별히 독성이 강하다고 할 수 있다.

해설 ▶▶ **포름알데히드**
• 페놀수지의 원료로서 각종 합판, 칩보드, 가구, 단열재 등으로 사용되어 눈과 상부기도를 자극하여 기침, 눈물, 어지러움, 구토, 피부질환, 정서불안정의 증상을 나타낸다.

98 접촉에 의한 알레르기성 피부감작을 증명하기 위한 시험으로 가장 적절한 것은?

① 첩포시험   ② 진균시험
③ 조직시험   ④ 유발시험

해설 ▶▶
• 첩포시험은 알레르기성 접촉피부염 진단에 필수적이다. 원인물질을 피부에 도포 48시간동안 덮어둔 후 피부염의 발생 여부를 확인한다.

99 화학물질을 투여한 실험동물의 50%가 관찰 가능한 가역적인 반응을 나타내는 양을 의미하는 것은?

① LC_{50} ② LE_{50}
③ TE_{50} ④ ED_{50}

해설 ▶▶
• ED_{50}은 사망을 기준으로 하는 대신에 약물을 투여한 동물의 50%가 일정한 반응을 일으키는 양

100 다음 중 작업장 유해인자와 위해도 평가를 위해 고려하여야 할 요인과 가장 거리가 먼것은?

① 시간적 빈도와 기간
② 공간적 분포
③ 평가의 합리성
④ 조직적 특성

해설 ▶▶ **유해성 평가시 고려요인**
• 시간적 빈도와 기간, 공간적 분포(농도 및 강도, 생산공정)
• 개인의 특성, 조직적 특성, 위해성, 노출상태등

정답   97 ②   98 ①   99 ④   100 ③

Part 6

01 도수율(Frequency Rage of Injury)이 10인 사업장에서 작업자가 평생동안 작업할 경우 발생할 수 있는 재해건수는? (단, 평생의 총 근로시간 수는 120,000시간으로 한다.)

① 1.2   ② 1.3

③ 2.1   ④ 2.4

해설 ▶▶

- $10 = (X \div 120000) \times 10^6 = 1.2$
- 도수율= 재해발생건수/ 연근로시간수 $\times 10^6$

02 다음 중 산업위생학의 정의로 가장 적절한 것은?

① 근로자의 건강증진, 질병의 예방과 진료, 재활을 연구하는 학문

② 근로자의 건강과 쾌적한 작업환경을 위해 공학적으로 연구하는 학문

③ 인간과 직업, 기계, 환경, 노동 등의 관계를 과학적으로 연구하는 학문

④ 근로자의 건강과 간호를 연구하는 학문

해설 ▶▶

- 산업위생학은 작업환경과 근로조건의 개선, 작업자의 건강보호 및 생산성 향상을 위한 학문이다.

03 어떤 사업장에서 70명의 종업원이 1년간 작업하는데 1급장애 1명, 12급 장애 11명의 신체장애가 발생하였을 때 강도율은? (단, 연간 근로일수는 290일, 일 근로시간은 8시간이다.)

신체장애등급	1~3	11	12
근로손실일수	7500	400	200

① 59.7   ② 72.0

③ 124.3   ④ 360.0

해설 ▶▶

- 강도율= (근로손실일수 ÷ 연근로시간수) $\times 10^3$
- $\{(7500 + 200 \times 11) \div (70명 \times 290일 \times 8시간)\} \times 10^3 = 59.73$

04 우리나라 산업위생 역사와 관련된 내용 중 맞는 것은?

① 문송면 – 납 중독 사건

② 원진레이온 – 이황화탄소 중독사건

③ 근로복지공단 – 작업환경측정기관에 대한 정도관리제도 도입

④ 보건복지부 – 산업안전보건법·시행령·시행규칙의 제정 및 공포

해설 ▶▶ 문송면: 수은중독

- 고용노동부: 작업환경측정기관에 대한 정도관리 제도 제정
산업안전보건법, 시행령, 시행규칙의 제정 및 공포

정답   01 ①   02 ②   03 ①   04 ②

05 에틸벤젠(TLV = 100ppm)을 사용하는 작업장의 작업시간이 9시간일 때에는 허용기준을 보정하여야 한다. OSHA 보정방법과 Brief & Scala 보정방법을 적용하였을 때 두 보정된 허용기준치 간의 차이는 약 얼마인가?

① 2.2 ppm ② 3.3 ppm
③ 4.2 ppm ④ 5.6 ppm

해설 ≫
- OSHA 100 × 8/9= 88.8
- Brief and Scala 보정방법
- RF = $\left(\dfrac{8}{H}\right) \times \dfrac{24-H}{16} = \left(\dfrac{8}{9}\right) \times \left(\dfrac{24-9}{16}\right) = 0.8333$
- 88.8 - 83.33 = 5.56ppm

06 사무실 등의 실내환경에 대한 공기질 개선방법으로 가장 적합하지 않은 것은?

① 공기청정기를 설치한다.
② 실내 오염원을 제어한다.
③ 창문 개방 등에 따른 실외 공기의 환기량을 증대시킨다.
④ 친환경적이고 유해공기오염물질의 배출정도가 낮은 건축자재를 사용한다.

해설 ≫
- 실외 공기의 환기량을 증대시키기 어려움

07 산업안전보건법상 입자상 물질의 농도평가에서 2회 이상 측정한 단시간 노출농도값이 단시간 노출기준과 시간가중 평균 기준값사이일 때 노출기준 초과로 평가해야 하는 경우가 아닌 것은?

① 1일 4회를 초과하는 경우
② 15분 이상 연속 노출되는 경우
③ 노출과 노출 사이의 간격이 1시간 이내인 경우

④ 단위작업장소의 넓이가 30평방미터 이상인 경우

해설 ≫
- 농도평가에서 노출농도(TWA, STEL)값이 단시간 노출기준과 시간가중 평균기준값 사이일 때 노출기준 초과로 평가해야 하는 경우
 ① 1회 노출지속시간이 15분 이상 연속 노출되는 경우
 ② 1일 4회를 초과하는 경우
 ③ 노출과 노출 사이의 간격이 1시간 이내인 경우

08 산업안전보건법상 허용기준 대상물질에 해당하지 않는 것은?

① 노말헥산
② 1- 브로모프로판
③ 포름알데히드
④ 디메틸포름아미드

해설 ≫
- 허용기준 대상물질은 2- 브로모프로판이다.

09 산업재해가 발생할 급박한 위험이 있거나 중대재해가 발생하였을 경우 취하는 행동으로 적합하지 않은 것은?

① 근로자는 직상급자에게 보고한 후 해당 작업을 즉시 중지시킨다.
② 사업주는 즉시 작업을 중지시키고 근로자를 작업 장소로부터 대피시켜야 한다.
③ 고용노동부 장관은 근로감독관 등으로 하여금 안전·보건 진단이나 그 밖의 필요한 조치를 하도록 할 수 있다.
④ 사업주는 급박한 위험에 대한 합리적인 근거가 있을 경우에 작업을 중지하고 대피한 근로자에게 해고 등의 불리한 처우를 해서는 안 된다.

정답 05 ④ 06 ③ 07 ④ 08 ② 09 ①

Part 6

해설 ≫
- 근로자는 사건이 발생 시 먼저 작업을 중지시키고 대피한 후 지체없이 상급자에게 보고한다.

10 작업자세는 작업능률과 밀접한 관계가 있는데 바람직한 작업자세의 조건으로 보기 어려운 것은?

① 정적 작업을 도모한다.
② 작업에 주로 사용하는 팔은 심장높이에 두도록 한다.
③ 작업물체와 눈과의 거리는 명시거리로 30cm 정도를 유지토록 한다.
④ 근육을 지속적으로 수축시키기 때문에 불안정한 자세는 피하도록 한다.

해설 ≫
- 동적인 직업을 늘리고, 정적인 작업을 줄이는게 바람직하다.

11 피로의 판정을 위한 평가(검사) 항목(종류)과 가장 거리가 먼 것은?

① 혈액   ② 감각기능
③ 위장기능   ④ 작업성적

해설 ≫ 피로의 판정을 위한 평가(검사) 항목
- 혈액/ 감각기능(근전도, 심박수, 민첩성 등)/ 작업성적

12 육체적 작업능력(PWC)이 12kcal/min인 어느 여성이 8시간 동안 피로를 느끼지 않고 일을 하기 위한 작업강도는 어느 정도인가?

① 3 kcal/min   ② 4 kcal/min
③ 6 kcal/min   ④ 12 kcal/min

해설 ≫
- 작업강도 = PWC × 1/3= 12Kcal/min × 1/3= 4kcal/min

13 마이스터(D.Meister)가 정의한 내용으로 시스템으로부터 요구된 작업결과(performance)와의 차이(deviation)는 무엇을 의미하는가?

① 무의식 행동   ② 인간실수
③ 주변적 동작   ④ 지름길 반응

해설 ≫
- 마이스터는 인간실수를 시스템으로부터 요구된 작업결과와의 차이라고 하였다.

14 미국산업위생학술원(AAIH)에서 채택한 산업위생분야에 종사하는 사람들이 지켜야 할 윤리강령에 포함되지 않는 것은?

① 국가에 대한 책임
② 전문가로서의 책임
③ 일반대중에 대한 책임
④ 기업주와 고객에 대한 책임

해설 ≫ 국가에 대한 책임
- 산업위생분야 종사자들의 윤리강령(AAIH)
  - 산업위생전문가로서의 책임
  - 근로자에 대한 책임
  - 기업주와 고객에 대한 책임
  - 일반대중에 대한 책임

15 근골격계 질환 위험요인의 인간공학적 평가 방법이 아닌 것은?

① OWAS   ② RULA
③ REBA   ④ ICER

해설 ≫
- 근골격계 질환의 인간공학적 평가방법
  OWAS, RULA, JSI, REBA, NLE, WAC, PATH

정답   10 ①   11 ③   12 ②   13 ②   14 ①   15 ③

16 도수율(Frequency Rate of Injury)이 10 인사업장에서 작업자가 평생 동안 작업할 경우 발생할 수 있는 재해의 건수는? (단, 평생의 총 근로 시간수는 120,000시간으로 한다.)

① 0.8건　　　　② 1.2건
③ 2.4건　　　　④ 12건

해설 ▶▶
- 도수율 = $\dfrac{재해건수}{연근로시간수} \times 10^6$
- $10 = \dfrac{재해건수}{120,000} \times 10^6$
- ∴ 재해건수=1.2건

17 어느 사업장에서 톨루엔($C_6H_5CH_3$)의 농도가 0℃ 일 때 100ppm 이었다. 기압의 변화 없이 기온이 25℃로 올라갈 때 농도는 약 몇 mg/㎥로 예측되는가?

① 325mg/㎥　　② 346mg/㎥
③ 365mg/㎥　　④ 376mg/㎥

해설 ▶▶
- 탄소분자량 12이므로 (C X 7 + H X 8) = (12X 7 +1X8) = 92
- 톨루엔의 농도(C mg/m³)
- C= 100ppm $\times \dfrac{92.13}{24.45}$ = 376.8mg/m³

18 산업안전보건법령상 물질안전 보건자료(MSDS) 작성 시 포함되어야 할 항목이 아닌 것은? (단, 그 밖의 참고사항은 제외)

① 유해성, 위험성
② 안정성 및 반응성
③ 사용빈도 및 타당성
④ 노출방지 및 개인 보호구

해설 ▶▶
- 사용빈도와 타당성은 작성하지 않음.

19 온도 25℃, 1기압하에서 분당 100mL씩 60분동안 채취한공기 중에서 벤젠이 5mg 검출되었다면 검출된 벤젠은 약 몇 ppm인가? (단, 벤젠의 분자량은 78이다.)

① 15.7　　　　② 26.1
③ 157　　　　④ 261

해설 ▶▶
- 농도(mg/m³) = $\dfrac{5mg}{100mL/min \times 60min \times m^3/10^6mL}$
  = 833.33mg/m³
- ∴농도(ppm) = 833.33mg/m³ $\times \dfrac{24.45}{78}$
  = 261.22ppm

20 물체 무게가 2kg, 권고중량한계가 4kg일 때 NIOSH의 중량물 취급지수 (Lifting Inedx)는 어느 것인가?

① 0.5　　　　② 1
③ 2　　　　④ 4

해설 ▶▶
- LI= 물체무게(KG) ÷ RWL= 2KG ÷ 4KG = 0.5

2과목 작업위생 측정 및 평가

21 진채취 전후의 여과지 무게가 각각 21.3mg, 25.8mg이고 개인시료채취기로 포집한 공기량이 450L일 경우 분진농도는 약 몇 mg/㎥인가?

① 1　　　　② 10
③ 20　　　　④ 25

정답　16 ②　17 ④　18 ③　19 ④　20 ①　21 ②

해설 ▶
- 농도(mg/m^3) = $\dfrac{(25.8-21.3)mg}{450L \times m^3/1,000L}$ = $10mg/m^3$

---

22 다음은 전철역에서 측정한 오존의 농도이다. 기하평균농도는 약 몇 ppm인가?

| 4.42 | 5.58 | 1.26 | 0.57 | 5.82 |

① 2.07 ② 2.21
③ 2.53 ④ 2.74

해설 ▶
- log(GM)

= $\dfrac{\log 4.42 + \log 5.58 + \log 1.26 + \log 0.57 + \log 5.82}{5}$

= 0.403

∴GM = $10^{0.403}$ = 2.53ppm

---

23 산업안전보건법령상 가스상 물질의 측정에 관한 내용 중 일부이다. ( )에 들어갈 내용으로 옳은 것은?

> 검지관방식으로 측정하는 경우에는 1일 작업시간 동안 1시간 간격으로 ( )회 이상 측정하되 측정시간마다 2회 이상반복 측정하여 평균값을 산출하여야 한다. 다만, … (후략)

① 2 ② 4
③ 6 ④ 8

해설 ▶
- 검지관 방식으로 측정하는 경우에는 1일 작업시간 동안 1시간 간격으로 6회 이상 측정하되 측정시간마다 2회 이상 반복 측정하여 평균값을 산출하여야 한다. 다만, 가스상 물질의 발생시간이 6시간 이내일 때에는 작업시간 동안 1시간 간격으로 나누어 측정하여야 한다.

---

24 단위작업장소에서 소음의 강도가 불규칙적으로 변동하는 소 음을 누적소음노출량 측정기로 측정하였다. 누적소음 노출량이 300%인 경우, 시간가중 평균소음수준[dB(A)]은?

① 92 ② 98
③ 103 ④ 106

해설 ▶ 시간가중 평균소음수준(TWA[dB(A)])
- TWA = $16.61\log\left(\dfrac{D}{100}\right)+90$

= $16.61\log\left(\dfrac{300}{100}\right)+90$

= 98dB(A)

---

25 진동을 측정하기 위한 기기는?

① 충격측정기
② 레이저판독판 (laser readout)
③ 가속측정기 (accelerometer)
④ 소음측정기 (sound level meter)

해설 ▶ 가속도계 (accelerometer)
- 진동의 가속도를 측정·기록하는 진동계의 일종으로 어떤 물체의 속도변화비율을 측정하는 장치이다.

---

26 유량, 측정시간, 회수율 및 분석에 의한 오차가 각각 18%, 3%, 9%, 5%일 때, 누적오차(%) 는?

① 18 ② 21
③ 24 ④ 29

해설 ▶
- 누적오차(%) = $\sqrt{18^2 + 3^2 + 9^2 + 5^2}$ = 20.95%

---

27 MCE 여과지를 사용하여 금속성분을 측정·분석한다. 샘플링이 끝난 시료를 전처리하기 위해 화학용액(ashing acid)을 사용 하는데, 다음 중 NIOSH에서 제시한 금속별 전처리용액 중 적절하지 않은 것은?

① 납 : 질산
② 크롬 : 염산 + 인산
③ 카드뮴 : 질산, 염산
④ 다성분 금속 : 질산 + 과염소산

해설 >> 금속의 전처리방법
• 납과 화합물 : 질산(가열온도: 140℃)
• 크롬과 화합물: 염산+ 질산(가열온도: 140℃)
• 카드뮴과 화합물 : 질산+ 염산(가열온도 : 140~400℃)
• 다성분 금속과 화합물: 질산+과염소산(가열온도: 120℃)

28 두 개의 버블러를 연속적으로 연결하여 시료를 채취할 때, 첫 번째 버블러의 채취효율이 75% 이고, 두 번째 버블러의 채취효율이 90% 이면, 전체 채취효율(%)은?

① 91.5 ② 93.5
③ 95.5 ④ 97.5

해설 >>
• $\eta T = \eta_1 + \eta_2 (1 - \eta_1)$
• $0.75 + [0.9 (1 - 0.75)] = 0.975 \times 100 = 97.5\%$

29 18℃, 770mmHg인 작업장에서 methylethyl ketone의 농도가 26ppm 일 때 mg/㎥ 단위로 환산된 농도는? (단, Methylethyl ketone의 분자량은 72g /mol 이다.)

① 64.5 ② 79.4
③ 87.3 ④ 93.2

해설 >>
• 농도(mg/m³) = $26ppm \times \dfrac{72}{\left(22.4 \times \dfrac{273 + 18}{273} \times \dfrac{760}{770}\right)}$

      = $79.43 mg/m^3$

30 어떤 작업장에 50% Acetone, 30% Benzene, 20% Xylene의 중량비로 조성된 용제가 증발하여 작업환경을 오염시키고 있을 때, 이 용제의 허용농도(TLV ; mg/㎥)는?
(단, Acetone , Benzene , Xylene의 TLV는 각각 1600 , 720 , 670 mg/㎥이고, 용제의 각 성분은 상가작용을 하며, 성분 간 비 휘발도 차이는 고려하지 않는다.)

① 873 ② 973
③ 1,073 ④ 1,173

해설 >>
• 혼합물의 허용농도(mg/m³)

   = $\dfrac{1}{\dfrac{0.5}{1,600} + \dfrac{0.3}{720} + \dfrac{0.2}{670}} = 973.07 mg/m^3$

31 작업장에 작동되는 기계 두 대의 소음레벨이 각각 98dB(A), 96dB(A)로 측정되었을 때, 두 대의 기계가 동시에 작동되었을 경우의 소음레벨[dB(A)]은?

① 98 ② 100
③ 102 ④ 104

해설 >>
• $L_{합} = 10\log(10^{9.8} + 10^{9.6}) = 100.12 dB(A)$

정답   27 ②   28 ④   29 ②   30 ②   31 ②

Part 6

32 다음 중 실리카겔 흡착에 대한 설명으로 틀린 것은?

① 실리카겔은 규산나트륨과 황산의 반응에서 유도된 무정형의 물질이다.
② 극성을 띠고 흡습성이 강하므로 습도가 높을 수록 파괴용량이 증가한다.
③ 추출액이 화학분석이나 기기분석에 방해물질로 작용하는 경우가 많지 않다.
④ 활성탄으로 채취가 어려운 아닐린, 오르토 톨루이딘 등의 아민류나 몇몇 무기물질의 채취도 가능하다.

해설 ≫
• 극성이며 흡습성이 강해서 습도가 높으면 파과용량이 감소한다.

33 코크스 제조공정에서 발생되는 코크스오븐 배출물질을 채취할 때, 다음 중 가장 적합한 여과지는?

① 은막 여과지   ② PVC 여과지
③ 유리섬유 여과지 ④ PTFE 여과지

해설 ≫ 은막여과지
• 코크스 제조과정에서 발생되는 코크스오븐 배출물질, 콜타르피치 휘발물질, X선 회절분석법을 적용하는 석영 또는 다핵방향족 탄화수소 등을 채취하는데 사용한다.

34 입경이 50㎛이고 비중이 1.32인 입자의 침강속도(cm/s)는 얼마인가?

① 8.6   ② 9.9
③ 11.9   ④ 13.6

해설 ≫ Lippmann 식
• $V(cm/sec) = 0.003 \times p \times d^2$
$= 0.003 \times 1.32 \times 50^2$
$= 9.9 cm/sec$

35 다음 중 원자흡광분광법의 기본원리가 아닌 것은?

① 모든 원자들은 빛을 흡수한다.
② 빛을 흡수할 수 있는 곳에서 빛은 각 화학적 원소에 대한 특정 파장을 갖는다.
③ 흡수되는 빛의 양은 시료에 함유되어 있는 원자의 농도에 비례한다.
④ 칼럼 안에서 시료들은 충전제와 친화력에 의해서 상호 작용하게 된다.

해설 ≫
• 4번은 가스크로마토그래피와 관련이 있다.

36 작업장에서 오염물질 농도를 측정하였을 때 일산화탄소(CO)가 0.01%였다면 이때 일산화탄소농도(mg/㎥)는 약 얼마인가? (단, 25℃, 1기압 기준)

① 95   ② 105
③ 115   ④ 125

해설 ≫
• $CO농도(ppm) = 0.01\% \times \dfrac{10,000ppm}{1\%} = 100ppm$

$\therefore CO농도(mg/m^3) = 100ppm \times \dfrac{28}{24.45}$
$= 114.52 mg/m^3$

37 작업환경측정 결과 측정치가 다음과 같을 때, 평균편차는 얼마인가?

7, 5, 15, 20, 8

① 2.8   ② 5.2
③ 11   ④ 17

해설 ▶

- 평균편차는 각 측정치에서 전체 평균을 뺀 절대값으로 표시되는 편차의 산술평균을 말한다

- 산술평균 = $\dfrac{7+5+15+20+8}{5} = 11$

∴평균편차

$= \dfrac{|7-11|+|5-11|+|15-11|+|20-11|+|8-11|}{5}$

$= 5.2$

38 초기 무게가 1.260g인 깨끗한 PVC 여과지를 하이볼륨(high volume) 시료채취기에 장착하여 작업장에서 오전 9시부터 오후 5시까지 2.5L/min의 유량으로 시료채취를 작동시킨 후 여과지의 무게를 측정한 결과가 1.280g이었다면 채취한 입자상 물질의 작업장 내 평균농도(mg/㎥)는?

① 7.8　　　　② 13.4
③ 16.7　　　　④ 19.2

해설 ▶

- 농도(mg/m^3) = $\dfrac{(1,280-1,260)mg}{2.5L/min \times 480min \times m^3/1,000L}$

$= 16.67 mg/m^3$

39 다음 중 표본에서 얻은 표준편차와 표본의 수만 가지고 얻을 수 있는 것은?

① 산술평균치　　② 분산
③ 변이계수　　　④ 표준오차

해설 ▶ 표준오차

- 추정량의 정도를 나타내는 척도로서 샘플링을 여러번 했을 때 각 측정치들의 평균이 전체 평균과 얼마나 차이가 나는지를 알수 있는 통계량이다.

40 흉곽성 입자상물질(TPM)의 평균입경(㎛)은? (단, ACGIH 기준)

① 1　　　　② 4
③ 10　　　④ 50

해설 ▶ 평균입경(ACGIH)

- 흡입성 입자상 물질: 100㎛
- 흉곽성 입자상 물질: 10㎛
- 호흡성 입자상 물질: 4㎛

3과목　작업환경 관리대책

41 후드의 정압이 50mmH₂O이고 덕트 속도압이 20mmH₂O일 때 후드의 압력손실계수는?

① 1.5　　　　② 2.0
③ 2.5　　　　④ 3.0

해설 ▶

- SPh = VP(1 + F)
- 50 = 20(1 + F)
- 1 + F = 50 ÷ 20
- F = 1.5

42 내경이 15mm인 관에 40m/min의 속도로 비압축성 유체가 흐르고 있다. 같은 조건에서 내경만 10mm로 변하였다면, 유속은 약 몇 m/min인가? (단, 관내 유체의 유량은 같다.)

① 90　　　　② 120
③ 160　　　④ 210

해설 ▶

- Q = A × V

$= \left(\dfrac{3.14 \times 0.015^2}{4}\right)m^2 \times 40m/min$

$= 0.007065 m^3/min$

$\therefore V = \dfrac{Q}{A}$

$= \dfrac{0.007065 m^3/min}{\left(\dfrac{3.14 \times 0.01^2}{4}\right)m^2}$

$= 90m/min$

정답　　38 ③　　39 ④　　40 ③　　41 ①　　42 ①

Part 6

43 0℃, 1기압에서 A기체의 밀도가 1.415kg/㎥ 일 때, 100℃, 1기압에서 A기체의 밀도는 몇kg/㎥ 인가?

① 0.903 ② 1.036
③ 1.085 ④ 1.411

해설 ≫

• A기체의 밀도 = $1.415 \text{kg/m}^3 \times \dfrac{273}{273 + 100 ℃}$

  $= 1.036 \text{kg/m}^3$

44 다음 중 덕트 내 공기의 압력을 측정할 때 사용되는 장비로 가장 적절한 것은?

① 피토관 ② 타코미터
③ 열선 유속계 ④ 회전날개형 유속계

해설 ≫ 덕트 내 공기압력측정기기

• 피토관/ U자 마노미터/ 경사 마노미타
• 아네로이드게 이지/ 마그네헬릭 게이지

45 다음 중 국소배기장치에서 공기공급시스템이 필요한 이유와 가장 거리가 먼 것은?

① 에너지 절감
② 안전사고 예방
③ 작업장의 교차기류 촉진
④ 국소배기장치의 효율 유지

해설 ≫ 공기공급시스템이 필요한 이유

• 국소배기장치의 원활한 작동, 효율유지, 안전사고 예방
• 에너지절약, 방해기류가 생기는 것을 막기위해, 오염된 외부공기의 유입차단

46 귀마개의 특징과 거리가 먼 것은?

① 착용하는 데 시간이 걸린다.
② 보안경 사용 시 차음효과가 감소한다.
③ 착용여부 파악이 곤란하다.
④ 귀마개 오염에 따른 감염 가능성이 있다.

해설 ≫ 귀마개의 장단점

• 휴대가 편하고 안경과 안전모에 방해가 되지 않는다. 고온작업이나 좁은장소 에서도 사용 가능하다.
• 단점으로는 귀에 질병이 있는 사람은 착용이 불가능하며 외이도에 염증유발이 쉽다.

47 오후 6시20분에 측정한 사무실 내 이산화탄소의 농도는 1,200ppm, 사무실이 빈 상태로 1시간이 경과한 오후 7시 20분에 측정한 이산화탄소의 농도는 400ppm이었다. 이 사무실의 시간당 공기교환횟수는?

(단, 외부공기 중의 이산화탄소의 농도는 330ppm 이다.)

① 0.56 ② 1.22
③ 2.52 ④ 4.26

해설 ≫

• 시간당 공기교환횟수(ACH)
• ln(측정 초기 농도-외부 CO_2 농도)

  $= \dfrac{-\ln(\text{시간이 지난 후 농도} - \text{외부 } CO_2 \text{ 농도})}{\text{경과된 시간(hr)}}$

  $= \dfrac{\ln(1,200 - 330) - \ln(400 - 330)}{1 \text{hr}}$

  $= 2.52$회(시간당)

48 다음 중 안지름이 200mm인 관을 통하여 공기를 55㎥/min의 유량으로 송풍할 때, 관내 평균유속은 약 몇 m/sec인가?

① 21.8 ② 24.5
③ 29.2 ④ 32.2

해설 ≫

• $Q = A \times V$

  $\therefore V(m/\sec) = \dfrac{Q}{A} = \dfrac{55 \text{m}^3/\text{min} \times \text{min}/60\sec}{\left(\dfrac{3.14 \times 0.2^2}{4}\right)\text{m}^2}$

  $= 29.19 \text{m/sec}$

정답   43 ②   44 ①   45 ③   46 ②   47 ③   48 ④

49 슬롯 길이가 3m이고, 제어속도가 2m/sec인 슬롯 후드에서 오염원이 2m 떨어져 있을 경우 필요 환기량은 몇 ㎥/min인가? (단, 공간에 설치하며 플랜지는 부착되어 있지 않다.)

① 1,434　　② 2,664
③ 3,734　　④ 4,864

해설 ▶▶

• $Q(\mathrm{m^3/min}) = C \cdot L \cdot V_c \cdot X$

$\quad = 3.7 \times 3\mathrm{m} \times 2\mathrm{m/sec} \times 2\mathrm{m} \times 60\mathrm{sec/min}$

$\quad = 2,664\,㎥/min$

50 방진마스크에 대한 설명으로 옳은 것은?

① 흡기저항 상승률이 높은 것이 좋다.
② 형태에 따라 전면형 마스크와 후면형 마스크가 있다.
③ 필터의 여과효율이 낮고 흡입저항이 클수록 좋다.
④ 비휘발성 입자에 대한 보호가 가능하고 가스 및 증기의 보호는 안 된다.

해설 ▶▶

• 흡기저항 상승률이 낮은 것이 좋고 형태에 따라 전면형과 반면형이 있다. 필터의 여과효율이 높고 흡입저항이 작을수록 좋다.

51 한랭작업장에서 일하는 근로자의 관리에 대한 내용으로 옳지 않은 것은?

① 가장 따뜻한 시간대에 작업을 실시한다.
② 노출된 피부나 전신의 온도가 떨어지지 않도록 온도를 높이고 기류의 속도는 낮추어야 한다.
③ 신발은 발을 압박하지 않고 습기가 있는 것을 신는다.
④ 외부액체가 스며들지 않도록 방수처리 된 의복을 입는다.

해설 ▶▶

• 신발은 발을 압박하지 않고 습기가 없는 것을 신는다.

52 후드로부터 0.25m 떨어진 곳에 있는 공정에서 발생하는 먼지를, 제어속도가 5m/sec, 후드직경이 0.4m인 원형 후드를 이용하여 제거할 때' 필요환기량은 약 몇 ㎥/min인가? (단, 플랜지 등 기타 조건은 고려하지 않는다.)

① 205　　② 215
③ 225　　④ 235

해설 ▶▶

• 기본식을 적용(외부식 후드)

• $Q(\mathrm{m^3/min}) = V_c(10X^2 + A)$

$= 5\mathrm{m/sec} \times$

$\left[(10 \times 0.25^2\,\mathrm{m^2}) + \left(\dfrac{3.14 \times 0.4^2}{4}\right)\mathrm{m^2} \times 60\mathrm{sec/min}\right]$

$= 225.18\,㎥/min$

53 작업장에서 Methylene chloride (비중= 1.336, 분자량 = 84.94, TLV = 500ppm)를 500g/hr를 사용할 때, 필요한 환기량은 약 몇 ㎥/min인가? (단, 안전계수는 7이고, 실내온도는 21℃이다.)

① 26.3　　② 33.1
③ 42.0　　④ 51.3

해설 ▶▶

• 사용량 : 500g/hr
• 발생률(G)
• 84.94g : 24.1L=500g/hr : G (L/hr)
• $G\ (L/hr) = \dfrac{24.1\mathrm{L} \times 500\mathrm{g/hr}}{84.94\mathrm{g}} = 141.86\,L/hr$

∴ 필요환기량(㎥/min) $= \dfrac{G}{\mathrm{TLV}} \times K$

$= \dfrac{141.86\mathrm{L/hr} \times 1,000\mathrm{mL/L} \times \mathrm{hr/60min}}{500\mathrm{mL/m^3}} \times 7$

$= 33.10\,㎥/min$

정답　49 ②　　50 ④　　51 ③　　52 ③　　53 ②

Part 6

54 다음은 분진발생 작업환경에 대한 대책이다. 옳은 것을 모두 고른 것은?

> 가. 연마작업에서는 국소배기장치가 필요하다.
> 나. 암석 굴진작업, 분쇄작업에서는 연속적인 살수가 필요하다.
> 다. 샌드블라스팅에 사용되는 모래를 철사나 금강사로 대치한다.

① 가, 나
② 나, 다
③ 가, 다
④ 가, 나, 다

해설 ≫
• 분진발생 억제: 작업공정 습식화, 대치
• 비산 방지방법: 밀폐 및 포위,
• 작업공정 습식화, 대치, 전체환기

55 다음그림이 나타내는 국소배기장치의 후드 형식은?

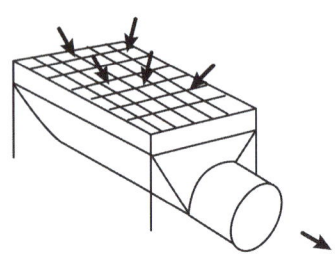

① 측방형
② 포위형
③ 하방형
④ 슬롯형

해설 ≫
• 그림은 발생원의 아래 방향으로 포집하는 하방형 후드이다.

56 입자의 침강속도에 대한 설명으로 틀린 것은? (단, 스토크스 식 기준)

① 입자직경의 제곱에 비례한다.
② 공기와 입자 사이의 밀도 차에 반비례 한다.
③ 중력가속도에 비례한다.
④ 공기의 점성계수에 반비례한다.

해설 ≫ Stokes 종말침강속도(분리속도)

$$V_g = \frac{d_p{}^2(\rho_p - \rho)g}{18\mu}$$

  Vg : 종말침강속도(m/sec)
  dp : 입자의 직경(m)
  Pp : 입자의 밀도(kg/㎥)
  P : 가스(공기)의 밀도(kg/㎥)
  g : 중력가속도(9.8m/sec²)
  μ : 가스의 점도(점성계수)(kg/m· sec)

57 보호장구의 재질과 대상 화학물질이 잘못 짝지어진 것은?

① 부틸고무 – 극성 용제
② 면 – 고체상 물질
③ 천연고무(latex) – 수용성 용액
④ viton – 극성 용제

해설 ≫
• Butyl 고무 : 극성 용제에 효과적(알데히드, 지방족)
• 면 : 고체상 물질에 효과적, 용제에는 사용 못함.
• 천연고무(latex) : 극성 용제 및 수용성 용액에 효과적(절단 및 찰과상 예방)
• viton : 비극성 용제에 효과적임.

58 슬롯 후드에서 슬롯의 역할은?

① 제어속도를 감소시킨다.
② 후드 제작에 필요한 재료를 절약한다.
③ 공기가 균일하게 흡입되도록 한다.
④ 제어속도를 증가시킨다.

해설 ≫

- slot 후드는 공기의 흐름을 균일하게 하기 위해 사용한다.
- Slot 후드는 후드 개방부분의 길이가 길고, 높이(폭)가 좁은 형태로 [높이(폭) /길이]의 비가 0.2 이하인 것을 말한다.
- slot 속도는 배기송풍량과는 관계가 없으며, 제어풍속은 slot 속도에 영향을 받지 않는다.

59 체적이 1000㎥이고 유효환기량이 50㎥/min인 작업장에 메틸클로로포름 증기가 발생하여 100ppm의 상태로 오염되었다. 이 상태에서 증기발생이 중지되었다면 25ppm까지 농도를 감소시키는 데 걸리는 시간은?

① 약 17분 ② 약 28분
③ 약 32분 ④ 약 41분

해설 ≫

- 감소시간(min) $= -\dfrac{V}{Q'}\ln\left(\dfrac{C_2}{C_1}\right)$

$= -\dfrac{1,000\text{m}^3}{50\text{m}^3/\text{min}} \times \ln\left(\dfrac{25\text{ppm}}{100\text{ppm}}\right)$

$= 27.73\text{min}$

60 송풍기에 관한 설명으로 옳은 것은?

① 풍량은 송풍기의 회전수에 비례한다.
② 동력은 송풍기의 회전수의 제곱에 비례한다.
③ 풍력은 송풍기의 회전수의 세제곱에 비례한다.
④ 풍압은 송풍기의 회전수의 세제곱에 비례한다.

해설 ≫

- 송풍기 상사법칙(회전수 비) & 풍량은 송풍기의 회전수에 비례한다.
- 풍압은 송풍기의 회전수의 제곱에 비례한다.
- 동력은 송풍기의 회전수의 세제곱에 비례한다.

4과목 **물리적 유해인자 관리**

61 소음성 난청(Noise Induced Hearing Loss, NIHL)에 대한 설명으로 틀린 것은?

① 소음성 난청은 4,000~6,000Hz 정도에서 가장 많이 발생한다.
② 일시적 청력변화 때의 각 주파수에 대한 청력손실의 양상은 같은 소리에 의하여 생긴 영구적 청력변화 때의 청력손실 양상과는 다르다.
③ 심한 소음에 노출되면 처음에는 일시적 청력변화(Temporary Threshold Shift)를 초래하는데, 이것은 소음 노출을 중단하면 다시 노출 전의 상태로 회복되는 변화이다.
④ 심한 소음에 반복하여 노출되면 일시적 청력변화는 영구적 청력변화(Permanent Threshold Shift) 로 변하며 코르티 기관에 손상이 온 것이므로 회복이 불가능하다.

해설 ≫

- 일시적 청력변화 때의 주파수에 대한 청력손실의 양상은 같은 소리에 의하여 생긴 영구적 청력변화 때의 청력손실과 비슷하다.

62 사무실 실내환경의 이산화탄소(CO_2) 농도를 측정하였더니 750ppm이었다. 이산화탄소가 750ppm인 사무실 실내환경의 직접적 건강영향은?

① 두통
② 피로
③ 호흡곤란
④ 직접적 건강영향은 없다.

해설 ≫

- 이산화탄소는 그 자체로는 중독을 일으키거나 신체장애를 일으키지 않지만, 건강한 사람이 농도 1.5%의 CO_2에 노출되면 두통, 현기증, 불쾌감 등의 가벼운 대사장애를 일으킨다.

정답 59 ② 60 ① 61 ② 62 ④

Part 6

63 다음 중 피부 투과력이 가장 큰 것은?

① 표선   ② α 선

③ β선   ④ 레이저

해설 ▶▶ **전리방사선의 인체 투과력**
• 중성자 〉X 선 or γ선 〉β선 〉α선

64 비전리방사선이 아닌 것은?

① 감마선   ② 극저주파

③ 자외선   ④ 라디오파

해설 ▶▶ **전리방사선과 비전리방사선의 종류**
• 전리방사선: X –ray , γ선, α입자, β입자, 중성자
• 비전리방사선: 자외선, 가시광선, 적외선, 라디오파, 마이크로파, 저주파, 극저주파, 레이저

65 정상인이 들을수 있는 가장 낮은 이론적 음압은 몇 dB인가?

① 0   ② 5

③ 10   ④ 20

해설 ▶▶
• 가청 소음도 : 0~130dB

66 자연조명에 관한 설명으로 틀린 것은?

① 창의 면적은 바닥면적의 15~ 20% 정도가 이상적이다.

② 개각은 4~ 5°가 좋으며, 개각이 작을수록 실내는 밝다.

③ 균일한 조명을 요하는 작업실은 동북 또는 북창이 좋다.

④ 입사각은 28° 이상이 좋으며, 입사각이 클수록 실내는 밝다.

해설 ▶▶
• 창의 실내각 점의 개각은 4~5°, 입사각은 28° 이상이 좋다.

67 다음 중 저온에 의한 장애에 관한 내용으로 틀린 것은?

① 근육긴장이 증가하고 떨림이 발생한다.

② 혈압은 변화되지 않고 일정하게 유지된다.

③ 피부표면의 혈관들과 피하조직이 수축된다.

④ 부종, 저림, 가려움, 심한 통증 등이 생긴다.

해설 ▶▶ **한랭환경에서의 생리적 기전**
• 피부혈관이 수축으로 피부온도가 감소, 혈압은 일시적으로 상승함.
• 근육긴장증가, 떨림등 수의적인 운동이 증가함.
• 갑상선 자극하여 호르몬 분비가 증가함.
• 피부표면의 혈관· 피하조직이 수축, 체표면적이 감소한다.
• 부종, 저림, 가려움증, 통증 등이 발생한다.

68 각각 90dB, 90dB, 95dB, 100dB의 음압 수준이 발생하는 소음원이 있다. 이 소음원들 이동시에 가동될 때 발생하는 음압수준은?

① 99dB   ② 102dB

③ 105dB   ④ 108dB

해설 ▶▶
• $L_{합} = 10\log(10^{9.0} + 10^{9.0} + 10^{9.5} + 10^{10})$
    $= 101.8dB$

69 소음의 흡음평가 시 적용되는 반향시간 (reverberation time)에 관한 설명으로 맞는 것은?

① 반향시간은 실내공간의 크기에 비례한다.

② 실내 흡음량을 증가시키면 반향시간도 증가한다.

③ 반향시간은 음압수준이 30dB 감소하는데 소요되는 시간이다.

④ 반향시간을 측정하려면 실내 배경소음이 90dB 이상 되어야 한다.

| 정답 | 63 ① | 64 ① | 65 ① | 66 ② | 67 ② | 68 ② | 69 ① |

70 다음 중 사람이 느끼는 최소 진동역치로 맞는 것은?

① 35±5dB　　② 45±5dB
③ 55±5dB　　④ 65±5dB

해설 ▶▶ **잔향시간(반향시간)**

- $T = \dfrac{0.161\,V}{A} = \dfrac{0.161\,V}{S\bar{\alpha}}(\text{sec})$

- $\bar{\alpha} = \dfrac{0.161\,V}{ST}$

  여기서, T : 잔향시간(sec)
  V : 실의 체적(부피)(㎥)
  A : 총 흡음력($\sum \alpha_i S_i$)(㎡, sabin)
  S : 실내의 전 표면적(㎡)

- 진동역치는 사람이 진동을 느낄 수 있는 최소값을 의미하며 50~60 dB정도이다.

71 일반적으로 소음계의 A특성치는 몇 phon의 등감곡선과 비슷하게 주파수에 따른 반응을 보정하여 측정한 수준인가?

① 40　　② 70
③ 100　　④ 140

해설 ▶▶ **음의 크기 레벨(phon)과 청감보정회로**

- 40phon : A청감보정회로(A특성)
- 70phon : B청감보정회로(B특성)
- 100phon : C청감보정회로(C특성)

72 음력이 2watt인 소음원으로부터 50m 떨어진 지점에서의 음압수준(sound pressure level)은 약 몇 dB인가? (단, 공기의 밀도는 1.2kg/㎥, 공기에서의 음속은 344m/sec로 가정)

① 76.6　　② 78.2
③ 79.4　　④ 80.7

해설 ▶▶ **자유공간, 점음원**

- SPL= PWL−20logr−11

  $= \left(10\log\dfrac{2}{10^{-12}}\right) - 20\log50 - 11$

  = 78.02dB

73 다음 그림과 같이 복사체, 열차단판, 흑구온도계, 벽체의 순서로 배열하였을 때 열 차단판의 조건이 어떤 경우에 흑구온도계의 온도가 가장 낮겠는가?

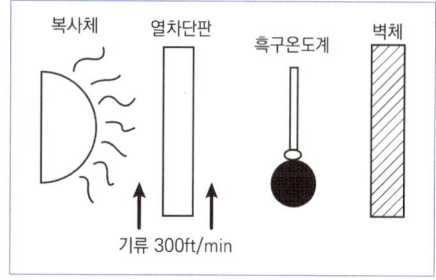

① 열차단판 양면을 흑색으로 한다.
② 열차단판 양면을 알루미늄으로 한다.
③ 복사체 쪽은 알루미늄, 온도계 쪽은 흑색으로 한다.
④ 복사체 쪽은 흑색, 온도계 쪽은 알루미늄으로 한다.

해설 ▶▶

- 복사열 차단은 열반사율이 큰 알루미늄을 이용해야 효과가 좋다.

74 다음 중 1기압(atm)에 관한 설명으로 틀린것은?

① 약 1kgf/cm²와 동일하다.
② torr로는 0.76에 해당한다.
③ 수은주로 760mmHg와 동일하다.
④ 수주로 10,332mmH₂O에 해당한다.

정답　70 ③　71 ①　72 ②　73 ②　74 ②

해설 ▶▶
- 1기압 = 1atm = 760mmHg = 10332H_2O
- 10332kgf/cm² = 10332kgf/㎡
- 1469psi = 760torr = 10332mmAq
- 10332mH_2O = 1013.25hPa = 1013.25mb
- 101325bar = 10113×10^5dyne/cm²

75 산소농도가 6% 이하인 공기 중의 산소분압으로 맞는 것은? (단, 표준상태이며, 부피기준)

① 45mmHg 이하 ② 55mmHg 이하
③ 65mmHg 이하 ④ 75mmHg 이하

해설 ▶▶
- 산소분압(mmH_2O)= 760mmHg × 0.06 = 45.6mmHg

76 실내 자연채광에 관한 설명으로 틀린 것은?

① 입사각은 28° 이상이 좋다.
② 조명의 균등에는 북창이 좋다.
③ 실내각 점의 개각은 40~50°가 좋다.
④ 창 면적은 방바닥의 15~20%가 좋다.

해설 ▶▶
- 창의 실내각 점의 개각은 4~5도, 입사각은 28도 이상이 좋다.

77 저기압의 작업환경에 대한 인체의 영향을 설명한 것으로 틀린 것은?

① 고도 18,000ft 이상이 되면 21% 이상의 산소를 필요로 하게 된다.
② 인체 내 산소 소모가 줄어들게 되어 호흡수, 맥박수가 감소한다.
③ 고도 10,000ft까지는 시력, 협조운동의 가벼운 장해 및 피로를 유발한다.
④ 고도상승으로 기압이 저하되면 공기의 산소분압이 저하되고 동시에 폐포 내 산소분압도 저하한다.

해설 ▶▶
- 저기압 저압환경에서는 산소결핍을 보충하기 위하여 호흡수, 맥박수가 증가한다.

78 일반소음에 대한 차음효과는 벽체의 단위 표면적에 대하여 벽체의 무게가 2배될 때마다 몇 dB씩 증가하는가? (단, 벽체 무게이외의 조건은 동일하다.)

① 4   ② 6
③ 8   ④ 10

해설 ▶▶
- TL= 20log(m·f)− 43dB= 20log2 = 6dB

79 빛과 밝기의 단위에 관한 설명으로 틀린 것은?

① 반사율은 조도에 대한 휘도의 비로 표시한다.
② 광원으로부터 나오는 빛의 양을 광속이라고 하며, 단위는 루멘을 사용한다.
③ 입사면의 단면적에 대한 광도의 비를 조도라고 하며, 단위는 촉광을 사용한다.
④ 광원으로부터 나오는 빛의 세기를 광도라고 하며, 단위는 칸델라를 사용한다.

해설 ▶▶
- 조도는 입사면의 단면적에 대한 광속의 비를 의미하며, 단위는 럭스를 사용한다.

정답   75 ①   76 ③   77 ②   78 ②   79 ③

80 산업안전보건법령상 이상기압에 의한 건강 장애의 예방에 있어 사용되는 용어의 정의로 틀린 것은?

① 압력이란 절대압과 게이지압의 합을 말한다.
② 고기압이란 압력이 제곱센티미터당 1킬로 그램 이상인 기압을 말한다.
③ 고압작업이란 고기압에서 잠함공법 또는 그 외의 압기공법으로 행하는 작업을 말한다.
④ 스쿠버 잠수작업이란 호흡용 기체통을 휴대 하고 하는 작업을 말한다.

해설 ▶ 이상기압에 의한 건강장애 예방법
• 사업주는 잠수작업에서 종사하는 근로자에 대하여 1일 6시간, 주 34시간을 초과하여 근로자에게 작업하게 하여서는 안됨.
가. 고압작업: 고기압($1kg/cm^2$)에서 잠함공법또는 그 이의 압기공법으로 행하는 작업
나. 잠수작업:
  표면공급식: 수면 위의 공기압축기 또는 호흡용 기체통으로 공급
  스쿠버 잠수작업: 호흡용 기체통을 휴대하고 작업시행.
다. 기압조절실: 고압작업에 종사하는 근로자가 작업실에서의 출입 시 가압 또는 감압을 받는 장소를 말한다.
라. 압력: 게이지 압력을 말한다.

5과목 산업독성학

81 단백질을 침전시키며 thiol(−SH)기를 가진 효 소의 작용을 억제하여 독성을 나타내는 것은?

① 수은   ② 구리
③ 아연   ④ 코발트

해설 ▶ 수은의 인체 내 반응
• 금속수은은 전리된 수소이온이 단백질을 침전시키고 −SH기 친화력 을 가지고 있어 세포내 효소반응을 억제하려 독성작용을 일으킴.
• 신장 및 간에 고농도로 축적된다.

82 다음 중 무기성 분진에 의한 진폐증이 아닌것은?

① 면폐증   ② 규폐증
③ 철폐증   ④ 용접공폐증

해설 ▶
• 유기성 진폐증: 농부폐증, 면폐증, 연초폐증, 설탕폐증, 목재분진폐 증, 모발분진폐증
• 무기성 진폐증: 규폐증, 탄소폐증, 활석폐증, 탄광부 진폐증, 철폐 증, 베릴륨폐증, 흑연폐증, 규조토폐증, 주석폐증, 칼륨폐증, 바륨폐증, 용접공폐증, 석면폐증

83 가스상 물질의 호흡기계 축적을 결정하는 가 장 중요한 인자는?

① 물질의 농도차
② 물질의 입자분포
③ 물질의 발생기전
④ 물질의 수용성 정도

해설 ▶ 가스상 물질 호흡기계 축적 결정인자
• 공기중 농도와 용해도, 수용성 정도에 따라서 폐까지 도달하는 양이 결정된다.

84 탈지용 용매로 사용되는 물질로 간장, 신장 에 만성적인 영향을 미치는 것은?

① 크롬   ② 유리규산
③ 메탄올   ④ 사염화탄소

해설 ▶ 사염화탄소
• 특이한 냄새의 무색의 액체로 소화제, 탈지세정제, 용제로 이용한다.
• 부작용은 감뇨, 혈뇨, 피부, 간, 신장, 소화기, 신경장애를 일으키며 특히 간에 독성이 생긴다.

Part 6

정답   80 ①   81 ①   82 ①   83 ④   84 ④

85 2000년대 외국인 근로자에게 다발성말초 신경병증을 집단으로 유발한 노말핵산(n-Hexane)은 체내 대사과정을 거쳐 어떤 물질로 배설되는가?

① 2-Hexanone
② 2,5-Hexanedione
③ Hexachlorophene
④ Hexachloroethane

해설 ≫ 노말헥산
• 체내 대사과정을 거쳐 2,5-hexanedine물질로 배설된다. 투명한 휘발성액체로 파라핀계 탄화수소 물질, 휘발성이 크다.
• 페인트, 시너, 잉크 등의 용제로 사용되며 정밀기계의 세척제로도 쓰임, 장기적 폭로시 말초신경장애가 초래되어 사지의 지각상실, 신근마비등 다발성 신경장애를 일으킴.

86 독성실험 단계에 있어 제1단계(동물에 대한 급성노출시험)에 관한 내용과 가장 거리가 먼 것은?

① 생식독성과 최기형성 독성실험을 한다.
② 눈과 피부에 대한 자극성실험을 한다.
③ 변이원성에 대하여 1차적인 스크리닝 실험을 한다.
④ 치사성과 기관장애에 대한 양반응 곡선을 작성한다.

해설 ≫ 독성실험 단계
• 1단계 : 치사성과 중독성 장애에 대한 반응곡선 작성, 눈과 피부 자극성 시험, 변이원성에 대한 1차적인 스크리닝실험
• 2단계: 상승작용과 가승작용 및 상쇄작용에 대해 시험, 생식영향과 최기형성시험, 거동특성시험, 장기독성, 변이원성에 대하여 2차적인 스크리닝 실험

87 사업장에서 사용되는 벤젠은 중독증상을 유발시킨다. 벤젠중독의 특이증상으로 가장 적절한 것은?

① 조혈기관의 장애
② 간과 신장의 장애
③ 피부염과 피부암 발생
④ 호흡기계 질환 및 폐암 발생

해설 ≫ 유기용제별 대표적 특이증상
• 벤젠: 조혈장애, 염화탄화수소, 염화비닐: 간질환
• 이황화탄소: 중추신경 및 말초신경 장애, 생식기능장애
• 메틸알코올: 시신경 장애
• 메틸부틸케톤: 말초신경장애
• 노말핵산: 다발성 신경장애
• 에틸렌글리콜에테르: 생식기장애
• 알코올, 에테르류, 케톤류: 마취작용
• 톨루엔: 중추신경장애

88 벤젠에 관한 설명으로 틀린 것은?

① 벤젠은 백혈병을 유발하는 것으로 확인된 물질이다.
② 벤젠은 지방족화합물로서 재생불량성 빈혈을 일으킨다.
③ 벤젠은 골수독성(myelotoxin) 물질이라는 점에서 다른 유기용제와 다르다.
④ 혈액조직에서 벤젠이 유발하는 가장 일반적인 독성은 백혈구 수의 감소로 인한 응고작용 결핍 등이다.

해설 ≫
• 벤젠은 (C_6H_6) 상온, 상압에서 향긋한 냄새를 가진 무색투명한 액체로 방향족 화합물이다.
• 장기간 폭로시 혈액, 간, 재생불량성 빈혈, 백혈병을 일으킨다.

89 화학물질의 투여에 의한 독성범위를 나타내는 안전역을 맞게 나타낸 것은? (단, LD는 치사량, TD는 중독량, ED 는 유효량)

① 안전역= ED1 / TD99
② 안전역= TD1 / ED99
③ 안전역= ED1 / LD99
④ 안전역= LD1 / ED99

해설 ▶▶
• 안전역 = TD50/ED50, 중독량/유효량 = LD1 / ED99

90 유해물질과 생물학적 노출지표와의 연결이 잘못된 것은?

① 벤젠 – 소변 중 페놀
② 톨루엔 – 소변 중 크레졸
③ 크실렌 – 소변 중 카테콜
④ 스티렌 – 소변 중 만델린산

해설 ▶▶
• 스티렌 소변중 만델린산, 작업종료시

91 다음 중 중추신경계에 억제작용이 가장 큰 것은?

① 알칸족   ② 알코올족
③ 알켄족   ④ 할로겐족

해설 ▶▶ 중추신경계 억제작용 순서
• 알칸 〈 알켄 〈 알코올 〈 유기산 〈 에스테르 〈 에테르 〈 할로겐화합물(할로겐족)

92 인체 내 주요 장기 중 화학물질 대사능력이 가장 높은 기관은?

① 폐   ② 간장
③ 소화기관   ④ 신장

해설 ▶▶
• 간은 혈액흐름이 많고 대사효소가 많이 존재한다. 독성물질을 해동하는 역할을 하며 소화기로 흡수된 유해물질도 해독한다.

93 생물학적 노출지표(BBs) 검사 중 1차 항목 검사에서 당일작업 종료 시 채취해야 하는 유해인자가 아닌 것은?

① 크실렌
② 디클로로메탄
③ 트리클로로에틸렌
④ N ,N – 디메틸포름아미드

해설 ▶▶ 화확물질에 대한 시료채취시기
• 납, 카드뮴: 중요치 않음.
• 일산화탄소, 벤젠, 에틸벤젠, 니트로벤젠, 아세톤, 톨루엔, 크실렌, 스티렌,노말헥산, 클로로벤젠, N,N 디메틸포름아미드, 페놀 : 작업종료시
• 트리클로로에틸렌, 테트라 클로로에틸렌, 트리클로로에탄, 사염화에틸렌:주말작업 종료시
• 크롬: 주말작업 종료시, 주간작업 중에
• 디클로로메탄: 작업종료 2시간전부터 작업종료사이
• 이황화탄소: 노출후 즉시채취
• 메탄올: 노출작업 종료2시간 전부터 직후까지

94 수은의 배설에 관한 설명으로 틀린 것은?

① 유기수은화합물은 땀으로도 배설된다.
② 유기수은화합물은 주로 대변으로 배설된다.
③ 금속수은은 대변보다 소변으로 배설이 잘된다.
④ 금속수은 및 무기수은의 배설경로는 서로 상이하다.

해설 ▶▶ 수은의 배설
• 금속수은은 대변보다 소변으로 배설이 잘됨.
• 유기수은은 대변으로 배설되고 일부는 땀으로 배설되며 알킬수은은 대부분 담즙을 통해 소화관으로 배설되지만 재흡수도 된다.

95 납중독의 초기증상으로 볼 수 없는 것은?

① 권태, 체중감소
② 식욕저하 , 변비
③ 연산통, 관절염
④ 적혈구 감소, Hb의 저하

해설 ▶▶
• 납중독은 관절염과 관계가 적다.

| 정답 | 89 ④ | 90 ③ | 91 ④ | 92 ② | 93 ③ | 94 ④ | 95 ③ |

Part 6

96 다음 설명 중 ( ) 안에 내용을 올바르게 나열한 것은?

> 단시간노출기준(STEL)이란 (가) 간의 시간가중평균노출값 으로서 노출정도가 시간가중평균 노출기준(TWA)을 초과하고 단시간 노출기준(STEL) 이하인 경우에는 (나) 노출지속시간이 15분 미만이어야 한다. 이러한 상태가 1일 (다) 이하로 발생하여야 하며, 각 노출의 간격은 (라) 이상이어야 한다.

① 가: 5분, 나: 1회, 다: 6회, 라: 30분
② 가: 15분, 나: 1회, 다: 4회, 라: 60분
③ 가: 15분, 나: 2회, 다: 4회, 라: 30분
④ 가: 15분, 나: 2회, 다: 6회, 라: 60분

해설 ≫ 단시간 노출농도(STEL)
- 근로자가 1회 15분간 유해인자에 노출되는 경우의 기준
- 이 기준이하에서는 노출간격이 1시간 이상인 경우 1일, 작업시간동안 4회까지 노출이 허용될 수 있다.
- 고농도에서 급성중독을 초래하는 물질에 적용한다.

97 작업환경에서 발생되는 유해물질과 암의 종류를 연결한 것으로 틀린 것은?

① 벤젠 – 백혈병
② 비소 – 피부암
③ 포름알데히드 – 신장암
④ 1, 3 부타디엔 – 림프육종

해설 ≫
- 포르알데히드는 인체노출시 비인두암, 혈액암, 비강암 등을 유발할 수 있다.

98 다음 표는 A작업장의 백혈병과 벤젠에 대한 코호트 연구를 수행한 결과이다. 이때 벤젠의 백혈병에 대한 상대위험비는 약 얼마인가?

구분	백혈병	백혈병 없음	합계
벤젠 노출	5	14	19
벤젠 비노출	2	25	27
합계	7	39	46

① 3.29
② 3.55
③ 4.64
④ 4.82

해설 ≫
- 상대위험비 = 노출군에서 질병발생률 ÷ 비노출군에서 질병발생률
  = (5/19) ÷ (2/27) = 3.55

99 공기 중 입자상 물질의 호흡기계 축적기전에 해당하지 않는 것은?

① 교환
② 충돌
③ 침전
④ 확산

해설 ≫ 입자의 호흡기계 축적기전
- 충돌, 침강, 차단, 확산, 정전기

100 단순 질식제로 볼 수 없는 것은?

① 메탄
② 질소
③ 오존
④ 헬륨

해설 ≫
가. 단순질식제: 이산화탄소, 메탄, 질소, 수소, 에탄, 프로판, 에틸렌, 아세틸렌, 헬륨
나. 화학적질식제: 일산화탄소, 황화수소, 시안화수소, 아닐린

1과목 **산업위생학 개론**

01 다음 중 역사상 최초로 기록된 직업병은 어느 것인가?

① 수은중독 ② 음낭암
③ 규폐증 ④ 납중독

해설 >>
• 히포크라테스에 의해 광산에서 납중독이 보고됨. 최초로 기록된 직업병

02 산업피로에 관한 설명으로 틀린 것은?

① 생체기능의 변화현상이므로 객관적 측정이 가능하고 과학적 개념을 명확하게 파악할 수 있다.
② 작업능률이 떨어지고 재해와 질병을 유인한다.
③ 피로 자체는 질병이 아니라 가역적인 생체변화이다.
④ 정신적, 육체적 그리고 신경적인 고용노동부 하에 반응하는 생체의 태도이다.

해설 >>
• 산업피로는 주관적 측정이 가능하며 개인차가 심하므로 과학적 개념으로 명확하게 파악할 수 없다.

03 피로는 그 정도에 따라 보통 3단계로 나눌 수 있는데 피로도가 증가하는 순서가 올바르게 배열된 것은?

① 곤비상태 → 보통피로 → 과로
② 보통피로 → 과로 → 곤비상태
③ 보통피로 → 곤비상태 → 과로
④ 곤비상태 → 과로 → 보통피로

해설 >>
• 보통피로 → 과로 → 곤비

04 산소소비량 표를 에너지량, 즉 작업대사량으로 환산하면 약 몇 kcal인가?

① 5 ② 10
③ 15 ④ 20

해설 >>
• 산소소비량 1L= 작업대사량(5kcal)

05 미국 정부산 업위생전문가 협의회(ACGIH)에서 제시한 허용농도(TLV) 적용상의 주의사항으로 틀린 것은?

① 대기오염 평가 및 관리에 적용한다.
② 독성의 강도를 비교할 수 있는 지표로 사용하지 않아야 한다.
③ 24시간 노출 또는 정상작업시간을 초과한 노출에 대한 독성 평가에 적용하여서는 아니 된다.
④ 안전농도와 위험농도를 정확히 구분하는 경계선으로 사용하여서는 아니 된다.

정답 01 ④ 02 ① 03 ② 04 ① 05 ①

Part 6

해설 ▶▶
- 대기오염평가 및 지표에 사용할 수 없다.

06 다음 중 육체적 작업 시 혐기성 대사에 의해 생성되는 에너지의 근원에 해당하지 않는 것은?

① 아데노신삼인산(ATP)
② 크레아틴인산(CP)
③ 산 소(oxygen)
④ 포도당(glucose)

해설 ▶▶
- 혐기성 대사(anaerobic metabolism)
  근육에 저장된 화학적 에너지를 의미한다.
- 혐기성 대사의 순서(시간대별)
  ATP(아데노신삼인산) → CP(크레아틴인산) → glycogen(글리코겐) or glucose(포도당)
  ※ 근육운동에 동원되는 주요 에너지원 중 가장 먼저 소비되는 것은 ATP이다.

07 다음 중 실내공기 오염의 주요 원인으로 볼 수 없는 것은?

① 오염원
② 공조시스템
③ 이동경로
④ 체온

해설 ▶▶
- 실내공기 오염의 주요 원인은 이동경로,오염원,공조시스템,호흡,흡연,연소기기 등이다.
가. 실내외 또는 건축물의 기계적 설비로부터 발생되는 오염물질
나. 점유자에 접촉하여 오염물질이 실내로 유입되는 경우
다. 오염물질 자체의 에너지로 실내에 유입되는 경우
라. 점유자 스스로 생활에 의한 오염물질 발생
마. 불완전한 HVAC(Heating, Ventilation and Air Conditioning, 공초시스템) system

08 영상단말기(visual display terminal) 증후를 예방하기 위한 방안으로 틀린 것은?

① 팔꿈치의 내각은 90° 이상이 되도록 한다.
② 무릎의 내각(knee angle)은 120° 전후가 되도록 한다.
③ 화면상의 문자와 배경의 휘도비(contrast)를 낮춘다.
④ 디스플레이의 화면 상단이 눈높이보다 약간 낮은 상태(약 10°이하)가 되도록 한다.

해설 ▶▶
- 작업자의 발바닥 전면이 바닥면에 닿는 자세를 취하고 무릎의 내각은 90° 전후이어야 한다.

09 다음 중 산업안전보건법상 '적정공기'의 정의로 옳은 것은?

① 산소농도의 범위가 18% 이상 23.5% 미만, 탄산가스의 농도가 1.5%미만,황화수소의 농도가 10ppm미만인 수준의 공기를 말한다.
② 산소농도의 범위가 16% 이상 21.5% 미만, 탄산가스의 농도가 1.0%미만,황화수소의 농도가 15ppm미만인 수준의 공기를 말한다.
③ 산소농도의 범위가 18% 이상 21.5% 미만, 탄산가스의 농도가 15%미만, 황화수소의 농도가 1.0ppm미만인 수준의 공기를 말한다.
④ 산소농도의 범위가 16% 이상 23.5% 미만, 탄산가스의 농도가 1.0%미만, 황화수소의 농도가 1.5ppm미만인 수준의 공기를 말한다.

해설 ▶▶ 적정공기
가. 산소농도의 범위가 18% 이상 23.5% 미만인 수준의 공기
나. 탄산가스 농도가 1.5% 미만인 수준의 공기
다. 황화수소 농도가 10ppm 미만인 수준의 공기
라. 일산화탄소 농도가 30ppm 미만인 수준의 공기

정답　　06 ③　　07 ④　　08 ②　　09 ①

10 한 근로자가 트리클로로에틸렌(TLV = 50ppm)이 담긴 탈지탱크에서 금속가공제품의 표면에 존재하는 절삭유 등의 기름성분을 제거하기 위해 탈지작업을 수행하였다. 또 이과정을 마치고 포장단계에서 표면 세척을 위해 아세톤(TLV = 500ppm)을 사용하였다. 이 근로자의 작업환경 측정 결과는 트리클로로에틸렌이 45ppm , 아세톤이 100ppm 이었을 때 노출지수와 노출기준에 관한 설명으로 옳은 것은? (단, 두 물질은 상가작용을 한다.)

① 노출지수는 1.1 이며,노출기준을 초과하고 있다.
② 노출지수는 6.1이며,노출기준을 초과하고 있다.
③ 노출지수는 0.9이며,노출기준 미만이다.
④ 노출지수TCE는 0.9, 노출지수아세톤는 0.2이며,노출기준 미만이다.

해설 ▶▶
• 노출지수(EI) = 45/50 + 100/500 = 1.1 → 노출기준 초과

11 300 명이 근무하는 A 작업장에서 연간 55건의 재해발생으로 60명의 사상자가 발생하였다. 이 사업장의 연간 총근로시간수가 700,000 시간이었다면 도수율은 약 얼마인가?

① 32.5　　② 71.4
③ 78.6　　④ 85.7

해설 ▶▶
• 도수율 $= \dfrac{\text{재해발생건수}}{\text{연간근로시간수}} \times 10^6$

$= \dfrac{55}{700,000} \times 10^6$

$= 78.57$

12 다음 근로자의 작업에 대한 적성검사 방법중 심리학적 적성검사에 해당하지 않는 것은 어느 것인가?

① 감각기능검사　　② 지능검사
③ 지각동작검사　　④ 인성검사

해설 ▶▶ 심리학적 검사(적성검사)
가. 지능검사: 언어, 기억,추리, 귀납 등에 대한 검사
나. 지각동작검사: 수족협조, 운동속도,형태지각등에 대한 검사
다. 인성검사: 성격,태도, 정신상태에 대한 검사

13 직업성 변이(occupational stigmata)에 관한 설명으로 가장 옳은 것은 어느 것인가?

① 직업에 따라 체온량의 변화가 일어나는 것이다.
② 직업에 따라 체지방량의 변화가 일어나는 것이다.
③ 직업에 따라 신체 활동량의 변화가 일어나는 것이다.
④ 직업에 따라 신체 형태와 기능에 국소적 변화가 일어나는 것이다.

해설 ▶▶ 직업성 변이(occupational stigmata)
• 직업에 따라서 신체형태와 기능에 국소적 변화가 일어나는 것을 말한다.

14 다음 중 유해인자와 그로 인하여 발생되는 직업병이 잘못 연결된 것은?

① 크롬 – 폐암
② 망간 – 신장염
③ 이상기압 – 폐수종
④ 수은 – 악성중피종

해설 ▶▶ 수은은 무뇨증을 일으킨다.

*유해인자별 발생 직업병

가. 크 롬: 폐암(크롬폐증)

나. 이상기압 : 폐수종(잠함병)

다. 고열: 열사병

라. 방사선: 피부염 및 백혈병

마. 소음 : 소음성 난청

바. 수은 : 무뇨증

사. 망간 : 신장염(파킨슨 증후군)

아. 석면 : 악성중피종

자. 한랭 : 동상

차. 조명 부족 : 근시,안구진탕증

타. 진동 : Raynaud's 현상

파. 분진 : 규폐증

15 다음 중 실내공기 오염물질 중 석면에 대한 일반적인 설명으로 거리가 먼 것은 어느 것인가?

① 석면의 여러 종류 중 건강에 가장 치명적인 영향을 미치는 것은 사문석계열의 청석면이다.

② 과거 내열성, 단열성, 절연성 및 견인력 등의 뛰어난 특성 때문에 여러 분야에서 사용되었다.

③ 석면의 발암성 정보물질의 표기는 1A에 해당한다.

④ 작업환경측정에서 석면은 길이가 5mm보다 크고 , 길이 대 넓이의 비가 3 : 1이상인 섬유만 개수한다.

해설 ▶▶

• 석면 중 건강에 가장 치명적인 영향을 미치는 것은 각섬석계열의 청석면이다.

16 다음 중 산업위생통계에 있어 대푯값에 해당하지 않는 것은?

① 중앙값 ② 표준편차값

③ 최빈값 ④ 산술평균값

해설 ▶▶

• 산업위생통계에 있어 대푯값에 해당하는 것은 중앙값, 산술평균값, 가중평균값, 최빈값 등이 있다.

17 다음 중 산업 스트레스의 관리에 있어서 집단 차원에서의 스트레스 관리에 대한 내용과 가장 거리가 먼 것은?

① 직무 재설계

② 사회적 지원의 제공

③ 운동과 직무 외의 관심

④ 개인의 적응수준 제고

해설 ▶▶ 집단(조직)차원의 관리기법

• 개인별 특성 요인을 고려한 작업근로환경

• 작업계획 수립 시 적극적 참여 유도

• 사회적 지위 및 일 재량권 부여

• 근로자 수준별 작업 스케줄 운영

• 적절한 작업과 휴식시간

18 인쇄공장 바닥 한가운데에 인쇄기 한 대가 있다. 인쇄기로부터 10m와 20m 떨어진 지점에서 1,000Hz의 음압수준을 측정한 결과 각각 88dB과 86dB이었다. 이 작업장의 총 흡음량은 약 얼마인가?

① 861sabins ② 1,322sabins

③ 2,435sabins ④ 3,422sabin

해설 ▶▶

• $A = \dfrac{64 \times 3.14 \times \gamma^2 \times \left(1 - 10^{\left(\frac{\Delta P}{10}\right)}\right)}{Q \times \left[10^{\left(\frac{\Delta P}{10}\right)} - 4\right]}$

$= \dfrac{64 \times 3.14 \times 10^2 \times \left(1 - 10^{\frac{2}{10}}\right)}{2 \times \left[10^{\left(\frac{2}{10}\right)} - 4\right]}$ = 2,433.54sabins

19 다음 중 산업안전보건법에 의한 건강관리 구분 판정 결과 '직업성 질병의 소견을 보여 사후관리가 필요한 근로자'를 나타내는 것은?

① C_1 ② C_2

③ D_1 ④ R

정답 15 ① 16 ② 17 ③ 18 ③ 19 ③

해설 >> 건강관리의 구분
- A: 건강관리상 사후관리가 필요 없는 자.
- C_1: 직업성 질병으로 전전될 우려가 있어 추적검사 등 관찰이 필요한 자
- C_2: 일반질병으로 진전될 우려가 있어 추적관찰이 필요한 자
- D_1: 직업성 질병의 소견을 보여 사후관리가 필요한 자
- D_2: 일반질병의 소견을 보여 사후관리가 필요한 자
- R: 건강진단 1차 검사결과 건강수준의 평가가 곤란하거나 질병이 의심되는 근로자(2차 건강진단 대상자)

20 다음 중 사무실 공기관리지침에 관한 설명으로 틀린 것은?

① 사무실 공기의 관리기준은 8시간 시간 가중평균농도를 기준으로 한다.
② PM10이란 입경이 $10\mu m$ 이하인 먼지를 의미한다.
③ 총 부유세균의 단위는 CFU/m^3로, $1m^3$ 중에 존재하고 있는 집락형성세균 개체수를 의미한다.
④ 사무실 공기질의 모든 항목에 대한 측정결과는 측정치 전체에 대한 평균값을 이용하여 평가한다.

해설 >>
- 사무실 공기질의 측정결과는 측정치 전체에 대한 평균값을 오염물질별 관리기준과 비교하여 평가한다.
- 단, 이산화탄소는 각 지점에서 측정한 측정치 중 최고값을 기준으로 비교·평가한다.

2과목 | 작업위생 측정 및 평가

21 두 개의 버블러를 연속적으로 연결하여 시료를 채취할 때 첫 번째 버블러의 채취효율이 75%이고, 두 번째 버블러의 채취효율이 90% 이면 전체 채취효율은?

① 91.5%   ② 93.5%
③ 95.5%   ④ 97.5%

해설 >>
- $4\ nT = n_1 + n_2$
  $= 0.75 + [0.9(1-0.75)]$
  $= 0.975 \times 100 = 97.5\%$

22 입자상 물질 채취를 위하여 사용되는 직경분립충돌기의 장점 또는 단점으로 틀린 것은?

① 호흡기의 부분별로 침착된 입자 크기의 자료를 추정할 수 있다.
② 되튐으로 인한 시료의 손실이 일어날 수 있다.
③ 채취준비시간이 적게 소모된다.
④ 입자의 질량 크기 분포를 얻을 수 있다.

해설 >>
- 직경분립 충돌기(cascade impactor)의 장단점
가. 입자의 질량 크기 분포를 얻을 수 있다(공기흐름속도를 조절하여 채취입자를 크기별로 구분 가능)
나. 호흡기의 부분별로 침착된 입자 크기의 자료를 추정할 수 있다.
다. 흡입성,흉곽성,호흡성 입자의 크기별 분포와 농도를 계산할 수 있다.
라. 시료채취가 까다롭고 전문가가 철저하게 준비해야 한다.
마. 비용이 많이들고 되튐으로 인한 시료의 손실이 일어나 과소분석결과를 초래할 수 있어 유량을 2L/min이하로 채취한다.

23 입자상 물질 시료채취용 여과지에 대한 설명으로 틀린 것은?

① 유리섬유 여과지는 흡습성이 적고 열에 강함
② PVC막 여과지는 흡습성이 적고 가벼움
③ MCE막 여과지는 산에 잘 녹아 중량분석에 적합함
④ 은막 여과지는 코크스 제조공정에서 발생되는 코크스 오븐 배출물질 채취에 사용됨

해설 >>
- MCE막 여과지는 산에 쉽게 용해 또는 가수분해되고, 습식,회화되기 때문에 공기에서 입자상 물질중의 금속을 채취하여 원자흡광법으로 분석하는 데 적당하다.

24 '정량한계'에 대한 설명으로 맞는 것은?

① 표준편차의 3배 또는 검출한계의 5 배 또는 5.5배로 정의

② 표준편차의 5배 또는 검출한계의 5 배 또는 5.5배로 정의

③ 표준편차의 5배 또는 검출한계의 3 배 또는 3.3배로 정의

④ 표준편차의 10배 또는 검출한계의 3 배 또는 3.3배로 정의

해설 ▶▶ 정량한계(LOQ ; Limit of Quantization)

• 분석기마다 바탕선량과 구별하여 분석될 수 있는 최소의 양.

• 도입 이유는 검출한계가 정량분석에서 만족스런 개념을 제공하지 못하기 때문에 검출한계의 개념을 보충하기 위해서이다.

• 일반적으로 표준편차의 10배또는 검출한계의 3배 또는 3.3배로 정의한다.

25 다음 중 hexane의 부분압이 124mmHg (OEL = 500ppm)이었을 때 VHRHexane은?

① 312.5 ② 326.3

③ 347.2 ④ 383.8

해설 ▶▶

• VHR= $\dfrac{C}{\text{TLV(OEL)}} = \dfrac{\frac{124}{760} \times 10^6}{500} = 326.3$

26 세척제로 사용하는 트리클로로에틸렌의 근로자 노출농도를 측정하고자 한다. 과거의 노출농도를 조사해 본 결과, 평균 60ppm이었다. 활성탄관을 이용하여 0.17L /min으로 채취하였더니 트리클로로에틸렌의 분자량은 131.39이고 가스크로마토그래피의 정량한계는 시료 당 0.75 mg이다. 채취하여야 할 최소한의 시간은? (단,25℃ , 1기압 기준)

① 6.9분 ② 9.2분

③ 10.4분 ④ 13.7분

해설 ▶▶

• 과거 농도 60ppm을 mg/㎥로 환산

$C \text{(mg/㎥)} = 60\text{ppm} \times \dfrac{131.39}{24.45} = 322.43\text{mg/㎥}$

• 최소채취량(L) = $\dfrac{\text{LOQ}}{\text{과거 농도}}$

$= \dfrac{0.75\text{mg}}{322.43\text{mg/m}^3} \times 1,000\text{L/m}^3$

$= 2.33\text{L}$

∴ 최소채취시간(min)$= \dfrac{2.33\text{L}}{0.17\text{L/min}} = 13.68\text{min}$

27 다음 중 hexane의 부분압이 124mmHg (OEL= 500ppm)이었을 때 VHR Hexane은?

① 312.5 ② 326.3

③ 347.2 ④ 383.8

해설 ▶▶

• VHR = $\dfrac{C}{\text{TLV(OEL)}} = \dfrac{\frac{124}{760} \times 10^6}{500} = 326.3$

28 Fick 법칙이 적용된 확산포집방법에 의하여 시료가 포집될 경우, 포집량에 영향을 주는 요인과 가장 거리가 먼 것은?

① 공기 중 포집대상물질 농도와 포집매체에 함유된 포집대상물질의 농도 차이

② 포집기의 표면이 공기에 노출된 시간

③ 대상물질과 확산매체와의 확산계수 차이

④ 포집기에서 오염물질이 포집되는 면적

해설 ▶▶ Fick의 제1법칙(확산)

• $W = D\left(\dfrac{A}{L}\right)(C_i - C_0)$ 또는 $\dfrac{M}{At} = D\dfrac{C_i - C_0}{L}$

여기서,

W : 물질의 이동속도(ng/sec)

D : 확산계수(㎠/sec)

A : 포집기에서 오염물질이 포집되는 면적(확산경로의 면적)(㎠)

L : 확산경로의 길이 (cm)

정답 24 ④ 25 ② 26 ④ 27 ② 28 ④

Ci-Co : 공기 중 포집대상 물질의 농도와 포집매질에 함유한 포집대상 물질의 농도(ng/㎠)

M : 물질의 질량(ng)

t : 포집기의 표면이 공기에 노출된 시간(채취시간)(sec)

해설 ≫
- 열탈착은 한 번에 모든 시료가 주입되어 잔여 분석물질이 남아 있지 않은 단점이 있다.

29 가스상 물질의 측정을 위한 수동식 시료채취기(passive sampler)에 관한 설명으로 틀린 것은?

① 채취원리는 Fick's 확산 제1법칙으로 나타낼 수 있다.

② 장점은 간편성과 편리성이다.

③ 유량이라는 표현 대신에 채취용량(SQ)으로 표시한다.

④ 오염물질의 성질(확산, 투과 등)을 이용하여 동력 없이 수동적으로 농도구배에 따라 채취한다.

해설 ≫
- 수동식 시료채취기에서는 채취용량(SQ)이라는 표현대신 채취속도(SR, 유량)라는 표현을 사용한다.

30 가스상 물질의 분석 및 평가를 위한 '열탈착'에 관한 설명으로 틀린 것은?

① 용매 탈착 시 이황화탄소는 독성 및 인화성이 크고 작업이 번잡하며 열탈착이 보다 간편한 방법이다.

② 활성탄관을 이용하여 시료를 채취한 경우, 열탈착에 필요한 300℃ 이상에서는 많은 분석물질이 분해되어 사용이 제한 된다.

③ 열탈착은 용매탈착에 비하여 흡착제에 채취된 일부 분석물질만 기기로 주입되어 감도가 떨어진다.

④ 열탈착은 대개 자동으로 수행되며 탈착된 분석물질이 가스크로마토그래피로 직접 주입되도록 되어 있다.

31 2차 표준기구 중 일반적 사용범위가 0.5~230L/min이고 정확도는 ±0.5%이며 실험실에서 사용하는 것은?

① 피토튜브　　　　② 습식 테스트미터

③ 열선기류계　　　④ 유리피스톤미터

해설 ≫
- 습식 테스트미터 : 0.5~230L/분, ±0.5% 이내
- 건식 가스미터: 10~150L/분, ±1% 이내

32 다음의 2차 표준기구 중 주로 실험실에서 사용하는 것은?

① 건식 가스미터　　② 로터미터

③ 습식 테스트미터　④ 열선기류계

해설 ≫
- 습식 테스트미터는 주로 실험실에서 사용되며, 건식 테스트미터는 주로 현장에서 사용된다.

33 열, 화학물질, 압력 등에 강한 특성을 가지고 있어 고열공정에서 발생되는 다핵방향족 탄화수소 채취에 이용되는 막 여과지로 가장 적절한 것은?

① PVC　　　　　② 섬유상

③ PTFE　　　　　④ MCE

해설 ≫ PTFE막 여과지(Polytetrafluoroethylene membrane filter, 테프론)
- 열, 화학물질, 압력 등에 강한 특성을 가지고 있어 석탄건류나 증류 등의 고열공정에서 발생하는 다핵 방향족탄화수소를 채취하는 데 이용된다.
- 농약, 알칼리성 먼지, 콜타르피치 등을 채취한다.
- 1㎛, 2㎛, 3㎛의 여러 가지 구멍크기를 가지고 있다.

정답　　29 ③　　30 ③　　31 ②　　32 ③　　33 ③

Part 6

34 어느 작업환경에서 발생되는 소음원 1개의 소음레벨이 92dB이라면 소음원이 8개일때의 전체소음레벨은?

① 101dB ② 103dB

③ 105dB ④ 107dB

해설 ▶▶

• $L_p = 10\log(8 \times 10^{9.2})$

   = 101.03dB

35 누적소음노출량 측정기로 소음을 측정하는 경우, 기기설정으로 적절한 것은? (단, 고용노동부 고시 기준)

① criteria=80dB, exchange rate:=5dB, threshold = 90dB

② criteria= 80dB, exchange rate=10dB, threshold = 90dB

③ criteria = 90dB, exchange rate:= 5dB, threshold = 80dB

④ criteria= 90dB, exchange rate:=10dB, threshold = 80dB

해설 ▶▶ 누적소음노출량 측정기의 설정

• criteria=90dB, exchange rate=5dB, threshold=80dB

36 옥외(태양광선이 내리쬐지 않는 장소)의 온열조건이 다음과 같은 경우에 습구흑구 온도지수(WBGT)는?

• 건구온도 : 30℃
• 자연습구온도 : 25℃
• 흑구온도 : 40℃

① 28.5℃ ② 29.5℃

③ 30.5℃ ④ 31.0℃

해설 ▶▶

• WBGT(℃) = 0.7 × 자연습구온도 + 0.3 × 흑구온도

   = (0.7 × 25℃) + (0.3 × 40℃) = 29.5℃

37 소음작업장에서 두 기계 각각의 음압레벨이 90dB로 동일하게 나타났다면 두 기계가 모두 가동되는 이 작업장의 음압레벨은? (단, 기타 조건은 같다.)

① 93dB ② 95dB

③ 97dB ④ 99dB

해설 ▶▶

• 합성소음도= $10\log(10^9 \times 2)$ = 93dB

38 원자흡광분석기에 적용되어 사용되는 법칙은?

① 반데르발스 (Vander Waals) 법칙

② 비어 – 램버트 (Beer – Lambert) 법칙

③ 보일 – 샤를(Boyle– Charles) 법칙

④ 에너지보존(energy conservation) 법칙

해설 ▶▶ 흡광광도법 및 원자흡광광도법의 기본이론

• 비어 – 램버트(Beer–Lambert) 법칙

39 시료측정 시 측정하고자 하는 시료의 피크와는 전혀 관계없는 피크가 크로마토그램에 때때로 나타나는 경우가 있는데 이것을 유령피크(ghost peak)라고 한다. 유령피크의 발생 원인으로 가장 거리가 먼 것은?

① 칼럼이 충분하게 묵힘(aging) 되지 않아서 칼럼에 남아 있던 성분들이 배출되는 경우

② 주입부에 있던 오염물질이 증발되어 배출되는 경우

③ 운반기체가 오염된 경우

④ 주입부에 사용하는 격막(septum) 에서 오염물질이 방출되는 경우

정답 34 ① 35 ③ 36 ② 37 ① 38 ② 39 ③

해설 ≫ 크로마토그램의 유령피크(ghost peak) 원인
- 칼럼이 충분하게 묵힘(aging)되지 않아서 칼럼에 남아 있던 성분들이 배출되는 경우
- 주입부에 있던 오염물질이 증발되어 배출되는 경우
- 주입부에 사용하는 격막(septum)에서 오염물질이 방출되는 경우

40 실리카겔 흡착에 대한 설명으로 틀린 것은?

① 실리카겔은 규산나트륨과 황산의 반응에서 유도된 무정형의 물질이다.
② 극성을 띠고 흡습성이 강하므로 습도가 높을수록 파과 용량이 증가한다.
③ 추출액이 화학분석이나 기기분석에 방해물질로 작용하는 경우가 많지 않다.
④ 활성탄으로 채취가 어려운 아닐린, 오르토-톨루이딘 등의 아민류나 몇몇 무기물질의 채취도 가능하다.

해설 ≫
- 극성이 강하여 극성물질을 채취한 경우 물, 메탄올 등 다양한 용매로 쉽게 탈착한다.
- 활성탄으로 채취가 어려운 아닐린, 오르토톨루이딘 등의 아민류나 몇몇 무기물질의 채취가 가능하다.

3과목 작업환경 관리대책

41 다음의 (　)에 들어갈 내용이 알맞게 조합된 것은?

> 원형직관에서 압력손실은 (가)에 비례하고 (나)에 반비례하며 속도의 (다)에 비례한다.

① 가. 송풍관의 길이, 나. 송풍관의 직경, 다. 제곱
② 가. 송풍관의 직경, 나. 송풍관의 길이, 다. 제곱
③ 가. 송풍관의 길이, 나. 속도압, 다. 세제곱
④ 가. 속도압, 나. 송풍관의 길이, 다. 세제곱

해설 ≫
- 원형 직선 duct 압력손실(ΔP)
- $\Delta P = \lambda (=4f) \times \dfrac{L}{D} \times VP\left(=\dfrac{\gamma V^2}{2g}\right)$
- 압력손실은 덕트의 길이, 공기밀도, 유속의 제곱에 비례하고, 덕트의 직경에 반비례한다.

42 산업위생보호구와 가장 거리가 먼 것은?

① 내열 방화복　　② 안전모
③ 일반 장갑　　　④ 일반 보호면

해설 ≫ 안전보호구 및 위생보호구 종류
- 가. 안전보호구
  안전화, 안전모, 안전대, 안전장갑, 보안면, 방한복, 반사조끼, 내전복, 작업복 등
- 나. 위생보호구
  방진장갑, 차광안경(보안경), 방호면, 귀마개, 귀덮개, 방진마스크, 방열장갑, 방열복, 송기마스크, 위생장갑, 내산복, 방독마스크, 절연복, 고무장화 우의, 투시 등

43 방진마스크에 대한 설명으로 가장 거리가 먼 것은?

① 방진마스크는 인체에 유해한 분진, 연무, 흄, 미스트, 스프레이 입자를 작업자가 흡입하지 않도록 하는 보호구이다.
② 방진마스크의 종류에는 격리식과 직결식, 면체여과식이 있다.
③ 방진마스크의 필터에는 활성탄과 실리카겔이 주로 사용된다.
④ 비휘발성 입자에 대한 보호만 가능하며 가스 및 증기로부터의 보호는 안 된다.

해설 ≫ 방진마스크 필터 재질
- 면, 모/ 유리섬유/ 합성섬유/ 금속섬유

Part 6

---

44 전체환기의 목적에 해당되지 않는 것은?

① 발생된 유해물질을 완전히 제거하여 건강을 유지·증진한다.
② 유해물질의 농도를 감소시켜 건강을 유지·증진한다.
③ 화재나 폭발을 예방한다.
④ 실내의 온도와 습도를 조절한다.

해설 ▶▶ 전체환기의 목적
• 유해물질의 농도를 희석, 감소시켜 근로자의 건강을 유지 증진한다.
• 화재나 폭발을 예방한다.
• 실내의 온도와 습도를 조절한다.

45 덕트 주관에 45°로 분지관이 연결되어 있다. 주관과 분지관의 반송속도는 모두 18m/sec이고, 주관의 압력손실계수는 0.2이며, 분지관의 압력손실계수는 0.28 이다. 주관과 분지관의 합류에 의한 압력손실(mmH₂O)은? (단, 공기밀도 = 1.2kg/㎥)

① 9.5   ② 8.5
③ 7.5   ④ 6.5

해설 ▶▶
• 합류관 압력손실(ΔP)
• ΔP = 분지관 압력손실+주관 압력손실
$$= (F \times VP) + (F \times VP)$$
$$= \left[0.28 \times \left(\frac{1.2 \times 18^2}{2 \times 9.8}\right)\right] + \left[0.2 \times \left(\frac{1.2 \times 18^2}{2 \times 9.8}\right)\right]$$
$$= 9.52 \text{mmH}_2\text{O}$$

46 레이놀즈수(Re)를 산출하는 공식은? [단, d: 덕트직경(m), v : 공기유속(m/s), μ : 공기의 점성계수(kg/sec · m), p: 공기밀도 (kg /㎥)]

① Re = (μ × p × d) /v
② Re = (p × v × μ) /d
③ Re = (d × v × μ)/p
④ Re = (p × d × v)/μ

해설 ▶▶
• 레이놀즈수(Re)
• $Re = \dfrac{\rho Vd}{\mu} = \dfrac{Vd}{\nu} = \dfrac{\text{관성력}}{\text{점성력}}$

 Re : 레이놀즈수(무차원)
 P: 유체의 밀도(kg/㎥)
 d: 유체가 흐르는 직경(m)
 V: 유체의 평균유속(m/sec)
 μ: 유체의 점성계수(kg/m ·s(poise))
 V : 유체의 동점성계수(㎡/sec)

47 송풍기의 전압이 300mmH₂O이고 풍량이 400㎥/min , 효율이 0.6일 때 소요동력(kW)은?

① 약 33   ② 약 45
③ 약 53   ④ 약 65

해설 ▶▶
• 송풍기 소요동력(kW) $= \dfrac{Q \times \Delta P}{6,120 \times \eta} \times \alpha$
$$= \dfrac{400 \times 300}{6,120 \times 0.6} \times 1.0$$
$$= 32.68 \text{kW}$$

48 움직이지 않는 공기 중으로 속도 없이 배출되는 작업조건(작업공정 : 탱크에서 증발)의 제어속도 범위(m/sec)는?(단, ACGIH 권고 기준)

① 0.1 ~ 0.3   ② 0.3 ~ 0.5
③ 0.5 ~ 1.0   ④ 1.0 ~ 1.5

해설 ▶▶ 작업조건에 다른 제어속도 기준
• 움직이지 않는 공기 중으로 속도없이 배출되는 작업조건: 0.25~0.5m/sec
• 비교적 조용한 대기 중에서 저속도로 비산하는 작업조건: 0.5~1.0m/sec

| 정답 | 44 ① | 45 ① | 46 ④ | 47 ① | 48 ② |

49 방사날개형 송풍기에 관한 설명으로 틀린 것은?

① 고농도 분진함유 공기나 부식성이 강한 공기를 이송시키는 데 많이 이용된다.

② 깃이 평판으로 되어 있다.

③ 가격이 저렴하고 효율이 높다.

④ 깃의 구조가 분진을 자체 정화할 수 있도록 되어 있다.

해설 》

• 플레이트(plate) 송풍기, 방사날개형 송풍기라고도 한다. 날개가 다익형보다 적고 직선이며 평판모양을 하고 있어 강도가 매우 높게 설계되어있다. 가격이 비싸다. 압력은 다익팬보다 약간 높으며, 효율도 65%로 다익팬보다는 약간 높으나 터보팬보다는 낮다.

50 강제환기의 효과를 제고하기 위한 원칙으로 틀린 것은?

① 오염물질 배출구는 가능한 오염원으로 부터 가까운 곳에 설치하여 점환기 현상을 방지한다.

② 공기 배출구와 근로자의 작업위치 사이에 오염원이 위치하여야 한다.

③ 공기가 배출되면서 오염장소를 통과하도록 공기 배출구와 유입구의 위치를 선정한다.

④ 오염원 주위에 다른 작업공정이 있으면 공기 배출량을 공급량보다 약간 크게 하여 음압을 형성하여 주위 근로자에게 오염물질이 확산 되지 않도록 한다.

해설 》

• 오염물질 배출구는 가능한 한 오염원으로부터 가까운 곳에 설치하여 '점환기'의 효과를 얻는다.

• 오염물질 사용량을 조사하여 필요환기량을 계산한다.

• 공기 배출구와 근로자의 작업위치 사이에 오염원이 위치해야 한다.

• 공기가 배출되면서 오염장소를 통과하도록 공기배출구와 유입구의 위치를 선정한다.

• 배출공기를 보충하기 위하여 청정공기를 공급한다.

• 오염된 공기는 작업자가 호흡하기 전에 충분히 희석되어야 한다.

• 오염물질 발생은 가능하면 비교적 일정한 속도로 유출되도록 조정 해야 한다.

51 송풍량이 300㎥/min일 때 송풍기의 회전속도는 150rpm이었다. 송풍량을 500㎥/min으로 확대시킬 경우 같은 송풍기의 회전속도는 대략 몇 rpm이 되는가? (단, 기타 조건은 같다고 가정한다.)

① 약 200 ② 약 250

③ 약 300 ④ 약 350

해설 》

• $\dfrac{Q_2}{Q_1} = \dfrac{\text{rpm}_2}{\text{rpm}_1}$

$\therefore \text{rpm}_2 = \dfrac{Q_2 \times \text{rpm}_1}{Q_1} = \dfrac{500 \times 150}{300} = 250\text{rpm}$

52 여포 제진장치에서 처리할 배기가스량이 2㎥/sec이고 여포의 총 면적이 6㎡일때 여과속도는?

① 25cm/sec ② 29cm/sec

③ 33cm/sec ④ 39cm/sec

해설 》

• Q=A×V

$\therefore V = \dfrac{Q}{A} = \dfrac{2\text{m}^3/\text{sec}}{6\text{m}^2}$

= 0.33m/sec × 100cm/m = 33.33cm/sec

53 직업환경 내의 공가를 치환하기 위해 전체환기법을 사용할 때의 조건으로 맞지 않는 것은?

① 소량의 오염물질이 일정 속도로 작업장으로 배출될 때

② 유해물질의 독성이 작을 때

③ 동일 작업장 내에 배출원이 고정성일 때

④ 작업공정상 국소배기가 불가능할 때

정답 49 ③ 50 ① 51 ② 52 ③ 53 ③

해설 ≫
- 유해물질의 독성이 비교적 낮은 경우, 즉 TLV가 높은 경우
- 동일한 작업장에 다수의 오염원이 분산되어 있는 경우
- 유해물질이 시간에 따라 균일하게 발생될 경우
- 유해물질의 발생량이 적은 경우 및 희석공기량이 많지 않아도 되는 경우
- 유해물질이 증기나 가스일 경우
- 국소배기로 불가능한 경우
- 배출원이 이동성인 경우
- 가연성 가스의 농축으로 폭발의 위험이 있는 경우
- 오염원이 근무자가 근무하는 장소로부터 멀리 떨어져 있는 경우

54 어떤 작업장에서 메틸알코올(비중 =0.792, 분자량 =32.04)이 시간당 1.0L 증발되어 공기를 오염시키고 있다. 여유계수 X 값은 3이고, 허용기준 TLV는 200ppm이라면 이 작업장을 전체환기 시키는 데 요구되는 필요 환기량은?

① 120㎥/min ② 150㎥/min
③ 180㎥/min ④ 210㎥/min

해설 ≫
- 사용량(g/hr)
  =1.0L/hr×0.792g/mL×1,000mL/L=792g/hr
- 발생률(G, L/hr)
- 32.04g : 24.1L=792g/hr : G
- $G = \dfrac{24.1 \times 792}{32.04} = 595.73 L/hr$

∴ 필요환기량(Q)

- $Q = \dfrac{G}{TLV} \times K = \dfrac{595.73 L/hr}{200 ppm} \times 3$

  $= \dfrac{595.73 L/hr \times 1,000 mL/L}{200 mL/m^3} \times 3$

  $= 8,935.96 ㎥/hr \times hr/60min$

  $= 148.93 ㎥/min$

55 청력보호구의 차음효과를 높이기 위해 유의해야 할 내용과 가장 거리가 먼 것은 어느 것인가?

① 청력보호구는 기공(氣孔)이 큰 재료로 만들어 흡음효율을 높이도록 한다.
② 청력보호구는 머리 모양이나 귓구멍에 잘 맞는 것을 사용하여 불쾌감을 주지 않도록 해야 한다.
③ 청력보호구를 잘 고정시켜 보호구 자체의 진동을 최소한도로 줄이도록 한다.
④ 귀덮개 형식의 보호구는 머리가 길 때와 안경테가 굵어 잘 부착되지 않을 때 사용하기 곤란하다.

해설 ≫
- 기공이 많은 재료를 선택하지 말 것.

56 원심력 송풍기 중 전향 날개형 송풍기에 관한 설명으로 틀린 것은?

① 송풍기의 임펠러가 다람쥐 쳇바퀴 모양으로 생겼으며 송풍기 깃이 회전방향과 동일한 발향으로 설계되어 있다.
② 평판형 송풍기라고도 하며 깃이 분진의 자체 정화가 가능한 구조로 되어 있다.
③ 동일 송풍량을 발생시키기 위한 임펠러 회전속도는 상대적으로 낮아 소음 문제가 거의 없다.
④ 이송시켜야 할 공기량은 많으나 압력손실이 작게 걸리는 전체환기나 공기조화용으로 널리 사용된다.

해설 ≫
- 전향 날개형 송풍기= 다익형 송풍기
- 송풍기의 임펠러가 다람쥐 쳇바퀴 모양으로 회전날개가 회전방향과 동일한 방향으로 설계되어 있다.
- 높은 압력손실에서는 송풍량이 급격하게 떨어지므로 이송시켜야 할 공기량이 많고 압력손실이 작게 걸리는 전체환기나 공기조화용으로 널리사용된다. 구조상 고속회전이 어렵고,큰 동력의 용도에는
- 적합하지 않다.

정답 54 ② 55 ① 56 ②

57 작업환경의 관리원칙인 대치 중 물질의 변경에 따른 개선 예로 가장 거리가 먼 것은?

① 성냥 제조 시 : 황린 대신 적린으로 변경
② 금속세척작업 시 : TCE를 대신하여 계면활성제로 변경
③ 세탁 시 화재예방 : 불화탄화수소 대신 사염화탄소로 변경
④ 분체입자 : 큰 입자로 대치

해설 ≫
• 건조후 실시하던 점토배합을 건조 전에 실시한다.

58 공기가 20℃의 송풍관 내에서 20m /sec의 유속으로 흐른다. 이때 속도압은? (단, 공기밀도는 1.2kg/㎥로 한다.)

① 약 15.5mmH₂O
② 약 24.5mmH₂O
③ 약 33.5mmH₂O
④ 약 40.2mmH₂O

해설 ≫

• $VP = \dfrac{\gamma V^2}{2g}$

$= \dfrac{1.2 \times 20^2}{2 \times 9.8}$

$= 24.49 \text{mmH}_2\text{O}$

59 후드로부터 25cm 떨어진 곳에 있는 금속제품의 연마공정에서 발생되는 금속먼지를 제거하고자 한다. 제어속도는 5m/sec로 설정하였다. 후드 직경이 40cm인 원형 후드를 이용하여 제어하고자 한다. 이때의 환기량 (㎥/m in)은? (단, 원형 후드는 공간에 위치하며 플랜지가 부착되어 있다.)

① 129
② 149
③ 169
④ 189

해설 ≫
• Q = 0.75×V ×(10X^2+A)

• A = $\dfrac{\pi D^2}{4} = \dfrac{3.14 \times 0.4^2}{4} = 0.1256 \text{m}^2$

$= 0.75 \times 5 \times [(10 \times 0.25^2) + 0.1256]$

$= 2.81 \text{㎥/sec} \times 60 \text{sec/min} = 168.89 \text{㎥/min}$

60 국소배기장치에서 공기공급시스템이 필요한 이유와 가장 거리가 먼 것은?

① 작업장의 교차기류 발생을 위해서
② 안전사고 예방을 위해서
③ 에너지 절감을 위해서
④ 국소배기 장치의 효율유지를 위해서

해설 ≫ 공기공급시스템이 필요한 이유
• 국소배기장치의 원활한 작동과 효율유지, 안전사고를 예방, 에너지(연료)를 절약하기 위해, 작업장 내에 방해기류(교차기류)가 생기는 것을 방지, 외부공기가 정화되지 않은 채로 건물 내로 유입되는 것을 막기 위하여

4과목 | **물리적 유해인자 관리**

61 다음 중 음압이 2배로 증가하면 음압레벨은 몇 dB 증가하는가?

① 2dB
② 3dB
③ 6dB
④ 12dB

해설 ≫
• SPL = $20\log \dfrac{P}{P_o} = 20\log 2 = 6\text{dB}$

정답 57 ③ 58 ② 59 ③ 60 ① 61 ③

62 다음 중 1,000Hz에서의 압력수준 dB을 기준으로 하여 등감곡선을 소리의 크기로 나타내는 단위로 사용되는 것은?

① sone
② mel
③ bell
④ phon

해설 ▶▶ **phon**
• 감각적인 음의 크기(loudness)를 나타내는 양이다.
• 1,000Hz 순음의 크기와 평균적으로 같은 크기로 느끼는 1,000Hz 순음의 음의 세기레벨로 나타낸 것이다.
• 1,000Hz에서 압력수준 dB을 기준으로 하여 등감곡선을 소리의 크기로 나타낸 단위이다.

63 다음 중 산업안전보건법상의 이상기압에 대한 설명으로 틀린 것은?

① '이상기압'은 압력이 매 제곱센티미터당 1킬로그램 이상인 기압을 말한다.
② 고압작업에 근로자를 종사하도록 하는때에는 작업실의 공기 체적이 근로자1인당 4세제곱미터 이상이 되도록 하여야 한다.
③ 고압작업자에게 기압조절실에서 가압을 하는 때에는 1분에 매 제곱센티미터당 0.8킬로그램 이하의 속도로 하여야 한다.
④ 잠수작업을 하는 잠수작업자에게 고농도의 산소만을 마시도록 하여야 한다.

해설 ▶▶
• 고압환경(잠수작업)을 하는 경우는 규정시간을 넘지 않도록 해야 하며, 질소를 헬륨으로 대치한 공기를 호흡시킨다.

64 옥외에서 측정한 흑구온도가 35℃, 습구온도가 22℃, 건구온도가 25℃일 때 습구흑구온도지수(WBGT)는 얼마인가?

① 21.9℃
② 22.9℃
③ 24.9℃
④ 25.9℃

해설 ▶▶ **옥외 습구흑구온도지수(WBGT)**
• WBGT = (0.7 × 자연습구온도) + (0.2 × 흑구온도)
        + (0.1 × 건구온도)
      = (0.7 × 22℃) + (0.2 × 35℃) + (0.1 × 25℃)
      = 24.9℃

65 다음 중 방사능의 방어대책으로 볼 수 없는 것은?

① 발생량을 감소시킨다.
② 거리를 가능한 한 멀리한다.
③ 방사선을 차폐한다.
④ 노출시간을 줄인다.

해설 ▶▶ **방사선의 외부노출에 대한 방어대책**
가. 시간: 노출시간 단축, 반감기가 짧은 방사선에 유용
나. 거리: 방사능은 거리의 제곱에 비례해서 감소한다.
다. 차폐: 큰 투과력을 갖는 방사선 차폐물은 원자번호가 크고 밀도가 큰 물질이 효과적이다.

66 자외선을 조사하였을 때 홍반, 발진, 피부암 등을 일으키는 자외선 B(UV-B)의 파장 범위로 옳은 것은?

① 80~215nm
② 100~280nm
③ 280~315nm
④ 315~400nm

해설 ▶▶ **자외선의 분류에 따른 파장범위 및 증상**
• UV-C : 100~280nm, 발진 · 홍반
• UV-B : 280~315nm, 발진 및 홍반 · 피부암
• UV-A : 315~400nm, 발진, 홍반 · 백내장

정답 62 ④   63 ④   64 ③   65 ①   66 ③

67 다음 ( ) 안에 알맞은 수치는?

> 정상적인 공기 중의 산소 함유량은 21vol% 이며 그 절대량, 즉 산소분압은 해면에 있어서는 약 (   )mmHg이다

① 160   ② 180
③ 210   ④ 230

해설 »
- 산소분압= 760mmHg × 0.21 = 159.6mmHg

68 다음 중 마이크로파의 에너지량과 거리와의 관계에 관한 설명으로 옳은 것은?

① 에너지량은 거리의 제곱에 비례한다.
② 에너지량은 거리에 비례한다.
③ 에너지량은 거리의 제곱에 반비례한다.
④ 에너지량은 거리에 반비례한다.

해설 » 마이크로파의 물리적 특성
- 마이크로파는 1mm~1m(10m)의 파장
- (또는 약 1~300cm) 과 30MHz(10Hz)~300GHz(300MHz~300GHz)
- 의 주파수를 가지며 라디오파의 일부이다. 단, 지역에 따라 주파수 범위의 규정이 각각 다르다.
- 라디오파 : 파장이 1m ~100km, 주파수가 약 3kHz~300GHz까지를 말한다. 에너지량은 거리의 제곱에 반비례한다.

69 다음 중 이상기압에 의해서 발생하는 직업병에 영향을 주는 유해인자가 아닌 것은?

① 이산화탄소 (CO_2)
② 산소 (O_2)
③ 질소 (N_2)
④ 이산화황 (SO_2)

해설 »
- 고압환경에서의 2차적 가압현상: 질소가스의 마취작용
- 산소중독, 이산화탄소의 작용

70 전리방사선의 흡수선량이 생체에 영향을 주는 정도로 표시하는 선당량(생체실효선량)의 단위는?

① R   ② Ci
③ Sv   ④ Gy

해설 » Sv(Sievert)
가. 흡수선량이 생체에 영향을 주는 정도로 표시하는 선당량(생체실효선량)의 단위
나. 등가선량의 단위
    ※ 등가선량: 인체의 피폭선량을 나타낼 때 흡수선량에 해당 방사선의 방사선 가중치를 곱한 값
다. 생물학적 영향에 상당하는 단위
라. RBE를 기준으로 평준화하여 방사선에 대한 보호를 목적으로 사용하는 단위
마. 1Sv-100rem

71 빛과 밝기의 단위에 관한 설명으로 틀린 것은?

① 반사율은 조도에 대한 휘도의 비로 표시한다.
② 광원으로부터 나오는 빛의 양을 광속이라고 하며 단위는 루멘을 시공한다.
③ 광원으로부터 나오는 빛의 세기를 광도라고 하며 단위는 칸델라를 사용한다.
④ 입사면의 단면적에 대한 광도의 비를 조도라 하며 단위는 촉광을 시공한다.

해설 » 럭스(lux); 조도
가. 1루멘(lumen)의 빛이 1㎡의 평면상에 수직으로 비칠 때의 밝기이다.
나. 1cd의 점광원으로부터 1m 떨어진 곳에 있는 광선의 수직인 면의 조명도이다.
다. 조도는 어떤 면에 들어오는 광속의 양에 비례하고 입사면의 단면적에 반비례한다.
    조도 E= lumen/ ㎡
라. 조도는 입사면의 단면적에 대한 광속의 비를 의미한다.

정답   67 ①   68 ③   69 ③   70 ③   71 ④

Part 6

72 다음 중 광원으로부터의 밝기에 관한 설명으로 틀린 것은?

① 루멘은 1촉광의 광원으로부터 한 단위 입체각으로 나가는 광속의 단위이다.

② 밝기는 조사평면과 광원에 대한 수직평면이 이루는 각(cosine) 에 비례한다.

③ 밝기는 광원으로부터의 거리제곱에 반비례한다.

④ 1촉광은 4π루멘으로 나타낼 수 있다.

해설 »
• 빛의밝기는 조사평면과 광원에 대한 수직평면이 이루는 각(cosine) 에 반비례한다.

73 소음에 대한 누적노출량계로 3시간 동안 측정한 값이 60%이었다. 이때 측정시간 동안의 소음평균치는 약 얼마인가?

① 85.3dB(A)   ② 88.3dB(A)

③ 93.4dB(A)   ④ 96.4dB(A)

해설 »
• 시간가중평균소음수준(TWA)
• TWA $= 16.61\log\left(\dfrac{D(\%)}{100}\right)+90\,\mathrm{dB(A)}$

    $= 16.61\log\left(\dfrac{60}{12.5\times3}\right)+90 = 93.39\,\mathrm{dB(A)}$

74 다음 중 저(低)산소상태에서 산소분압의 저하에 의하여 발생되는 질환으로 옳은 것은?

① CO poison

② caisson disease

③ oxygen poison

④ hypoxia

해설 »
• 저산소증상태에서 산소분압의 저하, 즉 저기압에 의하여 발생된다.

75 감압에 따르는 조직 내 질소 기포 형성량에 영향을 주는 요인인 조직에 용해된 가스량을 결정하는 인자로 가장 적절한 것은?

① 감압속도

② 혈류의 변화 정도

③ 노출 정도와 시간 및 체내 지방량

④ 폐 내의 이산화탄소 농도

해설 »
• 감압 시 조직 내 질소 기포 형성량에 영향을 주는 요인
1) 조직에 용해된 가스량
   체내 지방량, 고기압 폭로의 정도와시간으로 결정한다.
2) 혈류변화 정도(혈류를 변화시키는 상태)
   감압 시 또는 재감압 후에 생기기 쉽고, 연령, 기온, 운동, 공포감, 음주와 관계가 있다.
3) 감압속도

76 자유공간에서 소음원과 음압수준의 거리가 2배 증가하면 음압수준은 얼마가 감소하는가?

① 2dB   ② 3dB

③ 4dB   ④ 6dB

해설 »
• 점음원의 거리 감소 = 20log2 = 6dB

77 라듐이 붕괴하는 원자의 수를 기초로 해서 정해졌으나 1초 동안에 3.7 X 10개의 원자 붕괴가 일어나는 방사성물질의 양을 한 단위로 하는 전리방사선 단위는?

① 렘 (rem)   ② 뢴트겐(Rontgen)

③ 큐리 (Ci)   ④ 래드(rad)

해설 » 큐리(Ci), Bq(Bacquerel)
• 방사성 물질의 양을 나타내는 단위, 단위시간에 일어나는 방사선 붕괴율을 의미.

정답   72 ②   73 ③   74 ④   75 ③   76 ④   77 ③

78 다음 중 전기성 안염(전광선 안염)과 가장 관련이 깊은 비전리방사선은?

① 마이크로파   ② 자외선
③ 가시광선   ④ 적외선

해설 ≫ 자외선의 눈에 대한 작용(장애)

가. 전기용접,자외선 살균 취급자 등에서 발생되는 자외선에 의해 전광성 안염인 급성각막염이 유발될 수 있다(일반적으로 6H 2시간에 증상이 최고도에 달함).

나. 나이가 많을수록 자외선 흡수량이 많아져 백내장을 일으킬 수 있다.

다. 자외선의 파장에 따른 흡수정도에 따라 'arc- eye(welder's flash)'라고 일컬어지는 광각막염및 결막염 등의 급성 영향이 나타나며, 이는 270~280nm의 파장에서 주로 발생한다.

79 소음평가치의 단위로 가장 적절한 것은?

① phon   ② NRN
③ NRR   ④ Hz

해설 ≫

• 소음평가 단위의 종류
가. SIL : 회화방해레벨
나. PSIL : 우선회화방해레벨
다. NC: 실내소음평가척도
라. NRN : 소음평가지수
마. TNI : 교통소음지수
바. Lx : 소음통계레벨
사. Ldn : 주야 평균소음레벨
아. PNL : 감각소음레벨
자. WECPNL : 항공기 소음평가량

80 다음 중 저압환경에서의 생체작용에 관한 내용으로 틀린 것은?

① 고공증상으로 항공치통, 항공이염 등이 있다.
② 고공성 폐수종은 어른보다 아이들에게 많이 발생한다.
③ 급성 고산병의 가장 특징적인 것은 흥분성이다.
④ 급성 고산병은 비가역적이다.

해설 ≫ 급성 고산병

가. 가장 특징적인 것은 흥분성이다.
나. 극도의 우울증, 두통, 식욕상실을 보이는 임상 증세군이다.
다. 증상은 48시간 내에 최고도에 달하였다가 2~3일 이면 소실된다. (가역적)

5과목 | 산업독성학

81 다음 중 흄(fume)에 대한 설명으로 가장 적절한 것은?

① 대부분 콜로이드보다는 크고 공기나 다른 가스에 단시간 동안 부유할 수있는 고체 입자를 말한다.
② 불완전연소에 의하여 발생하는 에어로졸로서, 주로 고체상태이고 탄소와 기타가연성 물질로 구성되어 있다.
③ 금속이 용해되어 공기에 의하여 산화되어 미립자가 되어 분산하는 것이다.
④ 자연오염이나 인공오염에 의하여 발생한 대기오염물질인 에어로졸에 대하여 광범위하게 적용된다.

해설 ≫ 흄

• 금속이 용해되어 액상 물질로 되고 이것이 가스상 물질로 기화된 후 다시 응축된 고체 미립자로 보통 크기가 0.1 또는 1μm이하이므로 호흡성 분진의 형태로 체내에 흡입되어 유해성도 커진다. 즉 흄은 금속이 용해되어 공기에 의해 산화되어 미립자가 분산하는 것이다.

82 다음 중 발암을 일으키는 과정에서 개시단계에 관한 설명이 아닌 것은?

① 비가역적인 세포 내 변화가 초래되는 시기이다.
② 형태학적으로 정상 세포와 구분이 되지 않는다.
③ 돌연변이가 세포분열을 통하여 유전자 내에서 분리되는 시기이다.
④ 발암원에 의해 단순돌연변이가 발생한다.

정답   78 ②   79 ②   80 ④   81 ③   82 ③

Part 6

해설 >> **발암개시단계**
- 세포내 비가역적인 변화가 초래되는 시기이다.
- 발암원에 의해 단순돌연변이가 발생한다.

83 직업적으로 벤지딘(benzidine)에 장기간 노출되었을 때 암이 발생될 수 있는 인체부위로 가장 적절한 것은?

① 피부 ② 뇌
③ 폐 ④ 방광

해설 >> **벤지딘**
- 염료, 직물, 제지, 화학공업, 합성고무경화제의 제조에 사용한다.
- 급성중독으로 피부염, 급성방광염을 유발한다.
- 만성중독으로 방광, 요로계 종양을 유발한다.

84 다음 중 3가 및 6가 크롬에 관한 특성을 올바르게 설명한 것은?

① 3가 크롬은 피부흡수가 쉬우나, 6가 크롬은 피부통과가 어렵다.
② 위액은 3가 크롬을 6가 크롬으로 즉시 환원시킨다.
③ 세포막을 통과한 3가 크롬은 세포 내에서 발암성을 가진 6가 크롬 형태로 산화된다.
④ 3가 크롬은 세포 내에서 세포핵과 결합될 때만 발암성을 나타낸다.

해설 >>
- 3가 크롬은 피부흡수가 어려우나, 6가 크롬은 쉽게 피부를 통과한다. 위액은 3가 크롬을 6가크롬으로 즉시 환원시킨다.
- 세포막을 통과한 6가 크롬은 세포 내에서 수분내지 수 시간만에 체내에서 발암성을 가진 3가크롬 형태로 환원된다.

85 다음 중 생물학적 모니터링을 위한 시료가 아닌 것은?

① 공기 중 유해인자
② 혈액 중의 유해인자나 대사산물
③ 뇨 중의 유해인자나 대사산물
④ 호기 (exhaled air) 중의 유해인자나 대산물

해설 >>
- 공기 중 유해인자는 작업환경측정을 위한 개인시료이다.

86 다음 중 급성 전신중독을 유발하는 데 있어 그 독성이 가장 강한 방향족탄화수소는?

① 벤젠(benzene) ② 톨루엔(toluene)
③ 크실렌(xylene) ④ 에틸렌(ethylene)

해설 >> **방향족탄화수소 중급성 전신중독시 독성순서**
- 틀루엔 > 크실렌 > 벤젠

87 호흡기에 대한 자극작용은 유해물질의 용해도에 따라 구분되는데, 다음 중 상기도 점막 자극제에 해당하지 않는 것은?

① 염화수소 ② 아황산가스
③ 암모니아 ④ 이산화질소

해설 >>
- 상기도 점막 자극제
- 암모니아
- 염화수소
- 아황산가스
- 포름알데히드
- 아크롤레인
- 아세트알데히드
- 크롬산
- 산화에틸렌
- 염산
- 불산

88 규폐증(silicosis)에 관한 설명으로 틀린 것은 어느 것인가?

① 규폐증이란 석영분진에 직업적으로 노출될 때 발생하는 진폐증의 일종이다.
② 역사적으로 보면 규폐증은 이집트의 미라에서도 발견되는 오랜 질병이다.
③ 채석장 및 모래분사 작업장에 종사하는 작업자들이 잘 걸리는 폐질환이다.
④ 규폐증이란 석면의 고농도 분진을 단기적으로 흡입할 때 주로 발생되는 질병이다.

해설 ▶▶ 규폐증의 인체 영향 및 특징
• 유리 규산 성분이 있는 먼지를 흡입하여 폐에 쌓여 발생하는 폐의 영구적인 흉터(반흔)와 염증을 일으킨다.
• 주로 광부, 석공, 건설업 종사자 등 규사 먼지에 노출되는 직업군에서 발생하며, 증상으로는 기침, 가래, 호흡곤란 등이 있고, 심한 경우 폐렴, 결핵, 폐의 흉터가 생긴다.

89 인간의 연금술, 의약품 등에 가장 오래 사용해 왔던 중금속 중의 하나로 17세기 유럽에서 신사용 중절모자를 제조하는 데 사용하여 근육경련을 일으킨 물질은?

① 납   ② 비소
③ 수은   ④ 베릴륨

해설 ▶▶
• 수은은 인간의 연금술, 의약품 분야에서 가장 오래 사용해 왔던 중금속의 하나이며 로마 시대에는 수은광산에서 수은중독 사망이 발생하였다.

90 생물학적 모니터링에 대한 설명으로 틀린 것은?

① 피부, 소화기계를 통한 유해인자의 종합적인 흡수 정도를 평가할 수 있다.
② 생물학적 시료를 분석하는 것은 작업환경 측정보다 훨씬 복잡하고 취급이 어렵다.

③ 건강상의 영향과 생물학적 변수와 상관성이 높아 공기 중의 노출기준(TLV)보다 훨씬 많은 생물학적 노출지수(BEI)가 있다.
④ 근로자의 유해인자에 대한 노출 정도를 소변, 호기, 혈액 중에서 그 물질이나 대사산물을 측정함으로써 노출 정도를 추정하는 방법을 의미한다.

해설 ▶▶
• 노출지수(BEI)는 건강상의 영향과 생물학적 변수와 상관성이 있는 물질이 많지 않아 작업환경 측정에서 설정한 허용기준(TLV)보다 훨씬 적은기준을 가지고 있다.

91 산업안전보건법상 발암성 물질로 확인된 물질(1A)에 포함되어 있지 않은 것은?

① 벤지딘   ② 염화비닐
③ 베릴륨   ④ 에틸벤젠

해설 ▶▶ 발암성 확인물질(1A)
• 석면, 우라늄, 크롬6가화합물, 아크릴로니트릴, 벤지딘, 염화비닐, 나프틸아민, 베릴륨

92 입자상 물질의 하나인 흄의 발생기전 3단계에 해당하지 않는 것은?

① 산화   ② 응축
③ 입자화   ④ 증기화

해설 ▶▶ 흄(fume)의 발생기전
• 1단계 : 금속의 증기화
• 2단계 : 증기물의 산화
• 3단계 : 산화물의 응축

정답 88 ④   89 ③   90 ③   91 ④   92 ③

Part 6

93 대사과정에 의해서 변화된 후에만 발암성을 나타내는 선행발암물질(procarcinogen)로만 연결된 것은?

① PAH, nitrosamine
② PAH, methyl nitrosourea
③ benzo(a)pyrene, dimethyl sulfate
④ nitrosamine, ethyl methanesulfonate

해설 ≫ 선행발암물질 종류
• PAH, nitosamine

94 직업성 천식을 확진하는 방법이 아닌 것은?

① 작업장 내 유발검사
② Ca-EDTA 이동시험
③ 증상 변화에 따른 추정
④ 특이항원 기관지 유발검사

해설 ≫ 직업성 천식 확진방법
• 작업장 내 유발검사
• 증상 변화에 따른 추정
• 특이항원 기관지 유발검사

95 산업안전보건법상 기타 분진의 산화규소 결정체 함유율과 노출기준으로 맞는 것은?

① 함유율 : 0.1% 이상,노출기준 : 5mg/㎥
② 함유율 : 0.1% 이하, 노출기준 : 10mg/㎥
③ 함유율 : 1% 이상, 노출기준 : 5mg/㎥
④ 함유율 : 1% 이하, 노출기준 : 10mg/㎥

해설 ≫ 기타 분진의 산화규소 결정체
• 함유율: 1% 이하
• 노출기준: 10mg/㎥

96 다음은 납이 발생되는 환경에서 납 노출을 평가하는 활동이다. 순서가 맞게 나열된 것은?

> 가. 납의 독성과 노출기준 등을 MSDS를 통해 찾아본다.
> 나. 납에 대한 노출을 측정하고 분석한다.
> 다. 납에 노출되는 것은 부적합하므로 시설 개선을 해야 한다.
> 라. 납에 대한 노출 정도를 노출기준과 비교한다.
> 마. 납이 어떻게 발생되는지 예비 조사한다.

① 가 → 나 → 다 → 라 → 마
② 다 → 나 → 가 → 라 → 마
③ 마 → 가 → 나 → 라 → 다
④ 마 → 나 → 가 → 라 → 다

해설 ≫
가. 납이 어떻게 발생되는지 조사한다.
나. 납에 대한 독성, 노출기준 등을 MSDS를 통하여 찾아본다.
다. 납에 대한 노출을 측정하고 분석한다.
라. 납에 대한 노출 정도를 노출기준과 비교한다.
마. 납에 대한 노출은 부적합하므로 개선시설을 해야 한다.

97 Haber의 법칙을 가장 잘 설명한 공식은? (단, K =유해지수, C= 농도, T= 시간)

① K = C ÷ T
② K = C x T
③ K = T ÷ C
④ K = C² X T

해설 ≫ Haber의 법칙
• C x T = K
　여기서,C : 농도
　T : 노출지속시간
　K : 용량(유해물질 지수)

98 석유정제공장에서 다량의 벤젠을 분리하는 공정의 근로자가 해당 유해물질에 반복적으로 계속해서 노출될 경우 발생 가능성이 가장 높은 직업병은 무엇인가?

① 신장 손상
② 직업성 천식
③ 급성골수성 백혈병
④ 다발성 말초신경장애

해설 >>
• 벤젠은 장기간 폭로 시 혈액장애, 간장장애를 일으키고 재생불량성 빈혈, 백혈병(급성 뇌척수성)을 일으킨다.

해설 >> 성별 생식 독성 유발 유해인자
가 : 남성근로자: 고온, x 선, 납, 카드뮴, 망간, 수은, 항암제, 마취제, 알킬화제, 이황화탄소, 염화비닐, 음주, 흡연, 마약, 호르몬제제, 마이크로파 등
나. 여성근로자: X 선, 고열, 저산소증, 납, 수은, 카드뮴, 항암제, 이뇨제, 알킬화제, 유기인계 농약, 음주, 흡연, 마약, 비타민 A, 칼륨, 저혈압 등

99 단시간 노출기준이 시간가중평균농도(TLV – TWA)와 단기간 노출기준(TLV-STEL) 사이일 경우 충족시켜야 하는 3가지 조건에 해당하지 않는 것은?

① 1일 4회를 초과해서는 안 된다.
② 15분 이상 지속 노출되어서는 안 된다.
③ 노출과 노출 사이에는 60분 이상의 간격이 있어야 한다.
④ TLV – TWA의 3배 농도에는 30분 이상 노출되어서는 안 된다.

해설 >>
• TLV- STEL이 TLV-TWA와TLV-STEL 사이 값 경우 충족조건(다음에 해당하면 노출기준 초과판정)
가. 1일 4회를 초과하여 노출되는 경우
나. 1회 노출지속시간이 15분 이상인 경우
다. 각 회의 간격이 60분 미만인 경우

100 남성근로자의 생식 독성 유발요인이 아닌 것은?

① 흡연   ② 망간
③ 풍진   ④ 카드뮴

정답   98 ③   99 ④   100 ③

Part 6

1과목 산업위생학 개론

01 이탈리아의 의사인 Ramazzini는 1700년에 "직업인의 질병"을 발간하였는데, 이 사람이 제시한 직업병의 원인과 거리가 먼 것은?

① 근로자들의 과격한 동작
② 작업장을 관리하는 체계
③ 작업장에서 사용하는 유해물질
④ 근로자들의 불안전한 작업자세

해설 ≫ Ramazzini가 제시하는 직업병 원인
• 작업장에서 사용하는 유해물질 / 불안전한 작업자세나 과격한 동작

02 다음 중 직업성 피부질환에 관한 내용으로 틀린 것은?

① 작업환경 내 유해인자에 노출되어 피부 및 부속기관에 병변이 발생되거나 악화 되는 질환을 직업성 피부질환이라 한다.
② 피부종양은 발암물질과 피부의 직접 접촉뿐만 아니라 다른 경로를 통한 전신적인 흡수에 의하여도 발생될 수 있다.
③ 미국의 경우 피부질환의 발생빈도가 낮아 사회적 손실을 적게 추정하고 있다.
④ 직업성 피부질환의 간접적 요인으로는 인종, 아토피, 피부질환 등이 있다.

해설 ≫
• 직업성 피부질환은 발생빈도가 타 질환에 비하여 월등히 많은 것이 특징이며, 이로 인해 생산성을 크게 저해시켜 큰 경제적 손실을 가져온다.

03 피로의 현상과 피로조사방법 등을 나타낸 내용 중 가장 관계가 먼 것은?

① 피로현상은 개인차가 심하여 작업에 대한 개체의 반응을 수치로 나타내기 어렵다.
② 노동수명(turn over ratio)으로서 피로를 판정하는 것은 적합하지 않다.
③ 피로조사는 피로도를 판가름하는 데 그치지 않고 작업방법과 교대제 등을 과학적으로 검토할 필요가 있다.
④ 작업시간이 등차급수적으로 늘어나면 피로회복에 요하는 시간은 등비급수적으로 증가하게 된다.

해설 ≫
• 노동수명(turn over ratio)으로 피로를 판정할 수 있다.

04 고온에 순응된 사람들이 고온에 계속적으로 노출되었을 때 증가하는 현상은?

① 심장박동
② 피부온도
③ 직장온도
④ 땀의 분비속도

해설 ≫
가. 고온에 폭로된 지 12~14일에 거의 완성되는 것으로 알려져 있다.
나. 고온순응 정도는 폭로된 고온의 정도에 따라 부분 적으로 순응되며, 더 심한 온도에는 내성이 없다.
다. 고온에 순응된 상태에서 계속 노출되면 땀의 분비속도가 증가한다.
라. 고온순화에 관계된 가장 중요한 외부영향요인은 영양과 수분보충이다.
마. 고온순화는 매일 고온에 반복적이며 지속적으로 폭로 시 4~6일에 주로 이루어진다.
바. 순화방법은 하루 100분씩 폭로하는 것이 가장 효과적이며, 하루의 고온폭로시간이 길다고 해서 고온순화가 빨리 이루어지는 것은 아니다.

정답   01 ②   02 ③   03 ②   04 ④

05 다음 중 근골격계 질환의 특징으로 볼 수 없는 것은?

① 자각증상으로 시작된다.
② 손상의 정도를 측정하기 어렵다.
③ 관리의 목표는 질환의 최소화에 있다.
④ 환자가 집단적으로 발생하지 않는다.

해설 》 근골격계 질환의 특징
가. 한 번 악화되어도 회복은 가능하다.(회복과 악화 반복)
나. 자각증상으로 시작되며, 환자 발생이 집단적이다.
다. 손상의 정도 측정이 용이하지 않고 노동력 손실에 따른 경제적 피해가 크다.

06 허용농도 상한치(excursion limits)에 대한 설명으로 가장 거리가 먼 것은?

① 단시간허용노출기준(TLV-STEL)이 설정되어 있지 않은 물질에 대하여 적용 한다.
② 시간가중평균치(TLV-TWA)의 3배는 1시간 이상을 초과할 수 없다.
③ 시간가중평균치(TLV-TWA)의 5배는 잠시라도 노출되어서는 안 된다.
④ 시간가중평균치(TLV-TWA)가 초과되어서는 안 된다.

해설 》
• 시간가중평균치(TLV-TWA)의 3배는 30분 이상을 초과할 수 없다.

07 밀폐공간과 관련된 설명으로 틀린 것은?

① '산소결핍'이란 공기 중의 산소농도가 16% 미만인 상태를 말한다.
② '산소결핍증'이란 산소가 결핍된 공기를 들이마심으로써 생기는 증상을 말한다.
③ '유해가스'란 밀폐공간에서 탄산가스, 황화수소 등의 유해물질이 가스상태로 공기 중에 발생하는 것을 말한다.

④ '적정공기'란 산소농도의 범위가 18%이상~23.5%미만, 탄산가스의 농도가 1.5% 미만, 황화수소의 농도가 10ppm 미만인 수준의 공기를 말한다.

해설 》
• '산소결핍'이란 공기 중의 산소농도가 18% 미만인 상태를 말한다.

08 다음 중 작업 시작 및 종료 시 호흡의 산소소비량에 대한 설명으로 틀린 것은?

① 산소소비량은 작업부하가 계속 증가하면 일정한 비율로 같이 증가한다.
② 작업부하 수준이 최대 산소소비량 수준 보다 높아지게 되면 젖산의 제거속도가 생성속도에 못 미치게 된다.
③ 작업이 끝난 후에 남아 있는 젖산을 제거하기 위하여 산소가 더 필요하며, 이때 동원되는 산소소비량을 산소부채(oxygen debt) 라 한다.
④ 작업이 끝난 후에도 맥박과 호흡수가 작업개시 수준으로 즉시 돌아오지 않고 서서히 감소한다.

해설 》
• 작업대사량이 증가하면 산소소비량도 비례하여 계속 증가하나 작업대사량이 일정 한계를 넘으면 산소소비량은 증가하지 않는다.

09 근로자가 건강장애를 호소하는 경우 사무실 공기관리상태를 평가할 때 조사항목에 해당되지 않는 것은?

① 사무실 외 오염원 조사 등
② 근로자가 호소하는 증상 조사
③ 외부의 오염물질 유입경로 조사
④ 공기정화설비의 환기량 적정 여부 조사

정답 　05 ④　　06 ②　　07 ①　　08 ①　　09 ①

Part 6

해설 ▶▶ 사무실 공기관리상태 평가시 조사항목
가. 근로자가 호소하는 증상(호흡기, 눈,피부자극 등) 조사
나. 공기정화설비의 환기량이 적정한지 여부 조사
다. 외부의 오염물질 유입경로 조사
라. 사무실 내 오염원 조사 등

10 다음 중 역사상 최초로 기록된 직업병은?

① 규폐증　　　② 폐질환
③ 음낭암　　　④ 납중독

해설 ▶▶ 역사상 최초로 기록된 직업병 : 납중독
• BC 4세기 Hippocrates에 의해 광산에서 납중독이 보고되었다.

11 다음 중 근육노동 시 특히 보급해 주어야 하는 비타민의 종류는?

① 비타민 A　　　② 비타민 B_1
③ 비타민 C　　　④ 비타민 D

해설 ▶▶
• 비타민 B_1은 작업강도가 높은 근로자의 근육에 호기적 산화를 촉진시켜 근육의 열량공급을 원활히 해주는 영양소이다.

12 작업장에 존재하는 유해인자와 직업성 질환의 연결이 옳지 않은 것은?

① 망간 – 신경염
② 무기분진 – 규폐증
③ 6가 크롬 – 비중격천공
④ 이상기압–레이노병

해설 ▶▶ 유해인자별 발생 직업병
• 크롬 : 폐암(크롬폐증) / 이상기압 : 폐수종(잠함병) / 고 열 : 열사병
• 방사선 : 피부염 및 백혈병 / 소 음 : 소음성 난청 / 수은 : 무뇨증
• 망간 : 신장염 및 신경염(파킨슨 증후군)
• 석면 : 악성중피종 / 한랭 : 동상 / 조명 부족 : 근시, 안구진탕증
• 진동 : Raynaud's 현상 / 분 진 : 규폐증

13 산업재해를 분류할 때 '경미사고', '경미한 재해'의 뜻은 무엇인가?

① 통원치료할 정도의 상해가 일어난 경우
② 사망하지는 않았으나 입원할 정도의 상해가 일어난 경우
③ 상해는 없고 재산상의 피해만 일어난 경우
④ 재산상의 피해는 없고, 시간손실만 일어난 경우

해설 ▶▶
• 경미사고 혹은 경미한 재해란 통원치료할 정도의 상해, 재산상의 피해를 입히는 사고가 아니면서 동시에 중상자가 발생하지 않고 경상자만 발생한 사고

14 온도가 15℃이고, 1기압인 작업장에 톨루엔이 200mg/㎥으로 존재할 경우 이를 ppm으로 환산하면 얼마인가? (단, 톨루엔의 분자량은 92.13이다.)

① 53.1　　　② 51.2
③ 48.6　　　④ 11.3

해설 ▶▶
$$ppm = 200mg/㎥ \times \frac{22.4L \times \frac{273+15}{273}}{92.13g}$$
$$= 51.3ppm$$

15 육체적 작업능력(PWC)이 15kcal/min인 근로자가 1일 8시간 물체를 운반하고 있다. 이때의 작업대사율이 6.5 kcl/min 이고, 휴식 시의 대사량이 1.5kcal/min 일 때 시간당 적정 휴식시간은 약 얼마인가? (단, Hertig의식을 적용한다.)

① 18분　　　② 25분
③ 30분　　　④ 42분

해설 ≫

$$T_{rest}\,(\%) = \left[\frac{\text{PWC의 } \frac{1}{3} - \text{작업대사량}}{\text{휴식대사량} - \text{작업대사량}}\right] \times 100$$

$$= \left[\frac{\left(15 \times \frac{1}{3}\right) - 6.5}{1.5 - 6.5}\right] \times 100 = 30\%$$

∴ 휴식시간 = 60min × 0.3 = 18min

16 미국산업위생학술원(AAIH)에서 정하고 있는 산업위생전문가로서 지켜야 할 윤리강령으로 틀린 것은?

① 기업체의 기밀은 누설하지 않는다.
② 성실성과 학문적 실력면에서 최고수준을 유지한다.
③ 쾌적한 작업환경을 만들기 위한 시설 투자 유치에 기여한다.
④ 과학적 방법의 적용과 자료의 해석에 객관성을 유지한다.

해설 ≫ 3번은 기업주와 고객에 대한 책임이다.

산업위생전문가로서의 책임

가. 성실성과 학문적 실력 면에서 최고수준을 유지 한다.(전문적 능력 배양 및 성실한 자세로 행동)
나. 과학적 방법의 적용과 자료의 해석에서 경험을 통한 전문가의 객관성을 유지한다.(공인된 과학적 방법 적용·해석)
다. 전문 분야로서의 산업위생을 학문적으로 발전시킨다.
라. 근로자, 사회 및 전문 직종의 이익을 위해 과학적 지식을 공개하고 발표한다.
마. 산업위생활동을 통해 얻은 개인 및 기업체의 기밀은 누설하지 않는다.(정보는 비밀 유지)
바. 전문적 판단이 타협에 의하여 좌우될 수 있거나 이해관계가 있는 상황에는 개입하지 않는다.

17 안전보건교육에 관한 내용으로 틀린 것은?

① 사업주는 해당 사업장의 근로자에 대하여 정기적으로 안전보건에 관한 교육을 실시한다.
② 사업주는 근로자를 채용할 때와 작업내 용을 변경할 때는 해당 근로자에 대하여 해당 업무와 관계되는 안전보건에 관한교육을 실시한다.
③ 사업주는 유해하거나 위험한 작업에 근로자를 사용할 때에는 해당 업무와 관계 되는 안전보건에 관한 특별교육을 실시한다.
④ 사업주는 안전보건에 관한 교육을 교육 부장관이 지정하는 교육기관에 위탁하여 실시한다.

해설 ≫ 안전보건 교육(산업안전보건법)

• 사업주는 채용 시와 작업내용을 변경할 때는 반드시 해당 근로지에 대해 안전보건교육을 실시하여야 힌다.
• 사업주는 산업안전보건법에서 정한 유해하거나 위험한 작업에 대해서는 특별안전보건교육을 16시간 이상 실시하여야 한다.
• 사업주는 사업장의 사무직 종사 근로자에 대해서는 분기에 3시간 이상, 사무직 종사 외 근로 자에 대해서는 분기에 6시간 이상 정기 안전보건교육을 실시하여야 한다.
• 사업주는 안전·보건에 관한 교육에 대해서는 산업안전보건법 시행 령에 근거한 지정 교육기관에 위탁할 수 있다.

18 다음 중 산업피로의 원인이 되고 있는 스트레스에 의한 신체반응 증상으로 옳은 것은?

① 혈압의 상승
② 근육의 긴장 완화
③ 소화기관에서의 위산분비 억제
④ 뇌하수체에서 아드레날린의 분비 감소

해설 ≫ 산업피로의 원인이 되고 있는 스트레스에 의한 신체반응 증상

• 혈압상승 / 근육의 긴장 촉진 / 소화기관에서의 위산분비 촉진 / 뇌하수체에 아드레날린의 분비 증가

정답   16 ③   17 ④   18 ①

Part 6

19 직업성 질환의 예방대책 중에서 근로자 대책에 속하지 않는 것은?

① 적절한 보호의의 착용
② 정기적인 근로자 건강진단의 실시
③ 생산라인의 개조 또는 국소배기시설 설치
④ 보안경, 진동장갑, 귀마개 등의 보호구

해설 ≫

• 3번은 생산기술 및 작업환경 관리대책이다.

20 다음 중 산업재해 예방의 4원칙에 해당하지 않는 것은?

① 손실우연의 원칙　② 원인조사의 원칙
③ 예방가능의 원칙　④ 대책선정의 원칙

해설 ≫ **산업재해 예방 4원칙**

• 예방가능의 원칙 / 손실우연의 원칙 / 원인계기의 원칙 / 대책선정의 원칙

2과목　작업위생 측정 및 평가

21 음원의 파워레벨을 Lw(dB), 음원에서 수음점 까지의 거리를 r(m), 음원의 지향계수를 Q라할 때 음압레벨 L(dB)은 L = Lw −20logr − 11 + 10logQ로 나타낸다. Lw가 107dB 일때 r이 2m이고, L이 96dB이었다면 음원의 지향계수는?

① 1　　　　　② 2
③ 3　　　　　④ 4

해설 ≫

• $L = Lw - 20logr - 11 + 10logQ$
• $96 = 107 - 20log2 - 11 + 10logQ$
• $10logQ = 6$
• $\therefore Q = 10^{\frac{6}{10}} = 3.98$

22 가스상 물질 흡수액의 흡수효율을 높이기 위한 방법으로 옳지 않은 것은?

① 가는 구멍이 많은 프리티드 버블러 등 채취효율이 좋은 기구를 사용한다.
② 시료채취속도를 높인다.
③ 용액의 온도를 낮춘다.
④ 두 개 이상의 버블러를 연속적으로 연결한다.

해설 ≫ **흡수효율(채취효율)을 높이기 위한 방법**

가. 포집액의 온도를 낮추어 오염물질의 휘발성을 제한한다.
나. 두 개 이상의 임핀저나 버블러를 연속적(직렬)으로 연결하여 사용 것이 좋다.
다. 시료채취속도(채취물질이 흡수액을 통과하는 속도)를 낮춘다.
라. 기포의 체류시간을 길게 한다.
마. 기포와 액체의 접촉면적을 크게 한다.(가는 구멍이 많은 fritted 버블러 사용)
바. 액체의 교반을 강하게 한다.
사. 흡수액의 양을 늘려준다.

23 흡착제인 활성탄의 제한점에 관한 내용으로 틀린 것은?

① 휘발성이 매우 큰 저분자량의 탄화수소 화합물의 채취효율이 떨어짐
② 암모니아, 에틸렌, 염화수소와 같은 저비점 화합물에 비효과적임
③ 케톤의 경우 활성탄 표면에서 물을 포함하는 반응에 의해서 파괴되어 탈착률과 안정성에서 부적절함
④ 표면의 산화력으로 인해 반응성이 적은 mer captan, aldehyde 포집에 부적합함

해설 ≫ **활성탄의 제한점**

가. 표면의 산화력으로 인해 반응성이 큰 멜캅탄 알데히드 포집에는 부적합하다.
나. 케톤의 경우 활성탄 표면에서 물을 포함히는 반응에 의하여 파과되어 탈착률과 안정성에 부적절하다.
다. 메탄,일산화탄소 등은 흡착되지 않는다.
라. 휘발성이 큰 저분자량의 탄화수소화합물의 채취 효율이 떨어진다.
마. 끓는점이 낮은 저비점 화합물인 암모니아,에틸렌,염화수소,포름알데히드 증기는 흡착속도가 높지 않아 비효과적이다.

정답　19 ③　20 ②　21 ④　22 ②　23 ④

24 다음 중 2차 표준보정기구가 아닌 것은?

① 습식 테스트미터   ② 건식 가스미터
③ 폐활량계   ④ 열선기류계

해설 ▶▶ **2차 표준보정기구의 종류**
• 로터미터 / 습식 테스트미터 / 건식 가스미터 / 오리피스미터 / 열선 기류계

25 어느 자동차공장의 프레스반 소음을 측정한 결과 측정치가 다음과 같았다면 이 프레스반 소음의 중앙치(median)는?

> 79dB(A), 80dB(A), 77dB(A), 82dB(A),
> 88dB(A), 81dB(A), 84dB(A), 76dB(A)

① 80.5dB(A)   ② 81.5dB(A)
③ 82.5dB(A)   ④ 83.5dB(A)

해설 ▶▶
• 순서 : 76dB(A), 77dB(A), 79dB(A), 80dB(A), 81dB(A), 82dB(A), 84dB(A), 88dB(A)
• 중앙치 : (80 + 81) ÷ 2= 80.5dB(A)
순사 : 76dB(A), 77dB(A), 79dB(A), 80dB(A), 81dB(A), 82dB(A), 84dB(A), 88dB(A)
80 + 81 : 80.5dB(A)

26 금속도장 작업장의 공기 중에 toluene (TLV = 100ppm) 55ppm, MIBK(TLV = 50ppm), 25ppm, acetone(TLV = 750ppm) 280ppm, MEK(TLV=200ppm) 90ppm으로 발생되었을 때 이 작업장의 노출지수(EI)는? (단,상가작용 기준)

① 1.573   ② 1.673
③ 1.773   ④ 1.873

해설 ▶▶
• $EI = \dfrac{55}{100} + \dfrac{25}{50} + \dfrac{280}{750} + \dfrac{90}{200} = 1.873$

27 호흡성 먼지의 설명으로 옳은 것은? (단, ACGIH(미국산업위생전문가협의회) 기준)

① 평균입경은 2㎛이다.
② 평균입경은 4㎛이다.
③ 평균입경은 8㎛이다.
④ 평균입경은 10㎛이다.

해설 ▶▶ **ACGIH의 입자 크기별 기준**
가. 흡입성 입자상 물질 : 평균입경 100㎛
나. 흉곽성 입자상 물질 : 평균입경 10㎛
다. 호흡성 입자상 물질 : 평균입경 4㎛

28 용접작업장에서 개인시료펌프를 이용하여 오전 9시 5분부터 11시 55분까지, 오후에는 1시 5분부터 4시 23분까지 시료를 채취하였다. 총 채취공기량이 787L일 경우 펌프의 유량(L/min)은?

① 약 1.14   ② 약 2.14
③ 약 3.14   ④ 약 4.14

해설 ▶▶
• 펌프유량$(L/min) = \dfrac{787L}{(170+198)min}$
  $= 2.14L/min$

29 흡수액을 이용하여 액체 포집한 후 시료를 분석한 결과 다음과 같은 수치를 얻었다. 이 물질의 공기 중 농도(mg/㎥)는?

> • 시료에서 정량된 분석량 : 40.5㎍
> • 공시료에서 정량된 분석량 : 6.25㎍
> • 시작 시 유량 : 1.2L/min
> • 종료 시 유량 : 1.0L/min 포집시간 : 389분
> • 포집효율 : 80 %

① 0.1   ② 0.2
③ 0.3   ④ 0.4

정답					
24 ③	25 ①	26 ④	27 ②	28 ②	29 ①

Part 6

해설 ▶

- 농도(mg/m³) = $\dfrac{(40.5 - 6.25)\mu g}{1.1 L/min \times 389 min \times 0.8}$

  $= 0.1 \mu g/L \, (mg/m^3)$

30 어느 작업장 내의 공기 중 톨루엔(toluene)을 기체크로마토그래피법으로 농도를 구한 결과 65.0mg/㎥이었다면 ppm 농도는? (단, 25℃, 1기압 기준, 톨루엔의 분자량은 92.14 이다.)

① 17.3 ppm   ② 37.3ppm
③ 122.4 ppm   ④ 246.4ppm

해설 ▶

- 농도(ppm) = $65.0 mg/m^3 \times \dfrac{24.45 L}{92.14 g}$ = 17.25ppm

31 다음은 서울 종로 혜화동 전철역에서 측정한 오존의 농도이다. 기하평균(ppm)은?

> [측정농도 (ppm)]
> 5.42, 5.58, 1.26, 0.57, 5.82, 2.24,
> 3.58, 5.58, 1.15

① 2.25   ② 2.65
③ 3.25   ④ 3.45

해설 ▶

- log(GM)

  $= \dfrac{(\log 5.42 + \log 5.58 + \log 1.26 + \log 0.57 + \log 5.82}{9}$
  $+ \dfrac{\log 2.24 + \log 3.58 + \log 5.58 + \log 1.15)}{9}$

  $= 0.423$

∴ GM = $10^{0.423}$ = 2.65ppm

32 측정결과의 통계처리를 위한 산포도 측정방법에는 변량 상호간의 차이에 의하여 측정하는 방법과 평균값에 대한 변량의 편차에 의한 측정방법이 있다. 다음 중 변량 상호간의 차이에 의하여 산포도를 측정하는 방법으로 가장 옳은 것은?

① 평균차   ② 분산
③ 변이계수   ④ 표준편차

해설 ▶ 측정결과의 통계처리를 위한 산포도 측정방법

가. 변량 상호간의 차이에 의하여 측정하는 방법(범위, 평균차)
나. 평균값에 대한 변량의 편차에 의한 측정방법(변이 계수, 평균편차, 분산, 표준편차)

33 다음은 산업위생 분석 용어에 관한 내용이다. ( ) 안에 가장 적절한 내용은?

> (   )는(은) 검출한계가 정량분석에서 만족스런 개념을 제공하지 못하기 때문에 검출 한계의 개념을 보충하기 위해 도입되었다.
> 이는 통계적인 개념보다는 일종의 약속이다.

① 변이계수   ② 오차한계
③ 표준편차   ④ 정량한계

해설 ▶ 정량한계

가. 분석기마다 바탕선량과 구별하여 분석될 수 있는 최소의 양, 즉 분석결과가 어느 주어진 분석 절차에 따라 합리적인 신뢰성을 가지고 정량분석할 수 있는 가장 작은 양이나 농도이다.
나. 도입 이유는 검출한계가 정량분석에서 만족스런 개념을 제공하지 못하기 때문에 검출한계의 개념을 보충하기 위해서이다.
다. 일반적으로 표준편차의 10배 또는 검출한계의 3배 또는 3.3배로 정의한다.
라. 정량한계를 기준으로 최소한으로 채취해야 하는 양이 결정된다.

정답   30 ①   31 ②   32 ①   33 ④

34 다음은 소음의 측정 시간 및 횟수의 기준에 관한 내용이다. ( ) 안에 옳은 내용은? (단, 고용노동부 고시 기준)

> 단위작업 장소에서의 소음발생시 간이 6시간 이내인 경우나 소음발생원에서의 발생시간이 간헐적 인 경우에는 발생시간 동안 연속 측정하거나 등간격으로 나눠 ( ) 이상 측정 하여야 한다.

① 2회   ② 3회
③ 4회   ④ 6회

해설 ▶▶ 소음측정 시간 및 횟수

가. 단위작업장소에서 소음수준은 규정된 측정위치 및 지점에서 1일 작업시간 동안 6시간 이상 연속측정하거나 작업시간을 1시간 간격으로 나누어 6회 이상 측정하여야 한다.
    다만,소음의 발생특성이 연속음으로서 측정치가 변동이 없다고 자격자 또는 지정 측정기관이 판단한 경우에는 1시간 동안을 등간격으로 나누어 3회 이상 측정할 수 있다.

나. 단위작업장소에서의 소음발생시간이 6시간 이내인 경우나 소음발생원에서의 발생시간이 간헐적인 경우에는 발생시간 동안 연속측정하거나 등간격으로 나누어 4회 이상 측정하여야 한다.

35 음원이 아무런 방해물이 없는 작업장 중앙 바닥에 설치되어 있다면 음의 지향계수(Q)는 어느 것인가?

① 0   ② 1
③ 2   ④ 4

해설 ▶▶ 음원의 위치에 따른 지향계수

가. 공중(자유공간) : 1
나. 바닥, 벽, 천장(반자유공간) : 2
다. 두 면이 접하는 곳 : 4
라. 세 면이 접하는 곳 : 8

36 다음 중 알고 있는 공기 중 농도 만드는 방법인 dynamic method에 관한 설명으로 옳지 않은 것은?

① 소량의 누출이나 벽면에 의한 손실은 무시할 수 있음
② 농도변화를 줄 수 있음
③ 만들기가 복잡하고 가격이 고가임
④ 대개 운반용으로 제작됨

해설 ▶▶ Dynamic method

가. 희석공기와 오염물질을 연속적으로 흘려주어 일정한 농도를 유지하면서 만드는 방법으로 알고 있는 공기 중 농도를 만드는 것이다.
나. 농도변화를 줄 수 있고 온도·습도 조절이 가능하다.
다. 제조가 어렵고 비용이 많이 든다.
라. 다양한 농도 범위에서 제조가 가능하다.
마. 가스, 증기, 에어로졸 실험도 가능하다.
바. 소량의 누출이나 벽면에 의한 손실은 무시할 수있다.
사. 지속적인 모니터링이 필요하다.
아. 매우 일정한 농도를 유지하기가 곤란하다.

37 분석기기가 검출할 수 있고 신뢰성을 가질 수 있는 양인 정량한계(LOQ)에 관한 설명으로 옳은 것은?

① 표준편차의 3배
② 표준편차의 3.3배
③ 표준편차의 5배
④ 표준편차의 10배

해설 ▶▶ 정량한계(LOQ)

가. 분석기마다 바탕선량과 구별하여 분석될 수 있는 최소의 양, 즉 분석결과가 어느 주어진 분석 절차에 따라 합리적인 신뢰성을 가지고 정량분석할 수 있는 가장 작은 양이나 농도이다.
나. 도입 이유는 검출한계가 정량분석에서 만족스런 개념을 제공하지 못하기 때문에 검출한계의 개념을 보충하기 위해서이다.
다. 일반적으로 표준편차의 10배 또는 검출한계의 3배또는 3.3배로 정의한다.
마. 정량한계를 기준으로 최소한으로 채취해야 하는 양이 결정된다.

38 금속제품을 탈자 세정하는 공정에서 사용 하는 유기용제인 트리클로로에틸렌의 근로자 노출농도를 측정하고자 한다. 과거의 노출농도를 조사해 본 결과, 평균 50ppm이었다. 활성탄관(100mg/50mg)을 이용하여 0.4L/min으로 채취하였다면 채취해야 할 최소한의 시간 (min)은? (단, 트리클로로에틸렌의 분자량 : 131.39, 기체크로마토그래피의 정량한계는 시료당 0.5mg, 1기압, 25℃ 기준으로 기타 조건은 고려하지 않는다.)

① 약 2.4 　② 약 3.2
③ 약 4.7 　④ 약 5.3

해설 ≫

- $mg/m^3 = 50ppm \times \dfrac{131.39g}{24.45L}$

  $= 268.69 mg/m^3$

- 최소 채취량 $= \dfrac{LOQ}{농도} = \dfrac{0.5mg}{268.69 mg/m^3}$

  $= 0.00186 m^3 \times 1,000 L/m^3 = 1.86L$

∴ 채취 최소시간 $= \dfrac{1.86L}{0.4L/min} = 4.65min$

39 다음이 설명하는 막 여과지는?

> - 농약, 알칼리성 먼지, 콜타르피치 등을 채취한다.
> - 열, 화학물질, 압력 등에 강한 특성이 있다.
> - 석탄건류나 증류 등의 고열공정에서 발생되는 다핵 방향족탄화수소를 채취하는 데 이용된다.

① 섬유상 막 여과지
② PVC 막 여과지
③ 은막 여과지
④ PTFE막 여과지

해설 ≫ PTFE막 여과지(Polytetrafluoroethylene membrane filter, 테프론)

가. 열, 화학물질, 압력 등에 강한 특성을 가지고 있어 석탄건류나 증류 등의 고열공정에서 발생하는 다핵 방향족탄화수소를 채취하는데 이용된다.

나. 농약, 알칼리성 먼지, 콜타르피치 등을 채취한다.

다. 1μm, 2μm, 3μm의 여러 가지 구멍 크기를 가지고 있다.

40 유량, 측정시간, 회수율, 분석에 의한 오차가 각각 8%, 4%, 7%, 5%일 때의 누적오차는?

① 12.4 % 　② 15.4 %
③ 17.6 % 　④ 19.3 %

해설 ≫

- 누적오차(%) $= \sqrt{8^2 + 4^2 + 7^2 + 5^2}$

  $= 12.41\%$

3과목　작업환경 관리대책

41 도관 내 공기흐름에서의 레이놀즈 수를 계산하기 위해 알아야 하는 요소로 가장 옳은 것은?

① 공기속도, 도관직경, 동점성계수
② 공기속도, 중력가속도, 공기밀도
③ 공기속도, 공기온도, 도관의 길이
④ 공기속도, 점성계수, 도관의 길이

해설 ≫ 레이놀즈 수(Re)

- $Re = \dfrac{\rho Vd}{\mu} = \dfrac{Vd}{\nu} = \dfrac{관성력}{점성력}$

  Re: 레이놀즈 수 → 무차원
  p: 유체의 밀도
  d: 유체가 흐르는 직경
  v: 유체의 평균유속
  μ: 유체의 점성계수
  v: 유체의 동점성계수

42 국소배기장치를 반드시 설치해야 하는 경우와 가장 거리가 먼 것은?

① 법적으로 국소배기장치를 설치해야 하는 경우
② 근로자의 작업위치가 유해물질 발생원에 근접해 있는 경우
③ 발생원이 주로 이동하는 경우
④ 유해물질의 발생량이 많은 경우

해설 ▶▶ 국소배기 적용조건

가. 발생주기가 균일하지 않은 경우
나. 발생원이 고정되어 있는 경우
다. 유해물질 독성이 강한 경우(낮은 허용 기준치를 갖는 유해물질)
라. 근로자 작업위치가 유해물질 발생원에 가까이 근접해 있는 경우
마. 높은 증기압의 유기용제
바. 유해물질 발생량이 많은 경우
사. 법적 의무 설치사항인 경우

43 덕트의 설치 원칙으로 옳지 않은 것은?

① 덕트는 가능한 한 짧게 배치하도록 한다.
② 밴드의 수는 가능한 한 적게 하도록 한다.
③ 가능한 한 후드와 먼 곳에 설치한다.
④ 공기가 아래로 흐르도록 하향구배로 만든다.

해설 ▶▶ 덕트 설치기준

가. 가능한 한 길이는 짧게 하고 굴곡부의 수는 적게 한다.
나. 접속부의 내면은 돌출된 부분이 없도록 한다.
다. 청소구를 설치등는 등 청소하기 쉬운 구조로 한다.
라. 가능한 후드의 가까운 곳에 설치한다.
마. 송풍기를 연결할 때는 최소 덕트 직경의 6배 정도 직선구간을 확보한다.
바. 덕트 내 오염물질이 쌓이지 아니하도록 이송속도를 유지한다.
사. 연결부위 등은 외부공기가 들어오지 아니하도록 한다.(연결방법을 가능한 한 용접할 것)
아. 곡관의 곡률반경은 최소 덕트 직경의 1.50이상, 주로 2.0을 사용한다.
자. 수분이 응축될 경우 덕트 내로 들어가지 않도록 경사나 배수구를 마련한다.
차. 직관은 하향구배로 하고 직경이 다른 덕트를 연결할 때에는 경사 30° 이내의 테이퍼를 부착한다.

44 어느 실내의 길이, 폭, 높이가 각각 25m, 10m, 3m이며, 1시간당 18회의 실내 환기를 하고자 한다. 직경 50cm의 개구부를 통하여 공기를 공급하고자 하면 개구부를 통과하는 공기의 유속(m/sec)은?

① 13.7 ② 15.3
③ 17.2 ④ 19.1

해설 ▶▶

• $ACH = \dfrac{필요환기량}{작업장 \cdot 용적}$

• 필요환기량 $= 18회/hr \times (25 \times 10 \times 3)㎥$
$= 13,500㎥/hr \times hr/3,600sec$
$= 3.75㎥/sec$

$$\therefore\ V = \frac{Q}{A}$$
$$= \frac{3.75 m^3/sec}{\left(\dfrac{3.14 \times 0.5^2}{4}\right) m^2} = 19.11 m/sec$$

45 송풍관(duct) 내부에서 유속이 가장 빠른 곳은? (단, 크는 직경이다.)

① 위에서 1/10d 지점
② 위에서 1/5d 지점
③ 위에서 1/3d 지점
④ 위에서 1/2d 지점

해설 ▶▶

• 관 단면상에서 유체 속이 가장 빠른 부분은 관중심부이다.

46 덕트 합류 시 균형유지방법 중 설계에 의한 정압균형 유지법의 장단점이 아닌 것은 어느 것인가?

① 설계 시 잘못된 유량을 고치기가 용이함
② 설계가 복잡하고 시간이 걸림
③ 최대저항경로 선정이 잘못되어도 설계시 쉽게 발견할 수 있음
④ 때에 따라 전체 필요한 최소유량보다 더 초과될 수 있음

정답   42 ③   43 ③   44 ④   45 ④   46 ①

Part 6

해설 ▶▶ 정압균형유지법(정압조절평형법, 유속조절평형법)의
　　　장단점

1) 장점
　가. 잘못 설계된 분지관, 최대저항경로(저항이 큰분지관) 선정이 잘
　　 못되어도 설계 시 쉽게 발견할 수 있다.
　나. 설계가 정확할 때에는 가장 효율적인 시설이 된다.
　다. 유속의 범위가 적절히 선택되면 덕트의 폐쇄가 일어나지 않는다.
　라. 예기치 않은 침식, 부식, 분진퇴적으로 인한 축적(퇴적)현상이
　　 일어나지 않는다.
2) 단점
　가. 설계 시 잘못된 유량을 고치기 어렵다.(유량조절 어려움)
　나. 때에 따라 전체 필요한 최소유량보다 더 초과될 수 있다.
　다. 설치 후 변경이나 확장에 대한 유연성이 낮다.
　라. 설계유량 산정이 잘못되었을 경우 수정은 덕트의 크기 변경을
　　 필요로 한다.
　마. 설계가 복잡하고 시간이 걸린다.

47 작업장 내 열부하량이 10000kcal/hr이며,
외기온도는 20℃, 작업장 내 온도는 35℃ 이
다. 이때 전체환기를 위한 필요환기량(m^3
/min)은? (단, 정압비열은 0.3kcal/m^3 · ℃
이다.)

① 약 37　　　② 약 47
③ 약 57　　　④ 약 67

해설 ▶▶

- $Q(m^3/min) = \dfrac{H_s}{0.3\Delta t}$

$$= \dfrac{10,000kcal/hr \times hr/60min}{0.3 \times (35℃-20℃)}$$

$$= 37.04 m^3/min$$

48 톨루엔을 취급하는 근로자의 보호구 밖에서
측정한 톨루엔 농도가 30ppm이었고 보호구
안의 농도가 2ppm으로 나왔다면 보호계수
(PF ; Protection Factor)값은? (단, 표
준상태 기준)

① 15　　　② 30
③ 60　　　④ 120

해설 ▶▶

- $PF = \dfrac{C_a}{C_i} = \dfrac{30ppm}{2ppm} = 15$

49 대치(substitution)방법으로 유해작업환경
을 개선한 경우로 적절하지 않은 것은?

① 유연휘발유를 무연휘발유로 대치
② 불라스팅 재료로 모래를 철구슬로 대치
③ 야광시계의 자판을 라듐에서 인으로 대치
④ 페인트 희석제를 사염화탄소에서 석유 나프
　타로 대치

해설 ▶▶

- 페인트 희석제를 석유나프타에서 사염화탄소로 대치 한다.

50 공기정화장치의 한 종류인 원심력 제진장치
의 분리계수(separation factor)에 대한
설명으로 옳지 않은 것은?

① 분리계수는 중력가속도와 반비례한다.
② 사이클론에서 입자에 작용하는 원심력을 중
　력으로 나눈 값을 분리계수라 한다.
③ 분리계수는 입자의 접선방향속도에 반비례
　한다.
④ 분리 계수는 사이클론의 원추하부반경 에 반
　비례한다.

해설 ▶▶

- 분리계수(separation factor) 사이클론의 잠재적인 효율(분리능
력)을 나타내는 지표로, 이 값이 클수록 분리효율이 좋다.
- 분리계수 = $\dfrac{원심력(가속도)}{중력(가속도)} = \dfrac{V^2}{R \cdot g}$

　여기서, V : 입자의 접선방향속도(입자의 원주속도)
　　　　　R : 입자의 회전반경(원추하부반경)
　　　　　g : 중력가속도

정답　47 ①　48 ①　49 ④　50 ③

51 어떤 작업장의 음압수준이 100dB(A)이고 근로자가 NRR이 19인 귀마개를 착용하고 있다면 차음효과는? (단, OSHA 방법 기준)

① 2dB(A) ② 4dB(A)
③ 6dB(A) ④ 8dB(A)

해설 ≫
- 차음효과 = (NRR − 7) × 0.5
  = (19 -7) × 0.5 = 6 dB

52 강제환기를 실시할 때 환기효과를 제고시킬 수 있는 방법으로 틀린 것은?

① 공기 배출구와 근로자의 작업위치 사이에 오염원이 위치하지 않도록 하여야 한다.
② 배출구가 창문이나 문 근처에 위치하지 않도록 한다.
③ 오염물질 배출구는 가능한 한 오염원으로부터 가까운 곳에 설치하여 '점환기' 효과를 얻는다.
④ 공기가 배출되면서 오염장소를 통과하도록 공기 배출구와 유입구의 위치를 선정한다.

해설 ≫ 전체환기(강제환기)시설 설치 기본원칙
가. 공기가 배출되면서 오염장소를 통과하도록 공기 배출구와 유입구의 위치를 선정한다.
나. 오염물질 사용량을 조사하여 필요환기량을 계산 한다.
다. 배출공기를 보충하기 우 l하여 청정공기를 공급한다.
라. 오염물질 배출구는 가능한 한 오염원으로부터 가까운 곳에 설치하여 '점환기'의 효과를 얻는다.
마. 공기 배출구와 근로자의 작업위치 사이에 오염원이 위치해야 한다.
바. 배출된 공기가 재유입되지 못하게 배출구 높이를 적절히 설계하고 창문이나 문 근처에 위치하지 않도록 한다.
사. 오염된 공기는 작업자가 호흡하기 전에 충분히 희석되어야 한다.
아. 오염물질 발생은 가능하면 비교적 일정한 속도로 유출되도록 조정해야 한다.
자. 작업장 내 압력은 경우에 따라서 양압이나 음압으로 조정해야 한다.

53 외부식 후드(포집형 후드)의 단점으로 틀린 것은?

① 포위식 후드보다 일반적으로 필요송풍량이 많다.
② 외부 난기류의 영향을 받아서 흡인효과가 떨어진다.
③ 기류속도가 후드 주변에서 매우 빠르므로 유기용제나 미세 원료분말 등과 같은 물질의 손실이 크다.
④ 근로자가 발생원과 환기시설 사이에서 작업할 수 없어 여유계수가 커진다.

해설 ≫ 외부식후드의 특징
가. 다른 형태의 후드에 비해 작업자가 방해를 받지 않고 작업을 할 수 있어 일반적으로 많이 사용한다 .
나. 포위식에 비하여 필요송풍량이 많이 소요된다.
다. 기류속도가 후드 주변에서 매우 빠르므로 쉽게 흡인 되는 물질(유기용제, 미세분말 등) 의 손실이 크다.

54 작업환경관리의 공학적 대책에서 기본적 원리인 대체(substitution)와 거리가 먼 것은?

① 자동차산업에서 납을 고속회전 그라인더로 깎아 내던 작업을 저속 오실레이팅작업으로 바꾼다.
② 가연성 물질 저장 시 사용하던 유리병을 안전한 철제통으로 바꾼다.
③ 방사선 동위원소 취급장소를 밀폐하고, 원격장치를 설치한다.
④ 성냥 제조 시 황린 대신 적린을 사용하게 한다.

해설 ≫
- ③항의 내용은 공학적 대책 중 '격리'이다.

55 귀마개의 장단점과 가장 거리가 먼 것은?

① 제대로 착용하는 데 시간이 걸린다.

② 착용 여부 파악이 곤란하다.

③ 보안경 사용 시 차음효과가 감소한다.

④ 귀마개 오염 시 감염될 가능성이 있다.

해설 ▶▶ 귀마개의 장단점

장점

가. 부피가 작아 휴대가 쉽다.

나. 고온작업에서도 사용 가능하다.

다. 좁은 장소에서도 사용 가능하다 .

라. 귀덮개보다 가격이 저렴하다.

마. 안경과 안전모 등에 방해가 되지 않는다.

단점

가. 귀에 질병이 있는 사람은 착용 불가능하다.

나. 여름에 외이도에 염증 유발 가능성이 있다.

다. 제대로 착용하는 데 시간이 걸리며 요령을 습득하여야 한다.

라. 귀덮개보다 차음효과가 일반적으로 떨어지며, 개인차가 크다.

56 이산화탄소 가스의 비중은? (단, 0℃, 1기압 기준)

① 1.34   ② 1.41

③ 1.52   ④ 1.63

해설 ▶

• 비중 = 비상물질의 분자량/ 표준물질의 분자량= 44/28.9 = 1.52

57 유해물의 발산을 제거하거나 감소시킬 수 있는 생산공정 작업방법 개량과 거리가 먼 것은?

① 주물공정에서 셸 몰드법을 채용한다.

② 석면 함유 분체 원료를 건식 믹서로 혼합하고 용제를 가하던 것을 용제를 가한 후 혼합한다.

③ 광산에서는 습식 착암기를 사용하여 파쇄, 연마작업을 한다.

④ 용제를 사용하는 분무도장을 에어스프레이 도장으로 바꾼다.

해설 ▶

• 석면 함유 분체 원료를 습식 믹서로 혼합한다.

58 희석환기의 또 다른 목적은 화재나 폭발을 방지하기 위한 것이다. 폭발 하한치인 LEL (Lower Explosive Limit)에 대한 설명 중 틀린 것은?

① 폭발성, 인화성이 있는 가스 및 증기 혹은 입자상의 물질을 대상으로 한다.

② LEL은 근로자의 건강을 위해 만들어 놓은 TLV보다 낮은 값이다.

③ LEL의 단위는 %이다.

④ 오븐이나 덕트처럼 밀폐되고 환기가 계속적으로 가동되고 있는 곳에서는 LEL의 1/4을 유지하는 것이 안전하다.

해설 ▶

• 혼합가스의 연소가능범위를 폭발범위라 하며,그 최저농도를 폭발농도 하한치(LEL),최고농도를 폭발농도 상한치(UEL)라 한다.

• 폭발농도 하한치(%) : LEL

가. 폭발성, 인화성이 있는 가스 및 증기 혹은 입자상 물질을 대상으로 한다.

나. LEL이 25%이면 화재나 폭발을 예방하기 위해서는 공기 중 농도가 250,000ppm 이하로 유지 되어야 한다.

다. 단위는 %이며,오븐이나 덕트처럼 밀폐되고 환기가 계속적으로 가동되고 있는 곳에서는 LEL의 1/4를 유지하는 것이 안전하다.

59 90℃ 곡관의 반경비가 2.0일 때 압력손실 계수는 0.27이다. 속도압이 14mmH₂O라면 곡관의 압력손실(mmH₂O)은?

① 7.6   ② 5.5

③ 3.8   ④ 2.7

해설 ▶

• 곡관의 압력손실 $(\triangle)$ = δ x VP = 0.27x 14= 3.78mmH2O

정답   55 ③   56 ③   57 ②   58 ②   59 ③

60 마스크 성능 및 시험방법에 관한 설명으로 틀린 것은?

① 배기변의 작동 기밀시험 : 내부 압력이 상압으로 돌아올 때까지 시간은 5초 이내여야 한다.

② 불연성 시험 : 버너 불꽃의 끝부분에서 20mm 위치의 불꽃온도를 $800 \pm 50℃$로 하여 마스크를 초당 $6 \pm 0.5cm$의 속도로 통과시킨다.

③ 분진포집효율시험 : 마스크에 석영분진 함유공기를 매분 30L의 유량으로 통과 시켜 통과 전후의 석영농도를 측정한다.

④ 배기저항시험 : 마스크에 공기를 매분 30L의 유량으로 통과시켜 마스크 내외의 압력차를 측정한다.

해설 ▶▶ 배기변의 작동 기밀시험:
• 내부압력이 상압으로 돌아올 때까지 시간은 15초 이상이어야 한다.

4과목 **물리적 유해인자 관리**

61 다음 중 소음의 크기를 나타내는 데 사용되는 단위로서 음향출력, 음의 세기 및 음압 등의 양을 비교하는 무차원의 단위인 dB을 나타낸 것은? (단, I_0 : 기준음향의 세기, I: 발생음의 세기를 나타낸다.)

① $dB = 10\log\dfrac{I}{I_0}$ ② $dB = 20\log\dfrac{I}{I_0}$

③ $dB = 10\log\dfrac{I_0}{I}$ ④ $dB = 20\log\dfrac{I_0}{I}$

해설 ▶▶ 음의 세기
가. 음의 진행방향에 수직하는 단위면적을 단위 시간에 통과하는 음에너지를 음의 세기라 한다.
나. 단위는 watt/㎡이다.
• 음의 세기레벨

• $SIL = 10\log\left(\dfrac{I}{I_0}\right)(dB)$

SIL : 음의 세기레벨(dB) I : 대상음의 세기(W/㎡) I_0: 최소 가청음 세기(10^{-12}/㎡)

62 수심 40m에서 작업을 할 때 작업자가 받는 절대압은 어느 정도인가?

① 3 기압 ② 4 기압
③ 5 기압 ④ 6 기압

해설 ▶▶
• 절대압 = 작용압+1기압 = (40m x 1기압/ 10m) + 1 기압 = 5 기압

63 환경온도를 감각온도로 표시한 것을 지적온도라 하는데 다음 중 3가지 관점에 따른 지적온도로 볼 수 없는 것은?

① 주관적 지적온도
② 생리적 지적온도
③ 생산적 지적온도
④ 개별적 지적온도

해설 ▶▶
(1) 지적온도의 일반적 종류
    쾌적감각온도 / 최고생산온도 / 기능지적온도
(2) 감각온도 관점에서의 지적온도 종류
    주관적 지적온도 /생리적 지적온도 / 생산적 지적온도

64 다음 중 1루멘의 빛이 비2의 평면상에 수직방향으로 비칠 때, 그 평면의 빛 밝기를 무엇이라고 하는가?

① 1 lux ② 1 lcandela
③ 1 촉광 ④ l foot candle

해설 ▶▶
• 풋캔들 : 1루멘의 빛이 $1ft^2$의 평면상에 수직으로 비칠 때 그 평면의 빛 밝기이다. ft cd(풋캔들) = lumen/ft²

정답 60 ① 61 ① 62 ③ 63 ④ 64 ④

Part 6

65 지상에서 음력이 10W인 소음원으로부터 10m 떨어진 곳의 음압수준은 약 얼마인가?(단, 음속은 344.4m/sec이고 공기의 밀도는 1.18kg/㎥이다.)

① 96dB   ② 99dB
③ 102dB   ④ 105dB

해설 ≫
- SPL=PWL−20logr−8

$$\therefore \text{PWL} = 10\log \frac{10}{10^{-12}} = 130\text{dB}$$

$$=130-20\log10-8=102\text{dB}$$

해설 ≫
- 평균 흡음률$= \dfrac{\sum S_i \alpha_i}{\sum S_i}$
- $S_{천} = 10 \times 7$
  $= 70㎡$
- $S_{벽} = (10\times4\times2)+(7\times4\times2)$
  $= 136㎡$
- $S_{바} = 10 \times 7$
  $= 70㎡$

$$= \frac{(70\times0.2)+(136\times0.15)+(70\times0.1)}{70+136+70}$$

$$= 0.15$$

66 다음 중 자외선의 인체 내 작용에 대한 설명과 가장 거리가 먼 것은?

① 홍반은 250 nm 이하에서 노출 시 가장 강한 영향을 준다.
② 자외선 노출에 의한 가장 심각한 만성영향은 피부암이다.
③ 280 ~ 320 nm 에서는 비타민 D 의 생성이 활발해진다.
④ 254~ 280 nm 에서 강한 살균작용을 나타낸다.

해설 ≫
- 각질층 표피세포(말피기층)의 histamine의 양이 많아져 모세혈관 수축, 홍반형성에 이어 색소침착이 발생하며, 홍반형성은 300nm 부근(2,000~2,900A)의 폭로가 가장 강한 영향을 미치며 멜라닌 색소침착은 300~420nm에서 영향을 미친다.

67 가로 10m, 세로 7m, 높이 4m 인 작업장의 흡음률이 바닥은 0.1, 천장은 0.2, 벽은 0.15이다. 이 방의 평균 흡음률은 얼마인가?

① 0.10   ② 0.15
③ 0.20   ④ 0.25

68 다음 중 산소결핍의 위험이 가장 적은 작업 장소는?

① 실내에서 전기 용접을 실시하는 작업 장소
② 장기간 사용하지 않은 우물 내부의 작업 장소
③ 장기간 밀폐된 보일러 탱크 내부의 작업 장소
④ 물품 저장을 위한 지하실 내부의 청소 작업 장소

해설 ≫
- ②, ③, ④항의 내용은 밀폐공간 작업을 말한다.

69 다음 중 소음성 난청에 관한 설명으로 틀린 것은?

① 소음성 난청의 초기 증상을 C5 − dip 현상 이라 한다.
② 소음성 난청은 대체로 노인성 난청과 연령별 청력변화가 같다.
③ 소음성 난청은 대부분 양측성이며 감각 신경 성 난청에 속한다.
④ 소음성 난청은 주로 주파수 4,000Hz 영역 에서 시작하여 전 영역으로 파급된다.

해설 ≫ 난청(청력장애)

(1) 일시적 청력손실(TTS)

가. 강력한 소음에 노출되어 생기는 난청으로 4,000~6,000Hz 에서 가장 많다.

나. 청신경세포의 피로현상으로, 회복되려면 12~ 24시간을 요하는 가역적인 청력저하이며, 영구적 소음성 난청의 예비신호로도 볼 수 있다.

(2) 영구적 청력손실(PTS): 소음성 난청

가. 비가역적 청력저하, 강렬한 소음이나 지속적인 소음 노출에 의해 청신경 말단부의 내이 코르티(corti)기관의 섬모세포 손상으로 회복될 수 없는 영구적인 청력저하가 발생한다.

나. 3,000~6,000Hz의 범위에서 먼저 나타나고, 특히 4,000Hz 에서 가장 심하게 발생한다.

(3) 노인성 난청

노화에 의한 퇴행성 질환으로, 감각신경성 청력손실이 양측 귀에 대칭적, 점진적으로 발생 하는 질환이다. 6,000Hz에서부터 난청이 시작된다.

70 다음 중 피부 투과력이 가장 큰 것은?

① α선   ② 선
③ X선   ④ 레이저

해설 ≫ 전리방사선의 인체 투과력 순서

• 중성자 〉 X 선 or γ선 〉 β선 〉 α 선

71 전리방사선 방어의 궁극적 목적은 가능한 한 방사선에 불필요하게 노출되는 것을 최소화 하는 데 있다. 국제방사선방호위원회(ICRP) 가 노출을 최소화하기 위해 정한 원칙 3가지 에 해당하지 않는 것은?

① 작업의 최적화
② 작업의 다양성
③ 작업의 정당성
④ 개개인의 노출량 한계

해설 ≫

• 국제 방사선 방호위원회(ICRP)의 노출 최소화 3원칙
작업의 최적화 / 작업의 정당성/ 개개인의 노출량 한계

72 소음계로 소음측정 시 A 및 C 특성으로 측정 하였다. 만약 C 특성 으로 측정한 값이 A 특성으로 측정한 값보다 훨씬 크다면 소음의 주파수 영역은 어떻게 추정이 되겠는가?

① 저주파수가 주성분이다.
② 중주파수가 주성분이다.
③ 고주파수가 주성분이다.
④ 중 및 고주파수가 주성분이다.

해설 ≫

• 어떤 소음을 소음계의 청감보정회로 A 및 C에 놓고 측정한 소음레벨이 dB(A) 및 dB(C)일때 dB(A) 〈 dB(C)이면 저주파 성분이 많고, dB(A)= dB(C) 이면 고주파가 주성분이다.

73 다음 중 국소진동으로 인한 장애를 예방하기 위한 작업자에 대한 대책으로 가장 적절하지 않은 것은?

① 작업자는 공구의 손잡이를 세게 잡고 있어야 한다.
② 14℃ 이하의 옥외작업에서는 보온대책이 필요하다.
③ 가능한 공구를 기계적으로 지지(支持)해 주어야 한다.
④ 진동공구를 사용하는 작업은 1일 2 시간을 초과하지 말아야 한다.

해설 ≫ 진동작업 환경관리 대책

가. 작업 시에는 따뜻하게 체온을 유지해 준다.(14℃ 이하의 옥외작업에서는 보온대책 필요)

나. 진동공구의 무게는 10kg 이상 초과하지 않도록 한다.

다. 진동공구는 가능한 한 공구를 기계적으로 지지 하여 준다.

라. 작업자는 공구의 손잡이를 너무 세게 잡지 않는다.

마. 진동공구의 사용 시에는 장갑(두꺼운 장갑)을 착용한다.

정답   70 ③   71 ②   72 ①   73 ①

Part 6

74 옥내의 작업장소에서 습구흑구온도를 측정한 결과 자연습구온도가 28℃, 흑구온도는 30℃, 건구온도는 25℃를 나타내었다. 이때 습구흑구온도지수(WBGT)는 약 얼마인가?

① 31.5℃   ② 29.4℃
③ 28.6℃   ④ 28.1℃

해설 ≫
• 옥내 WBGT(℃) = (0.7x 자연습구온도) + (0.3 x 흑구온도)
                = (0.7x28℃) + (0.3x30℃) = 28.6℃

75 다음 중 이상기압의 영향으로 발생되는 고공성 폐수종에 관한 설명으로 틀린 것은?

① 어른보다 아이들에게서 많이 발생된다.
② 고공순화 된 사람이 해면에 돌아올 때에도 흔히 일어난다.
③ 산소공급과 해면 귀환으로 급속히 소실되며, 증세는 반복해서 발병하는 경향이 있다.
④ 진해성 기침과 호흡곤란이 나타나고 폐동맥 혈압이 급격히 낮아져 구토, 실신 등이 발생한다.

해설 ≫ 고공성 폐수종
가. 어른보다 순화적응속도가 느린 어린이에게 많이 일어난다.
나. 고공 순화된 사람이 해면에 돌아올 때 자주 발생한다.
다. 산소공급과 해면 귀환으로 급속히 소실되며, 이증세는 반복해서 발병하는 경향이 있다.
라. 진해성 기침, 호흡곤란, 폐동맥의 혈압 상승현상이 나타난다.

76 다음 중 감압병 예방을 위한 이상기압 환경에 대한 대책으로 적절하지 않은 것은?

① 작업시간을 제한한다.
② 가급적 빨리 감압시킨다 .
③ 순환기에 이상이 있는 사람은 취업 또는 작업을 제한한다.
④ 고압환경에서 작업 시 헬륨 – 산소혼합 가스 등으로 대체하여 이용한다.

해설 ≫
• 가압은 신중히 해야 하며, 특히 감압 시에는 더욱 신중하게, 천천히 단계적으로 한다.

77 다음 중 한랭환경으로 인하여 발생되거나 악화되는 질병과 가장 거리가 먼 것은?

① 동상 (frostbite)
② 지단자람증 (acrocyanosis)
③ 케이슨병 (caisson disease)
④ 레이노병 (Raynaud's disease)

해설 ≫ 감압병(decompression, 잠함병)
• 고압환경에서 Henry의 법칙에 따라 체내에 과다하게 용해되었던 불활성 기체(질소 등)는 압력이 낮아질 때 과포화상태로 되어 혈액과 조직에 기포를 형성하여 혈액순환을 방해하거나 주위 조직에 기계적 영향을 줌으로써 다양한 증상을 일으키는데, 이 질환을 감압병이라 한다.

78 다음 중 진동에 대한 설명으로 틀린 것은?

① 전신진동에 노출 시에는 산소소비량과 폐환기량이 감소한다.
② 60~90Hz 정도에서는 안구의 공명현상 으로 시력장애가 온다.
③ 수직과 수평 진동이 동시에 가해지면 2배의 자각현상이 나타난다.
④ 전신진동의 경우 3Hz 이하에서는 급성적 증상으로 상복부의 통증과 팽만감 및 구토 등이 있을 수 있다.

해설 ≫
• 전신진동에 노출 시에는 산소소비량 증가와 폐환기가 촉진된다.

정답   74 ③   75 ④   76 ②   77 ③   78 ①

79 다음 중 Tesla (T) 는 무엇을 나타내는 단위인가?

① 전계강도　　② 자장강도
③ 전리밀도　　④ 자속밀도

해설 ▶▶
- 테슬러 (T, Tesla): 자속밀도의 단위 / 가우스(G, Gauss) : 자기장의 단위

80 다음 중 조명 시의 고려사항으로 광원으로 부터의 직접적인 눈부심을 없애기 위한 방법으로 가장 적당하지 않은 것은?

① 광원 또는 전등의 휘도를 줄인다.
② 광원을 시선에서 멀리 위치시킨다.
③ 광원 주위를 어둡게 하여 광도비를 높인다.
④ 눈이 부신 물체와 시선과의 각을 크게 한다.

해설 ▶▶
- 광원주위를 밝게하며 조도비를 적정하게 하고 광원 또는 전등의 휘도를 줄인다. 광원을 시선에서 멀리 위치시키고 눈이 부신 물체와 시선과의 각을 크게 한다.

[5과목] **산업독성학**

81 다음 설명에 해당하는 중금속의 종류는?

> 이 중금속 중독의 특징적인 증상은 구내염, 정신증상, 근육진전이다. 급성중독 시 우유나 계란의 흰자를 먹이며, 만성중독 시 취급을 즉시 중지하고 BAL을 투여한다.

① 납　　② 크롬
③ 수은　　④ 카드뮴

해설 ▶▶
- 수은중독의 치료 (1) 급성중독 0 우유와 계란의 흰자를 먹여 단백질과 해당 물질을 결합시켜 침전시킨다.
- 마늘계통의 식물을 섭취한다.
- 위세척(5H0% S.F.S 용액)을 한다. 다만, 세척액은 20(K300mL를 넘지 않도록 한다.
- BAL(British Anti Lewisite)을 투여한다.

82 유기용제의 화학적 성상에 따른 유기용제의 구분으로 볼 수 없는 것은?

① 시너류　　② 글리콜류
③ 케톤류　　④ 지방족 탄화수소

해설 ▶▶
유기용제 분류

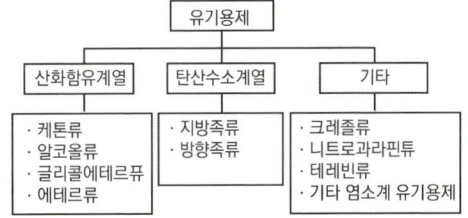

83 건강영향에 따른 분진의 분류와 유발물질의 종류를 잘못 짝지은 것은?

① 유기성 분진 - 목분진, 면, 밀가루
② 알레르기성 분진 - 크롬산, 망간, 황
③ 진폐성 분진 - 규산, 석면, 활석, 흑연
④ 발암성 분진 - 석면, 니켈카보닐, 아민계 색소

해설 ▶▶ 분진의 분류와 유발물질의 종류
가. 진폐성 분진 : 규산, 석면, 활석, 흑연
나. 불활성 분진 : 석탄, 시멘트, 탄화수소
다. 알레르기성 분진 : 꽃가루, 털, 나뭇가루
라. 발암성 분진 : 석면, 니켈카보닐, 아민계 색소

정답　　79 ④　　80 ③　　81 ③　　82 ①　　83 ②

Part 6

84 헤모글로빈의 철성분이 어떤 화학물질에 의하여 메트헤모글로빈으로 전환되기도 하는데 이러한 현상은 철성분이 어떠한 화학작용을 받기 때문인가?

① 산화작용 ② 환원작용
③ 착화물작용 ④ 가수분해작용

해설 ≫
• 헤모글로빈의 철성분이 어떤 화학물질에 의하여 메트헤모글로빈으로 전환, 즉 이 현상은 철성분이 산화작용을 받기 때문이다.

85 작업장 유해인자의 위해도 평가를 위해 고려하여야 할 요인과 거리가 먼 것은?

① 공간적 분포
② 조직적 특성
③ 평가의 합리성
④ 시간적 빈도와 시간

해설 ≫ 유해성(위해도) 평가 시 고려 요인
가. 공간적 분포(유해인자 농도 및 강도, 생산공정 등)
나. 노출대상의 특성(민감도, 훈련기간, 개인적 특성 등)
다. 조직적 특성(회사조직정보, 보건제도, 관리 정책 등)
라. 시간적 빈도와 시간(간헐적 작업, 시간외 작업, 계절 및 기후조건 등)
마. 유해인자가 가지고 있는 위해성(독성학적, 역학적, 의학적 내용 등)
바. 노출상태
사. 다른 물질과 복합노출

86 혈액독성의 평가내용으로 거리가 먼 것은?

① 백혈구 수가 정상치보다 낮으면 재생불량성 빈혈이 의심된다.
② 혈색소가 정상치보다 높으면 간장질환, 관절염이 의심된다.
③ 혈구용적이 정상치보다 높으면 탈수증과 다혈구증이 의심된다.
④ 혈소판 수가 정상치보다 낮으면 골수기능저하가 의심된다.

해설 ≫ 혈액독성의 평가
(1) 혈색소
　정상수치는 약 12~16이다. 정상치보다 높으면 만성적인 두통, 홍조증, 황달이 나타난다. 정상치보다 낮으면 빈혈증상이 나타난다.
(2) 백혈구 수
　정상수치는 약 4,000~8,000이다. 정상수치보다 높으면 백혈병 증상이다.
(3) 혈소판 수
　정상수치는 약 120~400이다.
　정상수치보다 높으면 출혈 및 조직의 손상을 의심한다.
(4) 혈구용적
　정상수치는 약 34~48이다.
　정상수치보다 높으면 탈수증과 다혈구증을 의심해야 한다.
(5) 적혈구 수
　정상수치는 남자 약 410~530만 개, 여자 약 380~480만 개이다.
　정상수치보다 높으면 다혈증, 다혈구증을 의심해야 한다.

87 유해물질의 흡수에서 배설까지에 관한 설명으로 틀린 것은?

① 흡수된 유해물질은 원래의 형태든, 대사 산물의 형태로든 배설되기 위하여 수용 성으로 대사된다.
② 흡수된 유해화학물질은 다양한 비특이적 효소에 의하여 이루어지는 유해물질의 대사로 수용성이 증가되어 체외로 배출이 용이하게 된다.
③ 간은 화학물질을 대사시키고 콩팥과 함께 배설시키는 기능을 가지고 있는 것과 관련하여 다른 장기보다도 여러 유해물질의 농도가 낮다.
④ 유해물질은 조직에 분포되기 전에 먼저 몇 개의 막을 통과하여야 하며, 흡수속도는 유해물질의 물리화학적 성상과 막의 특성에 따라 결정된다.

해설 ≫
• 간은 화학물질을 대사시키기 때문에 다른 장기보다 유해물질의 농도가 높다.

88 유해화학물질의 노출경로에 관한 설명으로 틀린 것은?

① 위의 산도에 따라서 유해물질이 화학반응을 일으키기도 한다.
② 입으로 들어간 유해물질은 침이나 그 밖의 소화액에 의해 위장관에서 흡수된다.
③ 소화기 계통으로 노출되는 경우가 호흡기로 노출되는 경우보다 흡수가 잘 이루어진다.
④ 소화기 계통으로 침입하는 것은 위장관에서 산화, 환원, 분해 과정을 거치면서 해독되기도 한다.

해설 ▶▶
• 소화기 계통으로 노출되는 경우가 호흡기로 노출되는 경우보다 흡수가 잘 이루어지지 않는다.

89 유기용제에 대한 생물학적 지표로 이용되는 소변 중 대사산물을 알맞게 짝지은 것은?

① 톨루엔 – 페놀
② 크실렌 – 페놀
③ 노말핵산 – 만델린산
④ 에틸벤젠 – 만델린산

해설 ▶▶ 화학물질에 대한 대사산물
① 톨루엔 – 혈액, 호7기에서 톨루엔, 소변 중 o – 크레졸
② 크실렌 – 소변 중 메틸마뇨산
③ 노말핵산 – 소변 중 n– 핵산

90 다음 중 납에 관한 설명으로 틀린 것은?

① 폐암을 야기하는 발암물질로 확인되었다.
② 축전지 제조업, 광명단 제조업 근로자가 노출될 수 있다.
③ 최근의 납의 노출정도는 혈액 중 납 농도로 확인할 수 있다.
④ 납중독을 확인하는 데는 혈액 중 ZPP 농도를 이용할 수 있다.

해설 ▶▶
• 납은 폐암과는 관계가 없으며 위장계통의 장애, 신경, 근육계통의 장애, 중추신경 장애 등을 유발한다.

91 화기 등에 접촉하면 유독성의 포스겐이 발생하여 폐수종을 일으킬 수 있는 유기 용제는?

① 벤젠　　② 크실렌
③ 노말핵산　　④ 염화에틸렌

해설 ▶▶ 염화에틸렌
가. 에틸렌과 염소를 반응시켜 만들며 물보다 밀도가 크고 불용해성이다.
나. 약 500℃에서 촉매접촉 또는 알칼리와 반응하면 염화비닐로 전환된다.
다. 화기에 의해 분해되어 유독성 물질인 포스겐이 발생하며, 폐수종을 유발시킨다.

92 인체에 미치는 영향에 있어서 석면(asbestos)은 유리규산(free silica)과 거의 비슷하지만 구별되는 특징이 있다. 석면에 의한 특징적 질병 혹은 증상은?

① 폐기종　　② 악성중피종
③ 호흡곤란　　④ 가슴의 통증

해설 ▶▶
• 석면은 일반적으로 석면폐증, 폐암, 악성중피종을 발생시켜 1급 발암물질군에 포함된다.

93 다음 내용과 가장 관계가 깊은 물질은 어느 것인가?

• 뇨 중 코프로포르피린 증가
• 뇨 중 델타 아미노레블린산 증가
• 혈 중 프로토포르피린 증가

① 납　　② 비소
③ 수은　　④ 카드뮴

해설 >>> 납중독 4대증상
- 납빈혈, 망상적혈구, 친염기성 적혈구 증가(적혈구 내 프로토포르 피린 증가), 잇몸에 연선, 소변에 코프로포르피린 검출, 뇨중 ɣ—a minolevulinic acid(ALAD)가 증가한다.

해설 >>> 트리클로로에틸렌
- 클로로포름과 같은 무색, 휘발성 액체, 인화성, 폭발성, 도금사업장 에 금속표면의 탈지, 세정제, 일반용제로 사용되며 마취작용이 강하 고 피부, 점막의 자극을 덜하고 간, 신장에 장애를 일으킨다.

94 중금속 노출에 의하여 나타나는 금속열은 흄 형태의 금속을 흡입하여 발생되는데, 감기증 상과 매우 비슷하여 오한, 구토감, 기침, 전 신위약감 등의 증상이 있으며, 월요일 출근 후에 심해져서 월요일열이라고도 한다. 다음 중 금속열을 일으키는 물질이 아닌 것은?

① 납   ② 카드뮴
③ 산화아연   ④ 안티몬

해설 >>> 금속열 발생원인 물질
- 아연 / 구리 / 망간 / 마그네슘 / 니켈 / 카드뮴 / 안티몬

95 폐결핵을 합병증으로 하여 폐하엽 부위에 많 이 생기는 증상으로 맞는 것은?

① 면폐증   ② 철폐증
③ 규폐증   ④ 석면폐증

해설 >>> 규폐증의 인체영향 및 특징
가. 유리규산(SiO2) 분진 흡입으로 폐에 만성섬유증 식이 나타난다.
나. 각증상은 호흡곤란, 지속적인 기침등, 일반적으로는 자각증상 없 이 서서히 진행된다.
다. 고농도의 규소입자에 노출되면 급성규폐증에 걸리며 열, 기침, 체 중감소, 청색증이 나타난다.
라. 폐에 실리카가 쌓인 곳에서는 상처가 생기게 된다. 폐조직에서 섬 유상 결절이 발견된다.

96 무색의 휘발성 용액으로서 도금 사업장에서 금속표면의 탈지 및 세정용으로 사용되며, 간 및 신장 장애를 유발시키는 유기용제는?

① 톨루엔   ② 노말핵산
③ 트리클로로에틸렌   ④ 클로로포름

97 화학물질에 의한 암 발생 이론 중 다단계 이론 에서 언급되는 단계와 거리가 먼 것은?

① 개시 단계   ② 진행 단계
③ 촉진 단계   ④ 병리 단계

해설 >>>
- 개시 → 촉진 → 전환 → 진행

98 생물학적 모니터링을 위한 시료채취시간에 제한이 없는 것은?

① 소변 중 아세톤
② 소변 중 카드뮴
③ 소변 중 일산화탄소
④ 소변중 총 크롬 (6가)

해설 >>>
- 중금속은 반감기가 길어서 시료채취시간이 중요하지 않다.

99 납의 독성에 대한 인체실험 결과 안전흡수량 이 체중 kg당 0.005 mg 이었다. 1일 8시간 작업시의 허용농도(mg / ㎥) 는? (단, 근로 자의 평균체중은 70kg, 해당 작업 시의 폐 환기율은 시간당 1.25㎥로 가정한다.)

① 0.030   ② 0.035
③ 0.040   ④ 0.045

해설 >>>
- $SHD = C \times T \times V \times R$
- $C = \dfrac{SHD}{T \times V \times R}$

$$= \frac{0.005 mg/kg \times 70 kg}{8 hr \times 1.25 m^3/hr \times 1.0}$$

$$= 0.035 mg/㎥$$

정답   94 ①   95 ③   96 ③   97 ④   98 ②   99 ②

100 다음 설명의 ( )에 알맞은 내용으로 나열된 것은?

> 단시간노출기준(STEL) 이라 함은 근로자가 1회에 (가)분간 유해인자에 노출되는 경우의 기준으로 이 기준 이하에서는 1회 노출간격이 (나)시간 이상인 경우 1일 작업시간동안 (다)회까지 노출이 허용될 수 있는 기준을 말한다.

① 가:15, 나:1, 다:2
② 가:15, 나:1, 다:4
③ 가:20, 나:2, 다:3
④ 가:20, 나:3, 다:3

해설 ≫
• STEL이라 함은 근로자가 1회에 15분간 유해인자에 노출되는 경우의 기준으로 이 기준이하에서는 1회 노출간격이 1시간 이상인 경우 1일 작업 4회까지만 허용되는 기준이다.

정답 100 ②

PART
7

부록 –
필기 공식 정리

01 액체 혼합물질의 구성성분을 알 때 혼합물의 허용농도 (% 등의 비율이 주어졌을 때)

$$혼합물의\ TLV(mg/m^3) = \cfrac{1}{\cfrac{f_a}{TLV_a} + \cfrac{f_b}{TLV_b} + \cfrac{f_n}{TLV_n}}$$

f_a, f_b, f_n : 액체 혼합물에서 각 성분 무게(중량)의 구성비(%)

TLV_a, TLV_b, TLV_n : 해당물질의 TLV(mg/m^3)

02 체내흡수량(안전흡수량, 안전폭로량 : SHD)

체내흡수량(mg)$= C \times T \times V \times R$ – 안전계수와 체중 고려한 것

C : 공기중유해물질농도(mg/m^3)

T : 노출시간(hr)

V : 폐환기율, 호흡률 (m^3/hr)

R : 체내잔류율 (자료없는 경우 1.0)

03 종합재해지수(FSI)

종합재해지수$= \sqrt{도수율 \times 강도율}$

04 작업강도(% MS)

$$작업강도(\% MS) = \frac{RF}{MS} \times 100$$

RF : 작업시 요구되는 힘

MS : 근로자가 가지고 있는 최대 힘

05 사이또 오시마 공식

실노동률(실동률)(%)$= 85 - (5 \times RMR)$

06 농도단위

- 산업위생 : 25℃, 1기압. 이때 물질 1mol의 부피는 24.45L
- 산업환기 : 21℃, 1기압. 이때 물질 1mol의 부피는 24.1L
- 일반대기 : 0℃, 1기압. 이때 물질 1mol의 부피는 22.4L
- 질량농도와 용량 농도의 환산 (25℃, 1기압)

$$ppm \rightarrow mg/m^3, \ mg/m^3 = ppm \times \frac{분자량}{24.45(L)}$$

$$mg/m^3 \rightarrow ppm, \ ppm = mg/m^3 \times \frac{24.45(L)}{분자량}$$

07 Haber 법칙

$$K = C \times T$$ 단시간 노출시 유해물질지수는 농도(C)와 노출시간(T)의 곱으로 계산

08 NIOSH 중량물 취급지수(들기지수 : LI)

$$LI = \frac{물체 무게(kg)}{RWL(kg)}$$

09 환산재해율

$$환산재해율 = \frac{환산재해자수}{상시근로자수} \times 100$$

10 연천인율

$$연천인율 = \frac{연간재해자수}{연평균근로자수} \times 1000$$

11 보일-샤를의 법칙

$$\frac{PV}{T} = K(일정상수)$$

$$\frac{P_1 V_1}{V_1} = \frac{P_2 V_2}{V_2} \qquad V_2 = V_1 \times \frac{T_2}{T_1} \times \frac{P_2}{P_1}$$

Part 7

12 NIOSH의 감시기준(AL)과 최대허용기준(MPL)

$$AL(kg) = 40\left(\frac{15}{H}\right)(1 - 0.004 \mid V - 75 \mid)\left(0.7 + \frac{7.5}{D}\right)\left(1 - \frac{F}{F_{\max}}\right)$$

H : 대상물체의 수평거리

V : 대상물체의 수직거리

D : 대상물체의 이동거리

F : 중량물 취급작업의 빈도

최대허용기준(MPL) = 3 × AL(감시기준)

13 피로예방 휴식시간비(Hertig 식)

$$T_{rest}(\%) = \left[\frac{PWC의 \frac{1}{3} - 작업대사량}{휴식대사량 - 작업대사량}\right] \times 100 \quad T_{rest} : 60분 기준$$

14 피로예방 허용작업시간(작업강도에 따른 허용작업시간)

$$\log T_{evd} = 3.720 - 0.1949E$$

E : 작업대사량(kcal/min)

T_{end} : 허용작업시간(min)

15 이상기체방정식

$$K = \frac{PV}{T} = \frac{1기압 \times 22.4L/mol}{273K} = 0.082 L \cdot atm/mol \cdot K(기체상수 : R)$$

$$PV = nRT \quad n = \frac{기체무게(Wg)}{분자량(M)} \quad PV = \frac{Wg}{M}RT$$

16 도수율

$$도수율 = \frac{재해건수}{연근로시간수} \times 1000000 \quad 환산도수율 = \frac{도수율}{10}$$

17 NIOSH 중량물 취급작업의 권고기준(RWL)

RWL(kg) = LC×HM×VM×AM×FM×CM

– LC : 중량상수(부하상수)(23kg : 최적 작업상태 권장 최대무게)

– HM : 수평계수

– VM : 수직계수

– DM : 물체 이동거리 계수

- AM : 비대칭계수
- FM : 작업빈도 계수
- CM : 물체를 잡는데 따른 계수

18 TWA(시간가중 평균노출기준) : 1일 8시간, 주 40시간 동안의 평균농도

$$TWA = \frac{C_1 T_1 + C_2 T_2 + \cdots + C_n T_n}{8}$$

C : 유해인자의 측정농도 (단위 : ppm 또는 mg/m³)
T : 유해인자의 발생시간 (단위 : hr)

19 비정상 작업시간에 대한 허용농도 보정

1) OSHA의 보정방법

1. 급성중독을 일으키는 물질(일산화탄소) :

보정된허용농도 = 8시간허용농도 × $\dfrac{8시간}{노출시간/일}$

2. 만성중독을 일으키는 물질(중금속) :

보정된허용농도 = 8시간허용농도 × $\dfrac{40시간}{작업시간/주}$

2) Brief와 Scala의 보정방법

$$RF = \frac{8}{H} \times \frac{24-H}{16} \quad 일주일 \quad RF = \frac{40}{H} \times \frac{168-H}{128}$$

H : 비정상적인 작업시간(노출시간/일) : 노출시간/주

16 : 휴식시간 128 : 일주일 휴식시간
보정된 노출기준 = $TLV \times RF$

20 적정작업시간(sec)

적정작업시간(sec) = $671120 \times \%MS^{-2.222}$
※ 계속 작업 한계시간(CMT)
   log CMT = 3.724 − 3.25 logRMR

21 강도율

$$강도율 = \frac{근로손실일수}{연근로시간수} \times 1000$$

사망 및 1, 2, 3급(신체장해등급)의 근로손실일수: 7500일

근로손실일수산정기준(입원, 휴업, 휴직, 요양 경우 : 총휴업일수$\times \dfrac{300}{365}$

22 혼합물질의 허용농도

노출지수(EI) : 노출지수가 1을 초과하면 노출기준을 초과한다고 평가

$$노출지수(EI) = \frac{C_1}{TLV_1} + \frac{C_2}{TLV_2} + \cdots\cdots + \frac{C_n}{TLV_n}$$

$$혼합물의허용농도 = \frac{혼합물의공기중농도}{노출지수}$$

$$혼합물의공기중농도 = C_1 + C_2 + C_3 \cdots$$

23 작업대사율

$$작업대사율(RMR) = \frac{작업대사량}{기초대사량} = \frac{작업시대사량 - 안정시대사량}{기초대사량}$$

24 도수율과 연천인율의 관계

$$도수율 = \frac{연천인율}{2.4} \qquad 연천인율 = 도수율 \times 2.4$$

25 침강속도

① 스토크(stokes)법칙

$$V(cm/\sec) = \frac{g \cdot d^2(\rho_1 - \rho)}{18\mu}$$

V : 침강속도(cm/sec)

g : 중력가속도(980cm/sec)

d : 입자 직경(cm)

ρ_1 : 입자 밀도(g/cm³)

ρ : 공기밀도(0.0012g/cm³)

μ : 공기점성계수(20℃ : 1.81 × 10−4g/cm · sec

25℃ : 1.85 × 10−4g/cm · sec)

② Lippman식 (입자크기가 1~50㎛ 경우 적용)

$$V(cm/\sec) = 0.003 \times \rho \times d^2$$

V : 침강속도(cm/sec)

ρ : 입자 밀도(비중)(g/cm³)

d : 입자 직경(㎛)

26 소음수준 평가

$$TWA = 16.61\log\left(\frac{D}{100}\right) + 90$$

TWA : 시간가중평균소음수준[dB(A)]

D : 누적소음노출량(%)

100 : 12.5 × T (노출시간)

27 변이계수(CV)

$$CV(\%) = \frac{표준편차(SD)}{산술평균(M)} \times 100$$

28 농도계산 (시료채취)

$$C(mg/m^3) = \frac{(W' - W) - (B' - B)}{V}$$

C : 농도(mg/㎥)

W' : 시료채취 후 여과지 무게(㎍)

W : 시료채취 전 여과지 무게(㎍)

B' : 시료채취 후 공여과지 평균무게(㎍)

B : 시료채취 전 공여과지 평균무게(㎍)

V : 공기채취량 → pump 평균유량(L/min)×시료채취시간(min)

공시료 0으로 가정

$$농도(mg/m^3) = \frac{시료채취 후 여과지무게 - 시료채취 전 여과지무게}{공기채취량}$$

29 중량분석방법

$$C(mg/m^3) = \frac{[(WS_p - WS_i) - (WB_p - WB_i)]}{V} \times 1000$$

C : 분진농도(mg/㎥)

WS_p : 채취 후 여과지의 무게(mg)

WS_i : 채취 전 여과지의 무게(mg)

WB_p : 채취 후 공시료의 무게(mg)

WB_i : 채취 전 공시료의 무게(mg)

V : 공기채취량(㎥)

30 정량한계(LOQ)

표준편차×10   검출한계(LOD) × 3(or 3.3)

$$정량한계\ 기준으로\ 최소한\ 채취량 = \frac{LOQ}{추정농도} \qquad \frac{LOQ}{과거농도}$$

31 농도계산

① 흡착관 이용 채취 경우

$$C(mg/m^3) = \frac{(W_f + W_b) - (B_f + B_b)}{V \cdot DE}$$

C : 농도(mg/m^3)

W_f : 앞층 분석 시료량(μg)

W_b : 뒷층 분석 시료량(μg)

B_f : 공시료 앞층 분석 시료량(μg)

B_f : 공시료 뒷층 분석 시료량(μg)

V : 공기채취량 → pump 평균유량(L/min)×시료채취시간(min)

DE : 탈착효율

② 흡수액 이용 채취 경우

$$C(mg/m^3) = \frac{W - B}{V \cdot DE}$$

W : 분석된 시료량(μg)

B : 공시료 분석 시료량(μg)

V : 공기채취량 → pump 평균유량(L/min)×시료채취시간(min)

DE : 탈착효율

32 증기화 위험지수(VHI) / VHR

$$VHI = \log\left(\frac{C}{TLV}\right)$$

C : 포화농도(최고농도)

TLV : 노출기준

$$VHR = \frac{C}{TLV}$$

33 공기채취기구(Pump)의 채취유량

$$채취유량(L/min) = \frac{비누거품이\ 통과한\ 용량(L)}{비누거품이\ 통과한\ 시간(min)}$$

$$공기채취량 = pump(LPM) \times 측정(채취)시간$$

34 습구흑구온도지수(WBGT)

- 옥외(태양광선이 내리쬐는 장소)

  WBGT(℃) = 0.7 × 자연습구온도 + 0.2 × 흑구온도 + 0.1 × 건구온도

- 옥내(태양광선이 내리쬐지 않는 장소)

  WBGT(℃) = 0.7 × 자연습구온도 + 0.3 × 흑구온도

35 표준오차

$$SE = \frac{SD}{\sqrt{N}}$$ SD : 표준편차 N : 자료의 수

36 회수율, 탈착율

$$회수율(\%) = \frac{분석량}{첨가량} \times 100$$ $$탈착율(\%) = \frac{분석량}{첨가량} \times 100$$

37 보정농도 / 규정농도(노르말 농도 : N)

$$보정농도 = \frac{측정농도}{탈착효율}$$ $$농도(mg/m^3) = \frac{질량}{부피(공기채취량)}$$

$$N(eq/L) = \frac{용질(g당량)}{용액(L)} \Rightarrow eq = \left[\frac{분자량}{가수(산화수)}\right]$$

38 누적오차(총 측정오차)

$$E_c = \sqrt{E_1^2 + E_2^2 + E_3^2 \cdots + E_n^2}$$ E_c : 누적오차(%)

39 흡광도(A)

$$A - \xi Lc = \log \frac{I_o}{I_t} = \log \frac{1}{투과율}$$

ξ : 몰 흡광계수   투과율=(1−흡수율)

40 금속농도

$$C\,(\mu g/m^3) = \frac{WV_s - W'\,Vs'}{V \times RE}$$

C : 농도(μg/m³)

W : 시료 중 분석한 농도(μg/mL)

V_s : 시료의 최종 용액부피(mL)

W' : 공시료의 분석한 농도(μg/mL)

V_s' : 공시료의 최종 용액부피(mL)

V : 공기채취량

RE : 회수율(%)

(예시)

① 공시료에 대한 제시가 없는 경우

$$C\,(mg/m^3) = \frac{시료채취 후 여과지무게 - 시료채취 전 여과지무게}{공기 채취량}$$

② 시료 및 공시료의 분석량과 회수율이 있는 경우

$$C\,(mg/m^3) = \frac{시료분석량 - 공시료분석량}{공기 채취량 \times 회수율}$$

③ 공시료 분석량이 없는 경우

$$C\,(mg/m^3) = \frac{시료분석량}{공기 채취량 \times 회수율}$$

④ 시료의 용액 부피가 제시된 경우

$$C\,(mg/m^3) = \frac{분석농도 \times 용액부피}{공기 채취량}$$

41 기하평균

$$① \ \log GM = \frac{\log X_1 + \log X_2 + \cdots + \log X_n}{N}$$

$$② \ GM = \sqrt[n]{X_1 \times X_2 \times \cdots \times X_n}$$

42 표준편차

$$SD = \sqrt{\frac{\displaystyle\sum_{i=1}^{N}(X_i - \overline{X})^2}{N-1}}$$

측정횟수 N이 클 경우: $SD = \sqrt{\dfrac{\displaystyle\sum_{i=1}^{N}(X_i - \overline{X})^2}{N}}$

43 기하표준편차(GSD)

$$\log GSD = \left[\frac{(\log X_1 - \log GM)^2 + (\log X_2 - \log GM)^2 + \cdots + (\log X_n - \log GM)^2}{N-1}\right]^{0.5}$$

GM: 기하평균

44 측정결과 평가

① X_1(시간가중평균값): $X_1 = \dfrac{C_1 \cdot T_1 + C_2 \cdot T_2 + \cdots + C_n T_n}{8}$

② Y(표준화값): $Y = \dfrac{X_1}{허용기준}$

③ LCL(하한치)계산: $LCL = Y - 시료채취분석오차(SAE)$

④ 판정: 하한치 > 1일 때 허용기준 초과

45 최고농도(ppm)

$$최고농도(ppm) = \frac{화학물질의증기압}{760} \times 10^6$$

46 레이놀즈 수(Re)

$$Re = \frac{\rho Vd}{\mu} = \frac{Vd}{\nu} = \frac{관성력}{점성력}$$

※ 표준공기가 관내 유동인 경우 레이놀즈 수

$$Re = \frac{Vd}{\nu} = \frac{Vd}{1.51 \times 10^{-5}} = 0.666\,Vd \times 10^5$$

ρ: 유체밀도(kg/m^t)

d : 유체가 흐르는 직경(m)

V : 유체의 평균유속(m/sec)

μ: 유체의 점성계수($kg/m \cdot s$(Poise))

ν: 유체의 동점성계수(m^2/sec)

47 청력보호구 차음효과(OSHA)

차음효과$=(NRR-7) \times 0.5$

노출되는 음압수준=작업장 음압수준 – 차음효과

48 송풍기 법칙(상사법칙 ; Law of similarity)

① 송풍기 크기가 같고 공기의 비중이 일정할 때

– 풍량은 회전속도(회전수)비에 비례

$$\frac{Q_2}{Q_1} = \frac{N_2}{N_1}$$

– 풍압(전압)은 회전속도(회전수)비의 제곱에 비례

$$\frac{FTP_2}{FTP_1} = \left(\frac{N_2}{N_1}\right)^2$$

– 동력은 회전속도(회전수)비의 세제곱에 비례

$$\frac{kW_2}{kW_1} = \left(\frac{N_2}{N_1}\right)^3$$

② 송풍기 회전수, 공기의 중량이 일정할 때
- 풍량은 송풍기 크기(회전차 직경)의 세제곱에 비례

$$\frac{Q_2}{Q_1} = \left(\frac{D_2}{D_1}\right)^3$$

- 풍압(전압)은 송풍기 크기(회전차 직경)의 제곱에 비례

$$\frac{FTP_2}{FTP_1} = \left(\frac{D_2}{D_1}\right)^2$$

- 동력은 송풍기 크기(회전차 직경)의 오제곱에 비례

$$\frac{k\,W_2}{k\,W_1} = \left(\frac{N_2}{N_1}\right)^5$$

③ 송풍기 회전수와 송풍기 크기가 같을 때
- 풍량은 비중(량)의 변화에 무관

$$Q_1 = Q_2$$

- 풍압과 동력은 비중(량)에 비례, 절대온도 반비례

$$\frac{FTP_2}{FTP_1} = \frac{k\,W_2}{k\,W_1} = \frac{\rho_2}{\rho_1} = \frac{T_1}{T_2}$$

49 수증기 발생시 필요환기량(수증기 제거 목적의 필요환기량)

$$Q(m^3/hr) = \frac{W}{1.2\,\Delta\,G}$$

W : 수증기 부하량(kg/hr)

$\Delta\,G$: 급 · 배기 절대습도 차이(kg/kg 건기)

50 급기중 재순환량(%) / 급기중 외부공기 포함량(%)

$$급기중\ 재\ 순환량(\%) = \frac{급기\ 공기\ 중\ CO_2농도 - 외부\ 공기중\ CO_2농도}{재순환\ 공기\ 중\ CO_2농도 - 외부\ 공기중\ CO_2농도} \times 100$$

$$급기\ 중\ 외부공기포함량(\%) = 100 - 급기\ 중\ 재순환량(\%)$$

51 합류관 압력손실

$$압력손실\,(\Delta\,P) = \Delta\,P_1 + \Delta\,P_2 = (\xi_1\,VP_1) + (\xi_2\,VP_2)$$

52 확대관 압력손실

정압회복계수 $(R) = 1 - \xi$

압력손실 $(\Delta P) = \xi \times (VP_1 - VP_2)$

VP_1 : 확대 전의 속도압(mmH$_2$O)

VP_2 : 확대 후의 속도압(mmH$_2$O)

정압회복량 $SP_2 - SP_1 = (VP_1 - VP_2) - \Delta P$

SP_2 : 확대 후의 정압(mmH$_2$O)

SP_1 : 확대 전의 정압(mmH$_2$O)

$$SP_2 - SP_1 = (VP_1 - VP_2) - [\xi(VP_1 - VP_2)]$$
$$= (1 - \xi)(VP_1 - VP_2)$$
$$= R(VP_1 - VP_2)$$

확대측 정압 $(SP_2) = SP_1 + R(VP_1 - VP_2)$

53 축소관 압력손실

압력손실 $(\Delta P) = \xi \times (VP_2 - VP_1)$

VP_2 : 축소 후의 속도압(mmH$_2$O)

VP_1 : 축소 전의 속도압(mmH$_2$O)

정압감소량 $(SP_2 - SP_1) = -(VP_2 - VP_1) - \Delta P$

$$= (1 + \xi)(VP_2 - VP_1)$$

SP_2 : 축소 후의 정압(mmH$_2$O)

SP_1 : 축소 전의 정압(mmH$_2$O)

54 배기구 압력손실

압력손실 $(\Delta P) = \xi \times VP$

배기구의 정압 $(SP) = (\xi - 1) \times VP$

55 단위

1) 길이

$$1m = 10^2 cm = 10^3 mm = 10^6 \mu m = 10^9 nm$$

$$1\mu m = 10^{-3} mm = 10^{-6} m$$

2) 질량

$$1kg = 10^3 g = 10^6 mg = 10^9 \mu g$$

$$1ton = 10^3 kg$$

$$1\mu g = 10^{-3} mg = 10^{-6} g$$

3) 시간

$$1day = 24hr = 1,440min = 86,400sec$$

4) 넓이(면적)

$$1m^2 = 10^4 cm^2 = 10^6 mm^2$$

5) 체적(부피)

$$1m^3 = 10^6 cm^3 = 10^9 mm^3$$

$$1L = 10^{-3} KL = 10^3 mL = 10^6 \mu L$$

6) 온도

$$화씨온도(°F) = \left[\frac{9}{5} \times 섭씨온도(°C) \right] + 32$$

절대온도(K) = 273 + 섭씨온도(℃)

랜킨온도(R) = 460 + 화씨온도(℉)

7) 압력

$1Pa = 1N/m^2 = 10^{-5}bar = 10dyne/cm^2 = 1.020 \times 10^{-1}mmH_2O = 9.869 \times 10^{-6}atm$

$1기압 = 1atm = 760mmHg = 10,332mmH_2O = 1.0332kgf/cm^2 = 10,332kgf/m^2$

$\quad = 14.7Psi = 760Torr = 10,332mmAq = 10.332mH_2O = 1,013hpa = 1013.25mb$

$\quad = 1.01325bar = 10,113 \times 10^5 dyne/cm^2 = 1.013 \times 10^5 Pa$

56 전체환기량(필요환기량, 희석환기량) : 유해물질 농도 감소시

① 초기시간 $t_1 = 0$에서의 농도 C_1으로부터 C_2까지 감소하는데 걸린 시간(t)

$$t = -\frac{V}{Q'}\ln\left(\frac{C_2}{C_1}\right)$$

② 작업 중지 후 C_1인 농도로부터 t분 지난 후 농도(C_2)

$$C_2 = C_1 e^{-\frac{Q'}{V}t}$$

57 화재 및 폭발방지를 위한 전체환기량

① 필요환기량(Q : ㎥/min)

$$Q = \frac{24.1 \times S \times W \times C \times 10^2}{MW \times LEL \times B}$$

S : 물질의 비중

W : 인화물질 사용량(L/min)

C : 안전계수 (LEL의 25%($\frac{1}{4}$ 유지) 경우 C=4)

MW : 물질의 분자량

LEL : 폭발 농도의 하한치(%)

B : 온도에 따른 보정상수

　　120℃까지 $B = 1.0$

　　120℃이상 $B = 0.7$

② 화재 및 폭발방지 환기는 고온 작업공장에서 환기가 필요한 경우이므로 실제운전 상태의 환기량으로 반드시 보정해야 한다.

$$Q_a = Q \times \frac{273 + t}{273 + 21}$$

Q : 표준공기(21℃)에 의한 환기량(㎥/min)

t : 실제공기의 온도(℃)

Q_a : 실제 필요환기량(㎥/min)

58 헨리법칙

$P = H \cdot C$

P : 부분압력(용질가스의 기상분압 ; atm)

H : 헨리상수(atm · ㎥/mol)

C : 액체 성분 몰분율(kmol/㎥)

59 방독마스크 파과시간(유효시간)　　보호계수(PF)

$$유효시간 = \frac{표준유효시간 \times 시험가스농도}{작업장의 공기중 유해가스농도} \qquad PF = \frac{보호구 밖의 농도}{보호구 안의 농도}$$

60 여과집진장치

① 여과속도

$$여과속도 = \frac{총처리가스량}{총여과면적(여과포1개의 면적 \times 여과포 개수)}$$

※총여과면적(원통형 $= \pi \times D \times L$)

② 여과포개수

$$여과포 개수 = \frac{전체 가스량}{여과포 하나 가스량} = \frac{전체 여과면적}{여과포 하나 면적}$$

61 집진율

① 집진율(η)

$$\eta = \frac{S_c}{S_i} \times 100(\%) = \left(1 - \frac{S_o}{S_i}\right) \times 100(\%)$$

η : 집진효율(%)

S_i : 집진장치에 유입된 분진량(g/hr)

S_c : 집진장치에 포집된 분진량(g/hr)

S_o : 집진장치 출구 분진량(g/hr)

$$\eta = \left(1 - \frac{C_o \cdot Q_o}{C_i \cdot Q_i}\right) \times 100(\%) = \left(1 - \frac{C_o}{C_i}\right) \times 100(\%)$$

$C_i,\ C_o$: 집진장치 입·출구 분진농도(g/hr)

$Q_i,\ Q_0$: 집진장치 입·출구 가스유량(㎥/hr)

② 통과율(P)

$$P = \frac{S_o}{S_i} \times 100(\%) = 100 - \eta(\%)$$

③ 부분집진효율(η_f)

$$\eta = \left(1 - \frac{C_o \cdot F_o}{C_i \cdot F_i}\right) \times 100(\%)$$

F_i, F_o : 특정 입경범위의 분진입자가 전입자에 대한 입·출구 중량비

④ 직렬조합(1차 집진 후 2차 집진)시 총 집진율(η_r)

$$\eta_T = \eta_1 + \eta_2\left(1 - \frac{\eta_1}{100}\right)(\%)$$

η_1 : 1차 집진장치 집진율(%)

η_2 : 2차 집진장치 집진율(%)

$$\eta_T = 1 - \left(1 - \eta_c\right)^n$$

η_c : 단위집진효율(%)

n : 집진장치개수

62 후드 압력손실

① 가속손실 : 가속손실 $(\Delta P) = 1.0 \times VP$ VP : 속도압(동압)(mmH₂O)

② 유입손실 : 유입손실 $(\Delta P) = F \times VP$ F : 유입손실계수

63 후드정압(SP_h)

$$\begin{aligned}
후드정압\ (SP_h) &= VP + \Delta P \\
&= VP + (F \times VP) \\
&= VP(1 + F)
\end{aligned}$$

VP : 속도압(동압)(mmH₂O)

F : 유입손실계수

ΔP : 후드압력손실(mmH₂O) → 유입손실

64 유입계수(Ce) 후드유입손실계수(F)

$$유입계수\,(Ce) = \frac{실제적\ 유량}{이론적인\ 유량} = \frac{실제\ 흡인유량}{이상적인\ 흡인유량}$$

$$후드유입손실계수\,(F) = \frac{1 - Ce^2}{Ce^2} = \frac{1}{Ce^2} - 1 \quad 유입계수\,(Ce) = \sqrt{\frac{1}{1 + F}}$$

65 밀도/비중량/비중/비체적

$$밀도\,(\rho) = \frac{질량}{부피} \quad 비중량\,(\gamma) = \frac{중량}{부피} \quad 비중\,(S) = \frac{어떤\,대상물질의\,밀도}{표준물질의\,밀도}$$

$$비체적\,(Vs) = \frac{1}{밀도\,(kg/m^3)}$$

66 연속방정식

$$Q = A_1 V_1 = A_2 V_2$$

Q : 유량(㎥/min) A_1, A_2 : 각 유체통과 단면적(m^2)

V_1, V_2 : 각 유체의 통과 유속(m/sec)

$$Q = A \times V = \frac{\pi \times D^2}{4} \times V$$

A :단면적 V : 유속

※ 곧은각관의 직경(상당직경) $d = \dfrac{2ab}{a+b}$

67 밀도보정계수

$$밀도보정계수\,(d_f;무차원) = \frac{(273+21)(P)}{(^\circ C+273)(760)}$$

P : 대기압(mmHg, inHg)

$\rho(a) = \rho(s) \times d_f$

ρ(a) : 실제공기의 농도

ρ(s): 표준상태의 공기밀도(1.203kg/㎥)

68 동점성계수

$$동점성계수\,(\nu) = \frac{점성계수}{밀도}$$

69 최고(포화)농도, 유효비중

$$최고\,(포화)농도 = \frac{P}{760} \times 10^2\,(\%) = \frac{P}{760} \times 10^6\,(ppm)$$

$$유효비중 = \frac{(농도 \times 비중) + (10^6 - 농도) \times 공기비중\,(1.0)}{10^6}$$

70 속도압(동압)(VP)

전압(TP) = 동압(VP)+정압(SP)

공기속도(V)와 속도압(VP)의 관계

속도압(동압)(VP) $= \dfrac{\gamma V^2}{2g}$ 에서, $V = \sqrt{\dfrac{2g\,VP}{\gamma}}$

표준공기인 경우 γ=1.203kgf/㎥, g=9.81/s²

$V = 4.043\sqrt{VP}$ $VP = \left(\dfrac{V}{4.043}\right)^2$

V : 공기속도(m/sec) VP : 동압(속도압)(mmH₂O)

71 원형 직선 Duct의 압력손실

압력손실(ΔP) $= F \times VP(mmH_2O)$: Darcy-Weisbach식

F(압력손실계수) $= 4 \times f \times \dfrac{L}{D}\left(= \lambda \times \dfrac{L}{D}\right)$ λ : 관마찰계수
D : 덕트직경(m)
L : 덕트길이(m)

VP(속도압) $= \dfrac{\gamma \cdot V^2}{2g}(mmH_2O)$ γ : 비중(kg/m^3)
V : 공기속도(m/sec)
g : 중력가속도($m/\sec^2$)

f(페닝마찰계수 : 표면마찰계수) $= \dfrac{\lambda}{4}$ $\lambda = 4f$

72 72. 장방형 직선 Duct의 압력손실

압력손실(ΔP) $= F \times VP(mmH_2O)$

F(압력손실계수) $= f \times \dfrac{L}{D}$ f : 페닝마찰계수
D : 덕트직경(m)
L : 덕트길이(m)

VP(속도압) $= \dfrac{\gamma \cdot V^2}{2g}(mmH_2O)$ γ : 비중(kg/m^3)
V : 공기속도(m/sec)
g : 중력가속도($m/\sec^2$)

상당직경(d_e) $= \dfrac{2ab}{a+b}$ a, b : 각 변의 길이

상당직경(d_e) $= 1.3 \times \dfrac{(ab)^{0.625}}{(a+b)^{0.625}}$ 양변의 비가 75%이상일 경우

73 곡관 압력손실

$$압력손실(\Delta P) = \left(\xi \times \frac{\theta}{90}\right) \times VP$$

ξ: 압력손실계수

θ: 곡관의 각도

VP : 속도압(동압)(mmH₂O)

74 전체환기량(필요환기량, 희석환기량) : 평형상태일 경우

① 유효환기량 $(Q') = \dfrac{G}{C}$

  G : 유해물질 발생률(L/hr)

  C : 공기 중 유해물질 농도

② 실제환기량 $(Q) = Q' \times K$

  Q' : 유효환기량(㎥/min)

  K : 작업장 내 공기의 불완전 혼합에 대해 안전확보를 위한 안전계수(여유계수;무차원)

③ 필요환기량(Q : ㎥/min)

$$Q = \frac{G}{TLV} \times K$$

  G : 시간당 공기 중으로 발생된 유해물질의 용량(발생률;L/hr)

  TLV : 허용기준

  K : 안전계수(여유계수)

75 전체환기량(필요환기량, 희석환기량) : 유해물질 농도 증가시

① 초기상태를 $t_1 = 0$, $C_1 = 0$(처음농도 0)이라 하고 농도 C에 도달하는데 걸리는 시간(t)

$$t = -\frac{V}{Q'}\left[\ln\left(\frac{G - Q'C}{G}\right)\right]$$

V : 작업장의기적(용적)(㎥)

Q': 유효환기량(㎥/min)

G : 유해가스의 발생량(㎥/min)

C : 유해물질 농도(ppm): 계산시 10^6으로 나누어 계산

② 처음농도 0인 사태에서 t시간 후의 농도(C)

$$C = \frac{G(1 - e^{-\frac{Q'}{V}t})}{Q'}$$

76 전체환기량(필요환기량, 희석환기량) : 이산화탄소 제거가 목적일 경우

$$필요환기량\,(Q:m^3/hr) = \frac{M}{C_s - C_o} \times 100$$

M : CO_2 발생량(㎥/hr)

C_s : 실내 CO_2 기준농도(%)(≒0.1%)

C_o : 실외 CO_2 기준농도(%)(≒0.03%)

77 1시간당 공기교환 횟수(ACH)

$$ACH = \frac{필요환기량\,(m^3/hr)}{작업장 용적}$$

$$ACH = \frac{\ln(측정초기농도 - 외부의\,CO_2농도) - \ln(시간 지난 후\,CO_2농도 - 외부의\,CO_2농도)}{경과된 시간\,(hr)}$$

78 혼합물질 발생시의 전체환기량

① 상가작용 경우 : $Q = Q_1 + Q_2 + \cdots + Q_n$

② 독립작용 경우 : 각각 유해물질 환기량 계산하여 가장 큰 값을 선택하여 필요환기량으로 결정

79 열평형 방정식

$$\Delta S = M \pm C \pm R - E$$

ΔS : 생체열용량의 변화(인체의 열축적 또는 열손실)

M : 작업대사량(체내열생산량)

$(M - W)\,W$: 작업수행으로 인한 손실열량

C : 대류에 의한 열교환

R : 복사에 의한 열교환

E : 증발(발한)에 의한 열손실(피부를 통한 증발)

80 발열시 필요환기량(방열 목적의 필요환기량)

$$Q(m^3/hr) = \frac{H_s}{0.3\,\Delta t}$$

Δt : 급배기(실내, 외) 온도차(℃)

H_s : 작업장내 열부하량(kcal/hr)

81 포위식 후드 필요송풍량

$$Q = 60 \cdot A \cdot V = (60 \cdot K \cdot A \cdot V)$$

Q : 필요송풍량(㎥/min)

A : 후드개구면적(m^2)

V : 제어속도(m/sec)

K : 불균일에 대한 계수(개구면 평균유속과 제어속도의 비, 기류 분포가 균일할 때 K=1)

82 외부식 원형 또는 장방향 후드 → 자유공간 위치, 플랜지 미부착

Dalla Valle 식 (기본식)

$$Q = 60 \times V_c(10X^2 + A)$$

Q : 필요송풍량(㎥/min)

V_c : 제어속도(m/sec)

A : 개구면적(m^2)

X : 후드중심선으로부터 발생원(오염원)까지의 거리(m)

① 측방외부식 테이블상 장방형 후드 → 바닥면에 위치, 플랜지 미부착

$$Q = 60 \times V_c(5X^2 + A)$$

② 측방외부식 플랜지부착 원형 또는 장방형 후드 → 자유공간 위치, 플랜지 부착

$$Q = 60 \times 0.75 \times V_c(10X^2 + A)$$

③ 측방외부식 테이블상 플랜지 부착 장방형 후드 → 바닥면에 위치, 플랜지 부착

$$Q = 60 \times 0.5 \times V_c(10X^2 + A)$$

83 외부식 슬롯 후드 필요송풍량

$$Q = 60 \times C \times L \times V_c \times X$$

Q : 필요송풍량(㎥/min)

C : 형상계수 (전원주 → 5.0 ACGIH: 3.7)

$\dfrac{3}{4}$ 원주 → 4.1

$\dfrac{1}{2}$ 원주(플랜지부착 경우와 동일) → 2.8

$\dfrac{1}{4}$ 원주 → 1.6

V_c : 제어속도(m/sec)

L : slot 개구면의 길이(m)

X : 포집점까지의 거리(m)

84 외부식 천개형 후드 : 고열이 없는 캐노피 후드

① 4측면 개방 외부식 천개형 후드(Thomas 식)

0.3〈H/W≦0.75 일 때 사용

$$Q(m^3/\text{min}) = 60 \times 14.5 \times H^{1.8} \times W^{0.2} \times V_c$$

H : 개구면에서 배출원 사이의 높이(m)

W : 캐노피 단변(직경)(m)

V_c : 제어속도(m/sec)

H/L≦0.3 인 장방형의 경우 필요송풍량(Q)

$$Q(m^3/\text{min}) = 60 \times 1.4 \times P \times H \times V_c$$

L : 캐노피 장변(m)

P : 캐노피 둘레길이 → $2(L+W)$(m)

② 3측면 개방 외부식 천개형 후드(Thomas 식)

$$Q(m^3/\text{min}) = 60 \times 8.5 \times H^{1.8} \times W^{0.2} \times V_c$$

(단, 0.3〈H/W≦0.75인 장방형, 원형 캐노피에 사용)

85 레시버식(수형)천개형 후드

- 열원과 캐노피 후드와의 관계

$$F_3 = E + 0.8H$$

F_3 : 후드의 직경

E : 열원의 직경(직사각형은 단변)

H : 후드 높이

① 난기류 없을 경우(유량비법)

$$\begin{aligned} Q_T &= Q_1 + Q_2 \\ &= Q_1\left(1 + \frac{Q_2}{Q_1}\right) \\ &= Q_1(1 + K_L) \end{aligned}$$

Q_T : 필요송풍량(㎥/min)

Q_1 : 열상승기류량(㎥/min)

Q_2 : 유도기류량(㎥/min)

K_L : 누입한계유량비 → 오염원의 형태, 후드의 형식 등에 영향 받는다.

② 난기류 있을 경우(유량비법)

$$Q_T = Q_1 \times \left[1 + (m \times K_L) \right]$$
$$= Q_1 \times (1 + K_D)$$

Q_T : 필요송풍량(㎥/min)

Q_1 : 열상승기류량(㎥/min)

m : 누출안전계수(난기류 크기에 따라 다름)

K_L : 누입한계유량비 → 오염원의 형태, 후드의 형식 등에 영향 받는다.

K_D : 설계유량비($K_D = m \times K_L$)

86 송풍기 전압 및 정압

① 송풍기 전압(FTP)

$$FTP = TP_{out} - TP_{in}$$
$$= (SP_{out} + VP_{out}) - (SP_{in} + VP_{in})$$

② 송풍기 정압(FSP)

$$FSP = FTP - VP_{out}$$
$$= (SP_{out} - SP_{in}) + (VP_{out} - VP_{in}) - VP_{out}$$
$$= (SP_{out} - SP_{in}) - VP_{in}$$
$$= (SP_{out} - TP_{in})$$

87 송풍기 소요동력(kW)

$$kW = \frac{Q \times \Delta P}{6120 \times \eta} \times \alpha$$

Q : 송풍량(㎥/min)

ΔP : 송풍기유효전압(전압; 정압) (mmH₂O)

η : 송풍기 효율(%)

α : 안전인자(여유율)(%)

$$HP = \frac{Q \times \Delta P}{4500 \times \eta} \times \alpha$$

88 stoke 종말침전속도(분리속도)

$$V_g = \frac{d_p^2 (\rho_p - \rho) g}{18 \mu}$$

V_g : 종말침강속도(m/sec)

d_p : 입자의 직경(m)

ρ_p : 입자의 밀도(kg/㎥)

ρ : 가스(공기)의 밀도(kg/m³)

g : 중력가속도(9.8m/sec^2)

μ : 가스의 점도(점성계수)(kg/m · sec)

89 집진효율 향상 방안

$$\eta = \frac{V_g}{V} \times \frac{L}{H} \times n = \frac{d_p^2 \times (\rho_p - \rho)gL}{18\mu HV} \times n$$

η : 집진효율

V_g : 종말침강속도(m/sec)

V : 처리가스속도(m/sec)

L : 장치의 길이(m)

H : 장치의 높이(m)

n : 침전실의 단수(바닥면 포함)

90 원심력 집진장치 분리계수

$$분리계수 = \frac{원심력(가속도)}{중력(가속도)} = \frac{V^2}{R \cdot g}$$

V : 입자의 접선방향속도(입자의 원주속도)

R : 입자의 회전반경(사이클론의 원추하부반경)

g : 중력 가속도

91 배기구

$$압력손실(\Delta P) = \xi \times VP$$

ξ : 압력손실계수

VP : 배기구를 통과하는 기류의 속도압(mmH₂O)

$$정압(SP) = (\xi - 1) \times VP$$

92 누적소음폭로량

$$누적소음폭로량(D) = \left(\frac{C_1}{T_1} + \frac{C_2}{T_2} + \cdots + \frac{C_n}{T_n}\right) \times 100(\%)$$

C : 각 소음레벨측정치(dB)

T : 각 폭로허용시간(TLV)(min)

$$시간가중평균소음수준(TWA) = 16.61\log\left[\frac{D(\%)}{100}\right] + 90\,[dB(A)]$$

D: 누적소음 폭로량(%)

100 : (12.5 × T ; T=노출시간)

93 거리감쇠

① 점음원

$$SPL_1 - SPL_2 = 20\log\left(\frac{r_2}{r_1}\right)(dB)$$

점음원으로부터 거리가 2배 멀어질 때마다 음압레벨이 6(dB)(=20log2)씩 감쇠 → 역2승 법칙

② 선음원

$$SPL_1 - SPL_2 = 10\log\left(\frac{r_2}{r_1}\right)(dB)$$

점음원으로부터 거리가 2배 멀어질 때마다 음압레벨이 3(dB)(=10log2)씩 감쇠

94 주파수 분석

① 정비형

$$\frac{f_U}{f_L} = 2^n \quad n : 일반적으로\ 1/1,\ 1/3\ 옥타브\ 밴드$$

② 1/1 옥타브 밴드 분석기

$$\frac{f_U}{f_L} = 2^{\frac{1}{1}}, \, f_U = 2f_L$$

$$중심주파수(f_c) = \sqrt{f_L \times f_U} = \sqrt{f_L \times 2f_L} = \sqrt{2}\,f_L$$

$$밴드폭(bw) = f_c\left(2^{\frac{n}{2}} - 2^{-\frac{n}{2}}\right) = f_c\left(2^{\frac{1/1}{2}} - 2^{-\frac{1/1}{2}}\right) = 0.707f_c$$

③ 1/3 옥타브 밴드 분석기

$$\frac{f_U}{f_L} = 2^{\frac{1}{3}}, \, f_U = 1.26f_L$$

$$중심주파수(f_c) = \sqrt{f_L \times f_U} = \sqrt{f_L \times 1.26f_L} = \sqrt{1.26}\,f_L$$

$$밴드폭(bw) = f_c\left(2^{\frac{n}{2}} - 2^{-\frac{n}{2}}\right) = f_c\left(2^{\frac{1/3}{2}} - 2^{-\frac{1/3}{2}}\right) = 0.232f_c$$

④ %밴드폭(%bw)

$$\%bw = \frac{bw}{f_c} \times 100\,(\%)$$

95 잔향시간

$$잔향시간(T) = \frac{0.161\,V}{A} = \frac{0.161\,V}{\bar{a} \times S}$$

V : 실의 체적(㎥)

A: 실내면의 총 흡음력(m^2, sabin)

S: 실내면의 총표면적(m^2)

$\bar{a}$: 실내 평균흡음율

$$평균흡음율(\bar{a}) = \frac{0.161\,V}{ST}$$

96 고열작업장의 노출기준(노동부, ACGIH)

단위: WBGT(℃)

시간당 작업·휴식비율	작업강도		
	경작업	중등작업	중(힘든)작업
연속작업	30.0	26.7	25.0
75% 작업, 25% 휴식 (45분 작업, 15분 휴식)	30.6	28.0	25.9
50% 작업, 50% 휴식 (30분 작업, 30분 휴식)	31.4	29.4	27.9
25% 작업, 75% 휴식 (15분 작업, 45분 휴식)	32.2	31.1	30.0

– 경작업 : 시간당 200kcal까지의 열량이 소요되는 작업
– 중등작업 : 시간당 200~300kcal의 열량이 소요되는 작업
– 중(격심)작업 : 시간당 350~500kcal의 열량이 소요되는 작업

습구흑구 온도지수(WBGT)(℃)

① 옥외(태양광선이 내리쬐는 장소)

   WBGT(℃)= 0.7×자연습구온도 + 0.2×흑구온도 + 0.1×건구온도

② 옥내 또는 태양광선이 내리쬐지 않는 옥외

   WBGT(℃)= 0.7×자연습구온도 + 0.3×흑구온도

97 음향파워레벨(PWL, 음력수준)

$$PWL = 10\log\left(\frac{W}{W_o}\right)(dB) \qquad PPL = 10\log\left(\frac{W}{10^{-12}}\right)(dB)$$

W : 대상음원의 음향파워(watt)
W_o : 기준음향파워(10^{-12}watt)

98 차음

① 투과율

$$투과율\,(\tau) = \frac{I_t}{I_i} = \frac{입사음의\,세기\,(w/m^2)}{투과음의\,세기\,(w/m^2)}$$

② 투과손실

$$투과손실\,(TL) = 10\log\frac{1}{\tau} \Rightarrow \tau = 10^{-\frac{TL}{10}}$$

③ 질량법칙(수직입사)

$$TL = 20\log(m \cdot f) - 43(dB)$$

m : 차음재의 면밀도(kg/m²)

f : 입사 주파수(Hz)

99 실내소음의 저감량(감음량 : NR)

$$NR = SPL_1 - SPL_2 = 10\log\left(\frac{R_2}{R_1}\right) = 10\log\left(\frac{A_2}{A_1}\right) = 10\log\left(\frac{A_1 + A_\alpha}{A_1}\right)$$

$$NR(저감량) = 10\log\left(\frac{대책전 총흡음력 + 부가된 흡음력}{대책전 총흡음력}\right)$$

100 등가소음레벨(등가소음도 ; Leq)

$$등가소음도(\leq) = 16.61\log\frac{n_1 \times 10^{\frac{L_{A1}}{16.61}} + \cdots + n_n \times 10^{\frac{L_{An}}{16.61}}}{각 소음레벨측정치의 발생시간 합}$$

L_A : 각 소음레벨의 측정치[dB(A)]

n : 각 소음레벨 측정치의 발생시간(분)

$$일정시간간격 등가소음도(\leq) = 10\log\frac{1}{n}\sum_{i=1}^{n}10^{\frac{L_i}{10}}$$

n : 소음레벨측정치의 수

L_i : 각 소음레벨의 측정치[dB(A)]

101 산소의 분압 및 농도

$$산소분압(mmHg) = 기압(mmHg) \times \frac{산소농도(\%)}{100}$$

$$가압중 산소농도(\%) = \frac{산소농도계의 지시(\%)}{게이지압력 + 1}$$

산소농도계의 지시(%)=실제의 산소농도(%)×절대압

102 음의 크기(sone)와 음의 크기레벨(phon)의 관계

$$S = 2^{\frac{(L_L - 40)}{10}}(sone) \, ; L_L = 33.3\log S + 40(phon)$$

S : 음의 크기(sone)

L_L : 음의 크기 레벨(phon)

103 소음의 계산

① 합성소음도(전체소음, 소음원 동시 가동시 소음도)

$$L = 10\log\left(10^{\frac{L_1}{10}} + 10^{\frac{L_2}{10}} + \cdots + 10^{\frac{L_n}{10}}\right)(dB)$$

② 소음도 차이

$$L' = 10\log\left(10^{\frac{L_1}{10}} - 10^{\frac{L_2}{10}}\right)(dB) \ \ (단, L_1 > L_2)$$

③ 평균소음도

$$\overline{L} = 10\log\left[\frac{1}{n}\left(10^{\frac{L_1}{10}} + 10^{\frac{L_2}{10}} + \cdots + 10^{\frac{L_n}{10}}\right)\right](dB)$$

104 음속

음속 $(C) = f \times \lambda$

C : 음속(m/sec)

f : 주파수(1/sec)

λ : 파장(m)

음속 $(C) = 331.42 + 0.6(t)$

C : 음속(m/sec)

t : 음전달 매질의 온도(℃)

105 음압진폭(피크치, 최대값)과 음압 실효치(r.m.s값)의 관계

$$P_{r.m.s} = \frac{P_m}{\sqrt{2}}$$

$P_{r.m.s}$: 음압의 실효치(N/m^2)

P_m : 음압진폭(피크, 최대값)(N/m^2)

106 음압수준(SPL)

$$SPL = 20\log\left(\frac{P}{P_o}\right)(dB) \qquad SPL = 20\log\left(\frac{P}{2 \times 10^{-5}}\right)(dB)$$

P : 대상음의 음압(음압 실효치)(N/m^2)

Po : 기준음압 실효치$(2 \times 10^{-5}N/m^2, 20\mu Pa, 2 \times 10^{-4}dyne/cm^2)$

107 음의 세기레벨(SIL)

$$SIL = 10\log\left(\frac{I}{I_o}\right)(dB) \qquad SIL = 10\log\left(\frac{I}{10^{-12}}\right)(dB)$$

I : 대상음의 세기(w/m^2)

I_o : 최소가청음 세기(10^{-12}w/m^2)

※ 음의 세기 관련 관계식

$$I = \frac{P^2}{\rho C} = P \times V$$

I : 음의 세기(w/m^2)

ρC : 음향임피던스(rayls)

V : 매질에서의 입자속도(m/sec)

108 SPL과 PWL의 관계식

① 무지향성 점음원

- $SPL = PWL - 20\log r - 11\,(dB)$ 자유공간(공중, 구면파)에 위치할 때
- $SPL = PWL - 20\log r - 8\,(dB)$ 반자유공간(바닥, 벽, 천장, 반구면파)에 위치할 때

② 무지향성 선음원

- $SPL = PWL - 10\log r - 8\,(dB)$ 자유공간(공중, 구면파)에 위치할 때
- $SPL = PWL - 10\log r - 5\,(dB)$ 반자유공간(바닥, 벽, 천장, 반구면파)에 위치할 때

  r : 소음원으로부터의 거리(m)

109 평균청력손실 평가방법

① 4분법

$$평균청력손실 = \frac{a + 2b + c}{4}(dB)$$

- 평균청력손실값이 25dB이상이면 난청

② 6분법

$$평균청력손실 = \frac{a + 2b + 2c + d}{6}(dB)$$

a : 옥타브밴드 중심주파수 500Hz에서의 청력손실(dB)

b : 옥타브밴드 중심주파수 1,000Hz에서의 청력손실(dB)

c : 옥타브밴드 중심주파수 2,000Hz에서의 청력손실(dB)

d : 옥타브밴드 중심주파수 4,000Hz에서의 청력손실(dB)

110 소음허용기준 초과여부

$$소음허용기준초과여부 = \frac{C_1}{T_1} + \frac{C_2}{T_2} + \cdots + \frac{C_n}{T_n}$$

$C_1 \sim C_n$: 각 소음노출시간(hr)

$T_1 \sim T_n$: 각 노출허용기준(TLV)에 따른 노출시간(hr)

값이 1 이상이면 허용기준 초과 판정

111 측정타당도

구분		실제값(질병)		합계
		양성	음성	
검사법	양성	A	B	A + B
	음성	C	D	C + D
합계		A + C	B + D	

- 민감도 = A/(A+C)
- 가음성률 = C/(A+C)
- 가양성률 = B/(B+D)
- 특이도 = D/(B+D)

112 위험도

$$상대위험비 = \frac{노출군에서 질병발생률}{비노출군에서 질병발생률} = \frac{위험요인이 있는 군의 질병 발생률}{위험요인이 없는 군의 질병 발생률}$$

$$기여위험도 = 노출군에서 질병 발생률 - 비노출군에서의 질병 발생률$$

$$기여분율(노출군) = \frac{노출군에서의 질병발생률 - 비노출군에서의 질병발생률}{노출군에서의 질병발생률}$$

$$= \frac{상대위험비 - 1}{상대위험비}$$

$$교차비 = \frac{환자군에서의 노출대응비}{대조군에서의 노출대응비} \qquad 대응비 = \frac{노출 또는 질병의 발생확율}{노출 또는 질병의 비발생확율}$$

113 노출인년

$$노출인년 = \sum \left[조사인원 \times \left(\frac{조사한 개월수}{12} \right) \right]$$

114 표준사망비(SMR)

$$SMR = \frac{작업장에서의 사망률}{일반인구의 사망률} = \frac{어떤 집단에서 관찰된 총 사망자수}{표준집단에서 예상되는 총 기대사망자수}$$

Part 7

| 저 | 자 | 소 | 개 |

이 혜 영

약력

연세대학교 졸업, 서강대 대학원
現) 이패스 산업위생관리기사 대표 강사
　　모두소 응급처치학개론 대표 강사
前) 현대건설 기술교육원 강사
　　중소기업진흥공단 객원교수
　　강원도 경제진흥원 강사
　　부산대학교 대학원 객원교수
　　경희대학교(수원) 대학원 객원교수
　　한국 산업지능화 협회 연구원
　　이패스소방사관 응급처치학개론 대표 강사
　　독한 응급처치학 개론 대표 강사

저서

- 레스큐 응급처치학개론(이패스)
- 레스큐 1000제 응급처치학개론 단원별 출제예상문제집(이패스)
- 레스큐 응급처치학개론 최종모의고사(이패스)
- 레스큐 응급처치학개론(용감한북스)

보유자격

- 산업위생관리기사
- 사무자동화산업기사
- 산업안전기사
- 간호사면허

2026 이패스 산업위생관리기사 필기

초판 1쇄 인쇄 | 2025년 11월 26일
초판 1쇄 발행 | 2025년 12월 10일

지 은 이 | 이 혜 영
발 행 인 | 이 재 남
발 행 처 | (주)이패스코리아
　　　　　　서울시 영등포구 경인로 775 에이스하이테크시티 2동 10층
　　　　　　전화 1600-0522　팩스 02-6345-6701
　　　　　　홈페이지 www.epasskorea.com
　　　　　　이메일 book@epasskorea.com
등록번호 | 제318-2003-000119호(2003년 10월 15일)